Heinrich Rottmann

Visual Basic .NET mit Methode

AF792894

Aus dem Bereich IT erfolgreich gestalten

Grundkurs JAVA
von Dietmar Abts

Ohne C zu C++
von Peter P. Bothner
und Wolf-Michael Kähler

Software Engineering
von Reiner Dumke

Kompaktkurs Mikrocontroller
von Silvia Limbach

Team Excellence effizient und verständlich
von Franz J. Linnenbaum

Der CMS-Guide
von Jürgen Lohr und Andreas Deppe

Die Kunst der Programmierung mit C++
von Martin Auperle

Das PC-Wissen für IT-Berufe: Hardware, Betriebssysteme, Netzwerktechnik
von Rainer Egewardt

Reqzuirements-Engineering in IT effizient und verständlich
von Emmerich Fuchs, Karl Hermann Fuchs
und Christian H. Hauri

Rechnerarchitektur
von Paul Hermann

Interactive Broadband Media
von Nikolaus Mohr und Gerhard P. Thomas

Datenbankentwurf
von Helmut Jarosch

Effizient SAP® R/3®-Data Archiving
von Markus Korschen

Effizient Programmieren mit C# und .NET
von Andreas Solymosi und Peter Solymosi

Projektkompass Softwareentwicklung
von Carl Steinweg und Stephen Fedtke

Verteilte Systeme
von Günther Bengel

Das neue PL/I für PC, Workstation und Mainframe
von Eberhard Sturm

Erfolgreiche Datenbankanwendung mit SQL3
von Jörg Fritze und Jürgen Marsch

Wireless LAN in der Praxis
von Peter Klau

Exchange Server 2000 – Installieren, konfigurieren, administrieren, optimieren
von Thomas Joos

C# .NET mit Methode
von Heinrich Rottmann

Web-basierte Systemintegration
von Harry Marsh Sneed
und Stephan S. Sneed

IT-Projekte strukturiert realisieren
von Ralph Brugger

Visual Basic .NET mit Methode
von Heinrich Rottmann

www.vieweg-it.de

Heinrich Rottmann

Visual Basic .NET mit Methode

Software entwickeln mit der .NET Klassenbibliothek – Grundlagen, Windows, ADO.NET, ASP.NET, Webservices und Remoting

vieweg

Bibliografische Information Der Deutschen Bibliothek
Die Deutsche Bibliothek verzeichnet diese Publikation in der Deutschen Nationalbibliografie; detaillierte bibliografische Daten sind im Internet über <http://dnb.ddb.de> abrufbar.

Das in diesem Werk enthaltene Programm-Material ist mit keiner Verpflichtung oder Garantie irgendeiner Art verbunden. Der Autor übernimmt infolgedessen keine Verantwortung und wird keine daraus folgende oder sonstige Haftung übernehmen, die auf irgendeine Art aus der Benutzung dieses Programm-Materials oder Teilen davon entsteht.

1. Auflage November 2003

Alle Rechte vorbehalten
© Friedr. Vieweg & Sohn Verlag/GWV Fachverlage GmbH, Wiesbaden 2003

www.vieweg-it.de

Das Werk einschließlich aller seiner Teile ist urheberrechtlich geschützt. Jede Verwertung außerhalb der engen Grenzen des Urheberrechtsgesetzes ist ohne Zustimmung des Verlags unzulässig und strafbar. Das gilt insbesondere für Vervielfältigungen, Übersetzungen, Mikroverfilmungen und die Einspeicherung und Verarbeitung in elektronischen Systemen.

Konzeption und Layout des Umschlags: Ulrike Weigel, www.CorporateDesignGroup.de
Gedruckt auf säurefreiem und chlorfrei gebleichtem Papier

ISBN 978-3-528-05865-4 ISBN 978-3-322-90306-8 (eBook)
DOI 10.1007/978-3-322-90306-8

Vorwort

Das .NET Framework ist plattform- und sprachunabhängig. Die Hauptbestandteile sind eine Runtime und eine sehr umfangreiche und übersichtlich durch Namensräume gegliederte Klassenbibliothek. Dem Programmierer stehen neben Visual Basic .NET und C# die .NET Versionen der Sprachen C++ und Java zur Verfügung. Visual Basic .NET ist eine an das .NET Framework angepasste objektorientierte Weiterentwicklung von Visual Basic 6.0. Als .NET Sprache hat sich Visual Basic nun endlich in die Gruppe der voll ausgebauten und professionell verwendbaren Programmiersprachen mit effizienter Codegenerierung eingereiht.

Dieses Buch zeigt anhand lauffähiger und ausführlich erläuterter Beispiele, wie Visual Basic .NET und die .NET Klassenbibliothek verwendet werden.

Die Kapitel 1 bis 4 stellen die Sprache Visual Basic .NET vor. Diese Kapitel vermitteln das Grundwissen, das für eine sichere und erfolgreiche Arbeit mit Visual Basic .NET erforderlich ist.

Die Kapitel 5 bis 7 zeigen, wie Windows Anwendungen programmiert werden. Es werden Windows Elemente vorgestellt und Programmiertechniken erläutert.

Kapitel 8 behandelt Datenbankzugriffe mit ADO.NET und Visual Basic .NET und vermittelt darüber hinaus die erforderlichen SQL Grundkenntnisse.

Kapitel 9 erläutert die Verwendung und das Synchronisieren von Threads.

Kapitel 10 behandelt das Arbeiten mit Dateien und Verzeichnissen, das Lesen und Schreiben von Daten sowie den Datentransfer im Netzwerk.

Kapitel 11 erläutert das Lesen und Schreiben von Schlüsseln und Werten in der Registry.

Kapitel 12 zeigt, wie Win32-Dienste programmiert, installiert und benutzt werden.

Kapitel 13 beschreibt die Grundlagen der Web und CGI Programmierung und bringt kurz gefasste Einführungen in ASP.NET und XML.

Kapitel 14 behandelt Web Applications mit Codebehind, Web Services und Remoting.

Ich wünsche viel Spaß beim Lesen und beim Durcharbeiten der Programmbeispiele und viel Erfolg mit Visual Basic .NET.

Wuppertal, im September 2003 Heinrich Rottmann

Online-Service

Der Online-Service zu diesem Buch ist unter folgenden Internetadressen zu erreichen:

http://www.rottmann.de

http://www.csharp-dotnet.de

http://www.dotnet-buecher.de

Inhaltsverzeichnis

1 Grundlegende Elemente der Sprache Visual Basic .NET

Zu Beginn dieses ersten Kapitels werden viele grundlegende Fragen beantwortet. Wie sieht ein Visual Basic .NET Programm aus? Wie wird es gespeichert, übersetzt und gestartet? Wie kann man Texte oder andere Daten ausgeben? Anschließend werden Datentypen, Literale, Operatoren, mathematische Funktionen, Konstanten, Variablen und Kontrollstrukturen erläutert.

1.1 Ein Visual Basic .NET Programm

Alle VB.NET Beispiele sind mit dem per Download von

`http://msdn.microsoft.com/downloads/`

bezogenen Microsoft .NET Framework SDK Release 1.1 kompiliert und getestet.

```
' Datei: 1.1_1.vb

Module Hallo
  Sub Main()
    Dim s as System.String
    s = "Hallo!"
    System.Console.WriteLine(s)
  End Sub
End Module
```

Das oben abgebildete Programm wird in einer Datei mit der Endung `.vb` gespeichert. Bei der Auswahl des Editors ist darauf zu achten, dass dieser keine Formatierungszeichen in den Text einfügt. Besonders gut geeignet sind Editoren, die das Einrücken von Zeilen unterstützen und Kommentare, Schlüsselwörter und andere Zeichen, die in Vb.NET eine Bedeutung haben, farbig hervorheben. Manche Editoren ermöglichen auch den Aufruf des Compilers per Hotkey oder Menü. Derartige Editoren gibt es als Freeware und Shareware.

Es wird empfohlen, ein oder mehrere Verzeichnisse anzulegen, in denen die Programme gesammelt werden. Um die Beschreibung der weiteren Schritte zu vereinfachen wird vorausgesetzt, dass ein Verzeichnis `C:\vb_programme` angelegt worden ist, in dem das Programm unter dem Namen `1.1_1.vb` abgelegt ist.

Durch

```
Start - Programme - Zubehör - Eingabeaufforderung
```

wird die Eingabeaufforderung geöffnet. Die folgenden Befehle werden jeweils durch Drücken der Entertaste abgeschlossen.

Mit dem Befehl `cd vb_programme` wechselt man in das Verzeichnis `vb_programme`. Jetzt kann das Programm durch Eingeben von

```
vbc 1.1_1.vb
```

übersetzt (kompiliert) werden, wodurch die Datei `1.1_1.exe` erstellt wird.

Hat das Übersetzen nicht geklappt, so ist zunächst festzustellen, ob der .NET Framework SDK ordnungsgemäß installiert ist. Im Zweifelsfall ist die Installation zu wiederholen und darauf zu achten, dass alle während der Installation geforderten Voraussetzungen erfüllt werden. Gibt man in der Eingabeaufforderung

```
vbc /?
```

ein, so wird eine Liste der VB.NET Compileroptionen ausgegeben. Ist dies der Fall, so liegt der Fehler nicht bei der Installation, sondern beim Beispielprogramm `1.1_1.vb`. Jeder noch so banale Tippfehler löst eine Fehlermeldung aus. Normalerweise steht eine Anweisung in einer Zeile. Stehen mehrere Anweisungen in einer Zeile, so müssen diese durch Doppelpunkte getrennt werden. Erstreckt sich eine Anweisung über mehr als eine Zeile, so muss ein Leerzeichen gefolgt von einem Unterstrich als Zeilenfortsetzungssymbol verwendet werden. Hier hilft es nur, genau hinzusehen, unermüdlich zu testen und immer cool zu bleiben. Der Compiler gibt mit der Fehlermeldung die Zeilennummer des Quelltextes aus.

Ist das Programm erfolgreich übersetzt, so kann man `1.1_1.exe` oder einfach `1.1_1` eintippen und die Entertaste drücken. Dadurch wird das Programm gestartet und `Hallo!` ausgegeben.

Das .NET Framework ist durch Namensräume gegliedert. Die Klassen `String` und `Console` sind im `Namespace` bzw. Namensraum System enthalten. Gibt man die Benutzung dieses Namensraums im Programm mit `Imports` an, so kann man `String` statt `System.String` schreiben. Das gilt für alle Namensräume und alle Klassen, sofern der Klassenname eindeutig ist. Bei Klassen, die mit dem gleichen Namen in verschiedenen Namensräumen vorkommen, ist es erforderlich, den Namensraum anzugeben.

Das nun folgende Beispiel zeigt die Verwendung der `Imports` Anweisung.

```
' Datei: 1.1_2.vb

Imports System

Module Hallo
  Sub Main()
    Dim s As String = "Hallo!"
    Console.WriteLine(s)
  End Sub
End Module
```

Kommentare sind keine ausführbaren Bestandteile eines Programms, sondern erläutern und gliedern den Programmtext. Visual Basic kennt nur einzeilige Kommentare, welche mit einem Apostroph beginnen.

Da aller guten Dinge drei sind, zeigt Beispiel 1.1_3 die direkte Ausgabe des Strings `"Hallo!"` ohne die Stringvariable `s`. Außerdem ist das Schlüsselwort `Module` durch `Class` ersetzt worden.

```
' Datei: 1.1_3.vb

Imports System

Class Hallo
  Shared Sub Main()
    Console.WriteLine("Hallo!")
  End Sub
End Class
```

Das Schlüsselwort `Module`, das der Strukturierung eines Programms dient, wird im weiteren Verlauf des Buches nicht mehr verwendet. VB.NET ist objektorientiert. Durch `Class Hallo` wird eine Klasse definiert. Eine Klasse ist ein Objekt, das einerseits das Programm strukturiert, das aber andererseits auch in der Lage ist, Elemente an seine Kinder zu vererben. Die Kinder einer Klasse nennt man abgeleitete Klassen, und die Elemente einer Klasse bezeichnet man als Mitglieder der Klasse. Dies können Konstanten, Variablen, Funktionen oder auch Klassen sein. Die Funktionen einer Klasse heißen Methoden. `Main( )` ist eine Methode. `Main( )` ist das Hauptprogramm, also die Methode, die als erste abgearbeitet wird. `Sub` bedeutet, dass die Methode `Main( )` beim Beenden keinen Wert zurückgibt, während `Shared` dafür sorgt, dass `Main( )` sofort beim Programmstart aufgerufen werden kann. Dies wird später noch näher erläutert. Die Methode `Main( )` endet mit `End Sub`. In der Methode `Main( )` des Beispiels 1.1_3 steht eine einzige Anweisungen, die die Ausgabe der Zeichenkette `"Hallo!"` bewirkt.

1.2 Namensräume und Klassen

```
' Datei Forms1.2_1.vb

Imports System
Imports System.Drawing
Imports System.Windows.Forms

Namespace Forms1_2_1
  Public Class Form1_2_1
    Inherits Form

    Public Sub New()
      Text="Beispiel 1.2_1"
      ClientSize = new Size(180, 80)
    End Sub

  End Class
End Namespace
```

Das Programm definiert einen Namensraum `Forms1_2_1` und eine Klasse `Form1_2_1`, die zum Namensraum `Forms1_2_1` gehört. `Form1_2_1` ist von der Klasse `Form` abgeleitet. Dadurch wird ein Fenster definiert. Der Konstruktor legt den Titel und die Fenstergröße fest. Es fällt jedoch auf, dass das Programm keine Methode `Main( )` besitzt. Es soll nämlich kein selbständig lauffähiges Programm, sondern eine Bibliotheksdatei, Dynamic Link Library, mit der Endung `.dll` gebildet werden. Das Programm wird mit der Compileroption `/t:library` übersetzt.

Um die mit dem Kompilieren verbundene Schreibarbeit zu verringern, empfiehlt es sich, Batchdateien anzulegen, die den Compiler mit unterschiedlichen Optionen und den erforderlichen Dlls aufrufen.

Die Datei `vb.bat`:

```
@echo off
vbc /r:Microsoft.VisualBasic.dll,
System.Configuration.Install.dll,
System.Data.dll,System.Design.dll,
System.DirectoryServices.dll,
System.dll,System.Drawing.Design.dll,
System.Drawing.dll,
System.EnterpriseServices.dll,
System.Management.dll,
System.Messaging.dll,
System.Runtime.Remoting.dll,
System.Runtime.Serialization.Formatters.Soap.dll,
System.Security.dll,
```

```
System.ServiceProcess.dll,
System.Web.dll,
System.Web.RegularExpressions.dll,
System.Web.Services.dll,
System.Windows.Forms.Dll,
System.XML.dll %1 %2 %3 %4 %5 %6 %7 %8 %9
```

Die Batchdatei besitzt zwei Zeilen. In der ersten Zeile steht `@echo off`, und in der zweiten Zeile steht der gesamte Rest der oben aufgeführten Optionen inklusive aller Dlls.

Die Datei `vb.bat`: (abgekürzt dargestellt)

```
@echo off
vbc /r:. . .dll,. . .dll %1 . . . %9
```

Bibliotheksdateien werden mit der Option `/t:library` kompiliert.

Die Datei `vblib.bat`: (abgekürzt dargestellt)

```
@echo off
vbc /t:library /r:. . .dll,. . .dll %1 . . . %9
```

Windows Anwendungen werden mit der Option `/t:winexe` kompiliert.

Die Datei `vbwin.bat`: (abgekürzt dargestellt)

```
@echo off
vbc /t:winexe /r:. . .dll,. . .dll %1 . . . %9
```

Es ist vorteilhaft, die Batchdateien im Verzeichnis

`C:\WINDOWS\Microsoft.NET\Framework\v1.1.4322`

anzulegen, in dem sich auch der Compiler `vbc.exe` befindet.

Die Datei `Forms1.2_1.vb` kann jetzt mit

```
vblib Forms1.2_1.vb
```

übersetzt werden. Dadurch wird die Datei `Forms1.2_1.dll` gebildet. Die Datei 1.2_1.vb verwendet mit `Imports Forms1_2_1` den von dieser Dll zur Verfügung gestellten Namensraum.

```
' Datei 1.2_1.vb
Imports System.Windows.Forms
Imports Forms1_2_1

Class Appl_2_1
  Shared Sub Main()
    Application.Run(New Form1_2_1())
  End Sub
End Class
```

Das Programm wird mit

```
vbwin /r:Forms1.2_1.dll  1.2_1.vb
```

übersetzt. Da `1.2_1.exe` eine Windows Anwendung ist, wird beim Starten mit Doppelklick nur das Programm selbst gestartet, aber keine Eingabeaufforderung geöffnet. Die Bibliotheksdatei muss mit `/r:Forms1.2_1.dll` angegeben werden. Das Programm kann nur dann übersetzt werden und ist nur dann lauffähig, wenn die Datei `Forms1.2_1.dll` existiert und auffindbar ist.

Ein Objekt wird durch eine Klasse mit Hilfe des Schlüsselwortes `Class` definiert. Damit ist das Objekt zwar definiert aber noch nicht verwendbar. Auf die Mitglieder einer Klasse kann man erst dann zugreifen, wenn mit Hilfe des Schlüsselwortes `New` eine Instanz der Klasse gebildet worden ist.

```
Class abc
  Public x As Integer
  Public Shared y As Integer
  . . .
End Class
```

`abc` ist eine Klasse.

```
Dim a As abc
```

`a` ist eine Variable vom Typ `abc`. Statt `Dim` können weitere Schlüsselwörter, zB. `Public`, verwendet werden. Die Bedeutung dieser Schlüsselwörter wird später erläutert.

```
a = New abc( )
```

`a` ist eine Instanz von `abc`.

```
a.x = 5
```

Dies ist ein Zugriff auf das Mitglied `x` der Klasse `abc` über die Instanz `a`. Eine Ausnahme bilden Mitglieder, die als `Shared` vereinbart sind. Auf diese greift man mit Hilfe des Klassennamens zu, ohne eine Instanz der Klasse zu bilden.

Die Anweisung

```
abc.y = 6
```

ist zulässig, weil `y` `Shared` vereinbart ist. Die Anweisung

```
abc.x = 5
```

ist nicht zulässig, weil `x` nicht `Shared` vereinbart ist. Die Anweisung

```
a.y = 6
```

ist nicht zulässig, weil `y` `Shared` vereinbart ist.

Beispiel 1.2_2 bildet die Instanzen a und b der Klasse abc. Man kann a.x und b.x unterschiedliche Werte zuweisen. Auf das Shared vereinbarte y kann man nur mit abc.y zugreifen. Daher besitzt y in beiden Instanzen den gleichen Wert.

```
' Datei: 1.2_2.vb

Imports System

Class abc
  Public x As Integer
  Public Shared y As Integer
End Class

Class Haupt
  Shared Sub Main()
    Dim a As abc = new abc()
    Dim b As abc = new abc()

    a.x   = 5
    abc.y = 6
    b.x   = 7

    Console.WriteLine("a.x   = {0}",a.x)
    Console.WriteLine("abc.y = {0}",abc.y)
    Console.WriteLine("b.x   = {0}",b.x)
  End Sub
End Class
```

Die Datei 1.2_2.vb wird mit

```
vb 1.2_2.vb
```

übersetzt. Nach dem Programmstart erscheint die Ausgabe:

```
a.x   = 5
abc.y = 6
b.x   = 7
```

Im nachfolgenden Beispiel werden x und y durch den Konstruktor der Klasse abc initialisiert. Während a.x und b.x unterschiedliche Werte aufnehmen können, gibt es keinen Unterschied zwischen a.y und b.y. Es gibt nämlich wegen der Shared Vereinbarung nur ein abc.y, dem zuerst der Wert 6 und anschließend 8 zugewiesen wird.

```
' Datei: 1.2_3.vb

Imports System

Class abc
  Dim x As Integer

  Shared y As Integer

  Sub New(ByVal w1 As Integer, ByVal w2 As Integer)
    x = w1
    y = w2
  End Sub

  Function getx() As Integer
    return x
  End Function

  Function gety() As Integer
    return y
  End Function
End Class


Class Haupt
  Shared Sub Main()
    Dim a As New abc(5, 6)
    Dim b As New abc(7, 8)

    Console.WriteLine("a.x = {0}",a.getx())
    Console.WriteLine("a.y = {0}",a.gety())
    Console.WriteLine("b.x = {0}",b.getx())
    Console.WriteLine("b.y = {0}",b.gety())
  End Sub
End Class
```

Ausgabe:

```
a.x = 5
a.y = 8
b.x = 7
b.y = 8
```

Vererbung und weitere Gegebenheiten im Zusammenhang mit Klassen werden im Kapitel 3 beschrieben.

1.3 Standard Ein- und Ausgabe

```
' Datei: 1.3_1.vb

Imports System
Imports Microsoft.VisualBasic

class Hallo
  Shared Sub Main()
    Dim x, y, z As Integer

    Console.Write("x: ")
    x = Integer.Parse(Console.ReadLine())

    Console.Write("y: ")
    y = Integer.Parse(Console.ReadLine())
    z = x + y

    Console.WriteLine(vbLf & "x = {0}" & vbLf & _
       "y = {1}" & vbLf & "z = x + y = {2}", x, y, z)
  End Sub
End Class
```

Wenn man nach dem Programmstart `11` eingibt und `Enter` drückt und danach `22` eingibt und wiederum `Enter` drückt, so sehen Ein- und Ausgabe dieses Programms folgendermaßen aus.

Eingabe:

```
x: 11
y: 22
```

Ausgabe:

```
x = 11
y = 22
z = x + y = 33
```

Die Anweisung `Console.Write("x: ")` schreibt `x :` in die Eingabeaufforderung. Anschließend wird mit `Console.ReadLine( )` ein String eingelesen.

```
x = Integer.Parse(Console.ReadLine())
```

Dieser String wird mit `Integer.Parse` in eine Integerzahl umgewandelt und dann der Variablen `x` zugewiesen. Der Vorgang wiederholt sich für `y`. Die Summe von `x` und `y` wird berechnet und der Variablen `z` zugewiesen.

`Console.WriteLine` schreibt in die Eingabeaufforderung und wechselt die Zeile. Als Parameter werden ein String und die drei Integervariablen `x`, `y` und `z` übergeben. Der String enthält Zeilenwechsel `vbLf` und Platzhalter `{0}` `{1}` `{2}` für die Ausgabe der Werte von `x`, `y` und `z`.

1.4 Datentypen und Typumwandlung

1.4.1 Datentypen

Class/Structure	Datentyp	
Byte	Byte	8-bit ganze Zahl ohne Vorzeichen
Int16	Short	16-bit ganze Zahl mit Vorzeichen
Int32	Integer	32-bit ganze Zahl mit Vorzeichen
Int64	Long	64-bit ganze Zahl mit Vorzeichen
Single	Single	32-bit Gleitkommazahl
Double	Double	64-bit Gleitkommazahl
Boolean	Boolean	logisch, true (richtig), false (falsch)
Char	Char	16-bit Unicode Schriftzeichen
Decimal	Decimal	96-bit Dezimalzahl
String	String	Zeichenkette
Object	Object	Die Wurzel der Objekthierarchie

Alle Datentypen sind Objekte. `String` und `Object` sind als `Class` vereinbart. Alle anderen Datentypen sind als `Structure` vereinbart. Die Begriffe `Structure` und `Class` werden in den Kapiteln 2 und 3 erläutert.

Die kleinsten und größten darstellbaren Werte der numerischen Datentypen:

```
' Datei 1.4_1.vb

Imports System

Class Typen
   Shared Sub Main()
      Console.WriteLine("   Byte.MinValue = {0}",Byte.MinValue)
      Console.WriteLine("   Byte.MaxValue = {0}",Byte.MaxValue)
      Console.WriteLine("  Short.MinValue = {0}",Short.MinValue)
      Console.WriteLine("  Short.MaxValue = {0}",Short.MaxValue)
      Console.WriteLine("Integer.MinValue = {0}",Integer.MinValue)
      Console.WriteLine("Integer.MaxValue = {0}",Integer.MaxValue)
      Console.WriteLine("   Long.MinValue = {0}",Long.MinValue)
      Console.WriteLine("   Long.MaxValue = {0}",Long.MaxValue)
      Console.WriteLine(" Single.MinValue = {0}",Single.MinValue)
      Console.WriteLine(" Single.MaxValue = {0}",Single.MaxValue)
      Console.WriteLine(" Double.MinValue = {0}",Double.MinValue)
      Console.WriteLine(" Double.MaxValue = {0}",Double.MaxValue)
      Console.WriteLine("Decimal.MinValue = {0}",Decimal.MinValue)
      Console.WriteLine("Decimal.MaxValue = {0}",Decimal.MaxValue)
   End Sub
End Class
```

Ausgabe:

```
   Byte.MinValue = 0
   Byte.MaxValue = 255
  Short.MinValue = -32768
  Short.MaxValue = 32767
Integer.MinValue = -2147483648
Integer.MaxValue = 2147483647
   Long.MinValue = -9223372036854775808
   Long.MaxValue = 9223372036854775807
 Single.MinValue = -3,402823E+38
 Single.MaxValue = 3,402823E+38
 Double.MinValue = -1,79769313486232E+308
 Double.MaxValue = 1,79769313486232E+308
Decimal.MinValue = -79228162514264337593543950335
Decimal.MaxValue = 79228162514264337593543950335
```

Die Datentypen `Decimal`, `Double` und `Single` im Vergleich:

```
' Datei 1.4_2.vb

Imports System

Class Dezimalzahlen
    Shared Sub Main()
        Dim de As Decimal
        Dim db As Double
        Dim f As Single
        de = 47213412536457121461512412.671D
        db = 47213412536457121461512412.671R
        f  = 47213412536457121461512412.671F
        Console.WriteLine(de)
        Console.WriteLine(db)
        Console.WriteLine(f)
    End Sub
End Class
```

Ausgabe:

```
47213412536457121461512412,671
4,72134125364571E+25
4,721341E+25
```

Der Datentyp `Decimal` kann Zahlen mit und ohne Nachkommastellen mit einer Genauigkeit von 29 bis 30 Dezimalstellen darstellen. Gleitkommazahlen mit Exponent werden durch `Double` und `Single` repräsentiert, wobei `Double` eine Genauigkeit von 14 bis 15 Dezimalstellen besitzt und `Single` eine Genauigkeit von 6 bis 7 Dezimalstellen.

Der Datentyp Char:

```
' Datei 1.4_3.vb

Imports System
Imports Microsoft.VisualBasic

Class Zeichensatz
    Shared Sub Main()
        Dim j As Integer = 1
        Dim i As Integer
        For i = 30 To 127
          Console.Write("   {0:D3}: {1}", i, Chr(i))
          If j = 5 Then
               Console.WriteLine()
               j = 0
            End If
            j += 1
      Next
      Console.WriteLine()
    End Sub
End Class
```

Das Programm gibt einen Ausschnitt des Zeichensatzes aus. Hierzu wird eine Laufanweisung (For-Schleife) benutzt, in der die Laufvariable i von 30 bis 127 läuft. Die bedingte Anweisung (If-Anweisung) lässt die Variable j bis 5 zählen und bewirkt nach jeder fünften Ausgabe einen Zeilenwechsel. Die Umwandlung des Wertes der Variablen i von Integer in Char wird durch Chr(i) bewirkt.

Ausgabe:

```
   030:     031:     032:     033: !   034: "
   035: #   036: $   037: %   038: &   039: '
   040: (   041: )   042: *   043: +   044: ,
   045: -   046: .   047: /   048: 0   049: 1
   050: 2   051: 3   052: 4   053: 5   054: 6
   055: 7   056: 8   057: 9   058: :   059: ;
   060: <   061: =   062: >   063: ?   064: @
   065: A   066: B   067: C   068: D   069: E
   070: F   071: G   072: H   073: I   074: J
   075: K   076: L   077: M   078: N   079: O
   080: P   081: Q   082: R   083: S   084: T
   085: U   086: V   087: W   088: X   089: Y
   090: Z   091: [   092: \   093: ]   094: ^
   095: _   096: `   097: a   098: b   099: c
   100: d   101: e   102: f   103: g   104: h
   105: i   106: j   107: k   108: l   109: m
```

```
110: n    111: o    112: p    113: q    114: r
115: s    116: t    117: u    118: v    119: w
120: x    121: y    122: z    123: {    124: |
125: }    126: ~    127:
```

Der Datentyp `Boolean` repräsentiert die Werte `True` für wahr oder richtig und `False` für nicht wahr oder falsch.

```
' Datei 1.4_4.vb

Imports System

Class logisch
    Shared Sub Main()
        Dim i As Integer
        Dim b As Boolean

        i = 4
        b = i < 5
        Console.WriteLine(b)

        b = i > 5
        Console.WriteLine(b)
    End Sub
End Class
```

Da `i` gleich `4` und damit kleiner `5` ist, hat der Ausdruck `i < 5` den Wert `True`. Dieser Wert wird der Variablen `b` zugewiesen. `Console.WriteLine(b)` gibt daher `True` aus. Im zweiten Fall wird wegen `b = i > 5` der Wert `False` ausgegeben.

1.4.2 Typumwandlung

Die Methoden `Parse`, `Format` und `ToString` der .NET Klassenbibliothek, die eine Umwandlung zwischen dem Datentyp `String` und diversen anderen Datentypen mit gleichzeitiger kulturabhängiger Formatierung ermöglichen, werden im Abschnitt 2.2 erläutert.

Visual Basic verfügt über eine Zahl wirkungsvoller Umwandlungsfunktionen.

Asc	wandelt Char oder das erste Zeichen eines Strings in den numerischen ASCII-Code um.
AscW	wandelt Char oder das erste Zeichen eines Strings in den numerischen Unicode um.
Chr	wandelt den numerischen ASCII-Code in Char um.
ChrW	wandelt den numerischen Unicode in Char um.
Hex	wandelt eine Zahl in einen String mit hexadezimaler Darstellung um.

```
Oct     wandelt eine Zahl in einen String mit oktaler Darstellung um.
Str     wandelt eine Zahl in einen String mit dezimaler Darstellung um.
Val     wandelt String in Double oder Char in Integer um.
```

Beispiel 1.4_5 erläutert den Gebrauch der Funktionen am Beispiel von `Asc` und `Chr` sowie `Val` und `Str`.

```
' Datei 1.4_5.vb

Imports System
Imports Microsoft.VisualBasic

Class Typen
  Shared Sub Main()
    Console.WriteLine("Asc(""a""C) = {0}", Asc("a"C))
    Console.WriteLine("Asc(""aber"") = {0}", Asc("aber"))
    Console.WriteLine("Chr(97) = {0}", Chr(97))
    Console.WriteLine()
    Console.WriteLine("Val(""5""C) = {0}", Val("5"C))
    Console.WriteLine("Val(""521.67"") = {0}", Val("521.67"))
    Console.WriteLine("Val(""521,67"") = {0}", Val("521,67"))
    Console.WriteLine("Str(521.67) = {0}", Str(521.67))
  End Sub
End Class
```

Ausgabe:

```
Asc("a"C) = 97
Asc("aber") = 97
Chr(97) = a

Val("5"C) = 5
Val("521.67") = 521,67
Val("521,67") = 521
Str(521.67) =  521.67
```

Die Funktion `Asc` wertet nur den ersten Buchstaben des Strings `"aber"` aus. Dadurch führen die ersten beiden Umwandlungen zu einem identischen Ergebnis. Die Funktion `Val` wandelt ein Zeichen vom Typ `Char` in eine Zahl vom Typ `Integer` um, und ein String wird in eine Zahl vom Typ `Double` umgewandelt. `Console.WriteLine` gibt Zahlen kulturabhängig aus. Da das dezimale Trennzeichen im deutschen Sprachraum das Komma ist, steht in der drittletzten Zeile der Ausgabe `521,67`. In dem String, der der Funktion `Val` als Parameter übergeben wird, muss jedoch immer der Dezimalpunkt verwendet werden. Die vorletzte Zeile der Ausgabe zeigt deutlich, dass das Komma nicht als dezimales Trennzeichen erkannt wird. `Str` wandelt eine Zahl in einen String unter Verwendung des Dezimalpunktes um. (vgl. 2.2)

Visual Basic .NET stellt weitere Umwandlungsfunktionen zur Verfügung.

```
CBool    wandelt einen Ausdruck in den Datentyp Boolean um.
CByte    wandelt einen Ausdruck in den Datentyp Byte um.
CChar    wandelt einen Ausdruck in den Datentyp Char um.
CDate    wandelt einen Ausdruck in den Datentyp Date um.
CDec     wandelt einen Ausdruck in den Datentyp Decimal um.
CDbl     wandelt einen Ausdruck in den Datentyp Double um.
CInt     wandelt einen Ausdruck in den Datentyp Integer um.
CLng     wandelt einen Ausdruck in den Datentyp Long um.
CObj     wandelt einen Ausdruck in den Datentyp Object um.
CShort   wandelt einen Ausdruck in den Datentyp Short um.
CSng     wandelt einen Ausdruck in den Datentyp Single um.
CStr     wandelt einen Ausdruck in den Datentyp String um.
CType    wandelt einen Ausdruck in den angegebenen Datentyp um.
```

```
' Datei 1.4_6.vb

Imports System
Imports System.Drawing

Class Typen
  Shared Sub Main()
    Dim a, c As Double, b As Integer
    a = 25.89 : b = 10
    c = a * b
    Console.WriteLine("c                  = {0}", c)
    Console.WriteLine("CInt(c)            = {0}", CInt(c))
    Console.WriteLine("CType(c, Integer) = {0}", CType(c, Integer))
    Console.WriteLine()
    Console.WriteLine("a*b-0.5            = {0}", a*b-0.5)
    Console.WriteLine("CInt(a*b-0.5)      = {0}", CInt(a*b-0.5))
    Console.WriteLine()
    Console.WriteLine("CStr(199.33)       = {0}", CStr(199.33))
  End Sub
End Class
```

Ausgabe:

```
c                 = 258,9
CInt(c)           = 259
CType(c, Integer) = 259

a*b-0.5           = 258,4
CInt(a*b-0.5)     = 258

CStr(199.33)      = 199,33
```

Die Variable `c` ist vom Typ `Double`. Ihr Wert `258.9` wird zuerst mit `CInt(c)` und anschließend mit `CType(c, Integer)` in eine Integerzahl umgewandelt. Da die genannten Umwandlungsfunktionen auf- und abrunden, wird `258.9` auf `259` aufgerundet. Der Ausdruck `a*b-0.5` ergibt `258.4`. Bei der Umwandlung mit `CInt` wird in diesem Fall auf `258` abgerundet. `CStr` bietet eine weitere Möglichkeit Zahlen in Strings umzuwandeln.

1.5 Zeichen- und Zeichenkettenliterale

Zeichenkettenliterale stehen in Anführungszeichen. Sie können Variablen vom Typ `String` zugewiesen werden. Die Zeichenfolge

```
"Guten Tag"
```

ist ein Zeichenkettenliteral. Die Anführungszeichen begrenzen die Zeichenkette. Sie sind jedoch nicht Bestandteil der Zeichenkette. Ein Anführungszeichen wird innerhalb einer Zeichenkette als doppeltes Anführungszeichen geschrieben. Will man also ironisch zum Ausdruck bringen, dass wir heute `einen "guten" Tag` haben, so muss man das Zeichenkettenliteral folgendermaßen definieren:

```
"einen ""guten"" Tag"
```

Die Anweisung

```
Console.WriteLine("einen ""guten"" Tag")
```

führt zu der Ausgabe:

```
einen "guten" Tag
```

Auch eine Zeichenkette mit nur einem Zeichen ist eine Zeichenkette mit dem Datentyp `String`. Hängt man dieser speziellen Zeichenkette ein `C` an, so definiert man ein Zeichen mit dem Datentyp `Char`.

```
String: "x"
Char:   "x"C
```

Zeichen können auch mit Hilfe der Funktion `Chr` definiert werden. So ist `Chr(65)` ein A, `Chr(97)` ein a und `Chr(32)` ein Leerzeichen. Darüber hinaus gibt es eine Reihe vordefinierter Zeichen.

VB-Zeichen	Chr-Funktion	Bedeutung
vbCrLf	Chr(13) + Chr(10)	Wagenrücklauf - Zeilenvorschub
vbCr	Chr(13)	Wagenrücklauf
vbLf	Chr(10)	Zeilenvorschub
vbNewLine	Chr(13) + Chr(10)	Wagenrücklauf - Zeilenvorschub
vbNullChar	Chr(0)	Nullzeichen
vbTab	Chr(9)	Tabulator
vbBack	Chr(8)	Rückschritt

Beispiel 1.5_1 definiert eine etwas eigenwillig aussehende Zeichenfolge. Die Zeichenkette ist in Anführungszeichen eingeschlossen. Diese äußeren Anführungszeichen werden nicht ausgegeben. Die Ausgabe beginnt daher mit `Hallo` gefolgt von einem Zeilenwechsel `vbCrLf`. Anschließend folgt mit `Chr(34)` ein Anführungszeichen. Das hexadezimal angegebene Zeichen `Chr(&H20)` entspricht dem dezimalen `Chr(32)` und ist ein Leerzeichen. `Chr(&H40)` ist der hexadezimal definierte Kletteraffe `@`. Am Ende stehen 3 Anführungszeichen. Die ersten beiden dieser Anführungszeichen definieren ein Anführungszeichen, während das dritte das abschließende Begrenzungszeichen ist.

```
' Datei 1.5_1.vb

Imports System
Imports Microsoft.VisualBasic

Class Haupt
  Shared Sub Main()
    Console.WriteLine("Hallo" & _
      vbCrLf & Chr(34) & "\@" & Chr(&H20) & _
      "Holla " & Chr(&H40) & "\""")
  End Sub
End Class
```

Ausgabe:

```
Hallo
"\@ Holla @\"
```

Boolean-Literale, logische Konstanten:

```
True   wahr, richtig
False  nicht wahr, falsch
```

Numerische Konstanten:

```
125S       ganze Zahl 16 bit (Short)
3465L      ganze Zahl 64 bit (Long)
125I       ganze Zahl 32 bit (Integer)
15.33F     Gleitkommazahl 32 bit (Single)
346.38     Gleitkommazahl 64 bit (Double)
346.38R    Gleitkommazahl 64 bit (Double)
1.234D     Dezimalzahl 96 bit (Decimal)
&H2A       Hexadezimalzahl, entspricht 42 dezimal
&O71       Oktalzahl, entspricht 57 dezimal
```

Beispiel 1.5_2 verwendet die oben aufgeführten numerischen Konstanten. Es werden zunächst Variablen mit den entsprechenden Datentypen vereinbart. Anschließend werden diesen Variablen Werte zugewiesen, und zum Schluss werden die Werte ausgegeben.

```
' Datei 1.5_2.vb

Imports System
Imports Microsoft.VisualBasic

Class Haupt
  Shared Sub Main()
    Dim i As Integer
    Dim l As Long
    Dim f As Single
    Dim dou As Double
    Dim dec As Decimal

    i   = 125
    l   = 3465L
    f   = 15.33F
    dou = 346.38
    dec = 1.234D

    Console.WriteLine("{0}" & vbLF & "{1}" & vbLF, i, l)
    Console.WriteLine("{0}" & vbLF & "{1}" & vbLF & "{2}", f, dou, dec)
  End Sub
End Class
```

Ausgabe:

```
125
3465

15,33
346,38
1,234
```

1.6 Operatoren und mathematische Funktionen

Man unterscheidet zwischen unären und binären Operatoren. Die unären Operatoren arbeiten mit einem Operanden und die binären mit zwei Operanden. In der Anweisung `a = -b` ist das Minuszeichen ein unärer Operator, während bei `a = b - c` das Minuszeichen ein binärer Operator ist. In den folgenden Tabellen sind sowohl unäre als auch binäre Operatoren aufgelistet.

Arithmetische Operatoren:

+	Addition oder Vorzeichen
-	Subtraktion oder Vorzeichen (Negation)
*	Multiplikation
/	Division
\	ganzzahlige Division
^	Potenzieren a ^ b bedeutet a^b
Mod	Modulo, Rest der ganzzahligen Division
+=	Addition und Wertzuweisung, a += b entspricht a = a + b
-=	Subtraktion und Wertzuweisung, a -= b entspricht a = a - b
*=	Multiplikation und Wertzuweisung, a *= b entspricht a = a * b
/=	Division und Wertzuweisung, a /= b entspricht a = a / b
\=	ganzzahlige Division und Wertzuw., a \= b entspricht a = a \ b
^=	Potenzieren und Wertzuweisung, a ^= b entspricht a = a ^ b

```
' Datei 1.6_1.vb

Imports System

Class Haupt
  Shared Sub Main()
    Dim a = 20

    a += 25
    Console.WriteLine(a)
    a *= 2
    Console.WriteLine(a)
    a -= 90
    Console.WriteLine(a)

    Console.WriteLine(155.0 / 20)
    Console.WriteLine(155 \ 20)
    Console.WriteLine(155 Mod 20)
  End Sub
End Class
```

Ausgabe:

```
45
90
0
7,75
7
15
```

Die Variable a hat den Wert 20. Es wird 25 addiert und das Ergebnis wieder der Variablen a zugewiesen. Die Ausgabe zeigt das Ergebnis. Nach dem gleichen Prinzip laufen die nächsten Operationen ab. Die letzten drei Zeilen demonstrieren die Division mit Gleitkommazahlen und ganzen Zahlen und die Modulo-Operation. `155.0 / 20` liefert das Ergebnis `7.75`, das in der deutschen Version als `7,75` ausgegeben wird. `155.0` ist ein Literal vom Datentyp `Double`. Infolgedessen wird die `20`, die vom Typ `Integer` ist implizit nach `Double` umgewandelt, und dann erst wird die Division ausgeführt. Das Ergebnis ist vom Typ Double. `155 \ 20` liefert das Ergebnis `7`, weil bei der ganzzahligen Division mit `\` sämtliche Nachkommastellen abgeschnitten werden. Bei dieser Division bleibt der Rest `15`, der am Ende des Beispiels mit der Modulo-Operation ermittelt wird.

Vergleichsoperatoren:

```
=       gleich, Vergleich auf Gleichheit
<>      nicht gleich
>       größer
<       kleiner
>=      größer gleich
<=      kleiner gleich
Like    vergleicht Zeichenfolgen
Is      vergleicht Objektverweise
```

Logische/bitweise Operatoren:

```
And     logisches/bitweises und
AndAlso logisches und mit Kurzschluss
Or      logisches/bitweises oder
OrElse  logisches oder mit Kurzschluss
Xor     logisches/bitweises exklusivoder
Not     logisches nicht
```

Beispiel 1.6_2 enthält logische und bitweise Operationen.

```
' Datei 1.6_2.vb

Imports System

Class Haupt
  Shared Sub Main()
    Dim a As Integer = 20
    Dim b As Integer = 15
    Dim c, d As Boolean
```

```
        c = True
        Console.WriteLine("c        = {0}", c)
        d = a = b
        Console.WriteLine("d        = {0}", d)
        Console.WriteLine("c oder d = {0}", c Or d)
        Console.WriteLine("c und  d = {0}", c And d)

        a = 8
        b = 4
        Console.WriteLine()
        Console.WriteLine("a bitweise oder b            = {0}", a Or b)
        Console.WriteLine("a bitweise und  b            = {0}", a And b)
    End Sub
End Class
```

Ausgabe:

```
c        = True
d        = False
c oder d = True
c und  d = False

a bitweise oder b            = 12
a bitweise und  b            = 0
```

Im ersten Teil des Programms werden logische Operationen ausgeführt, bei denen es nur die Werte `True` und `False` gibt. In der Anweisung `d = a = b` ist das erste Gleichheitszeichen eine Wertzuweisung an d, die ausgeführt wird, nachdem der Ausdruck `a = b` ausgewertet worden ist. Der Vergleich `a = b` ergibt `False`, da `a` und `b` verschieden voneinander sind. Weil `c` den Wert `True` besitzt, ergibt die Oder-Verknüpfung `True`, während die Und-Verknüpfung `False` ergibt. Der zweite Teil des Programms demonstriert bitweise Verknüpfungen. Es werden die `8` dual `1000` und die `4` dual `0100` verknüpft.

Oder-Verknüpfung:

```
1000
0100
-----------------------
1100 entspricht 12 dezimal
```

Und-Verknüpfung:

```
1000
0100
-----------------------
0000 entspricht 0 dezimal
```

Der Operator `Like` vergleicht eine Zeichenfolge mit einem Zeichenmuster. Im Zeichenmuster können Symbole mit besonderer Bedeutung verwendet werden.

Mit dem Like-Operator verwendete Symbole:

*	kein, ein oder mehrere beliebige Zeichen
?	genau ein beliebiges Zeichen
#	genau eine Ziffer
[*Bereich*]	liefert True, wenn das Zeichen im Bereich enthalten ist
[!*Bereich*]	liefert True, wenn das Zeichen nicht im Bereich enthalten ist

Beispiel 1.6_3 zeigt die Verwendung des Like-Operators.

"A" Like "A"	ist True, da zwei gleiche Zeichen verglichen werden.
"X" Like "[A-Z]"	ist True, da das große X in dem Bereich der Großbuchstaben A-Z enthalten ist.
"x" Like "[!A-Z]"	ist True, da dem Bereich A-Z ein Ausrufzeichen vorangestellt ist.
"xz" Like "x*z"	ist True, da x und z übereinstimmen und der Stern in diesem Fall für kein Zeichen steht.
"xyz" Like "x*z"	ist True, da x un z übereinstimmen und der Stern in diesem Fall für ein beliebiges Zeichen steht.
"xyyz" Like "x*z"	ist True, da x un z übereinstimmen und der Stern in diesem Fall für mehrere beliebige Zeichen steht.
"xz" Like "x?z"	ist False, da das Fragezeichen für genau ein beliebiges Zeichen steht.
"xyz" Like "x?z"	ist True, da x und z übereinstimmen und das Fragezeichen für genau ein beliebiges Zeichen, das y, steht.
"xyyz" Like "x?z"	ist False, da das Fragezeichen für genau ein beliebiges Zeichen steht.
"xyz" Like "x#z"	ist False, da das # für eine Ziffer steht.
"x7z" Like "x#z"	ist True, da das # für eine Ziffer, die 7, steht.

Die Zeile

```
Dim s As Boolean = "Wx7z" Like "W[a-z]#[!A-Z]"
```

vereinbart `s` als boolsche Variable und initialisiert diese mit dem Ergebnis des Vergleichsausdrucks. Das Ergebnis ist `True`. Das W vor `Like` stimmt mit dem W hinter `Like` überein, das `x` ist in `a-z` enthalten, die `7` ist passend zum # eine Ziffer, und das `z` ist nicht, man beachte das `!`, in `A-Z` enthalten.

Wie die Anweisung

```
s = "B" Like "[A,B,C,U-Z]"
```

zeigt, kann ein Bereich auch mit einzelnen durch Kommata getrennten Zeichen definiert oder ergänzt werden. Der Variablen `s` wird offensichtlich der Wert `True` zugewiesen.

```
' Datei 1.6_3.vb

Imports System

Class Haupt
  Shared Sub Main()
    Console.WriteLine( _
      """A""    Like ""A""              : {0}", "A" Like "A")
    Console.WriteLine( _
      """X""    Like ""[A-Z]""          : {0}", "X" Like "[A-Z]")
    Console.WriteLine( _
      """x""    Like ""[!A-Z]""         : {0}", "x" Like "[!A-Z]")
    Console.WriteLine( _
      """xz""   Like ""x*z""            : {0}", "xz" Like "x*z")
    Console.WriteLine( _
      """xyz""  Like ""x*z""            : {0}", "xyz" Like "x*z")
    Console.WriteLine( _
      """xyyz"" Like ""x*z""            : {0}", "xyyz" Like "x*z")
    Console.WriteLine( _
      """xz""   Like ""x?z""            : {0}", "xz" Like "x?z")
    Console.WriteLine( _
      """xyz""  Like ""x?z""            : {0}", "xyz" Like "x?z")
    Console.WriteLine( _
      """xyyz"" Like ""x?z""            : {0}", "xyyz" Like "x?z")
    Console.WriteLine( _
      """xyz""  Like ""x#z""            : {0}", "xyz" Like "x#z")
    Console.WriteLine( _
      """x7z""  Like ""x#z""            : {0}", "x7z" Like "x#z")

    Dim s As Boolean = "Wx7z" Like "W[a-z]#[!A-Z]"
    Console.WriteLine( _
      """Wx7z"" Like ""W[a-z]#[!A-Z]"": {0}", s)

    s = "B" Like "[A,B,C,U-Z]"
    Console.WriteLine( _
      """B""    Like ""[A,B,C,U-Z]""    : {0}", s)
  End Sub
End Class
```

Ausgabe:

```
"A"    Like "A"              : True
"X"    Like "[A-Z]"          : True
"x"    Like "[!A-Z]"         : True
"xz"   Like "x*z"            : True
"xyz"  Like "x*z"            : True
"xyyz" Like "x*z"            : True
"xz"   Like "x?z"            : False
"xyz"  Like "x?z"            : True
"xyyz" Like "x?z"            : False
"xyz"  Like "x#z"            : False
"x7z"  Like "x#z"            : True
"Wx7z" Like "W[a-z]#[!A-Z]": True
"B"    Like "[A,B,C,U-Z]"    : True
```

Mathematische Funktionen:

Abs	Absolutwert, Abs(a) entspricht a = a wenn a >=0 und a = -a wenn a < 0
Sqrt	Quadratwurzel
Pow	Pow(x,y) entspricht x^y
Exp	Exp(x) entspricht e^x, wobei e die Basis der natürlichen Logarithmen ist
Log	natürlicher Logarithmus, Logarithmus zur Basis e
Log10	Logarithmus zur Basis 10
Sin	Sinus
Asin	Arcussinus
Sinh	Sinushyperbolicus
Cos	Cosinus
Acos	Arcuscosinus
Cosh	Cosinushyperbolicus
Tan	Tangens
Atan	Arcustangens
Tanh	Tangenshyperbolicus
Round	Runden, die Ziffern 1 bis 4 werden abgerundet, darüber wird aufgerundet
Ceiling	Aufrunden
Floor	Abrunden
Max	Max(a,b) ist der größere der Werte a und b
Min	Min(a,b) ist der kleinere der Werte a und b
Sign	Vorzeichen, Sign(a) ist 1 wenn a >= 0 und -1 wenn a < 0

Mathematische Konstanten:

E	e, die Basis der natürlichen Logarithmen, 2,71828
PI	π,das Verhältnis von Umfang zu Durchmesser beim Kreis, 3,14159265

```
' Datei 1.6_4.vb

Imports System

Class Haupt
  Shared Sub Main()
    Dim a As Double
    a = Math.Sqrt(3.0*3.0+4.0*4.0)
    Console.WriteLine( _
      "Wurzel aus 3 quadrat plus 4 quadrat = {0:f2}", a)

    a = Math.Sin(30.0*Math.PI/180.0)
    Console.WriteLine( _
      "Sinus von 30 Grad                   = {0:f2}", a)
  End Sub
End Class
```

Ausgabe:

```
Wurzel aus 3 quadrat plus 4 quadrat = 5,00
Sinus von 30 Grad                   = 0,50
```

Die mathematischen Funktionen und Konstanten gehören zur Klasse `Math`. `Math.Sqrt` berechnet die Quadratwurzel. Die Zahlen `3.0` und `4.0` sind mit Dezimalpunkt geschrieben. Dadurch sind sie vom Typ `Double` und passen zur Definition der Funktion `Sqrt`. Die Winkelfunktionen erwarten Werte im Bogenmaß. Deshalb muss eine Umwandlung mit `30.0*Math.PI/180.0` stattfinden, bevor der Sinus von 30 Grad berechnet werden kann.

1.7 Konstanten und Variablen

Variablen werden durch Name und Typ vereinbart. Es dürfen mehrere Variablennamen durch Kommata getrennt angegeben werden. Die Vereinbarung `Dim a, b, c As Integer` definiert drei Variablen vom Typ Integer. Variablen dürfen beliebig oft Werte zugewiesen werden.

Die Vereinbarung von Konstanten enthält das Schlüsselwort `Const`. Konstanten müssen initialisiert werden. Der Wert der Konstanten kann im weiteren Verlauf des Programms nicht mehr geändert werden.

In Beispiel 1.7_1 ist `a` eine Konstante, die mit `7.1` initialisiert ist. Dagegen ist `b` eine Variable, die nacheinander die Werte `8.2` und `9.3` zugewiesen bekommt.

```
' Datei 1.7_1.vb
Imports System
Class Haupt
  Shared Sub Main()
```

```
    Const a As Double = 7.1
    Dim b As Double

    b = 8.2
    Console.WriteLine(a*b)

    b = 9.3
    Console.WriteLine(a*b)
  End Sub
End Class
```

1.8 Kontrollstrukturen, Ablaufsteuerung

Kontrollstrukturen dienen der Ablaufsteuerung. Bedingte Anweisungen lassen das Programm verzweigen. Sprunganweisungen setzen das Programm an einer anderen Stelle fort. Laufanweisungen, auch Schleifen genannt, wiederholen eine oder mehrere Anweisungen. Syntaktische Begriffe wie *Bedingung* oder *Anweisung* werden in den nun folgenden Abschnitten kursiv dargestellt.

1.8.1 Die If-Anweisung

```
If Bedingung Then Anweisung
```

oder

```
If Bedingung Then
  Anweisung
  Anweisung
  . . .
End If
```

Die Anweisung oder die Anweisungen werden nur dann ausgeführt, wenn die Bedingung `True` ergibt. Die If-Anweisung kann einzeilig geschrieben werden. Es kann aber auch eine Folge von Anweisungen durch `If` und `End If` geklammert werden.

```
' Datei 1.8_1.vb

Imports System
Imports Microsoft.VisualBasic

Class Haupt
  Shared Sub Main()
    Dim a As Integer
    Console.Write("Geben Sie eine Zahl von 1 bis 100 ein: ")
    a = Integer.Parse(Console.ReadLine())
    If a >= 1 And a <= 100 Then
      Console.WriteLine(vbCrLf & "Die Zahl ist {0}" & vbCrLf, a)
```

```
    End If
  End Sub
End Class
```

Ein- Ausgabe:

```
Geben Sie eine Zahl von 1 bis 100 ein: 35
Die Zahl ist 35
```

Das Programm schreibt die Aufforderung, eine Zahl von `1` bis `100` einzugeben, in die Eingabeaufforderung und wartet dann auf die Eingabe. `Die Zahl ist ...` wird nur dann ausgegeben, wenn die eingegebene Zahl größer oder gleich `1` und kleiner oder gleich `100` ist.

1.8.2 Die vollständige Alternative mit Else

`If` *Bedingung* `Then` *Anweisung* `Else` *Anweisung*

oder

```
If Bedingung Then
  Anweisung
  Anweisung
  . . .
Else
  Anweisung
  Anweisung
  . . .
End If
```

Die Anweisung oder die Anweisungen vor `Else` werden ausgeführt, wenn die Bedingung `True` ist. Die Anweisung oder die Anweisungen nach `Else` werden ausgeführt, wenn die Bedingung `False` ist.

```
' Datei 1.8_2.vb

Imports System
Imports Microsoft.VisualBasic

Class Haupt
  Shared Sub Main()
    Dim a As Integer
    Console.Write("Geben Sie eine Zahl von 1 bis 100 ein: ")
    a = Integer.Parse(Console.ReadLine())
    If a >= 1 And a <= 100 Then
```

```
      Console.WriteLine(vbCrLf & "Die Zahl ist {0}" & vbCrLf, a)
    Else
      Console.WriteLine(vbCrLf & "voll daneben" & vbCrLf)
    End If
  End Sub
End Class
```

Ein- Ausgabe 1:

```
Geben Sie eine Zahl von 1 bis 100 ein: 55
Die Zahl ist 55
```

Ein- Ausgabe 2:

```
Geben Sie eine Zahl von 1 bis 100 ein: 200
voll daneben
```

1.8.3 Mehrfaches Verzweigen mit Select Case

```
Select Case Ausdruck
  Case Ausdruck
    Anweisung
    Anweisung
    . . .
  Case Ausdruck
    Anweisung
    Anweisung
    . . .
  Case Else
    Anweisung
    Anweisung
    . . .
End Select
```

Als *Ausdruck* darf eine Variable, ein numerischer Ausdruck, etwa `2*a+b`, und sogar ein String eingesetzt werden. Der hinter `Select Case` stehende Ausdruck wird mit den hinter `Case` stehenden Ausdrücken verglichen bis Gleichheit festgestellt wird. Die entsprechenden Anweisungen werden dann ausgeführt. Wird keine Übereinstimmung gefunden, so werden die Anweisungen hinter `Case Else` ausgeführt.

```
' Datei 1.8_3.vb

Imports System
Imports Microsoft.VisualBasic

Class Haupt
  Shared Sub Main()
```

```
    Dim a As Integer
    Console.Write( _
      "Geben Sie eine Zahl ein, deren Doppeltes _
      & "oder Dreifaches gleich 60 ist: ")
    a = Integer.Parse( Console.ReadLine() )
    Select Case a
      Case 2*10
        Console.WriteLine(vbCrLf & "20 ist richtig")
      Case 30
        Console.WriteLine(vbCrLf & "30 ist richtig")
      Case Else
        Console.WriteLine(vbCrLf & String.Format("{0} ist falsch", a))
    End Select
  End Sub
End Class
```

Ein- Ausgabe 1

```
Geben Sie eine Zahl ein, deren Doppeltes oder Dreifaches gleich 60 ist: 10
10 ist falsch
```

Ein- Ausgabe 2:

```
Geben Sie eine Zahl ein, deren Doppeltes oder Dreifaches gleich 60 ist: 20
20 ist richtig
```

Ein- Ausgabe 3:

```
Geben Sie eine Zahl ein, deren Doppeltes oder Dreifaches gleich 60 ist: 30
30 ist richtig
```

1.8.4 Die Funktionen Switch, IIf und Choose

Switch(*Bedingung 1*, *Ausdruck 1* , *Bedingung 2*, *Ausdruck 2*, . . .)

Wenn Bedingung 1 `True` ist, wird Ausdruck 1 zurückgegeben. Das Gleiche gilt für Bedingung 2 und Ausdruck 2 usw. Da der Rückgabewert vom Typ `Object` ist, können beliebige Ausdrücke eingesetzt werden. Wird als Bedingung `True` eingesetzt, so wird der dahinter stehende Ausdruck nur dann zurückgegeben, wenn keine der anderen Bedingungen wahr ist.

```
' Datei 1.8_4.vb

Imports System
Imports Microsoft.VisualBasic

Class Haupt
```

```
  Shared Sub Main()
    Dim a As Integer
    Console.Write( _
      "Geben Sie eine Zahl ein, deren Doppeltes _
      & "oder Dreifaches gleich 60 ist: ")
    a = Integer.Parse( Console.ReadLine() )
    Console.WriteLine(vbCrLf & Switch( _
      a = 2*10, "20 ist richtig", _
      a = 30, "30 ist richtig", _
      True, String.Format("{0} ist falsch", a)) _
      & vbCrLf)
  End Sub
End Class
```

Die Ein- und Ausgabe entspricht der des Beispiels 1.8_3.

`IIf(` *`Bedingung, Ausdruck 1, Ausdruck 2`* `)`

Die Funktion `IIf` gibt, wenn die Bedingung `True` ist, den Ausdruck 1 und andernfalls den Ausdruck 2 zurück. Die Anweisungen

```
a = IIf(b >= 1, b, 1)
a = IIf(a <= 5, a, 5)
```

grenzen den Index auf Werte von `1` bis `5` ein. Ist der Index kleiner als `1`, so wird er auf `1` gesetzt. Ist er größer als `5`, so wird er auf `5` gesetzt.

Die Funktion `Choose(` *`Index, Objekt1, Objekt2, . . .`* `)` gibt ein Objekt in Abhängigkeit vom Index zurück. Ist der Index gleich `1`, so wird Objekt1 zurückgegeben. Die Parameter *`Objekt1, Objekt2, . . .`* sind vom Typ `Object`. Es können daher beliebige Datentypen verwendet werden.

```
' Datei 1.8_5.vb

Imports System
Imports Microsoft.VisualBasic

Class Haupt
  Shared Sub Main()
    Dim a, b As Integer

    Console.Write("Geben Sie den Index ein: ")
    Try
      b = Integer.Parse( Console.ReadLine() )
    Catch ex As Exception
    End Try
```

```
    a = IIf(b >= 1, b, 1)
    a = IIf(a <= 5, a, 5)

    Dim s As String = Choose(a, _
      """1""", """2""", """3""", """4""", """5""")

    Console.WriteLine(s)
  End Sub
End Class
```

Ein- Ausgabe 1:

```
Geben Sie den Index ein:  -1
"1"
```

Ein- Ausgabe 2:

```
Geben Sie den Index ein:  3
"3"
```

Ein- Ausgabe 3:

```
Geben Sie den Index ein:  6
"5"
```

1.8.5 Die Sprunganweisung Goto

In vielen älteren Programmiersprachen ist Goto eine bevorzugte und häufig verwendete Anweisung. Mit den hier beschriebenen Kontrollstrukturen kann man Goto vollständig ersetzen. Es gibt sogar Programmiersprachen, die kein Goto enthalten. Trotzdem kann Goto sehr nützlich sein, wenn man von verschiedenen Stellen im Programm an eine bestimmte Stelle springen möchte.

```
' Datei 1.8_6.vb

Imports System
Imports Microsoft.VisualBasic

Class Haupt
  Shared Sub Main()
    Dim a, b As Integer
    Dim c As Char

    Anfang:

    Console.Write("Geben Sie eine Zahl ein: ")
    b = Integer.Parse( Console.ReadLine() )
```

```
    a = IIf(b >= 0, 2*b, -2*b)
    Console.WriteLine(a)

    Console.Write("Möchten Sie weiter machen? (j/n)")
    c = Char.Parse( Console.ReadLine() )
    if c = "j"C Then Goto Anfang
  End Sub
End Class
```

Ein- Ausgabe:

```
Geben Sie eine Zahl ein: 44
88
Möchten Sie weiter machen? (j/n) j
Geben Sie eine Zahl ein: 33
66
Möchten Sie weiter machen? (j/n) n
```

Damit man `Goto` verwenden kann, muss eine Sprungmarke definiert werden. Der Doppelpunkt macht `Anfang:` zu einer Sprungmarke. Falls `c` gleich `"j"C` ist, wird die Sprunganweisung `Goto Anfang` ausgeführt.

1.8.6 Die For-Schleife

```
For Variable = Anfangswert To Endwert
  Anweisung
  Anweisung
  . . .
Next
```

oder

```
For Variable = Anfangswert To Endwert Step Schrittweite
  Anweisung
  Anweisung
  . . .
Next
```

Die Laufvariable `i` in der Laufanweisung `For i = 1 To 10` wird zuerst mit dem Wert `1` initialisiert. Vor jedem Schleifendurchlauf, auch vor dem ersten, wird die Laufgrenze überprüft. Nach jedem Durchlauf wird die Laufvariable um `1` erhöht. Diese Schleife hat also `10` Durchläufe, wobei `i` die Werte von `1` bis `10` annimmt. Ist eine Schrittweite mit `Step` angegeben, so wird die Laufvariable nach jedem Durchlauf um die Schrittweite erhöht. Wenn die Schrittweite negativ ist, wird abwärts gezählt. Mit `Exit For` kann die Schleife abgebrochen werden. Das Programm wird dann hinter `Next` fortgesetzt.

```
' Datei 1.8_7.vb

Imports System

Class Haupt

  Shared Sub Main()
    Dim i As Integer

    For i = 1 To 20
      Console.WriteLine("{0} hoch 2 = {1}", _
        i.ToString().PadLeft(5), (i*i).ToString().PadLeft(5))
    Next

  End Sub

End Class
```

Ausgabe:

```
    1 hoch 2 =     1
    2 hoch 2 =     4
    3 hoch 2 =     9
    4 hoch 2 =    16
    5 hoch 2 =    25
    6 hoch 2 =    36
    7 hoch 2 =    49
    8 hoch 2 =    64
    9 hoch 2 =    81
   10 hoch 2 =   100
   11 hoch 2 =   121
   12 hoch 2 =   144
   13 hoch 2 =   169
   14 hoch 2 =   196
   15 hoch 2 =   225
   16 hoch 2 =   256
   17 hoch 2 =   289
   18 hoch 2 =   324
   19 hoch 2 =   361
   20 hoch 2 =   400
```

Das Programm berechnet die Quadratzahlen von 1 bis 20.

1.8.7 Schleifen mit While und Do While

```
While  Bedingung
  Anweisung
  Anweisung
   . . .
End While
```

oder

```
Do While  Bedingung
  Anweisung
  Anweisung
   . . .
Loop
```

Die Schleifen mit `While` und `Do While` überprüfen die Bedingung am Anfang jedes Durchlaufs. Falls die Bedingung `True` ergibt, so wird die Schleife durchlaufen.

```
' Datei 1.8_8.vb

Imports System

Class Haupt
  Shared Sub Main()
    Dim i As Integer = 1

    While i <= 20
      Console.WriteLine("{0} hoch 2 = {1}", _
        i.ToString().PadLeft(5), (i*i).ToString().PadLeft(5))
      i += 1
    End While
  End Sub
End Class
```

```
' Datei 1.8_9.vb

Imports System

Class Haupt
  Shared Sub Main()
    Dim i As Integer = 1

    Do While i <= 20
      Console.WriteLine("{0} hoch 2 = {1}", _
```

```
      i.ToString().PadLeft(5), (i*i).ToString().PadLeft(5))
    i += 1
   Loop
  End Sub
End Class
```

Die Ausgabe der Programme 1.8_8.vb und 1.8_9.vb ist identisch mit der Ausgabe des Programms 1.8_7.vb.

1.8.8 Schleifen mit Do Until

```
Do Until Bedingung
  Anweisung
  Anweisung
  . . .
Loop
```

Die erste Form der Do Until Schleife überprüft die Bedingung am Anfang jedes Durchlaufs. Sobald die Bedingung `True` ergibt, wird die Schleife abgebrochen.

```
' Datei 1.8_10.vb

Imports System

Class Haupt
  Shared Sub Main()
    Dim i As Integer = 0

    Do Until i > 20
      Console.WriteLine( _
        "2 hoch {0} = {1}", i.ToString().PadLeft(2), _
        (Math.Pow(2, i)).ToString().PadLeft(10))

      i += 1
    Loop
  End Sub
End Class
```

Ausgabe:

```
2 hoch  0 =          1
2 hoch  1 =          2
2 hoch  2 =          4
2 hoch  3 =          8
2 hoch  4 =         16
2 hoch  5 =         32
```

```
2 hoch  6 =         64
2 hoch  7 =        128
2 hoch  8 =        256
2 hoch  9 =        512
2 hoch 10 =       1024
2 hoch 11 =       2048
2 hoch 12 =       4096
2 hoch 13 =       8192
2 hoch 14 =      16384
2 hoch 15 =      32768
2 hoch 16 =      65536
2 hoch 17 =     131072
2 hoch 18 =     262144
2 hoch 19 =     524288
2 hoch 20 =    1048576
```

```
Do
  Anweisung
  Anweisung
  . . .
Loop Until Bedingung
```

Die zweite Form der Do Until Schleife überprüft die Bedingung am Ende jedes Durchlaufs. Sobald die Bedingung True ergibt, wird die Schleife abgebrochen. Diese Schleife wird mindestens einmal durchlaufen.

```
' Datei 1.8_11.vb

Imports System

Class Haupt
  Shared Sub Main()
    Dim i As Integer = 0

    Do
      Console.WriteLine("2 hoch {0} = {1}", _
        i.ToString().PadLeft(2), (Math.Pow(2, i)).ToString().PadLeft(10))

      i += 1
    Loop Until i > 20
  End Sub
End Class
```

Beispiel 1.8_11 berechnet wie Beispiel 1.8_10 die Zweierpotenzen von 2^0 bis 2^{20}.

1.8.9 Die For Each Schleife

```
For Each Variable In Array
  Anweisung
  Anweisung
  . . .
Next
```

Die For Each Schleife durchläuft den gesamten Array. Der Typ der Variablen muss mit dem des Arrays übereinstimmen. Der Variablen werden die Werte der Arraykomponenten zugewiesen.

```
' Datei 1.8_12.vb

Imports System

Class Haupt
  Shared Sub Main()
    Dim am() As String = { _
      "Am","Brunnen","vor","dem","Tore" _
      ,"da","steht","ein","Lindenbaum"}
    Dim s As String
    For Each s In am
      Console.WriteLine( s )
    Next
  End Sub
End Class
```

Ausgabe:

```
Am
Brunnen
vor
dem
Tore
da
steht
ein
Lindenbaum
```

Schleifen können je nach Typ mit `Exit For`, `Exit While` oder `Exit Do` abgebrochen werden.

```
' Datei 1.8_13.vb

Imports System

Class Haupt
  Shared Sub Main()
    Dim gedicht() As String = { _
      "Am","Brunnen","vor","dem","Tore" _
      ,"da","steht","ein","Lindenbaum"}
    Dim s As String
    For Each s in gedicht
      Console.WriteLine( s )
      If s = "vor" Then Exit For
    Next
  End Sub
End Class
```

Sobald die Variable `s` den String `"vor"` enthält, wird die `Exit For` Anweisung ausgeführt.

2 Datenstrukturen

Dieses Kapitel beginnt mit der Erläuterung des Datentyps `String`. Strings werden häufig formatiert ausgegeben. Darum wird anschließend das Formatieren der Daten behandelt. Arrays sind die grundlegendste aller linearen Datenstrukturen. Sie können mit unterschiedlichen Datentypen vereinbart werden. Darüber hinaus werden Strukturen `Structure` und Aufzählungen `Enum` behandelt, und am Ende des Kapitels werden gekettete Listen und Bäume zusammengestellt.

2.1 Strings

```
' Datei 2.1_1.vb

Imports System

Class Haupt
  Shared Sub Main()
    Dim c(7) As Char
    c(0) = "S"C
    c(1) = "t"C
    c(2) = "r"C
    c(3) = "i"C
    c(4) = "n"C
    c(5) = "g"C
    c(6) = " "C
    c(7) = "1"C

    Dim s1 As String = new String(c)
    Dim s2 As String = "String 2"
    Dim s3 As String = s1 & " " + s2

    Console.WriteLine(s1)
    Console.WriteLine(s2)
    Console.WriteLine(s3)
  End Sub
End Class

Ausgabe:
String 1
String 2
String 1 String 2
```

Ein Array mit acht Komponenten von 0 bis 7 mit dem Datentyp Char wird vereinbart. Auf die Komponenten wird mit in runden Klammern stehenden Indizes zugegriffen. Jeder Komponente wird ein einzelnes Zeichen zugewiesen. Aus dem Charakter-Array c wird mit Hilfe des Konstruktors der Klasse String der String s1 gebildet. Danach wird s2 vereinbart und mit "String 2" direkt initialisiert. Mit dem & oder dem + Zeichen werden Strings miteinander verbunden. So entsteht s3 als Verbindung dreier Strings.

```
' Datei 2.1_2.vb

Imports System
Imports Microsoft.VisualBasic

Class Haupt
  Shared Sub Main()
    Dim s As String = "A bis Z"
    Console.WriteLine( _
      "Der String ""{0}"" ist {1} Zeichen lang.", _
      s, s.Length)
    Console.Write("Er beginnt mit {0}",Left(s, 1))
    Console.WriteLine(" und endet mit {0}.",Right(s, 1))
    Console.WriteLine("In der Mitte steht {0}.",Mid(s, 3, 3))
    Console.WriteLine("In der Mitte steht {0}.",s.Substring(2,3))

    Dim s1 As String = _
      Left(s, 1) & " - " & s.Substring(s.Length-1, 1)
    Console.WriteLine(s1)

    Dim s2 As String = _
      String.Concat("Ende"," des Programms")
    Console.WriteLine(s2)
  End Sub
End Class
```

Ausgabe:

```
Der String "A bis Z" ist 7 Zeichen lang.
Er beginnt mit A und endet mit Z.
In der Mitte steht bis.
In der Mitte steht bis.
A - Z
Ende des Programms
```

Length ist die Länge des Strings. Um aus s einen Teilstring herauszulösen, benutzt man die Visual Basic Funktionen Left, Right oder Mid oder die Methode Substring der Klasse String. Der Rückgabewert aller genannten Funktionen ist vom Typ String.

`Left(`*`String, Anzahl`*`)` entnimmt dem Beginn der Zeichenkette *`String`* einen Teilstring mit der Länge *`Anzahl`*

`Right(`*`String, Anzahl`*`)` entnimmt dem Ende der Zeichenkette *`String`* einen Teilstring mit der Länge *`Anzahl`*

`Mid(`*`String, Start, Anzahl`*`)` entnimmt der Zeichenkette *`String`* von der Position *`Start`* an einen Teilstring mit der Länge *`Anzahl`*. *`Start`* zählt die Position mit `1` beginnend.

`String``.Substring(`*`Start, Anzahl`*`)` entnimmt der Zeichenkette *`String`* von der Position *`Start`* an einen Teilstring mit der Länge *`Anzahl`*. *`Start`* zählt die Position mit `0` beginnend.

```
' Datei 2.1_3.vb

Imports System

Class Haupt
  Shared Sub Main()
    Dim s1 As String = "Apfel"
    Dim s2 As String = "Birne"
    Dim s3 As String = "Orange"

    If s1.Equals("Birne") Then
      Console.WriteLine("s1       gleich Birne")
    Else
      Console.WriteLine("s1 nicht gleich Birne")
    End If

    If s2.Equals("Birne") Then
      Console.WriteLine("s2       gleich Birne")
    Else
      Console.WriteLine("s2 nicht gleich Birne")
    End If

    If s3.Equals("Birne") Then
      Console.WriteLine("s3       gleich Birne")
    Else
      Console.WriteLine("s3 nicht gleich Birne")
    End If
    Console.WriteLine(s1.IndexOf("r"C))
    Console.WriteLine(s2.IndexOf("r"C))
    Console.WriteLine(s3.IndexOf("r"C))
  End Sub
End Class
```

Ausgabe:

```
s1 nicht gleich Birne
s2       gleich Birne
s3 nicht gleich Birne
-1
2
1
```

`s1.Equals("Birne")` vergleicht den String `s1` mit dem String `"Birne"`. Bei Übereinstimmung gibt `Equals` `True` zurück, andernfalls `False`. `s1.IndexOf("r"C)` gibt die Position von `r` im String `s1` zurück. Da `r` nicht in `s1` enthalten ist, wird `-1` zurückgegeben. In `s2` ist `r` an Position `2` und in `s3` an Position `1`. Das erste Zeichen ist immer an Position `0`.

```
' Datei 2.1_4.vb

Imports System

Class Haupt
  Shared Sub Main()
    Dim s1 As String = "ÄpfelBirnen"
    Dim s2 As String = " und "
    Dim s3 As String = " oder "

    s1 = s1.Insert(5, s2)
    Console.WriteLine(s1)

    s1 = s1.Replace(s2, s3)
    Console.WriteLine(s1)

    s1 = s1.Remove(6, 5)
    Console.WriteLine(s1)

    Console.WriteLine(s1.ToUpper())
    Console.WriteLine(s1.ToLower())
  End Sub
End Class
```

Ausgabe:

```
Äpfel und Birnen
Äpfel oder Birnen
Äpfel Birnen
ÄPFEL BIRNEN
äpfel birnen
```

`s1 = s1.Insert(5, s2)` fügt von Position 5 an s2 in s1 ein.

`s1 = s1.Replace(s2, s3)` ersetzt in s1 das " und " durch " oder ".

`s1 = s1.Remove(6, 5)` entfernt von Position 6 an 5 Zeichen aus s1.

`ToUpper` wandelt in Großbuchstaben und `ToLower` in Kleinbuchstaben um.

```
' Datei 2.1_5.vb

Imports System

Class Haupt
  Shared Sub Main()
    Dim s As String = "Computer"

    Console.WriteLine(s.PadLeft(15) + "|")
    Console.WriteLine(s.PadRight(15) + "|")

    Console.WriteLine(s.PadLeft(15, "_"C) + "|")
    Console.WriteLine(s.PadRight(15, "_"C) + "|")
  End Sub
End Class
```

Ausgabe:

```
       Computer|
Computer       |
_______Computer|
Computer_______|
```

`PadLeft` füllt einen String links bis zur angegebene Länge auf. Man kann mit Leerzeichen auffüllen oder ein Füllzeichen angeben. `PadRight` füllt rechts auf.

```
' Datei 2.1_6.vb

Imports System

Class Haupt
    Shared Sub Main()
        Dim s As String = "      Computer Computer      "

        Console.WriteLine(s + "|")
        Console.WriteLine(s.Trim() + "|")
        Console.WriteLine(s.TrimStart() + "|")
        Console.WriteLine(s.TrimEnd() + "|")
    End Sub
End Class
```

Ausgabe:

```
     Computer Computer     |
Computer Computer|
Computer Computer     |
     Computer Computer|
```

```
Trim        entfernt Leerzeichen am Anfang und am Ende eines Strings.
TrimStart   entfernt Leerzeichen am Anfang eines Strings.
TrimEnd     entfernt Leerzeichen am Ende eines Strings.
```

```
' Datei 2.1_7.vb

Imports System

Class Haupt
    Shared Sub Main()
        Dim s As String = "Artikel:Lüfter&Spannung:12V&Preis:24,--"
        Dim spl() As String = s.Split("&"C)
        Dim key(spl.Length) As String
        Dim wert(spl.Length) As String
        Dim h() As String

        h = spl(0).Split(":"C)
        key(0)  = h(0)
        wert(0) = h(1)

        h = spl(1).Split(":"C)
        key(1)  = h(0)
        wert(1) = h(1)

        h = spl(2).Split(":"C)
        key(2)  = h(0)
        wert(2) = h(1)

        Console.WriteLine(s)
        Console.WriteLine()

        Console.WriteLine(spl(0))
        Console.WriteLine(spl(1))
        Console.WriteLine(spl(2))
        Console.WriteLine()

        Console.WriteLine("Schlüssel 0 = {0}", key(0))
        Console.WriteLine("Wert 0      = {0}", wert(0))
        Console.WriteLine()

        Console.WriteLine("Schlüssel 1 = {0}", key(1))
        Console.WriteLine("Wert 1      = {0}", wert(1))
        Console.WriteLine()
```

```
        Console.WriteLine("Schlüssel 2 = {0}", key(2))
        Console.WriteLine("Wert 2      = {0}", wert(2))
    End Sub
End Class

Ausgabe:

Artikel:Lüfter&Spannung:12V&Preis:24,--

Artikel:Lüfter
Spannung:12V
Preis:24,--

Schlüssel 0 = Artikel
Wert 0      = Lüfter

Schlüssel 1 = Spannung
Wert 1      = 12V

Schlüssel 2 = Preis
Wert 2      = 24,--
```

Der String `s` wird mit `s.Split('&')` an den &-Zeichen gesplittet. `Split` bildet einen String-Array mit den drei Strings `Artikel:Lüfter`, `Spannung:12V` und `Preis:24,--`, die dann am Doppelpunkt getrennt und zunächst der Hilfsvariablen `h` zugewiesen werden. Anschließend werden `h(0)` und `h(1)` auf `key` und `wert` verteilt. Die Ausgabe des Programms macht den Vorgang deutlich.

2.2 Das Formatieren der Daten

Die Platzhalter in `Console.WriteLine` können Formatstrings enthalten. Numerische Daten können mit der Methode `ToString` in Strings umgewandelt und dabei formatiert werden. Es stehen Standardformate zur Verfügung und Formatierungszeichen, aus denen man individuelle Formatstrings bilden kann.

Standardformate:

```
C oder c  Währungsformat
D oder d  Dezimalformat
E oder e  Exponentialformat
F oder f  Festpunktformat
G oder g  generelles Format
N oder n  Nummernformat
P oder p  Prozentformat
R oder r  Bei der Rückumwandlung entsteht wieder die gleiche Zahl.
X oder x  Hexadezimalformat
```

```
' Datei 2.2_1.vb

Imports System
Imports Microsoft.VisualBasic

Class Haupt
  Shared Sub Main()
    Dim i As Integer = 123
    Console.WriteLine("D10: {0:D10}", i)
    Console.WriteLine("E8 : {0:E8}", i)
    Console.WriteLine("F5 : {0:F5}", i)
    Console.WriteLine("X  : {0:X}", i)

    Dim d As Double = 123.4652
    Console.WriteLine(vbCrLf & "   :" + d.ToString())
    Console.WriteLine("E6 :" + d.ToString("E6"))
    Console.WriteLine("F4 :" + d.ToString("F4"))
    Console.WriteLine("F3 :" + d.ToString("F3"))
    Console.WriteLine("F2 :" + d.ToString("F2"))
  End Sub
End Class
```

Um Platzhalter mit Formatangaben zu versehen, wird ein Doppelpunkt und das gewünschte Format angehängt. Standardformate können mit Präzisionsangaben versehen werden. `D10` bedeutet, dass zehn Stellen ausgegeben werden. Es wird links mit Nullen aufgefüllt. Bei `E8` werden acht Nachkommastellen und der Exponent ausgegeben und bei `F5` werden fünf Nachkommastellen ausgegeben.

Ausgabe:

```
D10: 0000000123
E8 : 1,23000000E+002
F5 : 123,00000
X  : 7B

   :123,4652
E6 :1,234652E+002
F4 :123,4652
F3 :123,465
F2 :123,47
```

Die letzten drei Zeilen zeigen, dass auf- und abgerundet wird.

Formatierungszeichen:

0	Platzhalter
#	Platzhalter
.	Dezimalpunkt
,	Trennzeichen
%	Prozentzeichen
E+0 E-0 e+0 e-0	Exponent
;	Trennzeichen für Sektionen
\	Das Zeichen nach dem Rückstrich ist kein Formatierungszeichen.
'ABC'	In Apostroph eingeschlossene Zeichen sind keine Formatierungszeichen.
"ABC"	In Anführungszeichen eingeschlossene Zeichen sind keine Formatierungszeichen.

```
' Datei 2.2_2.vb

Imports System

Class Haupt
  Shared Sub Main()
    Dim d As Double= 195.4652
    Console.WriteLine("{0:0.0000}", d)
    Console.WriteLine("{0:0.000}", d)
    Console.WriteLine("{0:0.00}", d)
    Console.WriteLine("{0:0.0}", d)

    Console.WriteLine()
    Console.WriteLine("{0:0.0000000}", 0.001*d)
    Console.WriteLine("{0:#.0000000}", 0.001*d)

    Console.WriteLine()
    Console.WriteLine("{0:0.000E+0}", d)
    Console.WriteLine("{0:0.000E-0}", d)

    Console.WriteLine()
    Console.WriteLine("{0:#,#.00}", 100*d)
    Console.WriteLine("{0:'#',#.00}", 100*d)
  End Sub
End Class
```

Ausgabe:

```
195,4652
195,465
195,47
195,5
```

```
0,1954652
,1954652

1,955E+2
1,955E2

19.546,52
#19546,52
```

Die ersten vier Zeilen zeigen wie gerundet wird. Danach wird der Unterschied zwischen der `0` und dem # sichtbar. Auf `0.0000000` wird `0,1954652` ausgegeben, während das Format `#.0000000` zur Ausgabe `,1954652` führt. Die nächsten zwei Zeilen formatieren mit Exponent. Das Format `E+0` gibt den Exponenten immer mit Vorzeichen aus, Während `E-0` das Vorzeichen nur dann ausgibt, wenn es negativ ist. Die vorletzte Zeile zeigt eine Zahl mit zwei Nachkommastellen und einem Punkt als Trennzeichen zwischen den Tausenderstellen. Hier zeigt sich deutlich der Unterschied zwischen Programm und Ausgabe. Im Programm wird immer der Dezimalpunkt verwendet. Die Ausgabe ist dagegen an den deutschen Sprachraum angepasst. In der letzten Zeile ist das erste # in Apostroph eingeschlossen. Dieses # wird nicht als Formatierungszeichen gewertet sondern ausgegeben.

```
' Datei 2.2_3.vb

Imports System

Class Haupt
  Shared Sub Main()
    Dim d As Double = .1954652
    Console.WriteLine("{0:0.00000;minus 0.00000}", d)
    Console.WriteLine("{0:0.00000;minus 0.00000}", -d)
  End Sub
End Class
```

Ausgabe:

```
0,19547
minus 0,19547
```

Das Semikolon trennt zwei Formatangaben. Die erste wird benutzt, wenn der ausgegebene Wert größer oder gleich Null ist und die zweite bei einem Wert kleiner Null. Das Ausgabeformat des Beispiels 2.2_3 kennzeichnet daher negative Zahlen nicht durch das Vorzeichen, sondern durch das Wort `minus`.

```
' Datei 2.2_4.vb

Imports System

Class Haupt
  Shared Sub Main()
    Dim s As String

    s = 123.ToString("F2")
    Console.WriteLine(s.PadLeft(12))

    s = 12345.ToString("F2")
    Console.WriteLine(s.PadLeft(12))

    s = 123456.78.ToString("F2")
    Console.WriteLine(s.PadLeft(12))
  End Sub
End Class
```

Ausgabe:

```
      123.00
    12345.00
   123456.78
```

Eine saubere tabellarische Ausgabe lässt sich mit Hilfe der Methode `PadLeft` erreichen.

Beispiel 2.2_5 benutzt die vom Interface `IFormatProvider` abgeleitete Klasse `System.Globalization.CultureInfo`.

```
' Datei 2.2_5.vb

Imports System
Imports Microsoft.VisualBasic
Imports System.Globalization

Class Haupt
  Shared Sub Main()
    Dim kult As New CultureInfo("en-US")

    Dim d As Double = 25.67823
    Console.WriteLine(String.Format(kult, "{0:F5}", d))

    d = 123.465249
    Console.WriteLine(d.ToString(kult))
    Console.WriteLine(d.ToString("F4", kult))

    d = Double.Parse("6.421", kult)
    Console.WriteLine(d.ToString(kult))
```

```
    d = Double.Parse("6,421")
    Console.WriteLine(d.ToString(kult))
  End Sub
End Class
```

Ausgabe:

```
25.67823
123.465249
123.4652
6.421
6.421
```

Das `CultureInfo` kann auf eine Vielzahl von Kulturkreisen eingestellt werden.

Einige Beispiele:

```
de-DE      Deutsch-Deutschland
de-CH      Deutsch-Schweiz
en-GB      Englisch-Großbritannien
en-US      Englisch-USA
```

Das Programm definiert mit

```
Dim kult As New CultureInfo("en-US")
```

ein `CultureInfo` für Englisch-USA und verwendet es mit den Methoden `Format`, `ToString` und `Parse`. Dadurch wird nicht mehr das Komma sondern der Punkt als dezimales Trennzeichen verwendet. Um den Unterschied deutlich zu machen, werden die Anweisungen

```
d = Double.Parse("6.421", kult)
```

und

```
d = Double.Parse("6,421")
```

ausgeführt. Die erste Anweisung benutzt en-US, während die zweite das voreingestellte `CultureInfo` `de-DE` verwendet. Abschließend wird noch einmal ausdrücklich betont, dass bei einer Wertzuweisung mit numerischen Literalen wie

```
d = 6.421
```

immer der Dezimalpunkt verwendet werden muss.

2.3 Arrays

Ein Array speichert einen oder mehrere Werte gleichen Datentyps. Auf jede Komponente eines Arrays kann man mit dem Namen des Arrays und dem in runden Klammern stehenden Index zugreifen. Der Index beginnt bei 0. Der höchste Index ist um 1 kleiner als die Länge des Arrays. In der Arrayvereinbarung wird der höchste Index angegeben.

`Dim x(99) AS Double` vereinbart daher einen Array mit 100 Komponenten vom Typ `Double`.

2.3.1 Eindimensionale Arrays

```
' Datei 2.3_1.vb

Imports System
Imports Microsoft.VisualBasic

Class Haupt
  Shared c() As Char

  Shared Sub Main()
    Dim a(2) AS Integer
    Console.WriteLine("Die Länge von a ist {0}", a.Length)

    a(0) = 1
    a(1) = 2
    a(2) = 4
    Console.WriteLine("a(0..2): {0} {1} {2}", a(0), a(1), a(2))

    Dim n As Integer = 2 * 5
    ReDim a(n-1)
    Console.WriteLine( _
      "Die Länge von a ist {0}" & vbCrLf, a.Length)

    a = Nothing

    Dim b() As Char = {"A"C,"r"C,"r"C,"a"C,"y"C}
    Console.WriteLine("Die Länge von b ist {0}", b.Length)
    Console.WriteLine( _
      "b enthält die Zeichenfolge {0}{1}{2}{3}{4}" _
      & vbCrLf, b(0), b(1), b(2), b(3), b(4))

    c = b
    Console.WriteLine("Die Länge von c ist {0}", c.Length)
    Console.WriteLine( _
      "c enthält die Zeichenfolge {0}{1}{2}{3}{4}" _
      & vbCrLf, c(0), c(1), c(2), c(3), c(4))
```

```
    b(0) = "a"
    Console.WriteLine( _
      "b enthält die Zeichenfolge {0}{1}{2}{3}{4}", _
      b(0), b(1), b(2), b(3), b(4))
    Console.WriteLine( _
      "c enthält die Zeichenfolge {0}{1}{2}{3}{4}", _
      c(0), c(1), c(2), c(3), c(4))
  End Sub
End Class
```

Ausgabe :

```
Die Länge von a ist 3
a(0..2): 1 2 4
Die Länge von a ist 10

Die Länge von b ist 5
b enthält die Zeichenfolge Array

Die Länge von c ist 5
c enthält die Zeichenfolge Array

b enthält die Zeichenfolge array
c enthält die Zeichenfolge array
```

Die Vereinbarung `Dim a As Integer` definiert eine Variable a, die genau eine Integer-Zahl aufnehmen kann. Dagegen definiert `Dim a(2) AS Integer` einen Array mit drei Komponenten vom Typ Integer. Man kann auch die Anzahl der zu speichernden Werte berechnen und das Ergebnis benutzen. Die Anweisung `ReDim a(n-1)` benutzt die Variable `n`, deren Wert zuvor berechnet worden ist, um die Länge des Arrays neu festzulegen. Es ist auch erlaubt und häufig vorteilhaft, die Länge des Arrays zunächst wegzulassen und dann anschließend mit `ReDim` festzulegen.

```
Dim a() AS Integer
 . . .
ReDim a(2)
 . . .
ReDim a(n-1)
```

Der Array kann erst benutzt werden, wenn seine Länge festgelegt worden ist. Arrays können auch direkt mit ihren Werten initialisiert werden. Die Werte stehen in geschweiften Klammern und werden durch Kommata getrennt. Die Anweisung `Dim b( ) As Char = {"A"C,"r"C,"r"C,"a"C,"y"C}` demonstriert diese Möglichkeit.

Die Wertzuweisung `c = b` überträgt die Referenz auf die Werte von `b` auf `c` aber nicht die Werte selbst. Die Werte von `b` sind jetzt zwar auch die Werte von `c`. Die Werte sind jedoch nicht kopiert worden. Ändert man mit `b(0) = "a"` den Wert der Komponente `b(0)`, so ändert sich auch der Wert der Komponente `c(0)`. Die letzten beiden Zeilen der Ausgabe belegen dies.

2.3.2 Mehrdimensionale Arrays

```
' Datei 2.3_2.vb

Imports System
Imports Microsoft.VisualBasic

Class Haupt
  Shared Sub Main()
    Dim a(,) As Integer = {{1, 2, 3}, {4, 5, 6}}
    Console.WriteLine("Die Länge von a ist {0}", a.Length)
    Console.WriteLine("Der Rang  von a ist {0}", a.Rank)
    Console.WriteLine("a(0,0) = {0}", a(0,0))
    Console.WriteLine("a(1,0) = {0}", a(1,0))
    Console.WriteLine("a(1,2) = {0}" & vbCrLf, a(1,2))

    Dim b(,,) As String ={ _
      {{"0,0,0","0,0,1","0,0,2","0,0,3"},{"0,1,0","0,1,1","0,1,2","0,1,3"}}, _
      {{"1,0,0","1,0,1","1,0,2","1,0,3"},{"1,1,0","1,1,1","1,1,2","1,1,3"}}, _
      {{"2,0,0","2,0,1","2,0,2","2,0,3"},{"2,1,0","2,1,1","2,1,2","2,1,3"}}}
    Console.WriteLine("Die Länge von b ist {0}", b.Length)
    Console.WriteLine("Der Rang  von b ist {0}", b.Rank)
    Console.WriteLine("b(0,0,0) = {0}", b(0,0,0))
    Console.WriteLine("b(0,1,3) = {0}", b(0,1,3))
    Console.WriteLine("b(1,1,3) = {0}", b(1,1,3))
    Console.WriteLine("b(2,0,1) = {0}", b(2,0,1))
  End Sub
End Class
```

Ausgabe:

```
Die Länge von a ist 6
Der Rang  von a ist 2
a(0,0) = 1
a(1,0) = 4
a(1,2) = 6

Die Länge von b ist 24
Der Rang  von b ist 3
b(0,0,0) = 0,0,0
b(0,1,3) = 0,1,3
b(1,1,3) = 1,1,3
b(2,0,1) = 2,0,1
```

Der Rang eines Arrays ist die Anzahl der Dimensionen und kann mit Rank abgefragt werden. Ein zweidimensionaler Array hat den Rang 2, ein dreidimensionaler den Rang 3. Ein zweidimensionaler Integer-Array wird mit Dim a(,) As Integer definiert und ein dreidimensionaler String-Array mit Dim b(,,) As String. Dies lässt sich auf jeden Datentyp anwenden, wobei der Rang des Arrays um 1 größer ist als die Zahl der Kommata zwischen den runden Klammern. Beim Initialisieren muss man darauf achten, dass der erste Index in der äußersten und der letzte Index in der innersten geschweiften Klammer läuft. Alle Indizes beginnen bei 0.

2.3.3 Ungleichförmige Arrays

Ungleichförmige Arrays können in jeder Zeile unterschiedliche Anzahlen von Spalten besitzen.

```
' Datei 2.3_3.vb

Imports System
Imports Microsoft.VisualBasic

Class Haupt
  Shared Sub Main()
    Dim a(2)() As Double
    a(0) = New Double(2){0.0, 0.1, 0.2}
    a(1) = New Double(1) {1.0, 1.1}
    a(2) = New Double(3) {2.0, 2.1, 2.2, 2.3}
    Console.WriteLine( _
      "{0:f1}" & vbTab & "{1:f1}" & vbTab & "{2:f1}", _
      a(0)(0), a(0)(1), a(0)(2))

    Console.WriteLine( _
      "{0:f1}" & vbTab & "{1:f1}", a(1)(0), a(1)(1))

    Console.WriteLine( _
      "{0:f1}" & vbTab & "{1:f1}" & vbTab & "{2:f1}" _
      & vbTab & "{3:f1}", a(2)(0), a(2)(1), a(2)(2), a(2)(3))
  End Sub
End Class
```

Ausgabe:

```
0,0   0,1   0,2
1,0   1,1
2,0   2,1   2,2   2,3
```

Durch Dim a(2)() As Double wird ein Array der Länge 3 definiert, dessen Komponenten Arrays sind. Die Länge dieser Arrays ist noch nicht festgelegt. Erst die drei Zeilen beginnend mit a(0) = New Double(2){0.0, 0.1, 0.2} initialisieren die Komponenten. Ein ungleichförmiger Array ist also ein Array, dessen Komponenten Arrays mit unterschiedlicher Länge sind.

Arrays können beträchtliche Ausmaße annehmen. Naturwissenschaftler und Ingenieure haben häufig Gleichungssysteme mit mehreren Tausend Unbekannten zu lösen. Nach dem Lösen des Gleichungssystems möchte man unter Umständen die Koeffizientenmatrix aus dem Speicher entfernen. Beispiel 2.3_4 zeigt wie es gemacht wird.

```
' Datei 2.3_4.vb

Imports System

Class Haupt
  Shared Sub Main()
    Dim a(2000, 2000) As Double

    Console.WriteLine(GC.GetTotalMemory(false))

    a = Nothing
    GC.Collect()

    Console.WriteLine(GC.GetTotalMemory(false))
  End sub
End Class
```

Ausgabe:

```
33048636
297044
```

Es wird ein zweidimensionaler Array mit vier Millionen Komponenten definiert. Eine double Komponente belegt acht Byte. Es werden also 32 Millionen Byte benötigt. `GetTotalMemory` gibt den vom Programm belegten Speicher zurück, der wie erwartet etwas mehr als 32 Millionen Byte beträgt. Nach `a = Nothing` kann der Speicher, um den Zeitpunkt des Aufräumens nicht dem Zufall zu überlassen, mit `GC.Collect( )` aufgeräumt werden. Jetzt sind nur noch `297044` Byte belegt.

2.4 Structures

Structures können, genau wie Klassen, Daten und Methoden enthalten. Klassen sind jedoch Referenztypen, während Structures Werttypen sind. Die Methode `Haupt` des Beispiels 2.4_1 enthält die mit `Dim k As Koordinate` definierte Variable `k` vom Typ `Koordinate`. Wäre `Koordinate` eine Klasse, also als `Class Koordinate` definiert, so müsste man mit `New` die Instanz `Dim k As New Koordinate( )` bilden.

```
' Datei 2.4_1.vb

Imports System
Imports Microsoft.VisualBasic

Class Haupt
  Sub New()
    Dim k As Koordinate
    k.x = 10.0
    k.y = 20.0
    k.z = 30.0
    Console.WriteLine( _
      "x = {0}" & vbCrLf & "y = {1}" & vbCrLf & _
      "z = {2}" & vbCrLf, k.x, k.y, k.z)
    Console.WriteLine( _
      "getx = {0}" & vbCrLf & "gety = {1}" & vbCrLf & _
      "getz = {2}", k.getx(), k.gety(), k.getz())
  End Sub

  Shared Sub Main()
    Dim h As New Haupt()
  End Sub
End Class

Structure Koordinate
  Public x, y, z As Double

  Public Function getx() As Double
    Return x
  End Function

  Public Function gety() As Double
    Return y
  End Function

  Public Function getz() As Double
    Return z
  End Function
End Structure
```

Ausgabe:

```
x = 10
y = 20
z = 30

getx = 10
gety = 20
getz = 30
```

2.5 Aufzählungen

Aufzählungen werden durch *Modifikator* Enum *Name* As *Typ* definiert, wobei *Modifikator* und *Typ* nicht zwingend vorhanden sein müssen. Wird kein Typ vereinbart, so sind die Werte vom Typ Integer.

Beispiel 2.5_1 definiert drei Aufzählungen. Die Aufzählung abc hat die Elemente a, b und c vom Typ Byte. Das Element a hat den Wert 0 und b und c haben die Werte 1 und 2. Die Aufzählung def hat die Elemente d, e und f vom Typ Integer. Durch d = 3 erhält d den Wert 3 und e und f erhalten automatisch die Werte 4 und 5. In der Aufzählung Farbe ist schließlich jedem Element explizit ein Wert zugewiesen. Da kein Typ angegeben ist, haben die Elemente den Typ Integer. Die Methode Main protokolliert die Elemente aller Aufzählungen und deren Werte.

```
' Datei 2.5_1.vb

Imports System
Imports Microsoft.VisualBasic

Class Haupt
  Public Enum abc As Byte
    a
    b
    c
  End Enum

  Enum def As Integer
    d = 3
    e
    f
  End Enum

  Enum Farbe
    Rot   = 10
    Gruen = 20
    Blau  = 30
  End Enum

  Shared Sub Main()
    Console.WriteLine("{0} = {1}", abc.a, CByte(abc.a))
    Console.WriteLine("{0} = {1}", abc.b, CByte(abc.b))
    Console.WriteLine("{0} = {1}", abc.c, CByte(abc.c))

    Console.WriteLine()
    Console.WriteLine("{0} = {1}", def.d, CInt(def.d))
    Console.WriteLine("{0} = {1}", def.e, CInt(def.e))
    Console.WriteLine("{0} = {1}", def.f, CInt(def.f))

    Console.WriteLine()
```

```
    Console.WriteLine("{0}" & vbTab & "= {1}", Farbe.Rot, CInt(Farbe.Rot))
    Console.WriteLine("{0}" & vbTab & "= {1}", Farbe.Gruen, CInt(Farbe.Gruen))
    Console.WriteLine("{0}" & vbTab & "= {1}", Farbe.Blau, CInt(Farbe.Blau))
  End Sub
End Class
```

Ausgabe:

```
a = 0
b = 1
c = 2

d = 3
e = 4
f = 5

Rot = 10
Gruen  = 20
Blau   = 30
```

2.6 Zeiger

Visual Basic kennt die von anderen Sprachen wie zB. C++ her bekannten Zeiger mit fester Adresse nicht. In Visual Basic .NET gibt es jedoch Referenztypen. Die Variable eines Referenztyps enthält nicht direkt die Daten, sondern einen Verweis auf die Daten. Die folgenden Klassendefinitionen sind Beispiele für Datenstrukturen [4], die sich mit Referenztypen konstruieren lassen.

Knoten einer einfach geketteten Liste:

```
Class Knoten
  Public wert As Object
  Public nach As Knoten
End Class
```

Knoten einer doppelt geketteten Liste:

```
Class Knoten
  Public wert As Object
  Public vor As Knoten
  Public nach As Knoten
End Class
```

Knoten eines binären Baumes:

```
class Knoten
  Public wert As Object
  Public links As Knoten
  Public rechts As Knoten
End Class
```

Hierbei nimmt die Variable `wert` die Daten auf. Da `wert` vom Typ `Object` ist, können von `Object` abgeleitete Datentypen zugeordnet werden. Alle Standard Datentypen sind von `Object` abgeleitet. Die Variablen `vor`, `nach`, `links` und `rechts` sind Verweise auf die Klasse `Knoten` und dienen der Verknüpfung der Knoten miteinander. Beispiel 2.6_1 baut eine einfach gekettete Liste auf.

```
' Datei 2.6_1.vb

Imports System
Imports Microsoft.VisualBasic

Class Haupt
  Sub New()
    Dim k As Knoten = Nothing
    Dim k1 As Knoten = Nothing
    Dim s As String

    Do
      Console.Write("Eingabe: ")
      s = Console.ReadLine()
      If s <> "" Then
        If k Is Nothing Then
          k = New Knoten()
          k1 = k
        Else
          k.nach = new Knoten()
          k = k.nach
        End If
        k.wert = s
      Else
        if Not(k Is Nothing) Then k.nach = Nothing
      End If
    Loop While s <> ""

    Console.WriteLine(vbCrLf & "Ausgabe:")
    k=k1
    While Not(k Is Nothing)
      Console.WriteLine(k.wert)
      k = k.nach
```

```
    End While
  End Sub

  Shared Sub Main()
    Dim h As Haupt = New Haupt()
  End Sub
End Class

Class Knoten
  public wert As Object
  public nach As Knoten
End Class
```

Ein- Ausgabe:

```
Eingabe: Diese Eingabe
Eingabe: wird als
Eingabe: gekettete Liste
Eingabe: gespeichert.
Eingabe:
```

Ausgabe:

```
Diese Eingabe
wird als
gekettete Liste
gespeichert.
```

Bei jeder nicht leeren Eingabe wird ein neuer Knoten erzeugt und der eingegebene String der Variablen `wert` dieses Knotens zugeordnet. Sind mehrere Knoten erzeugt, so zeigt `nach` auf den jeweils nächsten Knoten. Beim letzten Knoten ist nach gleich `Nothing`. Die Variable `k1` zeigt auf den ersten Knoten, während `k` durch `k = k.nach` von Knoten zu Knoten weiter gesetzt wird. Der Vorteil flexibler Datenstrukturen zeigt sich immer dann, wenn die Anzahl der zu speichernden Daten nicht von vornherein feststeht. Das .NET Framework bietet im Namensraum `System.Collections` unter anderem die Klassen `ArrayList` und `Stack` an, die ähnlich flexible Eigenschaften besitzen.

Beispiel 2.6_2 erstellt einen binären Baum.

```
' Datei 2.6_2.vb

Imports System
Imports Microsoft.VisualBasic

Class Haupt
    Sub New()
        Dim wurzel As Knoten = Nothing
        Dim k As Knoten = Nothing
        wurzel = New Knoten()
        k = wurzel
        k.wert = "Wurzel"
        k.links = New Knoten()
        k.rechts = Nothing
        k = k.links
        k.wert = "links"
        k.links = Nothing
        k.rechts = New Knoten()
        k = wurzel.links.rechts
        k.wert = "links-rechts"
        k.links = Nothing
        k.rechts = Nothing
        Ausgabe(wurzel)
    End Sub
    Sub Ausgabe(ByVal k As Knoten)
        Console.WriteLine(k.wert)
        If Not(k.links Is Nothing) Then Ausgabe(k.links)
        If Not(k.rechts Is Nothing) Then Ausgabe(k.rechts)
    End Sub
    Shared Sub Main()
        Dim h As Haupt = New Haupt()
    End Sub
End Class

Class Knoten
    public wert As Object
    public links As Knoten
    public rechts As Knoten
End Class
```

Ausgabe:

```
Wurzel
links
links-rechts
```

Die Knoten des Baumes werden mit `New` instanziiert. Der Variablen `wert` wird ein String zugewiesen, der die Lage des Knotens im Baum charakterisiert. Mit `k.links` und `k.rechts` kann man sich im Baum von Knoten zu Knoten bewegen. Knoten, die keine Nachfolgeknoten besitzen, nennt man Blätter. Die Methode Ausgabe gibt das Objekt `wert` als String aus und ruft anschließend sich selbst für den linken und rechten Nachfolgeknoten auf, falls diese Knoten existieren. Auf diese Weise wird der Baum vollständig durchlaufen. Eine derartige Methode nennt man rekursiv.

3 Klassen

Visual Basic .NET besitzt sowohl objektorientierte als auch nicht objektorientierte Elemente. Da die .NET Klassenbibliothek objektorientiert ist, empfielt es sich, Visual Basic .NET objektorientiet zu verwenden. Es werden grundlegende Elemente des objektorientierten Programmierens wie Vererbung, Polymorphie und die Verwendung von Modifikatoren erläutert. Des weiteren wird die Bedeutung von Methoden im Allgemeinen und von speziellen Methoden wie Konstruktoren und Destruktoren behandelt. Den Abschluss bildet die Betrachtung der abstrakten und versiegelten Klassen und der Interfaces.

3.1 Grundlagen

Ein Objekt wird als Klasse mit Hilfe des Schlüsselwortes `Class` definiert. Damit ist das Objekt nur definiert, aber noch nicht verwendbar. Auf die Mitglieder einer Klasse kann man erst zugreifen, wenn man mit Hilfe des Schlüsselwortes `New` eine Instanz der Klasse gebildet hat.

```
Class abc
  Public x As Integer
  Public Shared y As Integer
  . . .
End Class
```

`abc` ist eine Klasse.

```
Dim a As abc
```

`a` ist eine Variable vom Typ `abc`.

```
a = New abc( )
```

`a` ist eine Instanz von `abc`.

Mit

`Dim a As New abc( )` oder `Dim a As abc = New abc( )`

werden die Variablenvereinbarung und die Instanziierung in einer Zeile zusammengefasst.

```
a.x = 5
```

Dies ist ein Zugriff auf das Mitglied `x` der Klasse `abc` über die Instanz `a`.

Eine Ausnahme bilden Mitglieder, die als Shared vereinbart sind. Auf diese Klassenmitglieder greift man mit Hilfe des Klassennamens zu, ohne eine Instanz der Klasse zu bilden.

abc.y = 6 ist zulässig, weil y Shared vereinbart ist.

abc.x = 5 ist nicht zulässig, weil x nicht Shared vereinbart ist.

a.y = 6 ist nicht zulässig, weil y Shared vereinbart ist.

```
' Datei: 3.1_1.vb

Imports System

Class abc
  Public x As Integer
  Public Shared  y As Integer
End Class

Class Haupt
  Shared Sub Main()
    Dim a As abc = New abc()
    Dim b As New abc

    a.x   = 5
    abc.y = 6
    b.x   = 7

    Console.WriteLine("a.x   = {0}",a.x)
    Console.WriteLine("abc.y = {0}",abc.y)
    Console.WriteLine("b.x   = {0}",b.x)
  End Sub
End Class
```

Ausgabe:

```
a.x   = 5
abc.y = 6
b.x   = 7
```

Von der Klasse abc werden zwei Instanzen a und b gebildet. Man kann a.x und b.x unterschiedliche Werte zuweisen. Auf y kann man nur mit abc.y zugreifen, da y Shared vereinbart ist. Daher besitzt y auch in beiden Instanzen den gleichen Wert.

```
' Datei: 3.1_2.vb

Imports System

Class abc
  Dim x As Integer
  Shared y As Integer

  Public Sub New(ByVal w1 As Integer, ByVal w2 As Integer)
    x = w1
    y = w2
  End Sub

  Public Function getx() As Integer
    Return x
  End Function

  public Function gety() As Integer
    Return y
  End Function
End Class

Class Haupt
  Shared Sub Main()
    Dim a As New abc(5, 6)
    Dim b As New abc(7, 8)
    Console.WriteLine("a.x = {0}",a.getx())
    Console.WriteLine("a.y = {0}",a.gety())
    Console.WriteLine("b.x = {0}",b.getx())
    Console.WriteLine("b.y = {0}",b.gety())
  End Sub
End Class
```

Ausgabe:

```
a.x = 5
a.y = 8
b.x = 7
b.y = 8
```

x und y werden durch den Konstruktor

```
Public Sub New(ByVal w1 As Integer, ByVal w2 As Integer)
  x = w1
  y = w2
End Sub
```

initialisiert. Während a.x und b.x unterschiedliche Werte aufnehmen können, gibt es keinen Unterschied zwischen a.y und b.y. Es gibt nämlich wegen der Shared Vereinbarung nur ein abc.y, dem zuerst der Wert 6 und anschließend 8 zugewiesen wird.

3.2 Vererbung

Beispiel 3.2_1 zeigt, wie grafische Elemente objektorientiert programmiert werden können. Neben der Klasse `Haupt` enthält dieses Beispiel drei weitere Klassen mit den Namen `Grafik`, `Punkt` und `Strich`. Man kann den Faden im Gedanken weiterspinnen und Kreis, Rechteck, Ellipse und weitere grafische Elemente mit und ohne Füllung, Schraffur, oder Musterung definieren.

In Beispiel 3.2_1 ist Grafik die Eltern- oder Basisklasse. Sie enthält die Koordinaten `x0` und `y0`, die Dicke `d` und die Farbe. Das sind die Eigenschaften, die man vererben kann, weil sie von möglichst allen abgeleiteten Klassen gemeinsam genutzt werden können. Darüber hinaus gibt es in der Klasse Grafik zwei Konstruktoren. Der erste Konstruktor hat keine Parameter, während der zweite eine Parameterliste mit den vier oben genannten Werten besitzt. Wenn man mehrere Methoden mit gleichem Namen und unterschiedlichen Parametern verwendet, so spricht man vom Überladen der Methode. Die unterschiedlichen Parameterlisten ermöglichen die eindeutige Zuordnung der Methode. Man muss sorgfältig zwischen dem Überladen und dem Überschreiben von Methoden unterscheiden. Dieser Unterschied wird noch näher erläutert. Die letzte Methode der Klasse Grafik ist `bewege`. Sie weist den Koordinaten `x0` und `y0` neue Werte zu. Bei genauem Hinsehen fällt auf, dass in einigen Fällen das Schlüsselwort `Me` benutzt worden ist. Wenn man innerhalb einer Klasse `Me` benutzt, so bezeichnet dies die Mitglieder genau dieser Klasse. Die Variablen `x0`, `y0`, `d` und `Farbe` sowie die beiden Konstruktoren und die Methode `bewege` sind Mitglieder der Klasse `Grafik`. Die Parameter der Methoden sind dagegen lokale Variablen der Methoden. Sie sind nur innerhalb der Methode gültig und haben Vorrang vor allen außerhalb vereinbarten Variablen mit gleichem Namen. Die Anweisung `Me.x0 = x0` weist der außerhalb des Konstruktors vereinbarten Variablen `x0` den Wert des Parameters `x0` zu, wobei `Me.x0` außerhalb des Konstruktors vereinbart und `x0` eine lokale Variable des Konstruktors ist. Dies gilt für jede lokale Variable einer Methode und nicht nur für Parameter. In der Methode `bewege` entsteht dieser Konflikt nicht, da keine namensgleiche lokale Variable existiert.

Die Klassen `Punkt` und `Strich` sind von `Grafik` abgeleitet, was durch den Zusatz `Inherits Grafik` gekennzeichnet ist.

`Punkt` enthält einen leeren Konstruktor, der den Konstruktor der Basisklasse `Grafik` mit `MyBase.New (x0, y0, d, Farbe)` aufruft. Beim Betrachten der Parameterliste sieht man, dass dadurch der zweite Konstruktor der Klasse `Grafik` aufgerufen wird.

`Strich` benutzt die geerbten Koordinaten `x0` und `y0` als Anfangspunkt des Striches und definiert `x1` und `y1` als Endpunkt. Der Konstruktor besitzt die Parameter `x0`, `y0`, `x1`, `y1`, `d` und `Farbe`. Er ruft den Konstruktor der Basisklasse auf und setzt anschließend `x1` und `y1`. Die Methode `bewege` der Klasse `Grafik` ändert nur den Anfangspunkt des Striches und nicht den Endpunkt. Der Endpunkt muss aber um den gleichen Betrag bewegt werden wie der Anfangspunkt. Deshalb muss die Klasse `Strich` eine eigene Methode `bewege` bekommen, die den Endpunkt mit bewegt. Die Methode `bewege` der Klasse `Strich` überschreibt die gleichnamige Methode der Klasse `Grafik`. Voraussetzung für das Überschreiben von Methoden ist, dass die Methode der Basisklasse `Overridable` vereinbart ist und die überschreibende Methode der abgeleiteten Klasse mit `Overrides` gekennzeichnet wird.

```
' Datei 3.2_1.vb

Imports System
Imports Microsoft.VisualBasic

Class Haupt
  Sub New()
    Dim p As New Punkt(10, 15, 2, 7)
    Console.WriteLine( _
      "{0}" & vbTab & "{1}" & vbTab & "{2}" & vbTab & "{3}", _
      p.x0, p.y0, p.d, p.Farbe)

    p.bewege(20, 30)
    Console.WriteLine( _
      "{0}" & vbTab & "{1}" & vbTab & "{2}" & vbTab & "{3}", _
      p.x0, p.y0, p.d, p.Farbe)

    Dim s As New Strich(10, 15, 100, 120, 2, 7)
    Console.WriteLine( _
      "{0}" & vbTab & "{1}" & vbTab & "{2}" & vbTab & _
      "{3}" & vbTab & "{4}" & vbTab & "{5}", _
      s.x0, s.y0, s.x1, s.y1, s.d, s.Farbe)

    s.bewege(40, 50)
    Console.WriteLine( _
      "{0}" & vbTab & "{1}" & vbTab & "{2}" & vbTab & _
      "{3}" & vbTab & "{4}" & vbTab & "{5}", _
      s.x0, s.y0, s.x1, s.y1, s.d, s.Farbe)
  End Sub

  Shared Sub Main()
    Dim h As New Haupt()
  End Sub
End Class

Class Grafik
  Public x0 As Integer, y0 As Integer, d As Integer, Farbe As Integer

  Public Sub New()
  End Sub
```

```
  Public Sub New( _
  ByVal x0 As Integer, ByVal y0 As Integer, _
  ByVal d As Integer, ByVal Farbe As Integer)
    Me.x0    = x0
    Me.y0    = y0
    Me.d     = d
    Me.Farbe = Farbe
  End Sub

  Public Overridable Sub bewege( _
  ByVal x As Integer, ByVal y As Integer)
    x0 = x
    y0 = y
  End Sub
End Class

Class Punkt
Inherits Grafik
  Public Sub New( _
  ByVal x0 As Integer, ByVal y0 As Integer, _
  ByVal d As Integer, ByVal Farbe As Integer)
    MyBase.New(x0, y0, d, Farbe)
  End Sub
End Class

Class Strich
Inherits Grafik
  Public x1 As Integer, y1 As Integer

  Public Sub New( _
  ByVal x0 As Integer, ByVal y0 As Integer, _
  ByVal x1 As Integer, ByVal y1 As Integer, _
  ByVal d As Integer, ByVal Farbe As Integer)
    MyBase.New(x0, y0, d, Farbe)
    Me.x1 = x1
    Me.y1 = y1
  End Sub

  Public Overrides Sub bewege( _
  ByVal x As Integer, ByVal y As Integer)
    Dim dx As Integer, dy As Integer
    dx = x - x0
    dy = y - y0
    x0 = x
    y0 = y
    x1 += dx
    y1 += dy
  End Sub
End Class
```

Ausgabe:

```
10  15  2  7
20  30  2  7
10  15  100  120  2  7
40  50  130  155  2  7
```

Die Methode `Main` erzeugt eine Instanz der Klasse `Haupt`. Damit wird der Konstruktor der Klasse `Haupt` aufgerufen. Im Konstruktor wird ein Punkt mit den Koordinaten `10 15`, der Dicke `2` und der Farbe `7` definiert. Anschließend wird der Punkt nach `20 30` bewegt. Die ersten zwei Zeilen der Ausgabe protokollieren diese Aktion.

Danach wird ein Strich definiert und ebenfalls bewegt. Die letzten beiden Zeilen der Ausgabe zeigen deutlich, dass Anfangs- und Endpunkt des Striches verschoben worden sind. Es ist also tatsächlich die Methode `bewege` der Klasse `Strich` benutzt worden.

3.3 Polymorphie

Beispiel 3.3_1 macht nichts anderes als Beispiel 3.2_1. Es nutzt aber die Möglichkeiten des objektorientierten Programmierens in noch stärkerem Maße. Die Klassen `Grafik` und `Strich` sind durch je eine Methode `schreibe` ergänzt worden. Dadurch kann die Ausgabe rationeller vonstatten gehen. Das Wesentliche dieses Beispiels zeigt sich jedoch in den ersten drei Zeilen des Konstruktors der Klasse `Haupt`. Mit `Dim g(1) As Grafik` wird ein Array vom Typ `Grafik` definiert. Anschließend werden der vom vorigen Beispiel bekannte `Punkt` und `Strich` definiert. Die Instanz der Klasse `Punkt` wird `g(0)` zugewiesen und die Instanz der Klasse `Strich g(1)`. Man kann also von der Klasse `Grafik` abgeleitete Objekte als `Grafik` speichern. Das ist aber noch nicht alles, denn `g(1).schreibe( )` findet die Methode `schreibe` in der Klasse `Strich` und benutzt diese auch. Das gleiche gilt für die Methode `bewege`. Man nennt die Eigenschaft des objektorientierten Konzeptes von Visual Basic .NET, die dies ermöglicht, Polymorphie. Das Ganze funktioniert allerdings nur mit Methoden, die mit `Overridable` in der Basisklasse und `Overrides` in der abgeleiteten Klasse gekennzeichnet sind. Versucht man die Variable `x1` mit `g(1).x1` anzusprechen, so misslingt dies. Es ist eine Typkonvertierung `(CType(g(1), Strich)).x1` erforderlich.

```
' Datei 3.3_1.vb

Imports System
Imports Microsoft.VisualBasic

Class Haupt
  Sub New()
```

```
    Dim g(1) As Grafik
    g(0) = New Punkt(10, 15, 2, 7)
    g(1) = New Strich(10, 15, 100, 120, 2, 7)

    g(0).schreibe()
    g(0).bewege(20, 30)
    g(0).schreibe()

    g(1).schreibe()
    g(1).bewege(40, 50)
    g(1).schreibe()
  End Sub

  Shared Sub Main()
    Dim h As New Haupt()
  End Sub
End Class

Class Grafik
  Public x0 As Integer, y0 As Integer
  Public d As Integer, Farbe As Integer

  Public Sub New()
  End Sub

  Public Sub New( _
  ByVal x0 As Integer, ByVal y0 As Integer, _
  ByVal d As Integer, ByVal Farbe As Integer)
    Me.x0    = x0
    Me.y0    = y0
    Me.d     = d
    Me.Farbe = Farbe
  End Sub

  Public Overridable Sub bewege( _
  ByVal x As Integer, ByVal y As Integer)
    x0 = x
    y0 = y
  End Sub

  Public Overridable Sub schreibe()
    Console.WriteLine( _
      "{0}" & vbTab & "{1}" & vbTab & "{2}" & vbTab & "{3}", _
      x0, y0, d, Farbe)
  End Sub
End Class

Class Punkt
Inherits Grafik
  Public Sub New( _
  ByVal x0 As Integer, ByVal y0 As Integer, _
```

```
  ByVal d As Integer, ByVal Farbe As Integer)
    MyBase.New(x0, y0, d, Farbe)
  End Sub
End Class

Class Strich
Inherits Grafik
  Public x1 As Integer, y1 As Integer

  Public Sub New( _
  ByVal x0 As Integer, ByVal y0 As Integer, _
  ByVal x1 As Integer, ByVal y1 As Integer, _
  ByVal d As Integer, ByVal Farbe As Integer)
    MyBase.New(x0, y0, d, Farbe)
    Me.x1 = x1
    Me.y1 = y1
  End Sub

  Public Overrides Sub bewege(ByVal x As Integer, ByVal y As Integer)
    Dim dx As Integer, dy As Integer
    dx = x - x0
    dy = y - y0
    x0 = x
    y0 = y
    x1 += dx
    y1 += dy
  End Sub

  Public Overrides Sub schreibe()
    Console.WriteLine( _
      "{0}" & vbTab & "{1}" & vbTab & "{2}" & vbTab & _
      "{3}" & vbTab & "{4}" & vbTab & "{5}", _
          x0, y0, x1, y1, d, Farbe)
  End sub
End Class
```

Ausgabe:

```
10  15  2  7
20  30  2  7
10  15  100  120  2  7
40  50  130  155  2  7
```

Die Ausgabe ist mit der von Beispiel 3.2_1 identisch und zeigt, dass bei `g(1).bewege(40, 50)` und `g(1).schreibe( )` die Methoden der Klasse `Strich` benutzt worden sind.

Beispiel 3.3_2 ist mit zwei Ausnahmen identisch mit Beispiel 3.3_1. Die Methode bewege der Klasse Grafik ist nicht Overridable vereinbart. Deshalb kann bewege in der Klasse Strich auch nicht mit Overrides gekennzeichnet werden. Statt dessen kann man das Schlüsselwort Shadows benutzen, das die entsprechende Methode der Basisklasse in der abgeleiteten Klasse verbirgt und damit die Tür öffnet für eine Neudefinition. Hierbei gehen jedoch die polymorphen Eigenschaften verloren. Die Methode bewege der Klasse Strich kann nur von einer Instanz der Klasse Strich aufgerufen werden.

```
' Datei 3.3_2.vb
. . .

Class Grafik
. . .

  Public Sub bewege(ByVal x As Integer, ByVal y As Integer)
    . . .

  End Sub

Class Strich
. . .

  Public Shadows Sub bewege(ByVal x As Integer, ByVal y As Integer)
. . .

  End Sub
. . .

End Class
```

Ausgabe:

```
10  15  2  7
20  30  2  7
10  15  100  120  2  7
40  50  100  120  2  7
```

Die beiden letzten Zeilen der Ausgabe zeigen, dass der Endpunkt des Striches nicht mitbewegt worden ist. g(1).bewege(40, 50) benutzt die Methode bewege der Basisklasse Grafik und nicht die der abgeleiteten Klasse Strich. Will man Polymorphie nutzen, so muss man ganz konsequent Overridable und Overrides verwenden.

3.4 Methoden

In Algol 60 und einigen davon abgeleiteten Programmiersprachen gibt es Prozeduren und Funktionsprozeduren. Bei C und C++ gibt es Funktionen. Es werden auch die Begriffe Routine und Unterprogramm benutzt. Im objektorientierten Sprachgebrauch werden Funktionen, die innerhalb einer Klasse definiert sind, als Methoden dieser Klasse bezeichnet.

3.4.1 Ein Beispiel

Beispiel 3.4_1 enthält eine Auswahl von Funktionen. Es gibt einen Konstruktor und einen Destruktor. Diese Methoden werden im Anschluss an das Listing erläutert. Es gibt die Methode `Main`, die den Einstiegspunkt des Programms bildet. Und es gibt die Methode `absolut` mit einem Parameter vom Typ `Double`, die den Betrag einer positiven oder negativen Zahl als Wert vom Typ `Double` zurückgibt.

```
' Datei 3.4_1.vb

Imports System
Imports Microsoft.VisualBasic

Class Haupt
  Sub New()
    Dim a As Double
    Do
      Console.Write("Geben sie eine Zahl ein: ")
      Try
        a = Double.Parse(Console.ReadLine())
        Catch e As Exception
        a = 0.0
      End Try
      Console.WriteLine(absolut(a))
    Loop While a <> 0.0
  End Sub

  Function absolut(ByVal x As Double) As Double
    Return IIf(x >= 0.0, x, -x)
  End Function

  Shared Sub Main()
    Dim h As New Haupt()
  End Sub
End Class
```

Ein- Ausgabe:

```
Geben Sie eine Zahl ein: 1,234
1,234
Geben Sie eine Zahl ein: -1,234
1,234
Geben Sie eine Zahl ein: -55
55
Geben Sie eine Zahl ein: 0
0
```

Im Programm wird der Dezimalpunkt verwendet. Bei der Ein- und Ausgabe wird im deutschen Sprachraum das Komma als dezimales Trennzeichen verwendet. Siehe hierzu Abschnitt 2.2.

3.4.2 Konstruktor und Destruktor

Konstruktoren und Destruktoren sind Methoden mit spezieller Bedeutung. Der Konstruktor hilft beim Aufbau der Klasse, während der Destruktor beim Entfernen hilft. Der Konstruktor darf Parameter besitzen. Der Destruktor darf keine Parameter besitzen.

Konstruktor: `Sub New( )`

`Sub New( *Parameterliste* )`

Destruktor: `Protected Overrides Sub Finalize( )`

Der Konstruktor wird beim Instanziieren einer Klasse mit `New` automatisch aufgerufen. Konstruktoren können überladen werden. Eine Klasse kann daher mehrere Konstruktoren mit unterschiedlicher Parameterliste besitzen. Jeder Konstruktor ist ohne Zusatz eines Modifikators als `Public` vereinbart. Konstruktoren dürfen auch `Protected`, `Private` oder `Friend` vereinbart werden.

Im Gegensatz zu Sprachen wie C++ gibt es in Visual Basic .NET keinen wirklichen Destruktor, der sofort, wenn die Instanz einer Klasse ihre Gültigkeit verliert, automatisch aufgerufen wird. Die Methode `Finalize` wird erst bei der nächsten Garbage Collection, dem durch die .NET Runtime ausgelösten Aufräumen, aufgerufen. Da man nicht weiß, wann die Garbage Collection stattfindet, ist bei der Verwendung von `Finalize` Vorsicht geboten. Die Klasse `System.GC` enthält Methoden, die die Garbage Collection beeinflussen. Mit `System.GC.Collect( )` wird eine Garbage Collection ausgelöst.

```
' Datei 3.4_2.vb

Imports System

Class Haupt
  Sub New()
   Dim t As test
   t = New test(5)
   Console.WriteLine(t.x)
   t = New test()
   GC.Collect()
   Console.WriteLine(t.x)
   t = Nothing
   GC.Collect()
   Dim s As String = Console.Readline()
  End Sub

  Shared Sub Main()
    Dim h As New Haupt()
  End Sub
End Class

Class test
  Public x As Integer = 0

  Sub New()
    x = 2
  End Sub

  Sub New(ByVal x As Integer)
    Me.x = x
  End Sub

  Protected Overrides Sub Finalize()
    Console.WriteLine("Finalize {0}", x)
  End Sub
End Class
```

Ausgabe:

```
5
Finalize 5
2
Finalize 2
```

Das Programm enthält die Klassen `Haupt` und `test`. Beim Programmsstart wird zuerst die Methode `Main` der Klasse `Haupt` abgearbeitet. `Main` bildet eine Instanz der Klasse `Haupt`. Dadurch wird der Konstruktor der Klasse `Haupt` aufgerufen.

Im Konstruktor wird zunächst mit `Dim t As test` eine Variable vom Typ `test` vereinbart. Anschließend wird mit

```
t = New test(5)
```

eine Instanz der Klasse `test` gebildet. Da die Klasse `test` zwei Konstruktoren besitzt, wird anhand der Parameterliste entschieden, welcher Konstruktor bei der Instanziierung aufgerufen wird. Nachdem der Wert der Variablen `x` mit `Console.WriteLine` protokolliert worden ist, bildet die Anweisung

```
t = New test()
```

eine weitere Instanz der Klasse `test`, die wiederum der Variablen `t` zugewiesen wird. Dadurch verweist `t` jetzt nicht mehr auf die zuerst sondern auf die zuletzt gebildete Instanz. Auf die zuerst gebildete Instanz kann nicht mehr zugegriffen werden. Sie befindet sich jedoch noch im Speicher. Erst bei der nächsten Garbage Collection wird sie aus dem Speicher entfernt. Mit `GC.Collect()` wird wird dies gezielt ausgelöst. Dadurch wird die Methode `Finalize` aufgerufen, was wiederum durch eine `Console.WriteLine` Anweisung protokolliert wird. Die Referenz auf die zweite Instanz verliert durch `t = Nothing` ihre Gültigkeit. Das anschließende `GC.Collect()` führt wieder zum Aufruf von `Finalize`. So kommt die oben abgebildete Ausgabe zustande. Das Programm wartet zum Schluß wegen der `Console.Readline()` Anweisung bis die Enter-Taste gedrückt wird. Entfernt man die `GC.Collect()` Anweisungen aus dem Programm, so wird

```
5
2
```

ausgegeben, und anschließend wartet das Programm auf die Enter-Taste. Da `Finalize` nicht aufgerufen worden ist, liegen jetzt zwei Instanzen der Klasse `test` nutzlos im Speicher. Dies würde nur dann anders aussehen, wenn zufällig zur rechten Zeit von der .NET Runtime eine Garbage Collection ausgelöst worden wäre. Drückt man nun die Enter-Taste, so wird das Programm beendet, was ebenfalls eine Garbage Collection auslöst. Infolge dessen wird

```
Finalize 2
Finalize 5
```

ausgegeben.

3.4.3 Parameter und Rückgabewerte

Visual Basic unterscheidet zwischen zwei Arten von Unterprogrammen bzw. Methoden. Wird eine Methode als Sub, was von Subroutine abgeleitet ist, vereinbart, so gibt diese Methode keinen Wert zurück. Wird eine Methode als Function vereinbart, so gibt diese Methode einen Wert zurück, dessen Datentyp im Funktionskopf angegeben ist.

Visual Basic unterscheidet ebenfalls zwischen zwei Arten von Parametern. Wertparameter sind durch ByVal gekennzeichnet, während Referenzparameter durch ByRef gekennzeichnet sind. Darüber hinaus unterscheidet man zwischen formalen und aktuellen Parametern. Die Vereinbarung einer Methode entspricht einem der folgenden Schemata:

```
Sub abc( formale Parameter ) 'Kopf
  'Rumpf
End Sub
```

oder

```
Function def( formale Parameter ) As Datentyp 'Kopf
  'Rumpf
End Function
```

Parameter, die im Kopf einer Methode angegeben sind, nennt man formale Parameter, während aktuelle Parameter beim Aufruf einer Methode eingesetzt werden.

```
abc ( aktuelle Parameter )
```

oder mit

```
Variable = def ( aktuelle Parameter )
```

Der Rückgabewert einer Function kann auch direkt einer weiteren Methode als aktueller Parameter übergeben werden. Die formalen Parameter werden durch ByVal oder ByRef und ihren Datentyp gekennzeichnet. Die Datentypen der aktuellen Parameter müssen den Datentypen der formalen Parameter entsprechen.

Die Beispiele 3.4_1 und 3.4_3 unterscheiden sich durch die Methode absolut, die in beiden Fällen negative in positive Zahlen umwandelt.

Beispiel 3.4_1 definiert die Methode

```
Function absolut(ByVal x As Double) As Double
  Return IIf(x >= 0.0, x, -x)
End Function
```

als Funktion mit einem Rückgabewert vom Typ Double, der mit

```
Console.WriteLine(absolut(a))
```

protokolliert wird. Wegen des Zusatzes ByVal ist der formale Parameter x der Funktion absolut ein Wertparameter. Als aktueller Parameter kann daher eine Variable oder ein Literal vom Typ Double eingesetzt werden. Der Wert des aktuellen Parameters a wird dem formalen Parameter x übergeben. Wird der Wert von x innerhalb der Funktion geändert, so ändert sich der Wert von a nicht. Ein Wertparameter kann einen Wert in eine Methode hineintransportieren. Er kann jedoch keinen Wert heraustransportieren.

Beispiel 3.4_3 definiert die Methode

```
Sub absolut(ByRef x As Double)
  x = IIf(x >= 0.0, x, -x)
End Sub
```

als Subroutine Sub ohne Rückgabewert. Da der formale Parameter x durch den Zusatz ByRef als Referenzparameter vereinbart ist, wird beim Aufruf

```
absolut(a)
```

die Adresse des aktuellen Parameters a dem formalen Parameter x übergeben. a und x verweisen auf die gleiche Speicheradresse. Als aktueller Parameter kann daher zwar eine Variable aber kein Literal eingesetzt werden. Wird nun der Wert von x innerhalb der Funktion geändert, so ändert sich auch der Wert von a. Ein Referenzparameter kann einen Wert in eine Methode hinein- und wieder heraustransportieren.

```
' Datei 3.4_3.vb

Imports System
Imports Microsoft.VisualBasic

Class Haupt
  Sub New()
    Dim a As Double
```

```
    Do
      Console.Write("Geben sie eine Zahl ein: ")

      Try
        a = Double.Parse(Console.ReadLine())
      Catch e As Exception
        a = 0.0
      End Try

      absolut(a)
      Console.WriteLine(a)
    Loop While a <> 0.0
  End Sub

  Sub absolut(ByRef x As Double)
    x = IIf(x >= 0.0, x, -x)
  End Sub

  Shared Sub Main()
    Dim h As New Haupt()
  End Sub
End Class
```

Das objektorientierte Visual Basic .NET unterscheidet zwischen Werttypen und Referenztypen. Ist der Datentyp einer Variablen ein Werttyp, so enthält die Variable direkt den entsprechenden Wert. Ist der Datentyp einer Variablen jedoch ein Referenztyp, so enthält die Variable eine Adresse, die auf den oder die Werte verweist. Das oben Beschriebene gilt daher ausschließlich für Werttypen.

Zur Methode `doppelt` gibt es im Beispuel 3.4_4 mehrere Überladungen mit unterschiedlichen Parametern, deren Datentypen zum Teil Werttypen und zum Teil Referenztypen sind. Alle Parameter sind durch `ByVal` als Wertparameter gekennzeichnet. Die Methode `aender` besitzt einen String als Wertparameter.

```
' Datei 3.4_4.vb

Imports System
Imports Microsoft.VisualBasic

Class Haupt
  Sub New()
    Dim w, h As Integer
    w = 18
    h = 34
    doppelt(w, h)
    Console.WriteLine("Variable:  {0}   {1}", w, h)
    Dim a(1) As Integer
```

```
    a(0) = 18
    a(1) = 34
    doppelt(a)
    Console.WriteLine("Array:     {0}   {1}", a(0), a(1))

    Dim pu As New Punkt
    pu.x = 18
    pu.y = 34
    doppelt(pu)
    Console.WriteLine("Class:     {0}   {1}", pu.x, pu.y)

    Dim po As Point
    po.x = 18
    po.y = 34
    doppelt(po)
    Console.WriteLine("Structure: {0}   {1}", po.x, po.y)

    Dim s As String = "Der String hat sich nicht geändert."
    aender(s)
    Console.WriteLine(s)
  End Sub

  Sub doppelt(ByVal x As Integer, ByVal y As Integer)
   x *= 2
   y *= 2
  End Sub

  Sub doppelt(ByVal ar() As Integer)
   ar(0) *= 2
   ar(1) *= 2
  End Sub

  Sub doppelt(ByVal pkt As Punkt)
   pkt.x *= 2
   pkt.y *= 2
  End Sub

  Sub doppelt(ByVal pkt As Point)
   pkt.x *= 2
   pkt.y *= 2
  End Sub

  Sub aender(ByVal st As String)
    st = "Der String hat sich geändert."
  End Sub

  Shared Sub Main()
    Dim h As New Haupt()
  End Sub
End Class
```

```
Class Punkt
  Public x, y As Integer
End Class

Structure Point
  Public x, y As Integer
End Structure
```

Ausgabe:

```
Integer:   18   34
Array:     36   68
Class:     36   68
Structure: 18   34
Der String hat sich nicht geändert.
```

An der Ausgabe kann man folgendes ablesen:

Einfache Datentypen wie `Integer` und `Double` sind Werttypen. Arrays und Klassen sind Referenztypen. `Structure` und `String` sind Werttypen. Wertparameter von Referenztypen können also Werte in eine Methode hinein- und wieder heraustransportieren.

Jetzt drängt sich die Frage auf, ob es sinnvoll sein kann, Referenzparameter von Referenztypen zu verwenden. Beispiel 3.4_5 beantwortet diese Frage.

```
' Datei 3.4_5.vb

Imports System
Imports Microsoft.VisualBasic

Class Haupt
  Sub New()
    Dim pu As New Punkt
    pu.x = 10
    pu.y = 20
    neu(pu)
    Console.WriteLine("{0}   {1}", pu.x, pu.y)
  End Sub

  Sub neu(ByRef pkt As Punkt)
    pkt = New Punkt()
    pkt.x = 90
    pkt.y = 100
  End Sub

  Shared Sub Main()
    Dim h As New Haupt()
  End Sub
End Class
```

Ausgabe:

```
90   100
```

Die Methode

```
Sub neu(ByRef pkt As Punkt)
  pkt = New Punkt()
  pkt.x = 90
  pkt.y = 100
End Sub
```

bildet eine Instanz der Klasse `Punkt` und weist diese dem Parameter `pkt` zu. Da `pkt` ein Referenzparameter ist, verweist nun auch der aktuelle Parameter `pu` auf die neu gebildete Instanz der Klasse `Punkt`. Ersetzt man in der Parameterliste der Methode `neu` `ByRef` durch `ByVal`, so verliert die innerhalb der Methode neu gebildete Instanz mit dem Verlassen dieser Methode ihre Gültigkeit, während `pu` weiterhin auf die zuerst gebildete Instanz der Klasse `Punkt` verweist, was zu der Ausgabe

```
10   20
```

führt.

3.4.4 Lokale Variablen

Variablen, die innerhalb einer Methode vereinbart sind, nennt man lokale Variablen dieser Methode. Die Parameter einer Methode sind ebenfalls lokale Variablen der Methode. Lokale Variablen sind außerhalb der Methode, in der sie vereinbart sind, nicht sichtbar. Sie verlieren mit dem Verlassen der Methode ihre Gültigkeit. Wird etwa eine Vereinbarung `Dim o As New Object( )` innerhalb einer Methode getroffen, so verliert die Variable `o` beim Verlassen der Methode ihre Gültigkeit, und das Speicherobjekt, auf das `o` zuvor verwiesen hat, wird bei der nächsten Garbage Collection aus dem Speicher entfernt.

3.5 Modifikatoren

Die nachfolgende Tabelle gibt einen Überblick über Modifikatoren.

Public	Zugriff von außerhalb der Klasse
Protected	Zugriff nur innerhalb der Klasse und innerhalb abgeleiteter Klassen
Friend	Zugriff innerhalb der aktuellen Assembly
Private	Zugriff nur innerhalb der Klasse

Shadows	versteckt die gleichnamige Methode der Basisklasse
Overridable	siehe 3.3 Polymorphie
Overrides	siehe 3.3 Polymorphie
Shared	Zugriff über Klassenname ohne Instanz
NotInheritable	Verhindert, dass abgeleitete Klassen gebildet werden können.
MustInherit	Von der Klasse kann keine Instanz gebildet werden. Es muss zu diesem Zweck eine abgeleitete Klasse gebildet werden.
Inherits	Die Klasse ist von der angegebenen Klasse abgeleitet.
Readonly	Readonly Variablen können nur vom Konstruktor einer Klasse gesetzt werden.
Const	Konstantenvereinbarung

Neben der Vererbung und der Polymorphie ist die Kapselung der dritte Stützpfeiler des objektorientierten Programmierens. Jede Klasse kapselt ihre Mitglieder. Den Zugriff auf die Mitglieder von Klassen kann man mit Hilfe von Modifikatoren bestimmten Regeln unterwerfen. Beispiel 3.5_1 verdeutlicht den Unterschied zwischen `Public`, `Protected` und `Private`.

```
' Datei 3.5_1.vb

Imports System

Class Haupt
  Dim s As Integer
  Sub New()
    Dim a As New c()
    a.addiere()
    Console.WriteLine("r = {0}", a.getr())
  End Sub

  Shared Sub Main()
    Dim h As New Haupt()
  End Sub

  Class b
    Dim r As Integer
    Public    x As Integer = 5
    Protected y As Integer = 6
    Private   z As Integer = 7

    Public Sub putr(ByVal r As Integer)
      Me.r = r
    End Sub

    Public Function getr()
      Return r
    End Function
```

```
    Public Function getz()
      Return z
    End Function
  End Class

  Class c
  Inherits b
    Dim s As Integer

    Public Sub addiere()
      putr(x + y + getz())
    End Sub
  End Class
End Class
```

Ausgabe:

```
r = 18
```

In der Klasse `b` ist die Variable `r` ohne Modifikator vereinbart. Derartige Variablen sind immer `Private`. Innerhalb der Klasse `b` kann auf alle Variablen zugegriffen werden. In der von `b` abgeleiteten Klasse `c` kann nicht auf die `Private` vereinbarten Variablen zugegriffen werden. Die Methode `addiere` muss daher die `Public` vereinbarte Funktion `getz` für den Zugriff auf die Variable `z` und die `Public` vereinbarte Methode `putr` für die Wertzuweisung an `r` benutzen. Der Konstruktor der Klasse `Haupt` weist der Variablen `a` eine Instanz der Klasse `c` zu. Über diese Instanz kann auf alle `Public` vereinbarten Mitglieder der Klasse `c` und die `Public` vereinbarten von `b` an `c` vererbten Mitglieder der Klasse `b` zugegriffen werden.

Jedes Programm ist eine Assembly, die in der Regel weitere Assemblies benutzt und zu diesem Zweck hinzulädt. Das Programm `3.5_1.exe` entspricht der Assembly mit dem Namen `3.5_1`. Da die Klassen `b`, `c` und `Haupt` der gleichen Assembly angehören, könnten die `Public` vereinbarten Mitglieder der Klassen `b` und `c` in diesem Fall auch `Friend` vereinbart werden.

3.6 MustInherit und NotInheritable

Klassen, von denen keine Klassen abgeleitet werden können, werden durch den Modifikator `NotInheritable` gekennzeichnet. Derartige Klassen werden auch als versiegelte Klassen bezeichnet.

Klassen, von denen zwar keine direkten Instanzen gebildet aber Klassen abgleitet werden können, werden durch den Modifikator `MustInherit` gekennzeichnet. Derartige Klassen werden auch abstrakte Klassen genannt. Die abstrakte Klasse kann der abgeleiteten Klasse ihre Mitglieder vererben. Sie kann implementierte und abstrakte, durch `MustOverride` gekennzeichnete,

Methoden enthalten. Abstrakte Methoden sind Prototypen von Methoden. Sie müssen in der abgeleiteten Klasse implementiert werden.

```
' Datei 3.6_1.vb

Imports System
Imports Microsoft.VisualBasic

Class Haupt
  Sub New()
    Dim p As New Punkt(10, 20)
    Console.WriteLine("{0}" & vbTab & "{1}", p.x, p.y)

    Dim r As New Rechteck(25, 30, 200, 100)
    Console.WriteLine( _
      "{0}" & vbTab & "{1}" & vbTab & "{2}" & vbTab & _
      "{3}", r.getx(), r.gety(), r.b, r.h)
  End Sub

  Shared Sub Main()
    Dim h As New Haupt()
  End Sub
End Class

NotInheritable Class Punkt
  Public x,y As Integer

  Sub New(ByVal x As Integer,  ByVal y As Integer)
    Me.x=x
    Me.y=y
  End Sub
End Class

MustInherit Class Koordinate
  Public x As Integer, y As Integer

  Sub New(ByVal x As Integer, ByVal y As Integer)
    Me.x=x
    Me.y=y
  End Sub

  Public MustOverride Function getx() As Integer
  Public MustOverride Function gety() As Integer
End Class

Class Rechteck
Inherits Koordinate
  Public b, h As Integer
  Sub New( _
  ByVal x As Integer, ByVal y As Integer, _
  ByVal b As Integer, ByVal h As Integer)
```

```
    MyBase.New(x, y)
    Me.b = b
    Me.h = h
  End Sub

  Public Overrides Function getx() As Integer
    Return x
  End Function

  Public Overrides Function gety() As Integer
    Return y
  End Function
End Class
```

Ausgabe:

```
10  20
25  30  200 100
```

Von der versiegelten Klasse `Punkt` wird im Konstruktor der Klasse `Haupt` die Instanz `p` gebildet. Der Versuch eine Ableitung dieser Klasse zu bilden, würde mit einer Fehlermeldung des Compilers enden. Von der abstrakten Klasse `Koordinate` wird die Klasse `Rechteck` abgeleitet, die `getx` und `gety` implementiert. Implementieren heißt: "Festlegen was die Methode zu tun hat." Der Versuch eine Instanz der Klasse `Koordinate` zu bilden, würde ebenfalls mit einer Fehlermeldung des Compilers enden. Von der Klasse `Rechteck`, die von der Klasse `Koordinate` abgeleitet ist, kann jedoch eine Instanz gebildet werden. Die Instanz `r` der Klasse `Rechteck` wird in der Methode `Haupt` gebildet. Das Schlüsselwort `Me` verweist auf die Mitglieder der Klasse, in der es angewendet wird. Das Schlüsselwort `MyBase` verweist auf die Mitglieder der Elternklasse. So kann der Konstruktor der Klasse `Rechteck` mit

```
MyBase.New(x, y)
```

den Konstruktor der Klasse `Koordinate` aufrufen.

3.7 Interfaces

Visual Basic .NET kennt bei Klassen keine Mehrfachvererbung. Das bedeutet, dass eine Klasse nur von einer einzigen übergeordneten bzw. Elternklasse erben kann. Auch bei abstrakten Klassen gibt es keine Mehrfachvererbung. Interfaces sind dagegen Schnittstellen, die ausschließlich Prototypen von Methoden, Eigenschaften, Ereignissen und Typdefinitionen enthalten. Die abgeleitete Klasse muss alle geerbten Mitglieder der Interfaces implementieren. Interfaces dienen der Vereinheitlichung von Programmen. Die Mehrfachvererbung ist erlaubt.

```
' Datei 3.7_1.vb

Imports System
Imports Microsoft.VisualBasic

Class Haupt
  Sub New()
    Dim r As New Rechteck(15, 30, 400, 300)
    Console.WriteLine( _
      "{0}" & vbTab & "{1}" & vbTab & "{2}" & vbTab & _
      "{3}", r.getx(), r.gety(), r.b, r.h)
  End Sub

  Shared Sub Main()
    Dim h As New Haupt()
  End Sub
End Class

Interface Ecke
  Function getx() As Integer
  Function gety() As Integer
End Interface

Interface Seiten
  Function getb() As Integer
  Function geth() As Integer
End Interface

Class Rechteck
Implements Ecke, Seiten
  Public x As Integer, y As Integer
  Public b As Integer, h As Integer

  Public Sub New( _
  ByVal x As Integer, ByVal y As Integer, _
  ByVal b As Integer, ByVal h As Integer)
    Me.x = x
    Me.y = y
    Me.b = b
    Me.h = h
  End Sub

  Public Function getx() As Integer Implements Ecke.getx
    Return x
  End Function

  Public Function gety() As Integer Implements Ecke.gety
    Return y
  End Function

  Public Function getb() As Integer Implements Seiten.getb
```

```
    Return b
  End Function

  Public Function geth() As Integer Implements Seiten.geth
    Return h
  End Function
End Class
```

Ausgabe:

```
15   30   400   300
```

So kann die Klasse `Rechteck` von den Interfaces `Ecke` und `Seiten` abgeleitet werden. `Rechteck` muss alle geerbten Methoden dieser beiden Interfaces implementieren. Damit ist sicher gestellt, dass `Rechteck` die Methoden zur Verfügung stellt, die durch die Interfaces vorgesehen sind.

3.8 Die With-Anweisung

Die With-Anweisung ermöglicht den Zugriff auf ein Objekt, ohne das Objekt nennen zu müssen. `With a` ermöglicht diese verkürzte Art des Zugriffs auf die Instanz `a` der Klasse `Punkt`. Die Anweisungen `.x = 3` und `.y = 7` entsprechen den Anweisungen `a.x = 3` und `a.y = 7` ausserhalb einer With-Anweiszng.

```
' Datei: 3.8_1.vb

Imports System

Class Haupt
  Shared Sub Main()
    Dim a As New Punkt()
    With a
      .x = 3
      .y = 7
    End With
    Console.WriteLine("a.x = {0}",a.x)
    Console.WriteLine("a.y = {0}",a.y)
  End Sub
End Class

Class Punkt
  Public x, y As Integer
End Class
```

Ausgabe:

```
3
7
```

4 Weitere Themen

Dieses Kapitel schließt den Themenkreis, der die Visual Basic .NET Grundkenntnisse vermittelt, ab. Dazu gehört das Überladen von Methoden. Dazu gehören aber auch spezielle Visual Basic .NET bezogene Themen wie Eigenschaften, Delegates, Ereignisse, Boxing und Unboxing, Attribute und Reflection, und die Fehlerbehandlung.

4.1 Überladen von Methoden

Das Überladen von Methoden ist in den Abschnitten 3.2 und 3.4 bereits erwähnt worden. Beispiel 4.1_1 zeigt, dass beliebige Methoden überladen werden können. Die Methode addiere ist in zwei Versionen vorhanden. Im Gegensatz zum Überschreiben wird nicht etwa eine Version durch die nächste ersetzt, sondern alle Versionen einer Methode stehen gleichberechtigt nebeneinander. Beim Aufruf entscheidet die aktuelle Parameterliste darüber, welche Version verwendet wird.

```
' Datei 4.1_1.vb

Imports System

Class Haupt
  Sub New()
    Console.WriteLine(addiere(25, 26))
    Console.WriteLine(addiere(25, 26, 27))
  End Sub

  Public Function addiere( _
  ByVal a As Double, ByVal b As Double) As Double
    Return a + b
  End Function

  Public Function addiere( _
  ByVal a As Double, ByVal b As Double, _
  ByVal c As Double) As Double
    Return a + b + c
  End Function
  Shared Sub Main()
    Dim h As New Haupt()
  End Sub
End Class
```

Ausgabe:

```
51
78
```

Die Ausgabe ergibt sich aus den beiden Aufrufen von `addiere` im Konstruktor der Klasse `Haupt`.

4.2 Eigenschaften

Beispiel 4.2_1 definiert eine Telefonliste. In der Klasse `Telefonliste` sind die Variablen `vorn`, `nachn`, `vorw` und `numm` `private` vereinbart. Anschließend werden die Eigenschaften `Vorname`, `Nachname`, `Vorwahl`, `Nummer` und `Telefon` definiert, die einen Zugriff von außen ermöglichen. Da Visual Basic nicht zwischen groß und klein geschriebenen Bezeichnern unterscheidet, müssen sich die Bezeichner der Variablen und Eigenschaften auf andere Weise voneinander unterscheiden.

Die `Get` und `Set` Routinen regeln den Zugriff auf die Eigenschaften. Die `Get` Routinen geben einen Wert mit Return zurück, während in den `Set` Routinen `Set(ByVal value As String)` Werte mit Hilfe des Parameters `value` übergeben werden.

`Vorname` und `Nachname` haben `Get` und `Set` und können deshalb abgefragt und gesetzt werden. `Vorwahl` und `Nummer` haben nur `Set` und sind `WriteOnly` gekennzeichnet. Sie können nur gesetzt werden. Die Eigenschaft `Telefon` hat nur `Get` und ist `ReadOnly` gekennzeichnet. Sie kann nur abgefragt werden. Die `Get` Routine der Eigenschaft `Telefon` setzt die Werte der Variablen `vorw` und `numm` durch einen Schrägstrich getrennt zu einem String zusammen. Damit wird deutlich, dass Eigenschaften das Erscheinungsbild von Klassenmitgliedern verändern können. Man kann dies auch dazu benutzen nach Änderung einer Klasse, das gewohnte Erscheinungsbild beizubehalten.

```
' Datei 4.2_1.vb

Imports System
Imports Microsoft.VisualBasic

Class Haupt
  Sub New()
    Dim t1 As New Telefonliste("Gustav", "Meier", "0201", "224431")
    Dim t2 As New Telefonliste()

    t2.Vorname  = "Otto"
    t2.Nachname = "Müller"
    t2.Vorwahl  = "02191"
    t2.Nummer   = "562389"
```

```
    Console.WriteLine("{0}" & vbTab & "{1}" & vbTab & _
      "{2}", t1.Vorname, t1.Nachname, t1.Telefon)
    Console.WriteLine("{0}" & vbTab & "{1}" & vbTab & _
      "{2}", t2.Vorname, t2.Nachname, t2.Telefon)
  End Sub

  Shared Sub Main()
    Dim h As New Haupt()
  End Sub
End Class

Class Telefonliste
  Private vorn As String  = ""
  Private nachn As String = ""
  Private vorw As String  = ""
  Private numm As String   = ""

  Public Property Vorname As String
    Get
      Return vorn
    End Get
    Set(ByVal value As String)
      vorn = value
    End Set
  End Property

  Public Property Nachname As String
    Get
      Return nachn
    End Get
    Set(ByVal value As String)
      nachn = value
    End Set
  End Property

  Public WriteOnly Property Vorwahl As String
    Set(ByVal value As String)
      vorw = value
    End Set
  End Property

  Public WriteOnly Property Nummer As String
    Set(ByVal value As String)
      numm = value
    End Set
  End Property

  Public ReadOnly Property Telefon As String
    Get
      Return vorw + "/" + numm
    End Get
```

```
  End Property

  Public Sub New()
  End Sub

  Public Sub New( _
  ByVal vorname As String, ByVal nachname As String, _
  ByVal vorwahl As String, ByVal nummer As String)
    vorn  = vorname
    nachn = nachname
    vorw  = vorwahl
    numm  = nummer
  End Sub
End Class
```

Ausgabe:

```
Gustav  Meier   0201/224431
Otto    Müller  02191/562389
```

4.3 Delegates

Ein Delegate ist ein Prototyp einer Methode, der durch das Schlüsselwort `Delegate` gekennzeichnet ist. Die Vereinbarung `Public Delegate Sub Aus()` in Beispiel 4.3_1 deklariert einen Delegate mit dem Namen `Aus`. Diesen Delegate kann man benutzen, um auf eine Methode gleichen Typs zu verweisen. Er lässt sich beispielsweise als Verweis auf die Methode `Ausgabe` verwenden. `Dim a As Aus = AddressOf Ausgabe` definiert die Instanz `a` des Delegate `Aus`. Wobei `a` auf die Methode `Ausgabe` verweist. Die Ausgabe des Wortes `Hallo` kann jetzt nicht nur durch den Aufruf `Ausgabe( )`, sondern auch durch den Aufruf `a( )` erreicht werden. der `AddressOf` Operator übergibt der Variablen `a`, die den Typ des Delegate `Aus` besitzt, die Adresse der Methode `Ausgabe`. Da Visual Basic nicht in der Weise wie zB. C++ über Pointer und Adressen verfügt, ist es korrekter nicht von der Adresse sondern von der Instanz der Metode `Ausgabe` zu sprechen.

```
' Datei 4.3_1.vb

Imports System

Class Haupt
  Public Delegate Sub Aus()

  Public Sub Ausgabe()
    Console.WriteLine("Hallo")
  End Sub

  Public Sub New()
    Dim a As Aus = AddressOf Ausgabe
```

```
    Ausgabe()
    a()
  End Sub

  Shared Sub Main()
    Dim h As New Haupt()
  End Sub
End Class
```

Ausgabe:

```
Hallo
Hallo
```

Beispiel 4.3_2 definiert den Delegate

```
Public Delegate Sub Aus(ByVal s As String)
```

mit einem Parameter vom Typ `String`. Dem entsprechend muss auch die Methode `Ausgabe` einen Parameter vom Typ `String` besitzen. Der Aufruf `a("Holla")` bewirkt die Ausgabe `Holla`.

```
' Datei 4.3_2.vb

Imports System

Class Haupt
  Public Delegate Sub Aus(ByVal s As String)

  Public Sub Ausgabe(ByVal st As String)
    Console.WriteLine(st)
  End Sub

  Public Sub New()
    Dim a As Aus = AddressOf Ausgabe
    a("Holla")
  End Sub

  Shared Sub Main()
    Dim h As New Haupt()
  End Sub
End Class
```

Ausgabe:

```
Holla
```

4.4 Ereignisse

Ein Ereignis englisch `Event` kann auf zwei Arten definiert werden.

```
Modifikator Event EventName As EventHandler
```

EventName bezeichnet denNamen des Ereignisses, zB.: Mausklick oder Tastendruck

EventHandler ist vom Typ `Delegate`

Wie zu erkennen ist, wird bei der ersten Art der Definition ein Delegate gebraucht, der auf eine Methode verweist, die automatisch aufgerufen wird, sobald das entsprechende Ereignis auftritt. Ein solcher Delegate muss folgenden Regeln entsprechen:

```
Modofikator Delegate Sub EventHandler(ByVal o As Object, ByVal e As EventArgs)
```

Bei der zweiten Art der Definition eines Events wird kein zusätzlicher Delegate benötigt, da die Vereinbarung des Events den Typ des Eventhandlers bereits enthält.

```
Modifikator Event EventName(ByVal o As Object, ByVal e As EventArgs)
```

Der erste Parameter ist vom Typ `Object` und bezeichnet normalerweise das Objekt, das das Ereignis ausgesendet hat.

Der zweite Parameter ist vom Typ `EventArgs`. Er übergibt die Argumente des Ereignisses. Zur Definition der Argumente wird entweder die Klasse `EventArgs` oder eine von `EventArgs` abgeleitete Klasse verwendet.

Beispiel 4.4_1 löst neun Ereignisse aus, die als Argument die Zahlen von `1` bis `9` übergeben. Dazu werden zunächst der Delegate `numHandler` und die Klasse `Argumente`, die die Eigenschaft `Nummer` besitzt, definiert. Anschließend wird das Ereignis `numEvent` mit dem Delegate `numHandler` definiert. Darüber hinaus gibt es noch den Eventhandler `OnNumEvent`, der beim Auftreten des Ereignisses automatisch aufgerufen wird. Der Konstruktor der Klasse `Haupt` gibt die Antwort auf die Frage, wie die Verbindung zwischen Event und Eventhandler zustande kommt. Die Zeile

```
AddHandler numEvent, AddressOf OnNumEvent
```

ordnet dem Ereignis `numEvent` den Eventhandler `OnNumEvent` zu. Damit ist die benötigte Verbindung hergestellt. Bei jedem Auftreten des Ereignisses numEvent wird OnNumEvent aufgerufen. Jetzt folgt eine For-Schleife. In dieser Schleife werden, um Ereignisse auszulösen, Instanzen der Klasse Argumente gebildet, denen die Zahlen von 1 bis 9 übergeben werden. Der Aufruf RaiseEvent numEvent(Me, a) löst bei jedem Schleifendurchlauf ein Ereignis aus. Dadurch wird der Eventhandler OnNumEvent aufgerufen, der das Wort Ereignis und das Argument e.Nummer ausgibt.

```
' Datei 4.4_1.vb

Imports System

Public Delegate Sub numHandler(ByVal o As Object, ByVal e As Argumente)

Public Class Argumente
Inherits EventArgs
  Private numm As Integer

  Public ReadOnly Property Nummer As Integer
    Get
      Return numm
    End Get
  End Property

  Public Sub New(ByVal nummer As Integer)
    numm = nummer
  End Sub
End Class

Class Haupt
  Public Event numEvent As numHandler

  Public Sub OnNumEvent(ByVal o As Object, ByVal e As Argumente)
    Console.WriteLine("Ereignis {0}", e.Nummer)
  End Sub

  Sub New()
    AddHandler numEvent, AddressOf OnNumEvent

    Dim i As Integer
    Dim a As Argumente
    For i=1 To 9
      a = New Argumente(i)
      RaiseEvent numEvent(Me, a)
    Next
  End Sub

  Shared Sub Main()
    Dim h As New Haupt()
  End Sub
End Class
```

Ausgabe:

```
Ereignis 1
Ereignis 2
Ereignis 3
Ereignis 4
Ereignis 5
Ereignis 6
Ereignis 7
Ereignis 8
Ereignis 9
```

Beispiel 4.4_2 verwendet die zweite Art der Ereignisdefinition.

```
  Datei 4.4_2.vb

Imports System

Public Class Argumente
Inherits EventArgs
  Private numm As Integer

  Public ReadOnly Property Nummer As Integer
    Get
      Return numm
    End Get
  End Property

  Public Sub New(ByVal nummer As Integer)
    numm = nummer
  End Sub
End Class

Class Haupt
  Public Event numEvent(ByVal o As Object, ByVal e As Argumente)

  Public Sub OnNumEvent(ByVal o As Object, ByVal e As Argumente)
    Console.WriteLine("Ereignis {0}", e.Nummer)
  End Sub

  Sub New()
    AddHandler numEvent, AddressOf OnNumEvent

    Dim i As Integer
    Dim a As Argumente
    For i=1 To 9
      a = New Argumente(i)
      RaiseEvent numEvent(Me, a)
    Next
```

```
  End Sub

  Shared Sub Main()
    Dim h As New Haupt()
  End Sub
End Class
```

Die Ausgabe ist mit der des Beispiels 4.4_1 identisch.

4.5 Boxing, Unboxing und Option Strict

`Boxing` und `Unboxing` stellen eine Verbindung zwischen Werttypen und Referenztypen her. Die Zuweisung `box = i`, bei der `box` vom Typ `Object` und `i` vom Typ `Integer` ist, nennt man `Boxing`. Einer Variablen von einem Referenztyp wird eine Variable von einem Werttyp zugewiesen. Der umgekehrte Weg ist das `Unboxing j = box`. Diese Wertzuweisung mit impliziter Typkonvertierung ist nur dann möglich, wenn `Option Strict On` nicht gesetzt oder `Option Strinct Off` gesetzt ist, da Visual Basic .NET in diesem Fall sehr flexible implizite Typkonvertierungen ausführt. Beispiel 4.5_1 setzt `Option Strict On`. Daher muss explizit mit `j = CInt(box)` oder `j = CType(box, Integer)` konvertiert werden.

```
' Datei 4.5_1.vb

Option Strict On

Imports System

Class Haupt
  Shared Sub Main()
    Dim i As Integer, j As Integer

    i = 95
    Dim box As Object = i

    j = CInt(box)
    Console.WriteLine(j)
  End Sub
End Class
```

Ausgabe:

```
95
```

Abschließend sei noch bemerkt, dass Arrays vom Typ `Object` und Methoden mit Parametern vom Typ `Object` Elemente der Sprache Visual Basic .NET sind, mit denen sich `Boxing` und `Unboxing` sehr vorteilhaft verwenden lässt.

4.6 Fehlerbehandlung

Tritt bei der Abarbeitung eines Programms ein Fehler auf, so wird automatisch eine Ausnahmebehandlung eingeleitet. Die Ausnahmebehandlung wird durch die Klasse `Exception` und durch von `Exception` abgeleitete Klassen ausgeführt. Wegen der großen Zahl von Exceptions wird hier nur eine kleine Auswahl vorgestellt.

```
System.OutOfMemoryException
zuviel Speicher mit new reserviert

System.StackOverflowException
zu viele rekursive Methoden Aufrufe

System.NullReferenceException
fehlende Initialisierung mit new

System.TypeInitializationException
Fehler bei Initialisierung

System.InvalidCastException
Fehler bei Typkonvertierung

System.ArrayTypeMismatchException
Array Komponente mit falschem Typ

System.IndexOutOfRangeException
Array Index kleiner Null oder größer als vereinbart

System.ArithmeticException
Basisklasse für die Fehlerbehandlung arithmetischer Operationen

System.DivideByZeroException
Division durch Null

System.OverflowException
eine arithmetische Operation überschreitet den zulässigen Wertebereich

System.IO.IOException
Fehler bei der Ein- Ausgabe
```

Im Zuge der Ausnahmebehandlung wird eine Fehlermeldung ausgegeben, und anschließend wird das Programm beendet. Dieses Verhalten eines Programms ist in der Regel nicht wünschenswert. Man hat zwei Möglichkeiten, das Verhalten zu ändern. Im ersten Fall sorgt man dafür, dass kein Fehler auftritt. Mit `if b <> 0 Then c = a / b` kann man zB. eine Division durch Null verhindern. Im zweiten Fall versucht man die Operation auszuführen und reagiert dann auf den eventuell auftretenden Fehler. Mit `Try` und Catch kann man Fehler abfangen und gezielt darauf reagieren. Das fehlerbedingte sofortige Beenden des Programms wird verhindert.

Beispiel 4.6_1 enthält eine Division durch 0, die eine DivideByZeroException auslöst. Da c = a / b in einer Try-Anweisung steht, wird zur nachfolgenden Catch-Anweisung verzweigt. Die Catch-Anweisung kann beliebige Operationen zur Fehlerbehandlung enthalten. Die nach der Catch-Anweisung folgende Ausgabe Console.WriteLine("Ende des Programms") beweist, dass das Programm nicht abgebrochen worden ist.

```
' Datei 4.6_1.vb

Imports System

Class Haupt
    Shared Sub Main()
        Dim a As Integer = 1, b As Integer = 0, c As Integer
        Try
            c = a \ b
        Catch e As Exception
            Console.WriteLine("Fehler: {0}", e.Message)
        End Try
        Console.WriteLine("Ende des Programms")
    End Sub
End Class
```

Ausgabe:

```
Fehler: Es wurde versucht, durch null zu teilen.
Ende des Programms
```

Beispiel 4.6_2 erzeugt eine IndexOutOfRangeException. Es verhält sich sonst wie Beispiel 4.6_1.

```
' Datei 4.6_2.vb

Imports System

Class Haupt
  Shared Sub Main()
    Dim a(4) As Double
    Try
      a(10) = 3.0
    Catch e As Exception
      Console.WriteLine("Fehler: {0}", e.Message)
    End Try
    Console.WriteLine("Ende des Programms")
  End Sub
End class
```

Ausgabe:

```
Fehler: Der Index war außerhalb des Arraybereichs.
Ende des Programms
```

Beispiel 4.6_3 enthält zwei Catch-Anweisungen. Die erste Catch-Anweisung fängt nur eine `DivideByZeroException` ab, während die zweite alle Exceptions abfangen kann. Es wird eine `DivideByZeroException` ausgelöst. Die nachfolgende Anweisung `d(10) = 3.0` wird nicht ausgeführt. Statt dessen wird zur ersten Catch-Anweisung verzweigt, und die zweite Catch-Anweisung wird übersprungen

```
' Datei 4.6_3.vb

Imports System

Class Haupt
  Shared Sub Main()
    Dim a As Integer = 1, b As Integer = 0, c As Integer
    Dim d(4) As Double
    Try
      c = a \ b
      d(10) = 3.0
    Catch e1 As DivideByZeroException
      Console.WriteLine("Fehler: {0}", e1.Message)
    Catch e2 As Exception
      Console.WriteLine("Fehler: {0}", e2.Message)
    End Try
      Console.WriteLine("Ende des Programms")
    End Sub
End Class
```

Ausgabe:

```
Fehler: Es wurde versucht, durch null zu teilen.
Ende des Programms
```

Im Unterschied zu Beispiel 4.6_3 wird im Beispiel 4.6_4 eine `IndexOutOfRangeException` ausgelöst. Da die erste Catch-Anweisung nur eine DivideByZeroException abfängt, wird zur zweiten Catch-Anweisung verzweigt, die alle sonstigen Exceptions abfängt.

```
' Datei 4.6_4.vb

Imports System

Class Haupt
  Shared Sub Main()
    Dim a As Integer = 1, b As Integer = 1, c As Integer
    Dim d(4) As Double
    Try
      c = a \ b
      d(10) = 3.0
    Catch e1 As DivideByZeroException
      Console.WriteLine("Fehler: {0}", e1.Message)
    Catch e2 As Exception
      Console.WriteLine("Fehler: {0}", e2.Message)
    End Try
    Console.WriteLine("Ende des Programms")
  End Sub
End Class
```

Ausgabe:

```
Fehler: Der Index war außerhalb des Arraybereichs.
Ende des Programms
```

Falls keine Catch-Anweisung vorhanden ist oder eine Catch-Anweisung, die die aufgetretene Exception nicht abfängt, so wird das Programm abgebrochen. In diesem Fall kann man mit Hilfe einer Finally-Anweisung bereinigende Maßnahmen treffen. Die Finally-Anweisung wird immer ausgeführt, auch wenn keine Exception auftritt. Man darf also in die Finally-Anweisung nur die Anweisungen einfügen, die sowohl bei regulärer Ausführung des Programms, als auch im Fall des Programmabbruchs ausgeführt werden sollen.

Beispiel 4.6_5 löst eine `DivideByZeroException` aus. Die Catch-Anweisung fängt aber nur eine `IndexOutOfRangeException` auf. Infolge dessen wird das Programm abgebrochen.

```
' Datei 4.6_5.vb

Imports System

Class Haupt
  Shared Sub Main()
    Dim a As Integer = 1, b As Integer = 0, c As Integer
    Try
      c = a \ b
    Catch e As IndexOutOfRangeException
      Console.WriteLine("Fehler: {0}", e.Message)
```

```
    Finally
      Console.WriteLine("Finally")
    End Try
    Console.WriteLine("Ende des Programms")
  End Sub
End Class
```

Ausgabe:

```
Unbehandelte Ausnahme: System.DivideByZeroException: Es wurde versucht, durch
null zu teilen.
   at Haupt.Main( )
Finally
```

Nach der automatisch ausgelösten Fehlermeldung folgt die Ausgabe `Finally`, die beweist, dass die Finally-Anweisung ausgeführt worden ist. `Ende des Programms` wird jedoch nicht ausgegeben.

Mit `Throw` können eigene Exceptions erzeugt oder Exceptions weitergeleitet werden. Beispiel 4.6_6 leitet die zunächst mit `Catch` abgefangene Exception weiter, was zum Abbruch des Programms führt.

```
' Datei 4.6_6.vb

Imports System

Class Haupt
  Shared Sub Main()
    Dim a As Integer = 1, b As Integer = 0, c As Integer
    Try
      c = a \ b
    Catch e As Exception
      Console.WriteLine("Fehler: {0}", e.Message)
      Throw e
    End Try
    Console.WriteLine("Ende des Programms")
  End Sub
End Class

Ausgabe:

Fehler: Es wurde versucht, durch null zu teilen.

Unbehandelte Ausnahme: System.DivideByZeroException: Es wurde versucht, durch
null zu teilen.
   at Haupt.Main( )
```

Beispiel 4.6_7 erzeugt in der Methode `dividiere` für den Fall, dass `b` gleich `0` ist, eine Exception mit der Fehlermeldung Division durch Null.

```
' Datei 4.6_7.vb

Imports System

Class Haupt
  Shared Sub Main()
    Dim a As Integer = 1, b As Integer = 0, c As Integer

    Try
      c = dividiere(a, b)
    Catch e As Exception
      Console.WriteLine("Fehler: {0}", e.Message)
    End Try
      Console.WriteLine("Ende des Programms")

  End Sub

  Public Shared Function dividiere( _
  ByVal a As Integer, ByVal b As Integer) As Integer

    If b = 0 Then Throw New Exception("Division durch Null")
    Return a \ b

  End Function

End Class
```

Ausgabe:

```
Fehler: Division durch Null
Ende des Programms
```

Die Klasse `Exception` ist nicht versiegelt. Durch Definition eigener Klassen, die von `Exception` abgeleitet sind, kann man für den Benutzer verständliche Fehlermeldungen und eine sinnvolle Behandlung von Fehlern auf sehr komfortable Weise erreichen. Abschließend sei noch bemerkt, dass die Kombination aus präventiver Fehlerverhütung und den in diesem Abschnitt erläuterten Verfahren zur Fehlerbehandlung, gepaart mit kulanten Eingaberoutinen und Plausibilitätskontrollen, der richtige Weg ist, interaktive Programme gut handhabbar und auch weitgehend sicher zu machen.

4.7 Attribute und Reflection

Attribute enthalten Metadaten. Das sind Daten, die etwas über Daten aussagen. Ein Attribut wird durch eine von `System.Attribute` abgeleitete Klasse definiert. Selbst definierte Attribute nennt man `Custom` Attribute. Im .NET Framework bereits fest definierte Attribute werden `Intrinsic` Attribute genannt. Es existiert eine große Zahl solcher Attribute.

Einige Beispiele:

```
AttributeUsageAttribute
gibt an, wie ein Attribut verwendet werden kann.

STAThreadAttribute
legt das  Threading Model fest.

MTAThreadAttribute
legt das  Threading Model fest.

SerializableAttribute
macht das Speichern möglich.

BrowsableAttribute
legt fest, ob die Eigenschaft oder das Ereignis im Eigenschaftenfenster er-
scheint.
```

Ein Attribut wird verwendet, in dem man es in spitzen Klammern direkt vor das Element setzt, auf das es angewendet wird.

```
<serializable> Public Class xyz
   . . .
End Class
```

Durch das `SerializableAttribute` wird festgelegt, dass die Klasse `xyz` gespeichert werden kann.

Die Klasse `Versionsdaten` in Beispiel 4.8_1 definiert ein Attribut. Direkt vor der Definition eines Attributs muss das `AttributeUsageAttribute` stehen. Die `AttributeTargets` geben an, auf welche Elemente das definierte Attribut angewendet werden darf.

```
<AttributeUsage(AttributeTargets.All,AllowMultiple := True)> _
Public Class Versionsdaten
Inherits Attribute
   . . .
End Class
```

AttributeTargets:

All	Das Attribut kann auf jedes Element angewendet werden.
Assembly	Das Attribut kann auf ein Assembly angewendet werden.
Class	Das Attribut kann auf eine Klasse angewendet werden.
Constructor	Das Attribut kann auf einen Konstruktor angewendet werden.
Delegate	Das Attribut kann auf einen Delegate angewendet werden.
Enum	Das Attribut kann auf eine Aufzählung angewendet werden.
Event	Das Attribut kann auf ein Ereignis angewendet werden.
Field	Das Attribut kann auf ein Feld angewendet werden.
Interface	Das Attribut kann auf ein Interface angewendet werden.
Method	Das Attribut kann auf eine Methode angewendet werden.
Module	Das Attribut kann auf ein Modul angewendet werden.
Parameter	Das Attribut kann auf einen Parameter angewendet werden.
Property	Das Attribut kann auf eine Eigenschaft angewendet werden.
ReturnValue	Das Attribut kann auf einen Rückgabewert angewendet werden.
Struct	Das Attribut kann auf Werttypen angewendet werden.

Ist `AllowMultiple` gleich `True`, so dürfen mehrere Instanzen des Attributs auf ein Element angewendet werden. Ist `Inherited` gleich `True`, so wird das Attribut an abgeleitete Klassen oder überschriebene Mitglieder vererbt. `AttributeTargets` können bitweise oder verknüpft werden.

```
<AttributeUsage( _
  AttributeTargets.Class Or AttributeTargets.Method, _
  AllowMultiple := True, _
  Inherited := True)> _
Public Class abcAttribut
Inherits Attribute
   . . .
End Class
```

Das `abcAttribut` ist auf Klassen und Methoden anwendbar, es dürfen mehrere Instanzen gebildet werden und es wird vererbt.

Das Attribut `Versionsdaten` besitzt die vier Eigenschaften `Datum`, `Programmierer`, `Version` und `Kommentar`. Die ersten drei Eigenschaften werden durch die Parameter des Konstruktors gesetzt und müssen daher bei jeder Instanzbildung angegeben werden. Ein Kommentar kann zusätzlich angegeben werden. Zwei Instanzen des Attributs `Versionsdaten` werden auf die Klasse `pidecimal` angewendet.

```
<Versionsdaten("01.07.02","Otto Meier","V1.0"), _
 Versionsdaten("02.08.02","Otto Meier","V1.1", _
 Kommentar:="noch 3 Stellen ergänzt")> _
Public Class pidecimal
  Public Function GetPi() As Decimal
    Return 3.1415926535897932384626433383D
  End Function
End Class
```

Die in den Attributen vorhandenen Informationen werden mit Hilfe der im Namensraum `System.Reflection` enthaltenen Klassen gelesen. Die Methode `GetCustomAttributes` der Klasse `MemberInfo` liefert einen Array von Attributen. Als erster Parameter wird der Typ des Attributs übergeben. Der zweite Parameter gibt an, ob eine Vererbungskette durchsucht werden soll. Da dies hier nicht der Fall ist, wird `False` angegeben.

```
Dim info As MemberInfo = GetType(pidecimal)
Dim attr() As Object = _
  info.GetCustomAttributes(GetType(Versionsdaten),False)
Dim a As Object
For Each a In attr
  Dim vd As Versionsdaten = CType(a, Versionsdaten)
  Console.WriteLine(vbCrLf & "{0} {1} {2} {3}", _
    vd.Datum, vd.Programmierer, vd.Version, vd.Kommentar)
Next
```

So können alle gelesenen Attribute protokolliert werden.

```
' Datei 4.7_1.vb

Imports System
Imports System.Reflection
Imports System.Runtime.InteropServices
Imports Microsoft.VisualBasic

<AttributeUsage(AttributeTargets.All,AllowMultiple := True)> _
Public Class Versionsdaten
Inherits Attribute
  Private dat As String
  Private prog As String
  Private vers As String
  Private komm As String

  Public Sub New(ByVal datum As String, _
  ByVal programmierer As String, ByVal version As String)
    dat = datum
```

```
    prog = programmierer
    vers = version
  End Sub

  Public ReadOnly Property Datum As String
    Get
      Return dat
    End Get
  End Property

  Public ReadOnly Property Programmierer As String
    Get
      Return prog
    End Get
  End Property

  Public ReadOnly Property Version As String
    Get
      Return vers
    End Get
  End Property

  Public Property Kommentar As String
    Get
      return komm
    End Get
    Set(ByVal value As String)
      komm = value
    End Set
  End Property
End Class

<Versionsdaten("01.07.02","Otto Meier","V1.0"), _
 Versionsdaten("02.08.02","Otto Meier","V1.1", _
 Kommentar:="noch 3 Stellen ergänzt")> _
Public Class pidecimal
  Public Function GetPi() As Decimal
    Return 3.1415926535897932384626433383D
  End Function
End Class

Class Haupt
  Shared Sub Main()
    Dim p As New pidecimal()
    Console.WriteLine("pi = {0}", p.GetPi())

    Dim info As MemberInfo = GetType(pidecimal)
    Dim attr() As Object = _
      info.GetCustomAttributes(GetType(Versionsdaten),False)
    Dim a As Object
    For Each a In attr
```

```
      Dim vd As Versionsdaten = CType(a, Versionsdaten)
      Console.WriteLine(vbCrLf & "{0} {1} {2} {3}", _
        vd.Datum, vd.Programmierer, vd.Version, vd.Kommentar)
    Next
  End Sub
End Class
```

Ausgabe:

```
pi = 3,14159265358979323846264338 3

02.08.02 Otto Meier V1.1 noch 3 Stellen ergänzt

01.07.02 Otto Meier V1.0
```

5 Windows Programmierung, Teil 1

Windows Anwendungen sind ereignisorientiert und besitzen normalerweise eine grafische Benutzeroberfläche. Die Handhabung von Fenstern und Steuerelementen und die damit verbundenen Programmiertechniken werden in diesem Kapitel vorgestellt.

5.1 Eine Windows Anwendung

Die Windows Programmierung wird durch das .NET Framework stark vereinfacht. Ein Fenster ist eine Instanz der Klasse `Form` oder einer von `Form` abgeleiteten Klasse. Die Abarbeitung des Programms beginnt wie gewohnt mit der Methode `Main`. Die Windows Anwendung wird mit

```
Application.Run(New Haupt())
```

gestartet. Der Parameter `New Haupt( )` ist eine Instanz der Klasse `Haupt`, die von `Form` abgeleitet ist. Die Klasse `Form` hat eine Vielzahl von Attributen und Methoden. Um einen ersten Eindruck davon zu vermitteln, sind im Beispiel 5.1_1 einige Attribute gesetzt.

`Text = "Windows Forms"` setzt den Titel des Fensters.

`ClientSize = New Size(180, 80)` setzt die Fenstergröße.

`BackColor = Color.White` setzt die Hintergrundfarbe.

Damit wird der auf 180 x 80 gesetzte Klientbereich des Fensters weiß eingefärbt. Zum Schluss wird noch mit `Icon = New Icon("smile.ico")` ein Icon in die linke obere Ecke gesetzt.

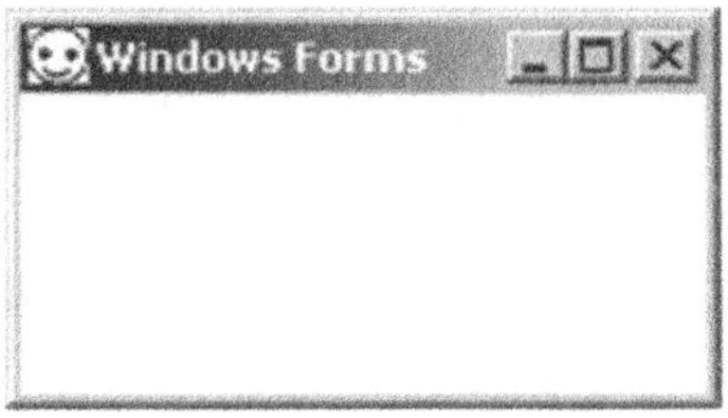

Abbildung 5.1_1

```
' Datei 5.1_1.vb

Imports System
Imports System.Drawing
Imports System.Windows.Forms

Class Haupt
   Inherits Form

  Public Sub New()
    Text = "Windows Forms"
    ClientSize = New Size(180, 80)
    BackColor = Color.White
    Icon = New Icon("smile.ico")
  End Sub

  Shared Sub Main()
      Application.Run(New Haupt())
  End Sub
End Class
```

Windows Anwendungen werden prinzipiell mit

`vbc /t:winexe /r: . . . ` *`Dateiname`*`.vb`

übersetzt. Um nicht gezwungen zu sein, die beträchtliche Zahl von `Dll's`, die mit /r angegeben werden müssen, immer wieder von Hand einzugeben, empfiehlt sich die Verwendung der Datei vbwin.bat aus Abschnitt 1.2. Das Beispiel 5.1_1 wird dann mit

```
vbwin 5.1_1.vb
```

sehr rationell kompiliert.

5.2 Ereignisse und Nachrichten

Wird eine Taste auf der Tastatur gedrückt, ein Mausknopf gedrückt, die Maus bewegt, ein Fenster geöffnet, geschlossen, vergrößert oder verkleinert, so löst dies Ereignisse aus. Kurz gesagt, löst jede Aktion, die stattfindet, Ereignisse aus. Infolge dieser Ereignisse werden zwischen Windows und den Anwendungen Nachrichten ausgetauscht.

Ein Beispiel verdeutlicht diesen komplexen Vorgang. Das A auf der Tastatur wird gedrückt. Dieses Ereignis soll der Einfachheit halber `A gedrückt` heißen. Windows sammelt derartige Ereignisse in einer `System Queue` genannten Warteschlange. Zusätzlich richtet Windows für jede Anwendung eine Warteschlange die `Application Queue` ein. `A gedrückt` wird von der `System Queue` zur `Application Queue` kopiert. Jede Anwendung muss über einen

`Message Loop` verfügen. Das ist eine Endlosschleife, die fortwährend die `Application Queue` daraufhin abfragt, ob Nachrichten vorhanden sind. Erhält der `Message Loop` eine Nachricht, so schickt er diese wieder an Windows zurück, das eben diese Nachricht an die `Window Procedure` des gerade aktiven Fensters weiterleitet. Die `Window Procedure` überprüft die eingehenden Nachrichten in der Regel mit `Select` und `Case`, findet die Nachricht `A gedrückt` und führt eine Anweisung aus, die ein A an einer bestimmten Position im Fenster ausgibt. Die Anweisung, ein A auszugeben, geht nicht direkt an das Fenster, sondern auf dem Nachrichtenweg an Windows. Daraufhin erhält nun endlich das Fenster von Windows die Nachricht, ein A auszugeben. Dieses Thema wird im Abschnitt 7.20 noch einmal aufgegriffen.

Die Kommunikation mit Windows mittels `Message Loop` und `Window Procedure` übernimmt das .NET Framework. Es stellt, wie unter 4.4 erläutert, Klassen und Methoden zur Verfügung, die den Umgang mit Ereignissen unterstützen. Für die Windows Forms Komponenten sind bereits Delegates, Argumente und Ereignisse definiert.

Die Programmierarbeit reduziert sich dadurch auf das Schreiben von Eventhandlern in der Form

```
Modifikator Sub Eventhandler(ByVal o As Object, ByVal e As EventArgs)
```

und das Anbinden an die Ereignisse.

```
AddHandler Control.Event, AddressOf Eventhandler
```

Alternativ können auch Steuerelemente mit

```
Modifikator WithEvents Bezeichner As New Control
```

vereinbart und instanziiert werden. Man kann dann die Eventhandler mit

```
Modofikator Sub Eventhandler ( ByVal o As Object, _
  ByVal e As EventArgs ) Handles Control.Event
```

vereinbaren. Diese Art der Definition von Eventhandlern wird in mehreren nachfolgenden Beispielen verwendet.

Darüber hinaus sind die Eventhandler der Windows Forms Komponenten bereits vordefiniert. In abgeleiteten Klassen kann man diese Eventhandler überschreiben und damit auf Ereignisse reagieren.

Beispiel 5.2_1 definiert ein Fenster mit einigen Steuerelementen.

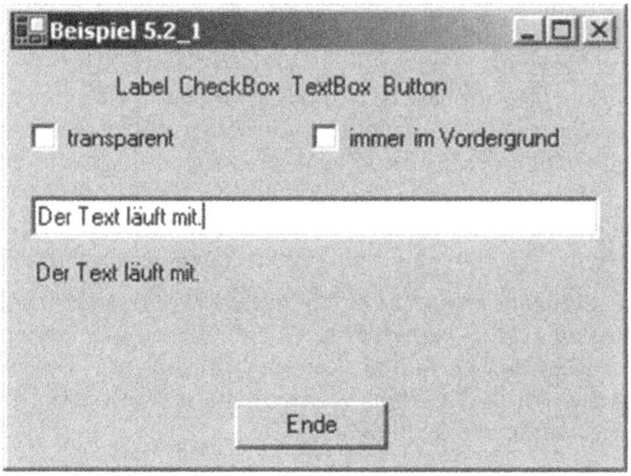

Abbildung 5.2_1

Die Abbildung zeigt das Fenster mit den definierten Komponenten. Die `CheckBox` zeigt beim Anklicken einen Haken an und lässt ihn beim nächsten Anklicken wieder verschwinden. Wenn man in die `TextBox` hineinklickt, so kann man anschließend Text eingeben. Fährt man mit dem Mauszeiger über den Button, so wird der Mauszeiger zur Hand.

Die Komponenten:

```
Label       zeigt Text an
CheckBox    stellt eine Option zur Auswahl
TextBox     ermöglicht die Eingabe von Text
Button      kann durch Anklicken gedrückt werden
```

Alle Komponenten werden auf die gleiche Art und Weise erzeugt. Zuerst wird mit `New` eine Instanz gebildet, die am Ende mit `Controls.Add` zu den Steuerelementen des Fensters hinzugefügt wird. Durch das Setzen von Eigenschaften werden unter anderem Aussehen, Größe, Position und Beschriftung festgelegt.

Die verwendeten Eigenschafen:

```
Text        wird angezeigt
Width       Breite in Bildschirmpixeln
Location    Position
Cursor      Pfeil, Hand, Fadenkreuz, . . .
```

Die Position wird in Bildschirmpixeln angegeben. Es wird von der linken oberen Ecke des Klientbereichs des Fensters zur linken oberen Ecke der Komponente gemessen.

Der Button Ende wird mit

```
WithEvents Ende As New Button
```

definiert, und dre Eventhandler des Buttons `Ende`, der die Anwendung beendet, wird mit

```
Protected Sub Ende_Click(ByVal sender As Object, _
    ByVal e As EventArgs) Handles Ende.Click
```

direkt dem Ereignis `Click` zugeordnet.

Bei der Textbox wird das `TextChanged` Ereignis von der Methode `OnChangedText` bedient, die `Invalidate` aufruft. Dadurch wird das Fenster neu gezeichnet und ein `Paint` Ereignis ausgelöst. Die Methode `OnPaint` wird überschrieben. Sie reagiert auf das `Paint` Ereignis und schreibt den Text der Textbox mit `DrawString` in das Fenster. Während man in die Textbox hineinschreibt, sieht man, wie der Text unterhalb der Textbox mitläuft. Bei den Checkboxen reagieren die Methoden `cb1Changed` und `cb2Changed` auf das Ereignis `CheckStateChanged`. Der Eventhandler `cb1Changed` ändert die Eigenschaft `Opacity`, die Werte zwischen 0.0 durchsichtig und 1.0 undurchsichtig annehmen kann. `cb2Changed` setzt `TopMost` auf `True` oder `False`. Wenn bei einem Fenster die Eigenschaft `TopMost` den Wert `True` hat, so bleibt dieses Fenster immer an oberster Stelle.

```
' Datei 5.2_1.vb

Imports System
Imports System.Drawing
Imports System.Windows.Forms

Class Haupt
  Inherits Form

  WithEvents tb As New TextBox
  WithEvents cb1, cb2 As New CheckBox
  WithEvents Ende As New Button

  Public Sub New()
    Text = "Beispiel 5.2_1"
    ClientSize = New Size(300, 200)

    Dim lb As New Label
    lb.Text = "Label  CheckBox  TextBox  Button"
    lb.Width = 200
    lb.Location = New Point(50, 10)
    Controls.Add(lb)
```

```
  cb1.Text = "transparent"
  cb1.Location = New Point(10, 30)
  Controls.Add(cb1)

  cb2.Text = "immer im Vordergrund"
  cb2.Width = 150
  cb2.Location = New Point(150, 30)
  Controls.Add(cb2)

  tb.Text = ""
  tb.Width = 280
  tb.Location = New Point(10, 70)
  Controls.Add(tb)

  Ende.Text = "Ende"
  Ende.Cursor = Cursors.Hand
  Ende.Location = New Point(112, 170)
  Controls.Add(Ende)
End Sub

Protected Sub cb1Changed(ByVal sender As Object, _
  ByVal e As EventArgs)Handles cb1.CheckStateChanged

  If cb1.CheckState = CheckState.Checked Then
    Opacity = 0.7
  Else
    Opacity = 1.0
  End If
End Sub

Protected Sub cb2Changed(ByVal sender As Object, _
  ByVal e As EventArgs)Handles cb2.CheckStateChanged

  If cb2.CheckState = CheckState.Checked Then
    TopMost = true
  Else
    TopMost = false
  End If
End Sub

Protected Overrides Sub OnPaint(ByVal arg As PaintEventArgs)
  arg.Graphics.DrawString( _
    tb.Text,New Font("Courier",8),Brushes.Black,10,100)
End Sub

Protected Sub tb_ChangedText(ByVal sender As Object, _
  ByVal e As EventArgs)Handles tb.TextChanged

  Invalidate()
End Sub
```

```
  Protected Sub Ende_Click(ByVal sender As Object, _
    ByVal e As EventArgs) Handles Ende.Click

    Application.Exit()
  End Sub

  Shared Sub Main()
    Application.Run(New Haupt())
  End Sub
End Class
```

Beispiel 5.2_2 benutzt Komponenten vom Typ `Label`, um damit ein Menü aufzubauen. Der Cursor der Labels erscheint als Hand. Der Font ist Courier New mit der Schriftgröße 14. Bei jedem der drei Labels werden den Ereignissen `MouseEnter`, `MouseLeave` und `MouseDown` die entsprechenden Eventhandler zugeordnet. Der Eventhandler für `lbl.MouseEnter` ist `lblEnter`. Die weiteren Eventhandler sind im Programm leicht zu erkennen. Das Ereignis `MouseDown` erfordert einen `MouseEventHandler`. Der zweite Parameter ist beim `MouseEventHandler` vom Typ `MouseEventArgs`.

Wenn der Mauscursor über ein Label kommt, so wird das Ereignis `MouseEnter` ausgelöst und durch den Eventhandler die Vordergrundfarbe Rot gesetzt. Beim Verlassen des Labels, `MouseLeave`, wird die Vordergrundfarbe wieder Schwarz. Das dritte Ereignis, `MouseDown`, löst die Menüverzweigung aus, die bei den ersten beiden Menüpunkten durch das Anzeigen einer `MessageBox` simuliert wird. Der dritte Menüpunkt ruft `Application.Exit( )` auf und beendet damit das Programm.

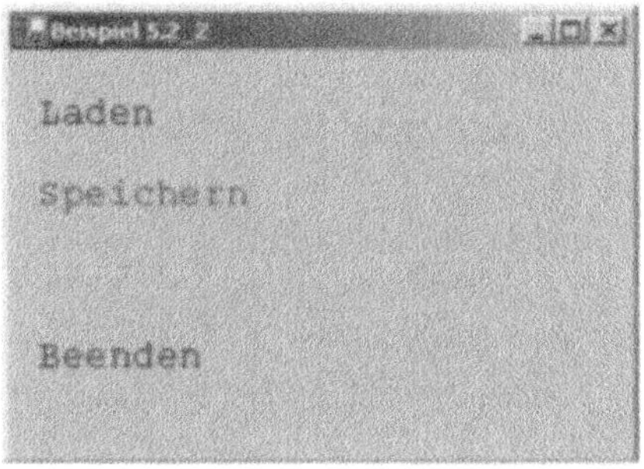

Abbildung 5.2_2

```
' Datei 5.2_2.vb

Imports System
Imports System.Drawing
Imports System.Windows.Forms

Class Haupt
  Inherits Form

  WithEvents lb1, lb2, lb3 As New Label

  Public Sub New()
    Text = "Beispiel 5.2_2"
    ClientSize = new Size(300, 200)

    lb1.Text = "Laden"
    lb1.Location = new Point(10, 20)
    lb1.Width = 120
    lb1.Cursor = Cursors.Hand
    lb1.Font = new Font("Courier New",14)
    Controls.Add(lb1)

    lb2.Text = "Speichern"
    lb2.Location = new Point(10, 60)
    lb2.Width = 120
    lb2.Cursor = Cursors.Hand
    lb2.Font = new Font("Courier New",14)
    Controls.Add(lb2)

    lb3.Text = "Beenden"
    lb3.Location = new Point(10, 140)
    lb3.Width = 120
    lb3.Cursor = Cursors.Hand
    lb3.Font = new Font("Courier New",14)
    Controls.Add(lb3)
  End Sub

  Protected Sub lblEnter(ByVal sender As object, _
  ByVal e As EventArgs)Handles lb1.MouseEnter
    lb1.ForeColor = Color.Red
  End Sub

  Protected Sub lblLeave(ByVal sender As object, _
  ByVal e As EventArgs)Handles lb1.MouseLeave
    lb1.ForeColor = Color.Black
  End Sub

  Protected Sub lblDown(ByVal sender As object, _
  ByVal e As MouseEventArgs)Handles lb1.MouseDown
    MessageBox.Show("Laden","Menüpunkt")
  End Sub
```

```
    Protected Sub lb2Enter(ByVal sender As object, _
    ByVal e As EventArgs)Handles lb2.MouseEnter
      lb2.ForeColor = Color.Red
    End Sub

    Protected Sub lb2Leave(ByVal sender As object, _
    ByVal e As EventArgs)Handles lb2.MouseLeave
      lb2.ForeColor = Color.Black
    End Sub

    Protected Sub lb2Down(ByVal sender As object, _
    ByVal e As MouseEventArgs)Handles lb2.MouseDown
      MessageBox.Show("Speichern","Menüpunkt")
    End Sub

    Protected Sub lb3Enter(ByVal sender As object, _
    ByVal e As EventArgs)Handles lb3.MouseEnter
      lb3.ForeColor = Color.Red
    End Sub

    Protected Sub lb3Leave(ByVal sender As object, _
    ByVal e As EventArgs)Handles lb3.MouseLeave
      lb3.ForeColor = Color.Black
    End Sub

    Protected Sub lb3Down(ByVal sender As object, _
    ByVal e As MouseEventArgs)Handles lb3.MouseDown
      Application.Exit()
    End Sub

    Shared Sub Main()
      Application.Run(new Haupt())
    End Sub
End Class
```

Beispiel 5.2_3 zeigt, sobald die linke Maustaste gedrückt ist, die Mauskoordinaten an. Es werden vier Labels definiert. `lb1` zeigt X an und `lb2` die dazugehörige x-Koordinate. `lb3` und `lb4` stellen die y-Koordinate dar.

Die in der Klasse Form bereits vorhandenen Eventhandler `OnMouseDown`, `OnMouseUp` und `OnMouseMove` werden überschrieben.

`OnMouseDown` wird beim Drücken einer der zwei oder drei Maustasten aufgerufen. Da das Programm aber nur auf die linke Maustaste reagieren soll, muss abgefragt werden, welche Maustaste gedrückt worden ist. Die `MausEventArgs` enthalten diese Information. Die bedingte Anweisung

```
If e.Button = MouseButtons.Left Then
  . . .
End If
```

stellt sicher, dass die weiteren Anweisungen nur dann ausgeführt werden, wenn die linke Maustaste gedrückt worden ist. Trifft dies zu, so wird zunächst die Variable `down` auf `True` gesetzt. Anschließend werden die Mauskoordinaten `e.X` und `e.Y` abgefragt und in die Labels `lb2` und `lb4` hineingeschrieben. Etwas in ein Label hineinzuschreiben heißt, der Eigenschaft Text des Labels einen String zuzuweisen.

`OnMouseUp` setzt `down` auf `False` und schreibt leere Strings in `lb2` und `lb4`. Damit verschwindet die Anzeige der Mauskoordinaten.

`OnMouseMove` fragt die Variable `down` ab und aktualisiert, falls `down` gleich `True` ist, die Mauskoordinaten. Dadurch verändern sich die angezeigten Mauskoordinaten, sobald die Maus bewegt wird.

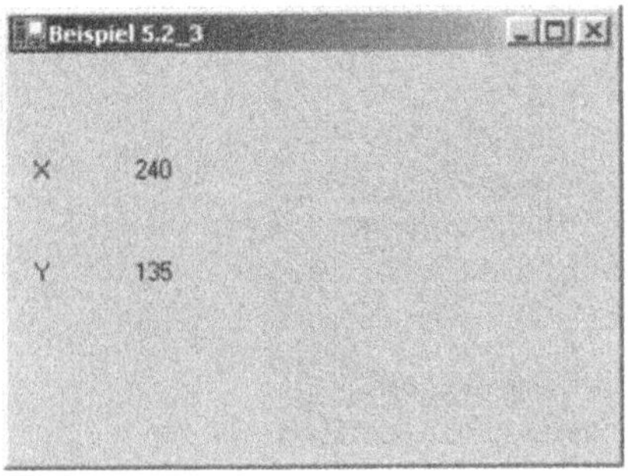

Abbildung 5.2_3

```
'Datei 5.2_3.vb

Imports System
Imports System.Drawing
Imports System.Windows.Forms

Class Haupt
Inherits Form
  Dim lb1, lb2, lb3, lb4 As Label
  Dim down As Boolean = False

  Sub New()
    Text = "Beispiel 5.2_3"
    ClientSize = New Size(300, 200)

    lb1 = New Label()
    lb1.Text = "X"
    lb1.Width = 30
    lb1.Location = New Point(10, 50)
    Controls.Add(lb1)
```

```
    lb2 = New Label()
    lb2.Text = ""
    lb2.Location = New Point(60, 50)
    Controls.Add(lb2)

    lb3 = New Label()
    lb3.Text = "Y"
    lb3.Width = 30
    lb3.Location = New Point(10, 100)
    Controls.Add(lb3)

    lb4 = New Label()
    lb4.Text = ""
    lb4.Location = New Point(60, 100)
    Controls.Add(lb4)
  End Sub

  Protected Overrides Sub OnMouseDown(ByVal e As MouseEventArgs)
    If e.Button = MouseButtons.Left Then
      down = True
      lb2.Text = e.X.ToString()
      lb4.Text = e.Y.ToString()
    End If
  End Sub

  Protected Overrides Sub OnMouseUp(ByVal e As MouseEventArgs)
    down = False
    lb2.Text = ""
    lb4.Text = ""
  End Sub

  Protected Overrides Sub OnMouseMove(ByVal e As MouseEventArgs)
    If down Then
      lb2.Text = e.X.ToString()
      lb4.Text = e.Y.ToString()
    End If
  End Sub

  Shared Sub Main()
    Application.Run(New Haupt())
  End Sub
End Class
```

Beispiel 5.2_4 kann nur mit einer so genannten Wheel Maus getestet werden. Es wird angezeigt, ob das Rad gedrückt ist, ob es vorwärts oder rückwärts gedreht worden ist und um wie viele Rasten es gedreht worden ist. Das Rad ist eine erweiterte mittlere Maustaste.

Die Labels `lb1` bis `lb5` dienen auch in diesem Beispiel der Anzeige der Mausaktionen. `lb1` zeigt `oben` an, wenn das Rad nicht gedrückt ist und `unten`, wenn es gedrückt ist. lb2 zeigt das Wort Delta an und lb3 den Wert von e.Delta. Dieser Wert ist 120, wenn das Rad vorwärts gedreht wird und -120 nach einer Rückwärtsdrehung. Die Variable wheel zählt die Drehung des Rades von Raste zu Raste mit. Der Wert von wheel wird größer, wenn das Rad vorwärts gedreht wird und kleiner, wenn das Rad rückwärts gedreht wird. Wird das Rad schnell gedreht, so kann Delta auch ein Vielfaches von 120 werden. Die Empfindlichkeit des Rades hängt vom Maustreiber ab.

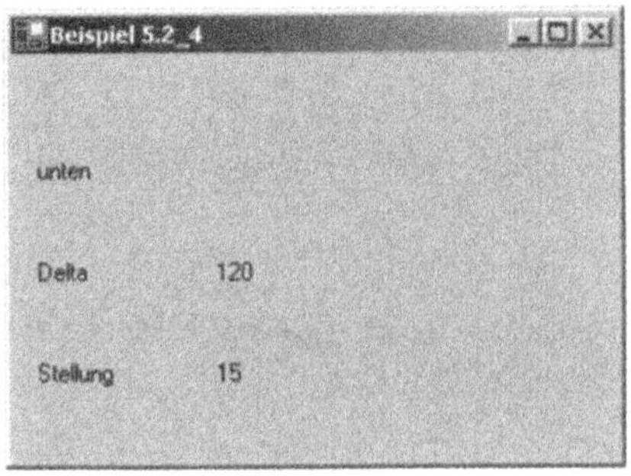

Abbildung 5.2_4

Die Eventhandler OnMouseDown, OnMouseUp und OnMouseWheel der Klasse Form werden überschrieben.

OnMouseDown weist, falls die mittlere Maustaste gedrückt worden ist, dem Text von lb1 den Wert unten zu.

OnMouseUp schreibt den String oben in lb1.

OnMouseWheel schreibt e.Delta in lb3 und vergrößert den Wert von wheel um 1, falls e.Delta größer 0 ist. Oder es verkleinert den Wert von wheel um 1, wenn e.Delta kleiner 0 ist. Der Wert von wheel wird in lb5 geschrieben.

```
' Datei 5.2_4.vb

Imports System
Imports System.Drawing
Imports System.Windows.Forms

Class Haupt
Inherits Form
  Dim lb1, lb2, lb3, lb4, lb5 As Label
  Dim wheel As Integer = 0
```

```
Sub New()
  Text = "Beispiel 5.2_4"
  ClientSize = New Size(300, 200)

  lb1 = New Label()
  lb1.Text = "oben"
  lb1.Width = 80
  lb1.Location = New Point(10, 50)
  Controls.Add(lb1)

  lb2 = New Label()
  lb2.Text = "Delta"
  lb2.Location = New Point(10, 100)
  lb2.Width = 80
  Controls.Add(lb2)

  lb3 = New Label()
  lb3.Text = ""
  lb3.Width = 100
  lb3.Location = New Point(100, 100)
  Controls.Add(lb3)

  lb4 = New Label()
  lb4.Text = "Stellung"
  lb4.Location = New Point(10, 150)
  lb4.Width = 80
  Controls.Add(lb4)

  lb5 = New Label()
  lb5.Text = ""
  lb5.Width = 100
  lb5.Location = New Point(100, 150)
  Controls.Add(lb5)
End Sub

Protected Overrides Sub OnMouseDown(ByVal e As MouseEventArgs)
  If e.Button = MouseButtons.Middle Then
    lb1.Text = "unten"
  End If
End Sub

Protected Overrides Sub OnMouseUp(ByVal e As MouseEventArgs)
  lb1.Text = "oben"
```

```
  End Sub

  Protected Overrides Sub OnMouseWheel(ByVal e As MouseEventArgs)
    lb3.Text = e.Delta.ToString()
    If e.Delta > 0 Then wheel += 1 Else wheel -= 1
    lb5.Text = wheel.ToString()
  End Sub

  Shared Sub Main()
    Application.Run(New Haupt())
  End Sub
End Class
```

Beispiel 5.2_5 behandelt Tastaturereignisse. Es wird angezeigt, ob eine Taste gedrückt oder losgelassen worden ist, welche Taste gedrückt worden ist und ob die Umschalt-, Steuerungs-, oder Alt-Taste gedrückt ist.

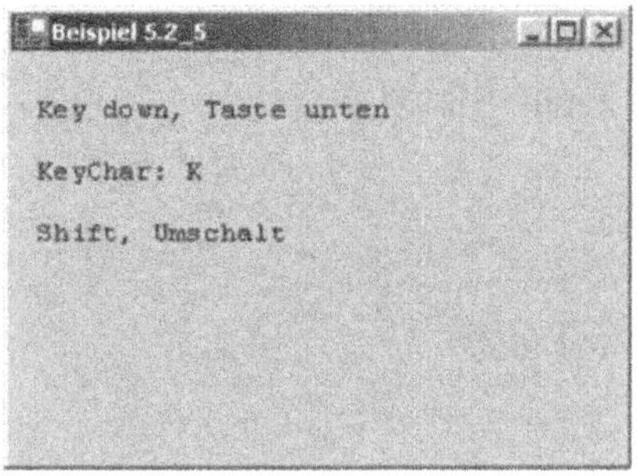

Abbildung 5.2_5

Mit Hilfe der Methode `OnPaint` wird direkt in das Fenster geschrieben. Da die Funktionsweise von `OnPaint` unter 5.3 näher erläutert wird, braucht nur noch erwähnt zu werden, dass die Strings `s1`, `s2` und `s3` mit `DrawString` in das Fenster geschrieben werden. `s1` zeigt `Key up, Taste oben` an, wenn keine Taste gedrückt oder eine Taste gerade wieder losgelassen worden ist. Es zeigt `Key down, Taste unten` an, wenn eine Taste gedrückt ist.

`s2` zeigt das Zeichen der gedrückten Taste `KeyChar` an. `s3` zeigt `Alt` oder `Ctrl, Strg`, oder `Shift, Umschalt` an, wenn eine der drei Tasten gedrückt ist.

Zur Behandlung der Tastaturereignisse werden die Eventhandler `OnKeyDown`, `OnKeyUp` und `OnKeyPress` überschrieben.

`OnKeyDown` weist `s1` den String `Key down, Taste unten` zu. Anschließend wird getestet, ob die Alt-, Strg-, oder Umschalttaste gedrückt ist. Der Variablen s3 wird der entsprechende Wert zugewiesen. Zum Schluss wird die sehr wichtige Anweisung `Invalidate( )` ausgeführt, die ein Neuzeichnen des Fensters veranlasst. Erst dadurch werden die Änderungen sichtbar.

`OnKeyUp` weist `s1` den String `Key up, Taste oben` zu. `s2` wird `KeyChar:` und `s3` ein leerer String zugewiesen. Wie bereits erwähnt darf am Ende `Invalidate( )` nicht fehlen.

`OnKeyPress` führt die Anweisung `s2 = "KeyChar: " + e.KeyChar` aus. Dies ist ein zusammengesetzter String, der das Zeichen `e.KeyChar` der gedrückten Taste enthält. Wie üblich wird dann noch `Invalidate( )` ausgeführt.

```
'Datei 5.2_5.vb

Imports System
Imports System.Drawing
Imports System.Windows.Forms

Class Haupt
Inherits Form
  Dim s1 As String = "Key up, Taste oben"
  Dim s2 As String = "KeyChar:"
  Dim s3 As String = ""

  Sub New()
    Text = "Beispiel 5.2_5"
    ClientSize = New Size(300, 200)
  End Sub

  Protected Overrides Sub OnPaint(ByVal arg As PaintEventArgs)
    Dim g As Graphics = arg.Graphics
    Dim f As New Font("Courier New",10)
    Dim b As Brush = Brushes.Black

    g.DrawString(s1, f, b,10,20)
    g.DrawString(s2, f, b,10,50)
    g.DrawString(s3, f, b,10,80)
  End Sub

  Protected Overrides Sub OnKeyDown(ByVal e As KeyEventArgs)
    s1 = "Key down, Taste unten"
    If e.Alt Then
      s3 = "Alt"
    ElseIf e.Control Then
      s3 = "Ctrl, Strg"
    ElseIf e.Shift Then
      s3 = "Shift, Umschalt"
    End If
    Invalidate()
  End Sub
```

```
  Protected Overrides Sub OnKeyUp(ByVal e As KeyEventArgs)
    s1 = "Key up. Taste oben"
    s2 = "KeyChar:"
    s3 = ""
    Invalidate()
  End Sub

  Protected Overrides Sub OnKeyPress(ByVal e As KeyPressEventArgs)
    s2 = "KeyChar: " + e.KeyChar
    Invalidate()
  End Sub

  Shared Sub Main()
    Application.Run(New Haupt())
  End Sub
End Class
```

5.3 Die Methode OnPaint

Beispiel 5.3_1 benutzt die Methode `OnPaint` der Klasse Form. `OnPaint` wird aus dem Programm heraus nicht aufgerufen, was auch nicht erforderlich ist, da Windowsprogramme Ereignis gesteuert sind. Windows schickt eine WM_PAINT Nachricht an das Fenster. Es wird ein Paint Ereignis ausgelöst, wodurch die Methode `OnPaint` der Klasse `Form` aufgerufen wird. Da die Klasse `Haupt` diese Methode überschreibt, wird letztendlich die Methode `OnPaint` der Klasse `Haupt` aufgerufen.

`PaintEventArgs` besitzt die Eigenschaften `ClipRectangle` und `Graphics`. Das Rechteck `ClipRectangle` schneidet jegliche Grafik außerhalb des Rechtecks ab. Die Klasse `Graphics` enthält die hier benutzten Draw Methoden.

`DrawString` zeichnet Text, `DrawLine` Linien, `DrawRectangle` Rechtecke und `DrawArc` Kreisbögen.

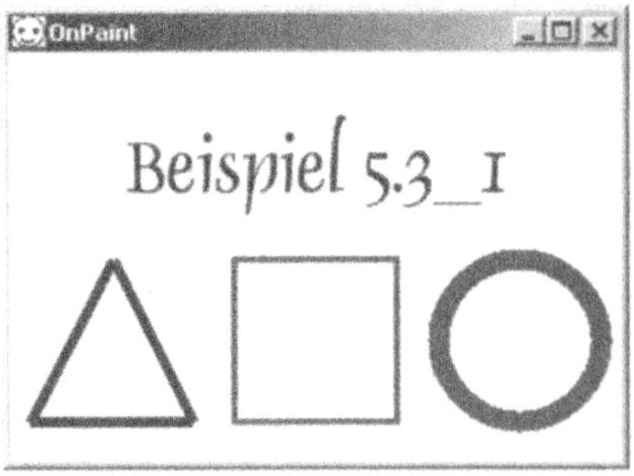

Abbildung 5.3_1

```
'Datei 5.3_1.vb

Imports System
Imports System.Drawing
Imports System.Windows.Forms

Class Haupt
Inherits Form

  Sub New()
    Text="OnPaint"
    ClientSize = New Size(300, 200)
    BackColor = Color.White
    Icon = New Icon("smile.ico")
  End Sub

  Protected Overrides Sub OnPaint(ByVal arg As PaintEventArgs)
    Dim g As Graphics = arg.Graphics

    g.DrawString("Beispiel 5.3_1", _
      New Font("Dauphin",30),Brushes.Black,50,30)

    Dim blau As New Pen(Color.Blue,5)
    g.DrawLine(blau,10,180,50,100)
    g.DrawLine(blau,50,100,90,180)
    g.DrawLine(blau,90,180,10,180)

    Dim rot As New Pen(Color.Red,3)
    g.DrawRectangle(rot,110,100,80,80)

    Dim gruen As New Pen(Color.Green,10)
    g.DrawArc(gruen,210,100,80,80,0,360)

  End Sub

  Shared Sub Main()
    Application.Run(New Haupt())
  End Sub
End Class
```

Die Draw-Anweisungen benutzen einen Stift, der mit

```
Dim blau As New Pen(Color.Blue,5)
```

definiert wird. Weitere Angaben zu Stiften und Bürsten und zur Klasse `Graphics` sind im Kapitel 6 zu finden.

5.4 Weitere Eigenschaften der Klasse Form

In Beispiel 5.4_1 werden Eigenschaften gesetzt und abgefragt. Die hier verwendeten Eigenschaften sind:

BackColor	Hintergrundfarbe
SizeGripStyle	rechte untere Ecke des Fensters zeigt an, dass die Größe des Fenster verändert werden kann
Auto	automatisch
Hide	nicht sichtbar
Show	sichtbar
MinimizeBox	sichtbar = true
MaximizeBox	nicht sichtbar = false
ClientSize	Breite und Höhe des Klientbereichs
MinimumSize	Mindestabmessungen
Location	Lage der linken oberen Ecke des Fensters auf dem Bildschirm entspricht Left, Top
Bounds	Lage und Abmessungen, entspricht Left, Top, Width, Height
Size	äußere Abmessungen, entspricht Width, Height
ClientRectangle	linke obere Ecke sowie Breite und Höhe des Klientbereichs
Left	Lage der linken Kante des Fensters
Right	Lage der rechten Kante des Fensters
Top	Lage der Oberkante des Fensters
Bottom	Lage der Unterkante des Fensters
Width	Breite
Height	Höhe

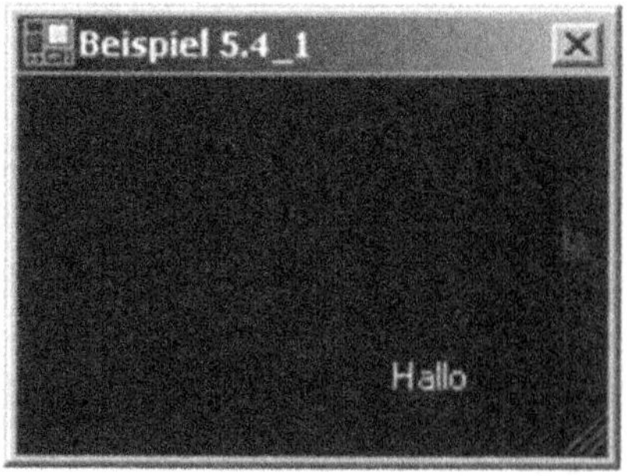

Abbildung 5.4_1

```
' Datei 5.4_1.vb

Imports System
Imports System.Drawing
Imports System.Windows.Forms

Class Haupt
Inherits Form

  Sub New()
    Text = "Beispiel 5.4_1"
    ClientSize = New Size(300,200)
    MinimumSize = New Size(200, 150)
    BackColor = Color.Blue
    SizeGripStyle = SizeGripStyle.Show
    MinimizeBox = False
    MaximizeBox = False
  End Sub

  Protected Overrides Sub OnPaint(ByVal e As PaintEventArgs)
    Dim g As Graphics = e.Graphics
    g.DrawString("Hallo", Font, Brushes.White, 120, 90)
    MyBase.OnPaint(e)
  End Sub

  Protected Overrides Sub OnClosed(ByVal e As EventArgs)
    MessageBox.Show(Location.ToString(), "Location")
    MessageBox.Show(Bounds.ToString(), "Bounds")
    MessageBox.Show(Size.ToString(), "Size")
    MessageBox.Show(ClientRectangle.ToString(), "ClientRectangle")
    MessageBox.Show(ClientSize.ToString(), "ClientSize")
    MessageBox.Show(Left.ToString(), "Left")
    MessageBox.Show(Right.ToString(), "Right")
    MessageBox.Show(Top.ToString(), "Top")
    MessageBox.Show(Bottom.ToString(), "Bottom")
    MessageBox.Show(Width.ToString(), "Width")
    MessageBox.Show(Height.ToString(), "Height")
  End Sub

  Shared Sub Main()
    Application.Run(New Haupt())
  End Sub
End Class
```

Beispiel 5.4_2 verändert mit jedem Druck auf den Button `FormBorderStyle` den Rahmen des Fensters.

`FormBorderStyle` kann folgende Werte annehmen:

```
Sizable             Rahmen mit veränderlichen Abmessungen
SizableToolWindow   Rahmen mit veränderlichen Abmessungen
None                kein Rahmen
Fixed3D             Rahmen mit festen Abmessungen
FixedDialog         Rahmen mit festen Abmessungen
```

Der aktive `FormBorderStyle` wird unterhalb des Buttons angezeigt.

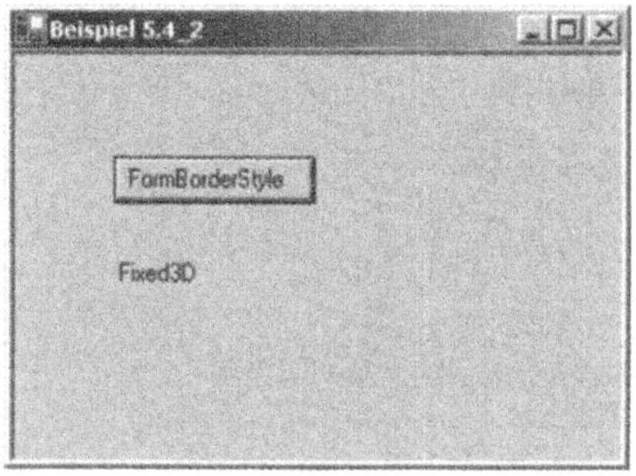

Abbildung 5.4_2

```
'Datei 5.4_2.vb

Imports System
Imports System.Drawing
Imports System.Windows.Forms

Class Haupt
Inherits Form
  Dim fsb As Integer = 0

  Sub New()
    Text = "Beispiel 5.4_2"
    ClientSize = New Size(300,200)

    Dim b As New Button()
    b.Location = New Point(50, 50)
    b.Width = 100
    b.Text = "FormBorderStyle"
    AddHandler b.Click, AddressOf b_Click
    Controls.Add(b)
  End Sub

  Protected Overrides Sub OnPaint(ByVal e As PaintEventArgs)
    Dim g As Graphics = e.Graphics
    g.DrawString(FormBorderStyle.ToString(), Font, Brushes.Black, 50, 100)
    MyBase.OnPaint(e)
  End Sub
```

```
    Protected Sub b_Click(ByVal o As Object, Byval e As EventArgs)
      fsb = (fsb+1) Mod 7
      Select Case fsb
        Case 0
          FormBorderStyle = FormBorderStyle.Sizable
        Case 1
          FormBorderStyle = FormBorderStyle.SizableToolWindow
        Case 2
          FormBorderStyle = FormBorderStyle.None
        Case 3
          FormBorderStyle = FormBorderStyle.Fixed3D
        Case 4
          FormBorderStyle = FormBorderStyle.FixedDialog
        Case 5
          FormBorderStyle = FormBorderStyle.FixedSingle
        Case 6
          FormBorderStyle = FormBorderStyle.FixedToolWindow
      End Select
    End Sub

    Shared Sub Main()
      Application.Run(New Haupt())
    End Sub
  End Class
```

Die Klasse `Cursors` stellt eine große Zahl von Cursors zur Verfügung, die der Eigenschaft `Cursors` zugewiesen werden können.

```
AppStarting Arrow Cross Default Hand Help HSplit IBeam No NoMove2D NoMoveHoriz
NoMoveVert PanEast PanNE PanNorth PanNW PanSE PanSouth PanSW PanWest SizeAll
SizeNESW SizeNS SizeNWSE SizeWE UpArrow VSplit WaitCursor
```

Beispiel 5.4_3 verwendet eine kleine Auswahl dieser Cursor, die durch den Button Cursor zyklisch zugewiesen werden. Außerdem wird ein Timer definiert.

```
timer = New Timer()
timer.Interval = 5000
```

Das Timerintervall wird auf 5000 Millisekunden eingestellt. Nach dem Start des Timers wird alle 5000 Millisekunden bzw. alle 5 Sekunden der Eventhandler `timer_Tick` aufgerufen. Nach Drücken einer Maustaste setzt `OnMouseDown` die Eigenschaft `Visible` auf `False`, wodurch das Fenster unsichtbar wird, und startet den Timer. Der Eventhandler `timer_Tick` setzt `Visible` auf `True` und stoppt den Timer. Das Fenster wird also nach 5 Sekunden wieder sichtbar.

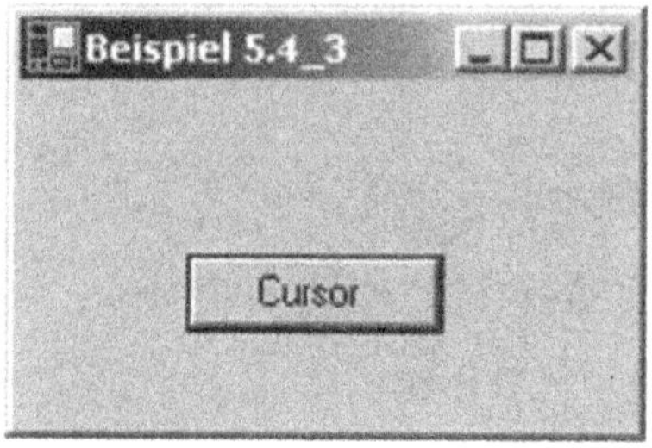

Abbildung 5.4_3

```
'Datei 5.4_3.vb

Imports System
Imports System.Drawing
Imports System.Windows.Forms

Class Haupt
Inherits Form
  Dim timer As Timer
  Dim cur As Integer = 0

  Sub New()
    Text = "Beispiel 5.4_3"
    ClientSize = New Size(180,100)

    Dim b As New Button()
    b.Location = New Point(50, 50)
    b.Text = "Cursor"
    AddHandler b.Click, AddressOf b_Click
    Controls.Add(b)

    timer = New Timer()
    timer.Interval = 5000
    AddHandler timer.Tick, AddressOf timer_Tick
  End Sub

  Protected Sub timer_Tick(ByVal o As Object, ByVal e As EventArgs)
    Visible = True
    timer.Stop()
  End Sub

  Protected Overrides Sub OnMouseDown(ByVal e As MouseEventArgs)
    Visible = False
    timer.Start()
  End Sub

  Protected Sub b_Click(ByVal o As Object, ByVal e As EventArgs)
```

```
    cur = (cur+1) Mod 5
    Select Case cur
      Case 0
        Cursor = Cursors.Default
      Case 1
        Cursor = Cursors.Cross
      Case 2
        Cursor = Cursors.Hand
      Case 3
        Cursor = Cursors.IBeam
      Case 4
        Cursor = Cursors.UpArrow
    End Select
  End Sub

  Shared Sub Main()
    Application.Run(New Haupt())
  End Sub
End Class
```

Beispiel 5.4_4 ändert beim Drücken eines der vier Buttons die Eigenschaften `Left` oder `Top`. Dadurch bewegt sich das Fenster in die entsprechende Richtung.

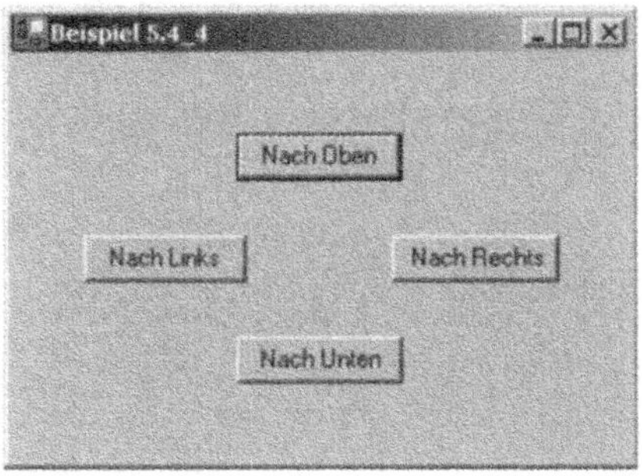

Abbildung 5.4_4

```
'Datei 5.4_4.vb

Imports System
Imports System.Drawing
Imports System.Windows.Forms

Class Haupt
Inherits Form
  Sub New()
    Text = "Beispiel 5.4_4"
    ClientSize = New Size(300,200)
```

```
    Dim b1 As New Button()
    b1.Width = 80
    b1.Location = New Point(150-b1.Width/2, 50-b1.Height/2)
    b1.Text = "Nach Oben"
    AddHandler b1.Click, AddressOf b1_Click

    Dim b2 As New Button()
    b2.Width = 80
    b2.Location = New Point(150-b2.Width/2, 150-b2.Height/2)
    b2.Text = "Nach Unten"
    AddHandler b2.Click, AddressOf b2_Click

    Dim b3 As New Button()
    b3.Width = 80
    b3.Location = New Point(75-b3.Width/2, 100-b3.Height/2)
    b3.Text = "Nach Links"
    AddHandler b3.Click, AddressOf b3_Click

    Dim b4 As New Button()
    b4.Width = 80
    b4.Location = New Point(225-b4.Width/2, 100-b4.Height/2)
    b4.Text = "Nach Rechts"
    AddHandler b4.Click, AddressOf b4_Click

    Controls.AddRange(New Control(){b1, b2, b3, b4})
  End Sub

  Protected Sub b1_Click(ByVal o As Object, ByVal e As EventArgs)
    Top -= 50
  End Sub

  Protected Sub b2_Click(ByVal o As Object, ByVal e As EventArgs)
    Top += 50
  End Sub

  Protected Sub b3_Click(ByVal o As Object, ByVal e As EventArgs)
    Left -= 50
  End Sub

  Protected Sub b4_Click(ByVal o As Object, ByVal e As EventArgs)
    Left += 50
  End Sub

  Shared Sub Main()
    Application.Run(New Haupt())
  End Sub
End Class
```

5.5 Anchoring und Docking

Anchoring bezeichnet das Verankern von Komponenten. Der Eigenschaft Anchor können die Werte

```
AnchorStyles.Top        oben verankert
AnchorStyles.Bottom     unten verankert
AnchorStyles.Left       links verankert
AnchorStyles.Right      rechts verankert
```

oder Kombinationen dieser Werte zugewiesen werden. Die Verankerung links und oben ist voreingestellt. Der Button in Beispiel 5.5_1 nutzt diese Voreinstellung. Wenn die Größe des Fensters geändert wird, dann bleibt der Abstand des Buttons zum linken und oberen Rand des Fensters immer gleich.

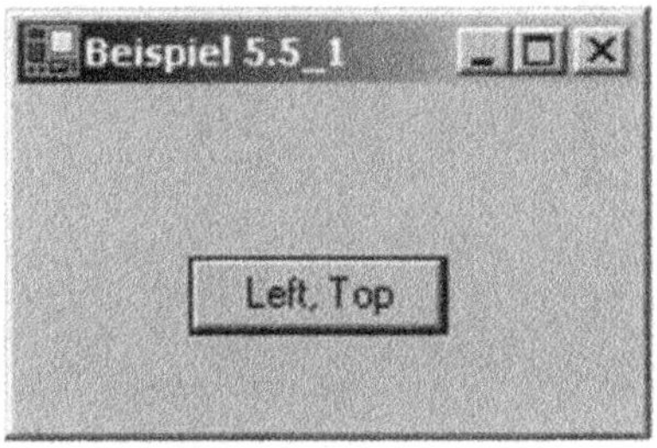

Abbildung 5.5_1

```
' Datei 5.5_1.vb

Imports System
Imports System.Drawing
Imports System.Windows.Forms

Class Haupt
Inherits Form
  Sub New()
    Text = "Beispiel 5.5_1"
    ClientSize = New Size(180, 100)

    Dim b As New Button()
    b.Location = New Point(50, 50)
    b.Text = "Left, Top"
    Controls.Add(b)
  End Sub
```

```
  Shared Sub Main()
    Application.Run(New Haupt())
  End Sub
End Class
```

Der Button in Beispiel 5.5_2 ist oben verankert und mit

```
b.Location = New Point((ClientSize.Width-b.Width)/2, 20)
```

horizontal zentriert. Bei einer Änderung der Fenstergröße hält der Button den Abstand zum oberen Rand und bleibt horizontal zentriert.

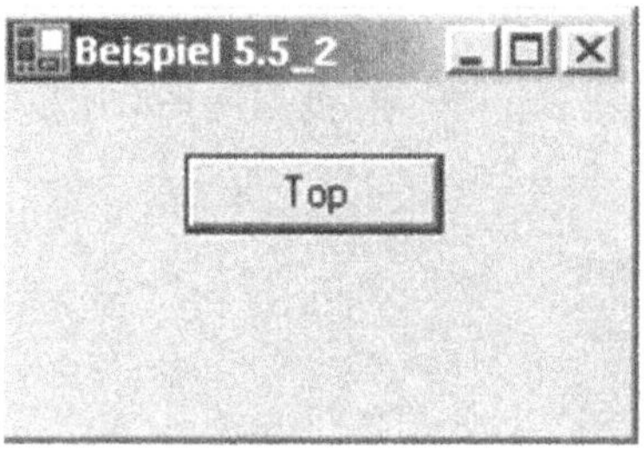

Abbildung 5.5_2

```
'Datei 5.5_2.vb

Imports System
Imports System.Drawing
Imports System.Windows.Forms

Class Haupt
Inherits Form
  Sub New()
    Text = "Beispiel 5.5_2"
    ClientSize = New Size(180, 100)

    Dim b As New Button()
    b.Location = New Point((ClientSize.Width-b.Width)/2, 20)
    b.Text = "Top"
    b.Anchor = AnchorStyles.Top
    Controls.Add(b)
  End Sub

  Shared Sub Main()
    Application.Run(New Haupt())
  End Sub
End Class
```

Die Textbox in Beispiel 5.5_3 ist links, oben und rechts verankert. Sie ändert ihre Breite mit der Fensterbreite. `AnchorStyles` werden bitweise oder verknüpft.

```
t.Anchor = AnchorStyles.Left Or AnchorStyles.Top Or AnchorStyles.Right
```

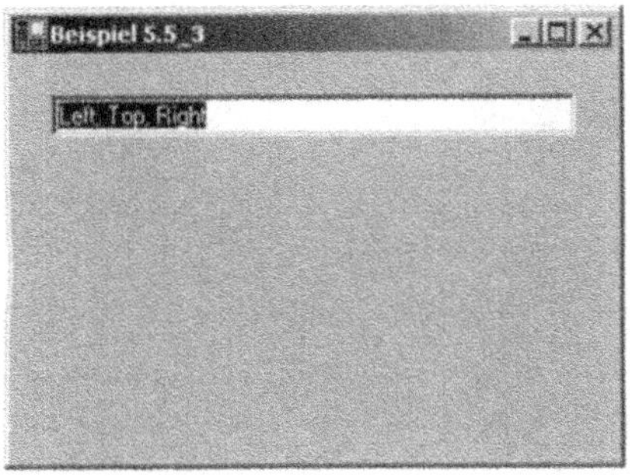

Abbildung 5.5_3a

Abbildung 5.5_3b

```
'Datei 5.5_3.vb

Imports System
Imports System.Drawing
Imports System.Windows.Forms

Class Haupt
Inherits Form
  Sub New()
    Text = "Beispiel 5.5_3"
    ClientSize = New Size(300, 200)

    Dim t As New TextBox()
    t.Location = New Point(20, 20)
    t.Width = 260
    t.Text = "Left, Top, Right"
    t.Anchor = AnchorStyles.Left Or AnchorStyles.Top Or AnchorStyles.Right
    Controls.Add(t)
  End Sub
```

```
  Shared Sub Main()
    Application.Run(New Haupt())
  End Sub
End Class
```

Der Button in Beispiel 5.5_4 ist unten verankert und horizontal zentriert.

Abbildung 5.5_4

```
' Datei 5.5_4.vb

Imports System
Imports System.Drawing
Imports System.Windows.Forms

Class Haupt
Inherits Form
  Sub New()
    Text = "Beispiel 5.5_4"
    ClientSize = New Size(180, 100)

    Dim b As New Button()
    b.Location = New Point( _
      (ClientSize.Width-b.Width)/2, ClientSize.Height-b.Height-20)
    b.Text = "Bottom"
    b.Anchor = AnchorStyles.Bottom
    Controls.Add(b)
  End Sub

  Shared Sub Main()
    Application.Run(New Haupt())
  End Sub
End Class
```

Beim Docking geht es darum, wie die übergeordnete Komponente von der angedockten Komponente ausgefüllt wird. Der Eigenschaft `Dock` können die Werte

DockStyle.Top	oben angedockt
DockStyle.Bottom	unten angedockt
DockStyle.Left	links angedockt
DockStyle.Right	rechts angedockt
DockStyle.Fill	ausgefüllt
DockStyle.None	nicht angedockt

zugewiesen werden. Voreingestellt ist `DockStyle.None`.

Die Textbox in Beispiel 5.5_5 ist oben angedockt. In horizontaler Richtung wird der Klientbereich des Fensters ausgefüllt. Wenn sich die Größe des Fensters ändert, bleibt die Höhe der Textbox konstant.

Abbildung 5.5_5

```
' Datei 5.5_5.vb
Imports System
Imports System.Drawing
Imports System.Windows.Forms

Class Haupt
Inherits Form
  Sub New()
    Text = "Beispiel 5.5_5"
    ClientSize = New Size(180, 100)
    Dim t As New TextBox()
    t.Multiline = True
    t.Height = 50
    t.Dock = DockStyle.Top
    Controls.Add(t)
  End Sub
  Shared Sub Main()
    Application.Run(New Haupt())
  End Sub
End Class
```

Die Textbox in Beispiel 5.5_6 ist links angedockt. In vertikaler Richtung wird der Klientbereich des Fensters ausgefüllt. Wenn sich die Größe des Fensters ändert, bleibt die Breite der Textbox konstant.

Abbildung 5.5_6

```
' Datei 5.5_6.vb

Imports System
Imports System.Drawing
Imports System.Windows.Forms

Class Haupt
Inherits Form
  Sub New()
    Text = "Beispiel 5.5_6"
    ClientSize = New Size(180, 100)

    Dim t As New TextBox()
    t.Multiline = True
    t.Width = 90
    t.Dock = DockStyle.Left
    Controls.Add(t)
  End Sub

  Shared Sub Main()
    Application.Run(New Haupt())
  End Sub
End class
```

In Beispiel 5.5_7 ist die Textbox t1 links angedockt und die Textbox t2 ist ausfüllend. Beim Verändern der Fensterbreite verändert t1 nur die Höhe, während die Textbox t2 ihre Höhe und Breite ändert. Es ist wichtig, dass die ausfüllende Textbox t2 zuerst mit

```
Controls.AddRange(New Control(){t2, t1})
```

eingebaut wird.

Abbildung 5.5_7

```
' Datei 5.5_7.vb

Imports System
Imports System.Drawing
Imports System.Windows.Forms

Class Haupt
Inherits Form
  Sub New()
    Text = "Beispiel 5.5_7"
    ClientSize = New Size(180, 100)

    Dim t1 As New TextBox()
    t1.Multiline = True
    t1.Width = 90
    t1.Dock = DockStyle.Left

    Dim t2 As New TextBox()
    t2.Multiline = True
    t2.Dock = DockStyle.Fill

    Controls.AddRange(New Control(){t2, t1})
  End Sub

  Shared Sub Main()
    Application.Run(New Haupt())
  End Sub
End Class
```

5.6 Panel und Splitter

Panels dienen der Gliederung von Fenstern und, da sie Komponenten aufnehmen können, der Gruppierung dieser Komponenten. Splitter können zwischen Komponenten gesetzt werden. Dadurch kann ein Rand jeder Komponente verschoben werden, wodurch die Komponenten je nach Lage und Schieberichtung vergrößert oder verkleinert werden. Über einem Splitter ändert sich der Mauscursor zu:

↔	`horizontal verschieblicher Splitter`	`DockStyle: Left oder Right`
↕	`vertikal verschieblicher Splitter`	`DockStyle: Top oder Bottom`

Beispiel 5.6_1 enthält drei Panels und zwei Splitter. Die Reihenfolge des Einbaus und das Docking der Komponenten sind die entscheidenden Faktoren für das Layout.

```
Controls.AddRange(New Control(){ _
  panel3, splitter2, panel2, splitter1, panel1})
```

Zuerst wird `panel3` mit `DockStyle.Fill` eingebaut. es folgt `splitter2` mit `DockStyle.Top` und `panel2` mit `DockStyle.Top`. Dadurch sitzt `splitter2` über `panel3` und `panel2` über `splitter2`.

Nun folgen `splitter1` mit `DockStyle.Left` und `panel1` mit `DockStyle.Left`, wodurch `splitter1` links von allen zuvor eingebauten Komponenten sitzt und `panel1` links von `splitter1`.

Abbildung 5.6_1

```
' Datei 5.6_1.vb

Imports System
Imports System.Drawing
Imports System.Windows.Forms

Class Haupt
Inherits Form
  Sub New()
    Text = "Beispiel 5.6_1"
    ClientSize = New Size(300, 200)

    Dim panel1 As New Panel()
    Dim panel2 As New Panel()
    Dim panel3 As New Panel()
    Dim splitter1 As New Splitter()
    Dim splitter2 As New Splitter()

    panel1.BackColor = Color.Blue
    panel1.BorderStyle = System.Windows.Forms.BorderStyle.Fixed3D
    panel1.Dock = DockStyle.Left
    panel1.Width = 120

    panel2.BackColor = Color.Yellow
    panel2.BorderStyle = System.Windows.Forms.BorderStyle.Fixed3D
    panel2.Dock = DockStyle.Top
    panel2.Height = 128

    panel3.BackColor = Color.Red
    panel3.BorderStyle = System.Windows.Forms.BorderStyle.Fixed3D
    panel3.Dock = DockStyle.Fill

    splitter1.Dock = DockStyle.Left
    splitter2.Dock = DockStyle.Top

    Controls.AddRange(New Control(){ _
      panel3, splitter2, panel2, splitter1, panel1})
  End Sub

  Shared Sub Main()
    Application.Run(New Haupt())
  End Sub
End Class
```

Durch zwei Panels und einen Splitter wird das Fenster in Beispiel 5.6_2 in eine linke und eine rechte Hälfte aufgeteilt, welche in der Reihenfolge panel2 mit DockStyle.Fill, splitter1 mit DockStyle.Left und panel1 mit DockStyle.Left zusammengebaut werden.

Auf jeder Seite werden eine Listbox, ein Datagrid und ein Splitter eingebaut. Diese Komponenten werden nicht direkt ins Fenster, sondern links in panel1 und rechts in panel2 eingebaut. Die Abbildungen zeigen deutlich, wie die Reaktion beim Ändern der Fenstergröße und beim Verschieben der Splitter ist.

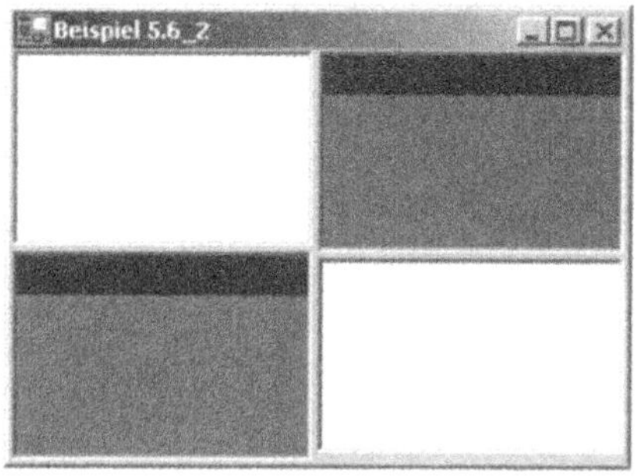

Abbildung 5.6_2a

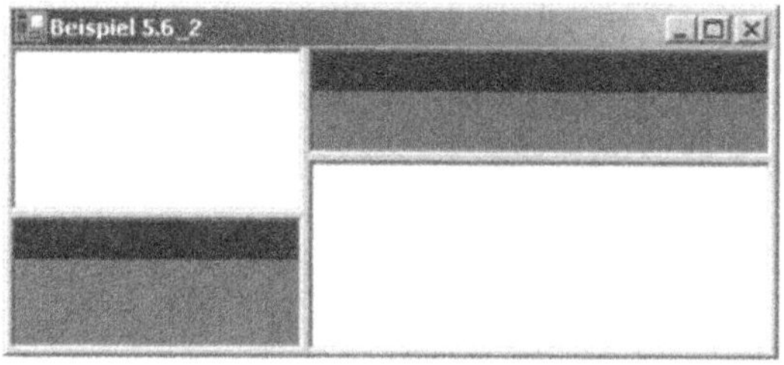

Abbildung 5.6_2b

```
' Datei 5.6_2.vb
Imports System
Imports System.Drawing
Imports System.Windows.Forms

Class Haupt
Inherits Form
  Sub New()
    Text = "Beispiel 5.6_2"
    ClientSize = New Size(300, 200)

    Dim panel1 As New Panel()
    Dim panel2 As New Panel()
    Dim splitter1 As New Splitter()
    Dim splitter2 As New Splitter()
    Dim splitter3 As New Splitter()
    Dim listBox1 As New ListBox()
    Dim listBox2 As New ListBox()
    Dim dataGrid1 As New DataGrid()
    Dim dataGrid2 As New DataGrid()

    panel1.Dock = DockStyle.Left
    panel1.Width = 148
    panel2.Dock = DockStyle.Fill

    splitter1.Dock = DockStyle.Left
    splitter2.Dock = DockStyle.Top
    splitter3.Dock = DockStyle.Top

    listBox1.Dock = DockStyle.Top
    listBox1.Height = 98
    listBox2.Dock = DockStyle.Fill

    dataGrid1.Dock = DockStyle.Fill
    dataGrid2.Dock = DockStyle.Top
    dataGrid2.Height = 98

    panel1.Controls.AddRange(new Control(){ _
      dataGrid1, splitter2, listBox1})

    panel2.Controls.AddRange(new Control(){ _
      listBox2, splitter3, dataGrid2})

    Controls.AddRange(new Control(){ _
      panel2, splitter1, panel1})
  End Sub

  Shared Sub Main()
    Application.Run(New Haupt())
  End Sub
End Class
```

5.7 Z-Order, TabStop und TabIndex

Die z-Order ist die Reihenfolge, in der die Komponenten mit `Add` oder `AddRange` eingebaut werden. Die zuerst eingebaute Komponente liegt zuoberst. Beispiel 5.7_1 demonstriert dies anhand dreier überlappender Komponenten vom Typ `GroupBox`.

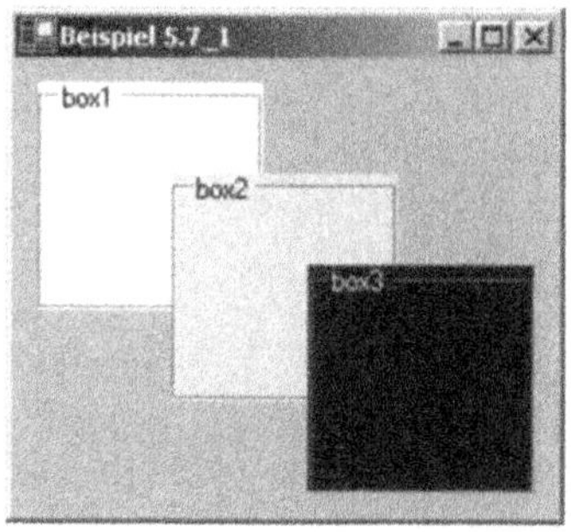

Abbildung 5.7_1

```
' Datei 5.7_1.vb

Imports System
Imports System.Drawing
Imports System.Windows.Forms

Class Haupt
Inherits Form
  Sub New()
    Text = "Beispiel 5.7_1"
    ClientSize = new Size(240, 200)

    Dim box1 As New GroupBox()
    Dim box2 As New GroupBox()
    Dim box3 As New GroupBox()

    box1.BackColor = Color.White
    box1.Text = "box1"
    box1.Bounds = New Rectangle(10, 10, 100, 100)

    box2.BackColor = Color.Yellow
    box2.Text = "box2"
    box2.Bounds = New Rectangle(70, 50, 100, 100)

    box3.BackColor = Color.Blue
    box3.ForeColor = Color.White
    box3.Text = "box3"
```

```
    box3.Bounds = New Rectangle(130, 90, 100, 100)

    Controls.AddRange(new Control(){ _
      box3, box2, box1})
  End Sub

  Shared Sub Main()
    Application.Run(New Haupt())
  End Sub
End Class
```

Die oberste Komponente in der z-Order wird zuerst aktiviert. Beim Betätigen der Tab-Taste wird die Folgekomponente in der z-Order aktiviert. Diese Reihenfolge kann man durch Setzen der Eigenschaft `TabIndex` ändern, der ganze Zahlen größer oder gleich Null zugewiesen werden können. Die Komponente mit dem niedrigsten `TabIndex` wird zuerst aktiviert. Beim Drücken der Tab-Taste wird die Folgekomponente nach aufsteigendem `TabIndex` aktiviert.

Der Eigenschaft `TabStop` kann `True` oder `False` zugewiesen werden. Hat `TabStop` den Wert `True`, so kann die betreffende Komponente mit der Tab-Taste aktiviert werden.

Die z-Order in Beispiel 5.7_2 ist `button`, `textbox2`, `textbox1`. Die `textbox2` ist wegen

```
textbox2.TabStop = False
```

nur durch Mausklick erreichbar. Die Eigenschaft `TabIndex` ist bei `textbox1` gleich 0 und bei `button` gleich 1. Deshalb wird `textbox1` zuerst aktiviert. Mit der Tab-Taste kann man zwischen `textbox1` und `button` umschalten.

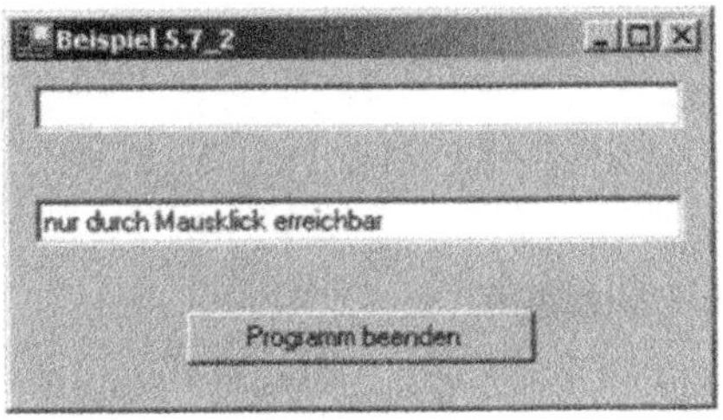

Abbildung 5.7_2

```
' Datei 5.7_2.vb

Imports System
Imports System.Drawing
Imports System.Windows.Forms

Class Haupt
Inherits Form
  Sub New()
    Text = "Beispiel 5.7_2"
    ClientSize = New Size(300, 150)

    Dim textbox1 As New TextBox()
    Dim textbox2 As New TextBox()
    Dim button As New Button()

    textbox1.Bounds = new Rectangle(10, 10, 280, textbox1.Height)
    textbox1.TabIndex = 0

    textbox2.Bounds = new Rectangle(10, 60, 280, textbox2.Height)
    textbox2.Text = "nur durch Mausklick erreichbar"
    textbox2.TabStop = False

    button.Bounds = new Rectangle(75, 110, 150, button.Height)
    button.Text = "Programm beenden"
    button.TabIndex = 1
    AddHandler button.Click, AddressOf button_Click

    Controls.AddRange(new Control(){ _
      button, textbox2, textbox1})
  End Sub

  Protected Sub button_Click(ByVal o As Object, ByVal e As EventArgs)
    Close()
  End Sub

  Shared Sub Main()
    Application.Run(New Haupt())
  End Sub
End Class
```

5.8 Modale und nicht modale Dialoge

Ein Dialog ist modal, wenn er mit ShowDialog modal aufgerufen wird. Er ist dagegen nicht modal, wenn er mit Show aufgerufen wird. Dies gilt für jede Instanz der Klasse Form oder davon abgeleiteter Klassen. Ob man die Bezeichnung Fenster, Box oder Dialog verwendet ist dabei unerheblich. Modale Dialoge behalten den Fokus bis sie geschlossen werden. Öffnet man einen modalen Dialog, so kann man keine Aktionen in einem anderen Fenster der gleichen Anwendung ausführen. Man kann jedoch ohne weiteres mehrere nicht modale Dialoge öffnen und beliebig zwischen ihnen wechseln. Es gibt zum Beispiel Zeichenprogramme, bei denen man ein oder mehrere Fenster zum Zeichnen öffnen kann und gleichzeitig einen Werkzeugdialog, einen Farbauswahldialog, einen Texturdialog und noch vieles mehr. Wenn diese Dialoge nicht modal sind, so kann man Farben und Werkzeuge auswählen und anschließend zum Zeichnen benutzen, ohne ständig Dialoge öffnen und schließen zu müssen. Man sollte beide Arten von Dialogen so verwenden, wie es am sinnvollsten erscheint.

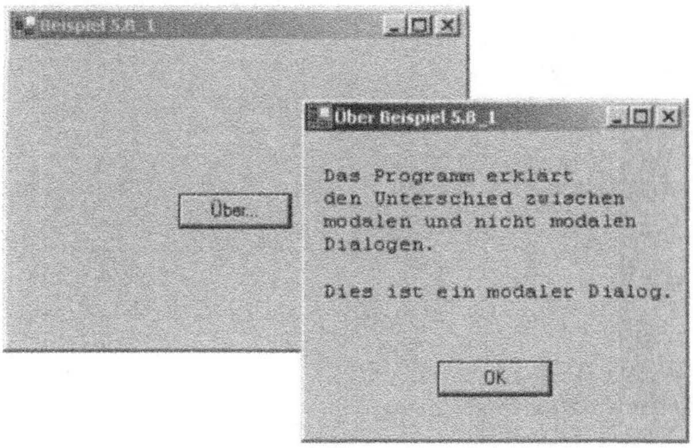

Abbildung 5.8_1

Beispiel 5.8_1 definiert die Klassen `Hauptfenster` und `MyAboutBox`, die beide von `Form` abgeleitet sind. Eine Instanz der Klasse `Hauptfenster` wird mit `Application.Run(New Hauptfenster( ))` in der Methode `Main` gebildet. Dadurch erscheint nach dem Programmstart das Hauptfenster zuerst. Nachdem der Button `Über...` angeklickt worden ist, erscheint, wie oben zu sehen, die `MyAboutBox`. Versucht man, in das Hauptfenster zu klicken, so behält der modale Dialog `MyAboutBox` den Fokus. Der Button `OK` beendet den Dialog. Erst jetzt kann das Hauptfenster die Kontrolle wieder übernehmen.

In der Klasse Hauptfenster wird die Instanz `ABox` der Klasse `MyAboutBox` gebildet. Diese Instanz wird nur einmal gebildet und bleibt während der gesamten Laufzeit des Programms erhalten.

Der Button `ueber`, der mit `Über...` beschriftet ist, hat den Eventhandler `ueber_Click` für das Click Ereignis, welcher die Anweisung `ABox.ShowDialog( )` ausführt. Dadurch wird die `MyAboutBox` modal aufgerufen.

Die Klasse `MyAboutBox` enthält die Methode `OnPaint`, die den in der obigen Abbildung sichtbaren Text schreibt. Darüber hinaus gibt es noch den Button `ok`. Für diesen Button braucht kein Eventhandler geschrieben zu werden. Durch die Anweisung `ok.DialogResult = DialogResult.OK` erhält der Button die Fähigkeit, den Dialog zu schließen, wobei die Instanz `ABox` erhalten bleibt. `ok.DialogResult` ist eine Eigenschaft des Buttons `ok`. Dieser Eigenschaft wird der Wert `DialogResult.OK` der Aufzählung `DialogResult` zugewiesen.

Die Aufzählung `DialogResult` hat folgende Werte:

```
Abort     Rückgabewert
Cancel    Rückgabewert
Ignore    Rückgabewert
No        Rückgabewert
None      Der Dialog ist noch nicht geschlossen.
OK        Rückgabewert
Retry     Rückgabewert
Yes       Rückgabewert
```

```
' Datei 5.8_1.vb

Imports System
Imports System.Drawing
Imports System.Windows.Forms
Imports Microsoft.VisualBasic

Class Hauptfenster
Inherits Form
  Dim ABox As New MyAboutBox()

  Sub New()
    Text = "Beispiel 5.8_1"
    ClientSize = New Size(300,200)

    Dim ueber As New Button()
    ueber.Text = "Über..."
    ueber.Location = New Point(112, 100)
    AddHandler ueber.Click, AddressOf ueber_Click
    Controls.Add(ueber)
  End Sub

  Private Sub ueber_Click(ByVal sender As Object, ByVal e As EventArgs)
    ABox.ShowDialog()
  End Sub

  Shared Sub Main()
    Application.Run(New Hauptfenster())
  End Sub
End Class
```

```
Class MyAboutBox
Inherits Form
  Sub New()
    Text = "Über Beispiel 5.8_1"
    FormBorderStyle = FormBorderStyle.FixedDialog
    ClientSize = new Size(250,200)

    Dim ok As New Button()
    ok.Text = "OK"
    ok.Location = new Point(87, 150)
    ok.DialogResult = DialogResult.OK
    Controls.Add(ok)
  End Sub

  Protected Overrides Sub OnPaint(ByVal arg As PaintEventArgs)
    Dim g As Graphics = arg.Graphics
    Dim f As New Font("Courier New",10)
    Dim b As Brush = Brushes.Black
    Dim s As String = _
      "Das Programm erklärt" & vbCrLf & "den Unterschied zwischen" _
      & vbCrLf & "modalen und nicht modalen" & vbCrLf & "Dialogen." _
      & vbCrLf & vbCrLf & "Dies ist ein modaler Dialog."

    g.DrawString(s, f, b, 10,20)
  End Sub
End Class
```

Der Programmcode, der dem Aufruf eines modalen Dialogs mit `ShowDialog` folgt, wird erst ausgeführt, nachdem der Dialog geschlossen ist. Man hat also die Möglichkeit, die Eigenschaft `DialogResult` direkt nach dem Schließen des Dialogs abzufragen.

Die vollständige Definition von `ShowDialog` ist:

```
Public Function ShowDialog( ) As DialogResult
```

oder

```
Public Function ShowDialog(ByVal owner As IWin32Window) As DialogResult
```

owner ist der Besitzer des Dialogs. Häufig wird `Me` verwendet.

Weitere mögliche Aufrufe von `ShowDialog` sind:

```
Dim res As DialogResult = dia.ShowDialog( )
Dim res As DialogResult = dia.ShowDialog( Me )
If dia.ShowDialog( ) = DialogResult.OK Then
  . . .
End If
If dia.ShowDialog( Me ) = DialogResult.OK Then
  . . .
End If
```

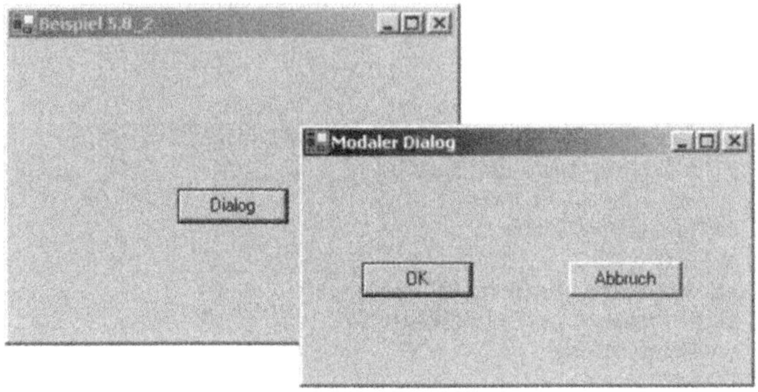

Abbildung 5.8_2

Der mit `Dialog` beschriftete Button `but` öffnet den modalen Dialog `dia` vom Typ `MyModalDialog`, der einen OK Button `ok` und einen Abbruch Button `ca` besitzt.

Durch

```
ok.DialogResult = DialogResult.OK
```

und

```
ca.DialogResult = DialogResult.Cancel
```

sind die Buttons in der Lage, den Dialog zu beenden. Dabei wird OK oder Cancel zurück gegeben.

```
Sub but_Click(ByVal sender As Object, ByVal e As EventArgs)
  If dia.ShowDialog() = DialogResult.OK Then
    MessageBox.Show("OK","DialogResult")
  Else
    MessageBox.Show("Cancel","DialogResult")
  End If
End Sub
```

Der Eventhandler `but_Click` des Buttons `but` öffnet den Dialog `dia` modal und fragt nach dem Schließen des Dialogs ab, ob OK zurück gegeben worden ist. Je nach Ergebnis erscheint die erste oder zweite `MessageBox`.

```
'Datei 5.8_2.vb

Imports System
Imports System.Drawing
Imports System.Windows.Forms
```

```
Class Hauptfenster
Inherits Form
  Dim dia As New MyModalDialog()

  Sub New()
    Text = "Beispiel 5.8_2"
    ClientSize = New Size(300,200)

    Dim but As New Button()
    but.Text = "Dialog"
    but.Location = New Point(112, 100)
    AddHandler but.Click, AddressOf but_Click
    Controls.Add(but)
  End Sub

  Sub but_Click(ByVal sender As Object, ByVal e As EventArgs)
    If dia.ShowDialog() = DialogResult.OK Then
      MessageBox.Show("OK","DialogResult")
    Else
      MessageBox.Show("Cancel","DialogResult")
    End If
  End Sub

  Shared Sub Main()
    Application.Run(New Hauptfenster())
  End Sub
End Class

Class MyModalDialog
Inherits Form
  Public Sub New()
    Text = "Modaler Dialog"
    FormBorderStyle = FormBorderStyle.FixedDialog
    ClientSize = New Size(300,150)

    Dim ok As New Button()
    ok.Text = "OK"
    ok.Location = New Point(40, 70)
    ok.DialogResult = DialogResult.OK
    Controls.Add(ok)

    Dim ca As New Button()
    ca.Text = "Abbruch"
    ca.Location = New Point(180, 70)
    ca.DialogResult = DialogResult.Cancel
    Controls.Add(ca)
  End Sub
End Class
```

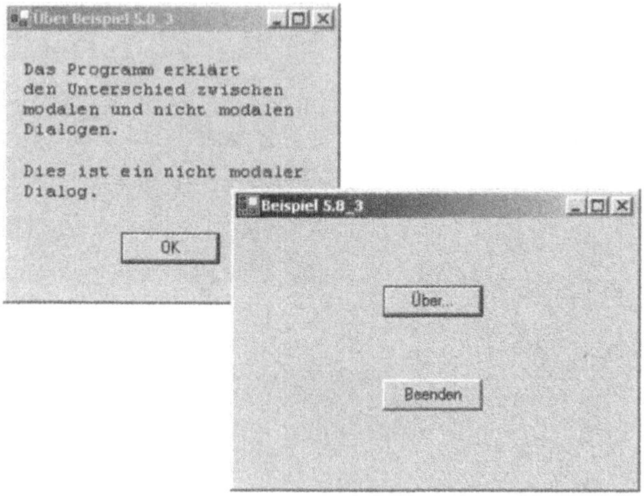

Abbildung 5.8_3

Beispiel 5.8_3 besitzt eine große Ähnlichkeit mit Beispiel 5.8_1. Da der Dialog dieses Mal mit `ABox.Show( )` nicht modal geöffnet wird, resultiert daraus ein völlig anderes Verhalten. Man kann beiden Fenstern abwechselnd durch Anklicken den Fokus erteilen. Jetzt ist es auch möglich, das Programm zu beenden, während der Dialog noch nicht geschlossen ist. Wird das Hauptfenster geschlossen, so wird die Methode `Application.Run` beendet. Alle geöffneten Fenster werden dadurch geschlossen. Das lässt sich durch Anklicken des Buttons Beenden, dessen Eventhandler die Anweisung `Close( )` ausführt, oder des X Buttons in der rechten oberen Ecke des Hauptfensters leicht nachvollziehen.

`DialogResult` kann nur bei modalen Dialogen verwendet werden. Deshalb bekommt der Button `ok` in `MyAboutBox` den Eventhandler `ok_Click`, der die Anweisung `Close( )` enthält. `Close( )` schließt nicht nur den Dialog, sondern führt auch eine `Dispose` Anweisung aus. Die Konsequenz sieht man im Eventhandler `ueber_Click`.

```
Sub ueber_Click(ByVal sender As Object, ByVal e As EventArgs)
  ABox = New MyAboutBox()
  ABox.Show()
End Sub
```

Vor jedem Aufruf von `Show` muss eine neue Instanz der Klasse `MyAboutBox` gebildet werden.

```
' Datei 5.8_3.vb

Imports System
Imports System.Drawing
Imports System.Windows.Forms
Imports Microsoft.VisualBasic

Class Hauptfenster
Inherits Form

  Dim ABox As MyAboutBox

  Sub New()
    Text = "Beispiel 5.8_3"
    ClientSize = New Size(300,200)

    Dim ueber As New Button()
    ueber.Text = "Über..."
    ueber.Location = New Point(112, 50)
    AddHandler ueber.Click, AddressOf ueber_Click
    Controls.Add(ueber)

    Dim ende As New Button()
    ende.Text = "Beenden"
    ende.Location = New Point(112, 120)
    AddHandler ende.Click, AddressOf ende_Click
    Controls.Add(ende)
  End Sub

  Sub ueber_Click(ByVal sender As Object, ByVal e As EventArgs)
    ABox = New MyAboutBox()
    ABox.Show()
  End Sub

  Sub ende_Click(ByVal sender As Object, ByVal e As EventArgs)
    Close()
  End Sub

  Shared Sub Main()
    Application.Run(New Hauptfenster())
  End Sub
End Class

Class MyAboutBox
Inherits Form

  Sub New()
    Text = "Über Beispiel 5.8_3"
    FormBorderStyle = FormBorderStyle.FixedDialog
    ClientSize = New Size(250,200)
```

```
    Dim ok As New Button()
    ok.Text = "OK"
    ok.Location = New Point(87, 150)
    AddHandler ok.Click, AddressOf ok_Click
    Controls.Add(ok)
  End Sub

  Sub ok_Click(ByVal sender As Object, ByVal e As EventArgs)
    Close()
  End Sub

  Protected Overrides Sub OnPaint(ByVal arg As PaintEventArgs)
    Dim g As Graphics = arg.Graphics
    Dim f As New Font("Courier New",10)
    Dim b As Brush = Brushes.Black
    Dim s As String = _
      "Das Programm erklärt" & vbCrLf & "den Unterschied zwischen" _
      & vbCrLf & "modalen und nicht modalen" & vbCrLf & "Dialogen." _
      & vbCrLf & vbCrLf & "Dies ist ein nicht modaler" & vbCrLf & "Dialog."

    g.DrawString(s, f, b, 10,20)
  End Sub
End Class
```

5.9 Hauptmenü und Kontextmenü

Im Namensraum System.Windows.Forms gibt es die Klassen MainMenu, ContextMenu und MenuItem.

Um ein Hauptmenü zu definieren, bildet man zunächst eine Instanz der Klasse MainMenu. Anschließend bildet man für jede Menüoption eine Instanz der Klasse MenuItem. Die Reihenfolge der Menüoptionen wird durch die Eigenschaft Index festgelegt. Die erste Menüoption bekommt den Index 0. Die sichtbare Bezeichnung einer Menüoption wird der Eigenschaft Text zugewiesen. Die Menüoptionen, die beim Anklicken reagieren sollen, versieht man mit Eventhandlern. Anschließend baut man das Menü unter Verwendung der Methoden Add und AddRange zusammen. Im Unterschied zu Add kann man mit AddRange direkt mehrere Menüoptionen zuordnen. Damit das Menü als Hauptmenü sichtbar wird, weist man der Eigenschaft Menu der Klasse Form die Instanz der Klasse MainMenu zu.

Ein Kontextmenü lässt sich auf ganz analoge Weise definieren. Man bildet zuerst eine Instanz der Klasse ContextMenu, verfährt dann genauso wie beim Hauptmenü und weist der Eigenschaft ContextMenu der Klasse Form die Instanz der Klasse ContextMenu zu. Das Kontextmenü wird geöffnet, sobald man mit der rechten Maustaste in das Fenster klickt.

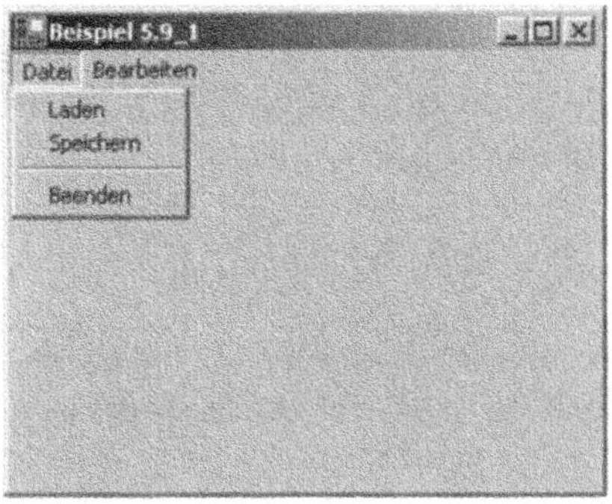

Abbildung 5.9_1

Beispiel 5.9_1 enthält ein Hauptmenü. Zuerst werden die Instanzen von MainMenu und MenuItem gebildet.

```
Dim HauptMenu As New MainMenu()

Dim mDatei      As New MenuItem()
Dim mBearbeiten As New MenuItem()
```

`mDatei` und `mBearbeiten` werden mit `AddRange` in die Instanz `HauptMenu` eingefügt.

```
HauptMenu.MenuItems.AddRange(new MenuItem(){ _
  mDatei, mBearbeiten})
```

`mDatei` erhält den Index 0 und den Text `Datei`. `mBearbeiten` wird entsprechend definiert. Es erhält jedoch den Index 1.

```
mDatei.Index = 0
mDatei.Text = "Datei"
mDatei.MenuItems.AddRange(new MenuItem(){ _
  mLaden, mSpeichern, mSeparator, mBeenden})
```

Die vier in `mDatei` eingefügten Menüoptionen erhalten die Indizes 0, 1, 2 und 3. Die Indizierung fängt also bei jedem Untermenü wieder mit 0 an. Der Trennstrich `mSeparator` bekommt als Text ein Minuszeichen zugewiesen.

```
mSeparator.Text = "-"
```

Den Click Ereignissen der Menüoptionen mLaden, mSpeichern und mBeenden, sowie der Menüoptonen mKopieren und mEinfuegen im Menü Bearbeiten, werden Eventhandler zugeordnet.

```
AddHandler mLaden.Click, AddressOf mLaden_Click
```

Die weiteren Eventhandler sind weiter unten im Listing zu sehen. Sobald das Menü vollständig definiert ist, wird mit der Anweisung

```
Menu = HauptMenu
```

der Eigenschaft Menu der Klasse Haupt die Instanz HauptMenu zugewiesen. Das Menü wird damit sichtbar und benutzbar.

```
' Datei 5.9_1.vb

Imports System
Imports System.Drawing
Imports System.Windows.Forms

Class Haupt
Inherits Form

  Sub New()
    Text = "Beispiel 5.9_1"
    ClientSize = New Size(300,200)

    Dim HauptMenu As New MainMenu()

    Dim mDatei      As New MenuItem()
    Dim mBearbeiten As New MenuItem()

    Dim mLaden      As New MenuItem()
    Dim mSpeichern  As New MenuItem()
    Dim mSeparator  As New MenuItem()
    Dim mBeenden    As New MenuItem()

    Dim mKopieren   As New MenuItem()
    Dim mEinfuegen  As New MenuItem()

    HauptMenu.MenuItems.AddRange(new MenuItem(){ _
      mDatei, mBearbeiten})

    mDatei.Index = 0
    mDatei.Text = "Datei"
```

```
    mDatei.MenuItems.AddRange(new MenuItem(){ _
      mLaden, mSpeichern, mSeparator, mBeenden})

    mLaden.Index = 0
    mLaden.Text = "Laden"
    AddHandler mLaden.Click, AddressOf mLaden_Click

    mSpeichern.Index = 1
    mSpeichern.Text = "Speichern"

    mSeparator.Index = 2
    mSeparator.Text = "-"

    mBeenden.Index = 3
    mBeenden.Text = "Beenden"
    AddHandler mBeenden.Click, AddressOf mBeenden_Click

    mBearbeiten.Index = 1
    mBearbeiten.Text = "Bearbeiten"
    mBearbeiten.MenuItems.AddRange(new MenuItem(){ _
      mKopieren, mEinfuegen})

    mKopieren.Index = 0
    mKopieren.Text = "Kopieren"

    mEinfuegen.Index = 1
    mEinfuegen.Text = "Einfügen"

    Menu = HauptMenu
  End Sub

  Protected Sub mLaden_Click(ByVal sender As Object, ByVal e As EventArgs)
    MessageBox.Show("Laden","Menüpunkt")
  End Sub

  Protected Sub mBeenden_Click(ByVal sender As Object, ByVal e As EventArgs)
    Close()
  End Sub

  Shared Sub Main()
    Application.Run(new Haupt())
  End Sub
End Class
```

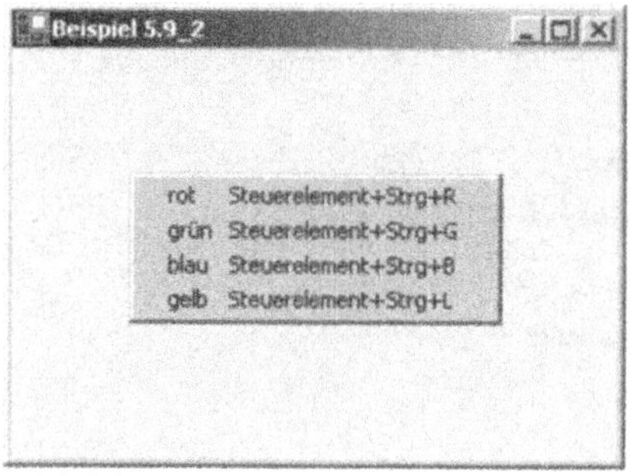

Abbildung 5.9_2

Beispiel 5.9_2 definiert ein Kontextmenü. Zuerst wird eine Instanz

```
Menue = New ContextMenu()
```

der Klasse `ContextMenu` gebildet. Anschließend werden die Menüoptionen definiert und mit `AddRange` in das Menü eingefügt. Dies geschieht nach dem gleichen Prinzip wie im vorigen Beispiel. Es gibt jedoch einige Unterschiede. In die Texte der Menüoptionen sind & Zeichen eingefügt worden. Das Zeichen hinter dem & kann benutzt werden, um die Menüoption auszuwählen.

```
mRot.Text = "&rot"
mGruen.Text = "&grün"
mGelb.Text = "ge&lb"
mBlau.Text = "&blau"
```

Dadurch kann grün durch ein g und gelb, das ebenfalls mit einem g beginnt, durch ein l ausgewählt werden.

Normalerweise wird ein Kontextmenü durch Drücken der rechten Maustaste aktiviert. Die Anweisung

```
mRot.Shortcut = Shortcut.CtrlR
```

bewirkt, dass die Menüoption `mRot` durch die Tastenkombination `Ctrl R` bzw. `Strg R` ausgelöst werden kann. Entsprechende Shortcuts sind auch für die anderen Menüoptionen definiert.

Die Eventhandler der Menüoptionen setzen die Hintergrundfarbe des Fensters auf Rot, Grün, Blau oder Gelb. Durch die Anweisung

```
ContextMenu = Menue
```

wird das definierte Menü zum Kontextmenü der Klasse `Haupt`.

```
' Datei 5.9_2.vb

Imports System
Imports System.Drawing
Imports System.Windows.Forms

Class Haupt
Inherits Form
  Dim Menue As ContextMenu

  Sub New()
    Text = "Beispiel 5.9_2"
    ClientSize = New Size(300,200)

    Menue = New ContextMenu()

    Dim mRot   As New MenuItem()
    Dim mGruen As New MenuItem()
    Dim mBlau  As New MenuItem()
    Dim mGelb  As New MenuItem()

    Menue.MenuItems.AddRange(new MenuItem(){ _
      mRot, mGruen, mBlau, mGelb})

    mRot.Index = 0
    mRot.Text = "&rot"
    mRot.Shortcut = Shortcut.CtrlR
    AddHandler mRot.Click, AddressOf mRot_Click

    mGruen.Index = 1
    mGruen.Text = "&grün"
    mGruen.Shortcut = Shortcut.CtrlG
    AddHandler mGruen.Click, AddressOf mGruen_Click

    mBlau.Index = 2
    mBlau.Text = "&blau"
    mBlau.Shortcut = Shortcut.CtrlB
    AddHandler mBlau.Click, AddressOf mBlau_Click

    mGelb.Index = 3
    mGelb.Text = "ge&lb"
    mGelb.Shortcut = Shortcut.CtrlL
    AddHandler mGelb.Click, AddressOf mGelb_Click

    ContextMenu = Menue
  End Sub
```

```
  Protected Sub mRot_Click(ByVal sender As Object, ByVal e As EventArgs)
    BackColor = Color.Red
  End Sub

  Protected Sub mGruen_Click(ByVal sender As Object, ByVal e As EventArgs)
    BackColor = Color.Green
  End Sub

  Protected Sub mBlau_Click(ByVal sender As Object, ByVal e As EventArgs)
    BackColor = Color.Blue
  End Sub

  Protected Sub mGelb_Click(ByVal sender As Object, ByVal e As EventArgs)
    BackColor = Color.Yellow
  End Sub

  Shared Sub Main()
    Application.Run(New Haupt())
  End Sub
End Class
```

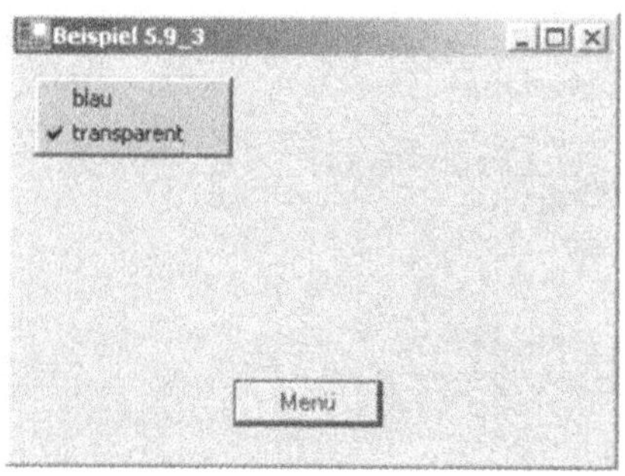

Abbildung 5.9_3

Es wird wieder die Klasse ContextMenu verwendet. Diesmal wird das Menü aber durch Anklicken des Buttons Menü aktiviert. Man bezeichnet ein solches Menü als Popup Menü.

Die Anweisung

```
Menue.Show(Me, New Point(10, 10))
```

aktiviert das Menü an der Position 10, 10 im Klientbereich des Fensters. Die Menüoption mBlau färbt den Hintergrund des Fensters blau. Mit der Anweisung

```
mBlau.Enabled = False
```

deaktiviert sich die Menüoption selbst. Der Eventhandler der Menüoption `mTrans` enthält die Anweisungen:

```
If mTrans.Checked Then
  Opacity = 1.0
  mTrans.Checked = False
Else
  Opacity = 0.7
  mTrans.Checked = True
End If
```

Ist die Eigenschaft `Checked` wahr, so wird das Fenster opak bzw. undurchsichtig und `Checked` wird der Wert `False` zugewiesen. Andernfalls wird das Fenster transparent und `Checked` wird auf `True` gesetzt. Diesen Zustand erkennt man an einem Häkchen vor der Menüoption `transparent`.

```
' Datei 5.9_3.vb

Imports System
Imports System.Drawing
Imports System.Windows.Forms

Class Haupt
Inherits Form
  Dim Menue As New ContextMenu()

  Dim mBlau  As New MenuItem()
  Dim mTrans As New MenuItem()

  Dim bMenu As New Button()

  Sub New()
    Text = "Beispiel 5.9_3"
    ClientSize = New Size(300,200)

    Menue.MenuItems.AddRange(New MenuItem(){ _
      mBlau, mTrans})

    mBlau.Index = 0
    mBlau.Text = "blau"
    AddHandler mBlau.Click, AddressOf mBlau_Click

    mTrans.Index = 1
    mTrans.Text = "transparent"
    AddHandler mTrans.Click, AddressOf mTrans_Click
```

```
    bMenu.Text = "Menü"
    bMenu.Location = new Point(112, 160)
    bMenu.BackColor = Color.LightGray
    AddHandler bMenu.Click, AddressOf bMenu_Click
    Controls.Add(bMenu)
  End Sub

  Protected Sub mBlau_Click(ByVal sender As Object, ByVal e As EventArgs)
    BackColor = Color.Blue
    mBlau.Enabled = False
  End Sub

  Protected Sub mTrans_Click(ByVal sender As Object, ByVal e As EventArgs)
    If mTrans.Checked Then
      Opacity = 1.0
      mTrans.Checked = False
    Else
      Opacity = 0.7
      mTrans.Checked = True
    End If
  End Sub

  Protected Sub bMenu_Click(ByVal sender As Object, ByVal e As EventArgs)
    Menue.Show(Me, New Point(10, 10))
  End Sub

  Shared Sub Main()
    Application.Run(New Haupt())
  End Sub
End Class
```

5.10 Toolbar und Statusbar

Die Klassen ToolBar und ToolBarButton werden zur Definition einer Toolbar und die Klassen StatusBar und StatusBarPanel zur Definition einer Statusbar benutzt. Das englische Wort Tool bedeutet Werkzeug. Als Werkzeuge der Toolbar stehen ToolBarButton und Control zur Verfügung. Dadurch kann jedes beliebige Steuerelement in die Toolbar eingebaut werden. Die Statusbar zeigt etwas an. Bei einem Textprogramm kann dies zum Beispiel die Seite, die Zeile und die Spalte sein, in der sich gerade der Cursor befindet. Die Statusbar kann mit Hilfe der Klasse StatusBarPanel in mehrere Anzeigebereiche unterteilt werden.

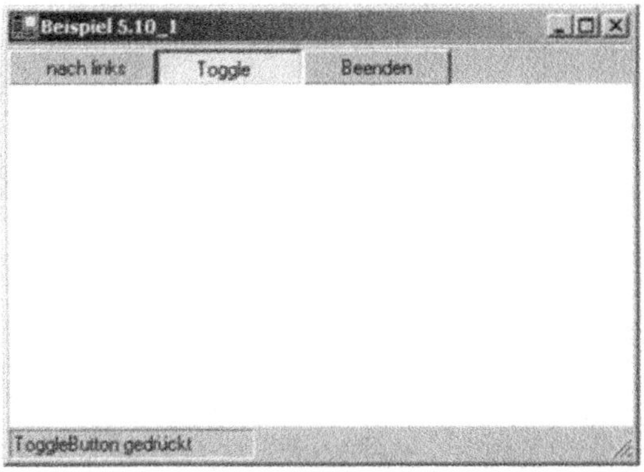

Abbildung 5.10_1a

Beispiel 5.10_1 verwendet eine Toolbar am oberen Rand und eine Statusbar am unteren Rand des Fensters. Die Toolbar hat drei Buttons. Der Button `nach links` bewirkt, dass die Toolbar an den linken Rand des Fensters gesetzt wird. Die Beschriftung dieses Buttons ändert sich dabei in `nach oben`.

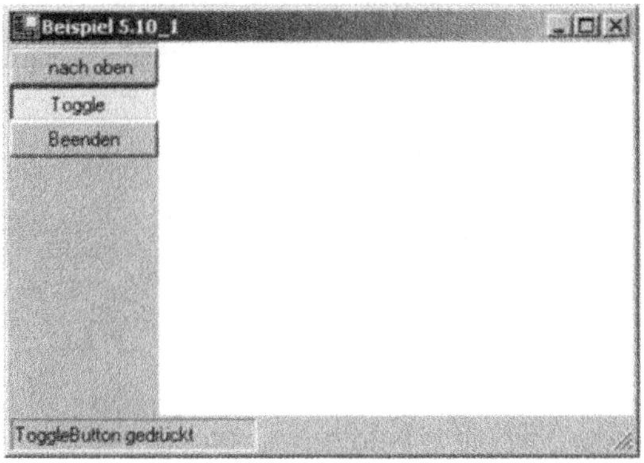

Abbildung 5.10_1b

Der zweite Button mit der Aufschrift `Toggle` ist ein Druckknopf, der ein- und wieder ausrastet. Ist der Toggle Button gedrückt, so wird dies in der Statusbar angezeigt. Der dritte Button beendet das Programm.

Die Buttons werden durch

```
posBut = New ToolBarButton()
posBut.Text = "nach links"

toggleBut = New ToolBarButton()
toggleBut.Style = ToolBarButtonStyle.ToggleButton
toggleBut.Text = "Toggle"

endeBut = New ToolBarButton()
endeBut.Text = "Beenden"
```

definiert. Für jeden Button wird eine Instanz der Klasse `ToolBarButton` gebildet und die Beschriftung der Eigenschaft Text zugewiesen. Beim zweiten Button `toggleBut` wird die Eigenschaft `Style` auf `ToggleButton` gesetzt, so dass dieser Button beim Anklicken einrastet.

Die Toolbar ist eine Instanz der Klasse `ToolBar`.

```
toolBar = New ToolBar()
toolBar.ButtonSize = New Size(90, 22)
toolBar.TextAlign = ToolBarTextAlign.Right
```

Die Eigenschaft `ButtonSize` legt die Größe der Buttons fest. Als Textausrichtung `TextAlign` stehen `Right` rechts und `Underneath` unten zur Verfügung.

Die Toolbar wird mit `AddRange` zusammengebaut und anschließend wird der Eventhandler

```
AddHandler toolBar.ButtonClick, AddressOf toolBar_ButtonClick
```

zugeordnet. Es gibt nur einen Eventhandler für die gesamte Toolbar. Durch bedingte Anweisungen wie

```
If e.Button Is posBut Then
```

wird herausgefunden, welcher Button angeklickt worden ist.

Das Andocken der Toolbar am linken Rand des Fensters wird durch die Anweisung

```
toolBar.Dock = DockStyle.Left
```

bewirkt. Neben `Left` links stehen `Right` rechts, `Top` oben und `Bottom` unten zur Verfügung.

Die Statusbar mit einem Panel wird durch

```
statusBar = New StatusBar()
sBarPanel = New StatusBarPanel()
sBarPanel.Width = 150
statusBar.Panels.Add(sBarPanel)
statusBar.ShowPanels = True
```

definiert. Nach der Bildung der Instanzen `statusBar` und `sBarPanel` wird die Breite des Panels festgelegt und das Panel mit `Add` in die Statusbar eingebaut. Die Eigenschaft `ShowPanels` wird auf True gesetzt, und am Ende werden Toolbar und Statusbar mit `AddRange` in das Hauptfenster eingebaut.

Die Anweisungen

```
If toggleBut.Pushed Then
  sBarPanel.Text="ToggleButton gedrückt"
Else
  sBarPanel.Text=""
End If
```

im Eventhandler der Toolbar setzen den Zustand des Buttons `toggleBut` in die Statusbar.

```
' Datei 5.10_1.vb

Imports System
Imports System.Drawing
Imports System.Windows.Forms

Class Haupt
Inherits Form
  Dim toolBar As ToolBar
  Dim posBut, toggleBut, endeBut As ToolBarButton
  Dim statusBar As StatusBar
  Dim sBarPanel As StatusBarPanel

  Sub New()
    Text = "Beispiel 5.10_1"
    ClientSize = New Size(380,250)
    BackColor = Color.White

    posBut = New ToolBarButton()
    posBut.Text = "nach links"

    toggleBut = New ToolBarButton()
    toggleBut.Style = ToolBarButtonStyle.ToggleButton
    toggleBut.Text = "Toggle"
```

```
    endeBut = New ToolBarButton()
    endeBut.Text = "Beenden"

    toolBar = New ToolBar()
    toolBar.ButtonSize = New Size(90, 22)
    toolBar.TextAlign = ToolBarTextAlign.Right

    toolBar.Buttons.AddRange(New ToolBarButton(){ _
      posBut, toggleBut, endeBut})

    AddHandler toolBar.ButtonClick, AddressOf toolBar_ButtonClick

    statusBar = New StatusBar()
    sBarPanel = New StatusBarPanel()
    sBarPanel.Width = 150
    statusBar.Panels.Add(sBarPanel)
    statusBar.ShowPanels = True

    Controls.AddRange(New Control(){ _
      toolBar, statusBar})
  End Sub

  Sub toolBar_ButtonClick( _
  ByVal sender As Object, ByVal e As ToolBarButtonClickEventArgs)
    If e.Button Is posBut Then
      If posBut.Text = "nach links" Then
        toolBar.Dock = DockStyle.Left
        posBut.Text = "nach oben"
      Else
        toolBar.Dock = DockStyle.Top
        posBut.Text = "nach links"
      End If
    ElseIf e.Button Is toggleBut Then
      If toggleBut.Pushed Then
        sBarPanel.Text="ToggleButton gedrückt"
      Else
        sBarPanel.Text=""
      End If
    ElseIf e.Button Is endeBut Then
      Close()
    End If
  End Sub

  Shared Sub Main()
    Application.Run(New Haupt())
  End Sub
End Class
```

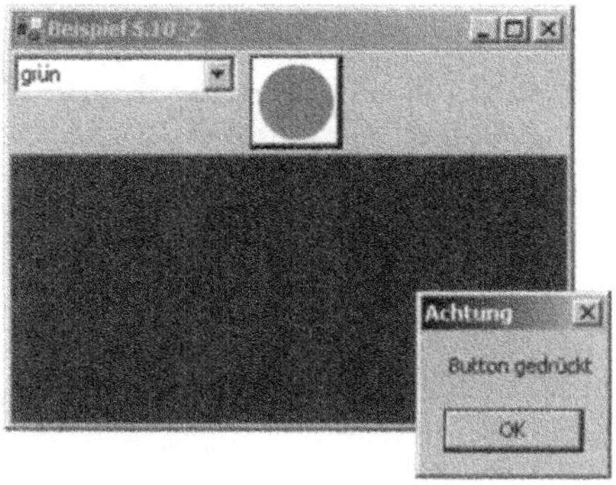

Abbildung 5.10_2

In diesem Beispiel werden eine Combobox und ein Button in die Toolbar gesetzt. Die Items bzw. Optionen der Combobox werden mit `Items.AddRange` festgelegt.

```
cb.Items.AddRange(New object(){ _
  "weiß", "rot", "grün", "blau", "gelb"})
```

Dem Ereignis `SelectedIndexChanged` der Combobox wird ein Eventhandler zugeordnet, der mit

```
Select Case cb.SelectedIndex
```

und `Case` den Index der angeklickten Option erkennt und dementsprechend die Hintergrundfarbe des Fensters ändert.

Der Eigenschaft Image des Buttons wird eine Bitmapdatei zugeordnet.

```
but.Image = New Bitmap("button.bmp")
```

Nachdem der Button mit einem Eventhandler, der eine Messagebox aufruft, versehen worden ist, kann nun die Toolbar zusammengebaut werden.

```
tb.Controls.AddRange(New Control(){cb, but})
```

Im Gegensatz zum Beispiel 5.10_1, bei dem `Buttons.AddRange` benutzt worden ist, muss bei Beispiel 5.10_2 `Controls.AddRange` benutzt werden.

```
' Datei 5.10_2.vb

Imports System
Imports System.Drawing
Imports System.Windows.Forms

Class Haupt
Inherits Form
  Dim tb As New ToolBar()
  Dim cb As New ComboBox()
  Dim but As New Button()

  Sub New()
    Text = "Beispiel 5.10_2"
    ClientSize = New Size(300,200)
    BackColor = Color.White

    tb.ButtonSize = New Size(80, 54)

    cb.Items.AddRange(New object(){ _
      "weiß", "rot", "grün", "blau", "gelb"})
    cb.Location = New Point(2, 2)
    cb.Size = New Size(121, 21)
    AddHandler cb.SelectedIndexChanged, AddressOf cb_SelectedIndexChanged

    but.Size = New Size(50, 50)
    but.Image = New Bitmap("button.bmp")
    but.ImageAlign = ContentAlignment.MiddleCenter
    but.Location = New Point(130, 2)
    but.BackColor = Color.White
    AddHandler but.Click, AddressOf but_Click

    tb.Controls.AddRange(New Control(){cb, but})

    Controls.Add(tb)
  End Sub

  Sub cb_SelectedIndexChanged(ByVal sender As Object, ByVal e As EventArgs)
    Select Case cb.SelectedIndex
      Case 0
        BackColor = Color.White
      Case 1
        BackColor = Color.Red
      Case 2
        BackColor = Color.Green
      Case 3
        BackColor = Color.Blue
      Case 4
```

```
        BackColor = Color.Yellow
      End Select
    End Sub

    Sub but_Click(ByVal sender As Object, ByVal e As EventArgs)
      MessageBox.Show("Button gedrückt", "Achtung")
    End Sub

    Shared Sub Main()
      Application.Run(New Haupt())
    End Sub
  End Class
```

5.11 MDI, das Multi Document Interface

Eine MDI Anwendung zeichnet sich durch die Existenz eines Hauptfensters aus, das ein oder mehrere untergeordnete Fenster beherbergt. Um dem Begriff Multi Document gerecht zu werden, sollten die untergeordneten Fenster in der Lage sein, unterschiedliche Dokumente darzustellen.

Alle Fenster sind Instanzen der Klasse `Form` oder davon abgeleiteter Klassen. Beim Hauptfenster wird `IsMdiContainer = True` gesetzt und bei den untergeordneten Fenstern wird

```
Dim k As New Kind()
k.MdiParent = Me
```

gesetzt. Damit wird erreicht, dass das Haupt- bzw. Elternfenster seine Hintergrundfarbe ändert und die untergeordneten Kindfenster nicht auf dem Desktop sondern im Klientbereich des Hauptfensters dargestellt werden. Darüber hinaus führt das Hauptfenster eine Liste der Kindfenster, die als Array `MdiChildren` gespeichert ist. Das aktive Kindfenster kann mit Hilfe der Eigenschaft `ActiveMdiChild` ermittelt werden. Durch `LayoutMdi(MdiLayout.Cascade)` werden die Kindfenster überlappend dargestellt. Durch `LayoutMdi(MdiLayout.TileHorizontal)` werden sie untereinander und durch `LayoutMdi(MdiLayout.TileVertical)` nebeneinander angeordnet.

Beispiel 5.11_1 enthält das Grundgerüst einer einfachen MDI Anwendung. Damit das Beispiel der besseren Anschaulichkeit halber mit etwas Funktionalität ausgestattet ist, wird jedes Kindfenster mit einer `RichTextBox` versehen, so dass man Texte schreiben, speichern und wieder laden kann. Auf darüber hinausgehende Funktionen und Einstellungen, die bei Textprogrammen üblich sind, wird bewusst verzichtet.

Nach dem Programmstart erscheint das leere Hauptfenster mit dem Menü `Datei`. Die Menüoption `Neu` öffnet ein leeres Fenster, während `Laden` ein Fenster öffnet und eine Textdatei lädt, die in der `RichTextBox` abgebildet wird.

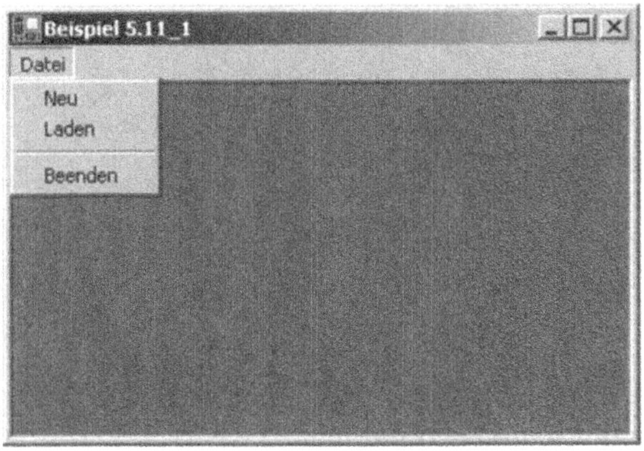

Abbildung 5.11_1a

Die Fenster können überlappend angeordnet werden.

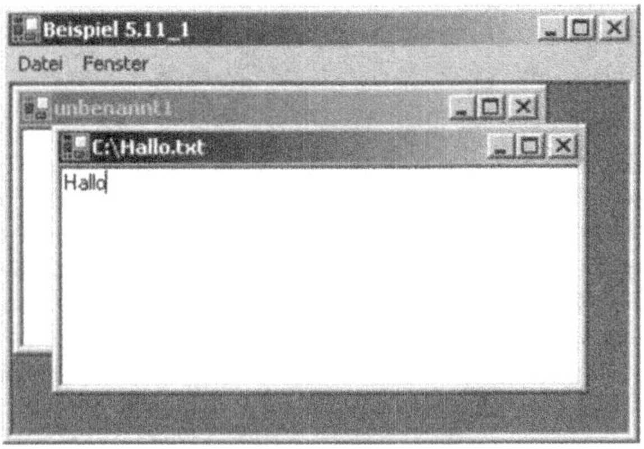

Abbildung 5.11_1b

Sobald wenigstens ein Fenster geöffnet ist, bekommt das Menü Datei zusätzliche Optionen und das Menü Fenster erscheint.

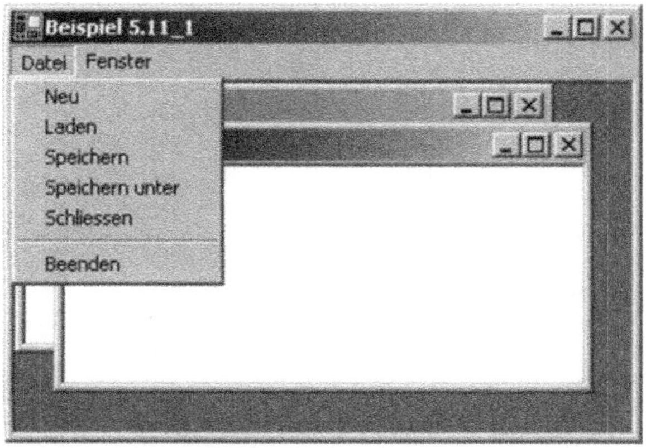

Abbildung 5.11_1c

Mit dem Menü Fenster können Fenster unterschiedlich angeordnet werden. Unterhalb des Trennstriches sind die Kindfenster verzeichnet. Durch Anklicken einer derartigen Menüoption erhält das entsprechende Fenster den Fokus.

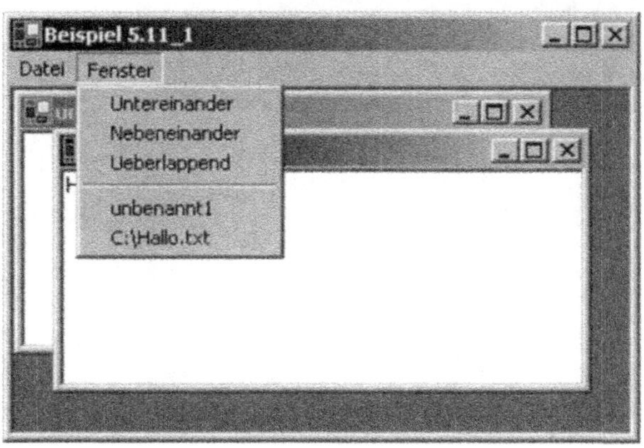

Abbildung 5.11_1d

Die Fenster können durch Anklicken der entsprechenden Option des Menüs Fenster untereinander angeordnet werden.

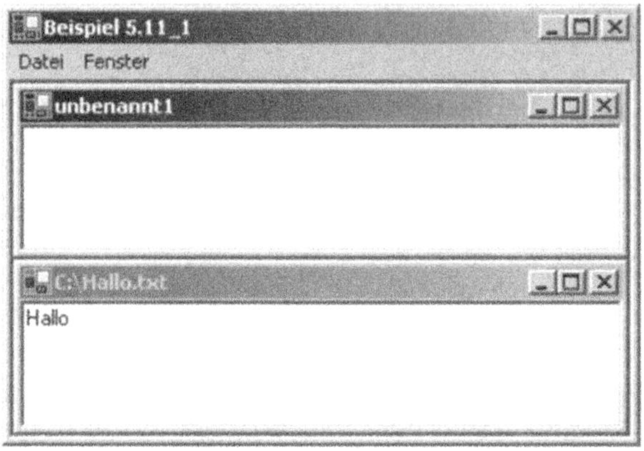

Abbildung 5.11_1e

Die Fenster können durch Anklicken der entsprechenden Option des Menüs Fenster nebeneinander angeordnet werden.

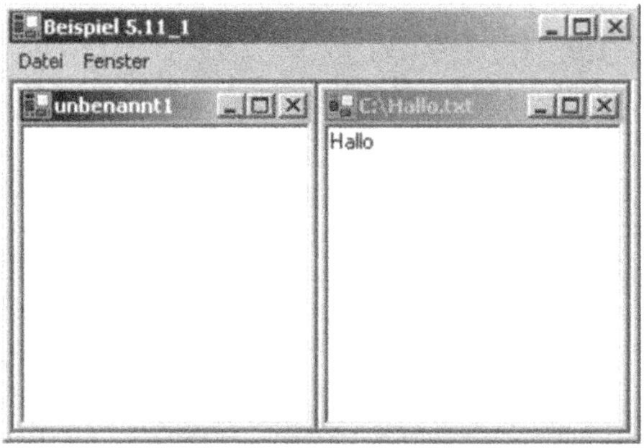

Abbildung 5.11_1f

Die von der Klasse `Form` abgeleitete Klasse `Haupt` definiert das Hauptfenster. Daher wird im Konstruktor der Klasse `Haupt` die Eigenschaft `IsMdiContainer = True` gesetzt. Die beiden Menüs werden in den Methoden `Menu1` und `Menu2` zusammengestellt. Die Rückgabewerte dieser Methoden werden der Eigenschaft `Menu` der Klasse `Haupt` zugewiesen.

Beim Programmstart wird `Menu1` aufgerufen. Sobald ein Fenster geöffnet wird, sich die Anzahl der Fenster ändert oder sich die Eigenschaft `Text` eines Fensters ändert, wird `Menu2` aufgerufen. Daher wird `Menu2` durch die Menüoptionen `Neu`, `Laden`, `Speichern` unter und durch den Eventhandler `ChildClosing` aufgerufen. Beim Schließen des letzten Fensters wird durch `ChildClosing` wiederum `Menu1` aufgerufen. Damit ist der Wechsel zwischen den beiden Menüs festgelegt. Die Menüoptionen sind Instanzen der von `MenuItem` abgeleiteten Klasse `mItem`. Damit ist eine Erweiterung der Klasse `MenuItem` um die hier benötigte zusätzliche Funktionalität möglich. Dies wird weiter unten näher erläutert.

Die Kindfenster werden durch die Klasse `Kind` definiert, die eine `RichTextBox` enthält. Da die `RichTextBox` zur Klasse `Kind` gehört, gehören die Daten der `RichTextBox` zur jeweiligen Instanz der Klasse `Kind`. Damit wird erreicht, dass jedes Fenster seine eigenen Daten verwaltet. Die Methoden `Laden`, `Speichern` und `Speichern unter` der Klasse `Kind` greifen automatisch auf diese Daten zu. Die in der Klasse `Haupt` enthaltenen Eventhandler `mLaden_Click`, `mSpeichern_Click` und `mSpeichernUnter_Click` rufen die entsprechenden Methoden der Klasse `Kind` auf.

Die Anweisungen

```
Dim k As New Kind()
k.MdiParent = Me
AddHandler k.Closing, AddressOf ChildClosing
k.Show()
Menu = Menu2(Nothing)
```

sind in den Eventhandlern `mNeu_Click` und `mLaden_Click` enthalten. Es wird eine Instanz der Klasse `Kind` gebildet und `MdiParent` zugewiesen. Ferner wird dem Event `Closing` der Eventhandler `ChildClosing` zugeordnet, der beim Schließen eines Fensters aufgerufen wird. Mit `k.Show( )` wird das Fenster sichtbar und anschließend wird noch `Menu2` zum Hauptmenü. Beim Öffnen eines neuen Fensters wird mit

```
unbenannt += 1
k.Text = "unbenannt" & unbenannt.ToString()
```

der Text des Fensters auf `unbenannt1`, `unbenannt2` usw. gesetzt. Im Unterschied dazu wird beim Laden mit

```
If k.Laden() Then
  . . .
End If
```

die Methode Laden der Klasse Kind aufgerufen. Gibt Laden True zurück, so wird das Fenster geöffnet. Andernfalls wird dieser Vorgang übersprungen. Beim Speichern wird das aktive Kindfenster mit

```
Dim k As Kind = CType(ActiveMdiChild, Kind)
```

ermittelt. Anschließend werden die Methoden Speichern oder SpeichernUnter der Klasse Kind aufgerufen. Beim Schließen wird ebenfalls das aktive Kindfenster ermittelt und anschließend mit

```
k.Close( )
```

geschlossen. Da man Fenster auch durch einen Mausklick auf das X in der rechten oberen Ecke schließen kann, wird der Vorgang des Schließens im Eventhandler ChildClosing behandelt, der in jedem Fall aufgerufen wird, und der in der Lage ist, diesen Vorgang durchzuführen oder abzubrechen. Nach der Ermittlung des aktiven Kindfensters k wird mit

```
If Not k.Speichern(False) Then
  e.Cancel = True
Else
  . . .
End If
```

gefragt, ob, falls sich die Daten geändert haben, diese gespeichert werden sollen. Wird dieser Vorgang abgebrochen, so wird e.Cancel = True gesetzt und das Fenster nicht geschlossen. Danach wird Menu1 oder Menu2 aufgerufen. Während in allen bisher beschriebenen Fällen Menu2(Nothing) aufgerufen worden ist, wird jetzt Menu2(k) aufgerufen. Wobei k das Fenster ist, das geschlossen wird. Dadurch wird die Menüoption zur Aktivierung des Fensters k, welches immer noch im Array MdiChildren enthalten ist, aus dem Menü Fenster entfernt.

Jetzt ist noch die Frage offen, wie man einer Menüoption, die der Aktivierung von Fenstern dient, mitteilen kann, welches Fenster aktiviert werden soll. Aus diesem Grund wird die Klasse mItem mit einem ActivateEvent versehen. Der dazugehörige Delegate ActivateHandler ermöglicht es, mit

```
mi = New mItem(ki.Text, ki)
AddHandler mi.ActivateEvent, AddressOf ActivateChild
mFenster.MenuItems.Add(mi)
```

dem ActivateEvent in der Methode Menu2 den Eventhandler ActivateChild zuzuordnen, der den Parameter e As ActivateArgs besitzt. Dies setzt wiederum voraus, dass eine Klasse ActivateArgs mit der Eigenschaft kind besteht. Nun kann das entsprechende Fenster mit

```
e.kind.Activate()
```

aktiviert werden. Da aber das Anklicken einer Menüoption den Event Click auslöst und nicht den ActivateEvent, so muss dafür gesorgt werden, dass Click den ActivateEvent auslöst. Zu diesem Zweck wird die Klasse mItem mit dem Konstruktor

```
Public Sub New(ByVal text As String, ByVal k As Kind)
  MyBase.New(text)
  kind = k
End Sub
```

versehen und der Eventhandler

```
Protected Overrides Sub OnClick(Byval e As EventArgs)
  If Not kind Is Nothing Then
    Dim a As New ActivateArgs(kind)
    RaiseEvent ActivateEvent(Me, a)
  End If
  MyBase.OnClick(e)
End Sub
```

überschrieben. Wenn die Bedingung Not kind Is Nothing erfüllt ist, erzeugt OnClick eine Instanz der Klasse ActivateArgs und löst anschließend den ActivateEvent aus. Der Aufruf

```
MyBase.OnClick(e)
```

sorgt dafür, dass das Eventhandling der anderen Menüoptionen weiterhin funktioniert.

```
' Datei 5.11_1.vb

Imports System
Imports System.IO
Imports System.ComponentModel
Imports System.Drawing
Imports System.Windows.Forms
Imports Microsoft.VisualBasic

Class Haupt
Inherits Form
  Dim unbenannt As Integer = 0
```

```
Sub New()
  Text = "Beispiel 5.11_1"
  ClientSize = New Size(350,200)
  BackColor = Color.White
  IsMdiContainer = True
  Menu = Menu1()
End Sub

Protected Function Menu1() As MainMenu
  Dim m As New MainMenu()
  Dim mDatei As New mItem("Datei")
  Dim mNeu As New mItem("Neu", AddressOf mNeu_Click)
  Dim mLaden As New mItem("Laden", AddressOf mLaden_Click)
  Dim mSeparator As New mItem("-")
  Dim mBeenden As New mItem("Beenden", AddressOf mBeenden_Click)

  mDatei.Index = 0

  mNeu.Index = 0
  mLaden.Index = 1
  mSeparator.Index = 2
  mBeenden.Index = 3

  mDatei.MenuItems.AddRange(New mItem(){ _
    mNeu, mLaden, mSeparator, mBeenden})
  m.MenuItems.Add(mDatei)
  Return m
End Function

Protected Function Menu2(ByVal kind As Kind) As MainMenu
  Dim m As New MainMenu()
  Dim mDatei As New mItem("Datei")
  Dim mFenster As New mItem("Fenster")

  Dim mNeu As New mItem("Neu", AddressOf mNeu_Click)
  Dim mSchliessen As New mItem( _
    "Schliessen", AddressOf mSchliessen_Click)
  Dim mLaden As New mItem( _
    "Laden", AddressOf mLaden_Click)
  Dim mSpeichern As New mItem( _
    "Speichern", AddressOf mSpeichern_Click)
  Dim mSpeichernUnter As New mItem( _
    "Speichern unter", AddressOf mSpeichernUnter_Click)
  Dim mSeparator As New mItem("-")
  Dim mBeenden As New mItem( _
    "Beenden", AddressOf mBeenden_Click)

  Dim mHorizontal As New mItem( _
    "Untereinander", AddressOf mHorizontal_Click)
  Dim mVertikal As New mItem( _
    "Nebeneinander", AddressOf mVertikal_Click)
```

```
    Dim mUeberlappend As New mItem( _
      "Ueberlappend", AddressOf mUeberlappend_Click)
    Dim mSeparat As New mItem("-")

    mDatei.Index = 0
    mFenster.Index = 1

    mNeu.Index = 0
    mLaden.Index = 1
    mSpeichern.Index = 2
    mSpeichernUnter.Index = 3
    mSchliessen.Index = 4
    mSeparator.Index = 5
    mBeenden.Index = 6

    mHorizontal.Index = 0
    mVertikal.Index = 1
    mUeberlappend.Index = 2
    mSeparat.Index = 3

    mDatei.MenuItems.AddRange(New mItem(){ _
      mNeu, mLaden, mSpeichern, mSpeichernUnter, _
      mSchliessen, mSeparator, mBeenden})

    mFenster.MenuItems.AddRange(New mItem(){ _
      mHorizontal, mVertikal, mUeberlappend, mSeparat})

    Dim ki As Kind
    Dim mi As mItem
    Dim k As Form
    For Each k In MdiChildren
      ki = CType(k, Kind)
      If Not(ki Is kind)
        mi = New mItem(ki.Text, ki)
        AddHandler mi.ActivateEvent, AddressOf ActivateChild
        mFenster.MenuItems.Add(mi)
      End If
    Next

    m.MenuItems.AddRange(New mItem(){mDatei, mFenster})
    Return m
  End Function

  Public Sub ActivateChild(ByVal o As Object, ByVal e As ActivateArgs)
    e.kind.Activate()
  End Sub

  Protected Sub mNeu_Click(ByVal o As Object, ByVal e As EventArgs)
    Dim k As New Kind()
    k.MdiParent = Me
    unbenannt += 1
```

```
    k.Text = "unbenannt" & unbenannt.ToString()
    AddHandler k.Closing, AddressOf ChildClosing
    k.Show()
    Menu = Menu2(Nothing)
  End Sub

  Protected Sub mLaden_Click(ByVal o As Object, ByVal e As EventArgs)
    Dim k As New Kind()
    If k.Laden() Then
      k.MdiParent = Me
      AddHandler k.Closing, AddressOf ChildClosing
      k.Show()
      Menu = Menu2(Nothing)
    End If
  End Sub

  Protected Sub mSpeichern_Click(ByVal o As Object, ByVal e As EventArgs)
    Dim k As Kind = CType(ActiveMdiChild, Kind)
    k.Speichern(True)
  End Sub

  Protected Sub mSpeichernUnter_Click(ByVal o As Object, ByVal e As EventArgs)
    Dim k As Kind = CType(ActiveMdiChild, Kind)
    k.SpeichernUnter()
    Menu = Menu2(Nothing)
  End Sub

  Protected Sub mSchliessen_Click(ByVal o As Object, ByVal e As EventArgs)
    Dim k As Kind = CType(ActiveMdiChild, Kind)
    k.Close()
  End Sub

  Protected Sub mBeenden_Click(ByVal o As Object, ByVal e As EventArgs)
    Close()
  End Sub

  Protected Sub mHorizontal_Click(ByVal o As Object, ByVal e As EventArgs)
    LayoutMdi(MdiLayout.TileHorizontal)
  End Sub

  Protected Sub mVertikal_Click(ByVal o As Object, ByVal e As EventArgs)
    LayoutMdi(MdiLayout.TileVertical)
  End Sub

  Protected Sub mUeberlappend_Click(ByVal o As Object, ByVal e As EventArgs)
    LayoutMdi(MdiLayout.Cascade)
  End Sub

  Protected Sub ChildClosing(ByVal o As Object, ByVal e As CancelEventArgs)
    Dim k As Kind = CType(ActiveMdiChild, Kind)
    If Not k.Speichern(False) Then
```

```
        e.Cancel = True
      Else
        If MdiChildren.Length = 1 Then
          Menu = Menu1()
        Else
          Menu = Menu2(k)
        End If
      End If
    End Sub

    Shared Sub Main()
      Application.Run(New Haupt())
    End Sub
  End Class

  Public Class Kind
  Inherits Form
    Dim box As New RichTextBox()
    Dim benannt As Boolean = False

    Sub New()
      MyBase.New()
      ClientSize = New Size(250, 150)
      box.Dock = DockStyle.Fill
      Controls.Add(box)
    End Sub

    Public Function Laden() As Boolean
      Dim s As String
      Speichern(False)
      Dim d As New OpenFileDialog()
      If d.ShowDialog() = DialogResult.OK Then
        Text = d.FileName
        benannt = True
        Dim sr As New StreamReader(Text)
        s = sr.ReadLine()
        If s <> Nothing Then
          box.Clear()
          box.AppendText(s)
        End If
        s = ""
        While s <> Nothing
          s = sr.ReadLine()
          box.AppendText(vbCrLf & s)
        End While
        sr.Close()
        box.Modified = False
        Return True
      End If
      Return False
    End Function
```

```
  Public Function Speichern(ByVal immer As Boolean) As Boolean
    If immer Or box.Modified Then
      Dim dr As DialogResult = DialogResult.Yes

      If Not immer Then
        Dim s As String = "Möchten Sie die geänderten Daten "
        If benannt Then s += "in\n\n" + Text + "\n\n"
        s += "speichern?"
        dr = MessageBox.Show(s, _
          "Die Daten sind geändert worden.", _
          MessageBoxButtons.YesNoCancel)
      End If

      If dr = DialogResult.Cancel Then Return False
      If dr = DialogResult.No Then Return True

      If Not benannt
        If SpeichernUnter() Then Return True Else Return False
      Else
        Dim sw As New StreamWriter(Text)
        Dim s As String
        For Each s In box.Lines
          sw.WriteLine(s)
        Next
        sw.Close()
        box.Modified = False
        Return True
      End If

    End If
    Return True
  End Function

  Public Function SpeichernUnter() As Boolean
    Dim d As New SaveFileDialog()

    If d.ShowDialog() = DialogResult.OK Then
      Text = d.FileName
      benannt = True
      Dim sw As New StreamWriter(Text)
      Dim s As String
      For Each s In box.Lines
        sw.WriteLine(s)
      Next
      sw.Close()
      box.Modified = False
      Return True
    End If
    Return False
  End Function
End Class
```

```
Public Delegate Sub ActivateHandler(ByVal o As object, ByVal e As ActivateArgs)

Public Class ActivateArgs
Inherits EventArgs
  Private k As Kind

  Public ReadOnly Property kind
    Get
      Return k
    End Get
  End Property

  Public Sub New(ByVal k As Kind)
    Me.k = k
  End Sub
End Class

Public Class mItem
Inherits MenuItem

  Protected kind As Kind
  Public Event ActivateEvent As ActivateHandler

  Public Sub New(ByVal text As String)
    MyBase.New(text)
  End Sub

  Public Sub New(ByVal text As String, ByVal onClick As EventHandler)
    MyBase.New(text, onClick)
  End Sub

  Public Sub New(ByVal text As String, ByVal k As Kind)
    MyBase.New(text)
    kind = k
  End Sub

  Protected Overrides Sub OnClick(Byval e As EventArgs)

    If Not kind Is Nothing Then
      Dim a As New ActivateArgs(kind)
      RaiseEvent ActivateEvent(Me, a)
    End If

    MyBase.OnClick(e)
  End Sub
End Class
```

5.12 Drucken

Der Kern der Druckfunktionalität ist die Klasse:

`System.Drawing.Printing.PrintDocument.`

Das Drucken wird durch das Bilden einer Instanz der Klasse `PrintDocument` vorbereitet und durch die Methode `Print` dieser Klasse eingeleitet. `Print` löst die Events `BeginPrint`, `PrintPage` und `EndPrint` aus.

Die Eventhandler zu `BeginPrint` und `EndPrint` sind vom Typ:

```
PrintEventHandler( ByVal o As Object, ByVal e As PrintEventArgs )
```

Der Eventhandler zu PrintPage ist vom Typ:

```
PrintPageEventHandler( ByVal o As Object, ByVal e As PrintPageEventArgs )
```

Im Eventhandler zu `BeginPrint` können Vorbereitungen zum Drucken getroffen werden. Der Druckvorgang kann durch Setzen der Eigenschaft `e.Cancel = True` abgebrochen werden. Solange `e.HasMorePages = True` ist, wird der Event `PrintPage` wiederholt ausgelöst. Ist `e.HasMorePages = False`, so wird der Event `EndPrint` ausgelöst. Dadurch erhält man die Gelegenheit, Maßnahmen zu treffen, die beim Beenden des Druckens erforderlich sind.

Zwei Dialoge, die das bisher Beschriebene ergänzen, sind im Namensraum `System.Windows.Forms` enthalten. Der `PrintDialog` ermöglicht verschiedene Einstellungen und das Auswählen des Druckers und der `PrintPreviewDialog` zeigt eine Druckvorschau.

Beispiel 5.12_1 stellt auf dem Bildschirm einen Text mit dem Font `Arial` und eine Grafik dar. Beides soll ausgedruckt werden. Dabei soll der Textfont `Verdana` verwendet werden.

Der Textfont `Arial` wird im Konstruktor der Klasse `Haupt` festgelegt. Der Eventhandler `OnPaint` ruft die Methode `zeichne` auf, die den Text und die Grafik im Fenster abbildet. Der Eventhandler `OnClick` leitet das Drucken ein. Um, falls der Drucker nicht bereit ist, einen Abbruch des Programms zu verhindern, wird eine Ausnahmebehandlung mit `Try` und `Catch` vorgesehen. Zuerst wird mit

```
Dim d As New PrintDocument()
```

das PrintDocument definiert.

Dann werden die Eventhandler

```
AddHandler d.BeginPrint, AddressOf d_BeginPrint
AddHandler d.PrintPage, AddressOf d_PrintPage
AddHandler d.EndPrint, AddressOf d_EndPrint
```

festgelegt. Mit

```
Dim dia As New PrintDialog()
```

wird eine Instanz der Klasse `PrintDialog` gebildet. Der Eigenschaft `Document` wird das `PrintDocument` zugewiesen.

```
dia.Document = d
```

Dies ist sehr wichtig, damit die im `PrintDialog` getroffenen Einstellungen im `PrintDocument` wirksam werden.

Dann wird mit

```
If dia.ShowDialog() = DialogResult.OK Then
  d.Print()
End If
```

der PrintDialog angezeigt und, falls dieser mit OK beendet wird, so wird durch Aufruf von `Print` gedruckt. Der Eventhandler

```
Protected Sub d_BeginPrint(ByVal o As Object, ByVal e As PrintEventArgs)
  oldFont = Font
  Font = New Font("Verdana", 8)
End Sub
```

sichert die Eigenschaft `Font` der Klasse `Haupt` in `oldFont` und legt einen neuen Font fest. Der Eventhandler

```
Protected Sub d_PrintPage(ByVal o As Object, ByVal e As PrintPageEventArgs)
  zeichne(e.Graphics)
  e.HasMorePages = False
End Sub
```

druckt den Fensterinhalt durch Aufruf von `zeichne( e.Graphics )` aus. Da nur eine Seite gedruckt werden soll, wird `e.HasMorePages = False` gesetzt.

Zum Schluss wird mit

```
Protected Sub d_EndPrint(ByVal o As Object, ByVal e As PrintEventArgs)
  Font = oldFont
End Sub
```

der Eigenschaft `Font` wieder der zuvor gesicherte `oldFont` zugewiesen.

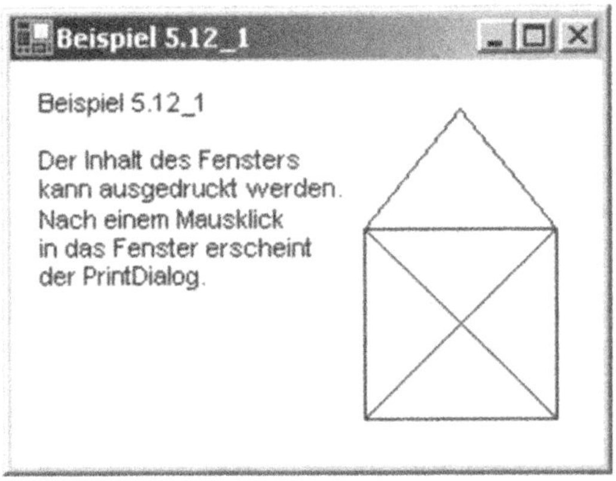

Abbildung 5.12_1a

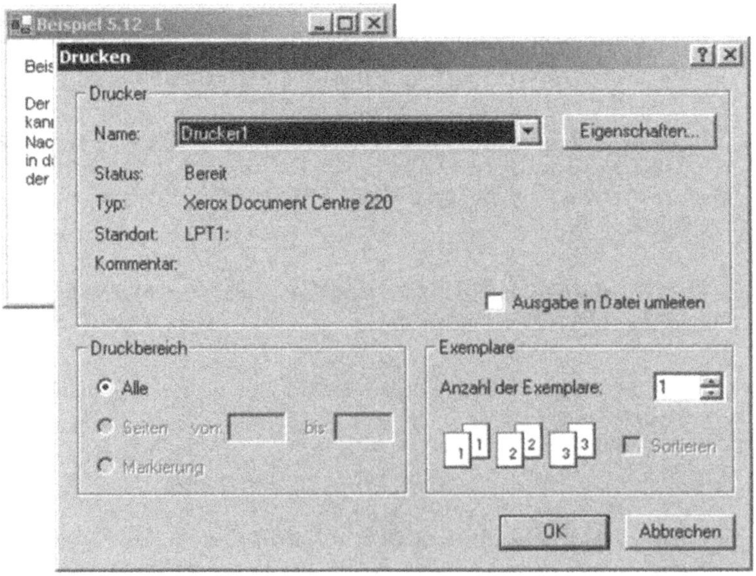

Abbildung 5.12_1b

Abbildung 5.12_1c

```
'  Datei 5.12_1.vb

Imports System
Imports System.Drawing
Imports System.Drawing.Printing
Imports System.Windows.Forms
Imports Microsoft.VisualBasic

Class Haupt
Inherits Form
  Dim oldFont As Font

  Sub New()
    Text = "Beispiel 5.12_1"
    ClientSize = New Size(250, 170)
    BackColor = Color.White
    Font = New Font("Arial", 8)
  End Sub

  Sub zeichne(ByVal g As Graphics)
    Dim s As String = _
      "Beispiel 5.12_1" & vbCrLf & vbCrLf & _
      "Der Inhalt des Fensters" & vbCrLf & _
      "kann ausgedruckt werden." & vbCrLf & _
      "Nach einem Mausklick" & vbCrLf & _
      "in das Fenster erscheint" & vbCrLf & _
      "der PrintDialog."
```

```
  g.DrawString(s, Font, Brushes.Black,10,10)

  Dim p(8) As Point
  p(0) = New Point(150, 150)
  p(1) = New Point(230, 150)
  p(2) = New Point(230,  70)
  p(3) = New Point(150, 150)
  p(4) = New Point(150,  70)
  p(5) = New Point(230,  70)
  p(6) = New Point(190,  20)
  p(7) = New Point(150,  70)
  p(8) = New Point(230, 150)

  g.DrawLines(Pens.Black, p)
End Sub

Protected Overrides Sub OnPaint(ByVal e As PaintEventArgs)
  zeichne(e.Graphics)
End Sub

Protected Overrides Sub OnClick(ByVal e As EventArgs)
  Try
    Dim d As New PrintDocument()
    AddHandler d.BeginPrint, AddressOf d_BeginPrint
    AddHandler d.PrintPage, AddressOf d_PrintPage
    AddHandler d.EndPrint, AddressOf d_EndPrint
    Dim dia As New PrintDialog()
    dia.Document = d
    If dia.ShowDialog() = DialogResult.OK Then
      d.Print()
    End If
  Catch ex As Exception
    MessageBox.Show(ex.Message)
  End Try
End Sub

Protected Sub d_BeginPrint(ByVal o As Object, ByVal e As PrintEventArgs)
  oldFont = Font
  Font = New Font("Verdana", 8)
End Sub

Protected Sub d_PrintPage(ByVal o As Object, ByVal e As PrintPageEventArgs)
  zeichne(e.Graphics)
  e.HasMorePages = False
End Sub

Protected Sub d_EndPrint(ByVal o As Object, ByVal e As PrintEventArgs)
  Font = oldFont
End Sub
```

```
  Shared Sub Main()
    Application.Run(New Haupt())
  End Sub
End Class
```

Beispiel 5.12_2 druckt den Text einer `RichTextBox`. Das Menü Datei enthält die Optionen `Druckeinstellungen`, `Drucken`, `Druckvorschau` und `Beenden`. Da eine separate Menüoption für die Druckeinstellungen existiert, muss das `PrintDocument`, das die Einstellungen vorhält, während der gesamten Programmlaufzeit seine Gültigkeit behalten. Aus diesem Grund wird das `PrintDocument` zu Beginn der Klasse `Haupt` vereinbart. Der Eventhandler `mEinstell_Click` der Menüoption Druckeinstellungen ruft den `PrintDialog` auf, der nach dem Anklicken von OK die Einstellungen an das `PrintDocument` übergibt. Der Eventhandler `mDrucken_Click` der Menüoption `Drucken` ruft den `PrintDialog` auf und anschließend die Methode `Print`, falls der `PrintDialog` mit OK beendet worden ist. Der Eventhandler `mVorschau_Click` ruft den `PrintPreviewDialog` auf. Auch beim `PrintPreviewDialog` muss der Eigenschaft `Document` das `PrintDocument` zugewiesen werden. Die Methode `Print` wird vom `PrintPreviewDialog` nach Anklicken des Druckersymbols aufgerufen. Darum gibt es hier keinen expliziten Aufruf der Methode `Print`.

Der Eventhandler `d_PrintPage` des Events `PrintPage` weist im Vergleich zum vorigen Beispiel einige Unterschiede auf. Die `RichTextBox` ist mit 120 Zeilen gefüllt und wird mit Courier in der Schriftgröße 12 ausgedruckt. Daraus ergibt sich, dass drei Seiten gedruckt werden.

In `d_PrintPage` sind zunächst einige Variablen definiert.

```
Dim x, y As Single
Dim zeile As Integer = 0
Dim h As Single = box.Font.GetHeight(e.Graphics)
Dim zeilenProSeite As Single = e.MarginBounds.Height\h
```

`x, y`	Druckposition auf dem Papier
`zeile`	Nummer der Zeile auf dem Papier
`h`	Höhe einer Zeile auf dem Papier
`zeilenProSeite`	Anzahl der Zeilen einer gedruckten Seite

Mit `MarginBounds.Height` wird die Höhe des Druckbereichs einer Seite abgefragt.

Ein Aufruf von `d_PrintPage` druckt genau eine Seite. Daher läuft die while-Schleife solange wie einerseits die Seite noch nicht vollgeschrieben ist und andererseits noch Zeilen in der Richtextbox zur Verfügung stehen, wobei `iBox` die aktuelle Zeile in der Richtextbox und `nBox` die Anzahl der Zeilen der Richtextbox ist.

```
While zeile < zeilenProSeite And iBox < nBox
  x = e.MarginBounds.Left
  y = e.MarginBounds.Top + zeile*h
  e.Graphics.DrawString(box.Lines(iBox), box.Font, Brushes.Black, x, y)
  zeile += 1 : iBox += 1
End While
```

Die horizontale Druckposition x wird mit `MarginBounds.Left` auf den linken Randabstand gesetzt. Die vertikale Druckposition rückt mit jeder Zeile vom oberen Randabstand `MarginBounds.Top` um h nach unten. `DrawString` übergibt den String an den Druckertreiber mit dem Font der `RichTextBox`. Anschließend werden die Variablen `zeile` und `iBox` um eins erhöht. Zum Schluss wird geprüft, ob noch Zeilen in der `RichTextBox` vorhanden sind. Wenn noch Zeilen vorhanden sind wird `HasMorePages = True` gesetzt und andernfalls `False`.

```
If iBox < nBox Then
  e.HasMorePages = True
Else
  e.HasMorePages = False
  iBox = 0
End If
```

Die Anweisung `iBox = 0` ist wichtig beim Drucken mit Vorschau. Da die Vorschau ebenfalls mit Hilfe des Eventhandlers `d_PrintPage` erstellt wird, ist die Variable `iBox` am Ende gleich `nBox`. Sie muss daher für die Ausgabe an den Drucker zurückgesetzt werden.

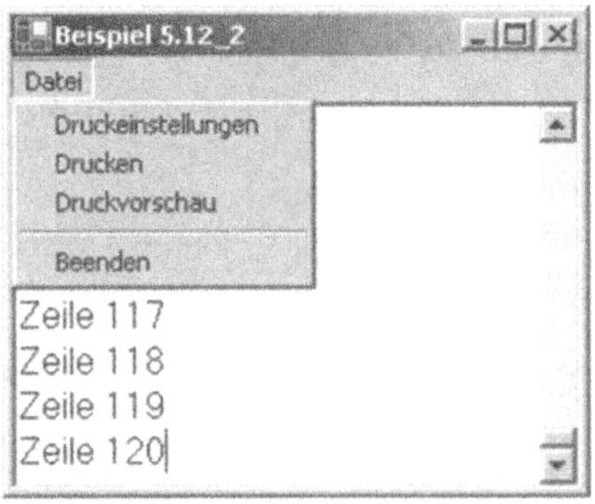

Abbildung 5.12_2a

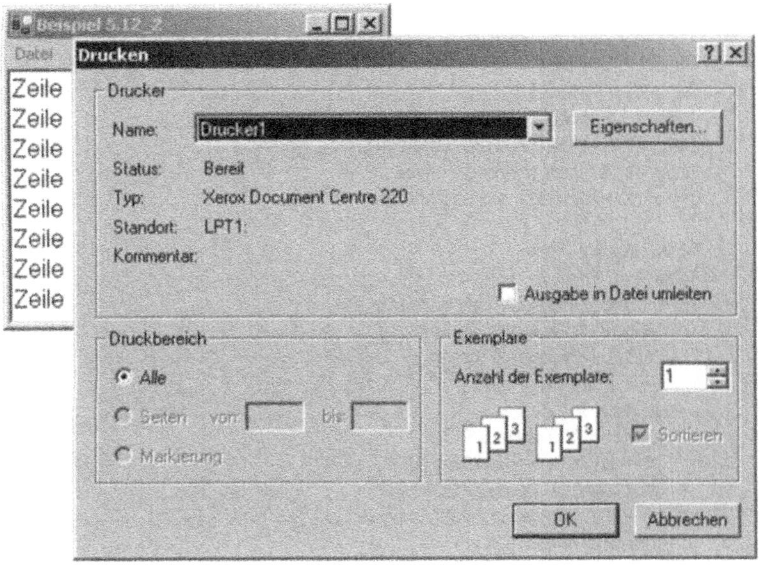

Abbildung 5.12_2b

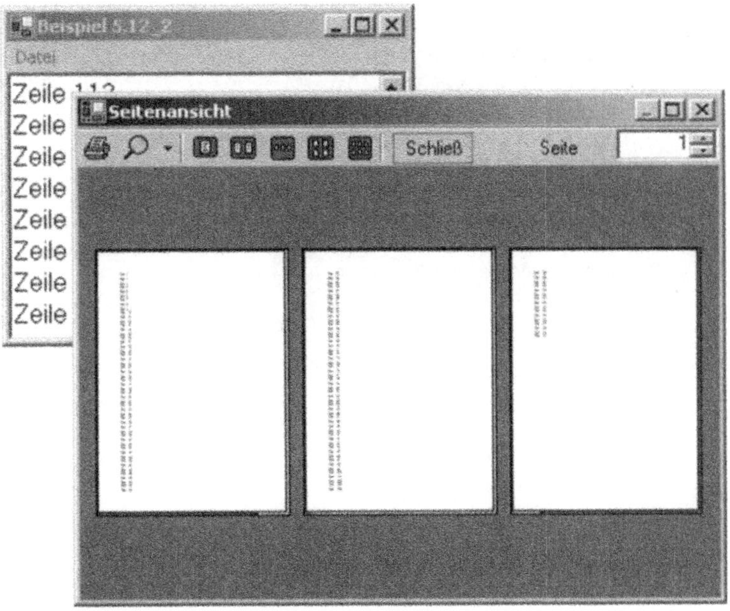

Abbildung 5.12_2c

```
' Datei 5.12_2.vb

Imports System
Imports System.IO
Imports System.Drawing
Imports System.Drawing.Printing
Imports System.Windows.Forms
Imports Microsoft.VisualBasic

Class Haupt
Inherits Form
  Dim doc As New PrintDocument()
  Dim box As New RichTextBox()
  Dim iBox, nBox As Integer

  Sub New()
    Text = "Beispiel 5.12_2"
    ClientSize = New Size(250, 170)
    box.Dock = DockStyle.Fill
    box.Font = New Font("Courier", 12)
    Controls.Add(box)
    box.AppendText("Zeile 1")
    Dim i As Integer

    For i=2 To 120
      box.AppendText(vbCrLf & "Zeile " + i.ToString())
    Next

    Dim m As New MainMenu()
    Dim mDatei As New MenuItem("Datei")
    Dim mEinstell As New MenuItem( _
      "Druckeinstellungen", AddressOf mEinstell_Click)
    Dim mDrucken As New MenuItem( _
      "Drucken", AddressOf mDrucken_Click)
    Dim mVorschau As New MenuItem( _
      "Druckvorschau", AddressOf mVorschau_Click)
    Dim mSeparator As New MenuItem("-")
    Dim mBeenden As New MenuItem( _
      "Beenden", AddressOf mBeenden_Click)

    mDatei.Index = 0
    mEinstell.Index = 0
    mDrucken.Index = 1
    mVorschau.Index = 2
    mSeparator.Index = 3
    mBeenden.Index = 4

    mDatei.MenuItems.AddRange(New MenuItem(){ _
      mEinstell, mDrucken, mVorschau, mSeparator, mBeenden})
    m.MenuItems.Add(mDatei)
    Menu = m
```

```
  AddHandler doc.PrintPage, AddressOf d_PrintPage
End Sub

Protected Sub d_PrintPage(ByVal o As Object, ByVal e As PrintPageEventArgs)
  Dim x, y As Single
  Dim zeile As Integer = 0
  Dim h As Single = box.Font.GetHeight(e.Graphics)
  Dim zeilenProSeite As Single = e.MarginBounds.Height\h

  While zeile < zeilenProSeite And iBox < nBox
    x = e.MarginBounds.Left
    y = e.MarginBounds.Top + zeile*h
    e.Graphics.DrawString(box.Lines(iBox), box.Font, Brushes.Black, x, y)
    zeile += 1 : iBox += 1
  End While

  If iBox < nBox Then
    e.HasMorePages = True
  Else
    e.HasMorePages = False
    iBox = 0
  End If
End Sub

Protected Sub mEinstell_Click(ByVal o As Object, ByVal e As EventArgs)
  Try
    Dim dia As New PrintDialog()
    dia.Document = doc
    dia.ShowDialog()
  Catch ex As Exception
    MessageBox.Show(ex.Message)
  End Try
End Sub

Protected Sub mDrucken_Click(ByVal o As Object, ByVal e As EventArgs)
  Try
    iBox = 0
    nBox = box.Lines.Length
    Dim dia As New PrintDialog()
    dia.Document = doc
    If dia.ShowDialog() = DialogResult.OK Then doc.Print()
  Catch ex As Exception
    MessageBox.Show(ex.Message)
  End Try
End Sub

Protected Sub mVorschau_Click(ByVal o As Object, ByVal e As EventArgs)
  Try
    iBox = 0
    nBox = box.Lines.Length
    Dim pre As New PrintPreviewDialog()
```

```
      pre.Document = doc
      pre.ShowDialog()
    Catch ex As Exception
      MessageBox.Show(ex.Message)
    End Try
  End Sub

  Protected Sub mBeenden_Click(ByVal o As Object, ByVal e As EventArgs)
    Close()
  End Sub

  Shared Sub Main()
    Application.Run(New Haupt())
  End Sub
End Class
```

5.13 Das Hilfesystem

5.13.1 Grundlagen

Die Klasse `System.Windows.Forms.Help` besitzt die statischen Methoden `ShowHelp`, `ShowHelpIndex` und `ShowPopup`. `ShowHelp` zeigt ein Hilfethema an. `ShowHelpIndex` zeigt den Hilfeindex an. `ShowPopup` zeigt ein Popup-Fenster mit einem Hilfetext an. Die Methoden `ShowHelp` und `ShowHelpIndex` können kompilierte Windows-Hilfedateien mit der Dateiendung `.hlp` und HTML-Hilfedateien mit der Endung `.chm` und auch nicht kompilierte HTML-Dateien anzeigen.

Die Klasse `System.Windows.Forms.HelpProvider` ermöglicht Steuerelementen zugeordnete kontextsensitive Hilfe. Die Eigenschaft `HelpNamespace` nimmt den Dateinamen der Hilfedatei auf. Die Methode `SetHelpString` ordnet einem Steuerelement einen Hilfetext zu. `SetHelpKeyword` legt ein Schlüsselwort oder ein Hilfethema für ein Steuerelement fest. `SetHelpNavigator` ordnet einem Steuerelement einen Wert aus der Aufzählung `HelpNavigator` zu. Die Aufzählung `System.Windows.Forms.HelpNavigator` enthält die Werte `AssociateIndex`, `Find`, `Index`, `KeywordIndex`, `TableOfContents` und `Topic`. Von dem gewählten Wert hängt die Bedeutung der mit `SetHelpKeyword` festgelegten Zuordnung ab. Wird zB. einem Steuerelement mit `SetHelpNavigator` der Wert `Topic` zugeordnet, so wird diesem Steuerelement mit `SetHelpKeyword` ein Hilfethema zugeordnet.

Das Anfordern von Hilfe löst ein `HelpRequested` Ereignis aus. In Ergänzung dazu gibt es den Delegate `HelpEventHandler` und die Klasse `HelpEventArgs` mit der Eigenschaft `Handled`, die angibt, ob die Hifeanforderung schon behandelt wurde und der Eigenschaft `MousePos`, die die Mauskoordinaten enthält. Dies ist der Schlüssel zu einem benutzerdefinierten Hilfesystem.

5.13.2 WinHelp

Die traditionelle Windows-Hilfe basiert auf dem Richtextformat. Daher wird ein Textprogramm wie zB. Microsoft Word benötigt, das dieses Format bearbeiten kann. Ferner wird einer der Hilfecompiler `hcw.exe` oder `hcrtf.exe` benötigt. Beide Dateien sind im Help Workshop enthalten, der per Download von

`ftp://ftp.microsoft.com/Softlib/MSLFILES/hcwsetup.exe`

frei bezogen werden kann.

Der erste Schritt besteht im Anfertigen einer Datei im Richtextformat. Die unten abgebildete Datei hat vier Seiten und wird unter dem Namen `WinHelp.rtf` abgespeichert. Bei der Arbeit mit Microsoft Word ist es vorteilhaft, im Menü `Extras - Optionen` die Absatzmarken und Ausgeblendeten Text sichtbar zu schalten.

Die Seite 1 der Datei `WinHelp.rtf`:

#$K

{bmc Help.bmp}

Die statischen Methoden der Klasse Help

ShowHelpm_ShowHelp
ShowHelpIndexm_ShowHelpIndex
ShowPopupm_ShowPopup

 # m_Inhalt¶
$ Inhalt¶
K Inhalt¶

Die Seite 2 der Datei `WinHelp.rtf`:

#$K¶

Die Überladungen der statischen Methode ShowHelp¶

¶

```
public static void ShowHelp¶
(¶
  Control parent,¶
  string url¶
)¶
¶
public static void ShowHelp¶
(¶
  Control parent,¶
  string url,¶
  string keyword¶
)¶
¶
public static void ShowHelp(¶
  Control parent,¶
  string url,¶
  HelpNavigator command,¶
  object param¶
)¶
¶
public static void ShowHelp¶
(¶
  Control parent,¶
  string url,¶
  HelpNavigator navigator¶
)¶
```

m_ShowHelp¶
$ ShowHelp¶
K ShowHelp¶

Die Seite 3 der Datei `WinHelp.rtf`:

#$K¶

Die statische Methode ShowHelpIndex¶

¶

```
public static void ShowHelpIndex¶
(¶
  Control parent,¶
  string url¶
)¶
```

---¶

m_ShowHelpIndex¶

$ ShowHelpIndex¶

K ShowHelpIndex¶

Die Seite 4 der Datei `WinHelp.rtf`:

#$K

Die statische Methode ShowPopup

```
public static void ShowPopup
(
  Control parent,
  string caption,
  Point location
)
```

---¶

m_ShowPopup¶

$ ShowPopup¶

K ShowPopup¶

Die Seitenwechsel sind manuell mit

`Einfügen - Manueller Wechsel - Seitenwechsel`

eingefügt. Am Anfang jeder Seite befindet sich die Zeichenfolge #$K. Das # wird mit `Einfügen-Fußnote` Benutzerdefiniert: # als Fußnote festgelegt. Der dazu gehörende Fußnotentext wird am unteren Ende der Seite eingegeben. Zur Fußnote # der Seite 1 gehört der Fußnotentext `m_Inhalt`. Auf die gleiche Weise werden die Fußnoten $ und K eingefügt und mit den entsprechenden Fußnotentexten versehen. Der hinter dem # stehende Text wird in der kompilierten Hilfedatei als Sprungmarke benutzt. Der Text hinter dem K ist ein Keyword, das im Index verwendet wird. Der Text hinter der Fußnote $ ist ein Titel oder Thema. Benutzt man die Stichwortsuche unter `Index - Suchen`, so bestehen die Stichwörter aus den Keywords und aus allen Wörtern des gesamten Hilfetextes. Zu jedem Stichwort werden ein oder mehrere Themen angegeben. Genau diese Themen entsprechen den Fußnotentexten der mit $ gekennzeichneten Fußnoten.

Auf der Seite 1 gibt es Textstellen, deren Anfang doppelt unterstrichen und deren Ende gepunktet unterstrichen ist. Das sind Sprunganweisungen bzw. Links. Die Zeile

ShowHelpm_ShowHelp

definiert den Link ShowHelp. Durch Anklicken dieses Links verzweigt die Hilfe zu der Fußnote # mit dem Fußnotentext m_ShowHelp. ShowHelp ist ganz normal doppelt unterstrichen, während m_ShowHelp ein ausgeblendeter Text ohne Unterstreichung ist. Die Formateinstellungen werden im Menü Format-Zeichen vorgenommen.

Die Bitmapdatei `Help.bmp` wird durch die Anweisung {bmc Help.bmp} als Zeichen (Character) ausgerichtet in den Hilfetext hineingeladen. Die Anweisung {bml Help.bmp} würde das Bild links ausrichten und die Anweisung {bmr Help.bmp} würde das Bild rechts ausrichten. Ist das Bild als Zeichen ausgerichtet, so kann es durch Leerzeichen nach rechts verschoben werden.

Nun folgt als zweiter Schritt das Kompilieren der Hilfedatei. Der Help Workshop wird mit

```
Start - Programme - Microsoft Help Workshop - Help Workshop
```

gestartet. Der weitere Ablauf wird stichwortartig beschrieben.

```
File - New   Help Project   OK
Project File Name:   WinHelp   Speichern
Files - Add   WinHelp.rtf   Öffnen   OK
```

Dadurch wird die Projektdatei `WinHelp.hpj` generiert und die Datei `WinHelp.rtf` in das Projekt eingebunden.

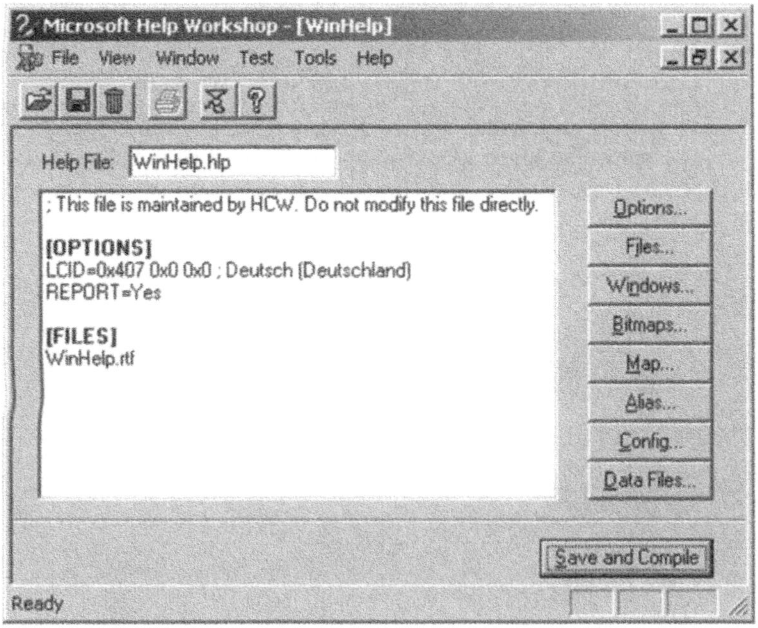

Abbildung 5.13_1a

Durch Anklicken von `Save and Compile` entsteht die Hilfedatei `WinHelp.hlp`, die direkt zB. durch Doppelklick geöffnet werden kann.

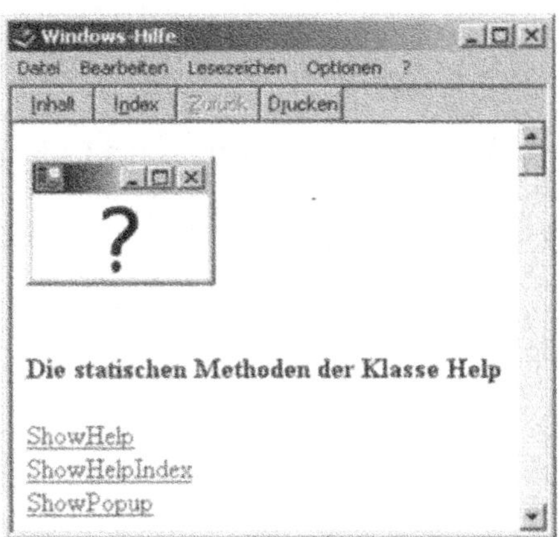

Abbildung 5.13_1b

Durch Anklicken der Links und der Schaltflächen Inhalt, Index, Suchen und Zurück kann die Hilfedatei getestet werden.

Nun folgt der letzte Schritt. Beispiel 5.13_1 ruft in der Methode `OnMouseDown` die statische Methode `ShowHelp` der Klasse `Help` auf, um nach einem Mausklick in das Fenster die Datei `WinHelp.hlp` zu öffnen.

```
' Datei 5.13_1.vb

Imports System
Imports System.Drawing
Imports System.Windows.Forms

Class Haupt
Inherits Form
  Sub New()
    Text = "Beispiel 5.13_1"
    ClientSize = New Size(170, 80)
  End Sub

  Protected Overrides Sub OnMouseDown(ByVal e As MouseEventArgs)
    Help.ShowHelp(Me, "WinHelp.hlp")
  End Sub

  Shared Sub Main()
    Application.Run(New Haupt())
  End Sub
End Class
```

5.13.3 HtmlHelp

Wie die Bezeichnung HtmlHelp schon andeutet, sind die Hilfethemen in Html-Dateien untergebracht. Eine Html-Datei entspricht im Vergleich zum vorigen Abschnitt einer Seite der Rtf-Datei. Falls der jetzt benötigte Html Help Workshop nicht bereits vorhanden ist, so kann er vom Microsoft Downloadcenter frei bezogen werden. Die Arbeit beginnt mit dem Starten des Html Help Workshops mit

```
Start - Programme - Html Help Workshop - Html Help Workshop
```

und dem Anlegen eines Projekts.

Durch Anklicken von

```
File - New - Project
```

wird ein Wizzard gestartet, dem der Name HtmlHelp der Projektdatei und ein Verzeichnispfad angegeben wird. Jetzt existiert die Datei `HtmlHelp.hhp` in dem vorgesehenen Verzeichnis und mit `File - New - HTML File` wird das Gerüst einer Html-Datei erzeugt, die unter dem Namen `help1.htm` gesichert wird. Genauso werden die Dateien `help2.htm` bis `help4.htm` erstellt. Durch Anklicken der Schaltfläche `Add/Remove topic files` werden diese Dateien dem Projekt hinzugefügt. Der Inhalt der Dateien wird wie unten ersichtlich ergänzt.

Die Datei `help1.htm`:

```
<!DOCTYPE HTML PUBLIC "-//W3C//DTD HTML 3.2 Final//EN">
<HTML>
<HEAD>
<META HTTP-EQUIV="Content-Type" Content="text/html; charset=Windows-1252">
<TITLE>Inhalt</TITLE>
</HEAD>
<BODY BGCOLOR="#FFFFFF" TEXT="#000000">
<img src=Help.bmp>
<P>
<B>Die statischen Methoden der Klasse Help</B>
</P>
<P>
<A HREF="help2.htm">ShowHelp</A><BR>
<A HREF="help3.htm">ShowHelpIndex</A><BR>
<A HREF="help4.htm">ShowPopup</A>
</P>
</BODY>
</HTML>
```

Die Datei `help2.htm`:

```
<!DOCTYPE HTML PUBLIC "-//W3C//DTD HTML 3.2 Final//EN">
<HTML>
<HEAD>
<META HTTP-EQUIV="Content-Type" Content="text/html; charset=Windows-1252">
<TITLE>ShowHelp</TITLE>
</HEAD>
<BODY BGCOLOR="#FFFFFF" TEXT="#000000">
<H3>Die Überladungen der statischen Methode ShowHelp</H3>
<FONT FACE="Courier New" SIZE=-1>
```

```
<P>
public static void <B>ShowHelp<BR>
(</B><BR>
  Control <I>parent</I><B>,</B><BR>
  string <I>url</I><BR>
<B>)</B>
</P>
<P>
public static void <B>ShowHelp<BR>
(</B><BR>
  Control <I>parent</I><B>,</B><BR>
  string <I>url</I><B>,</B><BR>
  string <I>keyword</I><BR>
<B>)</B>
</P>
<P>
public static void <B>ShowHelp<BR>
(</B><BR>
  Control <I>parent</I><B>,</B><BR>
  string <I>url</I><B>,</B><BR>
  HelpNavigator <I>command</I><B>,</B><BR>
  object <I>param</I><BR>
<B>)</B>
</P>
<P>
public static void <B>ShowHelp<BR>
(</B><BR>
  Control <I>parent</I><B>,</B><BR>
  string <I>url</I><B>,</B><BR>
  HelpNavigator <I>navigator</I><BR>
<B>)</B>
</P>
</FONT>
</BODY>
</HTML>
```

Die Datei `help3.htm`:

```
<!DOCTYPE HTML PUBLIC "-//W3C//DTD HTML 3.2 Final//EN">
<HTML>
<HEAD>
<META HTTP-EQUIV="Content-Type" Content="text/html; charset=Windows-1252">
<TITLE>ShowHelpIndex</TITLE>
</HEAD>
<BODY BGCOLOR="#FFFFFF" TEXT="#000000">
<H3>Die statische Methode ShowHelpIndex</H3>
<FONT FACE="Courier New" SIZE=-1>
<P>
public static void <B>ShowHelpIndex<BR>
```

```
(</B><BR>
  Control <I>parent</I><B>,</B><BR>
  string <I>url</I><BR>
<B>)</B>
</P>
</FONT>
</BODY>
</HTML>
```

Die Datei `help4.htm`:

```
<!DOCTYPE HTML PUBLIC "-//W3C//DTD HTML 3.2 Final//EN">
<HTML>
<HEAD>
<META HTTP-EQUIV="Content-Type" Content="text/html; charset=Windows-1252">
<TITLE>ShowPopup</TITLE>
</HEAD>
<BODY BGCOLOR="#FFFFFF" TEXT="#000000">
<H3>Die statische Methode ShowPopup</H3>
<FONT FACE="Courier New" SIZE=-1>
<P>
public static void <B>ShowPopup<BR>
(</B><BR>
  Control <I>parent</I><B>,</B><BR>
  string <I>caption</I><B>,</B><BR>
  Point <I>location</I><BR>
<B>)</B>
</P>
</FONT>
</BODY>
</HTML>
```

Sobald die Html-Dateien fertiggestellt sind, wird das Projekt durch Anklicken der Schaltfläche `Save all files and compile` übersetzt. Der Compiler generiert die Datei `HtmlHelp.chm`, die durch Doppelklick geöffnet wird. Nach dem Testen der Hilfe folgt ein weiterer Bearbeitungsschritt mit dem Html Helpworkshop.

Im Html Help Workshop wird Contents angeklickt. Es erscheint ein Dialog, der vorschlägt, ein Inhaltsverzeichnis (table of contents) mit der Dateiendung `.hhc` zu erstellen. Dies wird mit `OK` bestätigt. Dann wird der Dateiname `HtmlHelp.hhc` angegeben und `Speichern` angeklickt. Die Schaltfläche `Insert a heading` wird angeklickt. Mit Hilfe des nun erscheinenden Dialogs werden die Titel Inhalt, ShowHelp, ShowHelpIndex und ShowPopup hinzugefügt. Um einen Titel hinzuzufügen, gibt man den Text des Titels ein, klickt Add an, wählt einen Html-Titel aus oder gibt die Zieldatei an und bestätigt mit

OK. Dann geht man wieder auf Project und klickt Save all files and compile an, um eine aktualisierte Hilfedatei zu kompilieren. Nach dem Öffnen der Hilfedatei erkennt man sofort, dass sich die Handhabung wesentlich verbessert hat.

Die Indexdatei HtmlHelp.hhk wird erstellt. Im Html Helpworkshop wird Index angeklickt. Es erscheint ein Dialog, der vorschlägt, eine Indexdatei mit der Dateiendung .hhk zu erstellen. Dies wird mit OK bestätigt. Dann wird der Dateiname HtmlHelp.hhk angegeben und Speichern angeklickt. Die Schaltfläche Insert a keyword wird angeklickt. Mit Hilfe des nun erscheinenden Dialogs werden die Keywords Inhalt, ShowHelp, ShowHelpIndex und ShowPopup hinzugefügt. Um ein Keyword hinzuzufügen, gibt man den Text des Keywords ein, klickt Add an, wählt einen Html-Titel aus oder gibt die Zieldatei an und bestätigt mit OK.

Zum Schluss wird Change project options und Compile full-text search information angeklickt, um das Volltextsuchen zu aktivieren. Damit ist die Projektdatei fertig.

Das Anklicken der Schaltfläche Save all files and compile aktualisiert noch einmal die Datei HtmlHelp.chm. Nun folgt der letzte Schritt. Das Öffnen der Hilfe aus einem Programm heraus.

Beispiel 5.13_2 entält das Menü Datei mit der Option Beenden und das Menü Hilfe mit den Optionen Inhalt und Index. Wie Menüs programmiert werden, ist unter 5.9 erläutert.

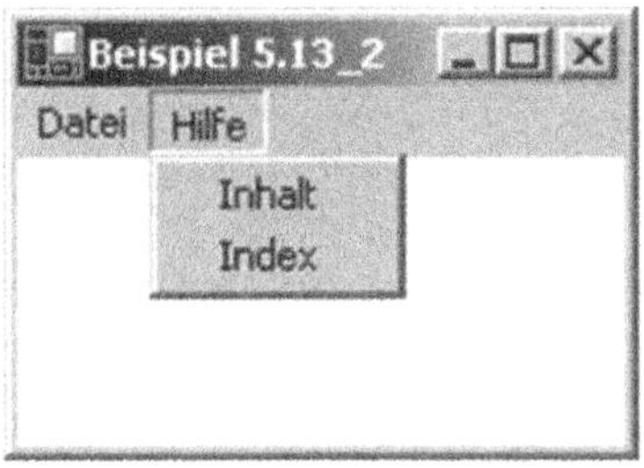

Abbildung 5.13_2a

Klickt man die Menüoption `Inhalt` an, so ruft der Eventhandler

```
Protected Sub mInhalt_Click(ByVal o As object, Byval e As EventArgs)
  Help.ShowHelp(Me, "HtmlHelp.chm")
End Sub
```

`ShowHelp` auf.

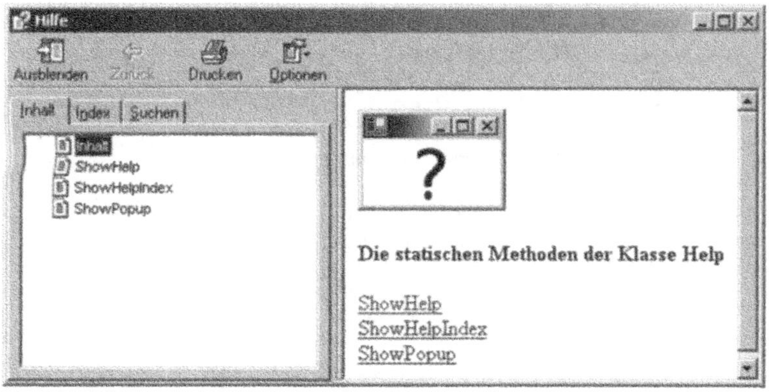

Abbildung 5.13_2b

Wird `Index` angeklickt, so ruft der EventHandler

```
Protected Sub mIndex_Click(ByVal o As object, Byval e As EventArgs)
  Help.ShowHelpIndex(Me, "HtmlHelp.chm")
End Sub
```

`ShowHelpIndex` auf.

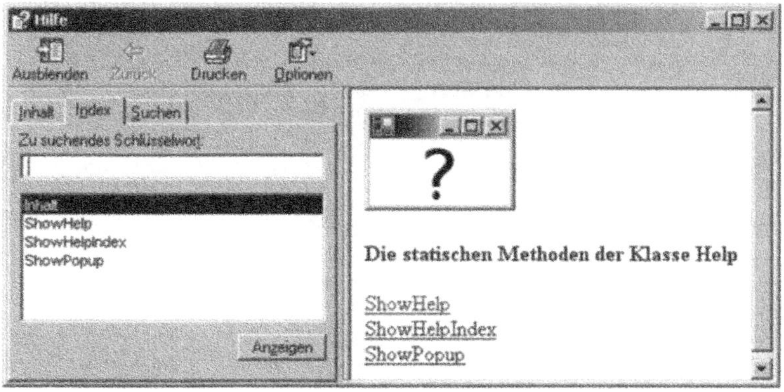

Abbildung 5.13_2c

```
' Datei 5.13_2.vb

Imports System
Imports System.Drawing
Imports System.Windows.Forms

Class Haupt
Inherits Form
  Sub New()
    Text = "Beispiel 5.13_2"
    ClientSize = New Size(170, 80)
    BackColor = Color.White

    Dim HauptMenu As New MainMenu()

    Dim mDatei   As New MenuItem()
    Dim mHilfe   As New MenuItem()
    Dim mBeenden As New MenuItem()
    Dim mInhalt  As New MenuItem()
    Dim mIndex   As New MenuItem()

    HauptMenu.MenuItems.AddRange(New MenuItem(){ _
      mDatei, mHilfe})

    mDatei.Index = 0
    mDatei.Text = "Datei"
    mDatei.MenuItems.Add(mBeenden)

    mBeenden.Index = 0
    mBeenden.Text = "Beenden"
    AddHandler mBeenden.Click, AddressOf mBeenden_Click

    mHilfe.Index = 1
    mHilfe.Text = "Hilfe"

    mInhalt.Index = 0
    mInhalt.Text = "Inhalt"
    AddHandler mInhalt.Click, AddressOf mInhalt_Click

    mIndex.Index = 1
    mIndex.Text = "Index"
    AddHandler mIndex.Click, AddressOf mIndex_Click

    mHilfe.MenuItems.AddRange(New MenuItem(){ _
      mInhalt, mIndex})

    Menu = HauptMenu
  End Sub

  Protected Sub mBeenden_Click(ByVal o As object, Byval e As EventArgs)
    Close()
```

```
  End Sub

  Protected Sub mInhalt_Click(ByVal o As object, Byval e As EventArgs)
    Help.ShowHelp(Me, "HtmlHelp.chm")
  End Sub

  Protected Sub mIndex_Click(ByVal o As object, Byval e As EventArgs)
    Help.ShowHelpIndex(Me, "HtmlHelp.chm")
  End Sub

  Shared Sub Main()
    Application.Run(New Haupt())
  End Sub
End Class
```

Mit der Methode ShowHelp können auch HTML-Dateien geöffnet werden. Nach einem Mausklick ins Fenster öffnet Beispiel 5.13_3 die Datei `help1.htm` im Browser.

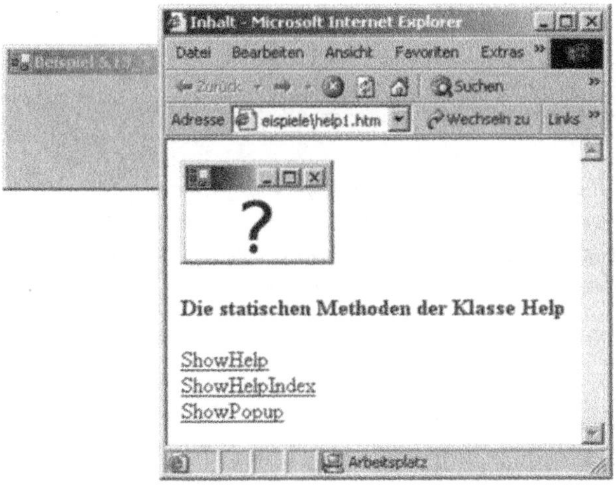

Abbildung 5.13_3

```
' Datei 5.13_3.vb

Imports System
Imports System.Drawing
Imports System.Windows.Forms

Class Haupt
Inherits Form
  Sub New()
    Text = "Beispiel 5.13_3"
    ClientSize = New Size(170, 80)
  End Sub

  Protected Overrides Sub OnMouseDown(ByVal e As MouseEventArgs)
    Help.ShowHelp(Me, "help1.htm")
  End Sub

  Shared Sub Main()
    Application.Run(New Haupt())
  End Sub
End Class
```

Nach einem Mausklick ins Fenster ruft Beispiel 5.13_4 die Methode

```
Help.ShowPopup(Me, _
  "OnMouseDown ruft" & vbCrLf & "ShowPopup auf.", _
  New Point(Location.X+100, Location.Y+50))
```

auf. Daraufhin wird ein Popup-Fenster geöffnet, das den als zweiter Parameter übergebenen String anzeigt. Der dritte Parameter positioniert das Popup-Fenster auf Grund der Abfrage der Eigenschaft `Location` relativ zur oberen linken Ecke des Programmfensters.

Abbildung 5.13_4

```
' Datei 5.13_4.vb

Imports System
Imports System.Drawing
Imports System.Windows.Forms
Imports Microsoft.VisualBasic

Class Haupt
Inherits Form
  Sub New()
    Text = "Beispiel 5.13_4"
    ClientSize = New Size(170, 80)
  End Sub

  Protected Overrides Sub OnMouseDown(ByVal e As MouseEventArgs)
    Help.ShowPopup(Me, _
      "OnMouseDown ruft" & vbCrLf & "ShowPopup auf.", _
      New Point(Location.X+100, Location.Y+50))
  End Sub

  Shared Sub Main()
    Application.Run(New Haupt())
  End Sub
End Class
```

5.13.4 Kontextsensitive Hilfe

Die Klasse HelpProvider verwaltet Verweise auf Steuerelemente und den Steuerelementen zugeordnete Hilfethemen. Die kontextsensitive Hilfe wird dadurch aktiviert, dass man den Mauszeiger über ein Steuerelement schiebt und dann F1 drückt.

Beispiel 5.13_5 erzeugt mit

```
Dim hp As New HelpProvider()
hp.HelpNamespace = "HtmlHelp.chm"
```

eine Instanz der Klasse HelpProvider und gibt die Datei an, die die Hilfethemen enthält. Dann wird mit

```
hp.SetHelpNavigator(b1, HelpNavigator.Topic)
hp.SetHelpKeyword(b1, "help1.htm")
```

das Hifethema für den Button b1 festgelegt.

Mit

```
hp.SetHelpNavigator(b2, HelpNavigator.Topic)
hp.SetHelpKeyword(b2, "help2.htm")
```

wird die entsprechende Angabe für den Button b2 gemacht.

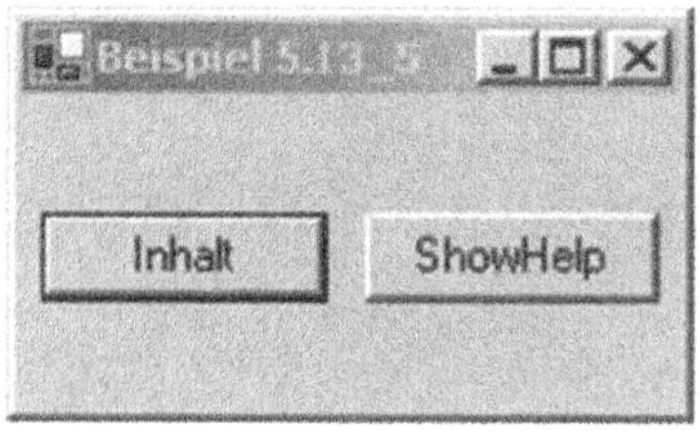

Abbildung 15.13_5a

Schiebt man den Mauspfeil über den Button b1 und drückt F1, so erscheint das abgebildete Hilfethema des Buttons b1.

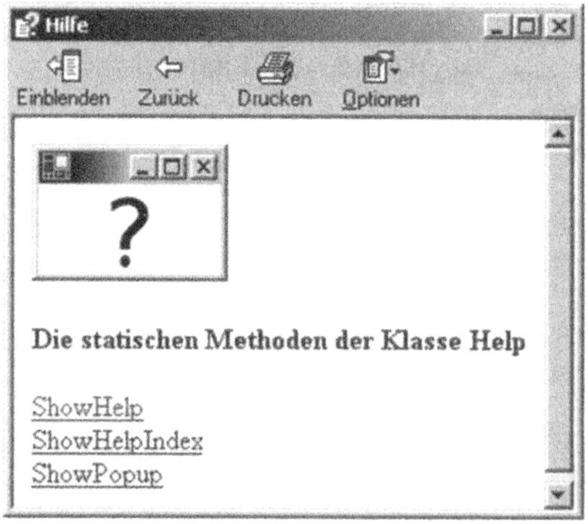

Abbildung 5.13_5b

Klickt man den Button b2 an und wiederholt den gerade beschriebenen Vorgang, so erscheint das Hilfethema des Buttons b2.

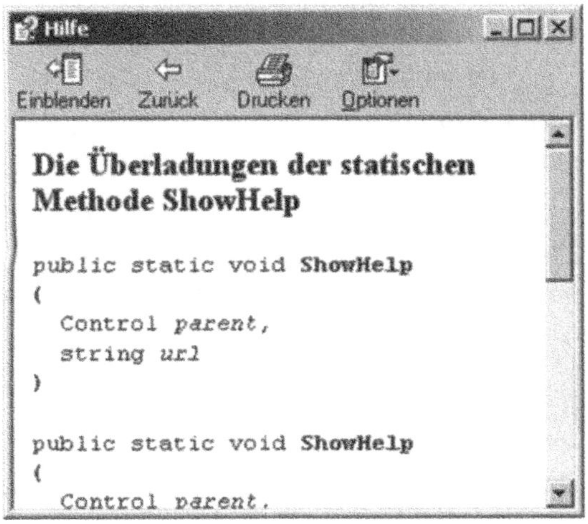

Abbildung 5.13_5c

```
' Datei 5.13_5.vb

Imports System
Imports System.Drawing
Imports System.Windows.Forms

Class Haupt
Inherits Form
  Sub New()
    Text = "Beispiel 5.13_5"
    ClientSize = New Size(170, 80)

    Dim b1 As New Button()
    b1.Text = "Inhalt"
    b1.Location = New Point(5, 30)
    Controls.Add(b1)

    Dim b2 As New Button()
    b2.Text = "ShowHelp"
    b2.Location = New Point(90, 30)
    Controls.Add(b2)

    Dim hp As New HelpProvider()
    hp.HelpNamespace = "HtmlHelp.chm"
```

```
    hp.SetHelpNavigator(b1, HelpNavigator.Topic)
    hp.SetHelpKeyword(b1, "help1.htm")

    hp.SetHelpNavigator(b2, HelpNavigator.Topic)
    hp.SetHelpKeyword(b2, "help2.htm")
  End Sub

  Shared Sub Main()
    Application.Run(New Haupt())
  End Sub
End Class
```

In Beispiel 5.13_6 wird mit den Anweisungen

```
HelpButton = True
MinimizeBox = False
MaximizeBox = False
```

der durch ein Fragezeichen gekennzeichnete `HelpButton` aktiviert, während die `MinimizeBox` und die `MaximizeBox` deaktiviert werden. Klickt man zuerst den `HelpButton` und dann einen der Buttons `Inhalt` oder `ShowHelp`, so wird das Hilfethema des angeklickten Buttons angezeigt.

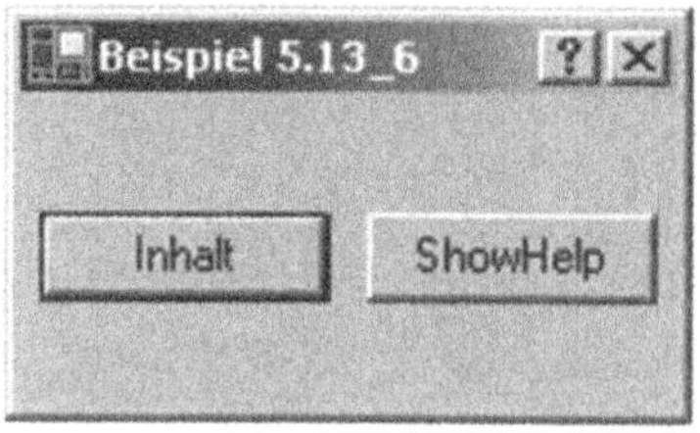

Abbildung 5.13_6

```
' Datei 5.13_6.vb

Imports System
Imports System.Drawing
Imports System.Windows.Forms

Class Haupt
Inherits Form
  Sub New()
    Text = "Beispiel 5.13_6"
    ClientSize = New Size(170, 80)
    HelpButton = True
    MinimizeBox = False
    MaximizeBox = False

    Dim b1 As New Button()
    b1.Text = "Inhalt"
    b1.Location = New Point(5, 30)
    Controls.Add(b1)

    Dim b2 As New Button()
    b2.Text = "ShowHelp"
    b2.Location = New Point(90, 30)
    Controls.Add(b2)

    Dim hp As New HelpProvider()
    hp.HelpNamespace = "HtmlHelp.chm"

    hp.SetHelpNavigator(b1, HelpNavigator.Topic)
    hp.SetHelpKeyword(b1, "help1.htm")

    hp.SetHelpNavigator(b2, HelpNavigator.Topic)
    hp.SetHelpKeyword(b2, "help2.htm")
  End Sub

  Shared Sub Main()
    Application.Run(New Haupt())
  End Sub
End Class
```

5.13.5 Das HelpRequested-Ereignis

Beispiel 5.13_7 überschreibt die Methode OnHelpRequested, die auf das HelpRequested Ereignis reagiert. Eine MessageBox protokolliert die Eigenschaften Handled und MousePos, der Klasse HelpEventArgs. Das HelpRequested Ereignis wird ausgelöst, wenn man nach dem Programmstart F1 drückt. Die Mauskoordinaten sind absolute Bildschirmkoordinaten.

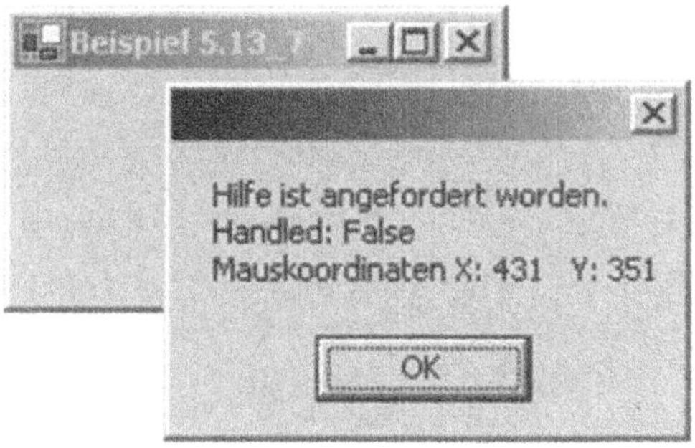

Abbildung 5.13_7

```
' Datei 5.13_7.vb

Imports System
Imports System.Drawing
Imports System.Windows.Forms
Imports Microsoft.VisualBasic

Class Haupt
Inherits Form
  Sub New()
    Text = "Beispiel 5.13_7"
    ClientSize = New Size(170, 80)
  End Sub

  Protected Overrides Sub OnHelpRequested(ByVal e As HelpEventArgs)
    MessageBox.Show(string.Format( _
      "Hilfe ist angefordert worden." & vbCrLf & _
      "Handled: {0}" & vbCrLf & _
      "Mauskoordinaten X: {1}   Y: {2}" _
      , e.Handled, e.MousePos.X, e.MousePos.Y _
    ))
  End Sub

  Shared Sub Main()
    Application.Run(New Haupt())
  End Sub
End Class
```

Beispiel 5.13_8 ordnet dem `HelpRequested` Ereignis des Buttons b den Eventhandler `help_handler` zu. Das `HelpRequested` Ereignis wird ausgelöst, wenn man zuerst den HelpButton mit dem Fragezeichen und anschließend den Button `b` mit dem Text `OK` anklickt. Eine MessageBox zeigt mit Hilfe des Objekts `o` an, für welches Steuerelement die Hilfe angefordert worden ist.

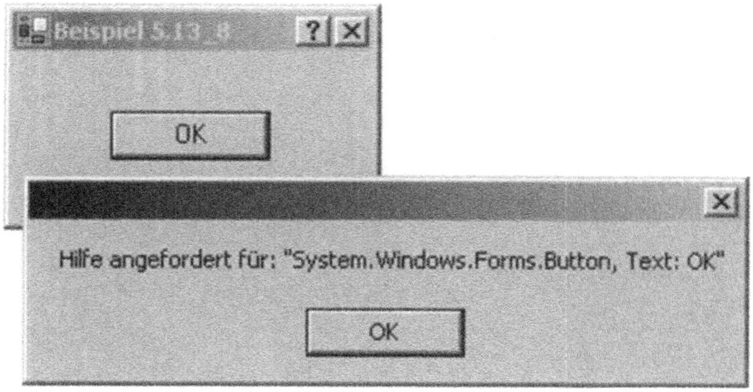

Abbildung 13.5_8

```
' Datei 5.13_8.vb

Imports System
Imports System.Drawing
Imports System.Windows.Forms

Class Haupt
Inherits Form

  Sub New()
    Text = "Beispiel 5.13_8"
    ClientSize = New Size(170, 80)
    HelpButton = True
    MinimizeBox = False
    MaximizeBox = False

    Dim b As New Button()
    b.Text = "OK"
    b.Location = New Point( _
      (ClientSize.Width-b.Width)/2, _
      (ClientSize.Height-b.Height)/2 _
    )
    AddHandler b.HelpRequested, AddressOf help_handler
```

```
    Controls.Add(b)
  End Sub

  Protected Sub help_handler(ByVal o As Object, ByVal e As HelpEventArgs)
    MessageBox.Show(String.Format( _
      "Hilfe angefordert für: ""{0}""" _
      , o.ToString()))
  End Sub

  Shared Sub Main()
    Application.Run(New Haupt())
  End Sub
End Class
```

6 Windows Programmierung, Teil 2

Dieses Kapitel behandelt spezielle Themen wie Drag & Drop, den Datenaustausch über die Zwischenablage und den Selbstbau von Steuerelementen. Für Windows API Aufrufe werden Dlls verwendet, die älter sind, als das .NET Framework. Der größte Teil des Kapitels wird durch 2D und 3D Grafik bestimmt.

6.1 Drag & Drop

Drag & Drop heißt, ein Objekt anzuklicken, es mit gedrückter Maustaste an eine andere Stelle zu ziehen und dort abzulegen. Eine Drag & Drop Operation wird durch `DoDragDrop` eingeleitet.

```
Public Function DoDragDrop( _
   ByVal data As Object, _
   ByVal allowedEffects As DragDropEffects _
) As DragDropEffects
```

Als Parameter werden die Daten, die gezogen werden sollen, und die `DragDropEeffects` übergeben.

DragDropEeffects:

None	Die Daten werden nicht akzeptiert.
Move	Die Daten werden verschoben.
Copy	Die Daten werden kopiert.
Link	Es wird eine Verknüpfung hergestellt.
Scroll	Die Daten werden im Ziel gescrollt.
All	Die Daten werden bewegt oder kopiert und eventuell im Ziel gescrollt.

`DoDragDrop` gibt `None` zurück, wenn es erfolglos verläuft. Das kann bedeuten, dass kein Objekt zur Verfügung steht oder das Objekt nicht abgelegt werden kann. Das Ziel muss in der Lage sein, das Objekt aufzunehmen, und es muss die Erlaubnis dazu erteilen. Dazu muss `AllowDrop` auf `True` gesetzt werden. Wird das Objekt ins Ziel gezogen, so löst dies ein DragEnter Ereignis aus. Wird das Objekt durch loslassen der Maustaste im Ziel abgelegt, so löst dies ein DragDrop Ereignis aus.

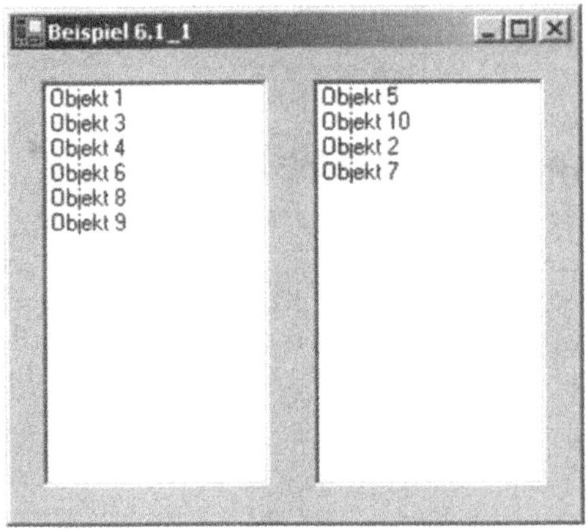

Abbildung 6.1_1

Das Beispiel ist so ausgelegt, dass von links nach rechts gezogen werden kann. Die Objekte, die nach rechts gezogen worden sind, werden links gelöscht. Das Fenster enthält links die Listbox `lb1` und rechts `lb2`. Mit `Items.AddRange` werden die Strings `Objekt 1` bis `Objekt 10` zur Listbox `lb1` hinzugefügt. Der Eventhandler

```
Sub lb1_MouseDown(ByVal o As Object,ByVal  e As MouseEventArgs)
  Dim i As Integer = lb1.SelectedIndex
  If i >= 0 Then
    Dim eff As DragDropEffects = _
      DoDragDrop(lb1.Items(i), DragDropEffects.Move)
    If eff <> DragDropEffects.None Then lb1.Items.RemoveAt(i)
  End If
End Sub
```

leitet den Drag & Drop Vorgang ein. `lb1.SelectedIndex` ist der Index des angeklickten Strings. Er wird benutzt, um der Methode `DoDragDrop` das Objekt `lb1.Items(i)` zu übergeben. `DragDropEffects.Move` bedeutet, dass das Objekt ins Ziel gezogen und aus der Quelle `lb1` gelöscht werden soll. Die Anweisung

```
If eff <> DragDropEffects.None Then lb1.Items.RemoveAt(i)
```

löscht das Objekt aus der Listbox lb1, falls Drag & Drop erfolgreich ausgeführt werden konnte.

Die Listbox lb2 ist das Ziel. Mit lb2.AllowDrop = True wird erreicht, dass Objekte in dieser Listbox abgelegt werden können. Sobald ein Objekt in lb2 hineingezogen wird, tritt das DragEnter Ereignis auf. Dadurch wird der Eventhandler

```
Sub lb2_DragEnter(ByVal o As Object,ByVal  e As DragEventArgs)
  e.Effect = DragDropEffects.Move
End Sub
```

aufgerufen. Der Mauscursor wechselt jetzt vom Verbotsschild zum Drag Move Cursor.

Wird nun die Maustaste losgelassen, so tritt das DragDrop Ereignis ein. Der Eventhandler

```
Sub lb2_DragDrop(ByVal o As Object,ByVal  e As DragEventArgs)
  lb2.Items.Add(e.Data.GetData(GetType(String)))
End Sub
```

legt das Objekt in der Listbox lb2 ab.

```
' Datei 6.1_1.vb

Imports System
Imports System.Drawing
Imports System.Windows.Forms

Class Haupt
Inherits Form
  Dim lb1, lb2 As ListBox

  Sub New()
    ClientSize = New Size(296, 245)
    Text = "Beispiel 6.1_1"

    lb1 = New ListBox()
    lb1.Bounds = New Rectangle(16, 16, 120, 212)
```

```
    lb1.SelectionMode = SelectionMode.One

    lb1.Items.AddRange(New object(){ _
      "Objekt 1", "Objekt 2", _
      "Objekt 3", "Objekt 4", _
      "Objekt 5", "Objekt 6", _
      "Objekt 7", "Objekt 8", _
      "Objekt 9", "Objekt 10"})

    AddHandler lb1.MouseDown, AddressOf lb1_MouseDown
    Controls.Add(lb1)

    lb2 = New ListBox()
    lb2.Bounds = New Rectangle(160, 16, 120, 212)
    lb2.AllowDrop = true

    AddHandler lb2.DragDrop, AddressOf lb2_DragDrop
    AddHandler lb2.DragEnter, AddressOf lb2_DragEnter
    Controls.Add(lb2)
  End Sub

  Sub lb1_MouseDown(ByVal o As Object,ByVal  e As MouseEventArgs)
    Dim i As Integer = lb1.SelectedIndex

    If i >= 0 Then
      Dim eff As DragDropEffects = _
        DoDragDrop(lb1.Items(i), DragDropEffects.Move)
      If eff <> DragDropEffects.None Then lb1.Items.RemoveAt(i)
    End If
  End Sub

  Sub lb2_DragEnter(ByVal o As Object,ByVal  e As DragEventArgs)
    e.Effect = DragDropEffects.Move
  End Sub

  Sub lb2_DragDrop(ByVal o As Object,ByVal  e As DragEventArgs)
    lb2.Items.Add(e.Data.GetData(GetType(String)))
  End Sub

  Shared Sub Main()
    Application.Run(New Haupt())
  End Sub
End Class
```

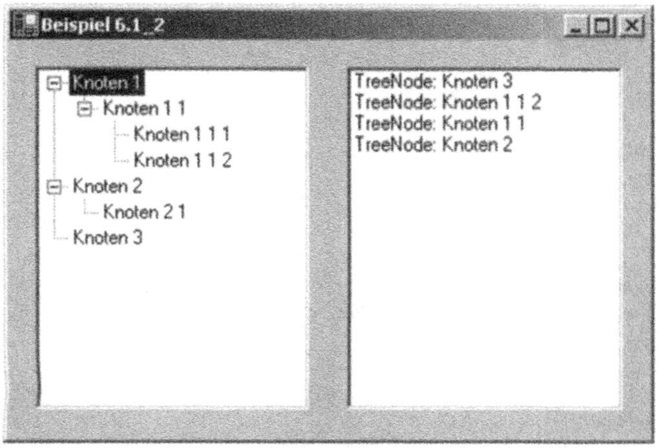

Abbildung 6.1_2

Auch bei diesem Beispiel wird von links nach rechts gezogen. Die Klassen `TreeView` und `TreeNode` werden benutzt, um im linken Bereich des Fensters eine Baumstruktur aufzubauen. Der Instanz `tv` der Klasse `TreeView` werden mit `Nodes.AddRange` Knoten hinzugefügt. Die hierzu verwendeten Konstruktoren der Klasse `TreeNode`

```
Public Sub New( ByVal text As String )
Public Sub New( ByVal text As String, ByVal children() As TreeNode )
```

haben den Parameter *text*, der die sichtbare Bezeichnung des Knotens darstellt. Der zweite Konstruktor übernimmt zusätzlich einen Array von Knoten. Mit diesen Mitteln wird die gesamte Baumstruktur aufgebaut.

Beim `TreeView` kann man den Eventhandler des Ereignisses `ItemDrag` benutzen, um Drag & Drop einzuleiten.

```
Sub tv_ItemDrag(ByVal o As object, ByVal e As ItemDragEventArgs)
  Dim s As String = e.Item.ToString()
  DoDragDrop(s, DragDropEffects.Copy)
End Sub
```

Der angeklickte Knoten ist `e.Item`. Er wird in einen String umgewandelt und an `DoDragDrop` übergeben. Im Unterschied zum vorigen Beispiel wird diesmal der Copy Effekt benutzt.

Im rechten Bereich des Fensters ist die Listbox `lb` mit den Eventhandlern für das `DragEnter` und das `DragDrop` Ereignis.

```
' Datei 6.1_2.vb
Imports System
Imports System.Drawing
Imports System.Windows.Forms

Class Haupt
Inherits Form
  Dim tv As TreeView
  Dim lb As ListBox

  Sub New()
    ClientSize = New Size(396, 245)
    Text = "Beispiel 6.1_2"
    tv = New TreeView()
    tv.Bounds = New Rectangle(16, 16, 170, 212)
    tv.Nodes.AddRange(New TreeNode(){ _
      New TreeNode("Knoten 1", New TreeNode(){ _
        New TreeNode("Knoten 1 1", New TreeNode(){ _
          New TreeNode("Knoten 1 1 1"), _
          New TreeNode("Knoten 1 1 2")})}), _
      New TreeNode("Knoten 2", New TreeNode(){ _
        New TreeNode("Knoten 2 1")}), _
      New TreeNode("Knoten 3")})
    AddHandler tv.ItemDrag, AddressOf tv_ItemDrag
    Controls.Add(tv)

    lb = New ListBox()
    lb.Bounds = New Rectangle(210, 16, 170, 212)
    lb.AllowDrop = True
    AddHandler lb.DragDrop, AddressOf lb_DragDrop
    AddHandler lb.DragEnter, AddressOf lb_DragEnter
    Controls.Add(lb)
  End Sub

  Sub tv_ItemDrag(ByVal o As object, ByVal e As ItemDragEventArgs)
    Dim s As String = e.Item.ToString()
    DoDragDrop(s, DragDropEffects.Copy)
  End Sub

  Sub lb_DragEnter(ByVal o As object, ByVal e As DragEventArgs)
    e.Effect = DragDropEffects.Copy
  End Sub

  Sub lb_DragDrop(ByVal o As object, ByVal e As DragEventArgs)
    lb.Items.Add(e.Data.GetData(GetType(String)))
  End Sub

  Shared Sub Main()
    Application.Run(New Haupt())
  End Sub
End Class
```

6.2 Der Datenaustausch über die Zwischenablage

Die Klasse Clipboard enthält zwei Methoden, die den Datenaustausch bewirken. SetDataObject kopiert das Objekt data in die Zwischenablage. Die Daten werden nach dem Beenden der Anwendung aus der Zwischenablage gelöscht. In der überladenen Methode kann man für copy True einsetzen, wenn man möchte, dass die Daten nach Beendigung der Anwendung in der Zwischenablage bleiben. Andernfalls setzt man False ein.

```
Overloads Public Shared Sub SetDataObject( ByVal data As Object )
Overloads Public Shared Sub SetDataObject( _
  ByVal data As Object, ByVal copy As Boolean )
```

GetDataObject holt die aktuellen Daten aus der Zwischenablage und übergibt sie als IDataObject.

```
Public Shared Function GetDataObject() As IDataObject
```

Das Interface IDataObject definiert vier Methoden. GetDataPresent prüft, ob Daten in dem angegebenen Format vorhanden sind. Das Format kann als String oder als Type angegeben werden. Sind keine Daten im gewünschten Format vorhanden, so wird geprüft, ob sich die Daten in das Format konvertieren lassen. Falls passende Daten vorhanden sind oder Daten konvertiert werden können, so wird True zurückgegeben. Andernfalls wird False zurückgegeben. Wenn für autoConvert False eingesetzt wird, so wird nicht versucht, Daten zu konvertieren.

```
Overloads Function GetDataPresent( ByVal format As String ) As Boolean
Overloads Function GetDataPresent( ByVal format As Type ) As Boolean
Overloads Function GetDataPresent( _
  ByVal format As String, ByVal autoConvert As Boolean ) As Boolean
```

GetData holt Daten in dem angegebenen Format aus dem IDataObject und übergibt diese als Object. Das Format kann als String oder als Type angegeben werden. Sind keine Daten im gewünschten Format vorhanden, so wird versucht, die Daten in das Format zu konvertieren. Wenn für autoConvert False eingesetzt wird, so werden keine Daten konvertiert.

```
Overloads Function GetData( ByVal format As String ) As Object
Overloads Function GetData( ByVal format As Type ) As Object
Overloads Function GetData( _
  ByVal format As String, ByVal autoConvert As Boolean ) As Object
```

`SetData` setzt Daten und ihr Format in das `IDataObject`.

```
Overloads Sub SetData( ByVal data As Object )
Overloads Sub SetData( ByVal format As String, ByVal data As Object )
Overloads Sub SetData( ByVal format As Type, ByVal data As Object )
Overloads Sub SetData( ByVal format As String, _
  ByVal autoConvert As Boolean, ByVal data As Object )
```

`GetFormats` gibt einen Stringarray mit Formaten zurück.

```
Overloads Function GetFormats() As String()
Overloads Function GetFormats( ByVal autoConvert As Boolean ) As String()
```

Beispiel 6.2_1 kopiert mit `Bearbeiten-Kopieren` den Text von `textbox1` in die Zwischenablage und mit `Bearbeiten-Einfügen` den Text aus der Zwischenablage in `textbox2`.

Die Anweisung

```
Clipboard.SetDataObject(textbox1.Text)
```

kopiert das Objekt `textbox1.Text` in die Zwischenablage. Mit

```
Dim d As IDataObject = Clipboard.GetDataObject()
```

werden Daten aus der Zwischenablage in das `IDataObject d` kopiert. Anschließend wird mit `GetDataPresent` geprüft, ob Daten im Format `Text` vorhanden sind. Falls Daten vorhanden sind oder konvertiert werden können, so werden die Daten mit `GetData` dem String `s` übergeben.

```
If d.GetDataPresent(DataFormats.Text) Then
  Dim s As String = d.GetData(DataFormats.Text)
  textbox2.Text = s
End If
```

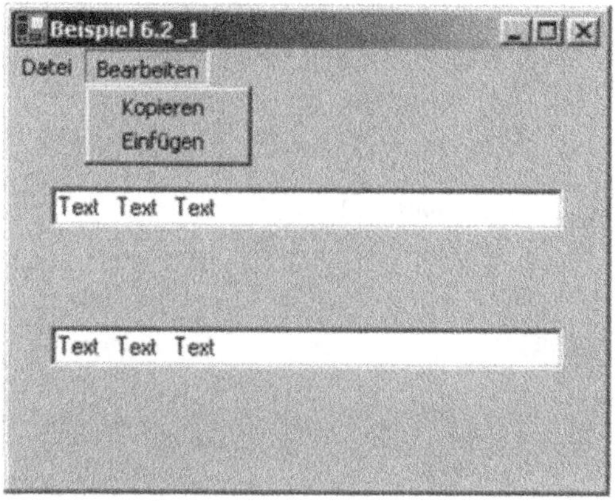

Abbildung 6.2_1

```
' Datei 6.2_1.vb

Imports System
Imports System.Drawing
Imports System.Windows.Forms

Class Haupt
Inherits Form
  Dim textbox1 As New TextBox()
  Dim textbox2 As New TextBox()

  Sub New()
    Text = "Beispiel 6.2_1"
    ClientSize = New Size(300,200)

    textbox1.Bounds = New Rectangle(20, 50, 260, textbox1.Height)
    Controls.Add(textbox1)

    textbox2.Bounds = New Rectangle(20, 120, 260, textbox2.Height)
    Controls.Add(textbox2)

    Dim HauptMenu As New MainMenu()

    Dim mDatei      As New MenuItem()
    Dim mBearbeiten As New MenuItem()

    Dim mLaden      As New MenuItem()
    Dim mSpeichern  As New MenuItem()
    Dim mSeparator  As New MenuItem()
    Dim mBeenden    As New MenuItem()

    Dim mKopieren   As New MenuItem()
    Dim mEinfuegen  As New MenuItem()
```

```
    HauptMenu.MenuItems.AddRange(New MenuItem(){ _
      mDatei, mBearbeiten})

    mDatei.Index = 0
    mDatei.Text = "Datei"
    mDatei.MenuItems.AddRange(New MenuItem(){ _
      mLaden, mSpeichern, mSeparator, mBeenden})

    mLaden.Index = 0
    mLaden.Text = "Laden"

    mSpeichern.Index = 1
    mSpeichern.Text = "Speichern"

    mSeparator.Index = 2
    mSeparator.Text = "-"

    mBeenden.Index = 3
    mBeenden.Text = "Beenden"
    AddHandler mBeenden.Click, AddressOf mBeenden_Click

    mBearbeiten.Index = 1
    mBearbeiten.Text = "Bearbeiten"
    mBearbeiten.MenuItems.AddRange(New MenuItem(){ _
      mKopieren, mEinfuegen})

    mKopieren.Index = 0
    mKopieren.Text = "Kopieren"
    AddHandler mKopieren.Click, AddressOf mKopieren_Click

    mEinfuegen.Index = 1
    mEinfuegen.Text = "Einfügen"
    AddHandler mEinfuegen.Click, AddressOf mEinfuegen_Click

    Menu = HauptMenu
  End Sub

  Protected Sub mBeenden_Click(ByVal o As Object, ByVal e As EventArgs)
    Close()
  End Sub

  Protected Sub mKopieren_Click(ByVal o As Object, ByVal e As EventArgs)
    Clipboard.SetDataObject(textbox1.Text)
  End Sub

  Protected Sub mEinfuegen_Click(ByVal o As Object, ByVal e As EventArgs)
    Dim d As IDataObject = Clipboard.GetDataObject()
    If d.GetDataPresent(DataFormats.Text) Then
      Dim s As String = d.GetData(DataFormats.Text)
      textbox2.Text = s
```

```
    End If
  End Sub

  Shared Sub Main()
    Application.Run(New Haupt())
  End Sub
End Class
```

Im Beispiel 6.2_2 kann man durch Anklicken eines der beiden oberen Buttons dessen Bitmap in die Zwischenablage kopieren. Durch Anklicken des unteren Buttons kann man die Bitmap aus der Zwischenablage der Eigenschaft `Image` dieses Buttons zuweisen. Es werden die gleichen Anweisungen wie im vorigen Beispiel benutzt. Nur das Format ist jetzt `Bitmap`.

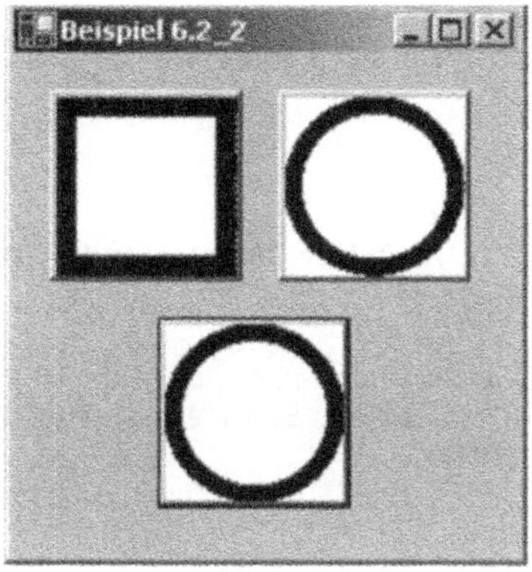

Abbildung 6.2_2

```
' Datei 6.2_2.vb

Imports System
Imports System.Drawing
Imports System.Windows.Forms

Class Haupt
Inherits Form
  Dim quadrat As New Button()
  Dim kreis As New Button()
  Dim clip As New Button()

  Sub New()
    ClientSize = New Size(210, 210)
    Text = "Beispiel 6.2_2"
```

```
    quadrat.Bounds = New Rectangle(15, 15, 80, 80)
    quadrat.Image = New Bitmap("quadrat.bmp")
    AddHandler quadrat.Click, AddressOf quadrat_Click
    Controls.Add(quadrat)

    kreis.Bounds = New Rectangle(110, 15, 80, 80)
    kreis.Image = New Bitmap("kreis.bmp")
    AddHandler kreis.Click, AddressOf kreis_Click
    Controls.Add(kreis)

    clip.Bounds = New Rectangle(60, 110, 80, 80)
    AddHandler clip.Click, AddressOf clip_Click
    Controls.Add(clip)
  End Sub

  Protected Sub clip_Click(ByVal o As Object, ByVal e As EventArgs)
    Dim d As IDataObject = Clipboard.GetDataObject()
    If d.GetDataPresent(DataFormats.Bitmap) Then
      Dim b As Bitmap = d.GetData(DataFormats.Bitmap)
      clip.Image = b
    End If
  End Sub

  Protected Sub quadrat_Click(ByVal o As Object, ByVal e As EventArgs)
    Clipboard.SetDataObject(quadrat.Image)
  End Sub

  Protected Sub kreis_Click(ByVal o As Object, ByVal e As EventArgs)
    Clipboard.SetDataObject(kreis.Image)
  End Sub

  Shared Sub Main()
    Application.Run(New Haupt())
  End Sub
End Class
```

6.3 Ein Togglebutton im Eigenbau

Ein Togglebutton ist ein Button, der nach dem Anklicken gedrückt bleibt und erst beim nächsten Anklicken wieder herausspringt. In Beispiel 6.3_1 wird ein derartiger Button programmiert und verwendet.

Der Togglebutton wird durch die Klasse `tButton` definiert, die von `Controls` abgeleitet ist. In der Klasse `tButton` werden die von `Controls` geerbten Eigenschaften `Text` und `BackColor` verwendet und die geerbten Eventhandler `OnPaint`, `OnClick`, `OnMouseDown` und `OnMouseUp` überschrieben.

Die Methode `OnPaint` zeichnet zuerst ein schwarzes Rechteck, das den gesamten Button ausfüllt. Dann wird ein um vier Pixel kleineres Rechteck mit der Farbe `BackColor` gezeichnet, das je nach Zustand des Buttons um ein oder drei Pixel gegenüber dem schwarzen Rechteck verschoben ist. Die Beschriftung `Text` wird in dem zweiten Rechteck zentriert. Die Verschiebung wird durch die Abfrage

```
If unten Or Mausunten Then
  x = 3 : y = 3
Else
  x = 1 : y = 1
End If
```

festgelegt. `Mausunten` wird von `OnMouseDown` auf `True` und von `OnMouseUp` auf `False` gesetzt. Beide Eventhandler rufen `Invalidate` auf damit der Button neu gezeichnet wird. Die Anweisung

```
If unten Then unten = False Else unten = True
```

im Eventhandler `OnClick` setzt die Variable `unten` abwechselnd auf `True` oder `False`. Dadurch entsteht der Eindruck, dass der Button ein- und wieder ausrastet. Um die Definition des Buttons zu vervollständigen, wird das Ereignis `tButtonClick` definiert.

```
Public Event tButtonClick As tButtonEventHandler
```

Der dazugehörige Delegate ist:

```
Public Delegate Sub tButtonEventHandler( _
  ByVal o As Object, ByVal e As tButtonEventArgs)
```

Die von `EventArgs` abgeleitete Klasse `tButtonEventArgs` enthält die Eigenschaft `Pressed`, die es ermöglicht, den Zustand des Buttons abzufragen. Die Methode `OnClick` bildet mit

```
Dim a As New tButtonEventArgs(unten)
```

eine Instanz der Klasse `tButtonEventArgs` und löst anschließend das Ereignis `tButtonClick` aus. Der so definierte Button kann wie jede andere Windows Komponente verwendet werden.

Der Konstruktor der Klasse `Haupt` bildet die Instanz `b` von `tButton`, legt die Eigenschaften `Bounds`, `Text` und `BackColor` fest und ordnet mit

```
AddHandler b.tButtonClick, AddressOf bClick
```

dem Ereignis `tButtonClick` den Eventhandler `bClick` zu, der `e.Pressed` abfragt und die Hintergrundfarbe des Fensters ändert.

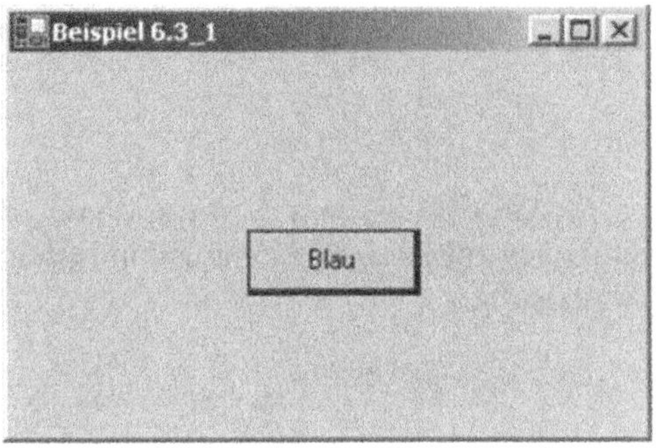

Abbildung 6.3_1

```
' Datei 6.3_1.vb

Imports System
Imports System.Drawing
Imports System.Windows.Forms

Class Haupt
Inherits Form
  Dim oldColor As Color

  Sub New()
    Size = New Size(300, 200)
    Text = "Beispiel 6.3_1"

    Dim b As tButton = New tButton()
    b.Bounds = New Rectangle(110,80,80,30)
    b.Text = "Blau"
    b.BackColor = SystemColors.Control
    AddHandler b.tButtonClick, AddressOf bClick
    Controls.Add(b)
  End Sub

  Protected Sub bClick(ByVal o As Object, ByVal e As tButtonEventArgs)
    If e.Pressed Then
      oldColor = BackColor
      BackColor = Color.Blue
    Else
      BackColor = oldColor
```

```
    End If
  End Sub

  Shared Sub Main()
    Application.Run(New Haupt())
  End Sub
End Class

Public Delegate Sub tButtonEventHandler( _
  ByVal o As Object, ByVal e As tButtonEventArgs)

Public Class tButtonEventArgs
Inherits EventArgs
  Private unten As Boolean

  Public ReadOnly Property Pressed As Boolean
    Get
      return unten
    End Get
  End Property

  Public Sub New(ByVal unten As Boolean)
    Me.unten = unten
  End Sub
End Class

Class tButton
inherits Control
  Private unten  As Boolean = False
  Private Mausunten As Boolean = False
  Public Event tButtonClick As tButtonEventHandler

  Protected Overrides Sub OnPaint(ByVal e As PaintEventArgs)
    Dim x, y, b ,h, xt, yt As Integer

    Dim g As Graphics = e.Graphics
    Dim r1 As Rectangle = New Rectangle(0, 0, Width, Height)

    b = Width-4
    h = Height-4
    If unten Or Mausunten Then
      x = 3 : y = 3
    Else
      x = 1 : y = 1
    End If

    g.FillRectangle(Brushes.Black, r1)
    Dim r2 As New Rectangle(x, y, b, h)
    g.FillRectangle(New SolidBrush(BackColor), r2)
```

```
    xt = x+b/2
    yt = y+(h-Font.Height)/2
    Dim sf As New StringFormat()
    sf.Alignment = StringAlignment.Center
    g.DrawString(Text, Font, New SolidBrush(ForeColor), xt, yt, sf)
  End Sub

  Protected Overrides Sub OnClick(ByVal e As EventArgs)
    If unten Then unten = False Else unten = True
    Dim a As New tButtonEventArgs(unten)
    RaiseEvent tButtonClick(Me, a)
  End Sub

  Protected Overrides Sub OnMouseDown(ByVal e As MouseEventArgs)
    Mausunten = True
    Invalidate()
  End Sub

  Protected Overrides Sub OnMouseUp(ByVal e As MouseEventArgs)
    Mausunten = False
    Invalidate()
  End Sub
End Class
```

6.4 Windows API Aufrufe

Die Dlls, die Windows API Aufrufe enthalten, sind nicht mit dem .NET Framework programmiert. Sie sind zum Teil lange vor dem .NET Framework entstanden und enthalten daher unmanged Code. Derartige Funktionen werden als externe Funktionen deklariert. Das `DllImportAttribute` gibt an, in welcher Dll die entsprechende Funktion enthalten ist.

```
<DllImport("Kernel32.dll")> _
Public Shared Sub GetSystemTime(ByRef sysTime As SystemTime)
End Sub
```

Visual Basic .NET bietet daneben die Möglichkeit, diese Aufgabe mittels `Declare` zu erfüllen. Die Zeile

```
Declare Sub GetSystemTime Lib "kernel32.dll" (ByRef sysTime As SystemTime)
```

kann daher alternativ verwendet werden.

Die Funktion `GetSystemTime` erwartet als Parameter die Adresse einer Struktur, die die abgefragte Systemzeit aufnimmt.

```
<StructLayout(LayoutKind.Sequential)> _
Public Structure SystemTime
   . . .
End Structure
```

Da `GetSystemTime` unmanged code ist, darf das Layout der Struktur `SystemTime` nicht vom .NET Framework gemanagt werden. Das StructLayout Attribute stellt sicher, dass das physikalische Layout von `SystemTime` exakt der Reihenfolge im Programmtext entspricht. Außer `Sequential` gibt es noch `Auto` und `Explicit`. Bei `Auto` hat man keinen Einfluss auf das Layout und mit `Explicit` kann man für jede Komponente einen Offset angeben.

Um die Systemzeit im Sekundentakt anzeigen zu können, wird ein Timer mit einem Intervall von 1000 Millisekunden verwendet. Dem Elapsed Ereignis des Timers, das nach dem Start des Timers einmal pro Sekunde auftritt, wird der Eventhandler `Timer_Elapsed` zugeordnet. Der Eventhandler ruft `GetSystemTime` auf, legt die Systemzeit im Format Stunde:Minute:Sekunde im String `st` ab und ruft Invalidate auf. Dadurch wird das Paint Ereignis ausgelöst und der überschriebene Eventhandler `OnPaint` bildet den String `st` im Fenster ab.

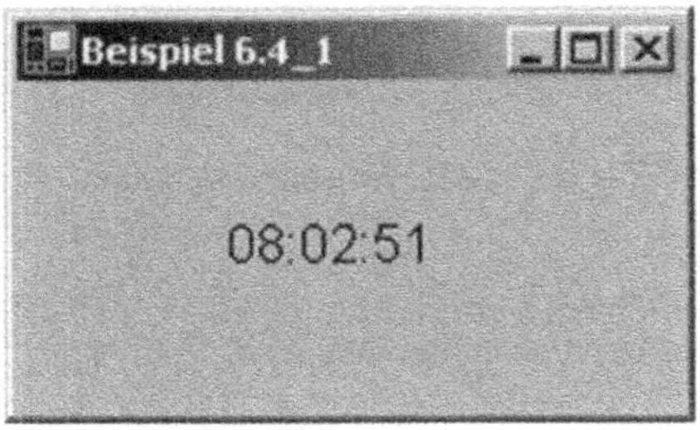

Abbildung 6.4_1

```
' Datei 6.4_1.vb

Imports System
Imports System.Drawing
Imports System.Windows.Forms
Imports System.Timers
Imports System.Runtime.InteropServices

Class Haupt
  Inherits Form
```

```
<StructLayout(LayoutKind.Sequential)> _
Public Structure SystemTime
  Public wYear As UInt16
  Public wMonth As UInt16
  Public wDayOfWeek As UInt16
  Public wDay As UInt16
  Public wHour As UInt16
  Public wMinute As UInt16
  Public wSecond As UInt16
  Public wMilliseconds As UInt16
End Structure

<DllImport("Kernel32.dll")> _
Public Shared Sub GetSystemTime(ByRef sysTime As SystemTime)
End Sub

Dim st As String =""
Dim time As SystemTime
Friend WithEvents timer As new System.Timers.Timer()

Public Sub New()
  ClientSize = new Size(200, 100)
  Text = "Beispiel 6.4_1"

  timer.Interval = 1000
  timer.Start()
  time = new SystemTime()
End Sub

Protected Overrides Sub OnPaint(ByVal e As PaintEventArgs)
  Dim g As Graphics = e.Graphics
  g.DrawString(st, new Font("Arial", 12), Brushes.Black, 60, 40)
End Sub

Protected Sub Timer_Elapsed(ByVal o As Object, _
ByVal e As ElapsedEventArgs)Handles timer.Elapsed
  GetSystemTime(time)

  Dim h As String = time.wHour.ToString().PadLeft(2, "0")
  Dim m As String = time.wMinute.ToString().PadLeft(2, "0")
  Dim s As String = time.wSecond.ToString().PadLeft(2, "0")

  st = h + ":" + m + ":" + s
  Invalidate()
End Sub

Public Shared Sub Main()
  Application.Run(new Haupt())
End Sub
End Class
```

6.5 Grafik, Stifte und Bürsten

Graphische Figuren werden mit einem Stift bzw. `Pen` gezeichnet und mit einer Bürste bzw. `Brush` ausgefüllt. `Pen` und `Brush` können die Farben der Struktur `Color` und der Klasse `SystemColors` annehmen.

Color:

AliceBlue AntiqueWhite Aqua Aquamarine Azure Beige Bisque Black BlanchedAlmond Blue BlueViolet Brown BurlyWood CadetBlue Chartreuse Chocolate Coral CornflowerBlue Cornsilk Crimson Cyan DarkBlue DarkCyan DarkGoldenrod DarkGray DarkGreen DarkKhaki DarkMagenta DarkOliveGreen DarkOrange DarkOrchid DarkRed DarkSalmon DarkSeaGreen DarkSlateBlue DarkSlateGray DarkTurquoise DarkViolet DeepPink DeepSkyBlue DimGray DodgerBlue Firebrick FloralWhite ForestGreen Fuchsia Gainsboro GhostWhite Gold Goldenrod Gray Green GreenYellow Honeydew HotPink IndianRed Indigo Ivory Khaki Lavender LavenderBlush LawnGreen LemonChiffon LightBlue LightCoral LightCyan LightGoldenrodYellow LightGray LightGreen LightPink LightSalmon LightSeaGreen LightSkyBlue LightSlateGray LightSteelBlue LightYellow Lime LimeGreen Linen Magenta Maroon MediumAquamarine MediumBlue MediumOrchid MediumPurple MediumSeaGreen MediumSlateBlue MediumSpringGreen MediumTurquoise MediumVioletRed MidnightBlue MintCream MistyRose Moccasin NavajoWhite Navy OldLace Olive OliveDrab Orange OrangeRed Orchid PaleGoldenrod PaleGreen PaleTurquoise PaleVioletRed PapayaWhip PeachPuff Peru Pink Plum PowderBlue Purple Red RosyBrown RoyalBlue SaddleBrown Salmon SandyBrown SeaGreen SeaShell Sienna Silver SkyBlue SlateBlue SlateGray Snow SpringGreen SteelBlue Tan Teal Thistle Tomato Transparent Turquoise Violet Wheat White WhiteSmoke Yellow YellowGreen

SystemColors:

ActiveBorder ActiveCaption ActiveCaptionText AppWorkspace Control ControlDark ControlDarkDark ControlLight ControlLightLight ControlText Desktop GrayText Highlight HighlightText HotTrack InactiveBorder InactiveCaption InactiveCaptionText Info InfoText Menu MenuText ScrollBar Window WindowFrame WindowText

Mit der Methode

```
Overloads Public Shared Function FromArgb( _
  ByVal alpha As Integer, _
  ByVal red As Integer, _
  ByVal green As Integer, _
  ByVal blue As Integer ) As Color
```

können beliebige Farben definiert werden. Die Parameter sind Integerzahlen von 0 bis 255. Ist *alpha* gleich 0, so ist die Farbe vollständig transparent. Ist *alpha* gleich 255, so ist die Farbe deckend. Die Farbe entsteht durch Mischen der Rot-, Grün- und Blauanteile. Ein Stift ist eine Instanz der Klasse `Pen`. Durch

```
Dim pen As Pen = New Pen(Color.Black, 4)
```

wird ein schwarzer Stift mit der Strichstärke 4 definiert. Die Anweisung

```
g.DrawLine(pen, 20, 20, 380, 20)
```

zeichnet eine Linie mit dem Stift `pen` vom Anfangspunkt `x = 20, y = 20` zum Endpunkt `x = 380, y = 20`. Durch Ändern der Eigenschaften des Stiftes werden unterschiedliche Linientypen erzeugt.

```
Color        Stiftfarbe, Voreinstellung: Schwarz
Width        Strichstärke, Voreinstellung: 1
```

DashStyle:

```
Custom       durch den Benutzer definiert
Dash         gestrichelt
DashDot      strichpunktiert
DashDotDot   Strich-Punkt-Punkt
Dot          punktiert
Solid        durchgezogen, voreingestellt

DashOffset   Abstand vom Anfang der Linie bis zum Start des Musters
```

Dieser Abstand wird durch `pen.DashOffset = 40` auf 40 Pixel gesetzt.

```
StartCap     Ausbildung des Anfangspunktes mit LineCap
EndCap       Ausbildung des Endpunktes mit LineCap
```

LineCap: AnchorMask, ArrowAnchor, Custom, DiamondAnchor, Flat, NoAnchor, Round, RoundAnchor, Square, SquareAnchor, Triangle

Durch `pen.StartCap = LineCap.Round` wird der Anfangspunkt der Linie abgerundet.

`DashCap` wirkt auf das mit `DashStyle` festgelegte Muster. Es wirkt jedoch nicht auf den Anfangs- und Endpunkt.

```
DashCap: Flat, Round, Triangle
```

Durch `pen.DashCap = DashCap.Round` wird das Muster der Linie abgerundet. Beispiel 6.5_1 zeigt diesen Effekt an der fünften bis siebten Linie. Die Anfangs- und Endpunkte der achten und neunten Linie sind vom Typ `Anchor`.

Ein vom Benutzer definierter Linientyp wird durch die Anweisungen

```
Dim pat() As Single = {4f, 1f, 1f, 1f, 1f, 1f, 1f, 1f}
pen.DashPattern = pat
pen.DashStyle = DashStyle.Custom
```

erzeugt. Der Array `pat` enthält das Muster. Dabei werden abwechselnd die Längen der sichtbaren Abschnitte und der Zwischenräume angegeben. Das hier erzeugte Muster definiert einen Strich gefolgt von drei Punkten.

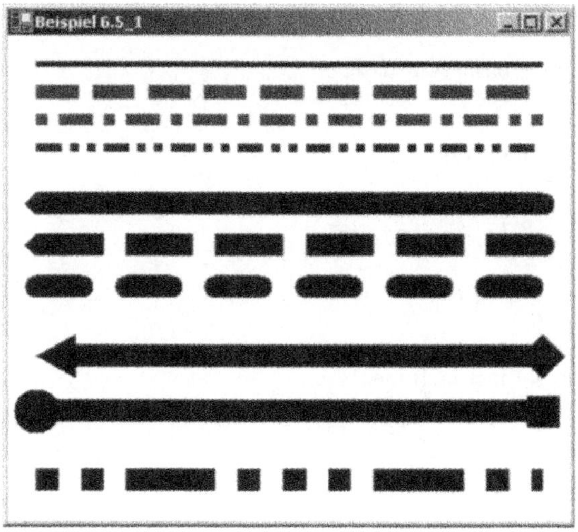

Abbildung 6.5_1

```
' Datei 6.5_1.vb
Imports System
Imports System.Drawing
Imports System.Drawing.Drawing2D
Imports System.Windows.Forms

class Haupt
Inherits Form
  Sub New()
    ClientSize = New Size(400, 350)
    Text = "Beispiel 6.5_1"
    BackColor = Color.White
  End Sub

  Protected Overrides Sub OnPaint(ByVal e As PaintEventArgs)
    Dim g As Graphics = e.Graphics
    Dim pen As Pen = New Pen(Color.Black, 4)
    g.DrawLine(pen, 20, 20, 380, 20)

    pen.Color = Color.Red
    pen.Width = 10
    pen.DashStyle = DashStyle.Dash
    pen.DashOffset = 40
    g.DrawLine(pen, 20, 40, 380, 40)

    pen.Color = Color.Green
    pen.Width = 8
    pen.DashStyle = DashStyle.DashDot
    g.DrawLine(pen, 20, 60, 380, 60)

    pen.Color = Color.Blue
    pen.Width = 6
    pen.DashStyle = DashStyle.DashDotDot
    g.DrawLine(pen, 20, 80, 380, 80)

    pen.Color = Color.Black
    pen.Width = 16
    pen.DashStyle = DashStyle.Solid
    pen.StartCap = LineCap.Triangle
    pen.EndCap = LineCap.Round
    g.DrawLine(pen, 20, 120, 380, 120)

    pen.DashStyle = DashStyle.Dash
    pen.DashOffset = 80
    g.DrawLine(pen, 20, 150, 380, 150)

    pen.StartCap = LineCap.Round
    pen.DashCap = DashCap.Round
    g.DrawLine(pen, 20, 180, 380, 180)

    pen.DashStyle = DashStyle.Solid
```

```
    pen.StartCap = LineCap.ArrowAnchor
    pen.EndCap = LineCap.DiamondAnchor
    g.DrawLine(pen, 20, 230, 380, 230)

    pen.StartCap = LineCap.RoundAnchor
    pen.EndCap = LineCap.SquareAnchor
    g.DrawLine(pen, 20, 270, 380, 270)

    Dim pat() As Single = {4f, 1f, 1f, 1f, 1f, 1f, 1f, 1f}
    pen.DashPattern = pat
    pen.DashStyle = DashStyle.Custom
    pen.DashOffset = 40
    pen.StartCap = LineCap.Flat
    pen.EndCap = LineCap.Flat
    pen.DashCap = DashCap.Flat
    g.DrawLine(pen, 20, 320, 380, 320)
  End Sub

  Shared Sub Main()
    Application.Run(New Haupt())
  End Sub
End Class
```

Die Eigenschaft `Brush` der Klasse `Pen` kann benutzt werden, um Füllmuster zu definieren. `Brush` ist eine abstrakte Klasse. Folgende Klassen sind davon abgeleitet:

```
HatchBrush                Schraffur
LinearGradientBrush       Farbverlauf
PathGradientBrush         Farbverlauf
SolidBrush                gleichmäßige Füllung
TextureBrush              Texturfüllung
```

Beispiel 6.5_2 benutzt die `HatchBrush`, um Schraffuren darzustellen. Die Aufzählung `HatchStyle` stellt Schraffuren zur Verfügung.

HatchStyle:

```
BackwardDiagonal Cross DarkDownwardDiagonal DarkHorizontal DarkUpwardDiagonal
DarkVertical DashedDownwardDiagonal DashedHorizontal DashedUpwardDiagonal
DashedVertical DiagonalBrick DiagonalCross Divot DottedDiamond DottedGrid
ForwardDiagonal Horizontal HorizontalBrick LargeCheckerBoard LargeConfetti
LargeGrid LightDownwardDiagonal LightHorizontal LightUpwardDiagonal LightVertical
Max Min NarrowHorizontal NarrowVertical OutlinedDiamond Percent05 Percent10
Percent20 Percent25 Percent30 Percent40 Percent50 Percent60 Percent70 Percent75
Percent80 Percent90 Plaid Shingle SmallCheckerBoard SmallConfetti SmallGrid
SolidDiamond Sphere Trellis Vertical Wave Weave WideDownwardDiagonal
WideUpwardDiagonal ZigZag
```

Die Anweisung

```
pen.Brush = New HatchBrush( _
  HatchStyle.DottedDiamond, Color.White, Color.Blue)
```

weist der Eigenschaft `Brush` des Stiftes `pen` eine Instanz der Klasse `HatchBrush` zu. Der Schraffurstil `HatchStyle` ist `DottedDiamond`, die Vordergrundfarbe ist Weiß und die Hintergrundfarbe Blau.

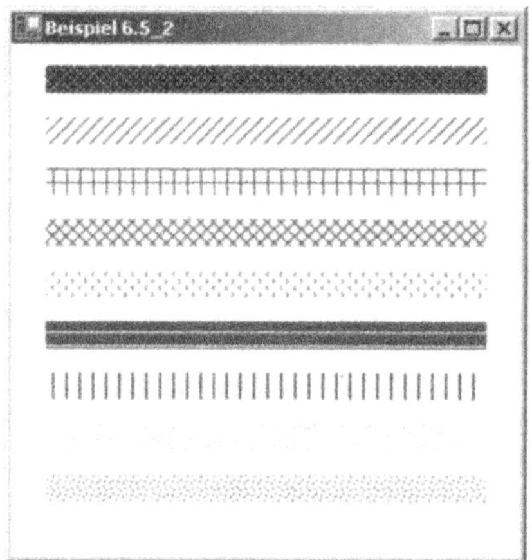

Abbildung 6.5_2

```
' Datei 6.5_2.vb

Imports System
Imports System.Drawing
Imports System.Drawing.Drawing2D
Imports System.Windows.Forms

Class Haupt
Inherits Form
  Sub New()
    ClientSize = New Size(300, 300)
    Text = "Beispiel 6.5_2"
    BackColor = Color.White
  End Sub

  Protected Overrides Sub OnPaint(ByVal e As PaintEventArgs)
    Dim g As Graphics = e.Graphics
    Dim pen As New Pen(Color.Black, 16)
```

```
    pen.Brush = New HatchBrush( _
      HatchStyle.DottedDiamond, Color.White, Color.Blue)
    g.DrawLine(pen, 20, 20, 280, 20)

    pen.Brush = New HatchBrush( _
      HatchStyle.BackwardDiagonal, Color.Red, Color.White)
    g.DrawLine(pen, 20, 50, 280, 50)

    pen.Brush = New HatchBrush( _
      HatchStyle.Cross, Color.Green, Color.White)
    g.DrawLine(pen, 20, 80, 280, 80)

    pen.Brush = New HatchBrush( _
      HatchStyle.DiagonalCross, Color.Green, Color.White)
    g.DrawLine(pen, 20, 110, 280, 110)

    pen.Brush = New HatchBrush( _
      HatchStyle.Divot, Color.Brown, Color.White)
    g.DrawLine(pen, 20, 140, 280, 140)

    pen.Brush = New HatchBrush( _
      HatchStyle.Horizontal, Color.White, Color.Red)
    g.DrawLine(pen, 20, 170, 280, 170)

    pen.Brush = New HatchBrush( _
      HatchStyle.Vertical, Color.Black, Color.Beige)
    g.DrawLine(pen, 20, 200, 280, 200)

    pen.Brush = New HatchBrush( _
      HatchStyle.ZigZag, Color.Gold, Color.White)
    g.DrawLine(pen, 20, 230, 280, 230)

    pen.Brush = New HatchBrush( _
      HatchStyle.LargeConfetti, Color.Aqua, Color.White)
    g.DrawLine(pen, 20, 260, 280, 260)
  End Sub

  Shared Sub Main()
    Application.Run(New Haupt())
  End Sub
End Class
```

Beispiel 6.5_3 benutzt die `LinearGradientBrush` und die `TextureBrush`.

Die Anweisungen

```
Dim p1 As New Point(20, 20)
Dim p2 As New Point(140, 140)
Dim bru As Brush = New LinearGradientBrush( _
  p1, p2, Color.Yellow, Color.Green)
```

definieren einen Farbverlauf von Gelb nach Grün. Die Punkte p1 und p2 legen den Startpunkt und den Endpunkt des Farbverlaufs fest.

Die Anweisungen

```
Dim img As New Bitmap(Image.FromFile("ballon.bmp"))
bru = New TextureBrush(img)
```

definieren eine Texturfüllung mit der Bitmap ballon.bmp. Die Klasse Image ist eine abstrakte Klasse, von der die Klassen Bitmap und Metafile abgeleitet sind. Mit

```
g.FillRectangle(brush, 20, 20, 120, 120)
```

wird ein Rechteck gezeichnet. Die Parameter sind die Bürste brush, die linke obere Ecke x = 20 und y = 20, die Breite 120 und die Höhe 120.

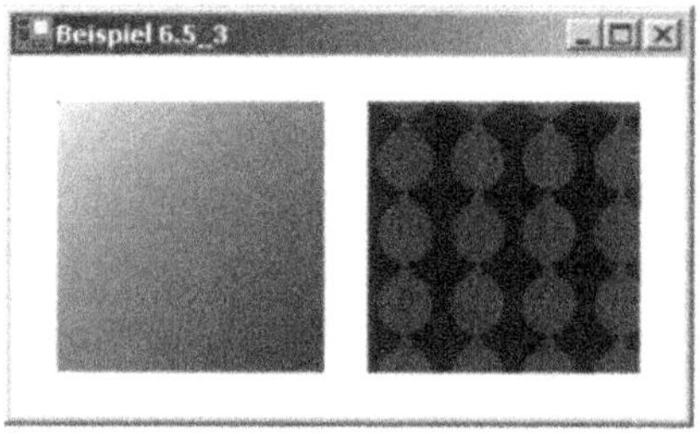

Abbildung 6.5_3

```
' Datei 6.5_3.vb

Imports System
Imports System.Drawing
Imports System.Drawing.Drawing2D
Imports System.Windows.Forms

Class Haupt
Inherits Form
  Sub New()
    ClientSize = New Size(300, 160)
    Text = "Beispiel 6.5_3"
    BackColor = Color.White
  End Sub
```

```
  Protected Overrides Sub OnPaint(ByVal e As PaintEventArgs)
    Dim g As Graphics = e.Graphics

    Dim p1 As New Point(20, 20)
    Dim p2 As New Point(140, 140)
    Dim bru As Brush = New LinearGradientBrush( _
      p1, p2, Color.Yellow, Color.Green)

    g.FillRectangle(bru, 20, 20, 120, 120)

    Dim img As New Bitmap(Image.FromFile("ballon.bmp"))
    bru = New TextureBrush(img)
    g.FillRectangle(bru, 160, 20, 120, 120)
  End Sub

  Shared Sub Main()
    Application.Run(New Haupt())
  End Sub
End Class
```

Beispiel 6.5_4 benutzt die Methode `FromArgb` zur Definition von Farben.

Der alpha Wert `100` in

```
pen.Color = Color.FromArgb(100, 255, 255, 0)
```

ist kleiner als 255. Die Farbe ist daher durchscheinend. Bei den drei Farbanteilen fehlt der blaue Anteil, deshalb ist die definierte Farbe Gelb, die Komplementärfarbe von Blau.

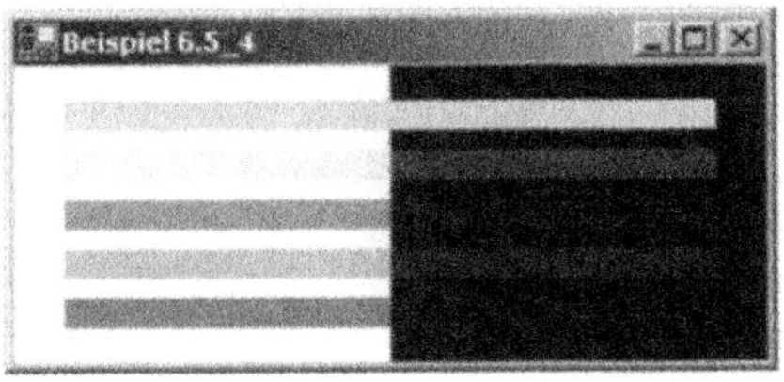

Abbildung 6.5_4

```
' Datei 6.5_4.vb

Imports System
Imports System.Drawing
Imports System.Windows.Forms

Class Haupt
Inherits Form
  Dim img As Image

  Sub New()
    ClientSize = New Size(300, 120)
    Text = "Beispiel 6.5_4"
    BackColor = Color.White

    img = New Bitmap(150, 120)
    Dim gi As Graphics = Graphics.FromImage(img)
    gi.FillRectangle(Brushes.Black, 0, 0, 150, 120)
  End Sub

  Protected Overrides Sub OnPaint(ByVal e As PaintEventArgs)
    Dim g As Graphics = e.Graphics

    g.DrawImage(img, 150, 0)

    Dim penn As New Pen(Color.FromArgb(255, 255, 255, 0), 12)
    g.DrawLine(penn, 20,20,280,20)

    penn.Color = Color.FromArgb(100, 255, 255, 0)
    g.DrawLine(penn, 20,40,280,40)

    penn.Color = Color.FromArgb(100, 255, 0, 0)
    g.DrawLine(penn, 20,60,280,60)

    penn.Color = Color.FromArgb(100, 0, 255, 0)
    g.DrawLine(penn, 20,80,280,80)

    penn.Color = Color.FromArgb(100, 0, 0, 255)
    g.DrawLine(penn, 20,100,280,100)
  End Sub

  Shared Sub Main()
    Application.Run(New Haupt())
  End Sub
End Class
```

Beispiel 6.5_5 benutzt ebenfalls transparente Farben.

Die Anweisung

```
Dim pl() As Point = {New Point(20, 20), _
  New Point(140, 20),New Point(80, 140)}
```

definiert einen Array von Punkten, welche die Ecken eines Dreiecks festlegen, das mit

```
g.FillPolygon(br, pl)
```

gezeichnet wird. Die Füllung wird durch die Brush `br` festgelegt.

Abbildung 6.5_5

```
' Datei 6.5_5.vb

Imports System
Imports System.Drawing
Imports System.Windows.Forms

Class Haupt
Inherits Form
  Sub New()
    ClientSize = New Size(160, 160)
    Text = "Beispiel 6.5_5"
    BackColor = Color.White
  End Sub
```

```
  Protected Overrides Sub OnPaint(ByVal e As PaintEventArgs)
    Dim g As Graphics = e.Graphics

    Dim br As Brush = New SolidBrush(Color.FromArgb(100, 255, 255, 0))
    Dim p1() As Point = {New Point(20, 20), _
      New Point(140, 20),New Point(80, 140)}
    g.FillPolygon(br, p1)

    br = New SolidBrush(Color.FromArgb(100, 255, 0, 0))
    Dim p2() As Point = {New Point(80, 20), _
      New Point(20, 140),New Point(140, 140)}
    g.FillPolygon(br, p2)

    br = New SolidBrush(Color.FromArgb(100, 0, 255, 0))
    Dim p3() As Point = {New Point(140, 80), _
      New Point(20, 20),New Point(20, 140)}
    g.FillPolygon(br, p3)

    br = New SolidBrush(Color.FromArgb(100, 0, 0, 255))
    Dim p4() As Point = {New Point(20, 80), _
      New Point(140, 20),New Point(140, 140)}
    g.FillPolygon(br, p4)
  End Sub

  Shared Sub Main()
    Application.Run(New Haupt())
  End Sub
End Class
```

6.6 Grafik, Draw und Fill

Die Klasse `System.Drawing.Graphics` enthält Methoden, mit denen grafische Figuren gezeichnet oder ausgefüllt werden. Der Koordinatenursprung liegt in der linken oberen Ecke des Klientbereichs des Fensters. Die x-Achse weist nach rechts und die y-Achse nach unten.

Die Draw- und Fillmethoden der Klasse `Graphics`:

`DrawArc(` *`Pen, x, y, Breite, Höhe, Startwinkel, Öffnungswinkel`* `)`

zeichnet einen Bogen.

Pen ist der Zeichenstift siehe 6.5

x, y, Breite, Höhe ist das den Bogen umschreibende Rechteck.

Startwinkel und *Öffnungswinkel* werden im Uhrzeigersinn in Grad angegeben.

`DrawBezier(` *`Pen, Punkt1, Punkt2, Punkt3, Punkt4`* `)`

zeichnet eine Bezierkurve.

`Punkt1` Anfagspunkt

`Punkt2` Stützstelle

`Punkt3` Stützstelle

`Punkt4` Endpunkt

Die Stützstellen liegen nicht auf der Bezierkurve. Sie krümmen die Kurve quasi mit Gummibändern.

`DrawBeziers(` *`Pen, Punktarray`* `)`

zeichnet aneinander hängende Bezierkurven.

Der erste Punkt des Punktarrays ist der Anfangspunkt der ersten Bezierkurve. Danach folgen zwei Stützstellen und der Endpunkt der ersten Bezierkurve, der zugleich der Anfangspunkt der zweiten Bezierkurve ist. Es folgen nun wieder zwei Stützstellen und der Endpunkt der zweiten Bezierkurve. Dieser Rhythmus setzt sich fort bis alle Bezierkurven definiert sind.

`DrawCurve(` *`Pen, Punktarray`* `)`

zeichnet eine Kurve.

Die Kurve ist ein Spline. Sie verhält sich wie ein biegsames Lineal. Alle im *`Punktarray`* enthaltenen Stützstellen liegen auf der Kurve.

`DrawClosedCurve(` *`Pen, Punktarray`* `)`

zeichnet eine geschlossene Kurve (Spline).

`DrawEllipse(` *`Pen, Rechteck`* `)`

zeichnet eine Ellipse.

Die Hauptachsen der Ellipse werden durch das umschreibende *Rechteck* festgelegt.

`DrawIcon(` *`Icon, x, y`* `)`

zeichnet ein Icon.

`x, y` ist die Lage der linken oberen Ecke des Icons

`DrawIcon( Icon, Rechteck )`

zeichnet ein Icon.

Das Icon wird so skaliert, dass es das Rechteck ausfüllt.

`DrawIconUnstretched( Icon, Rechteck )`

zeichnet ein Icon.

Das Icon behält seine Originalgröße. Falls das Rechteck kleiner ist als das Icon, so werden die außerhalb des Rechtecks liegenden Bereiche abgeschnitten.

`DrawImage( Image, Punkt )`

zeichnet ein Image.

Punkt ist die Lage der linken oberen Ecke des Image. Mit DrawImage können Icons, Bitmaps und Metafiles gezeichnet werden.

`DrawImage( Image, Rechteck )`

zeichnet ein Image.

Das Image wird so skaliert, dass es das Rechteck ausfüllt.

`DrawImageUnscaled( Image, Rechteck )`

zeichnet ein Image.

Das Image behält seine Originalgröße. Falls das Rechteck kleiner ist als das Image, so werden die außerhalb des Rechtecks liegenden Bereiche abgeschnitten.

`DrawLine( Pen, Punkt1, Punkt2 )`

zeichnet eine Linie.

Punkt1 Anfagspunkt

Punkt2 Endpunkt

`DrawLine( Pen, x1, y1, x2, y2 )`

zeichnet eine Linie.

x1, y1 Anfagspunkt

x2, y2 Endpunkt

`DrawLines( Pen, Punktarray )`

zeichnet einen Linienzug (Polygonzug).

Punktarray enthält die Anfangs und Endpunkte der Linien, wobei der Anfangspunkt der nachfolgenden Linie gleich dem Endpunkt der vorhergehenden Linie ist.

`DrawPath( Pen, GraphicsPath )`

zeichnet ein Objekt vom Typ `GraphicsPath`.

Erläuterungen siehe Beispiel 6.6_5

`DrawPie( Pen, Rechteck, Startwinkel, Endwinkel )`

zeichnet eine Torte.

Die Torte ist ein Kreis, aus dem ein Segment ausgeschnitten wurde.

Rechteck ist das umschreibende Rechteck.

Startwinkel und *Endwinkelwinkel* der Torte werden im Uhrzeigersinn angegeben.

`DrawPie( Pen, x, y, b, h, Startwinkel, Endwinkel )`

zeichnet eine Torte.

x, y, b, h ist das umschreibende Rechteck.

`DrawPolygon( Pen, Punktarray )`

zeichnet ein Vieleck.

Punktarray enthält die Ecken des Polygons.

`DrawRectangle( Pen, Rechteck )`

zeichnet ein Rechteck.

`DrawRectangle( Pen, x, y, b, h )`

zeichnet ein Rechteck.

x, y, b, h ist das Rechteck.

`DrawRectangles( Pen, Rechteckarray )`

zeichnet Rechtecke.

Rechteckarray ist vom Typ `Rectangle`.

`DrawString(` *String, Font, Brush, x, y* `)`

zeichnet Text.

String ist der ausgegebene Textstring

Font ist der Textfont.

Brush ist die Bürste siehe 6.5.

x, y ist die linke obere Ecke des Textes.

`DrawString(` *String, Font, Brush, x, y, StringFormat* `)`

zeichnet Text mit dem angegebenen *StringFormat*.

`DrawString(` *String, Font, Brush, Rechteck, StringFormat* `)`

passt Text mit dem angegebenen *StringFormat* in das Rechteck ein.

`FillClosedCurve(` *Brush, Punktarray* `)`

füllt eine geschlossene Kurve. Die Kurve ist ein Spline. Sie verhält sich wie ein biegsames Lineal. Alle im *Punktarray* enthaltenen Stützstellen liegen auf der Kurve.

`FillEllipse(` *Brush, Rechteck* `)`

füllt eine Ellipse.

Die Hauptachsen der Ellipse werden durch das umschreibende Rechteck festgelegt.

`FillPath(` *Brush, GraphicsPath* `)`

füllt ein Objekt vom Typ `GraphicsPath`.

Erläuterungen siehe Beispiel 6.6_6.

`FillPie(` *Brush, Rechteck, Startwinkel, Endwinkel* `)`

füllt eine Torte aus.

Die Torte ist ein Kreis, aus dem ein Segment ausgeschnitten wurde.

Rechteck ist das umschreibende Rechteck.

Startwinkel und *Endwinkel* der Torte werden im Uhrzeigersinn angegeben.

`FillPie(` *Brush, x, y, b, h, Startwinkel, Endwinkel* `)`

füllt eine Torte aus.

x, y, b, h ist das umschreibende Rechteck.

`FillPolygon(` *Brush, Punktarray* `)`

füllt ein Vieleck.

Punktarray enthält die Ecken des Polygons.

`FillRectangle(` *Brush, Rechteck* `)`

füllt ein Rechteck.

`FillRectangle(` *Brush, x, y, b, h* `)`

füllt ein Rechteck

x, y, b, h ist das Rechteck.

`FillRectangles(` *Brush, Rechteckarray* `)`

füllt Rechtecke.

Rechteckarray ist vom Typ `Rectangle`.

`FillRegion(` *Brush, Region* `)`

füllt ein Objekt vom Typ `Region`.

Erläuterungen siehe Beispiel 6.6_7.

Beispiel 6.6_1 zeichnet mit

```
g.FillEllipse(Brushes.Blue, 20, 20, 160, 160)
g.DrawEllipse(blackpen, 20, 20, 160, 160)
g.DrawRectangle(blackpen, 20, 20, 160, 160)
```

einen blau ausgefüllten Kreis und in schwarz den Umfang und das umschreibende Rechteck. Die Anweisung

```
g.FillRectangle(Brushes.Green, 60, 60, 80, 80)
```

füllt ein kleineres Quadrat. Die Anweisungen

```
g.FillPie(Brushes.White, 70, 70, 60, 60, 0, 270)
g.DrawPie(new Pen(Color.Black, 2), 70, 70, 60, 60, 0, 270)
```

zeichnen eine ausgefüllte und eine nicht ausgefüllte Torte. Die Torte beginnt bei 0 Grad und endet bei 270 Grad. Zum Schluss wird mit

```
g.DrawArc(whitepen, 60, 20, 80, 160, 90, 180)
```

ein Bogen gezeichnet, der bei 90 Grad beginnt und einen Öffnungswinkel von 180 Grad besitzt.

Abbildung 6.6_1

```
' Datei 6.6_1.vb

Imports System
Imports System.Drawing
Imports System.Drawing.Drawing2D
Imports System.Windows.Forms

Class Haupt
Inherits Form
  Sub New()
    ClientSize = New Size(200, 200)
    Text = "Beispiel 6.6_1"
    BackColor = Color.White
  End Sub

  Protected Overrides Sub OnPaint(ByVal e As PaintEventArgs)
    Dim g As Graphics = e.Graphics

    Dim blackpen As New Pen(Color.Black, 4)
    Dim whitepen As New Pen(Color.White, 4)
```

```
    g.FillEllipse(Brushes.Blue, 20, 20, 160, 160)
    g.DrawEllipse(blackpen, 20, 20, 160, 160)
    g.DrawRectangle(blackpen, 20, 20, 160, 160)
    g.FillRectangle(Brushes.Green, 60, 60, 80, 80)
    g.FillPie(Brushes.White, 70, 70, 60, 60, 0, 270)
    g.DrawPie(New Pen(Color.Black, 2), 70, 70, 60, 60, 0, 270)
    g.DrawArc(whitepen, 60, 20, 80, 160, 90, 180)
  End Sub

  Shared Sub Main()
    Application.Run(New Haupt())
  End Sub
End Class
```

Beispiel 6.6_2 erzeugt einen Punktarray und benutzt diesen in den Anweisungen `DrawPolygon` und `FillPolygon`.

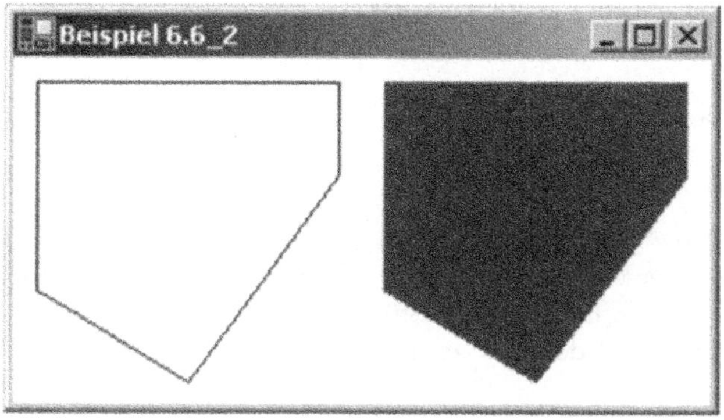

Abbildung 6.6_2

```
' Datei 6.6_2.vb

Imports System
Imports System.Drawing
Imports System.Drawing.Drawing2D
Imports System.Windows.Forms

Class Haupt
Inherits Form
  Sub New()
    ClientSize = New Size(300, 150)
    Text = "Beispiel 6.6_2"
    BackColor = Color.White
  End Sub
```

```
  Protected Overrides Sub OnPaint(ByVal e As PaintEventArgs)
    Dim g As Graphics = e.Graphics

    Dim punkte(4) As Point
    punkte(0) = New Point(10, 10)
    punkte(1) = New Point(10, 100)
    punkte(2) = New Point(75, 140)
    punkte(3) = New Point(140, 50)
    punkte(4) = New Point(140, 10)
    g.DrawPolygon(Pens.Blue, punkte)

    Dim i As Integer
    For i=0 To 4
      punkte(i).X += 150
    Next
    g.FillPolygon(Brushes.Green, punkte)
  End Sub

  Shared Sub Main()
    Application.Run(New Haupt())
  End Sub
End Class
```

Beispiel 6.6_3 erzeugt ebenfalls einen Punktarray und benutzt ihn in den Methoden `DrawCurve`, `DrawClosedCurve` und `FillClosedCurve`. Um zu zeigen, dass die Kurven exakt durch die Stützstellen gehen, werden die Stützstellen mit `DrawRectangle` auf den Kurven markiert.

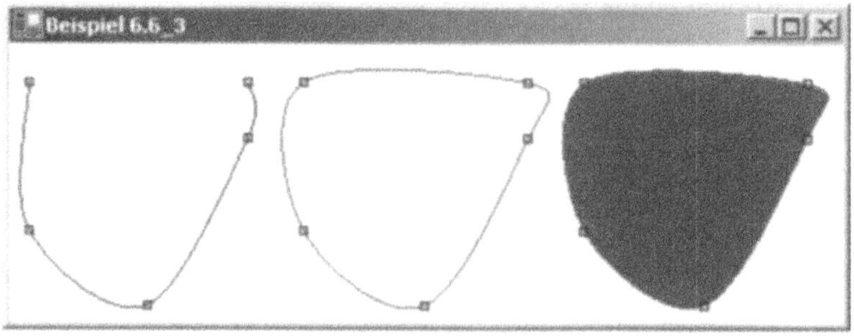

Abbildung 6.6_3

```
' Datei 6.6_3.vb

Imports System
Imports System.Drawing
Imports System.Drawing.Drawing2D
Imports System.Windows.Forms

Class Haupt
Inherits Form
  Sub New()
    ClientSize = new Size(450, 150)
    Text = "Beispiel 6.6_3"
    BackColor = Color.White
  End Sub

  Protected Overrides Sub OnPaint(ByVal e As PaintEventArgs)
    Dim i As Integer
    Dim g As Graphics = e.Graphics

    Dim punkte(4) As Point
    punkte(0) = new Point(10, 20)
    punkte(1) = new Point(10, 100)
    punkte(2) = new Point(75, 140)
    punkte(3) = new Point(130, 50)
    punkte(4) = new Point(130, 20)
    g.DrawCurve(Pens.Blue, punkte)
    For i=0 To 4
      g.DrawRectangle(Pens.Black, punkte(i).X-2, punkte(i).Y-2, 4, 4)
    Next

    For i=0 To 4
      punkte(i).X += 150
    Next
    g.DrawClosedCurve(Pens.Green, punkte)
    For i=0 To 4
      g.DrawRectangle(Pens.Black, punkte(i).X-2, punkte(i).Y-2, 4, 4)
    Next

    For i=0 To 4
      punkte(i).X += 150
    Next
    g.FillClosedCurve(Brushes.Red, punkte)
    For i=0 To 4
      g.DrawRectangle(Pens.Black, punkte(i).X-2, punkte(i).Y-2, 4, 4)
    Next
  End Sub

  Shared Sub Main()
    Application.Run(new Haupt())
  End Sub
End Class
```

Beispiel 6.6_4 benutzt `DrawBezier`. Auch hier sind wieder Anfangs- und Endpunkt sowie die Stützstellen durch Rechtecke markiert. Die Bezierkurve geht exakt vom Anfangs- zum Endpunkt. Die beiden dazwischen liegenden Stützstellen liegen jedoch nicht auf der Kurve. Sie krümmen die Kurve wie einen biegsamen Stab, der an Gummibändern gezogen wird.

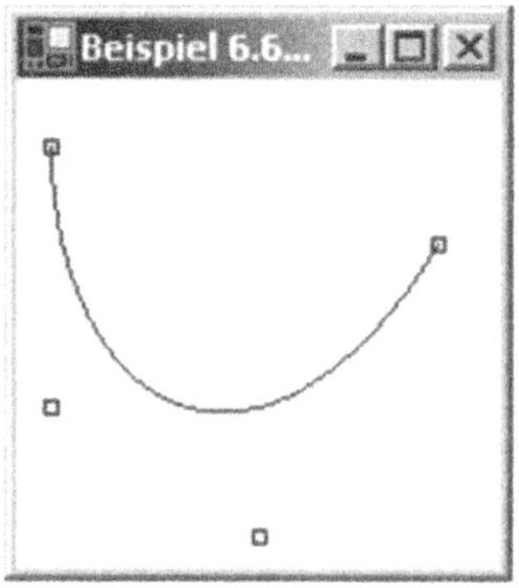

Abbildung 6.6_4

```
' Datei 6.6_4.vb

Imports System
Imports System.Drawing
Imports System.Drawing.Drawing2D
Imports System.Windows.Forms

Class Haupt
Inherits Form
  Sub New()
    ClientSize = New Size(150, 150)
    Text = "Beispiel 6.6_4"
    BackColor = Color.White
  End Sub

  Protected Overrides Sub OnPaint(ByVal e As PaintEventArgs)
    Dim g As Graphics = e.Graphics

    Dim p1 As New Point(10, 20)
    Dim p2 As New Point(10, 100)
    Dim p3 As New Point(75, 140)
    Dim p4 As New Point(130, 50)
    g.DrawBezier(Pens.Blue, p1, p2, p3, p4)
    g.DrawRectangle(Pens.Black, p1.X-2, p1.Y-2, 4, 4)
    g.DrawRectangle(Pens.Black, p2.X-2, p2.Y-2, 4, 4)
    g.DrawRectangle(Pens.Black, p3.X-2, p3.Y-2, 4, 4)
```

```
    g.DrawRectangle(Pens.Black, p4.X-2, p4.Y-2, 4, 4)
  End Sub

  Shared Sub Main()
    Application.Run(New Haupt())
  End Sub
End Class
```

Beispiel 6.6_5 erzeugt eine Instanz der Klasse `GraphicsPath`. Anschließend werden mit `AddEllipse`, `AddRectangle` und `AddPie` grafische Elemente zum `GraphicsPath` hinzugefügt. `DrawPath` zeichnet den Pfad. Der Zeichenstift ist dem gesamten Pfad und nicht den einzelnen Elementen zugeordnet.

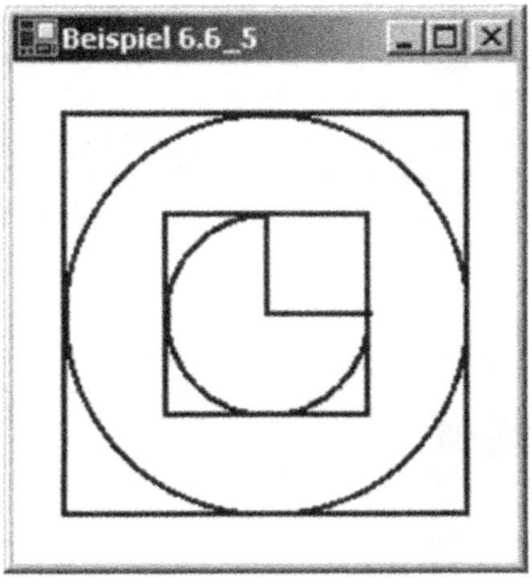

Abbildung 6.6_5

```
' Datei 6.6_5.vb

Imports System
Imports System.Drawing
Imports System.Drawing.Drawing2D
Imports System.Windows.Forms

Class Haupt
Inherits Form
  Sub New()
    ClientSize = New Size(200, 200)
    Text = "Beispiel 6.6_5"
    BackColor = Color.White
  End Sub
```

```
  Protected Overrides Sub OnPaint(ByVal e As PaintEventArgs)
    Dim g As Graphics = e.Graphics

    Dim p As New GraphicsPath()
    p.AddEllipse(20, 20, 160, 160)
    p.AddRectangle(New Rectangle(20, 20, 160, 160))
    p.AddRectangle(New Rectangle(60, 60, 80, 80))
    p.AddPie(60, 60, 80, 80, 0, 270)
    g.DrawPath(New Pen(Color.Black, 2), p)
  End Sub

  Shared Sub Main()
    Application.Run(New Haupt())
  End Sub
End Class
```

Beispiel 6.6_6 definiert den gleichen `GraphicsPath` wie Beispiel 6.6_5. Diesmal wird der Pfad jedoch mit `FillPath` ausgegeben. Es wird alternierend gefüllt. Das Füllen beginnt mit der äußersten Begrenzung und endet an der nächsten inneren Begrenzung. Wenn man auf diese Weise weiter von außen nach innen geht, so beginnt oder endet das Füllen an der jeweils nächsten Begrenzung.

Abbildung 6.6_6

```
' Datei 6.6_6.vb

Imports System
Imports System.Drawing
Imports System.Drawing.Drawing2D
Imports System.Windows.Forms
```

```
Class Haupt
Inherits Form
  Sub New()
    ClientSize = New Size(200, 200)
    Text = "Beispiel 6.6_6"
    BackColor = Color.White
  End Sub

  Protected Overrides Sub OnPaint(ByVal e As PaintEventArgs)
    Dim g As Graphics = e.Graphics

    Dim p As New GraphicsPath()
    p.AddEllipse(20, 20, 160, 160)
    p.AddRectangle(New Rectangle(20, 20, 160, 160))
    p.AddRectangle(New Rectangle(60, 60, 80, 80))
    p.AddPie(60, 60, 80, 80, 0, 270)
    g.FillPath(Brushes.Blue, p)
  End Sub

  Shared Sub Main()
    Application.Run(New Haupt())
  End Sub
End Class
```

Beispiel 6.6_7 ist weitgehend identisch mit Beispiel 6.6_6. Der `GraphicsPath` wird jedoch in eine Region umgewandelt und mit `FillRegion` dargestellt. Es entsteht das gleiche Bild wie zuvor.

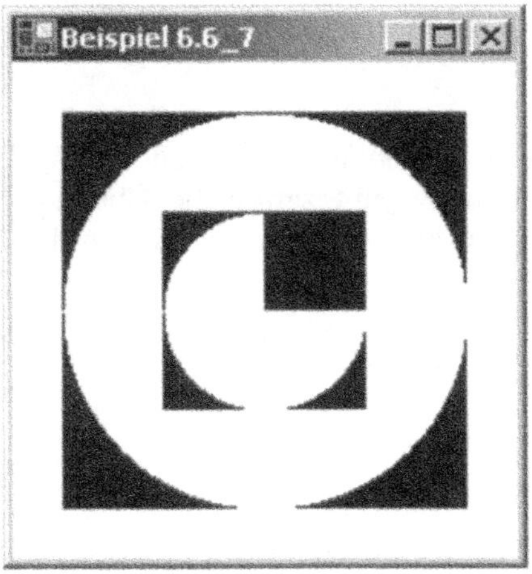

Abbildung 6.6_7

```
' Datei 6.6_7.vb

Imports System
Imports System.Drawing
Imports System.Drawing.Drawing2D
Imports System.Windows.Forms

Class Haupt
Inherits Form
  Sub New()
    ClientSize = New Size(200, 200)
    Text = "Beispiel 6.6_7"
    BackColor = Color.White
  End Sub

  Protected Overrides Sub OnPaint(ByVal e As PaintEventArgs)
    Dim g As Graphics = e.Graphics

    Dim p As New GraphicsPath()
    p.AddEllipse(20, 20, 160, 160)
    p.AddRectangle(New Rectangle(20, 20, 160, 160))
    p.AddRectangle(New Rectangle(60, 60, 80, 80))
    p.AddPie(60, 60, 80, 80, 0, 270)

    Dim r As New Region(p)
    g.FillRegion(Brushes.Blue, r)
  End Sub

  Shared Sub Main()
    Application.Run(New Haupt())
  End Sub
End Class
```

Um Text in einem Fenster ausgeben zu können, muss eine Instanz der Klasse `Font` gebildet werden. Es gibt zahlreiche Überladungen des Konstruktors. Die im nächsten Beispiel verwendeten Konstruktoren sind:

```
Font( FontFamilyName, FontSize ) und
Font( FontFamilyName, FontSize, FontStyle )
```

FontFamilyName ist ein String z.B.: `"Helvetica", "Arial", "Verdana", "Courier"`

FontSize ist die Schriftgröße

FontStyle ist der Stil. Hier werden Werte der Aufzählung `FontStyle` eingesetzt.

FontStyle:

`Bold`	fett
`Italic`	kursiv
`Regular`	normal gesetzt
`Strikeout`	durchgestrichen
`Underline`	unterstrichen

Die beiden folgenden Anweisungen erzeugen Instanzen der Klasse `Font`.

```
Dim f As New Font("Helvetica", 24)
f = New Font("Courier", 24, FontStyle.Bold Or FontStyle.Italic)
```

Der erste Font ist `Helvetica` mit der Schriftgröße 24. Der zweite Font ist `Courier` mit der Schriftgröße 24 und dem Stil fett und kursiv. Werden mehrere Stile kombiniert, so werden diese bitweise oder verknüpft. Um den Text auszugeben werden in Beispiel 6.6_8 die Überladungen

```
DrawString( String, Font, Brush, x, y )
DrawString( String, Font, Brush, x, y, StringFormat )
```

benutzt. Der Konstruktor der Klasse `StringFormat` besitzt einen Parameter vom Typ `StringFormatFlags`.

StringFormatFlags:

`DirectionRightToLeft`	Schreibrichtung von rechts nach links
`DirectionVertical`	Schreibrichtung vertikal
`DisplayFormatControl`	zeigt Formatzeichen an
`FitBlackBox`	passt den Text an ein Rechteck an
`LineLimit`	passt eine Zeile an ein Rechteck an
`MeasureTrailingSpaces`	Leerzeichen werden beim Formatieren berücksichtigt
`NoClip`	Teile außerhalb des Formatrechtecks sind sichtbar
`NoFontFallback`	kein Alternativfont wird verwendet
`NoWrap`	verhindert ein Zerstückeln des Textes

Die Anweisung

```
g.DrawString(s, f, Brushes.Red, 180, 20, _
  New StringFormat(StringFormatFlags.DirectionVertical))
```

gibt Text in vertikaler Richtung aus. Eine Überladung von `DrawString`, bei der man einen Neigungswinkel angeben kann, existiert nicht. Durch eine Koordinatentransformation ist es möglich Text und andere grafische Figuren in beliebiger Richtung zu zeichnen. Die Anweisung

```
g.RotateTransform(30f)
```

dreht das Koordinatensystem um 30 Grad im Uhrzeigersinn. Alle nachfolgenden Draw- und Fillanweisungen benutzen das transformierte Koordinatensystem. Weitere Erläuterungen zu diesem Thema sind unter 6.8 zu finden.

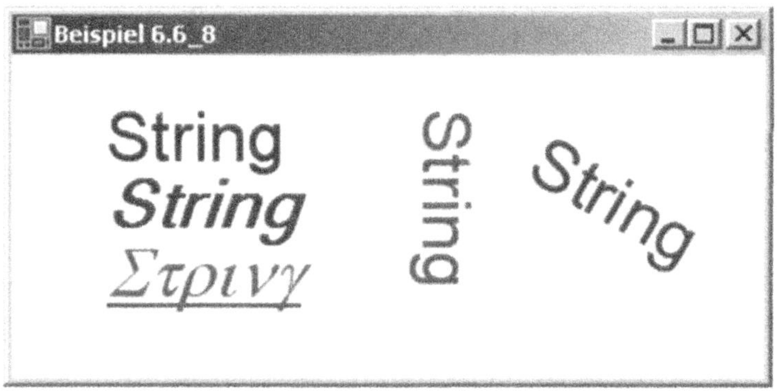

Abbildung 6.6_8

```
' Datei 6.6_8.vb

Imports System
Imports System.Drawing
Imports System.Drawing.Drawing2D
Imports System.Windows.Forms

Class Haupt
Inherits Form
  Sub New()
    ClientSize = New Size(350, 150)
    Text = "Beispiel 6.6_8"
    BackColor = Color.White
```

```
  End Sub

  Protected Overrides Sub OnPaint(ByVal e As PaintEventArgs)
    Dim g As Graphics = e.Graphics

    Dim f As New Font("Helvetica", 24)
    Dim s As String = "String"
    g.DrawString(s, f, Brushes.Black, 40, 20)

    f = New Font("Courier", 24, FontStyle.Bold Or FontStyle.Italic)
    g.DrawString(s, f, Brushes.Blue, 40, 50)

    f = New Font("Symbol", 24, FontStyle.Underline Or FontStyle.Italic)
    g.DrawString(s, f, Brushes.Green, 40, 80)

    f = New Font("Helvetica", 24)
    g.DrawString(s, f, Brushes.Red, 180, 20, _
      New StringFormat(StringFormatFlags.DirectionVertical))

    g.RotateTransform(30f)
    g.DrawString(s, f, Brushes.Blue, 230, -100)
  End Sub

  Shared Sub Main()
    Application.Run(New Haupt())
  End Sub
End Class
```

Beispiel 6.6_9 zentriert einen String im Fenster. Die Anweisung

```
Dim si As SizeF = g.MeasureString(s, f)
```

berechnet die Abmessungen `si` des den String umgebenden Rechtecks. Die Parameter sind der String `s` und der Font `f`. `DrawString` zentriert den String durch die Berechnung von `(ClientSize.Width-si.Width)/2` und `(ClientSize.Height-si.Height) /2)`. Damit die Zentrierung auch beim Ändern der Fensterabmessungen erhalten bleibt, wird der Eventhandler `OnResize` überschrieben. `OnResize` löst durch den Aufruf von `Invalidate` ein Neuzeichnen des Fensters aus.

Abbildung 6.6_9

```
' Datei 6.6_9.vb

Imports System
Imports System.Drawing
Imports System.Drawing.Drawing2D
Imports System.Windows.Forms

Class Haupt
Inherits Form
  Sub New()
    ClientSize = New Size(200, 100)
    Text = "Beispiel 6.6_9"
    BackColor = Color.White
  End Sub

  Protected Overrides Sub OnPaint(ByVal e As PaintEventArgs)
    Dim g As Graphics = e.Graphics

    Dim f As New Font("Helvetica", 24)
    Dim s As String = "zentriert"
    Dim si As SizeF = g.MeasureString(s, f)
    g.DrawString(s, f, Brushes.Black, _
      (ClientSize.Width-si.Width)/2, (ClientSize.Height-si.Height)/2)
  End Sub

  Protected Overrides Sub OnResize(ByVal e As EventArgs)
    Invalidate()
  End Sub

  Shared Sub Main()
    Application.Run(New Haupt())
  End Sub
End Class
```

6.7 Grafik, Animation

Das Fenster von Beispiel 6.7_1 enthält ein weißes Rechteck, das wiederum einen Kreis, ein Rechteck und ein Dreieck enthält. Darunter befinden sich drei Starttasten. Drückt man eine der Starttasten, so beginnt die entsprechende Figur, das weiße Rechteck zu umfahren, und die Starttaste verwandelt sich in eine Stopptaste. Auf diese Weise lassen sich die drei Figuren unabhängig voneinander starten und wieder anhalten.

Es werden Buttons benutzt, die sowohl durch ein Image, als auch durch einen Text gekennzeichnet sind.

```
but1.Image = New Bitmap("circ.bmp")
but1.ImageAlign = ContentAlignment.TopCenter
but1.Text = "Start"
but1.TextAlign = ContentAlignment.BottomCenter
```

Neben der schon bekannten Eigenschaft `Text` besitzen Buttons die Eigenschaft `Image`, die benutzt werden kann, um Buttons mit Bitmaps und Icons zu versehen. Durch `ImageAlign` und `TextAlign` wird festgelegt, an welcher Stelle im Button das Image und der Text erscheinen. Die Aufzählung `ContentAlignment` enthält folgende Werte:

ContentAlignment:

```
BottomCenter
BottomLeft
BottomRight
MiddleCenter
MiddleLeft
MiddleRight
TopCenter
TopLeft
TopRight
```

Der Konstruktor der Klasse `Haupt` definiert die Buttons und das Rechteck `r`, das die Position und Abmessungen der weißen Fläche enthält. Danach folgen drei `SetStyle` Anweisungen, die dafür sorgen, dass das Bild, das ständig aufgefrischt werden muss, bei diesem Vorgang weniger flimmert. Die `SetStyle` Anweisungen setzen `ControlStyles` auf `True`.

ControlStyles:

`AllPaintingInWmPaint`

Der Hintergrund wird nicht automatisch gelöscht.

`CacheText`

Ein Text-Cache wird angelegt.

`ContainerControl`

Das Steuerelement wird wie ein Container behandelt.

`DoubleBuffer`

Es wird ein Hintergrundspeicher verwendet.

`EnableNotifyMessage`

Für jede Nachricht wird eine `OnNotifyMessage` aufgerufen.

`FixedHeight`

Das Steuerelement hat eine feste Höhe.

`FixedWidth`

Das Steuerelement hat eine feste Breite.

`Opaque`

Es wird opak (deckend) gezeichnet.

`ResizeRedraw`

Nach Änderung der Abmessungen wird neu gezeichnet.

`Selectable`

Das Steuerelement kann den Fokus erhalten.

`StandardClick`

standard Click Verhalten

`StandardDoubleClick`

standard Doppelklickverhalten

`SupportsTransparentBackColor`

transparente Hintergrundfarbe

`UserMouse`

Mouse Processing durch das Steuerelement

`UserPaint`

Das Steuerelement zeichnet sich selbst.

Die `ControlStyles UserPaint`, `AllPaintingInWmPaint` und `DoubleBuffer` sollen zusammen verwendet werden. Dadurch bekommt die laufende Anwendung die Kontrolle über den Bildaufbau. Das Bild wird in einem Hintergrundspeicher aufgebaut und dann als Gesamtes auf den Bildschirm übertragen.

Die Anweisungen

```
timr = New System.Timers.Timer(20)
AddHandler timr.Elapsed, AddressOf timer_Elapsed
timr.Start()
```

definieren einen Timer mit einem Intervall von 20 Millisekunden und starten diesen Timer. Dadurch wird der Eventhandler `timer_Elapsed` alle 20 Millisekunden aufgerufen. Unter der Voraussetzung, dass sich wenigstens eine der drei Figuren bewegt, wird durch

```
Invalidate(New Rectangle(20,20,260,260))
```

und den damit verbundenen Aufruf von `OnPaint`, das weiße Rechteck mit den darin befindlichen Figuren bei jedem Aufruf von `timer_Elapsed` neu gezeichnet. Die anschließend aufgerufene Methode `update` verändert die Koordinaten der Figuren. Dabei werden die Variablen `start1`, `start2` und `start3` abgefragt, so dass sich nur die Figuren bewegen, die gestartet worden sind. Die Eventhandler der Buttons setzen die Startvariablen auf `True` oder `False` und ändern den Text der Buttons.

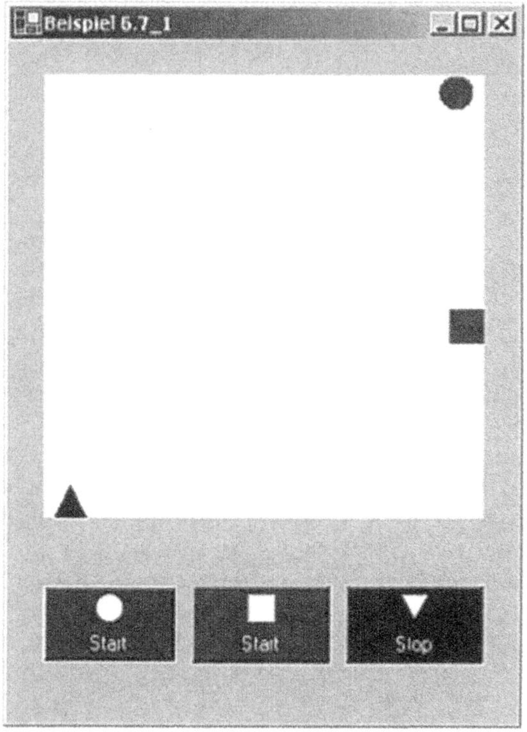

Abbildung 6.7_1

```
' Datei 6.7_1.vb

Imports System
Imports System.Drawing
Imports System.Windows.Forms
Imports System.Timers

Class Haupt
Inherits Form
  Dim but1, but2, but3 As Button
  Dim start1 As Boolean = False
  Dim start2 As Boolean = False
  Dim start3 As Boolean = False
  Dim w1, w2, w3, x1, x2, x3, y1, y2, y3 As Integer
  Dim r As Rectangle
  Dim timr As System.Timers.Timer

  Sub New()
    w1 = 0: x1 = 20: y1 = 20
    w2 = 0: x2 = 40: y2 = 20
```

```
    w3 = 0: x3 = 60: y3 = 20
    Text = "Beispiel 6.7_1"
    ClientSize = New Size(300,400)

    but1 = New Button()
    but1.Bounds = New Rectangle(20,320,80,45)
    but1.Image = New Bitmap("circ.bmp")
    but1.ImageAlign = ContentAlignment.TopCenter
    but1.Text = "Start"
    but1.TextAlign = ContentAlignment.BottomCenter
    but1.BackColor = Color.Red
    but1.ForeColor = Color.White
    AddHandler but1.Click, AddressOf but1_Click

    but2 = New Button()
    but2.Image = New Bitmap("quad.bmp")
    but2.ImageAlign = ContentAlignment.TopCenter
    but2.Text = "Start"
    but2.TextAlign = ContentAlignment.BottomCenter
    but2.BackColor = Color.Green
    but2.ForeColor = Color.White
    but2.Bounds = New Rectangle(110,320,80,45)
    AddHandler but2.Click, AddressOf but2_Click

    but3 = New Button()
    but3.Image = New Bitmap("triang.bmp")
    but3.ImageAlign = ContentAlignment.TopCenter
    but3.Text = "Start"
    but3.TextAlign = ContentAlignment.BottomCenter
    but3.BackColor = Color.Blue
    but3.ForeColor = Color.White
    but3.Bounds = New Rectangle(200,320,80,45)
    AddHandler but3.Click, AddressOf but3_Click

    Controls.AddRange(New Control(){but1, but2, but3})

    r = New Rectangle(20,20,260,260)
    SetStyle(ControlStyles.UserPaint, true)
    SetStyle(ControlStyles.AllPaintingInWmPaint, true)
    SetStyle(ControlStyles.DoubleBuffer, true)

    timr = New System.Timers.Timer(20)
    AddHandler timr.Elapsed, AddressOf timer_Elapsed
    timr.Start()
  End Sub

  Protected Sub timer_Elapsed(Byval o As object, ByVal e As ElapsedEventArgs)
    If start1 Or start2 Or start3 Then
      Invalidate(New Rectangle(20,20,260,260))
      updat()
    End If
```

```
End Sub

Protected Overrides Sub OnPaint(ByVal arg As PaintEventArgs)
  arg.Graphics.FillRectangle(Brushes.White,20,20,260,260)
  arg.Graphics.FillEllipse(Brushes.Red,x1,y1,20,20)
  arg.Graphics.FillRectangle(Brushes.Green,x2,y2,20,20)
  Dim po() As Point = {New Point(x3,y3+20), _
    New Point(x3+20,y3+20),New Point(x3+10,y3)}
  arg.Graphics.FillPolygon(Brushes.Blue, po)
End Sub

Private Sub but1_Click(ByVal o As Object, ByVal e As EventArgs)
  If Not start1 Then
    but1.Text = "Stop"
    start1 = true
  Else
    but1.Text = "Start"
    start1 = False
  End If
End Sub

Private Sub but2_Click(ByVal o As Object, ByVal e As EventArgs)
  If Not start2 Then
    but2.Text = "Stop"
    start2 = true
  Else
    but2.Text = "Start"
    start2 = False
  End If
End Sub

Private Sub but3_Click(ByVal o As Object, ByVal e As EventArgs)
  If Not start3 Then
    but3.Text = "Stop"
    start3 = true
  Else
    but3.Text = "Start"
    start3 = False
  End If
End Sub

Public Sub updat()
  If start1 Then
    Select Case w1
      Case 0
        If x1 < 260 Then x1+=1 Else w1=1
      Case 1
        If y1 < 260 Then y1+=1 Else w1=2
      Case 2
        If x1 >  20 Then x1-=1 Else w1=3
      Case 3
```

```
                If y1 >  20 Then y1-=1 Else w1=0
            End Select
        End If
        If start2 Then
            Select Case w2
                Case 0
                    If x2 < 260 Then x2+=1 Else w2=1
            Case 1
                If y2 < 260 Then y2+=1 Else w2=2
            Case 2
                If x2 >  20 Then x2-=1 Else w2=3
            Case 3
                If y2 >  20 Then y2-=1 Else w2=0
            End Select
        End If
        If start3 Then
            Select Case w3
                Case 0
                    If x3 < 260 Then x3+=1 Else w3=1
                Case 1
                    If y3 < 260 Then y3+=1 Else w3=2
                Case 2
                    If x3 >  20 Then x3-=1 Else w3=3
                Case 3
                    If y3 >  20 Then y3-=1 Else w3=0
            End Select
        End If
    End Sub

    Shared Sub Main()
        Application.Run(New Haupt())
    End Sub
End Class
```

Beispiel 6.7_2 enthält fünf ausgefüllte Kreise, die an der Umrandung des Klientbereichs reflektiert werden. Diese Kreise werden durch die Klasse Ball definiert.

Der Konstruktor der Klasse `Ball`:

```
Sub New( _
  ByVal d As Integer, ByVal c As Color, _
  ByVal vx As Integer, ByVal vy As Integer, _
  ByVal px As Integer, ByVal py As Integer, _
  ByVal b As Integer, ByVal h As Integer)
```

Parameter:

d	Durchmesser
vx, vy	Geschwindigkeit
px, py	Position
b, h	das Rechteck, in dem sich der Ball bewegt

Die Klasse Ball enthält die Methoden update, die die Position des Balles ändert, und draw, die den Ball zeichnet.

Die Anweisungen

```
puffer = New Bitmap(b, h)
gpuffer = Graphics.FromImage(puffer)
```

definieren einen Hintergrundspeicher. OnPaint zeichnet mittels gpuffer sämtliche Bälle in den Hintergrundspeicher und überträgt anschließend mit

```
g.DrawImage(puffer, 0, 0)
```

den Hintergrundspeicher in das Fenster. Die Bälle könnte man, wie im vorigen Beispiel, mit einem Timer in Bewegung setzen. Um eine andere Möglichkeit zu demonstrieren, wird hier ein Thread benutzt.

```
trd = New Thread(New ThreadStart(AddressOf run))
trd.Start()
```

Ein Thread ist eine Instanz der Klasse Thread. Dem Konstruktor wird die Startmethode run übergeben. Die Anweisung thread.Start bewirkt eine Verzweigung des Programms. Einerseits wird die Methode run aufgerufen und andererseits läuft das Programm hinter thread.Start weiter. Die Methode run enthält eine Schleife, die abbricht wenn ende gleich True ist. Beim Beenden des Programms wird ende auf True gesetzt.

```
Protected Sub run()
  While Not ende
    Invalidate()
    Dim i As Integer
    For i=0 To nBall-1
      baelle(i).updat()
    Next
    Thread.Sleep(20)
  End While
End Sub
```

Invalidate ruft OnPaint auf, wodurch die Bälle gezeichnet werden. Anschließend wird mit update die Position der Bälle geändert. Mit Thread.Sleep(20) wird eine Pause von 20 Millisekunden eingelegt. Danach folgt der nächste Schleifendurchlauf.

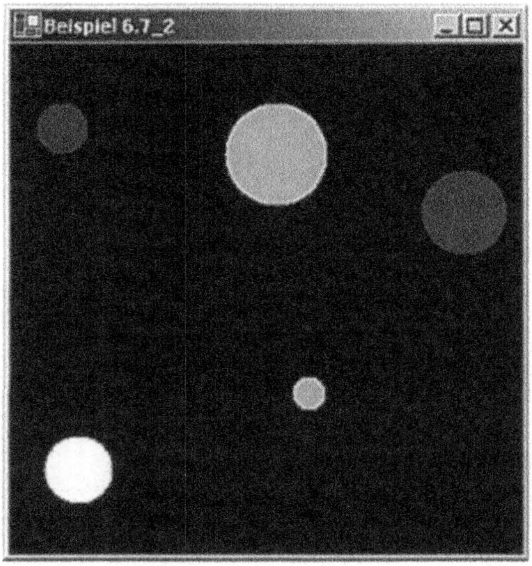

Abbildung 6.7_2

```
' Datei 6.7_2.vb

Imports System
Imports System.Drawing
Imports System.Threading
Imports System.Windows.Forms

Class Haupt
Inherits Form
  Dim nBall, b, h As Integer
  Dim baelle() As Ball
  Dim puffer As Image
  Dim gpuffer As Graphics
  Dim trd As Thread
  Shared ende As Boolean = False

  Sub New()
    Text = "Beispiel 6.7_2"
    b = 300
    h = 300
    ClientSize = New Size(b, h)
    BackColor = Color.Black
    puffer = New Bitmap(b, h)
    gpuffer = Graphics.FromImage(puffer)

    SetStyle(ControlStyles.UserPaint, True)
    SetStyle(ControlStyles.AllPaintingInWmPaint, True)
    SetStyle(ControlStyles.DoubleBuffer, True)
```

```
    nBall = 5
    ReDim baelle(nBall-1)
    baelle(0)=New Ball(20, Color.LightBlue, 1, 5, 100, 10, b, h)
    baelle(1)=New Ball(50, Color.Red, 2, 4, 50, 30, b, h)
    baelle(2)=New Ball(30, Color.Green, 3, 3, 150, 200, b, h)
    baelle(3)=New Ball(40, Color.White, 4, 2, 200, 80, b, h)
    baelle(4)=New Ball(60, Color.LightGreen, 5, 1, 1, 70, b, h)

    trd = New Thread(New ThreadStart(AddressOf run))
    trd.Start()
  End Sub

  Protected Overrides Sub OnPaint(ByVal e As PaintEventArgs)
    Dim g As Graphics = e.Graphics

    gpuffer.Clear(Color.Black)
    Dim i As Integer
    For i=0 To nBall-1
      baelle(i).draw(gpuffer)
    Next
    g.DrawImage(puffer, 0, 0)
  End Sub

  Protected Sub run()
    While Not ende
      Invalidate()
      Dim i As Integer
      For i=0 To nBall-1
        baelle(i).updat()
      Next
      Thread.Sleep(20)
    End While
  End Sub

  Shared Sub Main()
    Application.Run(New Haupt())
    ende = True
  End Sub
End Class

Class Ball
  Protected d, vx, vy, px, py, b, h As Integer
  Protected c As Color

  Sub New( _
  ByVal d As Integer, ByVal c As Color, _
  ByVal vx As Integer, ByVal vy As Integer, _
  ByVal px As Integer, ByVal py As Integer, _
  ByVal b As Integer, ByVal h As Integer)
    Me.d = d
```

```
    Me.c = c
    Me.vx = vx
    Me.vy = vy
    Me.px = px
    Me.py = py
    Me.b = b
    Me.h = h
  End Sub

  Public Sub updat()
    If (px <= 0) Or (px >= b-d) Then vx = -vx
    If (py <= 0) Or (py >= h-d) Then vy = -vy
    px += vx
    py += vy
  End Sub

  Public Sub draw(ByVal g As Graphics)
    g.FillEllipse(New SolidBrush(c), px, py, d, d)
  End Sub
End Class
```

Beispiel 6.7_3 ist eine stark vereinfachte, nicht kriegerische Variante eines bekannten Spiels. Mit Gas gefüllte Luftballons steigen auf. Die dreizackige Gabel, die mit der Maus bewegt werden kann, lässt die Ballons platzen. Wenn 25 Ballons entflogen sind, so hat man verloren. Schafft man es 50 Ballons zerplatzen zu lassen, so hat man gewonnen. Durch Ändern der Konstanten maxentflogen und maxgeplatzt kann die Spielstärke angepasst werden.

Die grafischen Objekte werden durch die Klassen `Gabel` und `Ballon` definiert. Der Konstruktor der Klasse `Gabel` besitzt den Parameter `w`, der die Bewegungsbreite der Gabel repräsentiert. Mit

```
gabl = New Bitmap(Bitmap.FromFile("gabel.bmp"))
```

wird die Datei `gabel.bmp` geladen und als `32*32` Bitmap gespeichert. Die Methode `draw` der Klasse `Gabel` zeichnet die Gabel mit `DrawImage`. Die Position der Gabel ist `xGabel`. Um die Gabel mit der Maus bewegen zu können, verändert der Eventhandler `OnMouseMove` die Variable `xGabel`. Die Anweisung

```
Invalidate(New Rectangle(0, 0, 400, 32))
```

zeichnet nur den Bereich, in dem sich die Gabel bewegt, neu.

Die Ballons werden in einer `ArrayList` gespeichert. Die `ArrayList` dient der Speicherung von Objekten. Die Länge der `ArrayList` ist variabel. Mit `Add` können Objekte hinzugefügt und mit `Remove` können diese wieder entfernt werden. Ein Timer mit einem Intervall von 1500 Millisekunden dient der Erzeugung der Ballons. Der Eventhandler `timr_Elapsed` erzeugt mit

```
balls.Add(New Ballon(Me, 400, 400))
```

einen Ballon und reduziert anschließend das Timerintervall um 100 Millisekunden bis ein Intervall von 400 Millisekunden erreicht ist. Dadurch werden mit fortschreitender Spieldauer die Ballons in immer schnellerer Folge erzeugt. Der Konstruktor der Klasse `Ballon` besitzt die Parameter `ByVal f As Haupt`, `ByVal w As Integer` und `ByVal h As Integer`. Der Parameter `f` ermöglicht den Zugriff auf Mitglieder der Klasse Haupt. Der Bereich, in dem der Ballon aufsteigen kann, ist durch `w` und `h` festgelegt. Der Konstruktor lädt vier Bitmaps. Das Bild des intakten Ballons ist in `ballon.bmp` enthalten. Die drei Bitmaps `ex1.bmp`, `ex2.bmp` und `ex3.bmp` stellen den platzenden Ballon dar. Die Größe der Bitmaps ist `32*32`. Die Hintergrundfarbe der Bitmaps wird mit `MakeTransparent(Color.Black)` transparent gemacht. Dadurch wird vermieden, dass die schwarzen Ecken der Bitmaps bei Überlappungen sichtbar werden. Der Ballon befindet sich an der Position `x, y`. Durch

```
rand = New Random()
x = rand.Next(0, w-32)
```

wird der x-Position eine Pseudozufallszahl zugewiesen. Um den Ballon in Bewegung zu setzen, wird mit

```
thr = New Thread(New ThreadStart(AddressOf ballon_start))
thr.Start()
```

ein Thread, der den Ballon in Bewegung setzt, erzeugt und gestartet. Die Startmethode des Threads durchläuft solange die while-Schleife, bis die Variable `aktiv` der Klasse `Ballon` gleich `False` oder die Variable `ende` der Klasse `Haupt` gleich `True` ist. Wenn ein Ballon platzt oder entfliegt, wird `aktiv` gleich `False` gesetzt und damit wird der Thread des Ballons beendet. Beim Erreichen von `maxentflogen` oder `maxgeplatzt` sowie beim Beenden des Programms wird `ende` gleich `True` gesetzt, wodurch alle noch laufenden Threads abgebrochen werden. Innerhalb der while-Schleife wird überprüft, ob der Ballon an die Gabel stößt. Trifft dies zu, so werden die Bitmaps `ex1` bis `ex3` gezeichnet, und anschließend wird die Variable `geplatzt` der Klasse `Haupt` um eins erhöht und `aktiv` gleich false gesetzt. Andernfalls wird die y-Koordinate des Ballons geändert und überprüft, ob der Ballon den oberen Rand erreicht hat. Mit Erreichen des oberen Randes ist der Ballon entflogen. Die Variable `entflogen` der Klasse `Haupt` wird um eins erhöht und wiederum aktiv gleich `False` gesetzt. Bei jeder Veränderung der Position oder des Aussehens des Ballons veranlasst die Methode ballon_start ein Neuzeichnen des Ballons. Die Anweisungen

```
y -=3
f.Invalidate(New Rectangle(x, y, 32, 32-y+ay))
ay = y
```

zeigen das Charakteristische dieses Vorgangs. Die Variable y stellt die aktuelle y-Position des Ballons dar, während ay die vorherige Position ist. Mit Invalidate wird ein Bereich neu gezeichnet, der gerade so groß ist, dass der Ballon von seiner alten Position verschwindet und an der neuen Position erscheint. Die Anweisungen

```
f.geplatzt+=1
f.Invalidate(New Rectangle(250, 320, 150, 100))
```

und

```
f.entflogen+=1
f.Invalidate(New Rectangle(250, 320, 150, 80))
```

veranlassen das Zeichnen der Anzeige der geplatzten und entflogenen Ballons. Auch hier wird nur der Bereich der Anzeige gezeichnet. Wenn man sich die Methode OnPaint näher ansieht, so fragt man sich, ob das oben geschriebene richtig ist, denn OnPaint zeichnet, solange ende gleich False ist, sämtliche Ballons und die Gabel, es zeichnet immer die Anzeige des Spielstandes und, wenn ende gleich True ist, eins der Worte gewonnen oder verloren. Das Geheimnis liegt bei den Invalidate Anweisungen. Dadurch, dass bei jedem Invalidate ein Rechteck angegeben ist, beschränkt sich der zeitaufwändige Vorgang des Zeichnens auf dieses Rechteck.

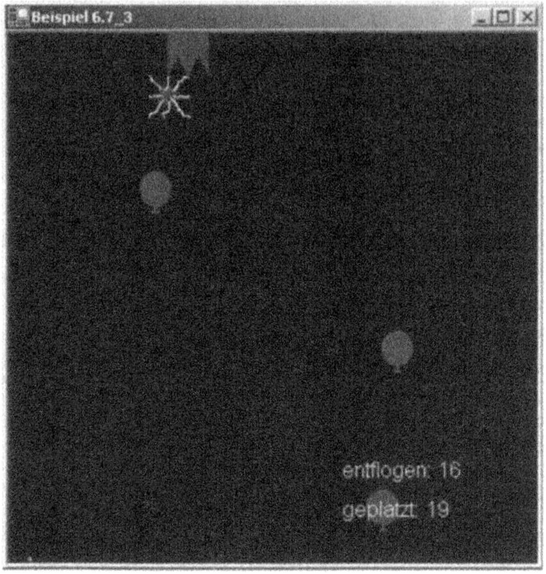

Abbildung 6.7_3

```
' Datei 6.7_3.vb
Imports System
Imports System.Drawing
Imports System.Timers
Imports System.Threading
Imports System.Collections
Imports System.Windows.Forms

Class Haupt
Inherits Form
  Dim gabl As Gabel
  Dim balls As New ArrayList()
  Dim timr As System.Timers.Timer

  Public xGabel = 184, entflogen = 0, geplatzt = 0
  Public Shared ende As Boolean = false
  Const maxentflogen = 25
  Const maxgeplatzt = 50

  Sub New()
    Text = "Beispiel 6.7_3"
    FormBorderStyle = FormBorderStyle.Fixed3D
    ClientSize = New Size(400,400)
    BackColor = Color.Black
    gabl = New Gabel(400)
    timr = New System.Timers.Timer(1500)
    AddHandler timr.Elapsed, AddressOf timr_Elapsed
    timr.Start()
```

```
    SetStyle(ControlStyles.UserPaint, True)
    SetStyle(ControlStyles.AllPaintingInWmPaint, True)
    SetStyle(ControlStyles.DoubleBuffer, True)
  End Sub

  Protected Overrides Sub OnPaint(ByVal e As PaintEventArgs)
    Dim s As String
    Dim g As Graphics = e.Graphics

    If Not ende Then
      Dim i As Integer
      For i=0 To balls.Count-1
        Dim b As Ballon = balls(i)
        If b.aktiv Then
          b.draw(g)
        Else
          balls.Remove(i)
        End If
      Next
      gabl.draw(g, xGabel)

      If entflogen >= maxentflogen Or geplatzt >= maxgeplatzt Then
        ende = True
        Invalidate()
      End If
    End If

    s = "entflogen: " & entflogen.ToString()
    g.DrawString(s, New Font("Arial", 12), Brushes.White, 250, 320)
    s = "geplatzt: " & geplatzt.ToString()
    g.DrawString(s, New Font("Arial", 12), Brushes.White, 250, 350)

    If ende Then
      If entflogen < maxentflogen Then
        s = "gewonnen"
      Else
        s = "verloren"
      End If
      g.DrawString(s, New Font("Arial", 36), Brushes.White, 80, 200)
    End If
  End Sub

  Protected Overrides Sub OnMouseMove(ByVal e As MouseEventArgs)
    xGabel = e.X
    Invalidate(New Rectangle(0, 0, 400, 32))
  End Sub

  Protected Sub timr_Elapsed(ByVal o As object, ByVal e As ElapsedEventArgs)
    balls.Add(New Ballon(Me, 400, 400))
    If timr.Interval > 400 Then timr.Interval -= 100
  End Sub
```

```
  Shared Sub Main()
    Application.Run(New Haupt())
    ende = True
  End Sub
End Class

Class Gabel
  Protected gabl As Bitmap
  Protected w As Integer

  Sub New(ByVal w As Integer)
    Me.w = w
    gabl = New Bitmap(Bitmap.FromFile("gabel.bmp"))
    gabl.MakeTransparent(Color.Black)
  End Sub

  Public Sub draw(ByVal g As Graphics, ByVal x As Integer)
    If x < 16 Then x = 16
    If x > w-16 Then x = w-16
    g.DrawImage(gabl, x-16, 0)
  End Sub
End Class

Class Ballon
  Protected ball, ex1, ex2, ex3 As Bitmap
  Protected thr As Thread
  Protected f As Haupt
  Protected w, h, x, ay, y As Integer
  Protected image As Integer = 0
  Protected rand As Random
  Public aktiv As Boolean = True

  Sub New(ByVal f As Haupt, ByVal w As Integer, ByVal h As Integer)
    Me.w = w
    Me.h = h
    Me.f = f
    y = h - 32
    ay = y
    ball = New Bitmap(Bitmap.FromFile("ballon.bmp"))
    ball.MakeTransparent(Color.Black)
    ex1 = New Bitmap(Bitmap.FromFile("ex1.bmp"))
    ex1.MakeTransparent(Color.Black)
    ex2 = New Bitmap(Bitmap.FromFile("ex2.bmp"))
    ex2.MakeTransparent(Color.Black)
    ex3 = New Bitmap(Bitmap.FromFile("ex3.bmp"))
    ex3.MakeTransparent(Color.Black)

    rand = New Random()
    x = rand.Next(0, w-32)
```

```
    thr = New Thread(New ThreadStart(AddressOf ballon_start))
    thr.Start()
  End Sub

  Protected Sub ballon_start()
    While aktiv And Not Haupt.ende
      If y <= 32 And x > f.xGabel-48 And x < f.xGabel+16 Then
        y = 32
        image = 1
        f.Invalidate(New Rectangle(x, y, 32, 32-y+ay))
        ay = y
        Thread.Sleep(100)
        image = 2
        f.Invalidate(New Rectangle(x, y, 32, 32))
        Thread.Sleep(100)
        image = 3
        f.Invalidate(New Rectangle(x, y, 32, 32))
        Thread.Sleep(100)
        aktiv = false
        f.Invalidate(New Rectangle(x, y, 32, 32))
        f.geplatzt+=1
        f.Invalidate(New Rectangle(250, 320, 150, 100))
      Else
        y -=3
        f.Invalidate(New Rectangle(x, y, 32, 32-y+ay))
        ay = y
        Thread.Sleep(10)
        If y <= 0 Then
          aktiv = false
          f.Invalidate(New Rectangle(x, ay, 32, 32))
          f.entflogen+=1
          f.Invalidate(New Rectangle(250, 320, 150, 80))
        End If
      End If
    End While
  End Sub

  Public Sub draw(ByVal g As Graphics)
    Select Case image
      Case 0
        g.DrawImage(ball, x, y)
      Case 1
        g.DrawImage(ex1, x, y)
      Case 2
        g.DrawImage(ex2, x, y)
      Case 3
        g.DrawImage(ex3, x, y)
    End Select
  End Sub
EndClass
```

Vergleicht man die drei Beispiele hinsichtlich des Bildaufbaus, so sieht man, dass ganz unterschiedliche Methoden verwendet werden. Beispiel 6.7_1 zeichnet einmal pro Timerintervall die gesamte weiße Fläche neu, wobei sämtliche Veränderungen im Bild berücksichtigt werden. Beispiel 6.7_2 zeichnet alle Bälle in einen Hintergrundspeicher und überträgt diesen anschließend auf den Bildschirm. Beispiel 6.7_3 zeichnet immer in dem Moment neu, in dem eine Veränderung des Bildes entsteht. Es wird jedoch nur der Teil des Bildes neu gezeichnet, der sich geändert hat.

6.8 Grafik, Transformationen

Eine Matrix ist ein quadratisches oder rechteckiges Schema von Zahlen. Die in einer Matrix zusammengefassten Zahlen nennt man Koeffizienten oder Elemente der Matrix. Koeffizienten werden mit Indizes bezeichnet. Der Koeffizient $a_{i,j}$ steht in der Zeile i und der Spalte j der Matrix A.

$$\begin{pmatrix} a_{1,1} & a_{1,2} & a_{1,3} \\ a_{2,1} & a_{2,2} & a_{2,3} \end{pmatrix}$$

Die Anzahl der Zeilen und Spalten bezeichnet man als den Rang der Matrix. Die oben dargestellte Matrix besitzt den Rang 2 x 3. Bei einer quadratischen Matrix ist die Anzahl der Zeilen gleich der Anzahl der Spalten. Die Koeffizienten mit gleichen Indizes $a_{1,1}$, $a_{2,2}$, $a_{3,3}$ usw. bilden die Hauptdiagonale. Bei einer Einheitsmatrix sind alle Koeffizienten in der Hauptdiagonalen gleich 1 und alle übrigen Koeffizienten gleich 0.

$$\begin{pmatrix} 1 & 0 & 0 \\ 0 & 1 & 0 \\ 0 & 0 & 1 \end{pmatrix} \quad \text{Einheitsmatrix}$$

Transponiert man eine Matrix, so vertauscht man die Indizes.

$$A = \begin{pmatrix} 1 & 2 \\ 3 & 4 \\ 5 & 6 \end{pmatrix} \qquad A^T = \begin{pmatrix} 1 & 3 & 5 \\ 2 & 4 & 6 \end{pmatrix}$$ transponierte Matrix

Eine Matrix multipliziert man mit einer Zahl, indem man jeden Koeffizienten mit der Zahl multipliziert.

$$\begin{pmatrix} 1 & 2 \\ 0 & 3 \end{pmatrix} * 5 = \begin{pmatrix} 5 & 10 \\ 0 & 15 \end{pmatrix}$$

Matrizen addiert man, indem man Koeffizienten mit gleichen Indizes addiert. Nur Matrizen mit gleichem Rang können addiert werden.

$$\begin{pmatrix} 5 & 4 \\ 1 & 0 \end{pmatrix} + \begin{pmatrix} 2 & 0 \\ 8 & 1 \end{pmatrix} = \begin{pmatrix} 5+2 & 4+0 \\ 1+8 & 0+1 \end{pmatrix} = \begin{pmatrix} 7 & 4 \\ 9 & 1 \end{pmatrix}$$

Die Matrizenmultiplikation C = A * B ist die Summe über j von

$a_{i,j} * b_{j,k}$.

Dies bedeutet:

$c_{i,k} = a_{i,1} * b_{1,k} + a_{i,2} * b_{2,k} + \ldots + a_{i,n} * b_{n,k}$

für $j = 1 \ldots n$

Matrizen können nur dann multipliziert werden, wenn die Anzahl der Spalten der ersten Matrix gleich der Anzahl der Zeilen der zweiten Matrix ist. Als Eselsbrücke zur Bildung der Produktsummen kann man sich merken:

„Man multipliziert Zeile * Spalte."

Die folgende Schreibweise verbessert die Übersichtlichkeit.

B

			1	2	0
			3	4	0
			5	6	1
7	8	0	31	46	0
9	1	0	12	22	0
2	3	1	16	22	1

A C = A * B

Den Koeffizienten $c_{3,2}$ erhält man als Produktsumme der dritten Zeile von A und der zweiten Spalte von B.

$c_{3,2} = 2 * 2 + 3 * 4 + 1 * 6 = 22$

Um zu zeigen, dass A * B in der Regel nicht gleich B * A ist, wird die Multiplikation mit vertauschten Matrizen wiederholt.

A

			7	8	0
			9	1	0
			2	3	1
1	2	0	25	10	0
3	4	0	57	28	0
5	6	1	91	49	1

B $\qquad$ C = B * A

Die Multiplikation der Matrix A mit der Einheitsmatrix I verändert nicht die Matrix A.

$A * I = I * A = A$

Für das Transponieren eines Produktes gilt:

$(A * B)^T = B^T * A^T$

Invertiert man die Matrix A, so erhält man die Inverse A^{-1}. Die Multiplikation

$A^{-1} * A = I$

ergibt die Einheitsmatrix. Man kann dies unter anderem benutzen, um Gleichungssysteme aufzulösen.

$A * X = B$

ist ein Gleichungssystem. A ist die Koeffizientenmatrix. X ist eine n*1 Matrix, die die Unbekannten repräsentiert. B ist die rechte Seite. Dies ist ebenfalls eine n*1 Matrix. Multipliziert man beide Seiten der Gleichung mit A^{-1}, so erhält man:

$A^{-1} * A * X = A^{-1} * B$

Da $A^{-1} * A = I$ und $I * X = X$ ist, bekommt man die Lösung

$X = A^{-1} * B$

Die Klasse `System.Drawing.Drawing2D.Matrix` definiert eine Matrix mit 6 Koeffizienten. Die Instanz

```
Dim A As New Matrix( )
```

entspricht der Matrix

$$\begin{pmatrix} 1 & 3 & 5 \\ 2 & 4 & 6 \\ 0 & 0 & 1 \end{pmatrix}$$

Die dritte Zeile, die immer die Werte 0, 0, 1 enthält, wird nicht gespeichert.

Eigenschaften der Klasse `Matrix`:

```
Elements       ein Single Array mit den Koeffizienten der Matrix
IsIdentity     ist True, wenn die Matrix gleich der Einheitsmatrix ist
IsInvertible   ist True, wenn die Matrix invertiert werden kann
OffsetX        x-Verschiebungswert
OffsetY        y-Verschiebungswert
```

Einige Methoden der Klasse `Matrix`:

Clone	erstellt eine Kopie der Matrix
Equals	prüft auf Gleichheit
Invert	invertiert die Matrix
Multiply	Multiplikation
Reset	macht die Matrix zur Einheitsmatrix
Rotate	Drehung
RotateAt	Drehung ohne Verschiebungsanteile
Scale	Skalierung
Shear	Scherung
Translate	Verschiebung

Die Eigenschaft `Transform` der Klasse `Graphics` besitzt den Datentyp `Matrix`. Diese Matrix transformiert die in einem Fenster ausgegebene Grafik.

Transformationsmethoden der Klasse `Graphics`:

ResetTransform	Transformationsmatrix gleich Einheitsmatrix
RotateTransform	Drehung
ScaleTransform	Skalierung
TranslateTransform	Verschiebung
MultiplyTransform	Multiplikation
TransformPoints	Transformation von Punktkoordinaten

Die Matrix `A` in Beispiel 6.8_1 ist eine Instanz der Klasse `Matrix`. Der Eventhandler des Buttons `aktion` führt nacheinander mehrere Transformationen aus. Diese Transformationen werden durch das schwarze Rechteck grafisch dargestellt. Die dazugehörige Transformationsmatrix wird in einer Messagebox protokolliert. Die erste Abbildung zeigt den nicht transformierten Zustand. `A` ist die Einheitsmatrix. `OnPaint` überträgt `A` zur Transformationsmatrix und zeichnet das Rechteck.

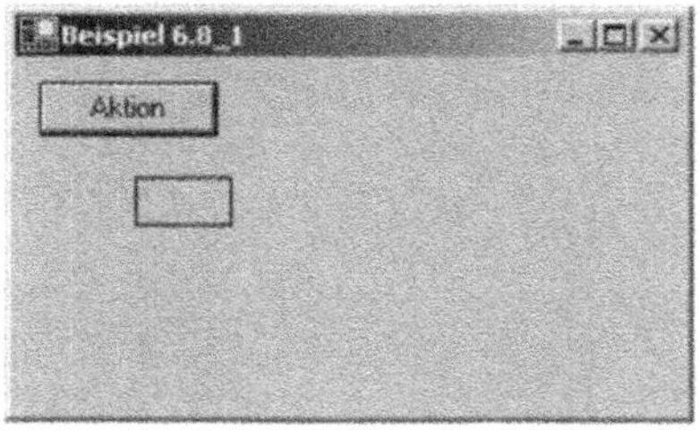

Abbildung 6.8_1a

Eine Drehung des Punktes P um den Winkel α in Matrizenschreibweise:

$$\begin{pmatrix} \cos\alpha & -\sin\alpha & 0 \\ \sin\alpha & \cos\alpha & 0 \\ 0 & 0 & 1 \end{pmatrix} \begin{pmatrix} p_x \\ p_y \\ 1 \end{pmatrix} = \begin{pmatrix} p_x * \cos\alpha - p_y * \sin\alpha \\ p_x * \sin\alpha + p_y * \cos\alpha \\ 1 \end{pmatrix}$$

Die Anweisungen

```
A.Rotate(30f)
Invalidate()
MatrixBox(A, "Drehung um 30 Grad")
```

erstellen eine Transformationsmatrix für eine Drehung um 30 Grad im Uhrzeigersinn, frischen den Fensterinhalt auf und protokollieren die Transformationsmatrix in einer Messagebox.

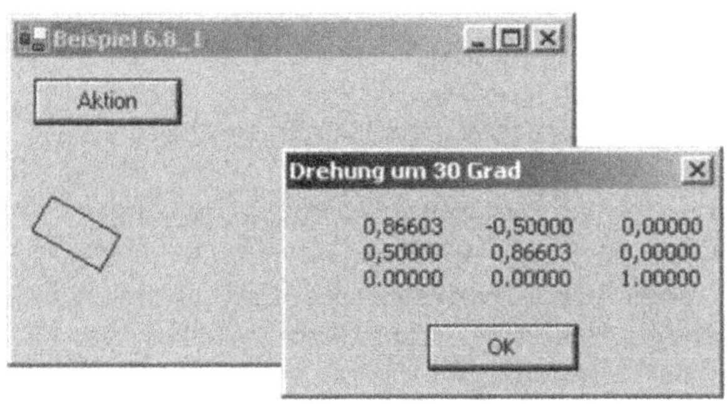

Abbildung 6.8_1b

Eine Verschiebung lässt sich am einfachsten als Addition schreiben:

$$\begin{pmatrix} p_x \\ p_y \end{pmatrix} + \begin{pmatrix} v_x \\ v_y \end{pmatrix} = \begin{pmatrix} p_x + v_x \\ p_y + v_y \end{pmatrix}$$

Eine Folge von Verschiebungen V und Drehungen D, die den Punkt P transformieren, kann dann so aussehen:

$$P' = D_3 (V_2 + D_2 (V_1 + D_1 P))$$

Dieser Term lässt sich nicht zusammenfassen.

Eine Verschiebung kann aber auch durch Multiplikation mit einer 3*3 Matrix berechnet werden.

$$\begin{pmatrix} 1 & 0 & v_x \\ 0 & 1 & v_y \\ 0 & 0 & 1 \end{pmatrix} \begin{pmatrix} p_x \\ p_y \\ 1 \end{pmatrix} = \begin{pmatrix} p_x + v_x \\ p_y + v_y \\ 1 \end{pmatrix}$$

Der entscheidende Vorteil dieser Methode ist, dass nicht nur Verschiebungen und Drehungen sondern alle Transformationen als 3*3 Matrix geschrieben werden können. Dadurch kann man eine beliebige Folge von Transformationen

$$T = T1 * T2 * T3 * T4 * \ldots$$

durch Multiplikation zu einer einzigen Transformationsmatrix T zusammenfassen. Jetzt kann man auf sehr rationelle Weise Punktkoordinaten mit

$$P' = T\,P$$

transformieren.

Die folgenden Anweisungen führen eine Verschiebung unter Benutzung einer 3*3 Matrix aus.

```
A.Reset()
A.Translate(100f, 50f)
Invalidate()
MatrixBox(A, "Verschiebung x:100  y:50")
```

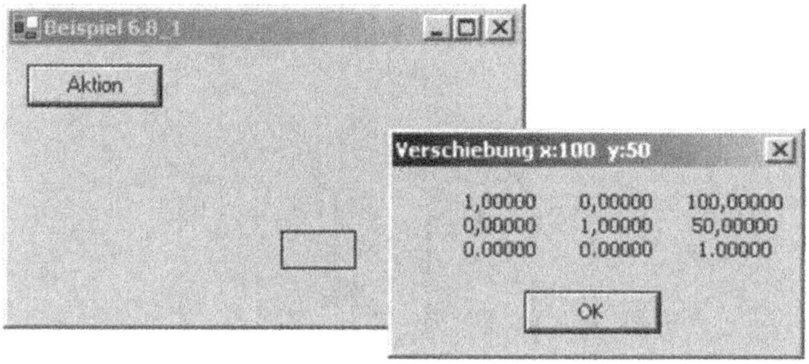

Abbildung 6.8_1c

Die Skalierung:

$$\begin{pmatrix} s_x & 0 & 0 \\ 0 & s_y & 0 \\ 0 & 0 & 1 \end{pmatrix} \begin{pmatrix} p_x \\ p_y \\ 1 \end{pmatrix} = \begin{pmatrix} s_x * p_x \\ s_y * p_y \\ 1 \end{pmatrix}$$

```
A.Reset()
A.Scale(3f, 1.5f)
Invalidate()
MatrixBox(A, "Skalierung x:3  y:1.5")
```

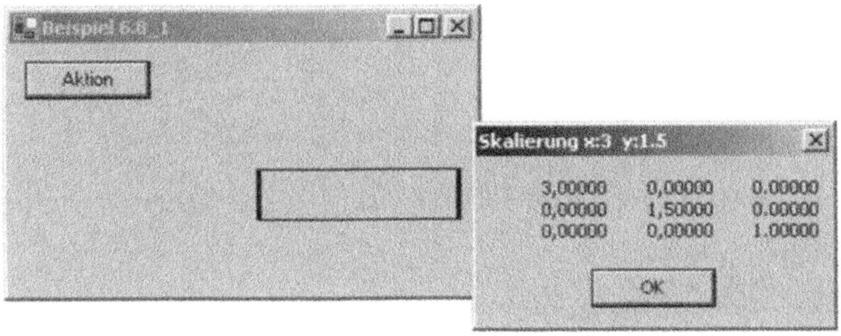

Abbildung 6.8_1d

Die Scherung:

$$\begin{pmatrix} 1 & s_x & 0 \\ s_y & 1 & 0 \\ 0 & 0 & 1 \end{pmatrix} \begin{pmatrix} p_x \\ p_y \\ 1 \end{pmatrix} = \begin{pmatrix} p_x + p_y * s_x \\ p_x * s_y + p_y \\ 1 \end{pmatrix}$$

In den folgenden Anweisungen ist :

$s_x = 0{,}5$ und $s_y = 0{,}3$

```
A.Reset()
A.Shear(0.5f, 0.3f)
Invalidate()
MatrixBox(A, "Scherung x:0.5  y:0.3")
```

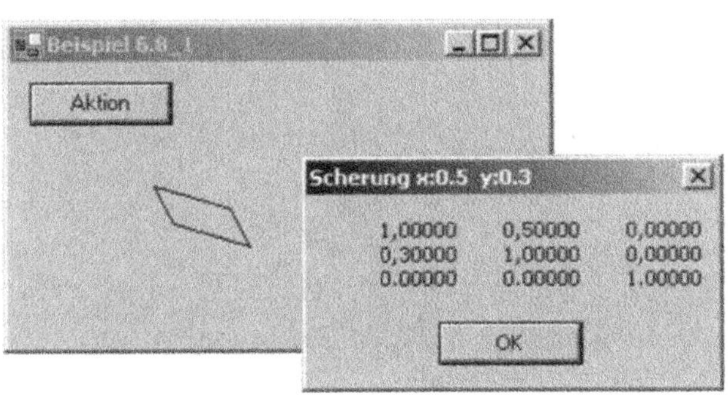

Abbildung 6.8_1e

```
' Datei 6.8_1.vb

Imports System
Imports System.Drawing
Imports System.Drawing.Drawing2D
Imports System.Windows.Forms
Imports Microsoft.VisualBasic

Class Haupt
Inherits Form
  Dim A As New Matrix()
  Sub New()
    Text = "Beispiel 6.8_1"
    ClientSize = New Size(280, 150)

    Dim aktion As New Button()
    aktion.Location = New Point(10, 10)
    aktion.Text = "Aktion"
    AddHandler aktion.Click, AddressOf aktion_Click
    Controls.Add(aktion)
  End Sub

  Protected Sub aktion_Click(ByVal o As object, ByVal e As EventArgs)
    A.Rotate(30f)
    Invalidate()
    MatrixBox(A, "Drehung um 30 Grad")

    A.Reset()
    A.Translate(100f, 50f)
    Invalidate()
    MatrixBox(A, "Verschiebung x:100  y:50")

    A.Reset()
    A.Scale(3f, 1.5f)
    Invalidate()
    MatrixBox(A, "Skalierung x:3  y:1.5")

    A.Reset()
    A.Shear(0.5f, 0.3f)
    Invalidate()
    MatrixBox(A, "Scherung x:0.5  y:0.3")

    A.Reset()
    Invalidate()
  End Sub

  Protected Overrides Sub OnPaint(ByVal e As PaintEventArgs)
    Dim g As Graphics = e.Graphics
    g.Transform = A
    g.DrawRectangle(Pens.Black, 50, 50, 40, 20)
  End Sub
```

```
  Sub MatrixBox(ByVal m As Matrix, ByVal text As String)
    Dim a() As Single = m.Elements
    Dim s(5) As String
    Dim i As Integer
    For i=0 To 5
      s(i) = string.Format("{0:F5}", a(i)).PadLeft(15)
    Next
    MessageBox.Show(Me, _
      s(0) & s(2) & s(4) & VbCrLf & _
      s(1) & s(3) & s(5) & VbCrLf & _
      "        0.00000         0.00000         1.00000" _
      ,text)
  End Sub

  Shared Sub Main()
    Application.Run(New Haupt())
  End Sub
End Class
```

Beispiel 6.8_2 führt die gleichen Transformationen wie Beispiel 6.8_1 aus. Diesmal werden die Transformationen der Klasse `Graphics` benutzt. Da die Klasse `Graphics` keine Scherung anbietet, wird hierzu wieder auf die Klasse `Matrix` zurückgegriffen. Ein Timer wechselt alle zwei Sekunden die Darstellung der Transformation.

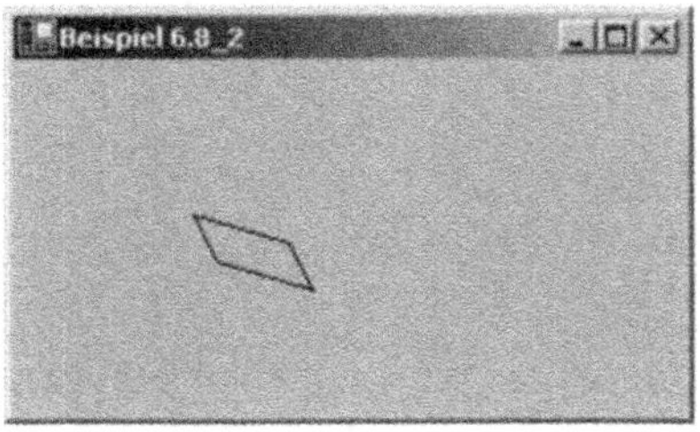

Abbildung 6.8_2

```
' Datei 6.8_2.vb

Imports System
Imports System.Drawing
Imports System.Drawing.Drawing2D
Imports System.Windows.Forms
```

```
Class Haupt
Inherits Form
  Dim trans As Integer = 0
  Dim A As New Matrix()

  Sub New()
    Text = "Beispiel 6.8_2"
    ClientSize = New Size(280, 150)
    Dim timr As New Timer()
    timr.Interval = 2000
    AddHandler timr.Tick, AddressOf timr_Tick
    timr.Start()
  End Sub

  Protected Sub timr_Tick(ByVal o As object, ByVal e As EventArgs)
    Invalidate()
    trans = (trans+1) Mod 5
  End Sub

  Protected Overrides Sub OnPaint(ByVal e As PaintEventArgs)
    Dim g As Graphics = e.Graphics

    Select Case trans
      Case 0
        g.ResetTransform()
      Case 1
        g.ResetTransform()
        g.RotateTransform(30f)
      Case 2
        g.ResetTransform()
        g.TranslateTransform(100f, 50f)
      Case 3
        g.ResetTransform()
        g.ScaleTransform(3f, 1.5f)
      Case 4
        Dim A As New Matrix()
        A.Shear(0.5f, 0.3f)
        g.Transform = A
    End Select

    g.DrawRectangle(Pens.Black, 50, 50, 40, 20)
  End Sub

  Shared Sub Main()
    Application.Run(New Haupt())
  End Sub
End Class
```

Beispiel 6.8_3 berechnet die Transformationen

```
B.Rotate(30f)
B.Translate(100f, 50f, MatrixOrder.Append)
```

und zeichnet die transformierten Koordinatenachsen `X'` und `Y'`. Anschließend wird

```
A.Shear(0.5f, 0.3f)
B.Multiply(A)
```

berechnet. In diesem nochmals transformierten Koordinatensystem werden die Achsen `X''`, `Y''` und ein Rechteck gezeichnet. Das Rechteck wird durch die Scherung zum Parallelogramm. Bei den Transformationen und der Matrizenmultiplikation kann man die Reihenfolge durch das Angeben der `MatrixOrder` wählen. Wird nichts angegeben oder `MatrixOrder.Prepend`, so wird vormultipliziert. Bei `Matrixorder.Append` wird nachmultipliziert. Bezeichnet man die Rotation mit R, die Translation mit T und die Scherung mit S, so ist zuerst

$$B = R$$

und im zweiten Schritt wegen `Matrixorder.Append`

$$B = R\ T.$$

Anschließend wird $A = S$ und $B = A\ B$ ausgeführt. Damit ist am Ende

$$B = S\ R\ T.$$

Die Transformation des Punktes P ist

```
P'' = B P = S R T P = ( S ( R ( T P ) ) ).
```

Die Klammern machen deutlich, dass die Translation zuerst erfolgt, dann die Rotation und zum Schluss die Scherung. Ändert man die Reihenfolge der einzelnen Transformationen, so ändert sich auch die resultierende Transformation.

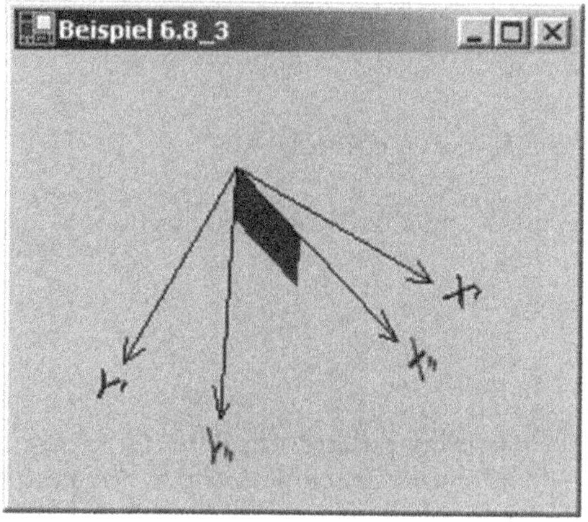

Abbildung 6.8_3

```
' Datei 6.8_3.vb

Imports System
Imports System.Drawing
Imports System.Drawing.Drawing2D
Imports System.Windows.Forms

Class Haupt
Inherits Form
  Dim trans As Integer = 0
  Dim A As New Matrix()
  Sub New()
    Text = "Beispiel 6.8_3"
    ClientSize = New Size(250, 200)
  End Sub

  Protected Overrides Sub OnPaint(ByVal e As PaintEventArgs)
    Dim g As Graphics = e.Graphics

    Dim B As New Matrix()

    B.Rotate(30f)
    B.Translate(100f, 50f, MatrixOrder.Append)

    g.Transform = B
    Achsen(g, "X'", "Y'")

    Dim A As New Matrix()
    A.Shear(0.5f, 0.3f)
```

```
    B.Multiply(A)

    g.Transform = B
    g.FillRectangle(Brushes.Red, 0, 0, 40, 20)
    Achsen(g, "X''", "Y''")
  End Sub

  Sub Achsen(ByVal g As Graphics, ByVal s1 As String, ByVal s2 As String)
    g.DrawLine(Pens.Black, 0, 0, 100, 0)
    g.DrawLine(Pens.Black, 100, 0, 90, 5)
    g.DrawLine(Pens.Black, 100, 0, 90, -5)
    Dim f As New Font("Helvetica", 12)
    g.DrawString(s1, f, Brushes.Black,105, -10)

    g.DrawLine(Pens.Black, 0, 0, 0, 100)
    g.DrawLine(Pens.Black, 0, 100, 5, 90)
    g.DrawLine(Pens.Black, 0, 100, -5, 90)
    g.DrawString(s2, f, Brushes.Black, -10, 105)
  End Sub

  Shared Sub Main()
    Application.Run(New Haupt())
  End Sub
End Class
```

Die Anweisungen

```
A.RotateAt(30f, New PointF(50f, 0f))
A.Translate(100f, 50f, MatrixOrder.Append)
```

in Beispiel 6.8_4 bewirken, dass A = R T ist. Die Translation wird zuerst ausgeführt. Danach erfolgt eine Drehung um 30 Grad um den Punkt (50, 0) bezüglich des verschobenen Koordinatensystems. Zum Schluss wird mit

```
A.Invert()
g.MultiplyTransform(A)
```

die Inverse von A und das Produkt A^{-1} A berechnet. Damit wird A zur Einheitsmatrix, und dadurch wird das zuletzt gezeichnete Rechteck im nicht transformierten Koordinatensystem gezeichnet.

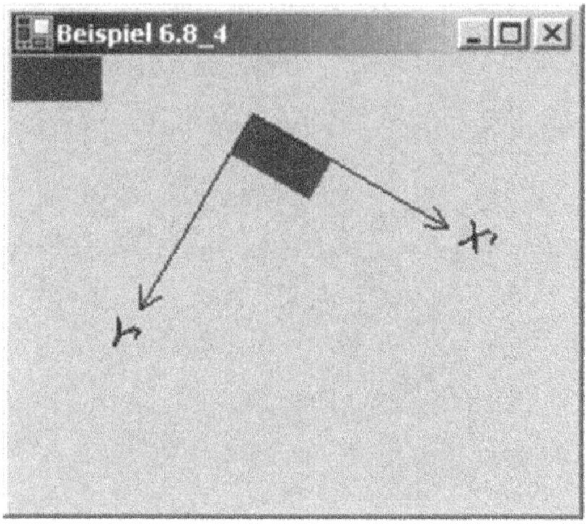

Abbildung 6.8_4

```
' Datei 6.8_4.vb

Imports System
Imports System.Drawing
Imports System.Drawing.Drawing2D
Imports System.Windows.Forms

Class Haupt
Inherits Form
  Dim trans As Integer = 0
  Dim A As New Matrix()
  Sub New()
    Text = "Beispiel 6.8_4"
    ClientSize = New Size(250, 200)
  End Sub

  Protected Overrides Sub OnPaint(ByVal e As PaintEventArgs)
    Dim g As Graphics = e.Graphics

    Dim A As New Matrix()
    A.RotateAt(30f, New PointF(50f, 0f))
    A.Translate(100f, 50f, MatrixOrder.Append)

    g.Transform = A
    g.FillRectangle(Brushes.Red, 0, 0, 40, 20)
    Achsen(g, "X'", "Y'")

    A.Invert()
    g.MultiplyTransform(A)
    g.FillRectangle(Brushes.Green, 0, 0, 40, 20)
```

```
  End Sub

  Sub Achsen(ByVal g As Graphics, ByVal s1 As String, ByVal s2 As String)
    Dim f As New Font("Helvetica", 12)

    g.DrawLine(Pens.Black, 0, 0, 100, 0)
    g.DrawLine(Pens.Black, 100, 0, 90, 5)
    g.DrawLine(Pens.Black, 100, 0, 90, -5)
    g.DrawString(s1, f, Brushes.Black,105, -10)

    g.DrawLine(Pens.Black, 0, 0, 0, 100)
    g.DrawLine(Pens.Black, 0, 100, 5, 90)
    g.DrawLine(Pens.Black, 0, 100, -5, 90)
    g.DrawString(s2, f, Brushes.Black, -10, 105)
  End Sub

  Shared Sub Main()
    Application.Run(New Haupt())
  End Sub
End Class
```

Beispiel 6.8_5 führt die Transformationen

```
A.Translate(20f, 20f)
A.Shear(0.2588f, 0.2588f)
```

aus, wodurch A = S T wird. Die Wirkung auf die transformierten Punkte tritt also in der Reihenfolge Translation, Scherung auf. Das große Parallelogramm ist ein transformiertes Rechteck. Die Methode `OnMouseMove` speichert die Mauskoordinaten `xm`, `ym` bei jeder Bewegung der Maus. Das Ziel besteht darin, das kleine Parallelogramm beim Bewegen der Maus an den Ecken und Seitenmitten des großen Parallelogramms einrasten zu lassen. Die Koordinaten dieser Stellen sind im Punktarray `p` gespeichert. Da das große Parallelogramm transformiert gezeichnet worden ist, können die Mauskoordinaten nicht direkt mit den Punktkoordinaten verglichen werden. Die Anweisungen

```
pm(0).X = xm
pm(0).Y = ym
g.TransformPoints( _
  CoordinateSpace.World, CoordinateSpace.Device, pm)
```

transformieren die Mauskoordinaten. Jetzt können die Mauskoordinaten mit den Punktkoordinaten verglichen werden. Das kleine Parallelogramm rastet an den gewünschten Stellen ein.

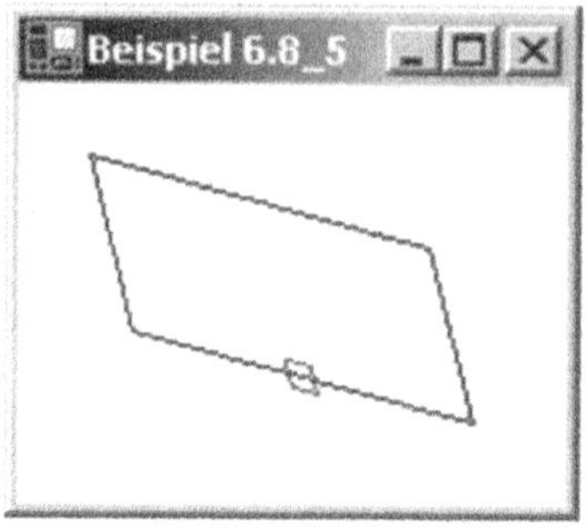

Abbildung 6.8_5

```
' Datei 6.8_5.vb

Imports System
Imports System.Drawing
Imports System.Drawing.Drawing2D
Imports System.Windows.Forms

Class Haupt
Inherits Form
  Dim p(7) As Point
  Dim pm(0) As Point
  Dim xm As Integer = 0, ym As Integer = 0
  Dim A As New Matrix()

  Sub New()
    Text = "Beispiel 6.8_5"
    ClientSize = New Size(160, 120)
    BackColor = Color.White

    SetStyle(ControlStyles.UserPaint, True)
    SetStyle(ControlStyles.AllPaintingInWmPaint, True)
    SetStyle(ControlStyles.DoubleBuffer, True)

    p(0) = New Point(  0, 0)
    p(1) = New Point( 50, 0)
    p(2) = New Point(100, 0)
    p(3) = New Point(  0, 50)
    p(4) = New Point( 50, 50)
    p(5) = New Point(100, 50)
    p(6) = New Point(  0, 25)
    p(7) = New Point(100, 25)
  End Sub
```

```
  Protected Overrides Sub OnPaint(ByVal e As PaintEventArgs)
    Dim g As Graphics = e.Graphics
    Dim i, dx, dy, d0, di, x0, y0,xi, yi As Integer

    Dim A As New Matrix()

    A.Translate(20f, 20f)
    A.Shear(0.2588f, 0.2588f)
    g.Transform = A
    g.DrawRectangle(Pens.Black, 0, 0, 100, 50)

    pm(0).X = xm
    pm(0).Y = ym
    g.TransformPoints( _
      CoordinateSpace.World, CoordinateSpace.Device, pm)

    x0 = p(0).X
    y0 = p(0).Y
    dx = pm(0).X-x0
    dy = pm(0).Y-y0
    d0 = dx*dx+dy*dy

    For i = 1 To 7
      xi = p(i).X
      yi = p(i).Y
      dx = pm(0).X-xi
      dy = pm(0).Y-yi
      di = dx*dx+dy*dy
      If di<d0 Then
        d0 = di
        x0 = xi
        y0 = yi
      End If
    Next

    g.DrawRectangle(Pens.Red, x0-4, y0-4, 8, 8)
  End Sub

  Protected Overrides Sub OnMouseMove(ByVal e As MouseEventArgs)
    xm = e.X
    ym = e.Y
    Invalidate()
  End Sub

  Shared Sub Main()
    Application.Run(New Haupt())
  End Sub
End Class
```

6.9 Grafik, 3D mit OpenGL

OpenGL ist eine Entwicklungsumgebung für interaktive 2D und 3D Grafikanwendungen. Mit Hilfe von Dll-Importen aus den Dateien `opengl32.dll` und `glu32.dll` und durch die Definition einiger Konstanten kann OpenGL mit VisualBasic .NET benutzt werden. Da OpenGL sehr umfangreich ist und hier nur der Weg zu OpenGL gewiesen wird, ist die im Anschluss beschriebene Schnittstelle stark eingeschränkt. Wer sich jedoch für OpenGL interessiert, kann die Schnittstelle ohne große Schwierigkeiten selbst erweitern.

Bevor man OpenGL Grafiken darstellen kann, benötigt man einen Devicecontext, der auf einem OpenGL Pixelformat beruht. Diese Aufgabe lässt sich mit C++ bewältigen. Die Datei `initgl.cpp` definiert die Funktion `initGL`, die mit wenigen Anweisungen das gewohnte mit VisualBasic .NET erstellte Fenster OpenGL tauglich macht. Die unten abgebildete Fassung von `initgl.cpp` ist mit Visual C++ 6.0 zur Datei `initgl.dll` kompiliert worden. Um einen Dll-Import zu ermöglichen, muss die Datei `initgl.def` mitkompiliert werden. Dem Linker müssen die Bibliotheken `opengl32.lib` und `glu32.lib` angegeben werden. Die Parameter der Funktion `initGL` werden im Zusammenhang mit Beispiel 6.9_1 erläutert.

```
// initgl.cpp

#include "stdafx.h"

int APIENTRY initGL
  (HDC DC, DWORD flags,BYTE type, BYTE cBits, BYTE dBits)
{
   PIXELFORMATDESCRIPTOR px;
   memset(&px, 0, sizeof(px));
   px.nSize        = sizeof(px);
   px.nVersion     = 1;
   px.dwFlags      = flags;
   px.iPixelType   = type;
   px.cColorBits   = cBits;
   px.cDepthBits   = dBits;

   int pf = ChoosePixelFormat(DC, &px);
   if(pf == 0)return 0;
   if(!SetPixelFormat(DC, pf, &px))return 0;
   HGLRC RC = wglCreateContext(DC);
   if(RC == NULL)return 0;
   if(!wglMakeCurrent(DC, RC))return 0;

   return 1;
}
```

Die Datei initgl.def:

```
; initgl.def

LIBRARY      "initgl"

EXPORTS
   initGL     @1
```

Die benötigten Konstanten und Dll-Importe werden in den Dateien `gl.vb` und `glu.vb` gesammelt.

```
' Datei gl.vb

Imports System
Imports System.Runtime.InteropServices

Public Class gl
    Public Const PFD_DOUBLEBUFFER          As Integer = &H00000001
    Public Const PFD_DRAW_TO_WINDOW        As Integer = &H00000004
    Public Const PFD_SUPPORT_OPENGL        As Integer = &H00000020

  Public Const GL_DEPTH_BUFFER_BIT       As Integer = &H00000100
  Public Const GL_COLOR_BUFFER_BIT       As Integer = &H00004000

  Public Const GL_FRONT                  As Short = &H0404

  Public Const GL_POINTS                 As Short = &H0000
  Public Const GL_LINES                  As Short = &H0001
  Public Const GL_LINE_LOOP              As Short = &H0002
  Public Const GL_LINE_STRIP             As Short = &H0003
  Public Const GL_TRIANGLES              As Short = &H0004
  Public Const GL_TRIANGLE_STRIP         As Short = &H0005
  Public Const GL_TRIANGLE_FAN           As Short = &H0006
  Public Const GL_QUADS                  As Short = &H0007
  Public Const GL_QUAD_STRIP             As Short = &H0008
  Public Const GL_POLYGON                As Short = &H0009

  Public Const GL_LIGHTING               As Short = &H0B50
  Public Const GL_DEPTH_TEST             As Short = &H0B71
  Public Const GL_MATRIX_MODE            As Short = &H0BA0
  Public Const GL_NORMALIZE              As Short = &H0BA1
  Public Const GL_MODELVIEW_MATRIX       As Short = &H0BA6
  Public Const GL_PROJECTION_MATRIX      As Short = &H0BA7
  Public Const GL_DOUBLEBUFFER           As Short = &H0C32

  Public Const GL_LIGHT0                 As Short = &H4000
  Public Const GL_LIGHT1                 As Short = &H4001
  Public Const GL_LIGHT2                 As Short = &H4002
  Public Const GL_LIGHT3                 As Short = &H4003
```

```
Public Const GL_LIGHT4                  As Short = &H4004
Public Const GL_LIGHT5                  As Short = &H4005
Public Const GL_LIGHT6                  As Short = &H4006
Public Const GL_LIGHT7                  As Short = &H4007

Public Const GL_AMBIENT                 As Short = &H1200
Public Const GL_DIFFUSE                 As Short = &H1201
Public Const GL_SPECULAR                As Short = &H1202
Public Const GL_POSITION                As Short = &H1203
Public Const GL_SPOT_DIRECTION          As Short = &H1204
Public Const GL_SPOT_EXPONENT           As Short = &H1205
Public Const GL_SPOT_CUTOFF             As Short = &H1206
Public Const GL_CONSTANT_ATTENUATION    As Short = &H1207
Public Const GL_LINEAR_ATTENUATION      As Short = &H1208
Public Const GL_QUADRATIC_ATTENUATION As Short = &H1209

Public Const GL_COMPILE                 As Short = &H1300
Public Const GL_COMPILE_AND_EXECUTE     As Short = &H1301

Public Const GL_EMISSION                As Short = &H1600
Public Const GL_SHININESS               As Short = &H1601
Public Const GL_AMBIENT_AND_DIFFUSE     As Short = &H1602

Public Const GL_MODELVIEW               As Short = &H1700
Public Const GL_PROJECTION              As Short = &H1701

Public Const GL_FLAT                    As Short = &H1D00
Public Const GL_SMOOTH                  As Short = &H1D01


   Declare Function initGL Lib "initgl.dll" _
      (ByVal DC As IntPtr, ByVal flags As Integer, ByVal type As Byte, ByVal
cBits As Byte, ByVal dBits As Byte) As Boolean
   Declare Sub SwapBuffers Lib "gdi32.dll" (ByVal DC As IntPtr)

  Declare Sub glBegin Lib "opengl32.dll" (ByVal mode As Integer)
  Declare Sub glCallList Lib "opengl32.dll" (ByVal list As Integer)
  Declare Sub glClear Lib "opengl32.dll" (ByVal mask As Integer)
  Declare Sub glClearColor Lib "opengl32.dll" (ByVal red As Single, ByVal green
As Single, ByVal blue As Single, ByVal alpha As Single)
  Declare Sub glColor3f Lib "opengl32.dll" (ByVal red As Single, ByVal green As
Single, ByVal blue As Single)
  Declare Sub glColor3fv Lib "opengl32.dll" (ByVal v() As Single)
  Declare Sub glDisable Lib "opengl32.dll" (ByVal cap As Integer)
  Declare Sub glEnable Lib "opengl32.dll" (ByVal cap As Integer)
  Declare Sub glEnableClientState Lib "opengl32.dll" (ByVal array As Integer)
  Declare Sub glEnd Lib "opengl32.dll" ()
  Declare Sub glEndList Lib "opengl32.dll" ()
  Declare Sub glFinish Lib "opengl32.dll" ()
  Declare Sub glFlush Lib "opengl32.dll" ()
```

```
  Declare Sub glFrustum Lib "opengl32.dll" (ByVal left As Double, ByVal right As
Double, ByVal bottom As Double, ByVal top As Double, ByVal zNear As Double, ByVal
zFar As Double)
  Declare Function glGenLists Lib "opengl32.dll" (ByVal range As Integer) As
Integer
  Declare Sub glGetFloatv Lib "opengl32.dll" (ByVal pname As Integer, ByVal
parms() As Single)
  Declare Sub glGetLightfv Lib "opengl32.dll" (ByVal light As Integer, ByVal
pname As Integer, ByVal parms() As Single)
  Declare Sub glLightf Lib "opengl32.dll" (ByVal light As Integer, ByVal pname As
Integer, ByVal param As Single)
  Declare Sub glLightfv Lib "opengl32.dll" (ByVal light As Integer, ByVal pname
As Integer, ByVal parms() As Single)
  Declare Sub glLoadIdentity Lib "opengl32.dll" ()
  Declare Sub glLoadMatrixf Lib "opengl32.dll" (ByVal m() As Single)
  Declare Sub glLoadName Lib "opengl32.dll" (ByVal name As Integer)
  Declare Sub glLogicOp Lib "opengl32.dll" (ByVal opcode As Integer)
  Declare Sub glMaterialf Lib "opengl32.dll" (ByVal face As Integer, ByVal pname
As Integer, ByVal param As Single)
  Declare Sub glMaterialfv Lib "opengl32.dll" (ByVal face As Integer, ByVal pname
As Integer, ByVal parms() As Single)
  Declare Sub glMatrixMode Lib "opengl32.dll" (ByVal mode As Integer)
  Declare Sub glMultMatrixf Lib "opengl32.dll" (ByVal m() As Single)
  Declare Sub glNewList Lib "opengl32.dll" (ByVal list As Integer, ByVal mode As
Integer)
  Declare Sub glNormal3f Lib "opengl32.dll" (ByVal nx As Single, ByVal ny As
Single, ByVal nz As Single)
  Declare Sub glNormal3fv Lib "opengl32.dll" (ByVal v() As Single)
  Declare Sub glOrtho Lib "opengl32.dll" (ByVal left As Double, ByVal right As
Double, ByVal bottom As Double, ByVal top As Double, ByVal zNear As Double, ByVal
zFar As Double)
  Declare Sub glPopMatrix Lib "opengl32.dll" ()
  Declare Sub glPushMatrix Lib "opengl32.dll" ()
  Declare Function glRenderMode Lib "opengl32.dll" (ByVal mode As Integer) As
Integer
  Declare Sub glRotatef Lib "opengl32.dll" (ByVal angle As Single, ByVal x As
Single, ByVal y As Single, ByVal z As Single)
  Declare Sub glScalef Lib "opengl32.dll" (ByVal x As Single, ByVal y As Single,
ByVal z As Single)
  Declare Sub glShadeModel Lib "opengl32.dll" (ByVal mode As Integer)
  Declare Sub glTranslatef Lib "opengl32.dll" (ByVal x As Single, ByVal y As
Single, ByVal z As Single)
  Declare Sub glVertex3f Lib "opengl32.dll" (ByVal x As Single, ByVal y As
Single, ByVal z As Single)
  Declare Sub glVertex3fv Lib "opengl32.dll" (ByVal v() As Single)
  Declare Sub glViewport Lib "opengl32.dll" (ByVal x As Integer, ByVal y As
Integer, ByVal width As Integer, ByVal height As Integer)
End Class
```

```
' Datei glu.vb

Imports System
Imports System.Runtime.InteropServices

Public Class glu
    Declare Sub gluOrtho2D Lib "glu32.dll" _
        (ByVal left As Double, ByVal right As Double, _
        ByVal bottom As Double, ByVal top As Double)

    Declare Sub gluPerspective Lib "glu32.dll" _
        (ByVal fovy As Double, ByVal aspect As Double, _
        ByVal zNear As Double, ByVal zFar As Double)

    Declare Sub gluLookAt Lib "glu32.dll" _
        (ByVal eyex As Double, ByVal eyey As Double, _
        ByVal eyez As Double, ByVal centerx As Double, _
        ByVal centery As Double, ByVal centerz As Double, _
        ByVal upx As Double, ByVal upy As Double, ByVal upz As Double)
End Class
```

Beispiel 6.9_1 initialisiert ein OpenGL Fenster und zeichnet ein Quadrat mit einem Farbverlauf. Wegen der bereits getroffenen Vorbereitungen erfordert die Initialisierung nur wenige Programmzeilen. Die Anweisungen

```
Dim g As Graphics = CreateGraphics()
Dim DC As IntPtr = g.GetHdc()
```

ermitteln den Devicecontext `DC`, der der Funktion `initGL` mit

```
Dim ok As Boolean = gl.initGL(DC, _
  gl.PFD_DRAW_TO_WINDOW Or gl.PFD_SUPPORT_OPENGL, 0, 24, 32)
```

übergeben wird. Der zweite Parameter von `initGL` ist eine Folge von bitweise oder verknüpften Flags, die bedeuten, dass in ein Fenster mit OpenGL Unterstützung gezeichnet wird. Der Parameter `type` wird auf `0` gesetzt. Demzufolge werden Farben als RGBA mit Rot-, Grün-, Blau- und Alphawert definiert. Der Parameter `cBits` bezeichnet die Farbtiefe, die hier auf 24 Bit gesetzt wird. Zum Schluss wird die Tiefeninformation `dBits` mit 32 Bit festgelegt. Ein Devicecontext muss mit

```
g.ReleaseHdc(DC)
```

freigegeben werden, sobald er nicht mehr benutzt wird. Damit ist die Initialisierung abgeschlossen und dem Programmieren von OpenGL Grafiken steht nichts mehr im Wege.

Zuerst wird die Hintergrundfarbe Schwarz festgelegt.

```
gl.glClearColor(0f,0f,0f,0f)
```

Da Farben im RGBA System angegeben werden, ist die Bedeutung der Parameter Rot, Grün, Blau und Alpha. Als ShadeModel stehen GL_FLAT und GL_SMOOTH zur Verfügung. Beim Flatshading sind Farbe und Helligkeit innerhalb einer Fläche konstant. Smoothshading erlaubt Farbverläufe, Helligkeits-unterschiede innerhalb einer Fläche und Lichtreflexe. Mit

```
gl.glShadeModel(gl.GL_SMOOTH)
```

wird Smoothshading eingestellt. Die nächsten Anweisungen legen die Art der Projektion fest.

```
gl.glMatrixMode(gl.GL_PROJECTION)
gl.glLoadIdentity()
gl.glOrtho(0.0,1.0,0.0,1.0,-1.0,1.0)
gl.glMatrixMode(gl.GL_MODELVIEW)
```

Um auf die Projektionsmatrizen zugreifen zu können, muss der Matrix-Mode auf GL_PROJECTION eingestellt werden. Die Projektionsmatrix wird durch `glLoadIdentity` zur Einheitsmatrix. Anschließend wird mit `glOrtho` eine rechtwinklige Parallelprojektion eingestellt. Das Koordinatensystem ist ein orthogonales Rechtssystem. Die x-Achse weist nach rechts, y nach oben und z aus der Bildebene heraus nach vorne. Die ersten vier Parameter haben die Bedeutung links, rechts, unten und oben. In der Projektionsfläche ist

```
links  x = 0
rechts x = 1
unten  y = 0
oben   y = 1
```

Die beiden letzten Parameter legen die Clipping-Ebenen auf der z-Achse fest. Der Bereich von -1 bis +1 wird dargestellt. Jetzt muss der `MatrixMode` `GL_MODELVIEW` eingestellt werden, damit Gegenstände dargestellt werden können. Die Methode `OnPaint` definiert ein Polygon.

```
gl.glClear (gl.GL_COLOR_BUFFER_BIT)
gl.glBegin(gl.GL_POLYGON)
  gl.glColor3f(1f,0f,0f)
  gl.glVertex3f(0.25f,0.25f,0f)
  gl.glColor3f(0f,1f,0f)
  gl.glVertex3f(0.75f,0.25f,0f)
  gl.glColor3f(0f,0f,1f)
  gl.glVertex3f(0.75f,0.75f,0f)
  gl.glColor3f(1f,1f,0f)
  gl.glVertex3f(0.25f,0.75f,0f)
gl.glEnd()
```

Zunächst wird das Fenster durch `glClear` mit der Hintergrundfarbe gefüllt. Mit `glBegin` beginnt die Definition des Polygons. Die Farben der Ecken werden mit `glColor3f` und die Koordinaten der Ecken mit `glVertex3f` festgelegt. Wird nur eine Farbe angegeben, so gilt diese für alle Ecken. Hier ist für jede Ecke eine andere Farbe angegeben, so dass sich über die Fläche hinweg ein Farbverlauf bildet. Die Definition des Polygons endet mit `glEnd`. Jetzt muss nur noch mit `glFlush` der Grafikpuffer auf den Bildschirm übertragen werden, und die definierte Figur wird sichtbar. Das Beispiel wird mithilfe der im Abschnitt 1.2 erläuterten Batchdatei `vbwin.bat` übersetzt

```
vbwin /r:gl.dll 6.9_1.vb
```

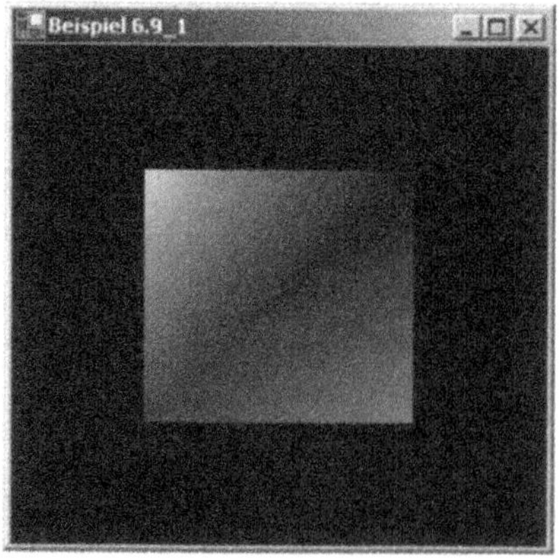

Abbildung 6.9_1

```
' Datei 6.9_1.vb

Imports System
Imports System.Drawing
Imports System.Windows.Forms
Imports System.Runtime.InteropServices

Class Haupt
Inherits Form
  Sub New()
    Text = "Beispiel 6.9_1"
    Dim g As Graphics = CreateGraphics()
    Dim DC As IntPtr = g.GetHdc()
    Dim ok As Boolean = gl.initGL(DC, _
      gl.PFD_DRAW_TO_WINDOW Or gl.PFD_SUPPORT_OPENGL, 0, 24, 32)
    g.ReleaseHdc(DC)
    If Not ok Then
      MessageBox.Show("Initialisierung fehlgeschlagen")
      Close()
    End If

    gl.glClearColor(0f,0f,0f,0f)
    gl.glShadeModel(gl.GL_SMOOTH)
    gl.glMatrixMode(gl.GL_PROJECTION)
    gl.glLoadIdentity()
    gl.glOrtho(0.0,1.0,0.0,1.0,-1.0,1.0)
    gl.glMatrixMode(gl.GL_MODELVIEW)
  End Sub

  Protected Overrides Sub OnPaint(ByVal e As PaintEventArgs)
    gl.glClear (gl.GL_COLOR_BUFFER_BIT)
    gl.glBegin(gl.GL_POLYGON)
      gl.glColor3f(1f,0f,0f)
      gl.glVertex3f(0.25f,0.25f,0f)
      gl.glColor3f(0f,1f,0f)
      gl.glVertex3f(0.75f,0.25f,0f)
      gl.glColor3f(0f,0f,1f)
      gl.glVertex3f(0.75f,0.75f,0f)
      gl.glColor3f(1f,1f,0f)
      gl.glVertex3f(0.25f,0.75f,0f)
    gl.glEnd()
    gl.glFlush()
  End Sub

  Shared Sub Main()
    Application.Run(new Haupt())
  End Sub
End Class
```

Die Initialisierung ist bei Beispiel 6.9_2 geringfügig anders, als beim vorigen Beispiel. Der Funktion `initGL` wird als zusätzliches Flag `PFD_DOUBLEBUFFER` übergeben. Dadurch wird das Bild im Hintergrund aufgebaut und quasi an einem Stück mit `SwapBuffers` auf den Bildschirm übertragen. Als `ShadeModel` wird `GL_FLAT` verwendet. Die zusätzliche Anweisung

```
gl.glEnable(gl.GL_DEPTH_TEST)
```

bewirkt, dass die Tiefeninformation gespeichert und ausgewertet wird, die OpenGL in die Lage versetzt zu erkennen, welche Teile einer Figur verdeckt sind. Die Methode `figur` definiert einen Würfel mit verschiedenfarbigen Flächen. Statt des Polygons wird hier das Recheck `GL_QUADS` benutzt. `OnPaint` wird nicht mehr durch `Invalidate` aus dem Programm heraus aufgerufen, sondern nur noch, wenn Windows von sich aus eine `WM_PAINT` Nachricht sendet. Da dies beim Programmstart und einigen anderen Gelegenheiten vorkommt, kann nicht auf `OnPaint` verzichtet werden. Die Arbeit der Transformation und Darstellung des Bildes übernimmt die Methode `zeichne`. Dadurch wird ein Neuzeichnen des Bildes ermöglicht, das ausschließlich der Kontrolle von OpenGL unterliegt. Ein Nachteil, der im vorigen Beispiel beim Vergrößern und Verkleinern des Fensters zu Tage tritt, wird durch `OnResize` ausgeräumt. Die Methoden `OnMouseDown` und `OnMouseMove` fragen die Mauskoordinaten und Mausknöpfe ab, so dass das Bild gedreht, verschoben und skaliert werden kann.

Betrachtet man `OnMouseDown` und `OnMouseMove` näher, so sieht man, dass bei jedem Drücken einer Taste die Mauskoordinaten in `m_x1` und `m_y1` gespeichert werden. Beim Bewegen der Maus werden die Koordinaten in `m_x2` und `m_y2` gespeichert. Anschließend werden die Mausknöpfe abgefragt und die Variablen `px`, `py`, `size`, `x0` und `y0` in Abhängigkeit von der Differenz der Mauskoordinaten verändert. Nach dem Drücken des linken Mausknopfes kann der Würfel durch Bewegen der Maus gedreht werden. Mit dem mittleren Mausknopf kann man den Würfel skalieren, und mit dem rechten Mausknopf kann man ihn verschieben. In der Methode `zeichne` laufen sämtliche Fäden zusammen. Hier werden die Projektion, die Blickrichtung und die Transformation des Würfels festgelegt. Danach wird der Würfel durch den Aufruf von `figur` und `SwapBuffers` dargestellt.

Bei der hier verwendeten perspektivischen Projektion wird ein Punkt an der Stelle in der Projektionsebene abgebildet, an der der Sehstrahl vom Auge zum Punkt die Projektionsebene durchstößt. Mit der Funktion

```
glViewport( x, y, Breite, Höhe )
```

wird das in der Projektionsebene liegende Projektionsrechteck an den Bildschirm bzw. das Fenster angepasst.

x, y ist die Position der linken unteren Ecke des Projektionsrechtecks im Fenster.

Breite ist die Breite des Projektionsrechtecks im Fenster.

Höhe ist die Höhe des Projektionsrechtecks im Fenster.

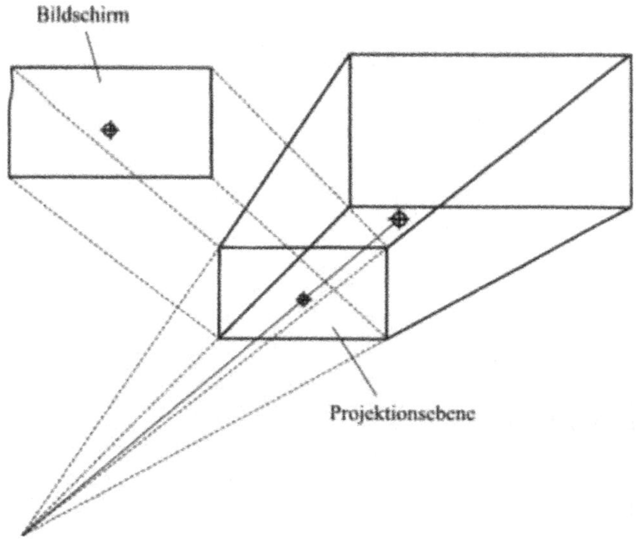

Abbildung 6.9_2a

Die perspektivische Projektion wird durch

```
glFrustum( links, rechts, oben, unten, w1, w2 )
```

definiert.

links, rechts, oben, unten legt das Projektionrechteck fest

w1 ist der Abstand der Projektionsebene vom Auge.

w2 ist der Abstand der hinteren Clippingebene vom Auge.

Damit ist ein vierseitiger Pyramidenstumpf definiert. Alle Begrenzungsflächen des Pyramidenstumpfes definieren Clipping-Ebenen. Das heißt, dass nur das dargestellt wird, was sich innerhalb des Pyramidenstumpfes befindet.

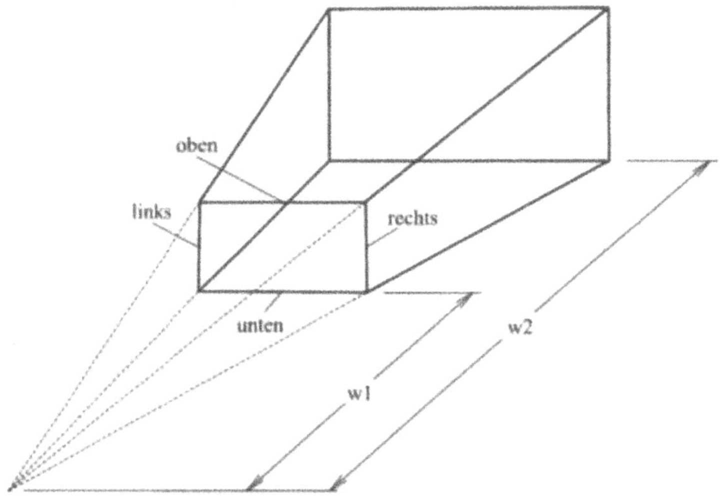

Abbildung 6.9_2b

Die Funktion

```
gluLookAt( x1, y1, z1, x2, y2, z2, x3, y3, z3 )
```

dreht und verschiebt die Projektionspyramide im Raum.

x1, y1, z1	ist die Position des Auges
x2, y2, z2	ist das Zentrum der Szene
x3, y3, z3	definiert die Richtung, die in der Projektion senkrecht nach oben zeigt

Durch *x1, y1, z1* und *x2, y2, z2* wird die Blickrichtung festgelegt. Die Gerade durch diese beiden Punkte ist die Mittelachse der Projektionspyramide. Mit *x3, y3, z3* wird die Projektionspyramide um ihre Mittelachse gedreht. In Beispiel 6.9_2 wird mit

```
glu.gluLookAt(0.0, 0.0, 5.0, 0.0, 0.0, 0.0, 0.0, 1.0, 0.0)
```

entlang der z-Achse vom **Punkt** `0.0, 0.0, 5.0` **zum Punkt** `0.0, 0.0, 0.0` geblickt, wobei wegen der Parameter `0.0, 1.0, 0.0` die y-Achse nach oben zeigt. Jetzt folgt die Transformation des Modells.

Die Anweisungen

```
gl.glTranslatef(x0,y0,z0)
Dim s As Single = siz*scal
gl.glscalef(s,s,s)
gl.glRotatef(py,0f,1f,0f)
gl.glRotatef(px,1f,0f,0f)
```

verschieben den Würfel nach `x0, y0, z0`, skalieren ihn mit dem Faktor `s` und drehen ihn mit `py` um die y-Achse und mit `px` um die x-Achse. Bei `glRotatef` ist der erste Parameter der Drehwinkel, während die drei folgenden Parameter die x-, y- und z-Komponenten der Drehachse angeben. Wenn man die Translation mit T, die Skalierung mit S und die Rotationen mit R_x und R_y bezeichnet, so kann man die resultierende Transformation als Produkt $T\ S\ R_y\ R_x$ schreiben. Die Transformation des Würfels W in der Schreibweise

$$W' = T\ S\ R_y\ R_x\ W = (\ T\ (S\ (R_y\ (\ R_x\ W\ )\ )\ )\ )$$

verdeutlicht die Reihenfolge, in der die Transformationen wirksam werden. Der um die x-Achse gedrehte Würfel wird um die y-Achse gedreht, anschließend skaliert und am Ende verschoben. Das Beispiel wird mithilfe der im Abschnitt 1.2 erläuterten Batchdatei `vbwin.bat` übersetzt

```
vbwin /r:gl.dll /r:glu.dll 6.9_2.vb
```

Nach dem Starten, kann man das oben geschriebene anschaulich nachvollziehen.

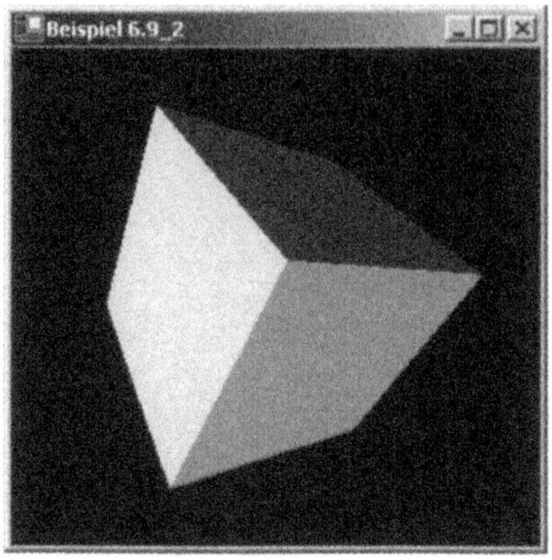

Abbildung 6.9_2c

Beispiel 6.9_3 stimmt in weiten Teilen mit Beispiel 6.9_2 überein. Es werden jedoch einerseits Displaylisten verwendet, die bei umfangreicheren Modellen ganz erheblich die Performance verbessern, andererseits wird eine Technik des Transformierens verwendet, durch die der Würfel ein anderes Verhalten beim Drehen bekommt.

Durch die Anweisungen

```
Wuerfel = gl.glGenLists(1)
gl.glNewList(Wuerfel, gl.GL_COMPILE)
  figur()
gl.glEndList()
```

wird der in der Methode `figur` definierte Würfel als Displayliste gespeichert. Die Variable `Wuerfel` bekommt von `glGenLists` den nächsten freien Index in dem als Parameter angegebenen Bereich. Eine Displayliste beginnt mit `glNewList` und endet mit `glEndList`. Die Parameter von `glNewList` sind der Index `Wuerfel` und der Modus `GL_COMPILE`. Als Modus kann auch `GL_COMPILE_AND_EXECUTE` angegeben werden. Im ersten Fall wird die Displayliste zur späteren Verwendung gespeichert. Im zweiten Fall wird sie zusätzlich sofort ausgeführt. Die Methode `zeichne` ruft

```
gl.glCallList(Wuerfel)
```

auf, um den Würfel zu zeichnen.

Während im Beispiel 6.9_2 die Gesamtbeträge der Drehungen, der Skalierung und der Verschiebung in den Variablen `px`, `py`, `size`, `x0` und `y0` gespeichert werden, werden im Beispiel 6.9_3 nur deren Veränderungen gespeichert. Die Transformationsmatrix wird nicht vollständig neu berechnet. Sie bleibt erhalten und wird mit den erforderlichen Änderungen versehen. Dazu muss man natürlich den Aufbau der Transformationsmatrix kennen. Aus den unter 6.8 erläuterten Gründen werden für dreidimensionale Transformationen 4 * 4 Matrizen verwendet.

Die Anweisungen

```
Dim mvmat(15) As Single
gl.glGetFloatv(gl.GL_MODELVIEW_MATRIX, mvmat)
```

übertragen die Transformationsmatrix in den Array mvmat. Die Matrix wird folgendermaßen auf den Array abgebildet:

$$\begin{pmatrix} \texttt{mvmat(0)} & \texttt{mvmat(4)} & \texttt{mvmat(8)} & \texttt{mvmat(12)} \\ \texttt{mvmat(1)} & \texttt{mvmat(5)} & \texttt{mvmat(9)} & \texttt{mvmat(13)} \\ \texttt{mvmat(2)} & \texttt{mvmat(6)} & \texttt{mvmat(10)} & \texttt{mvmat(14)} \\ \texttt{mvmat(3)} & \texttt{mvmat(7)} & \texttt{mvmat(11)} & \texttt{mvmat(15)} \end{pmatrix}$$

Die Verschiebungsanteile sind unter den Indizes 12, 13 und 14 zu finden. Eine Transformationsmatrix, die nur die drei Verschiebungsanteile enthält, ist unten abgebildet.

$$\begin{pmatrix} 1 & 0 & 0 & vx \\ 0 & 1 & 0 & vy \\ 0 & 0 & 1 & vz \\ 0 & 0 & 0 & 1 \end{pmatrix}$$

Die Verschiebungsanteile werden durch

```
Dim vx As Single = mvmat(12): mvmat(12) = 0f
Dim vy As Single = mvmat(13): mvmat(13) = 0f
Dim vz As Single = mvmat(14): mvmat(14) = 0f
```

in den Variablen `vx`, `vy` und `vz` gespeichert und in `mvmat` auf 0 gesetzt. Anschließend wird mit

```
gl.glLoadIdentity()
gl.glRotatef(py,0f,1f,0f)
gl.glRotatef(px,1f,0f,0f)
Dim rot(15) As Single
gl.glGetFloatv(gl.GL_MODELVIEW_MATRIX, rot)
```

eine Transformationsmatrix mit den Rotationsdifferenzen gebildet und in den Array `rot` übertragen. Dann wird die Skalierung mit

```
Dim sc(15) As Single
Dim s As Single = siz*scal
sc(0) = 1f+s
sc(5) = 1f+s
sc(10) = 1f+s
sc(15) = 1f
```

im Array `sc` definiert. Um wieder eine vollständige Transformationsmatrix zu erhalten, wird mit

```
gl.glLoadMatrixf(sc)
gl.glMultMatrixf(rot)
gl.glMultMatrixf(mvmat)
```

die Skalierung `sc` geladen und mit `rot` und `mvmat` multipliziert. In dieser Matrix fehlt die Verschiebung, die mit

```
gl.glGetFloatv(gl.GL_MODELVIEW_MATRIX, mvmat)
mvmat(12) = vx+x0
mvmat(13) = vy+y0
mvmat(14) = vz
gl.glLoadMatrixf(mvmat)
```

in die Matrix eingebaut wird. Der Würfel lässt sich jetzt um die festen x- und y-Achsen drehen.

Das Beispiel wird mithilfe der im Abschnitt 1.2 erläuterten Batchdatei `vbwin.bat` übersetzt

```
vbwin /r:gl.dll /r:glu.dll 6.9_3.vb
```

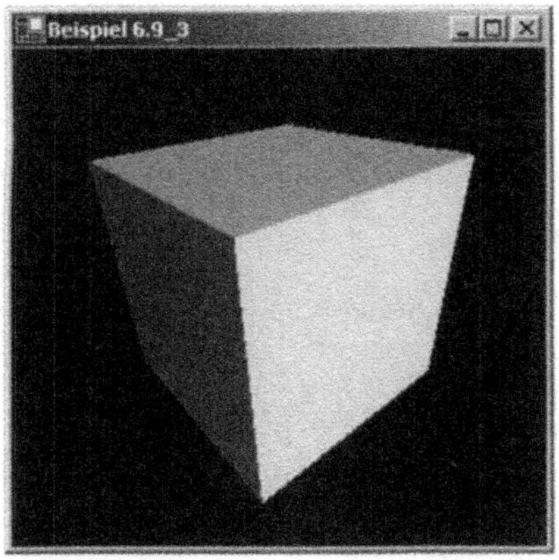

Abbildung 6.9_3

```
' Datei 6.9_3.vb

Imports System
Imports System.Drawing
Imports System.Windows.Forms
Imports System.Runtime.InteropServices

Class Haupt
Inherits Form
  Dim m_x1, m_y1, m_x2, m_y2 As Integer
  Dim x0, y0, siz, scal As Single
  Dim px, py As Single
  Dim Wuerfel As Integer

  Sub New()
    m_x1=0: m_y1=0: m_x2=0: m_y2=0
    x0=0f: y0=0f: siz=0f: scal=1f
    px=0f: py=0f
    Text = "Beispiel 6.9_3"
    Dim g As Graphics = CreateGraphics()
    Dim DC As IntPtr = g.GetHdc()
    Dim ok As Boolean = gl.initGL(DC, _
      gl.PFD_DOUBLEBUFFER Or gl.PFD_DRAW_TO_WINDOW Or _
      gl.PFD_SUPPORT_OPENGL, 0, 24, 32)
```

```
  g.ReleaseHdc(DC)
  If Not ok Then
    MessageBox.Show("Initialisierung fehlgeschlagen")
    Close()
  End If
  gl.glClearColor(0f, 0f, 0f, 0f)
  gl.glShadeModel(gl.GL_FLAT)
  gl.glEnable(gl.GL_DEPTH_TEST)

  Wuerfel = gl.glGenLists(1)
  gl.glNewList(Wuerfel, gl.GL_COMPILE)
    figur()
  gl.glEndList()

  gl.glMatrixMode(gl.GL_MODELVIEW)
  gl.glLoadIdentity()
  glu.gluLookAt(0.0, 0.0, 5.0, 0.0, 0.0, 0.0, 0.0, 1.0, 0.0)
End Sub

Sub figur()
  gl.glColor3f(1f, 0f, 0f)
  gl.glBegin(gl.GL_QUADS)
    gl.glVertex3f(-0.5f, -0.5f, 0.5f)
    gl.glVertex3f(0.5f, -0.5f, 0.5f)
    gl.glVertex3f(0.5f, 0.5f, 0.5f)
    gl.glVertex3f(-0.5f, 0.5f, 0.5f)
  gl.glEnd()

  gl.glColor3f(0f, 1f, 0f)
  gl.glBegin(gl.GL_QUADS)
    gl.glVertex3f(0.5f, -0.5f, 0.5f)
    gl.glVertex3f(0.5f, -0.5f, -0.5f)
    gl.glVertex3f(0.5f, 0.5f, -0.5f)
    gl.glVertex3f(0.5f, 0.5f, 0.5f)
  gl.glEnd()

  gl.glColor3f(0f, 0f, 1f)
  gl.glBegin(gl.GL_QUADS)
    gl.glVertex3f(-0.5f, -0.5f, -0.5f)
    gl.glVertex3f(0.5f, -0.5f, -0.5f)
    gl.glVertex3f(0.5f, 0.5f, -0.5f)
    gl.glVertex3f(-0.5f, 0.5f, -0.5f)
  gl.glEnd()

  gl.glColor3f(1f, 1f, 0f)
  gl.glBegin(gl.GL_QUADS)
    gl.glVertex3f(-0.5f, -0.5f, -0.5f)
    gl.glVertex3f(-0.5f, -0.5f, 0.5f)
    gl.glVertex3f(-0.5f, 0.5f, 0.5f)
    gl.glVertex3f(-0.5f, 0.5f, -0.5f)
  gl.glEnd()
```

```
  gl.glColor3f(1f, 0f, 1f)
  gl.glBegin(gl.GL_QUADS)
    gl.glVertex3f(-0.5f, 0.5f, 0.5f)
    gl.glVertex3f(0.5f, 0.5f, 0.5f)
    gl.glVertex3f(0.5f, 0.5f, -0.5f)
    gl.glVertex3f(-0.5f, 0.5f, -0.5f)
  gl.glEnd()

  gl.glColor3f(0f, 1f, 1f)
  gl.glBegin(gl.GL_QUADS)
    gl.glVertex3f(-0.5f, -0.5f, -0.5f)
    gl.glVertex3f(0.5f, -0.5f, -0.5f)
    gl.glVertex3f(0.5f, -0.5f, 0.5f)
    gl.glVertex3f(-0.5f, -0.5f, 0.5f)
  gl.glEnd()
End Sub

Sub zeichne(ByVal g As Graphics)
  Dim DC As IntPtr = g.GetHdc()

  Dim w As Integer = ClientRectangle.Width
  Dim h As Integer = ClientRectangle.Height
  Dim a As Single = h/w
  If a < 1f Then scal = a Else scal=1f
  gl.glViewport(0, 0, w, h)
  gl.glMatrixMode(gl.GL_PROJECTION)
  gl.glLoadIdentity()
  gl.glFrustum(-1.0, 1.0, -a, a, 1.5, 20.0)

  gl.glMatrixMode(gl.GL_MODELVIEW)
  gl.glClear(gl.GL_COLOR_BUFFER_BIT Or gl.GL_DEPTH_BUFFER_BIT)

  Dim mvmat(15) As Single
  gl.glGetFloatv(gl.GL_MODELVIEW_MATRIX, mvmat)
  Dim vx As Single = mvmat(12): mvmat(12) = 0f
  Dim vy As Single = mvmat(13): mvmat(13) = 0f
  Dim vz As Single = mvmat(14): mvmat(14) = 0f

  gl.glLoadIdentity()
  gl.glRotatef(py,0f,1f,0f)
  gl.glRotatef(px,1f,0f,0f)
  Dim rot(15) As Single
  gl.glGetFloatv(gl.GL_MODELVIEW_MATRIX, rot)

  Dim sc(15) As Single
  Dim s As Single = siz*scal
  sc(0) = 1f+s
  sc(5) = 1f+s
  sc(10) = 1f+s
  sc(15) = 1f
```

```
  gl.glLoadMatrixf(sc)
  gl.glMultMatrixf(rot)
  gl.glMultMatrixf(mvmat)
  gl.glGetFloatv(gl.GL_MODELVIEW_MATRIX, mvmat)
  mvmat(12) = vx+x0
  mvmat(13) = vy+y0
  mvmat(14) = vz
  gl.glLoadMatrixf(mvmat)

  gl.glCallList(Wuerfel)

  gl.SwapBuffers(DC)
  g.ReleaseHdc(DC)
End Sub

Protected Overrides Sub OnPaint(ByVal e As PaintEventArgs)
  Dim g As Graphics = e.Graphics
  zeichne(g)
End Sub

Protected Overrides Sub OnResize(ByVal e As EventArgs)
  gl.glViewport(0, 0, Clientsize.Width, Clientsize.Height)
  Dim g As Graphics = CreateGraphics()
  px = py = x0 = y0 = siz = 0f
  zeichne(g)
End Sub

Protected Overrides Sub OnMouseDown(ByVal e As MouseEventArgs)
  m_x1 = e.X
  m_y1 = e.Y
End Sub

Protected Overrides Sub OnMouseMove(ByVal e As MouseEventArgs)
  Dim g As Graphics = CreateGraphics()
  m_x2=e.X
  m_y2=e.Y

  Select Case e.Button
    Case MouseButtons.Left
      py = m_x2-m_x1
      px = m_y2-m_y1
      x0 = 0f: y0 = 0f: siz = 0f
      zeichne(g)
    Case MouseButtons.Middle
      siz = (m_y2-m_y1)*0.01f
      px = 0f: py = 0f: x0 = 0f: y0 = 0f
      zeichne(g)
    Case MouseButtons.Right
      x0 = (m_x2-m_x1)*0.02f
      y0 = -(m_y2-m_y1)*0.02f
```

```
        px = 0f: py = 0f: siz = 0f
        zeichne(g)
    End Select
    m_x1 = m_x2
    m_y1 = m_y2
  End Sub

  Shared sub Main()
    Application.Run(New Haupt())
  End Sub
End Class
```

In Beispiel 6.9_4 werden zwei aneinander sitzende Kegel generiert, die sich genauso mit der Maus bewegen und skalieren lassen, wie der Würfel im vorigen Beispiel. Die Oberfläche der Kegel wird mit Normalenvektoren und einem Material versehen. Ein Richtungslicht mit parallelen Lichtstrahlen ähnlich dem Sonnenlicht beleuchtet die Kegel. Als `ShadeModel` wird `GL_SMOOTH` verwendet. Dadurch entstehen auf dem Kegel unterschiedlich helle Schattierungen und Lichtreflexe.

Vorbereitend werden einige Arrays definiert, die die Eigenschaften des Materials und des Lichtes beschreiben. Der Array `position` definiert ein Richtungslicht. Die ersten drei Werte sind die x-, y- und z-Komponente der Richtung des Lichtes. Der vierte Wert legt die Art des Lichtes fest. Ist dieser Wert gleich 0, so handelt es sich um ein Richtungslicht. Ist er ungleich 0, so definieren die ersten drei Werte die Position eines Positionslichtes, das einer Stehlampe oder Deckenleuchte entspricht. Die Arrays `diffuse` und `weiss` enthalten Farben im RGBA System. Die Reflektionseigenschaften des Materials werden durch `shininess` festgelegt.

```
Dim position() As Single  = {1f, 1f, 1f, 0f}
Dim diffuse() As Single   = {0f, 0f, 1f, 1f}
Dim weiss() As Single     = {1f, 1f, 1f, 1f}
Dim shininess() As Single = {50f}
```

Dem Material werden drei Eigenschaften zugeordnet. `GL_DIFFUSE` ordnet dem Material die Grundfarbe zu, die im Array `diffuse` als blaue Farbe festgelegt ist. Dies ist die Farbe des vom Material ausgehenden Streulichtes. `GL_SPECULAR` ordnet den Lichtreflexen die Farbe Weiß zu. `GL_SHININESS` beeinflusst die Leuchtkraft der Lichtreflexe. Damit lassen sich matte und glänzende Materialien definieren.

```
gl.glMaterialfv(gl.GL_FRONT, gl.GL_DIFFUSE, diffuse)
gl.glMaterialfv(gl.GL_FRONT, gl.GL_SPECULAR, weiss)
gl.glMaterialfv(gl.GL_FRONT, gl.GL_SHININESS, shininess)
```

GL_POSITION definiert, wie oben beschrieben, ein Richtungslicht. GL_DIFFUSE ordnet der Beleuchtung den Streulichtanteil zu, während GL_SPECULAR die Farbe der von dieser Beleuchtung erzeugten Lichtreflexe festlegt. Wenn beim Material und beim Licht unterschiedliche Farben angegeben sind, so mischen sich diese.

```
gl.glLightfv(gl.GL_LIGHT0, gl.GL_POSITION, position)
gl.glLightfv(gl.GL_LIGHT0, gl.GL_DIFFUSE, weiss)
gl.glLightfv(gl.GL_LIGHT0, gl.GL_SPECULAR, weiss)
```

Es folgen einige notwendige Aktivierungen. Neben glEnable gibt es auch glDisable, das deaktivierend wirkt. Man kann dies unter anderem dazu benutzen, das Licht an und aus zu schalten.

```
gl.glEnable(gl.GL_LIGHTING)
gl.glEnable(gl.GL_LIGHT0)
gl.glEnable(gl.GL_DEPTH_TEST)
gl.glEnable(gl.GL_NORMALIZE)
```

Die folgenden Anweisungen speichern die Szene als Displayliste.

```
Kegel = gl.glGenLists(1)
gl.glNewList(Kegel, gl.GL_COMPILE_AND_EXECUTE)
  figur(1.570796327f, 7.853981634f, Tiefe)
gl.glEndList()
```

Die Methode figur ist rekursiv. Bei jedem rekursiven Aufruf wird die Rekursionstiefe t um 1 verringert. Sobald figur mit der Rekursionstiefe 0 aufgerufen wird, folgt ein Aufruf der Methode dreieck. Dadurch werden drei Dreiecke für jeden der beiden Kegel definiert. Die Parameter a und d sind Winkel im Bogenmaß. Sie bezeichnen den Anfangs- und den Endwinkel der Teilfigur in der Kegelgrundfläche. Die Methode dreieck benutzt GL_TRIANGLES zur Definition der Dreiecke. Im Gegensatz zu den vorigen Beispielen werden nicht nur Ecken, sondern mit glNormal3fv auch Normalenvektoren definiert. Diese Normalenvektoren stehen senkrecht auf der gekrümmten Kegelfläche. Die Richtung der Normalenvektoren beeinflusst das Schattieren des definierten Körpers. Diesmal wird mit

```
gl.glClearColor(1f, 1f, 1f, 1f)
```

die Hintergrundfarbe Weiß eingestellt.

Das Beispiel wird mithilfe der im Abschnitt 1.2 erläuterten Batchdatei `vbwin.bat` übersetzt

```
vbwin /r:gl.dll /r:glu.dll 6.9_4.vb
```

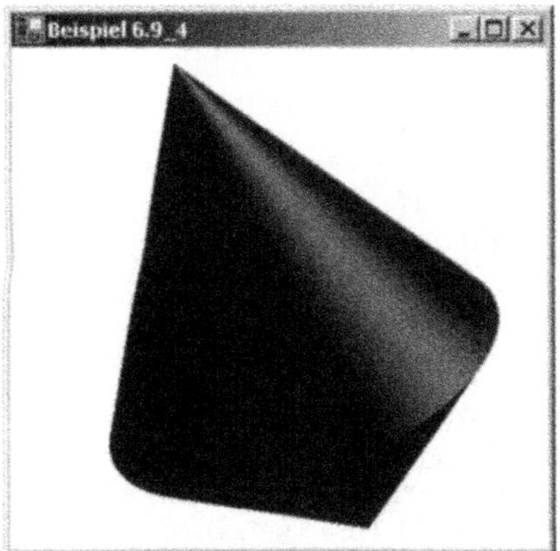

Abbildung 6.9_4

```
' Datei 6.9_4.vb

Imports System
Imports System.Drawing
Imports System.Windows.Forms
Imports System.Runtime.InteropServices

Class Haupt
Inherits Form
  Dim m_x1, m_y1, m_x2, m_y2 As Integer
  Dim x0, y0, siz, scal As Single
  Dim px, py As Single
  Dim R As Single
  Dim Tiefe As Integer
  Dim H As Single
  Dim Kegel As Integer

  Sub New()
    m_x1=0: m_y1=0: m_x2=0: m_y2=0
    x0=0f: y0=0f: siz=0f: scal=1f
    px=0f: py=0f
    R = 0.5f
    Tiefe = 4
    H = R*Math.Sqrt(2.0)
```

```
  Dim g As Graphics = CreateGraphics()
  Dim DC As IntPtr = g.GetHdc()
  Dim ok As Boolean = gl.initGL(DC, _
    gl.PFD_DOUBLEBUFFER Or gl.PFD_DRAW_TO_WINDOW Or _
    gl.PFD_SUPPORT_OPENGL, 0, 24, 32)
  g.ReleaseHdc(DC)
  If Not ok Then
    MessageBox.Show("Initialisierung fehlgeschlagen")
    Close()
  End If
  gl.glClearColor(1f, 1f, 1f, 1f)
  gl.glShadeModel(gl.GL_SMOOTH)

  Dim position() As Single  = {1f, 1f, 1f, 0f}
  Dim diffuse() As Single   = {0f, 0f, 1f, 1f}
  Dim weiss() As Single     = {1f, 1f, 1f, 1f}
  Dim shininess() As Single = {50f}

  gl.glMaterialfv(gl.GL_FRONT, gl.GL_DIFFUSE, diffuse)
  gl.glMaterialfv(gl.GL_FRONT, gl.GL_SPECULAR, weiss)
  gl.glMaterialfv(gl.GL_FRONT, gl.GL_SHININESS, shininess)
  gl.glLightfv(gl.GL_LIGHT0, gl.GL_POSITION, position)
  gl.glLightfv(gl.GL_LIGHT0, gl.GL_DIFFUSE, weiss)
  gl.glLightfv(gl.GL_LIGHT0, gl.GL_SPECULAR, weiss)

  gl.glEnable(gl.GL_LIGHTING)
  gl.glEnable(gl.GL_LIGHT0)
  gl.glEnable(gl.GL_DEPTH_TEST)
  gl.glEnable(gl.GL_NORMALIZE)

  Kegel = gl.glGenLists(1)
  gl.glNewList(Kegel, gl.GL_COMPILE_AND_EXECUTE)
    figur(1.570796327f, 7.853981634f, Tiefe)
  gl.glEndList()

  gl.glMatrixMode(gl.GL_MODELVIEW)
  gl.glLoadIdentity()
  glu.gluLookAt(0.0, 0.0, 5.0, 0.0, 0.0, 0.0, 0.0, 1.0, 0.0)
End Sub

Sub figur(ByVal a As Single, ByVal d As Single, ByVal t As Integer)
  Dim phi As Single = (d-a)/3f
  Dim b As Single = a+phi
  Dim c As Single = b+phi

  If t = 0 Then
    dreieck(a, b, c, d)
  Else
    figur(a, b, t-1)
    figur(b, c, t-1)
    figur(c, d, t-1)
```

```
    End If
  End Sub

  Sub dreieck(ByVal a As Single, ByVal b As Single, ByVal c As Single, ByVal d As
Single)
    Dim cosa As Single = Math.Cos(a)
    Dim xa As Single = R*cosa
    Dim sina As Single = Math.Sin(a)
    Dim za As Single = R*sina
    Dim cosb As Single = Math.Cos(b)
    Dim xb As Single = R*cosb
    Dim sinb As Single = Math.Sin(b)
    Dim zb As Single = R*sinb
    Dim cosc As Single = Math.Cos(c)
    Dim xc As Single = R*cosc
    Dim sinc As Single = Math.Sin(c)
    Dim zc As Single = R*sinc
    Dim cosd As Single = Math.Cos(d)
    Dim xd As Single = R*cosd
    Dim sind As Single = Math.Sin(d)
    Dim zd As Single = R*sind
    Dim l As Single = Math.Sqrt(R*R+H*H)
    Dim sinz As Single = R/l
    Dim cosz As Single = H/l
    Dim na() As Single = {cosa*cosz, sinz, sina*cosz}
    Dim nb() As Single = {cosb*cosz, sinz, sinb*cosz}
    Dim nc() As Single = {cosc*cosz, sinz, sinc*cosz}
    Dim nd() As Single = {cosd*cosz, sinz, sind*cosz}
    Dim nab() As Single = {0.5f*(na(0)+nb(0)), sinz, 0.5f*(na(2)+nb(2))}
    Dim nbc() As Single = {0.5f*(nb(0)+nc(0)), sinz, 0.5f*(nb(2)+nc(2))}
    Dim ncd() As Single = {0.5f*(nc(0)+nd(0)), sinz, 0.5f*(nc(2)+nd(2))}

    gl.glBegin(gl.GL_TRIANGLES)
      gl.glNormal3fv(na)
      gl.glVertex3f(xa, 0f, za)
      gl.glNormal3fv(nb)
      gl.glVertex3f(xb, 0f, zb)
      gl.glNormal3fv(nab)
      gl.glVertex3f(0f, H, 0f)
    gl.glEnd()
    gl.glBegin(gl.GL_TRIANGLES)
      gl.glNormal3fv(nb)
      gl.glVertex3f(xb, 0f, zb)
      gl.glNormal3fv(nc)
      gl.glVertex3f(xc, 0f, zc)
      gl.glNormal3fv(nbc)
      gl.glVertex3f(0f, H, 0f)
    gl.glEnd()
    gl.glBegin(gl.GL_TRIANGLES)
      gl.glNormal3fv(nc)
      gl.glVertex3f(xc, 0f, zc)
```

```
        gl.glNormal3fv(nd)
        gl.glVertex3f(xd, 0f, zd)
        gl.glNormal3fv(ncd)
        gl.glVertex3f(0f, H, 0f)
      gl.glEnd()
      na(1) = -na(1): nb(1) = -nb(1): nc(1) = -nc(1): nd(1) = -nd(1)
      nab(1) = -nab(1): nbc(1) = -nbc(1): ncd(1) = -ncd(1)
      gl.glBegin(gl.GL_TRIANGLES)
        gl.glNormal3fv(na)
        gl.glVertex3f(xa, 0f, za)
        gl.glNormal3fv(nb)
        gl.glVertex3f(xb, 0f, zb)
        gl.glNormal3fv(nab)
        gl.glVertex3f(0f, -H, 0f)
      gl.glEnd()
      gl.glBegin(gl.GL_TRIANGLES)
        gl.glNormal3fv(nb)
        gl.glVertex3f(xb, 0f, zb)
        gl.glNormal3fv(nc)
        gl.glVertex3f(xc, 0f, zc)
        gl.glNormal3fv(nbc)
        gl.glVertex3f(0f, -H, 0f)
      gl.glEnd()
      gl.glBegin(gl.GL_TRIANGLES)
        gl.glNormal3fv(nc)
        gl.glVertex3f(xc, 0f, zc)
        gl.glNormal3fv(nd)
        gl.glVertex3f(xd, 0f, zd)
        gl.glNormal3fv(ncd)
        gl.glVertex3f(0f, -H, 0f)
      gl.glEnd()
    End Sub

    Sub zeichne(Byval g As Graphics)
      Dim DC As IntPtr = g.GetHdc()

      Dim w As Integer = ClientRectangle.Width
      Dim h As Integer = ClientRectangle.Height
      Dim a As single = h/w
      If a < 1f Then scal = a Else scal = 1f
      gl.glViewport(0, 0, w, h)
      gl.glMatrixMode(gl.GL_PROJECTION)
      gl.glLoadIdentity()
      gl.glFrustum(-1.0, 1.0, -a, a, 1.5, 20.0)

      gl.glMatrixMode(gl.GL_MODELVIEW)
      gl.glClear(gl.GL_COLOR_BUFFER_BIT Or gl.GL_DEPTH_BUFFER_BIT)

      Dim mvmat(15) As Single
      gl.glGetFloatv(gl.GL_MODELVIEW_MATRIX, mvmat)
      Dim vx As Single = mvmat(12): mvmat(12) = 0f
```

```
    Dim vy As Single = mvmat(13): mvmat(13) = 0f
    Dim vz As Single = mvmat(14): mvmat(14) = 0f

    gl.glLoadIdentity()
    gl.glRotatef(py,0f,1f,0f)
    gl.glRotatef(px,1f,0f,0f)
    Dim rot(15) As Single
    gl.glGetFloatv(gl.GL_MODELVIEW_MATRIX, rot)

    Dim sc(15) As Single
    Dim s As Single = siz*scal
    sc(0) = 1f+s
    sc(5) = 1f+s
    sc(10) = 1f+s
    sc(15) = 1f

    gl.glLoadMatrixf(sc)
    gl.glMultMatrixf(rot)
    gl.glMultMatrixf(mvmat)
    gl.glGetFloatv(gl.GL_MODELVIEW_MATRIX, mvmat)
    mvmat(12) = vx+x0
    mvmat(13) = vy+y0
    mvmat(14) = vz
    gl.glLoadMatrixf(mvmat)

    gl.glCallList(Kegel)

    gl.SwapBuffers(DC)
    g.ReleaseHdc(DC)
  End Sub

  Protected Overrides Sub OnPaint(ByVal e As PaintEventArgs)
    Dim g As Graphics = e.Graphics
    zeichne(g)
  End Sub

  Protected Overrides Sub OnResize(ByVal e As EventArgs)
    gl.glViewport(0, 0, Clientsize.Width, Clientsize.Height)
    Dim g As Graphics = CreateGraphics()
    px = 0f: py = 0f: x0 = 0f: y0 = 0f: siz = 0f
    zeichne(g)
  End Sub

  Protected Overrides Sub OnMouseDown(ByVal e As MouseEventArgs)
    m_x1=e.X
    m_y1=e.Y
  End Sub

  Protected Overrides Sub OnMouseMove(ByVal e As MouseEventArgs)
    Dim g As Graphics = CreateGraphics()
    m_x2=e.X
```

```
      m_y2=e.Y

      Select Case e.Button
        Case MouseButtons.Left
          py = m_x2-m_x1
          px = m_y2-m_y1
          x0 = 0f: y0 = 0f: siz = 0f
          zeichne(g)
        Case MouseButtons.Middle
          siz = (m_y2-m_y1)*0.01f
          'if siz < 0.01f Then siz = 0.01f
          px = 0f: py = 0f: x0 = 0f: y0 = 0f
          zeichne(g)
        Case MouseButtons.Right
          x0 = (m_x2-m_x1)*0.02f
          y0 = -(m_y2-m_y1)*0.02f
          px = 0f: py = 0f: siz = 0f
          zeichne(g)
      End Select
      m_x1 = m_x2
      m_y1 = m_y2
    End Sub

    Shared Sub Main()
      Application.Run(new Haupt())
    End Sub
End Class
```

7 Windows Programmierung, Teil 3

Dieses Kapitel hat einen zusammenfassenden Charakter. In den Abschnitten 7.2 bis 7.19 werden weitere Windows Steuerelemente vorgestellt. Zum Schluss wird der Mechanismus der Ereignissteuerung genauer unter die Lupe genommen. Damit schließt sich der Kreis durch den Bezug zum Anfang der drei Windowskapitel.

7.1 Die Struktur des Namensraums System.Windows.Forms

Der Namensraum `System.Windows.Forms` enthält Klassen, Schnittstellen, Strukturen, Delegates und Aufzählungen. Er lässt sich in Formulare, Steuerelemente, Standarddialoge und weitere Komponenten, die die Windows Programmierung unterstützen, einteilen.

Die Formularklasse ist die Klasse `Form`. Sie stellt Fenster zur Verfügung, die mit Komponenten wie zB. Menüs und Steuerelementen ergänzt werden können. Darüber hinaus können modale und nicht modale Dialoge sowie MDI-Hauptfenster und untergeordnete MDI-Fenster mit dieser Klasse erzeugt werden.

In die Kategorie der Steuerelemente fallen Komponenten wie `Button`, `Label`, `TextBox` und `GroupBox`.

Standarddialoge sind der `OpenFileDialog`, der `SaveFileDialog`, der `FontDialog`, der `ColorDialog`, der `PrintDialog`, der `PrintPreviewDialog` und der `PageSetupDialog`.

Bei den sonstigen Komponenten findet man unter anderem die Klassen `Menu`, `MenuItem`, `ContextMenu`, `ToolTip` und `Help` und die sehr wichtige Klasse `Application`, die Methoden und Eigenschaften zum Starten und Beenden von Anwendungen und zur Nachrichtenbearbeitung besitzt.

Hilfreich beim Auffinden von Steuerelementen und sonstigen Windows Komponenten ist der Anhang C.

7.2 CheckedListBox

Eine Zeile der CheckedListBox wird als Item oder Element bezeichnet. Die Eigenschaft Items nimmt die Elemente in einer ObjectCollection auf. Die Elemente werden mit 0 beginnend indiziert. Man kann mit Items(index) auf einzelne Elemente zugreifen.

Methoden der ObjectCollection:

Add	fügt ein Element hinzu
AddRange	fügt einen oder mehrere Elemente hinzu
Clear	löscht alle Elemente
Insert	fügt ein Element an der angegebenen Indexposition ein
Remove	entfernt ein Element
RemoveAt	entfernt das Element dem angegebenen Index
Contains	prüft, ob der Item vorhanden ist.
IndexOf	gibt den Index des angegebenen Items oder bei Misserfolg -1 zurück.
CopyTo	kopiert die Items.

Ereignisse der CheckedListBox:

ItemCheck	wird durch das Anklicken der Checkbox ausgelöst.
SelectedIndexChanged	wird durch das Auswählen eines Items ausgelöst.

Abfragen des Zustands:

GetItemChecked	gibt True zurück, wenn ein Haken in der Checkbox ist.
GetSelected	gibt True zurück, wenn der Item ausgewählt ist.

Die durch

```
AddHandler box.ItemCheck, AddressOf box_check
AddHandler box.SelectedIndexChanged, AddressOf box_select
```

definierten Eventhandler rufen Invalidate auf. Die Methode OnPaint prüft und protokolliert den Zustand der Items.

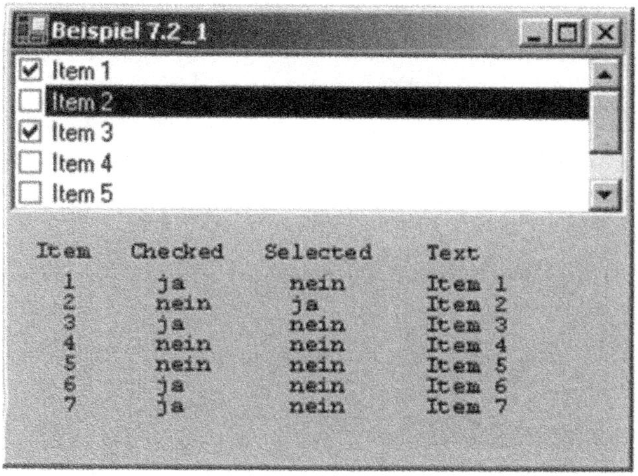

Abbildung 7.2_1

```
' Datei 7.2_1.vb

Imports System
Imports System.Drawing
Imports System.Windows.Forms

Class Haupt
Inherits Form
  Dim box As CheckedListBox

  Sub New()
    Text = "Beispiel 7.2_1"
    ClientSize = New Size(300, 200)

    box = New CheckedListBox()
    box.Height = 80
    box.Dock = DockStyle.Top
    AddHandler box.ItemCheck, AddressOf box_check
    AddHandler box.SelectedIndexChanged, AddressOf box_select
    box.Items.Add("Item 1")
    box.Items.Add("Item 2")
    box.Items.Add("Item 3")
    box.Items.Add("Item 4")
    box.Items.Add("Item 5")
    box.Items.Add("Item 6")
    box.Items.Add("Item 7")

    Controls.Add(box)
  End Sub
```

```
  Protected Overrides Sub OnPaint(ByVal e As PaintEventArgs)
    Dim g As Graphics = e.Graphics
    g.DrawString("Item   Checked   Selected    Text", _
      New Font("Courier New", 8), Brushes.Black, 10, 90)

    Dim i As Integer
    For i=0 To box.Items.Count-1
      Dim s As String = (i+1).ToString().PadLeft(3) + "       "

      If box.GetItemChecked(i) Then
        s &= "ja        "
      Else
        s &= "nein      "
      End If

      If box.GetSelected(i) Then
        s &= "ja        "
      Else
        s &= "nein      "
      End If

      s &= box.Items(i)

      g.DrawString( _
        s, New Font("Courier New", 8), Brushes.Black, 10, 105+10*i)
    Next
  End Sub

  Protected Sub box_check(ByVal o As object, ByVal e As ItemCheckEventArgs)
    Invalidate()
  End Sub

  Protected Sub box_select(ByVal o As object, ByVal e As EventArgs)
    Invalidate()
  End Sub

  Shared Sub Main()
    Application.Run(New Haupt())
  End Sub
End Class
```

7.3 ColorDialog

Das Anklicken des Fensters ruft den Eventhandler

```
Protected Overrides Sub OnClick(ByVal e As EventArgs)
  If cd.ShowDialog() = DialogResult.OK Then
    BackColor = cd.Color
  End If
End Sub
```

auf, der den ColorDialog sichtbar macht. Da ShowDialog einen modalen Dialog erzeugt, kann DialogResult.OK abgefragt und die Eigenschaft Color des ColorDialog übernommen werden. Durch die Zuweisung der Farbe an BackColor wird der Hintergrund des Fensters eingefärbt.

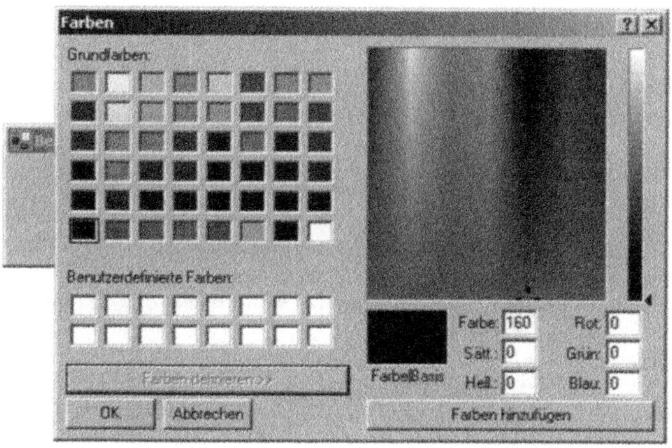

Abbildung 7.3_1

```
' Datei 7.3_1.vb

Imports System
Imports System.Drawing
Imports System.Windows.Forms

Class Haupt
Inherits Form
  Dim cd As New ColorDialog()

  Sub New()
    Text = "Beispiel 7.3_1"
```

```
    ClientSize = New Size(100, 80)
  End Sub

  Protected Overrides Sub OnClick(ByVal e As EventArgs)
    If cd.ShowDialog() = DialogResult.OK Then
      BackColor = cd.Color
    End If
  End Sub

  Shared Sub Main()
    Application.Run(New Haupt())
  End Sub
End Class
```

7.4 DateTimePicker

Eigenschaften der Struktur `DateTime`:

Date	Datum
Day	Tag
DayOfWeek	Wochentag
DayOfYear	Tag innerhalb des Jahres
Hour	Stunde
Millisecond	Millisekunde
Minute	Minute
Month	Monat
Now	aktuelles Datum und aktuelle Uhrzeit
Second	Sekunde
Ticks	Anzahl der 100-Nanosekunden-Intervalle seit dem 1. Januar 1
TimeOfDay	Uhrzeit
Today	aktuelles Datum
UtcNow	Datum und Uhrzeit als UTC (Coordinated Universal Time)
Year	Jahr

Zunächst werden die Eigenschaft `Text` des `DateTimePicker`, die das zuletzt angeklickte Datum enthält, sowie `DateTime.Now` und `DateTime.Today` angezeigt.

Dann wird die Zeitspanne `t` in Millisekunden angezeigt, die mit den Anweisungen

```
t1 = DateTime.Now
Dim i As Integer
For i=0 To 150000000-1
  x = 2.0+5.0*i
Next
t2 = DateTime.Now
t = ((t2.Hour*60+t2.Minute)*60+t2.Second)*1000+t2.Millisecond _
  - ((t1.Hour*60+t1.Minute)*60+t1.Second)*1000+t1.Millisecond
```

berechnet worden ist. Die for-Schleife dient dem Zweck, zwischen den beiden Abfragen von `DateTime.Now` eine gewisse Zeit verstreichen zu lassen.

Das Ereignis `TextChanged` des `DateTimePicker` wird benutzt, um die Anzeige aufzufrischen.

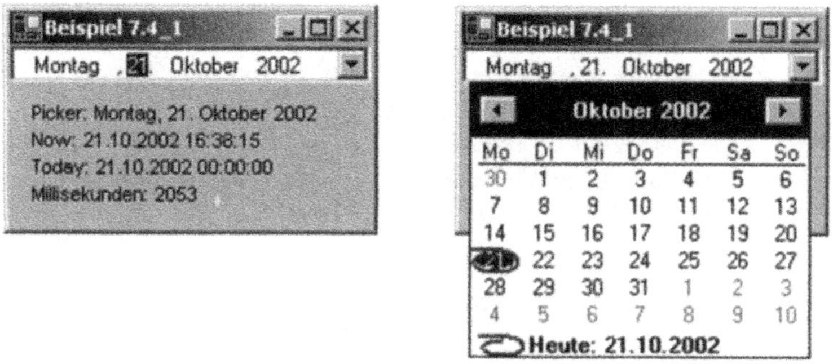

Abbildung 7.4_1

```
' Datei 7.4_1.vb

Imports System
Imports System.Drawing
Imports System.Windows.Forms

Class Haupt
Inherits Form
  Dim dtp As new DateTimePicker()
  Dim t1, t2 As DateTime
  Dim t As Integer
  Dim x As Double

  Sub New()
    Text = "Beispiel 7.4_1"
    ClientSize = new Size(200, 100)
    AddHandler dtp.TextChanged, AddressOf dtp_changed
    Controls.Add(dtp)

    t1 = DateTime.Now
    Dim i As Integer
    For i=0 To 150000000-1
      x = 2.0+5.0*i
    Next
    t2 = DateTime.Now
    t = ((t2.Hour*60+t2.Minute)*60+t2.Second)*1000+t2.Millisecond _
      - ((t1.Hour*60+t1.Minute)*60+t1.Second)*1000+t1.Millisecond
  End Sub
```

```
  Protected Overrides Sub OnPaint(ByVal e As PaintEventArgs)
    Dim g As Graphics = e.Graphics

    g.DrawString("Picker: " + dtp.Text, _
      new Font("Arial", 8), Brushes.Black, 10, 30)

    g.DrawString("Now: " + DateTime.Now.ToString(), _
      new Font("Arial", 8), Brushes.Black, 10, 45)

    g.DrawString("Today: " + DateTime.Today.ToString(), _
      new Font("Arial", 8), Brushes.Black, 10, 60)

    g.DrawString("Millisekunden: " + t.ToString(), _
      new Font("Arial", 8), Brushes.Black, 10, 75)
  End Sub

  Protected Sub dtp_changed(ByVal o As object, ByVal e As EventArgs)
    Invalidate()
  End Sub

  Shared Sub Main()
    Application.Run(new Haupt())
  End Sub
End Class
```

7.5 DomainUpDown

Die Eigenschaft `Items` des `DomainUpDown` ist eine `ObjectCollection`. Die Methoden der `ObjectCollection` sind im Abschnitt 7.2 erläutert. Die Methode `Add` wird benutzt, um Items hinzuzufügen. Die Items können nicht editiert werden, wenn die Eigenschaft `Readonly` gleich `True` gesetzt wird. Das Ereignis `TextChanged` wird benutzt, um die angezeigte Eigenschaft `Text` bei jeder Veränderung neu zu zeichnen.

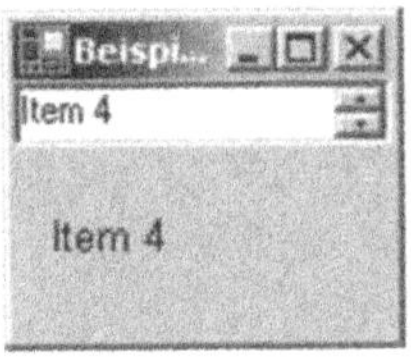

Abbildung 7.5_1

```
' Datei 7.5_1.vb

Imports System
Imports System.Drawing
Imports System.Windows.Forms

Class Haupt
Inherits Form
  Dim dup As DomainUpDown

  Sub New()
    Text = "Beispiel 7.5_1"
    ClientSize = New Size(120, 80)

    dup = New DomainUpDown()
    dup.Items.Add("Item 1")
    dup.Items.Add("Item 2")
    dup.Items.Add("Item 3")
    dup.Items.Add("Item 4")
    dup.Items.Add("Item 5")
    dup.Items.Add("Item 6")
    dup.Items.Add("Item 7")
    dup.ReadOnly = true
    dup.BackColor = Color.White
    AddHandler dup.TextChanged, AddressOf dup_changed

    Controls.Add(dup)
  End Sub

  Protected Overrides Sub OnPaint(ByVal e As PaintEventArgs)
    Dim g As Graphics = e.Graphics

    g.DrawString(dup.Text, _
      New Font("Arial", 10), Brushes.Black, 10, 40)
  End Sub

  Protected Sub dup_changed(ByVal o As Object, ByVal e As EventArgs)
    Invalidate()
  End Sub

  Shared Sub Main()
    Application.Run(New Haupt())
  End Sub
End Class
```

7.6 FontDialog

Das Anklicken des Fensters ruft den Eventhandler

```
Protected Overrides Sub OnClick(ByVal e As EventArgs)
  If fd.ShowDialog() = DialogResult.OK Then
    fnt = fd.Font
  End If
  Invalidate()
End Sub
```

auf, der den `FontDialog` sichtbar macht. Da `ShowDialog` einen modalen Dialog erzeugt, kann `DialogResult.OK` abgefragt und die Eigenschaft `Font` des `FontDialog` der Variablen `fnt` zugewiesen werden. Durch den Aufruf von `Invalidate` zeichnet `OnPaint` das Wort `Font` mit dem ausgewählten Schriftfont neu.

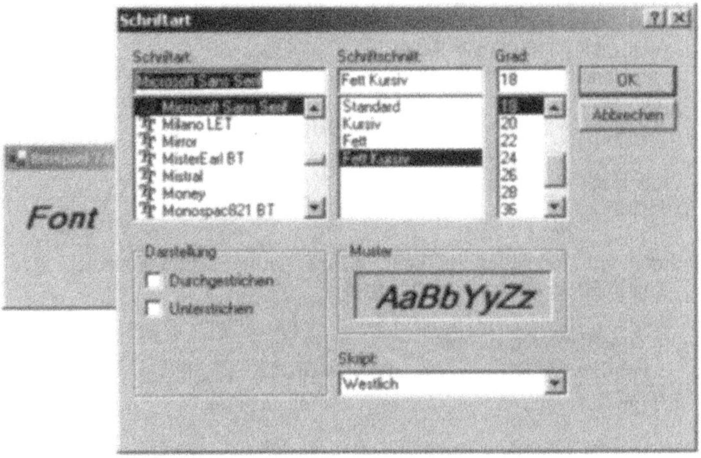

Abbildung 7.6_1

```
' Datei 7.6_1.vb

Imports System
Imports System.Drawing
Imports System.Windows.Forms

Class Haupt
Inherits Form
  Dim fd As New FontDialog()
  Dim fnt As New Font("Arial", 12)
```

```
  Sub New()
    Text = "Beispiel 7.6_1"
    ClientSize = New Size(150, 100)
  End Sub

  Protected Overrides Sub OnPaint(ByVal e As PaintEventArgs)
    Dim g As Graphics = e.Graphics
    g.DrawString("Font", fnt, Brushes.Black, 10, 20)
  End Sub

  Protected Overrides Sub OnClick(ByVal e As EventArgs)
    If fd.ShowDialog() = DialogResult.OK Then
      fnt = fd.Font
    End If
    Invalidate()
  End Sub

  Shared Sub Main()
    Application.Run(New Haupt())
  End Sub
End Class
```

7.7 HScrollBar

Die Eigenschaften `Minimum` und `Maximum` legen den Wertebereich fest, der beim Betätigen der `HScrollBar` durchlaufen wird. Die eingestellte Position erhält man durch Abfragen von `Value`. Die Position kann durch eine Wertzuweisung an die Eigenschaft `Value` eingestellt werden. `SmallChange` gibt an, um welchen Betrag sich `Value` beim Anklicken der Pfeile ändert. Die Änderung der Position durch ein Klicken links oder rechts des Schiebereglers wird mit `LargeChange` festgelegt.

Jede Änderung der Schiebeposition löst das Ereignis `Scroll` aus. Der Eventhandler

```
Protected Sub scroll(ByVal o As Object, ByVal e As ScrollEventArgs)
  x = e.NewValue
  Invalidate()
End Sub
```

weist der Variablen `x` die Eigenschaft `NewValue` der `ScrollEventArgs` zu und `OnPaint` verwendet diese Information, um den Text zu verschieben.

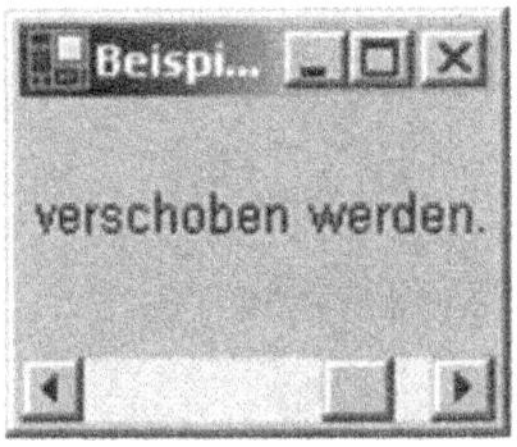

Abbildung 7.7_1

```
' Datei 7.7_1.vb

Imports System
Imports System.Drawing
Imports System.Windows.Forms

Class Haupt
Inherits Form
  Dim bar As HScrollBar
  Dim x As Integer =0

  Sub New()
    Text = "Beispiel 7.7_1"
    ClientSize = New Size(120, 80)

    bar = New HScrollBar()
    bar.Dock = DockStyle.Bottom
    bar.Minimum = 0
    bar.Maximum = 250
    bar.Value = 0
    bar.SmallChange = 5
    bar.LargeChange = 50
    AddHandler bar.Scroll, AddressOf scroll
    Controls.Add(bar)
  End Sub

  Protected Overrides Sub OnPaint(ByVal e As PaintEventArgs)
    Dim g As Graphics = e.Graphics

    g.DrawString("Dieser Text kann horizontal verschoben werden.", _
      New Font("Arial", 10), Brushes.Black, 10-x, 20)
  End Sub

  Protected Sub scroll(ByVal o As Object, ByVal e As ScrollEventArgs)
    x = e.NewValue
    Invalidate()
  End Sub
```

```
  Shared Sub Main()
    Application.Run(New Haupt())
  End Sub
End Class
```

7.8 ImageList

Die Eigenschaft `Images` der `ImageList` ist eine `ImageCollection`. Die Indizierung beginnt mit 0. Ein Zugriff mit runden Klammern ist möglich.

Methoden der `ImageCollection`:

```
Add         fügt ein Bild hinzu
Clear       löscht alle Bilder
RemoveAt    löscht ein Bild mit einem bestimmten Index
```

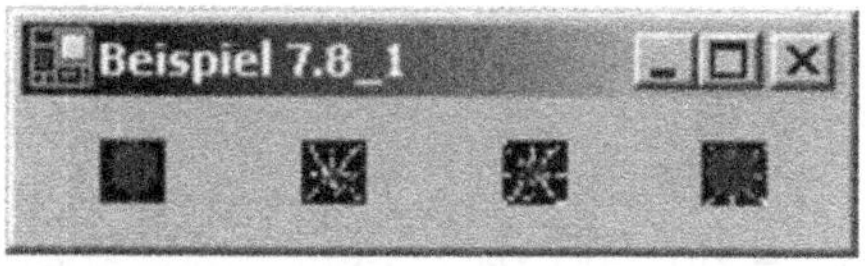

Abbildung 7.8_1

```
' Datei 7.8_1.vb

Imports System
Imports System.Drawing
Imports System.Windows.Forms

Class Haupt
Inherits Form
  Dim il As ImageList

  Sub New()
    Text = "Beispiel 7.8_1"
    ClientSize = new Size(205, 35)

    il = new ImageList()
    il.Images.Add(Image.FromFile("ballon.bmp"))
    il.Images.Add(Image.FromFile("ex1.bmp"))
    il.Images.Add(Image.FromFile("ex2.bmp"))
    il.Images.Add(Image.FromFile("ex3.bmp"))
  End Sub

  Protected Overrides Sub OnPaint(ByVal e As PaintEventArgs)
    Dim g As Graphics = e.Graphics
```

```
    g.DrawImage(il.Images(0), 20, 10)
    g.DrawImage(il.Images(1), 70, 10)
    g.DrawImage(il.Images(2), 120, 10)
    g.DrawImage(il.Images(3), 170, 10)
  End Sub

  Shared Sub Main()
    Application.Run(new Haupt())
  End Sub
End Class
```

7.9 LinkLabel

Der Eigenschaft Text des `LinkLabel` wird ein String zugewiesen. Die Eigenschaft `Links` ist eine `LinkCollection` mit den Methoden `Add`, `Clear` und `RemoveAt`. Die Anweisungen

```
label.LinkColor = Color.Green
label.VisitedLinkColor = Color.Red
```

lassen den Link zunächst grün und nach dem Anklicken rot erscheinen. Wegen der Anweisung

```
label.LinkBehavior = LinkBehavior.NeverUnderline
```

werden die Links nicht unterstrichen. Es stehen die Werte

AlwaysUnderline	immer unterstrichen
HoverUnderline	unterstrichen, sobald der Mauszeiger über dem Link ist
NeverUnderline	nie unterstrichen
SystemDefault	Anzeige durch Standardmethode des Systems

zur Verfügung. Die Methode `Add` des `LinkLabel` erwartet drei Parameter.

Mit

```
label.Links.Add(28, 3, "http://www.gnu.org")
```

wird ein Link definiert, der ab der Position 28 des Textes 3 Zeichen lang ist. Das Anklicken eines Links löst das Ereignis `LinkClicked` aus. Der Eventhandler

```
Protected Sub link_clicked( _
ByVal o As Object, ByVal e As LinkLabelLinkClickedEventArgs)
  e.Link.Visited = true
  link = e.Link.LinkData.ToString()
  Invalidate()
End Sub
```

wertet die Eigenschaft `Link` der `LinkLabelLinkClickedEventArgs` aus. Zunächst wird `Visited` gleich `True` gesetzt, wodurch der Link seine Farbe ändert. Dann wird der Variablen `link` die Eigenschaft `LinkData` des Links als String zugewiesen. `OnPaint` zeichnet diesen String.

Abbildung 7.9_1

```
' Datei 7.9_1.vb

Imports System
Imports System.Drawing
Imports System.Windows.Forms

Class Haupt
Inherits Form
  Dim label As LinkLabel
  Dim link as String = ""
```

```
  Sub New()
    Text = "Beispiel 7.9_1"
    ClientSize = New Size(170, 100)

    label = New LinkLabel()
    label.Height = 50
    label.Dock = DockStyle.Top
    label.LinkColor = Color.Green
    label.VisitedLinkColor = Color.Red
    label.LinkBehavior = LinkBehavior.NeverUnderline
    label.Text = "Sie haben die Wahl zwischen GNU, CPAN und Cygwin."
    label.Links.Add(28, 3, "http://www.gnu.org")
    label.Links.Add(33, 4, "http://www.cpan.org")
    label.Links.Add(42, 6, "http://www.cygwin.com")
    AddHandler label.LinkClicked, AddressOf link_clicked

    Controls.Add(label)
  End Sub

  Protected Overrides Sub OnPaint(ByVal e As PaintEventArgs)
    Dim g As Graphics = e.Graphics
    g.DrawString(link, New Font("Courier", 12), Brushes.Blue, 5, 50)
  End Sub

  Protected Sub link_clicked( _
  ByVal o As Object, ByVal e As LinkLabelLinkClickedEventArgs)
    e.Link.Visited = true
    link = e.Link.LinkData.ToString()
    Invalidate()
  End Sub

  Shared Sub Main()
    Application.Run(New Haupt())
  End Sub
End Class
```

7.10 ListView

Ein `ListView` kann Elemente vom Typ `ListViewItem` auf vier unterschiedliche Arten darstellen. Die Eigenschaft `Items` ist eine `ListViewItemCollection`, die diese Elemente aufnimmt. Ein `ListViewItem` besitzt die Eigenschaft `SubItems`, die ebenfalls vom Typ `ListViewItemCollection` ist. Dadurch ist es möglich, zu jedem Element eine Hierarchie von untergeordneten Elementen festzulegen.

Methoden der `ListViewItemCollection`:

Add	fügt ein Element hinzu
AddRange	fügt ein oder mehrere Elemente hinzu
Clear	löscht alle Elemente
Contains	prüft, ob das angegebene Element in der Collection enthalten ist
CopyTo	kopiert die Collection in einen Array
IndexOf	ermittelt den Index eines Elementes
Insert	fügt ein Element ein
Remove	entfernt ein Element
RemoveAt	entfernt ein Element mit einem bestimmten Index

Die Eigenschaft `View` legt die Art der Darstellung fest. Ihr können die Werte `Details`, `LargeIcon`, `List` und `SmallIcon` der Aufzählung `View` zugewiesen werden. Dies ist vergleichbar mit den Einstellungen des Menüs Ansicht des `Windows-Explorers`.

Beispiel 7.10_1 enthält einen `ListView` mit dem Erscheinungsbild einer Tabelle Die Anweisung

```
viw.View = View.Details
```

bewirkt, dass jedes Element mit seinen Unterelementen in einer Zeile abgebildet wird. Durch

```
viw.CheckBoxes = True
```

wird jede Zeile mit einer Checkbox versehen. Durch

```
viw.FullRowSelect = True
```

wird bei jedem Anklicken eines Elementes die ganze Zeile ausgewählt, und

```
viw.GridLines = True
```

macht die Gitternetzlinien der Tabelle sichtbar. Ein Spaltenkopf wird durch

```
viw.Columns.Add("Spalte 1", -1, HorizontalAlignment.Left)
```

festgelegt. Die Parameter der Methode `Add` sind der Titel der Spalte, die Spaltenbreite und die Textausrichtung. Wird als Spaltenbreite `-1` angegeben, so richtet sich die Spaltenbreite nach dem breitesten Unterelementtext. Wird -2 angegeben, so richtet sie sich nach der Breite des Titels.

Die Anweisungen

```
Dim it1 As New ListViewItem("Zeile 1")
it1.SubItems.Add("1_1")
it1.SubItems.Add("1_2")
```

legen ein Element mit zwei Unterelementen fest. Die Elemente werden mit

```
viw.Items.AddRange(New ListViewItem(){it1, it2, it3})
```

in den ListView eingebaut. Durch das Anklicken eines Elements wird das Ereignis SelectedIndexChanged ausgelöst. Das Anklicken einer Checkbox löst das Ereignis ItemCheck aus. Beide Ereignisse sind mit Eventhandlern versehen. Der Eventhandler index_changed legt mit

```
If viw.SelectedIndices.Count > 0 Then
  index = viw.SelectedIndices(0)
End If
```

den Index des ausgewählten Elements in der Variablen index ab und ruft dann Invalidate auf. Der Eventhandler item_check ruft nur Invalidate auf. OnPaint protokolliert den Zustand des ListView. Die for-i-Schleife stellt für jede Zeile einen String s zusammen. Die Laufvariable i ist gleich dem Zeilen- bzw Elementindex.

Die Elemente werden mit

```
Dim item As ListViewItem = viw.Items(i)
```

ausgewählt und die Checkboxen mit item.Checked abgefragt. Ist der Wert von i gleich dem der Variablen index, so ist die Zeile ausgewählt. In der inneren for-j-Schleife wird der Text der Unterelemente mit item.SubItems(j).Text ermittelt. Am Ende jedes Schleifendurchlaufs wird der String s im unteren Bereich des Fensters ausgegeben.

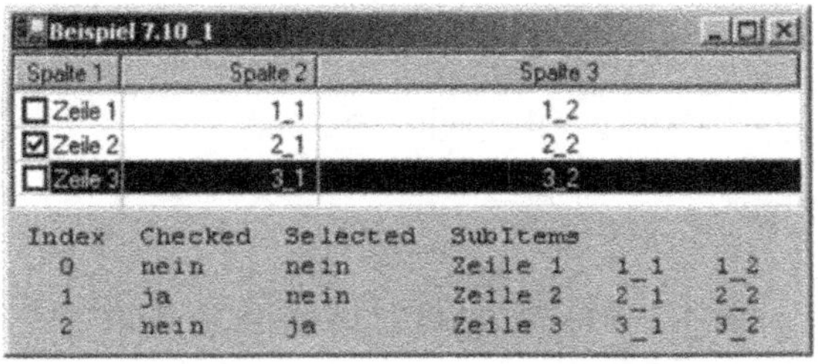

Abbildung 7.10_1

```
' Datei 7.10_1.vb

Imports System
Imports System.Drawing
Imports System.Windows.Forms

Class Haupt
Inherits Form
  Dim viw As ListView
  Dim index As Integer = -1

  Sub New()
    Text = "Beispiel 7.10_1"
    ClientSize = New Size(400, 150)

    viw = New ListView()
    viw.View = View.Details
    viw.Height = 80
    viw.Dock = DockStyle.Top
    viw.CheckBoxes = True
    viw.FullRowSelect = True
    viw.GridLines = True
    viw.Columns.Add("Spalte 1", -1, HorizontalAlignment.Left)
    viw.Columns.Add("Spalte 2", 100, HorizontalAlignment.Right)
    viw.Columns.Add("Spalte 3", -2, HorizontalAlignment.Center)

    Dim it1 As New ListViewItem("Zeile 1")
    it1.SubItems.Add("1_1")
    it1.SubItems.Add("1_2")

    Dim it2 As New ListViewItem("Zeile 2")
    it2.SubItems.Add("2_1")
    it2.SubItems.Add("2_2")

    Dim it3 As New ListViewItem("Zeile 3")
    it3.SubItems.Add("3_1")
    it3.SubItems.Add("3_2")
```

```
    viw.Items.AddRange(New ListViewItem(){it1, it2, it3})
    AddHandler viw.SelectedIndexChanged, AddressOf index_changed
    AddHandler viw.ItemCheck, AddressOf item_check

    Controls.Add(viw)
  End Sub

  Protected Overrides Sub OnPaint(ByVal e As PaintEventArgs)
    Dim g As Graphics = e.Graphics

    Dim fnt As New Font("Courier New", 10)
    g.DrawString("Index  Checked  Selected  SubItems", fnt, Brushes.Black, 5, 85)

    Dim i As Integer
    For i=0 To viw.Items.Count-1
      Dim item As ListViewItem = viw.Items(i)
      Dim s As String = i.ToString().PadLeft(3)
      If item.Checked Then s &= "    ja  " Else s &= "    nein"
      If i = index Then s &= "     ja        " Else s &= "     nein      "
      Dim j As Integer
      For j=0 To item.SubItems.Count-1
        s &= item.SubItems(j).Text + "   "
      Next
      g.DrawString(s, fnt, Brushes.Blue, 5, 100+15*i)
    Next
  End Sub

  Protected Sub index_changed(ByVal o As Object, ByVal e As EventArgs)
    If viw.SelectedIndices.Count > 0 Then
      index = viw.SelectedIndices(0)
    End If
    Invalidate()
  End Sub

  Protected Sub item_check(ByVal o As Object, ByVal e As ItemCheckEventArgs)
    Invalidate()
  End Sub

  Shared Sub Main()
    Application.Run(New Haupt())
  End Sub
End Class
```

7.11 MonthCalendar

Der `MonthCalendar` zeigt den Kalender eines Monats und das aktuelle Datum an. Der zuerst angezeigte Monat ist der laufende Monat. Das aktuelle Datum ist im Kalender markiert. Durch Mausklick oder durch Betätigen der Tasten Bild auf, Bild ab sowie der Cursertasten kann man den Monat und das ausgewählte Datum ändern. Dies löst das Ereignis `DateChanged` aus. Man kann ein einzelnes Datum oder einen Datumsbereich durch Ziehen mit gedrückter Maustaste auswählen.

Eigenschaften des `MonthCalendar`:

SelectionStart	das erste Datum im ausgewählten Bereich
SelectionEnd	das letzte Datum im ausgewählten Bereich
SelectionRange	der ausgewählte Datumsbereich

Die Eigenschaft `SelectionRange` gibt eine Instanz der Klasse `SelectionRange` zurück, welche die Eigenschaften `Start` und `End` besitzt. Die Abfrage von `SelectionStart` führt zu dem gleichen Ergebnis wie `SelectionRange.Start`, und `SelectionEnd` entspricht `SelectionRange.End`. Wird nur ein Datum ausgewählt, so ist `SelectionStart` gleich `SelectionEnd`.

Beispiel 7.11_1 benutzt den Eventhandler `date_changed`, der `Invalidate` aufruft, um das ausgewählte Datum anzuzeigen. `OnPaint` fragt mit

```
Dim dt As DateTime = cal.SelectionStart
```

das ausgewählte Datum bzw. das erste Datum des ausgewählten Bereichs ab und setzt mit

```
Dim s As String = dt.Day & "." & dt.Month & "." & dt.Year
```

einen String zusammen, der unterhalb des Kalenders angezeigt wird.

Abbildung 7.11_1

```
' Datei 7.11_1.vb

Imports System
Imports System.Drawing
Imports System.Windows.Forms

Class Haupt
Inherits Form
  Dim cal As MonthCalendar

  Sub New()
    Text = "Beispiel 7.11_1"
    ClientSize = new Size(190, 180)
    cal = new MonthCalendar()
    cal.Dock = DockStyle.Top
    AddHandler cal.DateChanged, AddressOf date_changed
    Controls.Add(cal)
  End Sub

  Protected Overrides Sub OnPaint(ByVal e As PaintEventArgs)
    Dim g As Graphics = e.Graphics
    Dim dt As DateTime = cal.SelectionStart
    Dim s As String = dt.Day & "." & dt.Month & "." & dt.Year
    g.DrawString(s, new Font("Arial", 10), Brushes.Black, 10, 160)
  End Sub

  Protected Sub date_changed(ByVal o As Object, ByVal e As DateRangeEventArgs)
    Invalidate()
  End Sub

  Shared Sub Main()
    Application.Run(new Haupt())
  End Sub
End Class
```

7.12 NumericUpDown

Die Eigenschaften `Minimum` und `Maximum` legen den Wertebereich des `NumericUpDown` fest. Das Ereignis `TextChanged` wird benutzt, um die angezeigte Eigenschaft `Text` bei jeder Veränderung neu zu zeichnen.

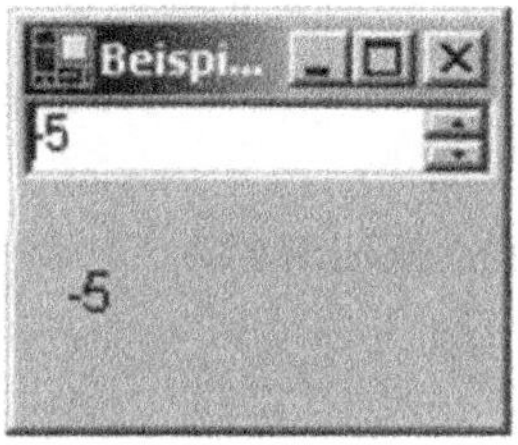

Abbildung 7.12_1

```
' Datei 7.12_1.vb

Imports System
Imports System.Drawing
Imports System.Windows.Forms

Class Haupt
Inherits Form
  Dim nup As NumericUpDown

  Sub New()
    Text = "Beispiel 7.12_1"
    ClientSize = New Size(120, 80)

    nup = New NumericUpDown()
    nup.Minimum = -10
    nup.Maximum = 10
    AddHandler nup.TextChanged, AddressOf text_changed

    Controls.Add(nup)
  End Sub

  Protected Overrides Sub OnPaint(ByVal e As PaintEventArgs)
    Dim g As Graphics = e.Graphics

    g.DrawString(nup.Text, _
      New Font("Arial", 10), Brushes.Black, 10, 40)
  End Sub
```

```
  Protected Sub text_changed(ByVal o As Object, ByVal e As EventArgs)
    Invalidate()
  End Sub

  Shared Sub Main()
    Application.Run(New Haupt())
  End Sub
End Class
```

7.13 PictureBox

Die PictureBox zeigt ein Bild an. Das Bild wird mit

```
box.Image = Image.FromFile("ballon.bmp")
```

aus der Datei ballon.bmp geladen und der Eigenschaft Image der PictureBox zugewiesen. Die Anweisungen

```
box.Size = box.Image.Size
box.Location = New Point((ClientSize.Width-box.Width)/2, 4)
```

bewirken, dass die Abmessungen der PictureBox gleich den Abmessungen des Bildes sind und die PictureBox im Fenster horizontal zentriert wird.

Abbildung 7.13_1

```
' Datei 7.13_1.vb

Imports System
Imports System.Drawing
Imports System.Windows.Forms

Class Haupt
Inherits Form
  Dim box As PictureBox

  Sub New()
    Text = "Beispiel 7.13_1"
    ClientSize = New Size(170, 40)

    box = New PictureBox()
    box.Image = Image.FromFile("ballon.bmp")
    box.Size = box.Image.Size
    box.Location = New Point((ClientSize.Width-box.Width)/2, 4)

    Controls.Add(box)
  End Sub

  Shared Sub Main()
    Application.Run(New Haupt())
  End Sub
End Class
```

7.14 ProgressBar

Die ProgressBar zeigt den Fortschritt eines Vorgangs an. Der Wertebereich wird durch die Eigenschaften Minimum und Maximum festgelegt. Die Eigenschaft Value gibt den numerischen Wert des Fortschritts wieder. Value kann gelesen und gesetzt werden. Die Methode PerformStep führt die Operation Value = Value + Step aus, wobei die Eigenschaft Step die Schrittweite enthält. Indem man Visible gleich True oder False setzt, kann man die ProgressBar ein- und ausblenden.

Beispiel 7.14_1 benutzt einen Timer, dessen Eventhandler durch den Aufruf von PerformStep den Balken der ProgressBar alle 100 Millisekunden um einen Schritt weiter setzt. Sobald Value gleich Maximum ist, wird der Timer angehalten und die ProgressBar ausgeblendet.

Abbildung 7.14_1

```
' Datei 7.14_1.vb

Imports System
Imports System.Drawing
Imports System.Timers
Imports System.Windows.Forms

Class Haupt
Inherits Form

  Dim bar As ProgressBar
  Dim timr As System.Timers.Timer

  Sub New()
    Text = "Beispiel 7.14_1"
    ClientSize = new Size(293, 40)

    bar = new ProgressBar()
    bar.Width = 283
    bar.Location = new Point(5, 8)
    bar.Visible = true
    bar.Minimum = 1
    bar.Maximum = 20
    bar.Value = 1
    bar.Step = 1

    Controls.Add(bar)

    timr = new System.Timers.Timer(100)
    AddHandler timr.Elapsed, AddressOf elapsed
    timr.Start()
  End Sub

  Protected Sub elapsed(ByVal o As Object, ByVal e As ElapsedEventArgs)
    bar.PerformStep()

    If bar.Value = bar.Maximum Then
      timr.Stop()
      bar.Visible = False
    End If
  End Sub

  Shared Sub Main()
    Application.Run(new Haupt())
  End Sub
End Class
```

7.15 RadioButton

Die Bezeichnung Radio Button stammt von den Senderwahltasten des Radios. Drückt man eine Taste hinein, so springt eine andere Taste heraus. Die Radio Buttons eines Containers bilden eine Gruppe. Die Radio Buttons der GroupBox Hintergrundfarbe bilden untereinander eine Gruppe und die Radio Buttons der GroupBox Darstellung bilden ebenfalls untereinander eine Gruppe. Beide Gruppen sind aber voneinander unabhängig. Die Eigenschaft Checked, die abgefragt und gesetzt werden kann, gibt an, ob ein Radio Button ausgewählt ist. Das Ändern der Eigenschaft Checked löst das CheckedChanged Ereignis aus. Im folgenden Beispiel werden die Eventhandler farbe_changed und darstellung_changed benutzt, um die Wirkung der Radio Buttons sichtbar zu machen.

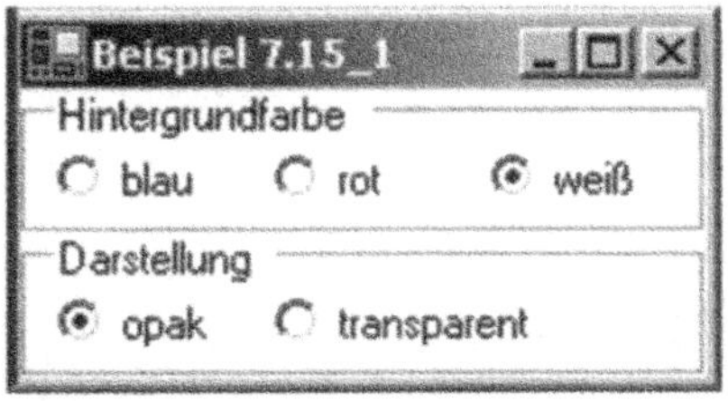

Abbildung 7.15_1

```
' Datei 7.15_1.vb

Imports System
Imports System.Drawing
Imports System.Timers
Imports System.Windows.Forms

Class Haupt
Inherits Form
  Dim r1 As New RadioButton()
  Dim r2 As New RadioButton()
  Dim r3 As New RadioButton()
  Dim r4 As New RadioButton()
  Dim r5 As New RadioButton()

  Sub New()
    Text = "Beispiel 7.15_1"
    ClientSize = New Size(190, 80)
    BackColor = Color.Blue
    r1.Location = New Point(10,15)
    r1.Size = New Size(50,20)
    r1.Text = "blau"
```

```
    r1.Checked=true
    AddHandler r1.CheckedChanged, AddressOf farbe_changed
    r2.Location = New Point(70,15)
    r2.Size = New Size(50,20)
    r2.Text = "rot"
    AddHandler r2.CheckedChanged, AddressOf farbe_changed
    r3.Location = New Point(130,15)
    r3.Size = New Size(50,20)
    r3.Text = "weiß"
    AddHandler r3.CheckedChanged, AddressOf farbe_changed
    r4.Location = New Point(10,15)
    r4.Size = New Size(50,20)
    r4.Text = "opak"
    r4.Checked=true
    AddHandler r4.CheckedChanged, AddressOf darstellung_changed
    r5.Location = New Point(70,15)
    r5.Size = New Size(80,20)
    r5.Text = "transparent"
    AddHandler r5.CheckedChanged, AddressOf darstellung_changed

    Dim g1 As New GroupBox()
    g1.Text = "Hintergrundfarbe"
    g1.Height = 40
    g1.Dock = DockStyle.Top
    g1.Controls.AddRange(New Control(){r3,r2,r1})

    Dim g2 As New GroupBox()
    g2.Text = "Darstellung"
    g2.Height = 40
    g2.Dock = DockStyle.Top
    g2.Controls.AddRange(New Control(){r5,r4})

    Controls.AddRange(New Control(){g2, g1})
  End Sub

  Public Sub farbe_changed(ByVal o As object, ByVal e As EventArgs)
    If r1.Checked Then BackColor = Color.Blue
    If r2.Checked Then BackColor = Color.Red
    If r3.Checked Then BackColor = Color.White
  End Sub

  Public Sub darstellung_changed(ByVal o As object, ByVal e As EventArgs)
    If r4.Checked Then Opacity = 1.0
    If r5.Checked Then Opacity = 0.7
  End Sub

  Shared Sub Main()
    Application.Run(New Haupt())
  End Sub
End Class
```

7.16 TabControl

Ein `TabControl` ist mit einem Karteikasten vergleichbar. Die Eigenschaft `TabPages` des `TabControl` ist eine `TabPageCollection`, die Elemente vom Typ `TabPage` aufnimmt. Das sind die Seiten des `TabControl`, die mit Karteikarten vergleichbar sind.

Methoden der `TabPageCollection`:

```
Add         fügt ein Element hinzu
AddRange    fügt ein oder mehrere Elemente hinzu
Clear       löscht alle Elemente
Remove      löscht ein Element
RemoveAt    löscht ein Element mit einem bestimmten Index
Contains    prüft, ob das angegebene Element vorhanden ist
IndexOf     gibt den Index des angegebenen Elements oder bei Misser-
            folg -1 zurück
```

Die Eigenschaft `Text` der `TabPage` entspricht der Beschriftung des Reiters einer Karteikarte, und die Eigenschaft `Controls` nimmt den Inhalt der Karteikarte auf. Die Vielzahl von Steuerelementen, die man auf einer Seite anordnen kann, zeigt deutlich den Unterschied zum herkömmlichen Karteikasten. Ein `TabControl` ist ein interaktiver Karteikasten.

Beispiel 7.16_1 definiert ein `TabControl` mit drei Seiten. Der Inhalt der Seiten besteht der Einfachheit halber aus einem `Label`.

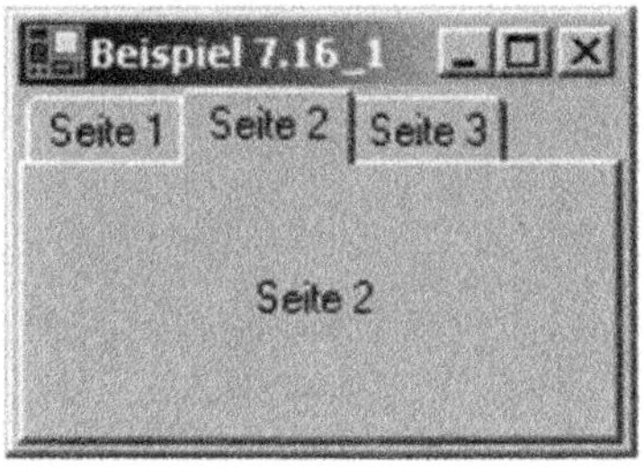

Abbildung 7.16_1

```
' Datei 7.16_1.vb

Imports System
Imports System.Drawing
Imports System.Windows.Forms

Class Haupt
Inherits Form
  Sub New()
    Text = "Beispiel 7.16_1"
    ClientSize = New Size(170, 100)

    Dim tab As New TabControl()
    tab.Dock = DockStyle.Fill

    Dim p1 As New TabPage()
    p1.Text = "Seite 1"
    Dim l1 As New Label()
    l1.Text = "Seite 1"
    l1.Location = New Point(60, 30)
    p1.Controls.Add(l1)

    Dim p2 As New TabPage()
    p2.Text = "Seite 2"
    Dim l2 As New Label()
    l2.Text = "Seite 2"
    l2.Location = New Point(60, 30)
    p2.Controls.Add(l2)

    Dim p3 As New TabPage()
    p3.Text = "Seite 3"
    Dim l3 As New Label()
    l3.Text = "Seite 3"
    l3.Location = New Point(60, 30)
    p3.Controls.Add(l3)

    tab.TabPages.AddRange(New TabPage(){p1, p2, p3})
    Controls.Add(tab)
  End Sub

  Shared Sub Main()
    Application.Run(New Haupt())
  End Sub
End Class
```

7.17 ToolTip

Ein `ToolTip` erläutert die Bedeutung eines Steuerelements. Es handelt sich um einen Hilfetext begrenzten Umfangs, der erscheint, sobald man den Mauszeiger auf das Steuerelement schiebt. Die Eigenschaft `InitialDelay` ist die Verzögerung mit der ein `ToolTip` sichtbar wird und `AutoPopDelay` ist die Zeitspanne, während der es sichtbar bleibt. Ein `ToolTip` wird mit `SetToolTip` an ein Steuerelement gebunden. Diese Methode erwartet die Instanz des Steuerelementes und den anzuzeigenden Text als Parameter.

Abbildung 7.17_1

```
' Datei 7.17_1.vb

Imports System
Imports System.Drawing
Imports System.Windows.Forms

Class Haupt
Inherits Form
  Sub New()
    Text = "Beispiel 7.17_1"
    ClientSize = New Size(160, 50)

    Dim tip As New ToolTip()
    tip.InitialDelay = 100
    tip.AutoPopDelay = 5000
    tip.SetToolTip(Me, "Hauptfenster")
  End Sub

  Shared Sub Main()
    Application.Run(New Haupt())
  End Sub
End Class
```

7.18 TrackBar

Die Eigenschaften Minimum und Maximum legen den Wertebereich fest, der beim Betätigen der TrackBar durchlaufen wird. Die eingestellte Position erhält man durch Abfragen von Value. Die Position kann durch eine Wertzuweisung an die Eigenschaft Value eingestellt werden. SmallChange gibt an, um welchen Betrag sich Value bei kleinen Verschiebungen des Schiebereglers ändert. Die Änderung der Position durch ein Klicken links oder rechts des Schiebereglers wird mit LargeChange festgelegt.

Jede Änderung der Schiebeposition löst das Ereignis ValueChanged aus. Der Eventhandler

```
Protected Sub value_changed(ByVal o As Object, ByVal e As EventArgs)
  v = bar.Value
  Invalidate()
End Sub
```

weist der Variablen v den Wert der Eigenschaft Value zu und ruft anschließend Invalidate auf. OnPaint zeigt den Wert der Variablen v unterhalb der TrackBar an.

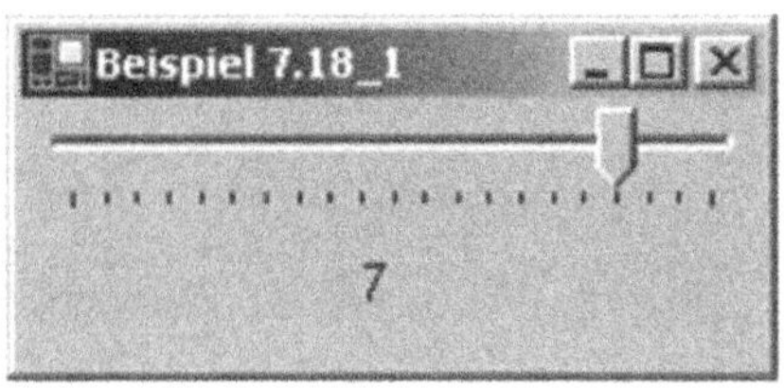

Abbildung 7.18_1

```
' Datei 7.18_1.vb

Imports System
Imports System.Drawing
Imports System.Windows.Forms

Class Haupt
Inherits Form
  Dim bar As TrackBar
  Dim v As Integer
```

```
  Sub New()
    Text = "Beispiel 7.18_1"
    ClientSize = New Size(200, 70)

    bar = New TrackBar()
    bar.Dock = DockStyle.Top
    bar.Minimum = -10
    bar.Maximum = 10
    bar.Value = 0
    bar.LargeChange = 5
    AddHandler bar.ValueChanged, AddressOf value_changed

    Controls.Add(bar)
  End Sub

  Protected Overrides Sub OnPaint(ByVal e As PaintEventArgs)
    Dim g As Graphics = e.Graphics
    g.DrawString(v.ToString(), New Font("Helvetica", 10), Brushes.Black, 90, 40)
  End Sub

  Protected Sub value_changed(ByVal o As Object, ByVal e As EventArgs)
    v = bar.Value
    Invalidate()
  End Sub

  Shared Sub Main()
    Application.Run(New Haupt())
  End Sub
End Class
```

7.19 VScrollBar

Die Eigenschaften `Minimum` und `Maximum` legen den Wertebereich fest, der beim Betätigen der `VScrollBar` durchlaufen wird. Die eingestellte Position erhält man durch Abfragen von `Value`. Die Position kann durch eine Wertzuweisung an die Eigenschaft `Value` eingestellt werden. `SmallChange` gibt an, um welchen Betrag sich `Value` beim Anklicken der Pfeile ändert. Die Änderung der Position durch ein Klicken unterhalb oder oberhalb des Schiebereglers wird mit `LargeChange` festgelegt.

Jede Änderung der Schiebeposition löst das Ereignis `Scroll` aus.

Der Eventhandler

```
Protected Sub scroll(ByVal o As Object, ByVal e As ScrollEventArgs)
  y = e.NewValue
  Invalidate()
End Sub
```

weist der Variablen `y` die Eigenschaft `NewValue` der `ScrollEventArgs` zu, und `OnPaint` verwendet diese Information, um den Text zu verschieben.

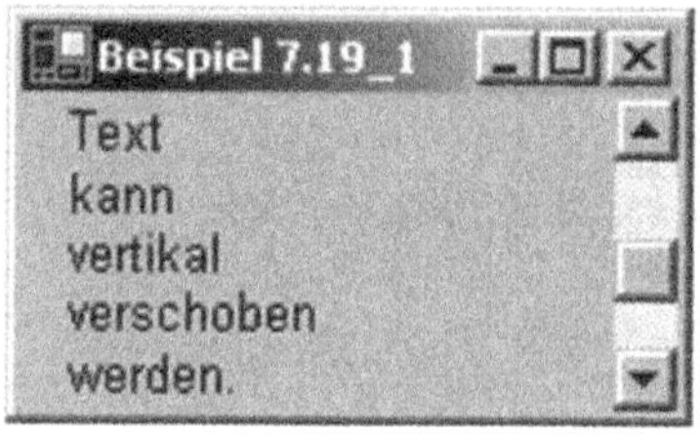

Abbildung 7.19_1

```
' Datei 7.19_1.vb

Imports System
Imports System.Drawing
Imports System.Windows.Forms
Imports Microsoft.VisualBasic

Class Haupt
Inherits Form
  Dim bar As VScrollBar
  Dim y As Integer = 0

  Sub New()
    Text = "Beispiel 7.19_1"
    ClientSize = New Size(170, 80)

    bar = New VScrollBar()
    bar.Dock = DockStyle.Right
    bar.Minimum = 0
    bar.Maximum = 150
    bar.Value = 0
    bar.SmallChange = 5
    bar.LargeChange = 50

    AddHandler bar.Scroll, AddressOf scroll
    Controls.Add(bar)
  End Sub

  Protected Overrides Sub OnPaint(ByVal e As PaintEventArgs)
    Dim g As Graphics = e.Graphics
```

```
    g.DrawString( _
      "Dieser" & VbCrLf & "Text" & VbCrLf & "kann" _
      & VbCrLf & "vertikal" & VbCrLf & "verschoben" _
      & VbCrLf & "werden.", _
      New Font("Arial", 10), Brushes.Black, 10, 50-y)
  End Sub

  Protected Sub scroll(ByVal o As Object, ByVal e As ScrollEventArgs)
    y = e.NewValue
    Invalidate()
  End Sub

  Shared Sub Main()
    Application.Run(New Haupt())
  End Sub
End Class
```

7.20 Die Ereignissteuerung unter die Lupe genommen

Windows Anwendungen sind ereignisgesteuert. Deshalb wird jetzt am Ende der Kapitel über Windows Programmierung noch einmal an den Abschnitt 5.2 angeknüpft. Der grundsätzliche Ablauf einer Windows Anwendung wird an einem in C++ [1] geschriebenen Beispiel erläutert, das die im Betriebssystem Windows vorhandenen Funktionen, Datenstrukturen und Konstanten benutzt.

In jeder Windows Anwendung muss eine Funktion mit dem Namen `WinMain` enthalten sein. Diese Funktion ist das Hauptprogramm und damit der Einstiegspunkt des Programms. Das Hauptprogramm definiert und registriert eine Fensterklasse, erzeugt das Fenster, macht es sichtbar und tritt dann in den unter 5.2 bereits erwähnten Message Loop ein. Wenn der Message Loop endet, endet das Programm. Die eingehenden Nachrichten werden von der Window Procedure mit dem Namen `WndProc` verarbeitet. Dies ist möglich, weil die Funktion `WndProc` in der Fensterklasse verzeichnet und daher mit der Fensterklasse registriert ist. Nach der Auswertung der Nachrichten mit `switch` und `case` ruft `WndProc` in diesem Beispiel gegebenenfalls eine der Funktionen `OnPaint` und `OnMouseMove` auf. Zum Zweck der besseren Vergleichbarkeit mit einem .NET Programm sind die Parameter dieser Funktionen in den Strukturen `PaintEventArgs` und `MouseEventArgs` zusammengefasst. Diese Strukturen sind nicht mit den entsprechenden Klassen des .NET Frameworks identisch, sondern an die Erfordernisse des C++ Programms angepasst.

```
// Datei MeinFenster.cpp

#include <windows.h>

PAINTSTRUCT ps;
int x = 80, y = 25;

struct PaintEventArgs
{
  HDC Graphics;
};

struct MouseEventArgs
{
  HWND hWnd;
  int X, Y;
};


// Der Klientbereich des Fensters
// soll neu gezeichnet werden

void OnPaint(PaintEventArgs e)
{
  // Der Kreis wird gezeichnet
  Ellipse(e.Graphics, x, y, x+20, y+20);
}


// Die Maus ist bewegt worden

void OnMouseMove(MouseEventArgs e)
{
  // Die Koordinaten der Maus
  x = e.X-10; y = e.Y-10;

  // Klientbereich neu zeichnen
  InvalidateRect(e.hWnd,NULL,TRUE);
}


// Die Nachrichtenbehandlung

LONG WINAPI WndProc(
  HWND hWnd, UINT msg,
  WPARAM wParam, LPARAM lParam)
{
  // msg ist die Nachricht
  // wParam und lParam enthalten
  // Informationen zur Nachricht
```

```
    switch(msg)
    {
      // Die Maus ist bewegt worden

      case WM_MOUSEMOVE:
        MouseEventArgs mouseArgs;
        mouseArgs.hWnd = hWnd;
        mouseArgs.X = LOWORD(lParam);
        mouseArgs.Y = HIWORD(lParam);
        OnMouseMove(mouseArgs);
        break;


      // Der Klientbereich des Fensters
      // soll neu gezeichnet werden

      case WM_PAINT:
        PaintEventArgs paintArgs;
        paintArgs.Graphics = BeginPaint(hWnd, &ps);
        OnPaint(paintArgs);
        EndPaint(hWnd, &ps);
        break;


      // Die Anwendung wird beendet

      case WM_DESTROY:
        PostQuitMessage(0);
    }


    // Standardnachrichtenbehandlung

    return DefWindowProc(
      hWnd, msg, wParam, lParam);
  }


  // Das Hauptprogramm

  int WINAPI WinMain(
    HINSTANCE hInst, HINSTANCE hPrevInst,
    LPSTR lpCmdLine, int nCmdShow)
  {
    HWND        hWnd;
    WNDCLASS    wc;
    MSG msg;
```

```
    // Die Fensterklasse wird definiert
    wc.style         = NULL;

    // Die Window Procedure heißt WndProc
    wc.lpfnWndProc   = WndProc;
    wc.cbClsExtra    = 0;
    wc.cbWndExtra    = 0;
    wc.hInstance     = hInst;

    // Das Icon in der linken oberen Ecke
    wc.hIcon         = LoadIcon(NULL, IDI_APPLICATION);

    // Der Cursor als Pfeil
    wc.hCursor       = LoadCursor(NULL, IDC_ARROW);

    // Die Hintergrundfarbe
    wc.hbrBackground = (HBRUSH)6;
    wc.lpszMenuName  = NULL;
    wc.lpszClassName = "MeineFensterKlasse";

    // Die Fensterklasse wird registriert
    if(!RegisterClass(&wc))return 1;


    // Das Fenster wird erstellt
    hWnd = CreateWindow(
      "MeineFensterKlasse",
      "Mein Fenster",       // entspricht Text
      WS_OVERLAPPEDWINDOW,
      10, 10, 180, 100,     // entspricht Bounds
      NULL, NULL, hInst, NULL);

    if(hWnd == NULL)return 1;


    // Das Fenster wird sichtbar
    ShowWindow(hWnd, nCmdShow);
    // WM_PAINT Nachricht
    UpdateWindow(hWnd);

    // Der Message Loop
    while(GetMessage(&msg, NULL, 0, 0))
    {
      TranslateMessage(&msg);
      DispatchMessage(&msg);
    }

    // Das Programm wird beendet
    return msg.wParam;
}
```

Das vergleichbare Visual Basic .NET Programm ist, da das .NET Framework viele der oben programmierten Aufgaben übernimmt, wesentlich kürzer.

```
' Datei MeinFenster.vb

Imports System
Imports System.Drawing
Imports System.Windows.Forms

Class MeinFenster
Inherits Form
  Dim x As Integer = 80
  Dim y As Integer = 25

  ' Der Konstruktor
  Sub New()

    ' Der Titel des Fensters
    Text = "Mein Fenster"

    ' Lage und Abmessungen des Fensters
    Bounds = New Rectangle(10, 10, 180, 100)

    ' Die Hintergrundfarbe
    BackColor = Color.White

    ' Das Icon links oben
    Icon = SystemIcons.Application
  End Sub

  Protected Overrides Sub OnPaint(ByVal e As PaintEventArgs)
    ' Der Kreis wird gezeichnet
    e.Graphics.DrawEllipse(Pens.Black, x, y, 20, 20)
  End Sub

  Protected Overrides Sub OnMouseMove(ByVal e As MouseEventArgs)
    ' Die Mauskoordinaten
    x = e.X-10
    y = e.Y-10
    ' Der Klientbereich wird neu gezeichnet
    Invalidate()
  End Sub

  ' Das Hauptprogramm
  Shared Sub Main()
    ' Die Windows Anwendung wird gestartet
    Application.Run(New MeinFenster())
  End Sub
End Class
```

Beide Programme erzeugen identische Fenster mit weißem Hintergrund und einem Kreis.

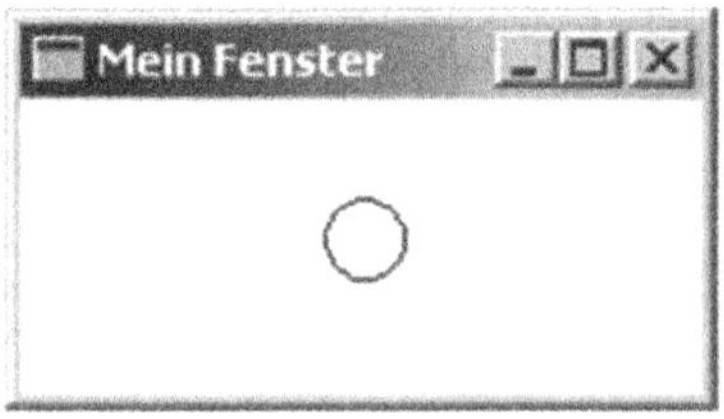

Abbildung 7.20_1

Sobald man den Mauszeiger in das Fenster schiebt, hängt sich der Kreis an dessen Spitze und verändert seine Position mit der Mausbewegung. Beide Programme rufen dabei abwechselnd ereignisgesteuert `OnMouseMove` und `OnPaint` auf.

Das Fazit dieser Betrachtungen liegt auf der Hand. Die registrierte Fensterklasse, der Message Loop und die Window Procedure bilden den Kern einer Windows Anwendung. Bei .NET Programmen werden die entsprechenden Aufgaben durch das Zusammenspiel der Klassen `Form` und `Application` erledigt.

8 Datenbankanbindung mit ADO.NET

Zunächst werden die wesentlichsten Merkmale relationaler Datenbanken und des Microsoft SQL Server 2000 erläutert. Anschließend nimmt die Abfragesprache SQL verhältnismäßig viel Raum in Anspruch. Diese Vorbereitung ist erforderlich, da einerseits mehrere unterschiedliche SQL Implementierungen existieren und andererseits in diesem Kapitel ohne SQL nichts geht. Der Visual Basic .NET bezogene Teil dieses Kapitels behandelt das Abfragen und Ändern von SQL Server 2000 und Access Datenbanken.

8.1 ADO.NET und Relationale Datenbanken

ADO ist die Abkürzung von ActiveX Data Objects. ADO.NET ist die ADO Version des .NET Frameworks. ADO.NET stellt Objekte wie `SqlConnection`, `SqlCommand`, `SqlDataReader`, `SqlDataAdapter`, `DataSet` und `DataTable` sowie `OleDbConnection`, `OleDbCommand`, `OleDbDataReader` und `OleDbDataAdapter` zur Verfügung, die es erlauben, in sehr rationeller Weise Datenbanken zu bearbeiten, zu verwalten und abzufragen. ADO.NET Objekte werden in den Abschnitten 8.4 und 8.6 erläutert.

Gegenüber vielen anderen Datenbankmodellen hat sich wegen seiner Einfachheit, Klarheit und universellen Verwendbarkeit das Modell der relationalen Datenbank durchgesetzt. Eine relationale Datenbank besteht aus Tabellen. Aufbau und Funktionsprinzip einer relationalen Datenbank lassen sich am schnellsten anhand eines Beispiels erklären.

Eine Firma sammelt Daten über ihre Mitarbeiter. Dies können persönliche Daten wie Geburtsdatum, Adresse, Telefon, Hobby, Anzahl und Namen der Kinder sein. Es können aber auch auf die Firma bezogene Daten sein wie Anzahl der geleisteten Überstunden, Eintritt in die Firma, Abteilung, Arbeitsgruppe, Aufgabengebiet . . .

Die Firma hat drei Mitarbeiter, die ausgerechnet alle auf den Namen Meier hören. Zu allem Überfluss kommt auch noch der Vorname Otto doppelt vor. Es ist daher dringend angeraten, jeden Mitarbeiter mit einem eindeutigen Schlüssel zu versehen. Im einfachsten Fall ist dies eine laufende Nummer. Die Firma stellt nur ein Produkt her und führt eine Auftragstabelle.

Die Tabelle Mitarbeiter:

Nr.	Vorname	Name	Telefon
1	Emil	Meier	452873
2	Otto	Meier	637219
3	Otto	Meier	29478211

Die Tabelle Auftrag:

Nr.	Datum	Stck.	Kunde	Verkäufer
1	01.03.1999	1	abc GmbH	1
2	28.02.2000	5	def KG	3
3	28.02.2000	33	xyz AG	1
4	31.03.2001	10	abc GmbH	3
5	15.08.2002	8	def KG	2

Will man nun alle Aufträge vom 28.02.2000 auflisten, so durchsucht man die Spalte Datum der Tabelle Auftrag und findet die Aufträge 2 und 3. Die verkaufte Stückzahl, der Kunde und die Nummer des Verkäufers können direkt dieser Tabelle entnommen werden. Will man aber nicht die laufende Nummer des Verkäufers wissen, sondern dessen Telefonnummer, so geht man mit der Nummer des Verkäufers in die Spalte Telefon der Tabelle Mitarbeiter. Das Ergebnis der Abfrage kann dann so aussehen.

Stck.	Kunde	Verkäufer-Telefon
5	def KG	29478211
33	xyz AG	452873

8.2 Microsoft SQL Server 2000

Der Microsoft SQL Server 2000 ist ein Datenbankserver. Er kann relationale Datenbanken nicht nur auf dem lokalen Computer, sondern auch im Netzwerk zur Verfügung stellen. Die nachfolgenden Beispiele basieren überwiegend auf dem SQL Server 2000. Die SQL Server 2000 Evaluation Edition -- German Version kann vom Microsoft Download Center bezogen werden und ist nach erfolgreicher Installation für 120 Tage lauffähig. Eine ausführliche Installationsanweisung ist in der mitgelieferten Onlinedokumentation zu finden. Das installierte Programmpaket enthält einige Dienstprogramme. Dies sind der Enterprise Manager, der Query Analyser, der Dienst Manager und der Profiler sowie Programme zur Konfiguration und zum Datenimport und Export.

8.3 Die Abfragesprache SQL

SQL ist eine Abkürzung von Structured Query Language. Dies ist eine formale Sprache, die der Formulierung von Datenbankabfragen dient. Zunächst werden in knapper Form die Grundlagen von SQL mit Hilfe des Query Analysers beschrieben. Beim Start des Query Analysers wird der Server angegeben, zu dem die Verbindung hergestellt werden soll. Es kann (local) oder localhost für den eigenen Computer oder der Name eines Servers im Netzwerk angegeben werden. Sobald die Verbindung steht, kann mit SQL Abfragen begonnen werden.

Da der Server mehrere Datenbanken verwaltet, muss zunächst eine Datenbank ausgewählt werden.

`USE` *`Datenbank`* wählt die Datenbank zur Benutzung aus.

Die Beispieldatenbank Northwind wird wie unten abgebildet ausgewählt. Die Abfrage wird ausgeführt sobald das mit der Spitze nach rechts weisende Dreieck oder die Menüoption Abfrage-Ausführen angeklickt wird.

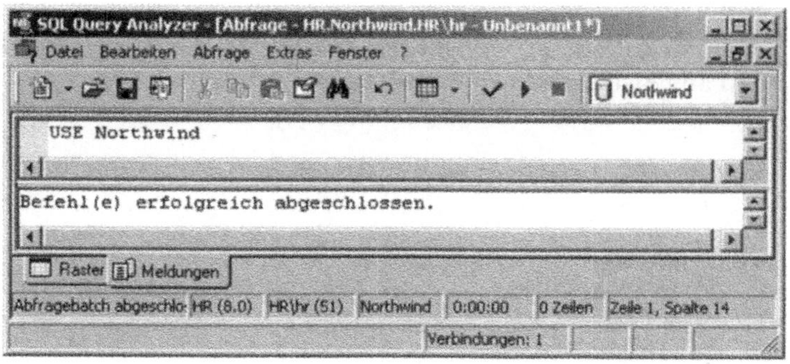

Abbildung 8.3_1

`SELECT` *`Spalte.Spalte`* `FROM` *`Tabelle`* wählt eine oder mehrere Spalten aus einer Tabelle aus.

`SELECT * FROM` *`Tabelle`* zeigt die gesamte Tabelle an.

`SELECT * FROM Customers` zeigt die Tabelle Customers an.

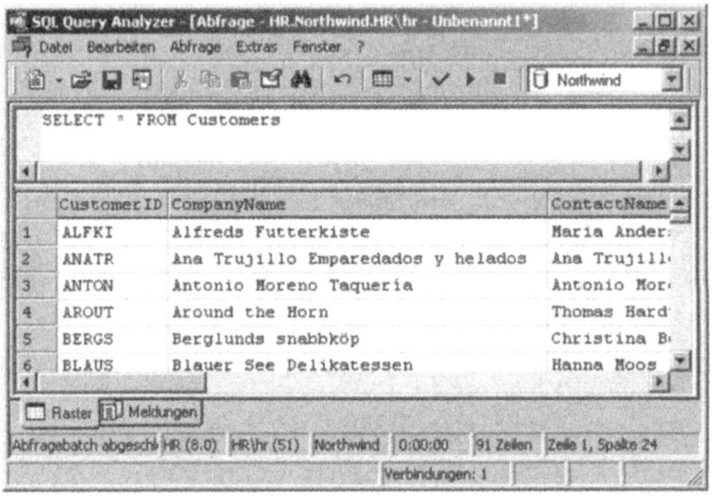

Abbildung 8.3_2

Mit dem Schlüsselwort `WHERE` können zusätzliche Bedingungen gesetzt werden.

`WHERE` *`Spalte = 'Wert '`* wählt die Zeilen aus, die in der angegebenen Spalte den angegebenen Wert enthalten.

Die mit `WHERE` verwendbaren Operatoren:

`=`	gleich
`<`	kleiner
`<=`	kleiner gleich
`>`	größer
`>=`	größer gleich
`<>`	nicht gleich
`LIKE`	Vergleich mit einem Zeichenmuster

Während `=` nur den exakten Vergleich zulässt, kann mit `LIKE` das %-Zeichen als Ersatz für beliebige andere Zeichen verwendet werden.

`WHERE a LIKE '%x'` ist dann richtig, wenn die Zeichenkette `a` mit einem `x` endet.

`WHERE a LIKE 'Ab%'` ist dann richtig, wenn die Zeichenkette `a` mit `Ab` beginnt.

Die unten abgebildete Abfrage zeigt die Spalten `CompanyName` und `Address` der Tabelle `Customers` an. Es werden nur die Zeilen berücksichtigt, die in der Spalte `City` den Wert `Paris` enthalten. Kurz gesagt werden der Name und die Adresse der in Paris ansässigen Firmen ermittelt.

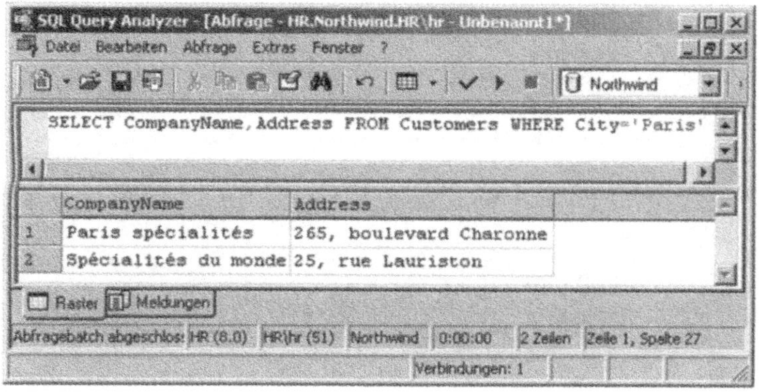

Abbildung 8.3_3

Die mit `WHERE` formulierten Bedingungen können logisch verknüpft werden. Dazu dienen die folgenden Schlüsselwörter:

```
AND    Undverknüpfung
OR     Oderverknüpfung
NOT    Negation
```

Die Namen und Adressen der entweder in London oder in Madrid ansässigen Firmen werden gesucht. Zusätzlich soll die Bedingung erfüllt werden, dass `ContactTitle` nicht gleich `Owner` ist.

Die Oderverknüpfung City='London' OR City='Madrid' bewirkt, dass beide Städte berücksichtigt werden.

Die Undverknüpfung mit Negation `AND NOT ContactTitle ='Owner'` bewirkt, dass nur die Zeilen ausgewählt werden, die die Bedingung `ContactTitle='Owner'` nicht erfüllen.

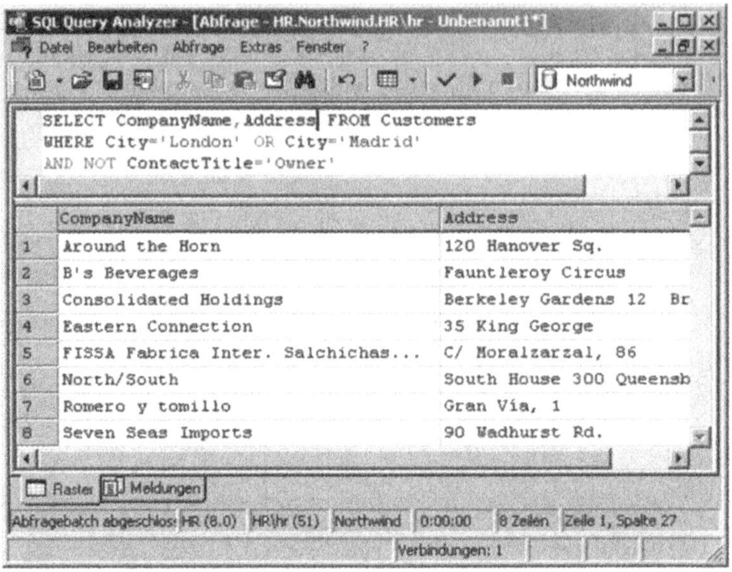

Abbildung 8.3_4

Eine neue Datenbank wird erstellt und für den Zugriff aktiviert.

```
CREATE DATABASE meineDB
USE meineDB
```

Eine neue Tabelle mit den Spalten `ID`, `Vorname` und `Nachname` wird erstellt.

```
CREATE TABLE Personen (
  ID INT NOT NULL,
  Vorname VARCHAR(20),
  Nachname VARCHAR(20),
  PRIMARY KEY (ID))
```

Für jede Spalte wird ein Datentyp angegeben. Der Wert `NULL` in einem Feld bedeutet, dass das Feld leer ist. Die Bedingung `NOT NULL` bedeutet, dass für dieses Feld ein Wert angegeben werden muss. Es darf nicht leer bleiben. Die Spalte `ID` enthält einen Primärschlüssel `PRIMARY KEY`. Primärschlüssel müssen eindeutig sein. Sie dürfen also nicht doppelt vergeben werden.

Die wichtigsten Datentypen:

```
CHAR(n)             Zeichenkette fester Länge mit n Zeichen
VARCHAR(n)          Zeichenkette variabler Länge mit höchstens n Zeichen
TEXT                Zeichenkette variabler Länge
INT                 ganze Zahl
FLOAT oder REAL     Gleitkommazahl
MONEY               Währungsbetrag
DATETIME            Datum und Uhrzeit
```

Jede `INSERT INTO` Anweisung generiert eine Zeile und fügt diese in die Datenbank ein.

```
INSERT INTO Personen VALUES (1, 'Anton', 'Meier')
INSERT INTO Personen VALUES (2, 'Otto', 'Müller')
INSERT INTO Personen VALUES (3, 'Fritz', 'Schulze')
INSERT INTO Personen VALUES (4, 'Karl', 'Schmitz')
```

Die Werte stehen in Klammern und sind durch Kommata getrennt. Reihenfolge und Datentypen müssen der Struktur der Tabelle entsprechen.

	ID	Vorname	Nachname
1	1	Anton	Meier
2	2	Otto	Müller
3	3	Fritz	Schulze
4	4	Karl	Schmitz

Abbildung 8.3_5

Ein Tabellenfeld wird geändert.

```
UPDATE Personen SET Vorname='Oskar' WHERE Nachname='Schmitz'
```

	ID	Vorname	Nachname
1	1	Anton	Meier
2	2	Otto	Müller
3	3	Fritz	Schulze
4	4	Oskar	Schmitz

Abbildung 8.3_6

Eine Zeile wird gelöscht.

```
DELETE FROM Personen WHERE Nachname='Müller'
```

	ID	Vorname	Nachname
1	1	Anton	Meier
2	3	Fritz	Schulze
3	4	Oskar	Schmitz

Abbildung 8.3_7

Die Spalte Stadt mit dem Datentyp VARCHAR(20) wird hinzugefügt. Alle Felder dieser Spalte enthalten den Wert NULL.

```
ALTER TABLE Personen ADD Stadt VARCHAR(20)
```

	ID	Vorname	Nachname	Stadt
1	1	Anton	Meier	NULL
2	3	Fritz	Schulze	NULL
3	4	Oskar	Schmitz	NULL

Abbildung 8.3_8

Die Werte der Spalte Stadt werden geändert.

```
UPDATE Personen SET Stadt='Essen' WHERE Nachname='Meier'
UPDATE Personen SET Stadt='Wuppertal' WHERE Nachname='Schulze'
UPDATE Personen SET Stadt='Köln' WHERE Nachname='Schmitz'
```

	ID	Vorname	Nachname	Stadt
1	1	Anton	Meier	Essen
2	3	Fritz	Schulze	Wuppertal
3	4	Oskar	Schmitz	Köln

Abbildung 8.3_9

Die Tabelle `Personen` wird gelöscht.

```
DROP TABLE Personen
```

Die Datenbank `meineDB` wird gelöscht. Man kann die Datenbank nur dann löschen, wenn sie nicht in Gebrauch ist.

```
DROP DATABASE meineDB
```

Die Datenbank `meineDB2` wird erzeugt.

```
CREATE DATABASE meineDB2
USE meineDB2
```

Die Tabelle `Preise` wird erzeugt und mit Daten versehen.

```
CREATE TABLE Preise (
  ID INT NOT NULL,
  Artikel INT,
  Anbieter INT,
  Preis DECIMAL(10,2),
  PRIMARY KEY (ID))
```

```
INSERT INTO Preise VALUES (1, 001, 001, 13.95)
INSERT INTO Preise VALUES (2, 002, 004, 25.70)
INSERT INTO Preise VALUES (3, 001, 002, 15.80)
INSERT INTO Preise VALUES (4, 001, 003, 14.50)
INSERT INTO Preise VALUES (5, 003, 003, 112.88)
INSERT INTO Preise VALUES (6, 002, 004, 27.90)
```

```
SELECT * FROM Preise
```

	ID	Artikel	Anbieter	Preis
1	1	1	1	13.95
2	2	2	4	25.70
3	3	1	2	15.80
4	4	1	3	14.50
5	5	3	3	112.88
6	6	2	4	27.90

Abbildung 8.3_10

Die Schlüsselwörter `ALL` und `DISTINCT`:

Die Anweisungen

```
SELECT ALL Artikel FROM Preise
```

und

```
SELECT Artikel FROM Preise
```

sind gleichwertig. Die gesamte Spalte `Artikel` wird aufgelistet. Verwendet man dagegen `DISTINCT`, so werden mehrfach vorkommende Werte nur einmal übernommen.

```
SELECT DISTINCT Artikel FROM Preise
```

	Artikel
1	1
2	2
3	3

Abbildung 8.3_11

Die Daten werden nach aufsteigender Artikelnummer sortiert. Die Anweisungen

```
SELECT * FROM Preise ORDER BY Artikel ASC
```

und

```
SELECT * FROM Preise ORDER BY Artikel
```

sind gleichwertig.

	ID	Artikel	Anbieter	Preis
1	1	1	1	13.95
2	3	1	2	15.80
3	4	1	3	14.50
4	2	2	4	25.70
5	6	2	4	27.90
6	5	3	3	112.88

Abbildung 8.3_12

Durch den Zusatz DESC werden die Daten nach absteigender Artikelnummer sortiert.

```
SELECT * FROM Preise ORDER BY Artikel DESC
```

	ID	Artikel	Anbieter	Preis
1	5	3	3	112.88
2	6	2	4	27.90
3	2	2	4	25.70
4	1	1	1	13.95
5	3	1	2	15.80
6	4	1	3	14.50

Abbildung 8.3_13

Aggregatfunktionen:

```
MIN        gibt den kleinsten Wert einer Spalte zurück
MAX        gibt den größten Wert einer Spalte zurück
AVG        gibt das arithmetische Mittel der Werte einer Spalte zurück
SUM        gibt die Summe der numerischen Werte einer Spalte zurück
COUNT      gibt die Anzahl der Werte in einer Spalte zurück
COUNT(*)   gibt die Anzahl der Zeilen einer Tabelle zurück.
```

Der niedrigste und höchste Preis in der Tabelle werden ermittelt.

```
SELECT MIN(Preis) AS 'niedrigster Preis', MAX(Preis) AS 'höchster Preis' FROM
Preise
```

	niedrigster Preis	höchster Preis
1	13.95	112.88

Abbildung 8.3_14

Setzt man GROUP BY Artikel hinzu, so werden der niedrigste und höchste Preis eines jeden Artikels ermittelt.

```
SELECT Artikel, MIN(Preis) AS 'niedrigster Preis',
MAX(Preis) AS 'höchster Preis'
FROM Preise GROUP BY Artikel
```

	Artikel	niedrigster Preis	höchster Preis
1	1	13.95	15.80
2	2	25.70	27.90
3	3	112.88	112.88

Abbildung 8.3_15

Auch die Preisspanne eines einzelnen Artikels kann ermittelt werden.

```
SELECT MIN(Preis) AS 'niedrigster Preis', MAX(Preis) AS 'höchster Preis'
FROM Preise WHERE Artikel=1 GROUP BY Artikel
```

	niedrigster Preis	höchster Preis
1	13.95	15.80

Abbildung 8.3_16

Mit `HAVING` können für die Zeilen der einzelnen Gruppen Zusatzbedingungen angegeben werden.

```
SELECT Artikel, MIN(Preis) AS 'niedrigster Preis',
MAX(Preis) AS 'höchster Preis'
FROM Preise GROUP BY Artikel HAVING MIN(Preis)>20
```

	Artikel	niedrigster Preis	höchster Preis
1	2	25.70	27.90
2	3	112.88	112.88

Abbildung 8.3_17

Die Preise zwischen 13.95 und 25.70 werden ermittelt, wobei die genannten Preise in die Auswahl einbezogen sind.

```
SELECT * FROM Preise WHERE Preis>=13.95 AND Preis<=25.70
```

Zu dem gleichen Ergebnis kommt man mit der folgenden Anweisung.

```
SELECT * FROM Preise WHERE Preis BETWEEN 13.95 AND 25.70
```

	ID	Artikel	Anbieter	Preis
1	1	1	1	13.95
2	2	2	4	25.70
3	3	1	2	15.80
4	4	1	3	14.50

Abbildung 8.3_18

Die Datenbank `Northwind` wird benutzt.

```
USE Northwind
```

Es werden Firmen aus Berlin, Bern und Mannheim gesucht.

```
SELECT CompanyName, City FROM Customers
WHERE City='Berlin' OR City='Mannheim' OR City='Bern'
```

Zu dem gleichen Ergebnis kommt man mit der folgenden Anweisung.

```
SELECT CompanyName, City FROM Customers
WHERE City IN ('Berlin', 'Mannheim', 'Bern')
```

	CompanyName	City
1	Alfreds Futterkiste	Berlin
2	Chop-suey Chinese	Bern
3	Blauer See Delikatessen	Mannheim

Abbildung 8.3_19

Arithmetische Operatoren:

```
+  Addition
-  Subtrktion
*  Multiplikation
/  Division
%  Modulo, Rest der ganzzahligen Division
```

Mathematische Funktionen:

ABS	Absolutwert
ACOS	Arkuskosinus
ASIN	Arkussinus
ATAN	Arkustangens
ATN2(a, b)	Winkel, dessen Tangens zwischen a und b liegt
CEILING	kleinster ganzzahliger Wert, der größer ist
COS	Kosinus
COT	Kotangens
DEGREES	Umrechnung von Bogenmaß in Grad
EXP	e-Funktion EXP(x) = e^x
FLOOR	größter ganzzahliger Wert, der kleiner ist
LOG	Logarithmus zur Basis e, natürlicher Logarithmus
LOG10	Logarithmus zur Basis 10
PI	Verhältnis von Umfang zu Durchmesser beim Kreis, PI = 3.141592653 . . .
POWER	Potenzieren, POWER(2, 5) = 2^5
RADIANS	Umrechnung von Grad in Bogenmaß
RAND	Pseudozufallszahl zwischen 0 und 1
ROUND	auf ganze Zahl runden
SIGN	Vorzeichen
SIN	Sinus
SQUARE	Quadrat
SQRT	Quadratwurzel
TAN	Tangens

```
SELECT 5*5+2 AS Ergebnis
```

	Ergebnis
1	27

Abbildung 8.3_20

Die trigonometrischen Funktionen benutzen das Bogenmaß. Ein Winkel in Grad muss daher mit RADIANS ins Bogenmaß umgewandelt werden. Mit ROUND(. . . . , 5) wird das Ergebnis auf 5 Stellen gerundet.

```
SELECT 45.0 AS Winkel, ROUND(TAN(RADIANS(45.0)),5) AS Tangens
```

	Winkel	Tangens
1	45.0	1.0

Abbildung 8.3_21

```
SELECT 30.0 AS Winkel, ROUND(SIN(RADIANS(30.0)),5) AS Sinus
```

	Winkel	Sinus
1	30.0	0.5

Abbildung 8.3_22

Der Arkustangens ist die Umkehrfunktion des Tangens. Es wird der Winkel im Bogenmaß berechnet, dessen Tangens gleich 1.0 ist. Der Winkel wird anschließend mit DEGREES in Grad umgerechnet.

```
SELECT DEGREES(ATAN(1.0)) AS Grad
```

	Grad
1	45.0

Abbildung 8.3_23

```
SELECT POWER(2,5) AS '2 hoch 5'
```

	2 hoch 5
1	32

Abbildung 8.3_24

Datum und Uhrzeit werden im DATETIME Format ausgegeben.

```
SELECT CURRENT_TIMESTAMP AS 'Datum und Uhrzeit'
```

	Datum und Uhrzeit
1	2002-07-07 16:22:52.620

Abbildung 8.3_25

Mit CAST oder CONVERT können Datentypen konvertiert werden. Bei der Umwandlung des DATETIME Formats in eine Zeichenkette ändert sich die Darstellung.

```
SELECT CAST(CURRENT_TIMESTAMP AS CHAR(20)) AS 'Datum und Uhrzeit'
```

```
SELECT CONVERT(CHAR(20), CURRENT_TIMESTAMP) AS 'Datum und Uhrzeit'
```

	Datum und Uhrzeit
1	Jul 7 2002 4:22PM

Abbildung 8.3_26

SQL verfügt über eine große Zahl von Zeichenfolgenfunktionen.

Hier eine Auswahl:

LEFT(*String*, *n*)	schneidet n Zeichen von links beginnend aus dem String aus.
RIGHT(*String*, *n*)	schneidet n Zeichen von rechts beginnend aus dem String aus.
SUBSTRING(*String*, *Start*, *n*)	schneidet n Zeichen bei Start beginnend aus dem String aus.
LTRIM(*String*)	entfernt führende Leerzeichen.
RTRIM(*String*)	entfernt nachfolgende Leerzeichen.

LEFT und RIGHT wandeln das DATETIME Format automatisch in eine Zeichenkette um.

```
SELECT LEFT(CURRENT_TIMESTAMP, 11) AS Datum
```

	Datum
1	Jul 7 2002

Abbildung 8.3_27

```
SELECT RIGHT(CURRENT_TIMESTAMP, 6) AS Uhrzeit
```

	Uhrzeit
1	4:41PM

Abbildung 8.3_28

Damit SUBSTRING verwendet werden kann, muss zunächst das DATETIME Format mit LEFT, RIGHT, CAST oder CONVERT konvertiert werden.

```
SELECT RIGHT(LEFT(CURRENT_TIMESTAMP,11), 4) AS Jahr
```

oder

```
SELECT SUBSTRING(LEFT(CURRENT_TIMESTAMP,20), 8, 4) AS Jahr
```

	Jahr
1	2002

Abbildung 8.3_29

Nun einige Beispiele zur Verwendung von Apostroph und Anführungszeichen. Die Bezeichnung '5*5=' muss in Apostroph eingeschlossen werden. Wäre sie in Anführungszeichen eingeschlossen, so würde sie als Spaltenname interpretiert.

```
SELECT '5*5='+CONVERT(CHAR(10), 5*5) AS Multiplikation
```

	Multiplikation
1	5*5=25

Abbildung 8.3_30

Apostroph und Anführungszeichen können geschachtelt werden.

```
SELECT 5*5 AS ' "5*5" '
```

	"5*5"
1	25

Abbildung 8.3_31

```
SELECT 5*5 AS " '5*5' "
```

	'5*5'
1	25

Abbildung 8.3_32

Auch Abfragen über mehrere Tabellen sind möglich. Die Tabellen, die miteinander verbunden werden sollen, werden durch Kommata getrennt angegeben. Falls in mehreren Tabellen gleiche Spaltennamen vorkommen, so kann man durch die Angabe von *Tabelle.Spalte* die erforderliche Eindeutigkeit herbeiführen.

In einer Abfrage über drei Tabellen sollen den durch OrderID gekennzeichneten Bestellungen 10249 bis 10252 die Namen der bestellten Produkte zugeordnet werden. Es werden die Tabellen Orders, Products und Order Details der Datenbank Northwind benutzt. Die Tabelle Orders enthält die Bestellungen. Die Tabelle Order Details verbindet jede Bestellung mit den dazugehörigen Produkten durch die Spalten OrderID und ProductID. Die dritte Tabelle Products schafft nun endlich die Verbindung von der ProductID zum ProductName. Der Tabellenname Order Details muss in Anführungszeichen gesetzt werden, da er ein Leerzeichen enthält. Die Spalte ProductName kommt nur in der Tabelle Products vor. Daher kann sie als Products.ProductName oder einfach als ProductName angegeben werden.

```
SELECT Orders.OrderID, ProductName FROM Orders,
Products, "Order Details"
WHERE Orders.OrderID BETWEEN 10249 AND 10252
AND Orders.OrderID = "Order Details".OrderID
AND "Order Details".ProductID = Products.ProductID
```

	OrderID	ProductName
1	10249	Tofu
2	10249	Manjimup Dried Apples
3	10250	Jack's New England Clam Chowder
4	10250	Manjimup Dried Apples
5	10250	Louisiana Fiery Hot Pepper Sauce
6	10251	Gustaf's Knäckebröd
7	10251	Ravioli Angelo
8	10251	Louisiana Fiery Hot Pepper Sauce
9	10252	Sir Rodney's Marmalade
10	10252	Geitost
11	10252	Camembert Pierrot

Abbildung 8.3_33

8.4 Verbindung zum SQL Server 2000 mit Visual Basic .NET

Die Klasse `System.Data.SQLClient.SQLConnection` ermöglicht den Aufbau einer Verbindung zum SQL Server. Die Eigenschaft `ConnectionString` enthält die erforderlichen Angaben zur Verbindung.

Einige der möglichen Angaben im `ConnectionString`:

Server	Name oder Netzwerkadresse des SQL Servers
Database	Name der Datenbank
Integrated Security	true = vertrauenswürdige Verbindung (Trusted Connection)
Password	Passwort
User ID	Benutzerkennung
Workstation ID	Kennung der lokalen Workstation

Beispiel 8.4_1 benutzt den `ConnectionString`:

```
Dim ve As String = _
  "Server=(local);Database=Northwind;Integrated Security=true"
```

Die Verbindung ist eine Instanz der Klasse SQLConnection. Dem Konstruktor kann der ConnectionString als Parameter übergeben werden.

```
Dim Verbindung As New SqlConnection(ve)
```

Falls ein Server im Netzwerk benutzt wird, so müssen unter Umständen `Workstation ID`, `User ID` und `Password` angegeben werden. Die Verbindung kann mit `Verbindung.Open( )` hergestellt und mit `Verbindung.Close( )` wieder geschlossen werden. Drüber hinaus benötigt man noch eine Instanz der Klasse `System.Data.SQLClient.SQLCommand` und eine Variable vom Typ `System.Data.SQLClient.SQLDataReader`. Der Abfragestring ab und die Verbindung werden dem Konstruktor der Klasse `SQLCommand` übergeben, wodurch die Eigenschaften `CommandText` und `Connection` gesetzt werden.

```
Dim Abfrage As New SqlCommand(ab, Verbindung)
```

Bei geöffneter Verbindung wird die Abfrage mit

```
datareader = Abfrage.ExecuteReader()
```

an den SQL Server gesendet.

Danach kann man mit

```
While datareader.Read()
  Console.WriteLine( _
    datareader(0).PadRight(35)&"| "& _
    datareader(1))
End While
```

Zeile für Zeile die Antwort des Servers abrufen solange `Read` den Wert `True` zurückgibt. Die Felder der Datenzeile erhält man durch Abfragen des Stringarrays `datareader(0), datareader(1), . . .`

```
' Datei 8.4_1.vb

Imports System
Imports System.Data.SqlClient

Class Haupt
  Shared Sub Main()
    Dim ve As String = _
      "Server=(local);Database=Northwind;Integrated Security=true"

    Dim ab As string = _
      "SELECT CompanyName, ContactName FROM Customers " & _
      "WHERE CustomerID LIKE 'A%'"

    Dim Verbindung As New SqlConnection(ve)
    Dim Abfrage As New SqlCommand(ab, Verbindung)
    Dim datareader As SqlDataReader = Nothing
    Try
      Verbindung.Open()
      datareader = Abfrage.ExecuteReader()
      Console.WriteLine( _
        "Firma                              | Ansprechpartner")
      Console.Write("-----------------------------------|")
      Console.WriteLine("--------------------")

      While datareader.Read()
        Console.WriteLine( _
          datareader(0).PadRight(35)&"| "& _
          datareader(1))
      End While
    Catch e As Exception
      Console.WriteLine("Fehler:\n{0}", e.Message)
    Finally
      Verbindung.Close()
    End Try
  End Sub
End Class
```

Ausgabe:

```
Firma                              | Ansprechpartner
-----------------------------------|--------------------
Alfreds Futterkiste                | Maria Anders
Ana Trujillo Emparedados y helados | Ana Trujillo
Antonio Moreno Taquer¡a            | Antonio Moreno
Around the Horn                    | Thomas Hardy
```

Beispiel 8.4_2 ist eine Variante von Beispiel 8.4_1. Es werden Konstruktoren ohne Parameter benutzt. Die Anweisung

```
Verbindung.ConnectionString = _
  "Server=(local);Integrated Security=true"
```

setzt den ConnectionString. Diesmal ist keine Datenbank angegeben. Die Datenbank wird durch die SQL Anweisung `USE` festgelegt. Die Abfrage wird durch

```
Abfrage.Connection = Verbindung
Abfrage.CommandText = "USE Northwind"
```

für den Gebrauch vorbereitet und nach Öffnen der Verbindung mit

```
datareader = Abfrage.ExecuteReader()
```

zum Server gesendet. Da eine zweite Abfrage folgt, muß der `datareader` geschlossen werden.

```
datareader.Close()
```

Jetzt wird eine neue Abfrage formuliert und, wie bereits bekannt, mit `ExecuteReader` zum Server geschickt.

```
Abfrage.CommandText = _
  "SELECT CompanyName, ContactName FROM Customers " & _
  "WHERE CustomerID LIKE 'A%'"
```

Das Ergebnis wird wie bei 8.4_1 abgefragt und ausgegeben.

```
' Datei 8.4_2.vb

Imports System
Imports System.Data.SqlClient

Class Haupt
  Shared Sub Main()
    Dim Verbindung As New SqlConnection()
    Verbindung.ConnectionString = _
      "Server=(local);Integrated Security=true"


    Dim Abfrage As New SqlCommand()
    Abfrage.Connection = Verbindung
    Abfrage.CommandText = "USE Northwind"

    Dim datareader As SqlDataReader = Nothing
    Try
      Verbindung.Open()
      datareader = Abfrage.ExecuteReader()
      datareader.Close()

      Abfrage.CommandText = _
        "SELECT CompanyName, ContactName FROM Customers " & _
        "WHERE CustomerID LIKE 'A%'"

      datareader = Abfrage.ExecuteReader()
      Console.WriteLine( _
        "Firma                              | Ansprechpartner")
      Console.Write("-----------------------------------|")
      Console.WriteLine("--------------------")

      While datareader.Read()
        Console.WriteLine( _
          datareader(0).PadRight(35)+"| " & datareader(1))
      End While
    Catch e As Exception
      Console.WriteLine("Fehler:\n{0}", e.Message)
    Finally
      Verbindung.Close()
    End Try
  End Sub
End Class
```

Ausgabe siehe 8.4_1

Beispiel 8.4_3 ist eine Windows Anwendung. Es werden wieder die von den vorherigen Beispielen bekannten Strings `ve` mit den Angaben zur Verbindung und `ab` mit der SQL Abfrage definiert. Der Kern des Programms

```
adapter = New SqlDataAdapter(ab, ve)
table = New DataTable()
adapter.Fill(table)
view = New DataView(table)
grid = New DataGrid()
grid.DataSource = view
```

besteht aus Anweisungen, die die folgenden Klassen benutzen.

```
System.Data.SQLClient.SQLDataAdapter
System.Data.DataTable
System.Data.DataView
System.Windows.Forms.DataGrid
```

Dem Konstruktor der Klasse `SQLDataAdapter` werden die Strings `ab` und `ve` übergeben. Die Methode `Fill` dieser Klasse sendet die Abfrage zum Server und schreibt das Ergebnis der Abfrage in eine Tabelle vom Typ `DataTable`. Die Klasse `DataView` stellt die Verbindung zum `DataGrid` her. Der Eigenschaft `DataSource` wird die Instanz der Klasse `DataView` als Datenquelle zugeordnet. Da `DataTable` die Eigenschaft `DefaultView` besitzt, kann man alternativ die Daten auch direkt mit

```
grid.DataSource = table.DefaultView
```

an das `DataGrid` übergeben.

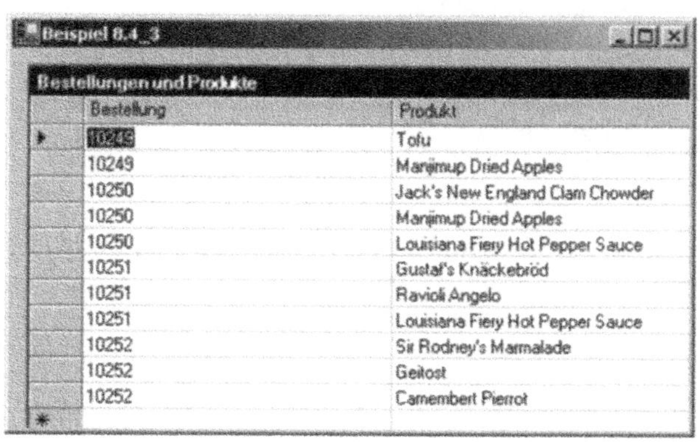

Abbildung 8.4_3

```
' Datei 8.4_3.vb

Imports System
Imports System.Drawing
Imports System.Windows.Forms
Imports System.Data
Imports System.Data.SqlClient
Imports Microsoft.VisualBasic

Class Haupt
Inherits Form
  Dim adapter As SqlDataAdapter
  Dim table As DataTable
  Dim view As DataView
  Dim grid As DataGrid

  Sub New()
    Text = "Beispiel 8.4_3"
    ClientSize = New Size(440, 250)

    Dim ve As String = _
      "Server=(local);Database=Northwind;Integrated Security=true"

    Dim ab As String = _
      "SELECT o.OrderID AS Bestellung, "& _
      "ProductName AS Produkt "& _
      "FROM Orders o, Products p, ""Order Details"" d "& _
      "WHERE o.OrderID BETWEEN 10249 AND 10252 "& _
      "AND o.OrderID = d.OrderID "& _
      "AND d.ProductID = p.ProductID"

    Try
      adapter = New SqlDataAdapter(ab, ve)
      table = New DataTable()
      adapter.Fill(table)
      view = New DataView(table)
      grid = New DataGrid()
      grid.DataSource = view
      grid.Bounds = New Rectangle(10, 10, 580, 480)
      grid.PreferredColumnWidth = 200
      grid.CaptionText = "Bestellungen und Produkte"
      Controls.Add(grid)
    Catch e As Exception
      Console.WriteLine("Fehler:"& VbCrLf &"{0}", e.Message)
    End Try
  End Sub

  Shared sub Main()
    Application.Run(New Haupt())
  End Sub
End Class
```

Beispiel 8.4_4 benutzt die Klasse `System.Data.DataSet`, um mehrere Tabellen zu speichern. Die Eigenschaft `Tables` ist eine `DataTableCollection`, der mit `Tables.Add` Tabellen hinzugefügt werden können.

```
adapter.Fill(table)
dataset.Tables.Add(table)
```

Der Eigenschaft `SelectCommand.CommandText` wird eine neue SQL Abfrage zugewiesen. Nachdem eine neue Instanz der Klasse `DataTable` gebildet ist, wird mit `Fill` die nächste Tabelle vom Server abgerufen und anschließend im `DataSet` gespeichert.

```
adapter.SelectCommand.CommandText = "SELECT * FROM Orders"
table = new DataTable()
adapter.Fill(table)
dataset.Tables.Add(table)
```

Diese Anweisungsfolge wird noch zweimal wiederholt. Danach sind vier Tabellen im `DataSet` gespeichert. Zur Darstellung der Tabellen werden neben dem Hauptfenster noch drei Instanzen der Klasse `Form` gebildet und vier Instanzen der Klasse `DataGrid`. Die Anweisungen

```
grid1.DataSource = dataset.Tables(0).DefaultView
grid2.DataSource = dataset.Tables(1).DefaultView
grid3.DataSource = dataset.Tables(2).DefaultView
grid4.DataSource = dataset.Tables(3).DefaultView
```

übertragen die Daten in `grid1` bis `grid4`. Damit ist es möglich vier Tabellen gleichzeitig darzustellen. Das Konzept lässt sich leicht auf eine variable Anzahl unabhängiger Fenster oder eine MDI Anwendung erweitern.

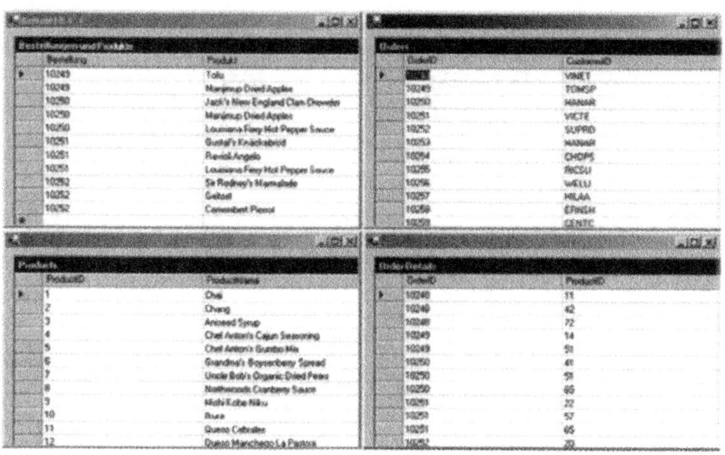

Abbildung 8.4_4

```
' Datei 8.4_4.vb

Imports System
Imports System.Drawing
Imports System.Windows.Forms
Imports System.Data
Imports System.Data.SqlClient
Imports Microsoft.VisualBasic

Class Haupt
Inherits Form
  Dim adapter As SqlDataAdapter
  Dim dataset As DataSet
  Dim table As DataTable
  Dim grid1, grid2, grid3, grid4 As DataGrid
  Dim form2, form3, form4 As Form

  Sub New()
    Text = "Beispiel 8.4_4"
    ClientSize = new Size(440, 250)

    Dim ve As String = _
      "Server=(local);Database=Northwind;Integrated Security=true"

    Dim ab As String = _
      "SELECT o.OrderID AS Bestellung, "& _
      "ProductName AS Produkt "& _
      "FROM Orders o, Products p, ""Order Details"" d "& _
      "WHERE o.OrderID BETWEEN 10249 AND 10252 "& _
      "AND o.OrderID = d.OrderID "& _
      "AND d.ProductID = p.ProductID"

    Try
      adapter = new SqlDataAdapter(ab, ve)
      dataset = new DataSet()
      table = new DataTable()

      adapter.Fill(table)
      dataset.Tables.Add(table)

      adapter.SelectCommand.CommandText = "SELECT * FROM Orders"
      table = new DataTable()
      adapter.Fill(table)
      dataset.Tables.Add(table)

      adapter.SelectCommand.CommandText = "SELECT * FROM Products"
      table = new DataTable()
      adapter.Fill(table)
      dataset.Tables.Add(table)

      adapter.SelectCommand.CommandText = "SELECT * FROM ""Order Details"""
```

```
          table = new DataTable()
          adapter.Fill(table)
          dataset.Tables.Add(table)

          grid1 = new DataGrid()
          grid1.DataSource = dataset.Tables(0).DefaultView
          grid1.Bounds = new Rectangle(10, 10, 580, 480)
          grid1.PreferredColumnWidth = 200
          grid1.CaptionText = "Bestellungen und Produkte"
          Controls.Add(grid1)

          form2 = new Form()
          form2.ClientSize = new Size(440, 250)
          grid2 = new DataGrid()
          grid2.DataSource = dataset.Tables(1).DefaultView
          grid2.Bounds = new Rectangle(10, 10, 580, 480)
          grid2.PreferredColumnWidth = 200
          grid2.CaptionText = "Orders"
          form2.Controls.Add(grid2)
          form2.Show()

          form3 = new Form()
          form3.ClientSize = new Size(440, 250)
          grid3 = new DataGrid()
          grid3.DataSource = dataset.Tables(2).DefaultView
          grid3.Bounds = new Rectangle(10, 10, 580, 480)
          grid3.PreferredColumnWidth = 200
          grid3.CaptionText = "Products"
          form3.Controls.Add(grid3)
          form3.Show()

          form4 = new Form()
          form4.ClientSize = new Size(440, 250)
          grid4 = new DataGrid()
          grid4.DataSource = dataset.Tables(3).DefaultView
          grid4.Bounds = new Rectangle(10, 10, 580, 480)
          grid4.PreferredColumnWidth = 200
          grid4.CaptionText = "Order Details"
          form4.Controls.Add(grid4)
          form4.Show()
        Catch e As Exception
          Console.WriteLine("Fehler:"& VbCrLf& &"{0}", e.Message)
        End Try
      End Sub

      Shared Sub Main()
        Application.Run(new Haupt())
      End Sub
    End Class
```

Beispiel 8.4_5 ermöglicht die Eingabe des Servers, der Datenbank und der SQL Abfrage. Der Button SQL Abfrage löst den Dialog mit dem Server aus. Das Ergebnis der Abfrage wird als Tabelle ausgegeben.

Die Buttons:

```
but1      SQL Abfrage
but2      Beenden
```

Die Textboxen:

```
box1      SQL Abfrage (Multiline)
box2      Server
box3      Datenbank
```

Weitere Elemente:

```
grid      DataGrid zur Darstellung der Ergebnistabelle
splitter  Splitter zwischen box1 und grid
```

Der Eventhandler `toolbar_ButtonClick` behandelt das Zusammenspiel der oben aufgeführten Elemente, stellt die Verbindung zum Server her, sendet die SQL Abfrage, nimmt die Ergebnistabelle vom Server entgegen und stellt diese dar. Falls `but2` angeklickt worden ist, so wird das Programm beendet. Falls `but1` angeklickt worden ist, so wird zunächst der String mit den Angaben zur Verbindung unter Verwendung der Texte der Boxen `box2` und `box3` definiert.

```
connection = "Server=" & box2.Text & _
  ";Database=" & box3.Text & _
  ";Integrated Security=true"
```

Die SQL Abfrage wird zeilenweise aus `box1` gelesen. Die Teilstrings werden durch Leerzeichen getrennt.

```
query = ""
Dim i As Integer
For i=0 To box1.Lines.Length-1
  query &= box1.Lines(i) & " "
Next
```

Unerwünschte Leerzeichen werden entfernt.

```
Dim tq As String = query.Trim()
```

Es wird abgefragt, ob die SQL Abfrage mit USE beginnt.

```
If tq.ToUpper().StartsWith("USE") Then
```

Falls die SQL Abfrage mit `USE` beginnt, so folgt eine Sonderbehandlung. Der auf `USE` folgende Teilstring wird herausgelöst. Falls die SQL Abfrage syntaktisch richtig ist, so enthält jetzt die Variable `db` den Namen der Datenbank. Dieser wird `box3.Text` zugewiesen.

```
Dim db As String = tq.Substring(3,tq.Length-3).Trim()
box3.Text = db
```

Abschließend wird eine eventuell dargestellte Tabelle gelöscht.

```
grid.DataSource = Nothing
```

Falls die SQL Abfrage nicht mit `USE` beginnt, so wird die Abfrage in der bekannten Weise an den Server gesendet und die Ergebnistabelle dargestellt. Wird keine Ergebnistabelle zurückgegeben, so zeigt eine Messagebox an, welche Abfrage ausgeführt worden ist.

```
adapter = New SqlDataAdapter(query, connection)
table = New DataTable()
If adapter.Fill(table) > 0 Then
  grid.DataSource = table.DefaultView
Else
  MessageBox.Show("Abfrage wurde ausgeführt:\n" & _
    query.Substring(0,10) & " . . .")
End If
```

Die Abbildung zeigt eine Abfrage der Datenbank Northwind.

Abbildung 8.4_5

```
' Datei 8.4_5.vb

Imports System
Imports System.Drawing
Imports System.Windows.Forms
Imports System.Data
Imports System.Data.SqlClient

Class Haupt
Inherits Form
  Dim toolbar As ToolBar
  Dim panel As Panel
  Dim but1, but2 As ToolBarButton
  Dim box1, box2, box3 As TextBox
  Dim splitter As Splitter
  Dim label1, label2 As Label
  Dim adapter As SqlDataAdapter
  Dim table As DataTable
  Dim grid As DataGrid
  Dim query, connection As String

  Sub New()
    Text = "Beispiel 8.4_5"
    ClientSize = New Size(570, 450)

    grid = New DataGrid()
    grid.Dock = DockStyle.Fill
    Controls.Add(grid)

    splitter = New Splitter()
    splitter.Dock = DockStyle.Top
    Controls.Add(splitter)

    box1 = New TextBox()
    box1.Dock = DockStyle.Top
    box1.Multiline = true
    box1.Height = 150
    Controls.Add(box1)

    panel = New Panel()
    panel.Dock = DockStyle.Top
    panel.Height = 45
    Controls.Add(panel)

    label1 = New Label()
    label1.Location = New Point(8, 16)
    label1.Size = New Size(40, 16)
    label1.Text = "Server"
    panel.Controls.Add(label1)

    box2 = New TextBox()
```

```
      box2.Location = New Point(56, 12)
      box2.Size = New Size(144, 20)
      panel.Controls.Add(box2)

      label2 = New Label()
      label2.Location = New Point(232, 16)
      label2.Size = New Size(64, 16)
      label2.Text = "Datenbank"
      panel.Controls.Add(label2)

      box3 = New TextBox()
      box3.Location = New System.Drawing.Point(296, 12)
      box3.Size = New Size(256, 20)
      panel.Controls.Add(box3)

      toolbar = New ToolBar()
      toolbar.Height = 25
      toolbar.ButtonSize = New Size(100, 22)
      toolbar.TextAlign = ToolBarTextAlign.Right
      AddHandler toolbar.ButtonClick, AddressOf toolbar_ButtonClick
      Controls.Add(toolbar)

      but1 = New ToolBarButton()
      but1.Text = "SQL Abfrage"
      toolbar.Buttons.Add(but1)

      but2 = New ToolBarButton()
      but2.Text = "Beenden"
      toolbar.Buttons.Add(but2)
    End Sub

    Protected Sub toolbar_ButtonClick(ByVal o As Object, ByVal e As
  ToolBarButtonClickEventArgs)
      If e.Button Is but1 Then
        Try
          connection = "Server=" & box2.Text & _
            ";Database=" & box3.Text & _
            ";Integrated Security=true"

          query = ""
          Dim i As Integer
          For i=0 To box1.Lines.Length-1
            query &= box1.Lines(i) & " "
          Next

          Dim tq As String = query.Trim()
          If tq.ToUpper().StartsWith("USE") Then
            Dim db As String = tq.Substring(3,tq.Length-3).Trim()
            box3.Text = db
            grid.DataSource = Nothing
          Else
```

```
          adapter = New SqlDataAdapter(query, connection)
          table = New DataTable()
          If adapter.Fill(table) > 0 Then
            grid.DataSource = table.DefaultView
          Else
            MessageBox.Show("Abfrage wurde ausgeführt:\n" & _
              query.Substring(0,10) & " . . .")
          End If
        End If
      Catch ex As Exception
        grid.DataSource = Nothing
        MessageBox.Show(ex.Message,"Fehler")
      End Try
    End If
    If e.Button Is but2 Then Close()
  End Sub

  Shared Sub Main()
    Application.Run(New Haupt())
  End Sub
End Class
```

8.5 Abfragen von Systemtabellen

Jede Datenbank enthält Systemtabellen, die Informationen über den Aufbau der Datenbank enthalten. Eine Sonderstellung nimmt die Datenbank `master` ein. Sie enthält Informationen über alle auf dem Server vorhandenen Datenbanken. Die Tabelle `sysdatabases` der Datenbank `master` gibt Aufschluss darüber, welche Datenbanken der angewählte Server zur Verfügung stellt. Dies ist eine gute Gelegenheit, das Programm aus Beispiel 8.4_5 zu testen.

```
SELECT * FROM sysdatabases
```

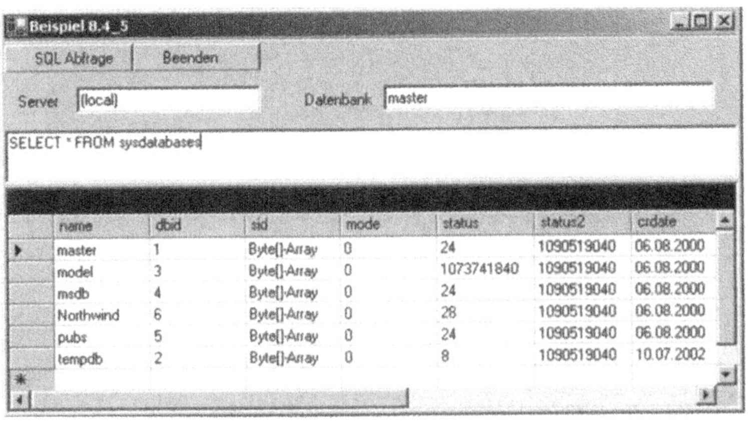

Abbildung 8.5_1

Die System- und Benutzertabellen einer Datenbank sind in der Tabelle `sysobjects` verzeichnet. Die Spalte `xtype` enthält einen Schlüssel, der die Art der Tabelle beschreibt.

Einige Schlüssel in der Spalte `xtype`:

```
S  Systemtabelle
U  Benutzertabelle (User Table)
V  Sicht (View)
```

Weitere Angaben sind in der Onlinedokumentation des SQL Server 2000 zu finden.

Die Benutzertabellen der Datenbank `Northwind`:

```
SELECT * FROM sysobjects
WHERE xtype='U'
```

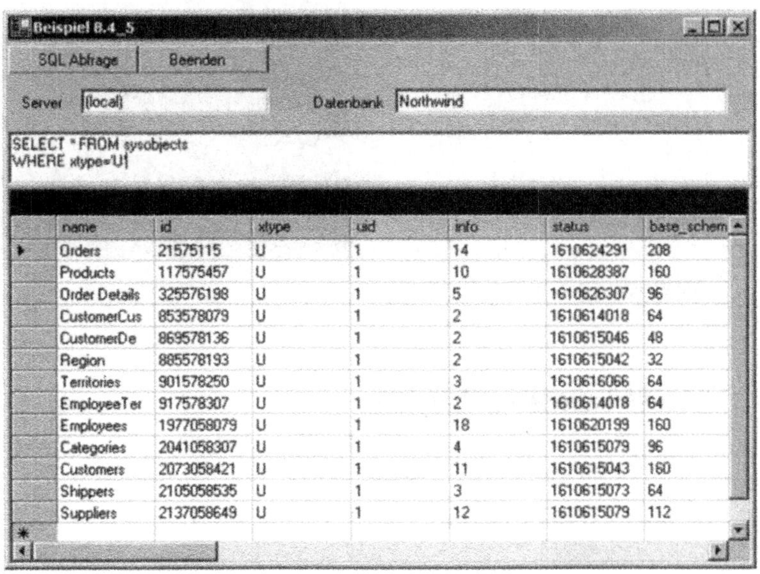

Abbildung 8.5_2

Die Spaltennamen, Datentypen und Spaltenlängen der Tabelle `Customers` **der Datenbank** `Northwind` **:**

```
SELECT sc.name AS Spalte, st.name AS Datentyp, sc.length AS Länge
FROM syscolumns sc, systypes st, sysobjects so
WHERE sc.xtype=st.xtype
AND sc.id=so.id
AND so.name='Customers'
AND NOT(st.name='sysname')
ORDER BY sc.name
```

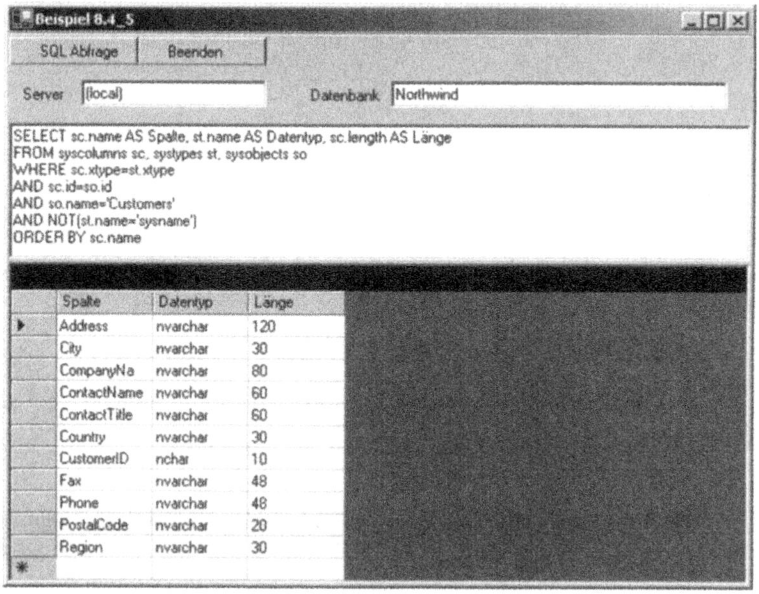

Abbildung 8.5_3

8.6 Access Tabellen abfragen

Eine mit Microsoft Access erstellte Datenbank `Test.mdb`, die die Tabelle `Personen` enthält, wird abgefragt.

Beispiel 8.6_1 verwendet die Klassen:

```
System.Data.OleDb.OleDbConnection
System.Data.OleDb.OleDbCommand
System.Data.OleDb.OleDbDataReader
```

Diese Klassen werden genauso verwendet, wie die entsprechenden mit Sql beginnenden Klassen. Dem Konstruktor der Klasse `OleDbConnection` wird der `ConnectionString`

```
Provider=Microsoft.Jet.OLEDB.4.0;Data Source=Test.mdb
```

als Parameter übergeben. Das Ergebnis der Abfrage

```
SELECT * FROM Personen
```

ist die gesamte Tabelle `Personen`. Erläuterungen zum Ablauf des Programms sind bei Beispiel 8.4_1 zu finden, wobei man im Gedanken `Sql` durch `OleDb` ersetzen muss.

```
' Datei 8.6_1.vb

Imports System
Imports System.Data
Imports System.Data.OleDb
Imports Microsoft.VisualBasic

Class Haupt
  Shared Sub Main()
    Dim ve As String = "Provider=Microsoft.Jet.OLEDB.4.0;Data Source=Test.mdb"
    Dim ab As String = "SELECT * FROM Personen"

    Dim Verbindung As New OleDbConnection(ve)
    Dim Abfrage As New OleDbCommand( ab, Verbindung )
    Dim datareader As OleDbDataReader = Nothing
    Try
      Verbindung.Open()
      datareader = Abfrage.ExecuteReader()
      Console.WriteLine( " ---------------------------------")
      Console.WriteLine( "|    ID     | Vorname    | Nachname  |")
      Console.WriteLine( "|---------------------------------|")

      While datareader.Read()
        Console.WriteLine("| {0}| {1}| {2}|", _
          datareader("ID").ToString().PadLeft(9, " "C)+" ", _
          (datareader("Vorname")).PadRight(10, " "C), _
          (datareader("Nachname")).PadRight(10, " "C))
      End While
      Console.WriteLine( " ---------------------------------")
    Catch e As Exception
      Console.WriteLine("Fehler:"& VbCrLf &"{0}", e.Message)
    Finally
      Verbindung.Close()
    End Try
  End Sub
End Class
```

Ausgabe:

```
 ----------------------------------
|    ID     | Vorname   | Nachname  |
|----------------------------------|
|         1 | Anton     | Meier     |
|         2 | Otto      | Müller    |
|         3 | Fritz     | Schulze   |
|         4 | Karl      | Schmitz   |
 ----------------------------------
```

Bei Beispiel 8.6_2 ist für den `ConnectionString`, wie in der Abbildung unten zu sehen, die als Verbindung gekennzeichnete Textbox vorgesehen. Darunter befinden sich die Textbox für die SQL Abfrage und die Ergebnistabelle. Statt des `SqlDataAdapter` wird der `System.Data.OleDb.OleDbDataAdapter` verwendet. Eine Abfrage mit `USE` ist hier nicht möglich, da der Dateiname der Datenbank im `ConnectionString` enthalten ist. Der weitere Ablauf des Programms entspricht genau dem des Beispiels 8.4_5.

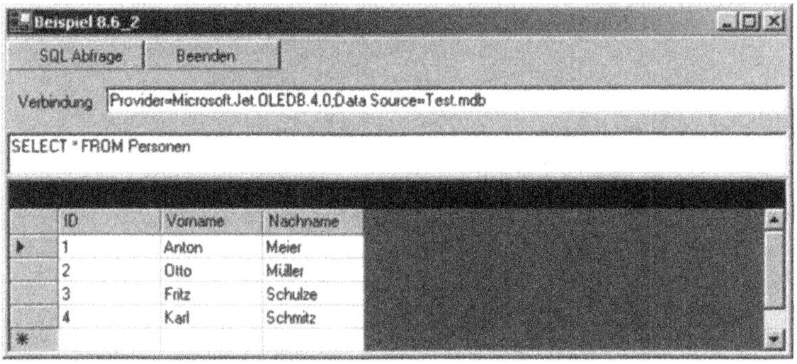

Abbildung 8.6_2

```
' Datei 8.6_2.vb

Imports System
Imports System.Drawing
Imports System.Windows.Forms
Imports System.Data
Imports System.Data.OleDb
Imports Microsoft.VisualBasic

Class Haupt
Inherits Form
  Dim toolb As ToolBar
  Dim panel As Panel
```

```
Dim but1, but2 As ToolBarButton
Dim box1, box2 As TextBox
Dim splitt As Splitter
Dim label1 As Label
Dim adapter As OleDbDataAdapter
Dim table As DataTable
Dim grid As DataGrid
Dim query As String

Sub New()
  Text = "Beispiel 8.6_2"
  ClientSize = New Size(570, 450)

  grid = New DataGrid()
  grid.Dock = DockStyle.Fill
  Controls.Add(grid)

  splitt = New Splitter()
  splitt.Dock = DockStyle.Top
  Controls.Add(splitt)

  box1 = New TextBox()
  box1.Dock = DockStyle.Top
  box1.Multiline = true
  box1.Height = 150
  Controls.Add(box1)

  panel = New Panel()
  panel.Dock = DockStyle.Top
  panel.Height = 45
  Controls.Add(panel)

  label1 = New Label()
  label1.Location = New Point(6, 16)
  label1.Size = New Size(67, 16)
  label1.Text = "Verbindung"
  panel.Controls.Add(label1)

  box2 = New TextBox()
  box2.Location = New Point(72, 12)
  box2.Size = New Size(498, 20)
  panel.Controls.Add(box2)

  toolb = New ToolBar()
  toolb.Height = 25
  toolb.ButtonSize = New Size(100, 22)
  toolb.TextAlign = ToolBarTextAlign.Right
  AddHandler toolb.ButtonClick, AddressOf toolb_ButtonClick
  Controls.Add(toolb)

  but1 = New ToolBarButton()
```

```
    but1.Text = "SQL Abfrage"
    toolb.Buttons.Add(but1)

    but2 = New ToolBarButton()
    but2.Text = "Beenden"
    toolb.Buttons.Add(but2)
  End Sub

  Protected Sub toolb_ButtonClick(ByVal o As Object, ByVal e As
ToolBarButtonClickEventArgs)
    If e.Button Is but1 Then
      Try
        query = ""
        Dim i As Integer
        For i=0 To box1.Lines.Length-1
          query &= box1.Lines(i) & " "
        Next

        Dim tq As String = query.Trim()
        If tq.ToUpper().StartsWith("USE") Then
          grid.DataSource = Nothing
          MessageBox.Show("Abfrage USE . . . wird nicht ausgeführt")
        Else
          adapter = New OleDbDataAdapter(query, box2.Text)
          table = New DataTable()
          If adapter.Fill(table) > 0 Then
            grid.DataSource = table.DefaultView
          Else
            MessageBox.Show("Abfrage wurde ausgeführt:"& _
              VbCrLf & query.Substring(0,10) + " . . .")
          End If
        End If
      Catch ex As Exception
        grid.DataSource = Nothing
        MessageBox.Show(ex.Message,"Fehler")
      End Try
    End If
    If e.Button Is but2 Then Close()
  End Sub

  Shared Sub Main()
    Application.Run(New Haupt())
  End Sub
End Class
```

8.7 Tabellen ändern

Jede Änderung an einer Datenbank oder Tabelle kann mit Hilfe von SQL-Anweisungen bewirkt werden. Der benötigte SQL-String kann durch das Zusammenwirken von `SqlDataAdapter` und `SqlCommandBuilder` bzw. `OleDbDataAdapter` und `OleDbCommandBuilder` automatisch generiert und zum SQL-Server gesendet werden. Dieses Zusammenwirken wird benutzt, um eine Zeile einzufügen, zu ändern und wieder zu löschen. In allen drei Fällen kann man prinzipiell gleich vorgehen. Nachdem der Verbindungs- und der Abfragestring definiert worden sind, bildet man Instanzen der Klassen `SqlDataAdapter` und `SqlCommandBuilder`. Um ein Zusammenwirken zu ermöglichen, wird dem Konstruktor des `SqlCommandBuilder` die Instanz des `SqlDataAdapter` als Parameter übergeben.

```
Dim adapter As New SqlDataAdapter(ab, ve)
Dim comm As New SqlCommandBuilder(adapter)
```

Damit sind alle erforderlichen Vorbreitungen getroffen, und es kann ein `DataSet` oder `DataTable` definiert und durch Aufruf der Methode `Fill` mit dem Abfrageergebnis aufgefülllt werden. Ändert man eine einzelne Tabelle oder mehrere Tabellen eines `DataSet`, so können die Änderungen mit der Methode `Update` zur Datenbank übertragen werden.

Die Methode `Update` der Klasse `SqlDataAdapter` bzw. `OleDbDataAdapter`:

```
Public Function Update( ByVal Zeilen  As DataRow() ) As Integer

Public Function Update( ByVal dataSet As DataSet ) As Integer

Public Function Update( _
  ByVal dataSet As DataSet, ByVal Quelltabelle As String ) As Integer

Public Function Update( ByVal dataTable As DataTable ) As Integer
```

Als Parameter können ein Array von Zeilen, ein `DataSet` oder ein `DataTable` übergeben werden. Soll nur eine Tabelle eines `DataSet` aktualisiert werden, so werden das `DataSet` und der Name der zu aktualisierenden Quelltabelle innerhalb der Datenbank angegeben.

Die Ausgangstabelle für die nun folgenden Beispiele ist die Tabelle `Personen` der Datenbank `meineDB` aus Abschnitt 8.3.

	ID	Vorname	Nachname
1	1	Anton	Meier
2	2	Otto	Müller
3	3	Fritz	Schulze
4	4	Karl	Schmitz

Abbildung 8.7_1a

Die Beispiele 8.7_1 bis 8.7_3 folgen genau dem oben beschriebenen Schema. Beispiel 8.7_1 definiert eine neue Zeile und hängt diese mit

```
table.Rows.Add(row)
```

an die Tabelle an. Die Anweisung

```
adapter.Update(table)
```

überträgt die Änderungen zur Datenbank. Den Erfolg kann man kontrollieren, indem man die Datenbank mit dem Query Analyzer oder mit dem Programm 8.4_5 abfragt.

	ID	Vorname	Nachname
1	1	Anton	Meier
2	2	Otto	Müller
3	3	Fritz	Schulze
4	4	Karl	Schmitz
5	5	Franz	Schmied

Abbildung 8.7_1b

```
' Datei 8.7_1.vb

Imports System
Imports System.Data
Imports System.Data.SqlClient

Class Haupt
  Sub New()
    Dim ve As String = _
      "Server=(local);Database=meineDB;" & _
      "Integrated Security=true"
```

```
    Dim ab As String = _
      "SELECT * From Personen"

    Try
      Dim adapter As New SqlDataAdapter(ab, ve)
      Dim comm As New SqlCommandBuilder(adapter)
      Dim table As New DataTable()

      adapter.Fill(table)

      Dim row As DataRow = table.NewRow()
      row("ID") = 5
      row("Vorname") = "Franz"
      row("Nachname") = "Schmied"
      table.Rows.Add(row)

      adapter.Update(table)

    Catch e As Exception
      Console.WriteLine(e.Message)

    End Try
  End Sub

  Shared Sub Main()
    Dim h As New Haupt()
  End Sub
End Class
```

Beispiel 8.7_2 ändert mit

```
table.Rows(4)("Nachname") = "Wimmer"
```

den Nachnamen in der Zeile 5. Da die Indizierung der Zeilen mit 0 beginnt, entspricht die Zeilennummer 5 dem Index 4.

	ID	Vorname	Nachname
1	1	Anton	Meier
2	2	Otto	Müller
3	3	Fritz	Schulze
4	4	Karl	Schmitz
5	5	Franz	Wimmer

Abbildung 8.7_2

```
' Datei 8.7_2.vb

Imports System
Imports System.Data
Imports System.Data.SqlClient

Class Haupt
  Sub New()
    Dim ve As String = _
      "Server=(local);Database=meineDB;"& _
      "Integrated Security=true"

    Dim ab As String = _
      "SELECT * From Personen"

    Try
      Dim adapter As New SqlDataAdapter(ab, ve)
      Dim comm As New SqlCommandBuilder(adapter)
      Dim table As New DataTable()

      adapter.Fill(table)

      table.Rows(4)("Nachname") = "Wimmer"

      adapter.Update(table)

    Catch e As Exception
      Console.WriteLine(e.Message)

    End Try
  End Sub

  Shared Sub Main()
    Dim h As New Haupt()
  End Sub
End Class
```

Beispiel 8.7_3 löscht mit

```
table.Rows(4).Delete( )
```

die Zeile 5. Damit entspricht die Tabelle wieder der Ausgangstabelle.

	ID	Vorname	Nachname
1	1	Anton	Meier
2	2	Otto	Müller
3	3	Fritz	Schulze
4	4	Karl	Schmitz

Abbildung 8.7_3

```
' Datei 8.7_3.vb

Imports System
Imports System.Data
Imports System.Data.SqlClient

Class Haupt
  Sub New()
    Dim ve As String = _
      "Server=(local);Database=meineDB;"& _
      "Integrated Security=true"
    Dim ab As String = _
      "SELECT * From Personen"
    Try
      Dim adapter As New SqlDataAdapter(ab, ve)
      Dim comm As New SqlCommandBuilder(adapter)
      Dim table As New DataTable()

      adapter.Fill(table)

      table.Rows(4).Delete()
      adapter.Update(table)

    Catch e As Exception
      Console.WriteLine(e.Message)
    End Try
  End Sub

  Shared Sub Main()
    Dim h As New Haupt()
  End Sub
End Class
```

Die Beispiele 8.7_4 und 8.7_5 benutzen die im Abschnitt 8.4 beschriebenen Klassen `SqlConnection` und `SqlCommand`, um eine Spalte einzufügen und wieder zu löschen.

Beispiel 8.7_4 öffnet eine Verbindung zum SQL-Server und fügt der Tabelle mit

```
ALTER TABLE Personen ADD Telefon VARCHAR(20)
```

die Spalte Telefon an. Das `SqlCommand cmd` wird mit der Anweisung

```
cmd.ExecuteNonQuery()
```

zum SQL-Server übertragen. Anschließend wird die Verbindung wieder geschlossen. Die Telefonnummern werden wie bei Beispiel 8.7_2 mit Hilfe der Kombination aus `SqlDataAdapter`, `SqlCommandBuilder` und `DataTable` eingetragen.

	ID	Vorname	Nachname	Telefon
1	1	Anton	Meier	273546
2	2	Otto	Müller	938577
3	3	Fritz	Schulze	883644
4	4	Karl	Schmitz	293847

Abbildung 8.7_4

```
' Datei 8.7_4.vb

Imports System
Imports System.Data
Imports System.Data.SqlClient

Class Haupt
  Dim adapter As SqlDataAdapter
  Dim comm As SqlCommandBuilder
  Dim table As DataTable

  Sub New()
    Dim ve As String = _
      "Server=(local);Database=meineDB;Integrated Security=true"
    Dim ab As String = _
      "ALTER TABLE Personen ADD Telefon VARCHAR(20)"

    Dim con As New SqlConnection(ve)
    Dim cmd As New SqlCommand(ab, con)
    Try
      con.Open()
      cmd.ExecuteNonQuery()
```

```
    Catch e1 As Exception
      Console.WriteLine(e1.Message)
    Finally
      con.Close()
    End Try

    ab = "SELECT * From Personen"

    Try
      adapter = New SqlDataAdapter(ab, ve)
      comm = New SqlCommandBuilder(adapter)
      table = New DataTable()
      adapter.Fill(table)

      table.Rows(0)("Telefon") = "273546"
      table.Rows(1)("Telefon") = "938577"
      table.Rows(2)("Telefon") = "883644"
      table.Rows(3)("Telefon") = "293847"

      adapter.Update(table)

    Catch e2 As Exception
      Console.WriteLine(e2.Message)
    End Try
  End Sub

  Shared Sub Main()
    Dim h As New Haupt()
  End Sub
End Class
```

Beispiel 8.7_5 löscht mit

```
ALTER TABLE Personen DROP COLUMN Telefon
```

die Spalte `Telefon`. Die Übertragung des SQL-Strings zum SQL-Server ist bei Beispiel 8.7_4 beschrieben.

	ID	Vorname	Nachname
1	1	Anton	Meier
2	2	Otto	Müller
3	3	Fritz	Schulze
4	4	Karl	Schmitz

Abbildung 8.7_5

```
' Datei 8.7_5.vb

Imports System
Imports System.Data
Imports System.Data.SqlClient

Class Haupt
  Sub New()
    Dim ve As String = _
      "Server=(local);Database=meineDB;"& _
      "Integrated Security=true"
    Dim ab As String = _
      "ALTER TABLE Personen DROP COLUMN Telefon"

    Dim con As New SqlConnection(ve)
    Dim cmd As New SqlCommand(ab, con)
    Try
      con.Open()
      cmd.ExecuteNonQuery()
    Catch e As Exception
      Console.WriteLine(e.Message)
    Finally
      con.Close()
    End Try
  End Sub

  Shared Sub Main()
    Dim h As New Haupt()
  End Sub
End Class
```

9 Threads

Nach einer kurzen Einführung in die Bedeutung der Threads wird erläutert, wie Threads gestartet, angehalten und synchronisiert werden. Den Abschluss bildet das aus der Literatur bekannte Beispiel der n Philosophen.

9.1 Threads starten und anhalten

Die Betriebssysteme Windows 95 / 98 / NT / 2000 / XP und selbstverständlich Unix und damit verwandte Betriebssysteme sind in der Lage mehrere Prozesse quasi gleichzeitig abzuarbeiten. Da im PC normalerweise nur ein Prozessor vorhanden ist, setzt das Betriebssystem alle gestarteten Prozesse in eine Warteschlange und erteilt ihnen rundum immer wieder für einen kurzen Augenblick den Zugriff auf den Prozessor, so dass es für den Benutzer so aussieht, als würden alle Prozesse gleichzeitig laufen. Mit jedem Programmstart wird ein Prozess gestartet. So kann man mehrere Programme starten, und während ein Programm eine aufwändige Rechenaufgabe löst, kann man mit einem anderen Programm einen Text schreiben oder im Internet surfen. Ein Prozess wird auch als Task oder Thread bezeichnet. Threads im engeren Sinne sind Prozesse, die aus einem Programm heraus gestartet werden und es ermöglichen, mehrere Bereiche des Programms quasi gleichzeitig abzuarbeiten.

Ein Thread im .NET Framework ist eine Instanz der Klasse `System.Threading.Thread`. Dem Konstruktor dieser Klasse wird ein Parameter vom Typ `System.Threading.ThreadStart` übergeben. Dem Konstruktor der Klasse `ThreadStart` wird die Startroutine des Threads als Parameter übergeben. Sind beide Instanzen gebildet, so kann der Thread mit der Methode `Start` der Klasse `Thread` gestartet werden. Die Abarbeitung des Programms spaltet sich dadurch auf. Einerseits wird die Startroutine des Threads abgearbeitet und andererseits läuft das Programm hinter dem Aufruf von `Start` weiter. Das Programm läuft also auf zwei Wegen quasi parallel. Dieser Vorgang wird nun in Einzelschritten erläutert.

Mit

```
Dim t As New Thread( New ThreadStart( AddressOf t_start ) )
```

wird der Thread `t` mit der Startroutine `t_start` erzeugt.

Dies setzt voraus, dass eine Startroutine

```
Sub t_start()
  . . .
End Sub
```

vorhanden ist. Der Thread befindet sich zunächst im Zustand `Unstarted`. Er wird mit

```
t.Start( )
```

gestartet und befindet sich nach erfolgreichem Start im Zustand `Running`. Die Aufzählung `System.Threading.ThreadState` enthält die Zustände, die ein Thread annehmen kann.

```
ThreadState:

Aborted            Der Thread ist gestoppt.
AbortRequested     Abort ist aufgerufen worden.
Background         Der Thread ist ein Hintergrund Thread.
Running            Der Thread läuft.
Stopped            Der Thread ist gestoppt.
StopRequested      Der Thread soll gestoppt werden.
Suspended          Der Thread ist durch Suspend blockiert.
SuspendRequested   Suspend ist aufgerufen worden.
Unstarted          Der Thread ist mit New erzeugt aber nicht gestar-
                   tet.
WaitSleepJoin      Der Thread ist durch Wait, Sleep oder Join blo-
                   ckiert.
```

Es gibt eine ganze Reihe von Methoden, die den Zustand eines Threads beeinflussen.

`Interrupt` löst eine `ThreadInterruptedException` aus, die den Thread stoppt, sobald er sich im Zustand `WaitSleepJoin` befindet. Nach erfolgreichem `Interrupt` ist der Thread im Zustand `Stopped`.

`Abort` löst eine `ThreadAbortException` aus, die den Thread stoppt. Nach erfolgreichem `Abort` ist der Thread im Zustand `Stopped`.

`Suspend` blockiert den Thread, bis er mit `Resume` wieder aktiviert wird. Während der Thread blockiert ist, befindet er sich im Zustand `Suspended`.

`Sleep` blockiert den aufrufenden Thread für eine bestimmte Zahl von Millisekunden im Zustand `WaitSleepJoin`.

`Join` blockiert den aufrufenden Thread solange im Zustand `WaitSleepJoin`, bis der aufgerufene Thread beendet ist.

Beispiel 9.1_1 vermittelt ein erstes Gefühl vom Verhalten der Threads. Zu diesem Zweck wird eine Windows Anwendung mit einer Toolbar, einer Textbox und einer Statusbar entwickelt. Die Toolbar-Buttons lösen die Anweisungen `Start`, `Suspend`, `Resume`, `Interrupt` und `Abort` aus. Die Statusbar zeigt den `ThreadState` an. Im linken Panel steht der sofort abgefragte Zustand und im rechten Panel der mit Verzögerung abgefragte Zustand oder der Zustand `Running` des laufenden Threads. Während der Thread läuft, wird alle 100 Millisekunden das Wort `Hallo` in die Textbox geschrieben.

Der Konstruktor der Klasse `Haupt` definiert zunächst die Toolbar, die Textbox und die Statusbar. Die Anweisungen

```
thrd = New Thread(New ThreadStart(AddressOf t_Run))
panel2.Text = thrd.ThreadState.ToString()
```

am Ende des Konstruktors erzeugen einen Thread und protokollieren seinen Zustand im rechten Panel der Statusbar. Nach dem Programmstart steht dort `Unstarted`.

Die Startroutine des Threads

```
Sub t_Run()
  While True
    box.AppendText("Hallo ")
    Thread.Sleep(100)
    panel2.Text = thrd.ThreadState.ToString()
  End While
End Sub
```

enthält die Endlosschleife `While True`. Der Thread schreibt das Wort `Hallo` in die Textbox, legt sich für 100 Millisekunden schlafen und protokolliert dann den Zustand `Running` im rechten Panel der Statusbar. Das ist etwas gemogelt, da sich der Thread wegen der Sleep Anweisung überwiegend im Zustand `WaitSleepJoin` befindet.

Der Eventhandler `toolBar_ButtonClick` reagiert auf die angeklickten Buttons. Da jederzeit jeder Button gedrückt werden kann, ist der Zustand des Threads im Moment des Anklickens nicht fest vorgegeben. Es ist also nicht ausgeschlossen, dass Konflikte entstehen. Das Programm verfolgt daher zwei Strategien. Erstens sollen die Anweisungen `Start` und `Abort` und das Beenden des Programms fehlerfrei funktionieren. Zweitens sollen bei `Suspend`, `Resume` und `Interrupt` Konflikte zugelassen und sichtbar gemacht werden.

Mit der Anweisungsfolge

```
If e.Button Is b_Start Then
  Try
    thrd.Resume()
  Catch ex As Exception
  End Try
  If thrd.ThreadState = ThreadState.Running Or _
    thrd.ThreadState = ThreadState.WaitSleepJoin Then
    thrd.Abort()
    thrd.Join()
  End If
  box.Clear()
  thrd = New Thread(New ThreadStart(AddressOf t_Run))
  thrd.Start()
ElseIf . . .
```

wird nach dem Anklicken des Buttons `Start` ein eventuell laufender Thread beendet, die Textbox gelöscht und ein neuer Thread gestartet. Das Beenden eines Threads erfordert erhöhte Aufmerksamkeit. Ein Thread, der sich im Zustand `Suspended` befindet, kann nicht mit `Abort` beendet werden. Um diesen Zustand auszuschließen, wird zunächst versucht, eine `Resume` Anweisung auszuführen. Dann wird der Zustand des Threads untersucht und, falls der Thread läuft, die `Abort` Anweisung ausgeführt. Durch `Join` wird das Hauptprogramm an den Thread angehängt. Es muss also an dieser Stelle warten, bis der Thread beendet ist, und kann erst dann seine Arbeit fortsetzen. Die hier beschriebenen Vorkehrungen werden beim Button `Abort` benutzt.

Die Anweisungen `Suspend`, `Resume` und `Interrupt` sind in try catch Blöcke gesetzt. Tritt eine Exception auf, so erscheint eine Messagebox mit der entsprechenden Meldung. Da `Interrupt` nur im Zustand `WaitSleepJoin` wirkt, kann man folgendes Experiment machen. Man klickt die Buttons in der Reihenfolge `Start`, `Suspend`, `Interrupt` an und merkt, dass `Interrupt` nicht zur Wirkung kommt, was am Zustand des Threads zu erkennen ist. Erst wenn man `Resume` drückt, wird `Interrupt` ausgeführt. Hätte der Thread keine `Sleep` Anweisung, so würde auch dies nicht gelingen. Am Ende des Eventhandlers wird mit den Anweisungen

```
panel1.Text = thrd.ThreadState.ToString()
Thread.Sleep(150)
panel2.Text = thrd.ThreadState.ToString()
```

der Zustand des Threads in die Statusbar geschrieben. Wie in der Abbildung zu sehen ist, kann der Thread mehrere kombinierbare Zustände gleichzeitig annehmen.

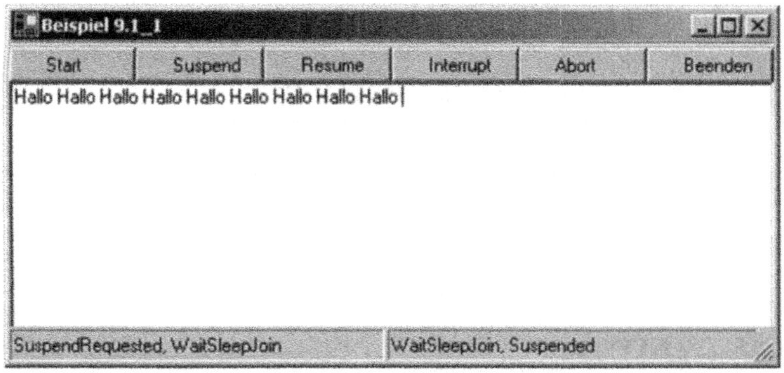

Abbildung 9.1_1

```
' Datei 9.1_1.vb

Imports System
Imports System.Drawing
Imports System.Windows.Forms
Imports System.Threading
Imports System.Timers
Imports System.ComponentModel

Class Haupt
Inherits Form
  Dim toolBar As ToolBar
  Dim b_Start, b_Suspend As ToolBarButton
  Dim b_Resume, b_Interrupt, b_Abort, b_End As ToolBarButton
  Dim statusBar As StatusBar
  Dim panel1, panel2 As StatusBarPanel
  Dim box As TextBox
  Dim thrd As Thread

  Sub New()
    Text = "Beispiel 9.1_1"
    ClientSize = New Size(480,200)
    BackColor = Color.White

    b_Start = New ToolBarButton()
    b_Start.Text = "Start"
    b_Suspend = New ToolBarButton()
    b_Suspend.Text = "Suspend"
    b_Resume = New ToolBarButton()
    b_Resume.Text = "Resume"
    b_Interrupt = New ToolBarButton()
    b_Interrupt.Text = "Interrupt"
    b_Abort = New ToolBarButton()
    b_Abort.Text = "Abort"
    b_End = New ToolBarButton()
```

```
    b_End.Text = "Beenden"

    toolBar = New ToolBar()
    toolBar.ButtonSize = New Size(80, 22)
    toolBar.TextAlign = ToolBarTextAlign.Right

    toolBar.Buttons.AddRange(New ToolBarButton(){ _
      b_Start, b_Suspend, b_Resume, _
      b_Interrupt, b_Abort, b_End})

    AddHandler toolBar.ButtonClick, AddressOf toolBar_ButtonClick

    statusBar = New StatusBar()
    panel1 = New StatusBarPanel()
    panel1.Width = 235
    panel2 = New StatusBarPanel()
    panel2.Width = 235
    statusBar.Panels.AddRange(New StatusBarPanel(){panel1, panel2})
    statusBar.ShowPanels = True

    box = New TextBox()
    box.Multiline = True
    box.Dock = DockStyle.Fill

    Controls.AddRange(New Control(){statusBar, box, toolBar})
    thrd = New Thread(New ThreadStart(AddressOf t_Run))
    panel2.Text = thrd.ThreadState.ToString()
  End Sub

  Sub toolBar_ButtonClick( _
    ByVal o As Object, ByVal e As ToolBarButtonClickEventArgs)
    If e.Button Is b_Start Then
      Try
        thrd.Resume()
      Catch ex As Exception
      End Try
      If thrd.ThreadState = ThreadState.Running Or _
        thrd.ThreadState = ThreadState.WaitSleepJoin Then
        thrd.Abort()
        thrd.Join()
      End If
      box.Clear()
      thrd = New Thread(New ThreadStart(AddressOf t_Run))
      thrd.Start()
    ElseIf e.Button Is b_Suspend Then
      Try
        thrd.Suspend()
      Catch ex As Exception
        MessageBox.Show(ex.Message)
      End Try
    ElseIf e.Button Is b_Resume Then
```

```
        Try
          thrd.Resume()
        Catch ex As Exception
          MessageBox.Show(ex.Message)
        End Try
      ElseIf e.Button Is b_Interrupt Then
        thrd.Interrupt()
      ElseIf e.Button Is b_Abort Then
        Try
          thrd.Resume()
        Catch ex As Exception
        End Try
        If thrd.ThreadState = ThreadState.Running Or _
          thrd.ThreadState = ThreadState.WaitSleepJoin Then
          thrd.Abort()
          thrd.Join()
        End If
      ElseIf e.Button Is b_End Then
        Close()
      End If
      panel1.Text = thrd.ThreadState.ToString()
      Thread.Sleep(150)
      panel2.Text = thrd.ThreadState.ToString()
    End Sub

    Sub t_Run()
      While True
        box.AppendText("Hallo ")
        Thread.Sleep(100)
        panel2.Text = thrd.ThreadState.ToString()
      End While
    End Sub

    Protected Overrides Sub OnClosing(ByVal e As CancelEventArgs)
      Try
        thrd.Resume()
      Catch ex As Exception
      End Try
      If thrd.ThreadState = ThreadState.Running Or _
        thrd.ThreadState = ThreadState.WaitSleepJoin Then
        thrd.Abort()
        thrd.Join()
      End If
      panel2.Text = thrd.ThreadState.ToString()
      MessageBox.Show("Closing")
    End Sub

    Shared Sub Main()
      Application.Run(New Haupt())
    End Sub
  End Class
```

9.2 Threads synchronisieren

Durch `Join` wird der aufrufende Thread an den aufgerufenen Thread angehängt. Beispiel 9.2_1 macht die Wirkungsweise deutlich.

Die Threads `t1` und `t2` werden erzeugt und gestartet. Die Startroutinen der Threads geben fünf mal `t1` bzw. `t2` aus. Bei jedem Schleifendurchlauf legen sich die Threads für 10 Millisekunden schlafen. Da beide Threads direkt nacheinander gestartet werden, sollte in etwa abwechselnd `t1` und `t2` ausgegeben werden.

Die Anweisung

```
t1.Join( )
```

zu Beginn der Startroutine des Threads `t2` bewirkt, dass `t2` an dieser Stelle so lange warten muss, bis `t1` beendet ist. Der Thread `t2` wird also an `t1` angehängt.

```
' Datei 9.2_1.vb

Imports System
Imports System.Threading

Class Haupt
  Dim t1, t2 As Thread

  Sub New()
    t1 = New Thread(New ThreadStart(AddressOf t1_Run))
    t2 = New Thread(New ThreadStart(AddressOf t2_Run))
    t1.Start()
    t2.Start()
  End Sub

  Sub t1_Run()
    Dim i As Integer
    For i=0 To 4
      Console.WriteLine("t1")
      Thread.Sleep(10)
    Next
  End Sub

  Sub t2_Run()
    t1.Join()
    Dim i As Integer
    For i=0 To 4
      Console.WriteLine("t2")
      Thread.Sleep(10)
    Next
  End Sub
```

```
  Shared Sub Main()
    Dim h As New Haupt()
  End Sub
End Class
```

Ausgabe:

```
t1
t1
t1
t1
t1
t2
t2
t2
t2
t2
```

Die Klasse `System.Threading.Interlocked` stellt Methoden zur Verfügung, die unteilbare Operationen ausführen. Während eine dieser Methoden eine Operation ausführt, kann kein anderer Thread auf das in Bearbeitung befindliche Objekt zugreifen.

```
Increment( a )               erhöht den Wert von a um 1
Decrement( a )               verringert den Wert von a um 1
Exchange( a, b )             ersetzt den Wert von a durch b
CompareExchange( a, b, c )   ersetzt den Wert von a durch b falls a
                             gleich c ist
```

Die Parameter können bei `Increment` und `Decrement` vom Typ `Integer` oder `Long` und bei `Exchange` und `CompareExchange` vom Typ `Integer`, `Single` oder `Object` sein.

Beispiel 9.2_2 startet die Threads `t1` und `t2`. Der Thread `t1` inkrementiert die Variable `j` 10 mal und schläft bei jedem Durchlauf 10 Millisekunden. Der Thread `t2` dekrementiert `j` 10 mal und schläft bei jedem Durchlauf 20 Millisekunden.

Dadurch, dass `t1` mit

```
Interlocked.Increment(j)
```

und `t2` mit

```
Interlocked.Decrement(j)
```

den Wert der Variablen `j` verändert, wird ein gleichzeitiger Zugriff beider Threads auf `j` verhindert. Es könnte sonst ein unvorhersehbares Ergebnis entstehen.

```
' Datei 9.2_2.vb

Imports System
Imports System.Threading

Class Haupt
  Dim t1, t2 As Thread
  Dim j As Integer = 0

  Sub New()
    t1 = New Thread(New ThreadStart(AddressOf t1_Run))
    t2 = New Thread(New ThreadStart(AddressOf t2_Run))
    t1.Start()
    t2.Start()
  End Sub

  Sub t1_Run()
    Dim i As Integer
    For i=0 To 9
      Interlocked.Increment(j)
      Console.Write("{0} ", j)
      Thread.Sleep(10)
    Next
  End Sub

  Sub t2_Run()
    Dim i As Integer
    For i=0 To 9
      Interlocked.Decrement(j)
      Console.Write("{0} ", j)
      Thread.Sleep(20)
    Next
  End Sub

  Shared Sub Main()
    Dim h As New Haupt()
  End Sub
End Class
```

Ausgabe:

```
1 0 1 0 1 2 1 2 3 2 3 4 3 4 5 4 3 2 1 0
```

Die Methode tij in Beispiel 9.2_3 nimmt den String t und den Integerwert i entgegen, speichert i in der Variablen j, schläft drei Millisekunden und gibt anschließend t und j aus. Der Thread t1 übergibt tij 10 mal die Werte t1 und 1. Der Thread t2 übergibt tij 10 mal die Werte t2 und 0. Es müsste daher 10 mal t1: 1 und 10 mal t2: 0 ausgegeben werden. Dies ist aber nicht der Fall. Zwischen der Zuweisung j = i und der Ausgabe vergeht eine Zeitspanne, in der der jeweils andere Thread `tij` aufrufen und damit den Wert von `j` verändern kann. In der Ausgabe sind die fehlerhaften Zuordnungen deutlich zu erkennen.

```
' Datei 9.2_3.vb

Imports System
Imports System.Threading

Class Haupt
  Dim t1, t2 As Thread
  Dim j As Integer = 0

  Sub New()
    t1 = New Thread(New ThreadStart(AddressOf t1_Run))
    t2 = New Thread(New ThreadStart(AddressOf t2_Run))
    t1.Start()
    t2.Start()
  End Sub

  Sub tij(ByVal t As String, ByVal i As Integer)
    j = i
    Thread.Sleep(3)
    Console.WriteLine(t + j.ToString())
  End Sub

  Sub t1_Run()
    Dim i As Integer

    For i=0 To 9
      tij("t1: ", 1)
      Thread.Sleep(1)
    Next
  End Sub

  Sub t2_Run()
    Dim i As Integer

    For i=0 To 9
      tij("t2: ", 0)
      Thread.Sleep(1)
    Next
  End Sub

  Shared Sub Main()
    Dim h As New Haupt()
  End Sub
End Class
```

Ausgabe:

```
t1: 0
t2: 0
t1: 0
t2: 0
t1: 0
t2: 0
t1: 0
t2: 0
t2: 0
t1: 0
t2: 1
t1: 1
t2: 1
t1: 1
t2: 1
t1: 1
t1: 0
t2: 0
t1: 0
t2: 0
```

Beispiel 9.2_4 ist abgesehen von der Methode `tij` mit dem vorigen Beispiel identisch. Die Klammerung mit Monitor.Enter und Monitor.Exit macht den eingeschlossenen Anweisungsblock

```
Sub tij(ByVal t As String, ByVal i As Integer)
  Monitor.Enter(Me)
  j = i
  Thread.Sleep(3)
  Console.WriteLine(t & j.ToString())
  Monitor.Exit(Me)
End Sub
```

zu einer unteilbaren Operation.

Durchläuft ein Thread diesen Anweisungsblock, so muss ein anderer Thread, der `tij` aufruft, warten bis sein Vorgänger den Block verlassen hat. In der Ausgabe sind daher jetzt die Zuordnungen t1: 1 und t2: 0 richtig.

Die Klasse `System.Threading.Monitor` stellt folgende Methoden zur Synchronisation von Threads zur Verfügung:

Enter	verriegelt ein Objekt
TryEnter	versucht ein Objekt zu verriegeln
Exit	gibt ein verriegeltes Objekt frei
Wait	gibt ein verriegeltes Objekt frei und blockiert den aufrufenden Thread
Pulse	gibt einen blockierten Thread frei
PulseAll	gibt alle blockierten Threads frei

Enter verriegelt in diesem Beispiel das Objekt Me. Dadurch wird jeder Thread, der `tij` aufruft, blockiert bis die Verriegelung mit `Exit` aufgehoben wird.

```
' Datei 9.2_4.vb

Imports System
Imports System.Threading

Class Haupt
  Dim t1, t2 As Thread
  Dim j As Integer = 0

  Sub New()
    t1 = New Thread(New ThreadStart(AddressOf t1_Run))
    t2 = New Thread(New ThreadStart(AddressOf t2_Run))
    t1.Start()
    t2.Start()
  End Sub

  Sub tij(ByVal t As String, ByVal i As Integer)
    Monitor.Enter(Me)
    j = i
    Thread.Sleep(3)
    Console.WriteLine(t & j.ToString())
    Monitor.Exit(Me)
  End Sub

  Sub t1_Run()
    Dim i As Integer
    For i=0 To 9
      tij("t1: ", 1)
      Thread.Sleep(1)
    Next
  End Sub

  Sub t2_Run()
    Dim i As Integer
```

```
    For i=0 To 9
      tij("t2: ", 0)
      Thread.Sleep(1)
    Next
  End Sub

  Shared Sub Main()
    Dim h As New Haupt()
  End Sub
End Class
```

Ausgabe:

```
t1: 1
t2: 0
t1: 1
t2: 0
t1: 1
t2: 0
t1: 1
t2: 0
t1: 1
t2: 0
t1: 1
t2: 0
t1: 1
t2: 0
t1: 1
t2: 0
t1: 1
t2: 0
t1: 1
t2: 0
```

Der Thread t1 in Beispiel 9.2_5 verringert bei jedem Schleifendurchlauf den Wert von j um 1. Die Anweisung

```
If j<=3 Then Monitor.Wait(Me)
```

blockiert den Thread t1, wenn j kleiner oder gleich 3 ist. Durch Wait wird t1 in eine Warteschlange, die waiting queue, gesetzt. Der Thread t2 erhöht bei jedem Schleifendurchlauf den Wert von j um 1. Die Anweisung

```
If j>=8 Then Monitor.Pulse(Me)
```

weckt t1 wieder auf. Durch Pulse wird ein Thread, in diesem Beispiel t1, von der waiting queue in die ready queue transferiert. Dadurch kann t1 sobald als möglich seine Arbeit wieder aufnehmen. Im Unterschied zu `Pulse` befördert `PulseAll` nicht nur einen, sondern alle Threads von der `waiting` queue zur `ready` queue. Die vom Programm ausgegebenen Werte gehen von 3 bis 8.

```
' Datei 9.2_5.vb

Imports System
Imports System.Threading

Class Haupt
  Dim t1, t2 As Thread
  Dim j As Integer = 3

  Sub New()
    t1 = New Thread(New ThreadStart(AddressOf t1_Run))
    t2 = New Thread(New ThreadStart(AddressOf t2_Run))
    t1.Start()
    t2.Start()
  End Sub

  Sub t1_Run()
    Dim i As Integer

    For i=0 To 9
      Try
        Monitor.Enter(Me)
        If j<=3 Then Monitor.Wait(Me)
        j -= 1
        Console.WriteLine("t1: " + j.ToString())
      Finally
        Monitor.Exit(Me)
      End Try
      Thread.Sleep(10)
    Next

    t2.Abort()
  End Sub

  Sub t2_Run()
    While True
      Try
        Monitor.Enter(Me)
        j += 1
        Console.WriteLine("t2: " + j.ToString())
        If j>=8 Then Monitor.Pulse(Me)
      Finally
        Monitor.Exit(Me)
      End Try
```

```
      Thread.Sleep(50)
    End While
  End Sub

  Shared Sub Main()
    Dim h As New Haupt()
  End Sub
End Class
```

Ausgabe:

```
t2: 4
t2: 5
t2: 6
t2: 7
t2: 8
t1: 7
t1: 6
t1: 5
t1: 4
t1: 3
t2: 4
t2: 5
t2: 6
t2: 7
t2: 8
t1: 7
t1: 6
t1: 5
t1: 4
t1: 3
t2: 4
```

Beispiel 9.2_6 lässt zu, dass sich mehrere Prozesse gleichzeitig in einem kritischen Abschnitt des Programms befinden. Zu diesem Zweck werden 8 Threads gestartet. Jeder Thread versucht 7 mal den kritischen Abschnitt zu betreten. Es dürfen sich jedoch nicht mehr als 4 Threads gleichzeitig im kritischen Abschnitt befinden.

Zur Lösung dieses Problems wird auf die von dem holländischen Mathematikprofessor Edsger Wybe Dijkstra formulierten Semaphoroperationen [3] zurückgegriffen. Das Wort Semaphor stammt aus der Seefahrt und bedeutet Zeichenträger. Zur Synchronisation von Prozessen verwendete Semaphore sind Zustandsvariablen. Für die Arbeit mit Semaphoren hat Dijkstra die von den holländischen Worten `passeer` und `verlaat` abgeleiteten Operationen `P(Semaphor)` und `V(Semaphor)` definiert. Beim Betreten eines kritischen Abschnitts wird `P(Semaphor)` aufgerufen und beim Verlassen `V(Semaphor)`.

```
  unkritischer Abschnitt
P(Semaphor)
  kritischer Abschnitt
V(Semaphor)
  unkritischer Abschnitt
```

Sowohl die P- als auch die V-Operation müssen unteilbare Operationen sein. Deshalb werden beide Operationen mit `Monitor.Enter(Me)` und `Monitor.Exit(Me)` verriegelt.

Die P-Operation fragt den Semaphor `s` ab. Falls `s` größer oder gleich `1` ist, so wird der Wert von `s` um `1` verringert. Ist `s` kleiner als `1`, so wird `Monitor.Wait(Me)` aufgerufen. Dadurch wird der aufrufende Thread blockiert und die Verriegelung gelöst.

```
Public Sub P(ByRef s As Integer)
  Monitor.Enter(Me)
  While s < 1
    Monitor.Wait(Me)
  End While
  Interlocked.Decrement(s)
  Monitor.Exit(Me)
End Sub
```

Die V-Operation erhöht den Wert von `s` um `1` und weckt mit `Monitor.Pulse(Me)` einen blockierten Thread auf.

```
Public Sub V(ByRef s As Integer)
  Monitor.Enter(Me)
  Interlocked.Increment(s)
  Monitor.Pulse(Me)
  Monitor.Exit(Me)
End Sub
```

In der Klasse Haupt des Beispiels 9.2_6 ist die Konstante `npr` die Anzahl der zu erzeugenden Prozesse und `ns` die Anzahl der Prozesse, die sich gleichzeitig im kritischen Abschnitt befinden dürfen. Die im Konstruktor der Klasse Haupt erzeugten Prozesse werden im Array `pr` abgelegt. Jeder Prozess bekommt dadurch eine Nummer zwischen `0` und `npr-1` zugewiesen. Im Array `k` wird festgehalten welcher Prozess sich im kritischen Abschnitt befindet. Dadurch ist es möglich, den Ablauf des Programms zu protokollieren.

Ein Prozess ist in diesem Beispiel eine Instanz der Klasse `Prozess`. Der Konstruktor der Klasse `Prozess` besitzt den Parameter `h`, der es ermöglicht, auf die `Public` vereinbarten Mitglieder der Klasse `Haupt` zuzugreifen. Der zweite

Parameter `n` ist die Nummer des Prozesses. Nach dem Abspeichern der Parameter startet der Konstruktor den Thread `t`.

Die Startroutine `t_Run` gibt zuerst die Meldung aus, welcher Prozess gestartet worden ist. Danach folgen 7 Schleifendurchläufe, in denen der Prozess versucht, den kritischen Abschnitt mit der Anweisung

```
h.P(h.semaphor)
```

zu betreten. Die Variable `semaphor` der Klasse `Haupt` ist mit dem Wert 4 initialisiert. Der erste Aufruf der P-Operation verringert diesen Wert auf 3, der zweite auf 2, der dritte auf 1 und der vierte auf 0. Folgt jetzt ein fünfter Aufruf der P-Operation, so bleibt der Wert von `semaphor` gleich 0 und der aufrufende Prozess wird blockiert. Mit der Anweisung

```
h.V(h.semaphor)
```

wird der kritische Abschnitt wieder verlassen. Die V-Operation erhöht den Wert von `semaphor` um `1` und weckt einen Prozess aus der Warteschlange auf. Durch das Zusammenspiel der aufgerufenen P- und V-Operationen wird sichergestellt, dass höchstens 4 Prozesse im kritischen Abschnitt sind.

Am Anfang des kritischen Abschnitts trägt sich der Prozess mit

```
Monitor.Enter(h.k)
h.k(n) = 1
Monitor.Exit(h.k)
```

in den Array `k` der Klasse `Haupt` ein und am Ende des kritischen Abschnitts trägt er sich mit

```
Monitor.Enter(h.k)
h.k(n) = 0
Monitor.Exit(h.k)
```

wieder aus. Der Zugriff auf den Array `k` ist mit `Monitor.Enter` und `Monitor.Exit` verriegelt, um auszuschließen, dass mehrere Prozesse gleichzeitig auf den Array zugreifen.

Sobald der Prozess sich eingetragen hat, legt er sich für 5 bis 50 Millisekunden schlafen und gibt dann den Array `k` und die Anzahl der Prozesse im kritischen Abschnitt aus. Diese Anweisungen sind ebenfalls mit `Monitor.Enter` und `Monitor.Exit` verriegelt, da der Array `k` ständig von anderen Prozessen verändert wird.

Nach 7 Schleifendurchläufen meldet der Prozess, dass er beendet ist und verlässt die Startroutine.

```
' Datei 9.2_6.vb

Imports System
Imports System.Threading

Class Haupt
  Public Const npr As Integer = 8
  Public Const ns As Integer = 4

  Dim pr(npr-1) As Prozess
  Public k(npr-1) As Integer
  Public semaphor As Integer = ns
  Public rand As New Random()

  Sub New()
    Dim i As Integer
    For i=0 To npr-1
      pr(i) = New Prozess(Me, i)
    Next
  End Sub

  Public Sub P(ByRef s As Integer)
    Monitor.Enter(Me)
    While s < 1
      Monitor.Wait(Me)
    End While
    Interlocked.Decrement(s)
    Monitor.Exit(Me)
  End Sub

  Public Sub V(ByRef s As Integer)
    Monitor.Enter(Me)
    Interlocked.Increment(s)
    Monitor.Pulse(Me)
    Monitor.Exit(Me)
  End Sub

  Shared Sub Main()
    Dim h As New Haupt()
  End Sub
End Class

Class Prozess
  Dim t As Thread
  Dim h As Haupt
  Dim n As Integer
```

```
  Sub New(ByVal h As Haupt, ByVal n As Integer)
    Me.n = n
    Me.h = h
    Thread.Sleep(1)
    t = New Thread(New ThreadStart(AddressOf t_Run))
    t.Start()
  End Sub

  Sub t_Run()
    Console.WriteLine("Prozess {0} gestartet", n)
    Dim i As Integer
    For i=0 To 6
      h.P(h.semaphor)

      Monitor.Enter(h.k)
      h.k(n) = 1
      Monitor.Exit(h.k)
      Thread.Sleep(h.rand.Next(5, 50))

      Monitor.Enter(h.k)
      Dim np As Integer = 0
      Dim j As Integer
      For j=0 To Haupt.npr-1
        np += h.k(j)
        Console.Write("{0} ", h.k(j))
      Next
      Console.WriteLine(" Prozesse im krit. Abschn.: {0}", np)
      Monitor.Exit(h.k)
      Thread.Sleep(h.rand.Next(5, 50))

      Monitor.Enter(h.k)
      h.k(n) = 0
      Monitor.Exit(h.k)
      h.V(h.semaphor)
    Next
    Console.WriteLine("Prozess {0} beendet", n)
  End Sub
End Class
```

Ausgabe:

```
Prozess 0 gestartet
Prozess 1 gestartet
Prozess 2 gestartet
1 1 1 0 0 0 0 0  Prozesse im krit. Abschn.: 3
Prozess 3 gestartet
1 1 1 1 0 0 0 0  Prozesse im krit. Abschn.: 4
Prozess 4 gestartet
1 1 1 1 0 0 0 0  Prozesse im krit. Abschn.: 4
Prozess 5 gestartet
Prozess 6 gestartet
```

```
Prozess 7 gestartet
0 0 1 1 1 1 0 0  Prozesse im krit. Abschn.: 4
1 0 0 1 1 1 0 0  Prozesse im krit. Abschn.: 4
1 0 0 1 1 1 0 0  Prozesse im krit. Abschn.: 4
1 1 0 0 1 1 0 0  Prozesse im krit. Abschn.: 4
1 1 0 0 1 1 0 0  Prozesse im krit. Abschn.: 4
1 1 0 0 1 1 0 0  Prozesse im krit. Abschn.: 4
0 1 0 1 1 1 0 0  Prozesse im krit. Abschn.: 4
0 1 0 1 1 1 0 0  Prozesse im krit. Abschn.: 4
0 1 0 1 1 1 0 0  Prozesse im krit. Abschn.: 4
0 1 0 1 1 1 0 0  Prozesse im krit. Abschn.: 4
0 1 0 1 1 1 0 0  Prozesse im krit. Abschn.: 4
0 1 0 1 1 1 0 0  Prozesse im krit. Abschn.: 4
0 1 0 1 1 1 0 0  Prozesse im krit. Abschn.: 4
0 1 0 1 1 1 0 0  Prozesse im krit. Abschn.: 4
0 1 0 1 1 1 0 0  Prozesse im krit. Abschn.: 4
0 1 0 1 1 1 0 0  Prozesse im krit. Abschn.: 4
0 1 0 1 1 1 0 0  Prozesse im krit. Abschn.: 4
0 1 0 1 1 1 0 0  Prozesse im krit. Abschn.: 4
0 1 0 1 1 1 0 0  Prozesse im krit. Abschn.: 4
0 1 0 1 1 1 0 0  Prozesse im krit. Abschn.: 4
0 1 0 1 1 1 0 0  Prozesse im krit. Abschn.: 4
0 1 0 1 1 1 0 0  Prozesse im krit. Abschn.: 4
0 1 0 1 1 1 0 0  Prozesse im krit. Abschn.: 4
0 1 0 1 1 1 0 0  Prozesse im krit. Abschn.: 4
Prozess 5 beendet
0 1 1 1 0 0 0 1  Prozesse im krit. Abschn.: 4
0 1 1 1 0 0 0 1  Prozesse im krit. Abschn.: 4
0 1 1 1 0 0 0 1  Prozesse im krit. Abschn.: 4
0 1 1 1 0 0 0 1  Prozesse im krit. Abschn.: 4
0 1 1 1 0 0 0 1  Prozesse im krit. Abschn.: 4
Prozess 1 beendet
1 0 1 1 0 0 0 1  Prozesse im krit. Abschn.: 4
1 0 1 1 0 0 0 1  Prozesse im krit. Abschn.: 4
1 0 1 1 0 0 0 1  Prozesse im krit. Abschn.: 4
Prozess 3 beendet
1 0 1 0 1 0 0 1  Prozesse im krit. Abschn.: 4
1 0 1 0 1 0 0 1  Prozesse im krit. Abschn.: 4
1 0 1 0 1 0 0 1  Prozesse im krit. Abschn.: 4
1 0 1 0 1 0 0 1  Prozesse im krit. Abschn.: 4
1 0 1 0 1 0 0 1  Prozesse im krit. Abschn.: 4
Prozess 4 beendet
1 0 1 0 0 0 1 1  Prozesse im krit. Abschn.: 4
1 0 1 0 0 0 1 1  Prozesse im krit. Abschn.: 4
1 0 1 0 0 0 1 1  Prozesse im krit. Abschn.: 4
1 0 1 0 0 0 1 1  Prozesse im krit. Abschn.: 4
1 0 1 0 0 0 1 1  Prozesse im krit. Abschn.: 4
1 0 1 0 0 0 1 1  Prozesse im krit. Abschn.: 4
1 0 1 0 0 0 1 1  Prozesse im krit. Abschn.: 4
1 0 1 0 0 0 1 1  Prozesse im krit. Abschn.: 4
Prozess 0 beendet
```

```
0 0 1 0 0 0 1 1  Prozesse im krit. Abschn.: 3
0 0 1 0 0 0 1 1  Prozesse im krit. Abschn.: 3
0 0 1 0 0 0 1 1  Prozesse im krit. Abschn.: 3
Prozess 2 beendet
0 0 0 0 0 0 1 1  Prozesse im krit. Abschn.: 2
0 0 0 0 0 0 1 1  Prozesse im krit. Abschn.: 2
Prozess 7 beendet
0 0 0 0 0 0 1 0  Prozesse im krit. Abschn.: 1
0 0 0 0 0 0 1 0  Prozesse im krit. Abschn.: 1
0 0 0 0 0 0 1 0  Prozesse im krit. Abschn.: 1
Prozess 6 beendet
```

9.3 n Philosophen

Die im Abschnitt 9.2 erläuterten Semaphore eignen sich hervorragend zur Lösung des ebenfalls von Dijkstra stammenden Problems der n Philosophen.

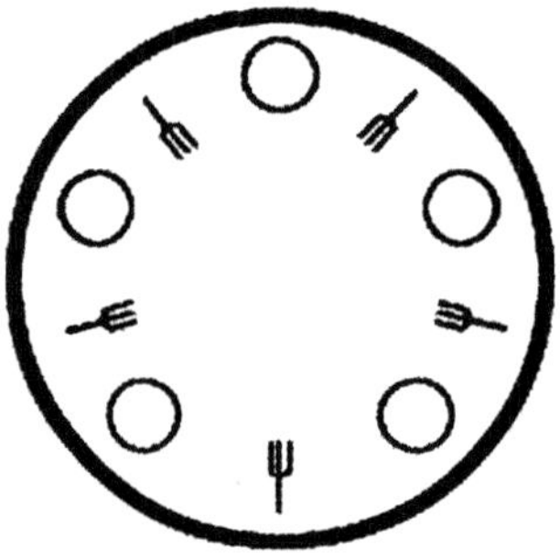

Abbildung 9.3_1a

Fünf oder mehr Philosophen sitzen um einen runden Tisch. Sie durchlaufen zyklisch die Zustände des Denkens, des hungrig werdens und des Essen. Dabei gibt es jedoch ein Problem. Vor jedem Philosophen steht ein Teller und zwischen je zwei Tellern liegt nur eine Gabel. Es liegen also genauso viele Gabeln auf dem Tisch, wie Philosophen an ihm sitzen. Jeder Philosoph braucht aber zwei Gabeln, um die aufgetragene Speise essen zu können. Ein Philosoph kann also nur dann essen, wenn keiner seiner Nachbarn isst. Außerdem besteht die Gefahr, dass keinem der Philosophen zwei Gabeln zur Verfügung stehen, wenn mehrere Philosophen bereits eine Gabel aufgehoben haben. In diesem Fall entsteht ein Deadlock. Das gesamte Programm blockiert.

Beispiel 9.3_1 löst die Aufgabe mit Hilfe von Semaphoren. Ein Philosoph ist eine Instanz der Klasse `Philosoph`. Diese Klasse hat eine gewisse Ähnlichkeit mit der Klasse `Prozess` des Beispiels 9.2_6. Die Anzahl der Philosophen, die im Array `ph` abgelegt werden, ist `nph`. Der Index, unter dem die Philosophen abgelegt werden, wird dem Konstruktor der Klasse `Philosoph` als Parameter übergeben. Der zweite Parameter übergibt die Instanz der Klasse `Haupt`. Der Zustand der Philosophen wird im Array `zustand` festgehalten. Der Zustand wird mit `0` initialisiert und kann die Werte `0`, `1` und `2` annehmen. Auf den als Array mit einem Element implementierten Semaphor `gemeinsam` dürfen alle Prozesse bzw. Philosophen sowohl die P-, als auch die V-Operation ausführen. Der Semaphor `gemeinsam` ist mit `1` initialisiert. Für jeden Philosophen ist ein privater Semaphor definiert. Diese Semaphore sind im Array `privat` gespeichert. Auf den Semaphor `privat(i)` darf nur der Philosoph `i` die P-Operation ausführen. Die V-Operation führt die unten beschriebene Methode `Status` aus. Die privaten Semaphore sind mit `0` initialisiert, so dass zunächst keiner der Prozesse den kritischen Abschnitt betreten kann. Mit anderen Worten gesagt, kann der Philosoph `i` erst dann essen, wenn eine V-Operation auf den Semaphor `privat(i)` ausgeführt worden ist. Die Startroutine der erzeugten Threads ist die Methode `t_Run` der Klasse `Philosoph`. Da diese Methode eine Endlosschleife enthält, wird ein Timer definiert, der das Programm nach fünf Sekunden abbricht.

Nun zum Ablauf des Programms. Der Konstruktor der Klasse `Haupt`

```
Sub New()
  timr = New System.Timers.Timer(5000)
  AddHandler timr.Elapsed, AddressOf elaps
  gemeinsam(0) = 1
  P(gemeinsam(0))
  Dim i As Integer
  For i=0 To nph-1
    zustand(i) = 0
    privat(i) = 0
    ph(i) = New Philosoph(Me, i)
  Next
  timr.Start()
  V(gemeinsam(0))
End Sub
```

definiert den Timer und setzt den Semaphor `gemeinsam` auf `1`. In der darauf folgenden Laufanweisung werden die Arrays `zustand` und `privat` initialisiert und die Instanzen der Klasse `Philosoph` gebildet. Der Konstruktor der Klasse `Philosoph` speichert die übergebenen Parameter ab, erzeugt den Thread `t` mit der Startroutine `t_Run` und startet ihn. Die beschriebene Laufanweisung funktioniert nur dann konfliktfrei, wenn alle Statusvariablen gesetzt sind, bevor der erste Philosoph mit dem Essen beginnen möchte. Dies ist in diesem Beispiel normalerweise der Fall, weil alle Philosophen zuerst 250 bis 500 Millisekunden denken und anschließend die gleiche Zeitspanne über hungrig werden. Trotzdem ist es besser, Vorkehrungen zu treffen. Dadurch, dass auf den Semaphor gemeinsam vor der Laufanweisung eine P-Operation ausgeführt wird und die Startroutine t_Run ebenfalls mit einer P-Operation auf diesen Semaphor beginnt, ist zunächst jeder Philosoph blockiert. Nach der Laufanweisung wird der Timer gestartet und dann die V-Operation auf den Semaphor gemeinsam ausgeführt. Damit beginnt der Lebenszyklus der Philosophen. Um das Programm zu beenden, bricht der Timer nach fünf Sekunden alle Threads ab.

Bevor nun die Startroutine t_Run im einzelnen erläutert werden kann, sind noch einige Worte zu den P- und V-Operationen und zur Methode Status erforderlich. Die P- und V-Operationen sind identisch mit denen des Beispiels 9.2_6. Sie werden hier jedoch nicht nur auf einen Semaphor sondern auf mehrere Semaphore angewendet. Die Methode

```
Public Sub Status(ByVal i As Integer)
  Monitor.Enter(Me)
  If zustand(i) = 1 _
    And zustand((i+1) Mod nph) < 2 _
    And zustand((i-1+nph) Mod nph) < 2 Then
    zustand(i) = 2
    V(privat(i))
  End If
  Monitor.Exit(Me)
End Sub
```

ist mit Monitor.Enter und Monitor.Exit verriegelt. Dies ist erforderlich, da die Variable zustand abgefragt und verändert wird. Wie bereits erwähnt wurde, kann die Variable zustand die Werte 0, 1 oder 2 annehmen. Im Zustand 0 denkt der Philosoph oder er wird hungrig. Im Zustand 1 will der Philosoph mit dem Essen beginnen und im Zustand 2 isst der Philosoph. Beim Übergang vom Zustand 1 zum Zustand 2 blickt der Philosoph nach links und rechts und nimmt, falls dies möglich ist, beide Gabeln auf. Genau dieser Vorgang wird in der Methode Status behandelt, die nur dann den Zustand des Philosophen i auf 2 setzt, wenn sein eigener Zustand gleich 1 ist und der Zustand der Philosophen i-1 und i+1 kleiner als 2 ist. Die Tatsache, dass der Vorgänger des Philosophen 0 der Philosoph nph-1 ist und umgekehrt der Nachfolger des Philosophen nph-1 der Philosoph 0 ist, wird durch die Modulo-Anweisung Mod nph berücksichtigt. Die anschließende V-Operation setzt den Semaphor privat(i) auf 1. Ist der Wert des Semaphors privat(i) gleich 0, so wird der Philosoph i, sobald er eine P-Operation auf diesen Semaphor ausführt, blockiert. Ist der Wert gleich 1, so kann er die P-Operation passieren.

Durch die Anweisungen

```
h.P(h.gemeinsam(0))
h.V(h.gemeinsam(0))
Console.WriteLine(" Philosoph {0}: Denken", n)
```

am Anfang der Startroutine `t_Run` wird der aktuelle Thread blockiert, bis der Konstruktor der Klasse `Haupt` die bereits erwähnte V-Operation ausführt. Die der P-Operation der Startroutine folgende V-Operation weckt einen weiteren Philosophen auf, der dann wiederum den nächsten aufweckt, bis alle Philosophen gemeldet haben, dass sie denken und die Endlosschleife

```
While True
   . . .
End While
```

durchlaufen. Die Anweisungen

```
Thread.Sleep(h.rand.Next(250, 500))
Console.WriteLine(" Philosoph {0}: Hungrig werden", n)
Thread.Sleep(h.rand.Next(250, 500))
```

versinnbildlichen die 250 bis 500 Millisekunden andauernden Zustände des Denkens und des hungrig Werdens. Anschließend versucht der Philosoph `n` mit

```
h.P(h.gemeinsam(0))
h.zustand(n)=1
h.Status(n)
h.V(h.gemeinsam(0))
```

die beiden Gabeln aufzunehmen und zu essen. Da die Variable `zustand(n) = 1` gesetzt wird, prüft die Methode `Status(n)` den Zustand der beiden Nachbarphilosophen und führt gegebenenfalls eine V-Operation auf den Semaphor `privat(n)` aus. Diese Anweisungen sind durch die P- und V-Operation auf den Semaphor `gemeinsam` verriegelt, damit kein anderer Philosoph gleichzeitig die Werte des Arrays `zustand` ändern kann.

Falls die V-Operation auf den Semaphor `privat(n)` nicht ausgeführt worden ist, so wird der Philosoph n durch die Anweisung

```
h.P(h.privat(n))
```

blockiert. Andernfalls darf er essen, was durch

```
Console.WriteLine(" Philosoph {0}: Essen", n)
Thread.Sleep(1000)
```

angezeigt wird. Nach dem Essen beginnt der Philosoph wieder zu denken.

```
h.P(h.gemeinsam(0))
h.zustand(n)=0
Console.WriteLine(" Philosoph {0}: Denken", n)
h.Status((n+1) Mod Haupt.nph)
h.Status((n-1+Haupt.nph) Mod Haupt.nph)
h.V(h.gemeinsam(0))
```

Dazu wird `zustand(n) = 0` gesetzt und das Denken protokolliert. Anschließend wird die Methode `Status` für beide Nachbarphilosophen aufgerufen, so dass diese, falls sie essen möchten, gegebenenfalls durch die V-Operation auf ihren privaten Semaphor die Erlaubnis dazu bekommen.

```
'  Datei 9.3_1.vb

Imports System
Imports System.Threading
Imports System.Timers

Class Haupt
  Public Const nph As Integer = 5

  Dim ph(nph-1) As Philosoph
  Public zustand(nph-1) As Integer
  Public gemeinsam(0) As Integer
  Public privat(nph-1) As Integer
  Public rand As New Random()
  Dim timr As System.Timers.Timer

  Sub New()
    timr = New System.Timers.Timer(5000)
    AddHandler timr.Elapsed, AddressOf elaps
    gemeinsam(0) = 1
    P(gemeinsam(0))
    Dim i As Integer
    For i=0 To nph-1
```

```
      zustand(i) = 0
      privat(i) = 0
      ph(i) = New Philosoph(Me, i)
    Next
    timr.Start()
    V(gemeinsam(0))
  End Sub

  Protected Sub elaps(ByVal o As Object, ByVal e As ElapsedEventArgs)
    Monitor.Enter(Me)
    Monitor.PulseAll(Me)
    Dim i As Integer
    For i=0 To nph-1
      ph(i).t.Abort()
      ph(i).t.Join()
    Next
    Monitor.Exit(Me)
  End Sub

  Public Sub P(ByRef s As Integer)
    Monitor.Enter(Me)
    While s < 1
      Monitor.Wait(Me)
    End While
    Interlocked.Decrement(s)
    Monitor.Exit(Me)
  End Sub

  Public Sub V(ByRef s As Integer)
    Monitor.Enter(Me)
    Interlocked.Increment(s)
    Monitor.Pulse(Me)
    Monitor.Exit(Me)
  End Sub

  Public Sub Status(ByVal i As Integer)
    Monitor.Enter(Me)
    If zustand(i) = 1 _
      And zustand((i+1) Mod nph) < 2 _
      And zustand((i-1+nph) Mod nph) < 2 Then
      zustand(i) = 2
      V(privat(i))
    End If
    Monitor.Exit(Me)
  End Sub

  Shared Sub Main()
    Dim h As New Haupt()
  End Sub
End Class
```

```
Class Philosoph
  Public t As Thread
  Dim h As Haupt
  Dim n As Integer

  Sub New(ByVal h As Haupt, ByVal n As Integer)
    Me.n = n
    Me.h = h
    Thread.Sleep(1)
    t = New Thread(New ThreadStart(AddressOf t_Run))
    t.Start()
  End Sub

  Sub t_Run()
    h.P(h.gemeinsam(0))
    h.V(h.gemeinsam(0))
    Console.WriteLine(" Philosoph {0}: Denken", n)

    While True
      Thread.Sleep(h.rand.Next(250, 500))
      Console.WriteLine(" Philosoph {0}: Hungrig werden", n)
      Thread.Sleep(h.rand.Next(250, 500))

      h.P(h.gemeinsam(0))
      h.zustand(n)=1
      h.Status(n)
      h.V(h.gemeinsam(0))

      h.P(h.privat(n))
      Console.WriteLine(" Philosoph {0}: Essen", n)
      Thread.Sleep(1000)

      h.P(h.gemeinsam(0))
      h.zustand(n)=0
      Console.WriteLine(" Philosoph {0}: Denken", n)
      h.Status((n+1) Mod Haupt.nph)
      h.Status((n-1+Haupt.nph) Mod Haupt.nph)
      h.V(h.gemeinsam(0))
    End While
  End Sub
End Class
```

Ausgabe:

```
Philosoph 0: Denken
Philosoph 1: Denken
Philosoph 2: Denken
Philosoph 3: Denken
Philosoph 4: Denken
Philosoph 2: Hungrig werden
Philosoph 3: Hungrig werden
```

```
Philosoph 0: Hungrig werden
Philosoph 1: Hungrig werden
Philosoph 4: Hungrig werden
Philosoph 3: Essen
Philosoph 1: Essen
Philosoph 3: Denken
Philosoph 4: Essen
Philosoph 1: Denken
Philosoph 2: Essen
Philosoph 3: Hungrig werden
Philosoph 1: Hungrig werden
Philosoph 4: Denken
Philosoph 0: Essen
Philosoph 2: Denken
Philosoph 3: Essen
Philosoph 2: Hungrig werden
Philosoph 4: Hungrig werden
Philosoph 0: Denken
Philosoph 3: Denken
Philosoph 1: Essen
Philosoph 3: Hungrig werden
Philosoph 0: Hungrig werden
Philosoph 4: Essen
Philosoph 1: Denken
Philosoph 1: Hungrig werden
```

Beispiel 9.3_2 ist eine grafische Variante des Beispiels 9.3_1. Die Klasse `Haupt` ist von `Form` abgeleitet und die Methode `Main` startet eine Windows Anwendung. Die Synchronisation der Prozesse wird ohne Änderung von Beispiel 9.3_1 übernommen. Die Tätigkeiten der Philosophen werden durch Bitmaps mit 32 * 32 Punkten dargestellt.

Denken

Abbildung 9.3_1b

Hungrig werden

Abbildung 9.3_1c

Essen

Abbildung 9.3_1d

Der Array

```
Public philo(2) As Bitmap
```

nimmt die Bitmaps auf, die mit den Anweisungen

```
philo(0) = New Bitmap(Image.FromFile("Philo1.bmp"))
philo(0).MakeTransparent(Color.White)
philo(1) = New Bitmap(Image.FromFile("Philo2.bmp"))
philo(1).MakeTransparent(Color.White)
philo(2) = New Bitmap(Image.FromFile("Philo3.bmp"))
philo(2).MakeTransparent(Color.White)
```

geladen und mit einem transparenten Hintergrund versehen werden. Alle Threads werden beim Schließen des Fensters vom Eventhandler `OnClosing` beendet. Der zweite Eventhandler in der Klasse `Haupt`

```
Protected Overrides Sub OnPaint(ByVal e As PaintEventArgs)
  Dim g As Graphics = e.Graphics
  Dim i As Integer
  For i=0 To nph-1
    ph(i).draw(g)
  Next
End Sub
```

zeichnet die Philosophen. Dabei bedient er sich der Methode

```
Public Sub draw(ByVal g As Graphics)
  g.DrawImage(h.philo(bild), x, y)
End Sub
```

der Klasse `Philosoph`. Die Variablen `bild`, `x` und `y` sind ebenfalls Mitglieder der Klasse `Philosoph`. Der Konstruktor dieser Klasse berechnet die Koordinaten der Bitmaps.

```
x = (80.0*Math.Sin(2.0*n*Math.PI/Haupt.nph))+84
y = (-80.0*Math.Cos(2.0*n*Math.PI/Haupt.nph))+84
```

Der Wert der Variablen `bild` ist gleich `0`, wenn der Philosoph denkt, der Wert ist gleich `1`, wenn der Philosoph hungrig wird und gleich `2`, wenn er isst. Die Anweisung

```
h.Invalidate(New Rectangle(x, y, 32, 32))
```

wird nach jeder Änderung des Wertes der Variablen `bild` ausgeführt. Dadurch wird ein Paint Ereignis ausgelöst, auf das der Eventhandler `OnPaint` reagiert. In der Startroutine `t_Run` muss daher im Vergleich zu Beispiel 9.3_1 lediglich jede Textausgabe durch eine Wertzuweisung an die Variable `bild` und den anschließenden Aufruf von `Invalidate` ersetzt werden.

Eine Momentaufnahme mit `nph = 5`

Abbildung 9.3_2a

Eine Momentaufnahme mit `nph = 12`

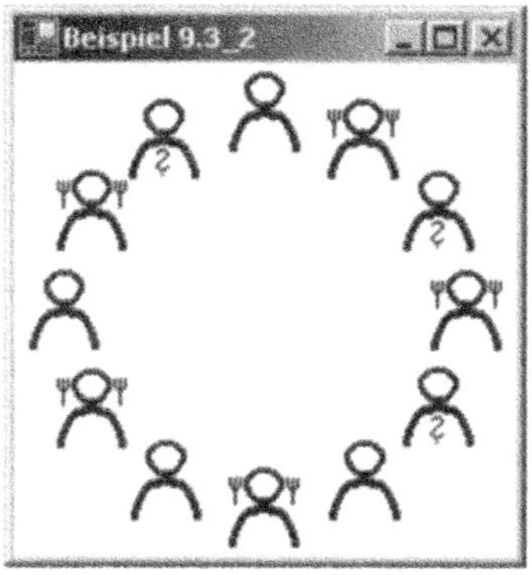

Abbildung 9.3_2b

```
' Datei 9.3_2.vb

Imports System
Imports System.Drawing
Imports System.Windows.Forms
Imports System.Threading
Imports System.ComponentModel

Class Haupt
Inherits Form
  Public Const nph As Integer = 12

  Dim ph(nph-1) As Philosoph
  Public zustand(nph-1) As Integer
  Public gemeinsam(0) As Integer
  Public privat(nph-1) As Integer
  Public philo(2) As Bitmap
  Public rand As New Random()

  Sub New()
    Text = "Beispiel 9.3_2"
    ClientSize = New Size(200,200)
    BackColor = Color.White
    SetStyle(ControlStyles.UserPaint, True)
    SetStyle(ControlStyles.AllPaintingInWmPaint, True)
    SetStyle(ControlStyles.DoubleBuffer, True)

    philo(0) = New Bitmap(Image.FromFile("Philo1.bmp"))
    philo(0).MakeTransparent(Color.White)
    philo(1) = New Bitmap(Image.FromFile("Philo2.bmp"))
    philo(1).MakeTransparent(Color.White)
    philo(2) = New Bitmap(Image.FromFile("Philo3.bmp"))
    philo(2).MakeTransparent(Color.White)

    gemeinsam(0) = 1
    P(gemeinsam(0))
    Dim i As Integer
    For i=0 To nph-1
      zustand(i) = 0
      privat(i) = 0
      ph(i) = New Philosoph(Me, i)
    Next
    V(gemeinsam(0))
  End Sub

  Protected Overrides Sub OnPaint(ByVal e As PaintEventArgs)
    Dim g As Graphics = e.Graphics
    Dim i As Integer
    For i=0 To nph-1
      ph(i).draw(g)
    Next
```

```
  End Sub

  Protected Overrides Sub OnClosing(ByVal e As CancelEventArgs)
    Monitor.Enter(Me)
    Monitor.PulseAll(Me)
    Thread.Sleep(1)
    Dim i As Integer
    For i=0 To nph-1
      ph(i).t.Abort()
      ph(i).t.Join()
    Next
    Monitor.Exit(Me)
  End Sub

  Public Sub P(ByRef s As Integer)
    Monitor.Enter(Me)
    While s < 1
      Monitor.Wait(Me)
    End While
    Interlocked.Decrement(s)
    Monitor.Exit(Me)
  End Sub

  Public Sub V(ByRef s As Integer)
    Monitor.Enter(Me)
    Interlocked.Increment(s)
    Monitor.Pulse(Me)
    Monitor.Exit(Me)
  End Sub

  Public Sub Status(ByVal i As Integer)
    Monitor.Enter(Me)
    If zustand(i) = 1 _
      And zustand((i+1) Mod nph) < 2 _
      And zustand((i-1+nph) Mod nph) < 2 Then
      zustand(i) = 2
      V(privat(i))
    End If
    Monitor.Exit(Me)
  End Sub

  Shared Sub Main()
    Application.Run(New Haupt())
  End Sub
End Class

Class Philosoph
  Public t As Thread
  Dim h As Haupt
  Dim n, bild, x, y As Integer
```

```
  Sub New(ByVal h As Haupt, ByVal n As Integer)
    Me.n = n
    Me.h = h
    Thread.Sleep(1)

    x = (80.0*Math.Sin(2.0*n*Math.PI/Haupt.nph))+84
    y = (-80.0*Math.Cos(2.0*n*Math.PI/Haupt.nph))+84

    t = New Thread(New ThreadStart(AddressOf t_Run))
    t.Start()
  End Sub

  Sub t_Run()
    bild = 0
    h.Invalidate(New Rectangle(x, y, 32, 32))
    h.P(h.gemeinsam(0))
    h.V(h.gemeinsam(0))
    While True
      Thread.Sleep(2000)
      bild = 1
      h.Invalidate(New Rectangle(x, y, 32, 32))
      Thread.Sleep(h.rand.Next(100, 1000))

      h.P(h.gemeinsam(0))
      h.zustand(n)=1
      h.Status(n)
      h.V(h.gemeinsam(0))

      h.P(h.privat(n))
      bild = 2
      h.Invalidate(New Rectangle(x, y, 32, 32))
      Thread.Sleep(2000)

      h.P(h.gemeinsam(0))
      h.zustand(n)=0
      bild = 0
      h.Invalidate(New Rectangle(x, y, 32, 32))
      h.Status((n+1) Mod Haupt.nph)
      h.Status((n-1+Haupt.nph) Mod Haupt.nph)
      h.V(h.gemeinsam(0))
    End While
  End Sub

  Public Sub draw(ByVal g As Graphics)
    g.DrawImage(h.philo(bild), x, y)
  End Sub
End Class
```

10 Dateien, Streams und Sockets

Zur Verwaltung von Dateien stehen die Klassen `Directory`, `DirectoryInfo`, `File` und `FileInfo` zur Verfügung. Streams ermöglichen das Lesen und Schreiben von Daten. Sockets dienen dem Transport von Daten im Netzwerk. Es wird gezeigt, wie Dateien, Streams, Sockets und andere Elemente beim Datentransfer zusammenwirken.

10.1 Directory und DirectoryInfo

Die Klasse `System.IO.Directory` enthält statische Methoden, und die Klasse `System.IO.DirectoryInfo` enthält Eigenschaften und Methoden zur Manipulation von Dateien und Verzeichnissen.

Methoden der Klasse `Directory`:

CreateDirectory	erstellt ein neues Verzeichnis
Delete	löscht ein Verzeichnis und dessen Inhalt
Exists	gibt True zurück, wenn das Verzeichnis existiert
GetCreationTime	gibt Datum und Uhrzeit des Erstellens zurück
GetCurrentDirectory	gibt das aktuelle Arbeitsverzeichnis zurück
GetDirectories	gibt die Namen der Unterverzeichnisse zurück
GetDirectoryRoot	gibt das Wurzelverzeichnis oder Laufwerk zurück
GetFiles	gibt die Namen der Dateien in einem Verzeichnis zurück
GetFileSystemEntries	gibt die Namen der Dateien und Unterverzeichnisse zurück
GetLastAccessTime	gibt Datum und Uhrzeit des letzten Zugriffs zurück
GetLastWriteTime	gibt Datum und Uhrzeit des letzten Schreibzugriffs zurück
GetLogicalDrives	gibt die logischen Laufwerke als "<Laufwerk Buchstabe>:\". zurück
GetParent	gibt das Elternverzeichnis zurück
Move	verschiebt Dateien oder Verzeichnisse
SetCreationTime	setzt Datum und Uhrzeit des Erstellens
SetCurrentDirectory	setzt das aktuelle Arbeitsverzeichnis
SetLastAccessTime	setzt Datum und Uhrzeit des letzten Zugriffs
SetLastWriteTime	setzt Datum und Uhrzeit des letzten Schreibzugriffs

Die Methoden der Klasse Directory sind `Shared` vereinbart. Sie werden mit `Directory.`*`Methode`* aufgerufen.

Beispiel 10.1_1 protokolliert eine Verzeichnishierarchie mit Hilfe der rekursiven Methode Verzeichnis. Der Aufruf

```
Verzeichnis("C:\Programme\Microsoft.NET", 0)
```

führt zu einem Durchfahren des als Parameter übergebenen Verzeichnisses und aller Unterverzeichnisse. Der zweite Parameter ist die Rekursionstiefe, die benutzt wird, die ausgegebenen Zeilen einzurücken. Der Aufruf

```
Dim s() As String = Directory.GetDirectories(d)
```

gibt einen Stringarray mit sämtlichen Unterverzeichnissen zurück. Die darauf folgende Laufanweisung protokolliert die Unterverzeichnisse und ruft die Methode `Verzeichnis` rekursiv auf. Bei jedem Aufruf wird die Rekursionstiefe `r` um 1 erhöht.

```
' Datei 10.1_1.vb

Imports System
Imports System.IO

Class Haupt
  Sub New()
    Verzeichnis("C:\Programme\Microsoft.NET", 0)
  End Sub

  Sub Verzeichnis(ByVal d As String, ByVal r As Integer)
    Dim s() As String = Directory.GetDirectories(d)
    Dim i As Integer
    For i=0 To s.Length-1
      Dim j As Integer
      For j=0 To r-1
        Console.Write("  ")
      Next
      Console.WriteLine(s(i))
      Verzeichnis(s(i), r+1)
    Next
  End Sub

  Shared Sub Main()
    Dim h As New Haupt()
  End Sub
End Class
```

Ausgabe:

```
C:\Programme\Microsoft.NET\SDK
  C:\Programme\Microsoft.NET\SDK\v1.1
    C:\Programme\Microsoft.NET\SDK\v1.1\Bin
      C:\Programme\Microsoft.NET\SDK\v1.1\Bin\1031
      C:\Programme\Microsoft.NET\SDK\v1.1\Bin\DE
    C:\Programme\Microsoft.NET\SDK\v1.1\Docs
      C:\Programme\Microsoft.NET\SDK\v1.1\Docs\1031
    C:\Programme\Microsoft.NET\SDK\v1.1\GuiDebug
      C:\Programme\Microsoft.NET\SDK\v1.1\GuiDebug\vspkgs
        C:\Programme\Microsoft.NET\SDK\v1.1\GuiDebug\vspkgs\1031
    C:\Programme\Microsoft.NET\SDK\v1.1\include
    C:\Programme\Microsoft.NET\SDK\v1.1\Lib
    C:\Programme\Microsoft.NET\SDK\v1.1\QuickStart
      C:\Programme\Microsoft.NET\SDK\v1.1\QuickStart\aspplus
        C:\Programme\Microsoft.NET\SDK\v1.1\QuickStart\aspplus\bin

. . .

        C:\Programme\Microsoft.NET\SDK\v1.1\Tool Developers
Guide\Samples\metainfo
        C:\Programme\Microsoft.NET\SDK\v1.1\Tool Developers Guide\Samples\myc
          C:\Programme\Microsoft.NET\SDK\v1.1\Tool Developers
Guide\Samples\myc\doc
          C:\Programme\Microsoft.NET\SDK\v1.1\Tool Developers
Guide\Samples\myc\src
          C:\Programme\Microsoft.NET\SDK\v1.1\Tool Developers
Guide\Samples\myc\tests
        C:\Programme\Microsoft.NET\SDK\v1.1\Tool Developers
Guide\Samples\profiler
          C:\Programme\Microsoft.NET\SDK\v1.1\Tool Developers
Guide\Samples\profiler\gcp_profiler
          C:\Programme\Microsoft.NET\SDK\v1.1\Tool Developers
Guide\Samples\profiler\hst_profiler
          C:\Programme\Microsoft.NET\SDK\v1.1\Tool Developers
Guide\Samples\profiler\include
        C:\Programme\Microsoft.NET\SDK\v1.1\Tool Developers Guide\Samples\smc
          C:\Programme\Microsoft.NET\SDK\v1.1\Tool Developers
Guide\Samples\smc\doc
        C:\Programme\Microsoft.NET\SDK\v1.1\Tool Developers Guide\Samples\sos
          C:\Programme\Microsoft.NET\SDK\v1.1\Tool Developers
Guide\Samples\sos\Commands
            C:\Programme\Microsoft.NET\SDK\v1.1\Tool Developers
Guide\Samples\sos\Commands\appendix
          C:\Programme\Microsoft.NET\SDK\v1.1\Tool Developers
Guide\Samples\sos\howto
```

Beispiel 10.1_2 ermittelt mit `GetFiles` die Dateien im angegebenen Verzeichnis.

```
' Datei 10.1_2.vb

Imports System
Imports System.IO

Class Haupt
  Sub New()
    Dim s() As String = Directory.GetFiles( _
      "C:\Programme\Microsoft.NET\SDK\v1.1\Bin")
    Dim i As Integer
    For i=0 To s.Length-1
      Console.WriteLine(s(i))
    Next
  End Sub

  Shared Sub Main()
    Dim h As New Haupt()
  End Sub
End Class
```

Ausgabe:

```
C:\Programme\Microsoft.NET\SDK\v1.1\Bin\AxImp.exe
C:\Programme\Microsoft.NET\SDK\v1.1\Bin\cert2spc.exe
C:\Programme\Microsoft.NET\SDK\v1.1\Bin\certmgr.exe

.  .  .

C:\Programme\Microsoft.NET\SDK\v1.1\Bin\wsdl.exe
C:\Programme\Microsoft.NET\SDK\v1.1\Bin\wsdl.exe.config
C:\Programme\Microsoft.NET\SDK\v1.1\Bin\xsd.exe
```

Beispiel 10.1_3 ermittelt mit `GetFileSystemEntries` die Dateien und Unterverzeichnisse im angegebenen Verzeichnis.

```
' Datei 10.1_3.vb
Imports System
Imports System.IO

Class Haupt
  Sub New()
    Dim d As String = _
      "C:\Programme\Microsoft.NET\SDK\v1.1\Bin"
    Dim fse() As String = Directory.GetFileSystemEntries(d)
    Dim s As String
    For Each s In fse
```

```
      Console.WriteLine(s)
    Next
  End Sub

  Shared Sub Main()
    Dim h As New Haupt()
  End Sub
End Class
```

Ausgabe:

```
C:\Programme\Microsoft.NET\SDK\v1.1\Bin\1031
C:\Programme\Microsoft.NET\SDK\v1.1\Bin\DE
C:\Programme\Microsoft.NET\SDK\v1.1\Bin\AxImp.exe

. . .

C:\Programme\Microsoft.NET\SDK\v1.1\Bin\wsdl.exe
C:\Programme\Microsoft.NET\SDK\v1.1\Bin\wsdl.exe.config
C:\Programme\Microsoft.NET\SDK\v1.1\Bin\xsd.exe
```

Beispiel 10.1_4 erstellt ein Verzeichnis mit `CreateDirectory` und löscht es wieder mit `Delete`. Nach beiden Aktionen wird die Methode existiert aufgerufen, die mit `Exists` ermittelt, ob das Verzeichnis existiert.

```
' Datei 10.1_4.vb
Imports System
Imports System.IO

Class Haupt
  Sub New()
    Directory.CreateDirectory("C:\Programme\Test")
    existiert("C:\Programme\Test")
    Directory.Delete("C:\Programme\Test", True)
    existiert("C:\Programme\Test")
  End Sub

  Sub existiert(ByVal d As String)
    If Directory.Exists(d)
      Console.WriteLine(d & " existiert")
    Else
      Console.WriteLine(d & " existiert nicht")
    End If
  End Sub

  Shared Sub Main()
    Dim h As New Haupt()
  End Sub
End Class
```

Ausgabe:

```
C:\Programme\Test existiert
C:\Programme\Test existiert nicht
```

Beispiel 10.1_5 erstellt das Verzeichnis `Test`, setzt `CreationTime`, `LastWriteTime` und `LastAccessTime` und fragt diese Attribute wieder ab. Darüber hinaus wird das Verzeichnis `Test` mit `SetCurrentDirectory` zum aktuellen Verzeichnis erklärt, wodurch sich alle relativen Pfadangaben auf dieses Verzeichnis beziehen. Nach der Abfrage und dem Protokollieren des aktuellen Verzeichnisses wird `C:\` zum aktuellen Verzeichnis gemacht und das Verzeichnis `Test` gelöscht. Das aktuelle Verzeichnis kann nicht gelöscht werden.

```
' Datei 10.1_5.vb

Imports System
Imports System.IO

Class Haupt
  Sub New()
    Dim s As String
    Dim d As String = "C:\Programme\Test"
    Dim crt As New DateTime(2002, 8, 20, 15 ,13, 12)
    Dim wrt As New DateTime(2002, 8, 21, 15 ,14, 20)
    Dim act As New DateTime(2002, 8, 22, 15 ,15, 17)

    Directory.CreateDirectory(d)

    Directory.SetCreationTime(d, crt)
    Directory.SetLastWriteTime(d, wrt)
    Directory.SetLastAccessTime(d, act)

    Directory.SetCurrentDirectory(d)

    s = Directory.GetCreationTime(d).ToString()
    Console.WriteLine("CreationTime:     " & s)
    s = Directory.GetLastWriteTime(d).ToString()
    Console.WriteLine("LastWriteTime:    " & s)
    s = Directory.GetLastAccessTime(d).ToString()
    Console.WriteLine("LastAccessTime:   " & s)
    s = Directory.GetCurrentDirectory()
    Console.WriteLine("CurrentDirectory: " & s)

    Directory.SetCurrentDirectory("C:\")
    Directory.Delete(d, True)
  End Sub
```

```
  Shared Sub Main()
    Dim h As New Haupt()
  End Sub
End Class
```

Ausgabe:

```
CreationTime:     20.08.2002 15:13:12
LastWriteTime:    21.08.2002 15:14:20
LastAccessTime:   22.08.2002 15:15:17
CurrentDirectory: C:\Programme\Test
```

Beispiel 10.1_6 erstellt das Verzeichnis `Test` und fragt mit `GetParent` das Elternverzeichnis und mit `GetDirectoryRoot` das Rootverzeichnis ab. Das Rootverzeichnis ist das oberste Verzeichnis in einer Verzeichnishierarchie. Mit `GetLogicalDrives` werden die logischen Laufwerke abgefragt. Die Abfragen werden protokolliert und das Verzeichnis wird am Ende wieder gelöcht.

```
' Datei 10.1_6.vb

Imports System
Imports System.IO

Class Haupt
  Sub New()
    Dim d As String = "C:\Programme\Test"
    Directory.CreateDirectory(d)

    Console.WriteLine("Parent: {0}", Directory.GetParent(d))
    Console.WriteLine("Root:   {0}", Directory.GetDirectoryRoot(d))

    Console.WriteLine("LogicalDrives:")
    Dim ld() As String = Directory.GetLogicalDrives()
    Dim s As String
    For Each s In ld
      Console.WriteLine(s)
    Next

    Directory.Delete(d, True)
  End Sub

  Shared Sub Main()
    Dim h As New Haupt()
  End Sub
End Class
```

Ausgabe:

```
Parent: C:\Programme
Root:   C:\
LogicalDrives:
A:\
C:\
D:\
```

Eigenschaften der Klasse `DirectoryInfo`:

Attributes	Dateiattribute
CreationTime	Datum und Zeit des Erstellens
Exists	gleich True, wenn das Verzeichnis existiert
Extension	Dateierweiterung
FullName	voller Pfadname des Verzeichnisses oder der Datei
LastAccessTime	Datum und Uhrzeit des letzten Zugriffs
LastWriteTime	Datum und Uhrzeit des letzten Schreibzugriffs
Name	Name des Verzeichnisses oder der Datei
Parent	das Elternverzeichnis
Root	das Rootverzeichnis oder Laufwerk

Methoden der Klasse `DirectoryInfo`:

Create	erstellt ein neues Verzeichnis
CreateSubdirectory	erstellt ein neues Unterverzeichnis
Delete	löscht ein DirectoryInfo und dessen Inhalt
GetDirectories	gibt die Unterverzeichnisse zurück
GetFiles	gibt eine Dateiliste zurück
GetFileSystemInfos	gibt einen Array vom FileSystemInfo Objekten zurück
GetType	gibt den Typ der aktuellen Instanz zurück
MoveTo	verschiebt ein Directory Info und dessen Inhalt

Die Klasse `DirectoryInfo` enthält Eigenschaften und nicht statische Methoden. Die Benutzung dieser Klasse beginnt daher immer mit dem Bilden einer Instanz.

Beispiel 10.1_7 bildet die Instanz des `DirectoryInfo` des Verzeichnisses `C:\Programme\Microsoft.NET`. Unter der Voraussetzung, dass dieses Verzeichnis existiert, werden die Eigenschaften `Name`, `Extension`, `FullName`, `Parent` und `Root` des `DirectoryInfo` abgefragt und protokolliert.

```
' Datei 10.1_7.vb

Imports System
Imports System.IO

Class Haupt
  Sub New()
    Dim d As String= "C:\Programme\Microsoft.NET"
    Dim di As DirectoryInfo = New DirectoryInfo(d)

    If di.Exists then
      Console.WriteLine("Name:      {0}", di.Name)
      Console.WriteLine("Extension: {0}", di.Extension)
      Console.WriteLine("FullName:  {0}", di.FullName)
      Console.WriteLine("Parent:    {0}", di.Parent)
      Console.WriteLine("Root:      {0}", di.Root)
    Else
      Console.WriteLine("Das Verzeichnis \"" & d & "\" existiert nicht")
    End If
  End Sub

  Shared Sub Main()
    Dim h As New Haupt()
  End Sub
End Class
```

Ausgabe:

```
Name:      Microsoft.NET
Extension: .NET
FullName:  C:\Programme\Microsoft.NET
Parent:    Programme
Root:      C:\
```

Beispiel 10.1_8 benutzt die Klasse `DateTime`, um Datum-Uhrzeit-Formate zu erstellen. Die Parameter des Konstruktors sind *Jahr*, *Monat*, *Tag*, *Stunde*, *Minute* und *Sekunde*. Für das `DirectoryInfo` des Verzeichnisses `C:\Programme\Test` werden die Eigenschaften `CreationTime`, `LastWriteTime` und `LastAccessTime` gesetzt und abgefragt.

```
' Datei 10.1_8.vb

Imports System
Imports System.IO

Class Haupt
  Sub New()
    Dim d As String = "C:\Programme\Test"
```

```
    Dim crt As New DateTime(2002, 8, 20, 15 ,13, 12)
    Dim wrt As New DateTime(2002, 8, 21, 15 ,14, 20)
    Dim act As New DateTime(2002, 8, 22, 15 ,15, 17)

    Dim di As New DirectoryInfo(d)
    di.Create()

    di.CreationTime   = crt
    di.LastWriteTime  = wrt
    di.LastAccessTime = act
    Console.WriteLine("CreationTime:   " + di.CreationTime.ToString())
    Console.WriteLine("LastWriteTime:  " + di.LastWriteTime.ToString())
    Console.WriteLine("LastAccessTime: " + di.LastAccessTime.ToString())

    di.Delete()
  End Sub

  Shared Sub Main()
    Dim h As New Haupt()
  End Sub
End Class
```

Ausgabe:

```
CreationTime:   20.08.2002 15:13:12
LastWriteTime:  21.08.2002 15:14:20
LastAccessTime: 22.08.2002 15:15:17
```

Beispiel 10.1_9 fragt rekursiv in der Methode Verzeichnis mit `GetDirectories` die mit `C:\Programme\Microsoft.NET` beginnende Verzeichnishierarchie ab. Das Ergebnis ist ein Array vom Typ `DirectoryInfo`. In einer Laufanweisung wird die Eigenschaft `Name` der Arrayelemente protokolliert. Ersetzt man `Name` durch `FullName`, so ist die Ausgabe mit der des Beispiels 10.1_1 identisch.

```
' Datei 10.1_9.vb

Imports System
Imports System.IO

Class Haupt
  Sub New()
    Verzeichnis("C:\Programme\Microsoft.NET", 0)
  End Sub

  Sub Verzeichnis(ByVal d As String, ByVal r As Integer)
    Dim di As New DirectoryInfo(d)
    Dim dirs() As DirectoryInfo = di.GetDirectories()
    Dim i As Integer
    For i=0 To dirs.Length-1
```

```
        Dim j As Integer
        For j=0 To r-1
          Console.Write("  ")
        Next
        Console.WriteLine(dirs(i).Name)
        Verzeichnis(dirs(i).FullName, r+1)
      Next
    End Sub

    Shared Sub Main()
      Dim h As New Haupt()
    End Sub
End Class
```

Ausgabe:

```
SDK
  v1.1
    Bin
      1031
      DE
    Docs
      1031
    GuiDebug
      vspkgs
        1031
    include
    Lib
    QuickStart
      aspplus
        bin
.   .   .

        debugger
        metainfo
        myc
          doc
          src
          tests
        profiler
          gcp_profiler
          hst_profiler
          include
        smc
          doc
        sos
          Commands
            appendix
          howto
```

Beispiel 10.1_10 fragt mit

```
Dim f() As FileInfo = di.GetFiles()
```

die Dateien des Verzeichnisses

```
C:\Programme\Microsoft.NET\SDK\v1.1\bin
```

ab. Das Ergebnis ist ein Array vom Typ `FileInfo`.

```
' Datei 10.1_10.vb

Imports System
Imports System.IO

Class Haupt
  Sub New()
    Dim di As New DirectoryInfo( _
      "C:\Programme\Microsoft.NET\SDK\v1.1\bin")

    Dim f() As FileInfo = di.GetFiles()
    Dim fi As FileInfo
    For Each fi In f
      Console.WriteLine(fi.Name)
    Next
  End Sub

  Shared Sub Main()
    Dim h As New Haupt()
  End Sub
End Class
```

Ausgabe:

```
AxImp.exe
cert2spc.exe
certmgr.exe
ChkTrust.exe

. . .

WinRes.exe
wsdl.exe
wsdl.exe.config
xsd.exe
```

Beispiel 10.1_11 legt mit `CreateSubdirectory` das Unterverzeichnis Test des Verzeichnisses `C:\Programme` an. Anschließend wird der vollständige Pfad protokolliert.

```
' Datei 10.1_11.vb

Imports System
Imports System.IO

Class Haupt
  Sub New()
    Dim di As New DirectoryInfo("C:\Programme")
    di.CreateSubdirectory("Test")
    di = New DirectoryInfo("C:\Programme\Test")

    Console.WriteLine(di.FullName)

    di.Delete()
  End Sub

  Shared Sub Main()
    Dim h As New Haupt()
  End Sub
End Class
```

Ausgabe.

```
C:\Programme\Test
```

Beispiel 10.1_12 erstellt ebenfalls ein `DirectoryInfo`. Es gibt zuerst eine Überschrift aus, die den mit `GetType` abgefragten Typ des `DirectoryInfo` enthält. Anschließend wird durch den Aufruf von `GetFileSystemInfos` ein Array vom Typ `FileSystemInfo` mit Informationen über die Dateien und Unterverzeichnisse des `DirectoryInfo` abgefragt. Mit Hilfe der Eigenschaft Name des `FileSystemInfo` wird der Verzeichnisinhalt protokolliert.

```
' Datei 10.1_12.vb

Imports System
Imports System.IO
Imports Microsoft.VisualBasic

Class Haupt
  Sub New()
    Dim d As String = _
      "C:\Programme\Microsoft.NET\SDK\v1.1\bin"
```

```
    Dim di As New DirectoryInfo(d)

    Console.WriteLine(di.GetType().ToString() & _
      ".Name von" & VbCrLf & d)
    Console.WriteLine()

    Dim fsi() As FileSystemInfo = di.GetFileSystemInfos()
    Dim fi As FileSystemInfo
    For Each fi In fsi
      Console.WriteLine(fi.Name)
    Next
  End Sub

  Shared Sub Main()
    Dim h As New Haupt()
  End Sub
End Class
```

Ausgabe:

```
System.IO.DirectoryInfo.Name von
C:\Programme\Microsoft.NET\SDK\v1.1\bin

1031
DE
AxImp.exe
cert2spc.exe
certmgr.exe
ChkTrust.exe
cordbg.exe
cordbg.exe.config
dasmhlp.cnt
DASMHLP.HLP
disco.exe
.  .  .

SoapSuds.exe
SoapSuds.exe.config
StartTools.htm
StoreAdm.exe
TlbExp.exe
TlbImp.exe
WinCV.exe
WinCV.exe.config
WinRes.exe
wsdl.exe
wsdl.exe.config
xsd.exe
```

Beispiel 10.1_13 erstellt das Verzeichnis `C:\Programme\Test` und benutzt die Eigenschaften `Attributes` und `FullName` des `DirectoryInfo` in der Ausgabe. Die Attribute sind in der Aufzählung `FileAttributes` zusammengefasst.

```
' Datei 10.1_13.vb

Imports System
Imports System.IO

Class Haupt
  Sub New()
    Dim d As String = "C:\Programme\Test"
    Dim di As New DirectoryInfo(d)
    di.Create()
    di.MoveTo("C:\CTest")

    Console.WriteLine(di.Attributes.ToString() & ": " & di.FullName)

    di.Delete()
  End Sub

  Shared Sub Main()
    Dim h As New Haupt()
  End Sub
End Class
```

Ausgabe:

```
Directory: C:\CTest
```

10.2 File und FileInfo

Die Klasse `System.IO.File` enthält statische Methoden und die Klasse `System.IO.FileInfo` Eigenschaften und Methoden zur Manipulation von Dateien.

Methoden der Klasse `File`:

AppendText	hängt Text an eine existierende Datei an
Copy	kopiert eine Datei
Create	ertstellt eine neue Datei
CreateText	ertstellt eine neue Textdatei
Delete	löscht eine Datei
Exists	gibt True zurück, wenn die Datei existiert
GetAttributes	gibt die Dateiattribute zurück
GetCreationTime	Datum und Uhrzeit des Erstellens

GetLastAccessTime	Datum und Uhrzeit des letzten Zugriffs
GetLastWriteTime	Datum und Uhrzeit des letzten Schreibzugriffs
Move	verschiebt eine Datei
Open	öffnet eine Datei
OpenRead	öffnet eine Datei zum Lesen
OpenText	öffnet eine Textdatei zum Lesen
OpenWrite	öffnet eine Datei zum Schreiben
SetAttributes	setzt die Dateiattribute
SetCreationTime	setzt Datum und Uhrzeit des Erstellens
SetLastAccessTime	setzt Datum und Uhrzeit des letzten Zugriffs
SetLastWriteTime	setzt Datum und Uhrzeit des letzten Schreibzugriffs

Die Methoden der Klasse `File` sind `Shared` vereinbart. Sie werden mit `File.`*`Methode`* aufgerufen. Beispiel 10.2_1 legt das Verzeichnis `C:\Programme\Test` an und macht es zum aktuellen Verzeichnis. Anschließend wird mit

```
Dim fs As FileStream = File.Create(f)
```

die Datei `Text` angelegt. Die Methode `Create` gibt einen `FileStream` zurück, der benutzt wird, um mit

```
fs.Write(a, 0, a.Length)
```

den Byte Array `a` in die Datei zu schreiben. Die Anweisung

```
fs.Close()
```

schließt den `FileStream`. Damit ist die Datei geschlossen.

```
' Datei 10.2_1.vb

Imports System
Imports System.IO

Class Haupt
  Sub New()
    Dim d As String = "C:\Programme\Test"
    Dim f As String = "Text"
    Dim a() As Byte = {65, 66, 67, 68, 69, 70, 71}

    Directory.CreateDirectory(d)
    Directory.SetCurrentDirectory(d)

    Dim fs As FileStream = File.Create(f)
    fs.Write(a, 0, a.Length)
```

```
    fs.Close()
  End Sub

  Shared Sub Main()
    Dim h As New Haupt()
  End Sub
End Class
```

Inhalt der Datei Text:

```
ABCDEFG
```

Beispiel 10.2_2 legt ebenfalls das Verzeichnis `C:\Programme\Test` an und macht es zum aktuellen Verzeichnis. anschließend wird mit

```
Dim sw As StreamWriter = File.CreateText(f)
```

eine Textdatei mit dem Namen `Text` angelegt. Die Methode `CreateText` gibt einen `StreamWriter` zurück, der benutzt wird, um mit

```
sw.WriteLine("Zeile 1")
sw.WriteLine("Zeile 2")
```

zwei Zeilen in die Datei zu schreiben. Der `StreamWriter` kann mit `Write` und mit `WriteLine` schreiben. Die Datei wird zunächst geschlossen und dann mit

```
sw = File.AppendText(f)
```

zum Anhängen von Text geöffnet. Mit

```
sw.Write("Zeile 3")
sw.WriteLine(" angehaengt")
sw.Write("Zeile 4")
sw.WriteLine(" angehaengt")
sw.Close()
```

werden zwei Zeilen an die Datei angehängt.

```
' Datei 10.2_2.vb

Imports System
Imports System.IO

Class Haupt
  Sub New()
    Dim d As String = "C:\Programme\Test"
    Dim f As String = "Text"
```

```
    Directory.CreateDirectory(d)
    Directory.SetCurrentDirectory(d)

    Dim sw As StreamWriter = File.CreateText(f)
    sw.WriteLine("Zeile 1")
    sw.WriteLine("Zeile 2")
    sw.Close()

    sw = File.AppendText(f)
    sw.Write("Zeile 3")
    sw.WriteLine(" angehaengt")
    sw.Write("Zeile 4")
    sw.WriteLine(" angehaengt")
    sw.Close()
  End Sub

  Shared Sub Main()
    Dim h As New Haupt()
  End Sub
End Class
```

Inhalt der Datei:

```
Zeile 1
Zeile 2
Zeile 3 angehaengt
Zeile 4 angehaengt
```

Beispiel 10.2_3 benutzt wie Beispiel 10.1_5 die Klasse `DateTime` und setzt `CreationTime`, `LastWriteTime` und `LastAccessTime`. Anschließend wird mit

```
File.SetAttributes(f, _
  File.GetAttributes(f) Or FileAttributes.ReadOnly)
Console.WriteLine(File.GetAttributes(f).ToString())
```

das Attribut `ReadOnly` zusätzlich zu den vorhandenen Attributen gesetzt. Man erreicht dies, indem man die vorhandenen Attribute abfragt und mit `ReadOnly` oder verknüpft. Die Attribute sind in der Aufzählung `FileAttributes` zusammengefasst.

```
FileAttributes:

Archive             Archiv
Compressed          komprimiert
Device              für späteren Gebrauch reserviert
Directory           Verzeichnis
Encrypted           verschlüsselt
```

```
Hidden              versteckt
Normal              normal, keine anderen Attribute gesetzt
NotContentIndexed   nicht indiziert vom content indexing service
Offline             auf die Daten kann nicht unmittelbar zugegriffen
                    werden
ReadOnly            nur Lesen erlaubt
ReparsePoint        Die Datei enthält Benutzer definierte Daten, die
                    mit einer Datei oder einem Verzeichnis verknüpft
                    sind.
SparseFile          enthält Daten in einem Sparformat
System              Systemdatei
Temporary           temporäre Datei
```

Die Anweisung

```
File.SetAttributes(f, _
  File.GetAttributes(f) And (Not FileAttributes.ReadOnly))
Console.WriteLine(File.GetAttributes(f).ToString())
```

entfernt das Attribut `ReadOnly`.

Die Hexadezimalwerte der benutzten Attribute sind:

```
Archive     00000020
ReadOnly    00000001
```

Die 32 bit Binärwerte sind:

```
Archive     00000000000000000000000000100000
ReadOnly    00000000000000000000000000000001
```

Der `Not` Operator komplementiert ReadOnly bitweise.

Die Undverknüpfung ergibt daher folgendes Ergebnis:

```
a: Archive | ReadOnly   00000000000000000000000000100001
b: Not ReadOnly         11111111111111111111111111111110
c = a And b             00000000000000000000000000100000
```

Wie man sieht, entspricht das Ergebnis dem Wert des Attributs Archive. Zum Schluss werden alle Attribute abgefragt und protokolliert.

```
' Datei 10.2_3.vb

Imports System
Imports System.IO

Class Haupt
  Sub New()
    Dim f As String = "C:\Programme\Test\Text"
    If File.Exists(f) Then
      Dim crt As New DateTime(2002, 8, 20, 15 ,13, 12)
      Dim wrt As New DateTime(2002, 8, 21, 15 ,14, 20)
      Dim act As New DateTime(2002, 8, 22, 15 ,15, 17)
      File.SetCreationTime(f, crt)
      File.SetLastWriteTime(f, wrt)
      File.SetLastAccessTime(f, act)

      File.SetAttributes(f, _
        File.GetAttributes(f) Or FileAttributes.ReadOnly)
      Console.WriteLine(File.GetAttributes(f).ToString())

      File.SetAttributes(f, _
        File.GetAttributes(f) And (Not FileAttributes.ReadOnly))
      Console.WriteLine(File.GetAttributes(f).ToString())

      Console.Write("CreationTime:   ")
      Console.WriteLine(File.GetCreationTime(f))

      Console.Write("LastWriteTime:  ")
      Console.WriteLine(File.GetLastWriteTime(f))

      Console.Write("LastAccessTime: ")
      Console.WriteLine(File.GetLastAccessTime(f))
    End If
  End Sub

  Shared Sub Main()
    Dim h As New Haupt()
  End Sub
End Class
```

Ausgabe:

```
ReadOnly, Archive
Archive
CreationTime:   20.08.2002 15:13:12
LastWriteTime:  21.08.2002 15:14:20
LastAccessTime: 22.08.2002 15:15:17
```

Beispiel 10.2_4 verschiebt die Datei Text nach Text1 und kopiert Text1 nach Text2. Im Verzeichnis Test befinden sich jetzt die Dateien Text1 und Text2. Die Datei Text2 wird dann mit

```
Dim fs As FileStream = File.Open(f2, _
  FileMode.Append, FileAccess.Write, FileShare.None)
```

geöffnet. Die Parameter der Methode Open sind der Pfad sowie FileMode, FileAccess und FileShare.

FileMode:

Append	öffnet eine Datei zum Anhängen von Daten.
Create	erstellt eine neue Datei. Falls die Datei existiert, so wird sie überschrieben.
CreateNew	erstellt eine neue Datei. Falls die Datei existiert, so wird eine IOException ausgelöst.
Open	öffnet eine existierende Datei.
OpenOrCreate	öffnet eine Datei, falls sie existiert. Andernfalls wird eine neue Datei erstellt.
Truncate	öffnet eine existierende Datei und löscht deren Inhalt.

FileAccess:

Read	erlaubt das Lesen einer Datei.
ReadWrite	erlaubt das Lesen und Schreiben einer Datei.
Write	erlaubt das Schreiben einer Datei.

FileShare:

Inheritable	Der File Handle kann an Kindprozesse vererbt werden.
None	Kein anderer Prozess darf auf die Datei zugreifen.
Read	Andere Prozesse dürfen die Datei nur lesen.
ReadWrite	Andere Prozesse dürfen lesen und schreiben.
Write	Andere Prozesse dürfen schreiben.

Der Byte Array a wird an den Inhalt der Datei angehängt. Die Datei wird dann geschlossen und mit OpenRead zum Lesen geöffnet. Anschließend wird der Inhalt mit ReadByte gelesen und protokolliert.

```
' Datei 10.2_4.vb

Imports System
Imports System.IO
Imports Microsoft.VisualBasic

Class Haupt
  Sub New()
    Dim f As String  = "C:\Programme\Test\Text"
    Dim f1 As String = "C:\Programme\Test\Text1"
    Dim f2 As String = "C:\Programme\Test\Text2"
    Dim a(f2.Length-1) As Byte
    Dim i As Integer
    For i=1 To f2.Length
      a(i-1) = Asc(Mid(f2, i, 1))
    Next
    If File.Exists(f) Then
      File.Move(f, f1)
      File.Copy(f1, f2)

      Dim fs As FileStream = File.Open(f2, _
        FileMode.Append, FileAccess.Write, FileShare.None)
      fs.Write(a, 0, a.Length)
      fs.Close()

      fs = File.OpenRead(f2)
      Dim b As Integer
      For i=1 To fs.Length
        b = fs.ReadByte()
        Console.Write(Chr(b))
      Next
      Console.WriteLine()
      fs.Close()
    Else
      Console.WriteLine("Die Datei ""{0}"" existiert nicht.", f)
    End If
  End Sub

  Shared Sub Main()
    Dim h As New Haupt()
  End Sub
End Class
```

Ausgabe:

```
Zeile 1
Zeile 2
Zeile 3 angehaengt
Zeile 4 angehaengt
C:\Programme\Test\Text2
```

Ausgabe, falls die Datei Text nicht existiert:

```
Die Datei "C:\Programme\Test\Text" existiert nicht.
```

Eigenschaften der Klasse `FileInfo`:

Attributes	Dateiattribute
CreationTime	Datum und Uhrzeit des Erstellens
Directory	Verzeichnis
DirectoryName	der Pfad des Verzeichnisses
Exists	gibt True zurück, wenn die Datei existiert
Extension	die Dateierweiterung
FullName	der Dateiname mit vollständigem Pfad
LastAccessTime	Datum und Uhrzeit des letzten Zugriffs
LastWriteTime	Datum und Uhrzeit des letzten Schreibzugriffs
Length	die Dateilänge
Name	der Dateiname

Methoden der Klasse `FileInfo`:

AppendText	hängt Text an eine existierende Datei an
CopyTo	kopiert eine Datei in eine Datei mit neuem Namen
Create	erstellt eine neue Datei
CreateText	erstellt eine neue Datei
Delete	löscht eine Datei
GetType	gibt den Typ der aktuellen Instanz zurück
MoveTo	verschiebt eine Datei unter Verwendung eines neuen Dateinamens
Open	öffnet eine Datei
OpenRead	öffnet eine Datei zum Lesen
OpenText	öffnet eine Textdatei zum Lesen
OpenWrite	öffnet eine Datei zum Schreiben

Beispiel 10.2_5 benutzt die Eigenschaften `Name`, `Extension`, `FullName`, `Directory`, `DirectoryName`, `Length` und `Exists` der Klasse `FileInfo`, um Informationen über die Dateien `ildasm.exe` und `WinCV.exe` auszugeben. Nach dem Bilden einer Instanz der Klasse `FileInfo` können die oben genannten Eigenschaften benutzt werden. Das Programm `ildasm.exe` ist der Intermediate Language Disassembler, der Intermediate Language Code in eine für den Menschen lesbare Form disassembliert. Dies ist beim Analysieren von Programmen sehr nützlich. Das Programm `WinCV.exe` stellt in übersichtlicher Form Elemente des .NET Frameworks dar. Die Eingabe `System.IO.File` stellt zB. den Aufbau der Klasse `File` dar.

```
' Datei 10.2_5.vb

Imports System
Imports System.IO

Class Haupt
  Sub New()
    Dim f1 As String = _
      "C:\Programme\Microsoft.NET\SDK\v1.1\Bin\ildasm.exe"
    Dim f2 As String = _
      "C:\Programme\Microsoft.NET\SDK\v1.1\Bin\WinCV.exe"

    Dim fi As New FileInfo(f1)
    If fi.Exists Then
      Console.WriteLine("Name:          " & fi.Name)
      Console.WriteLine("Extension:     " & fi.Extension)
      Console.WriteLine("FullName:      " & fi.FullName)
      Console.WriteLine("Directory:     " & fi.Directory.ToString())
      Console.WriteLine("DirectoryName: " & fi.DirectoryName)
      Console.WriteLine("Length:        {0} Byte", fi.Length)
    Else
      Console.WriteLine("Die Datei """ & f1 & """ existiert nicht")
    End If

    Console.WriteLine()
    fi = New FileInfo(f2)
    If fi.Exists Then
      Console.WriteLine("Name:          " & fi.Name)
      Console.WriteLine("Extension:     " & fi.Extension)
      Console.WriteLine("FullName:      " & fi.FullName)
      Console.WriteLine("Directory:     " & fi.Directory.ToString())
      Console.WriteLine("DirectoryName: " & fi.DirectoryName)
      Console.WriteLine("Length:        {0} Byte", fi.Length)
    Else
      Console.WriteLine("Die Datei """ & f2 & """ existiert nicht")
    End If
  End Sub

  Shared Sub Main()
    Dim h As New Haupt()
  End Sub
End Class
```

Ausgabe:

```
Name:          ildasm.exe
Extension:     .exe
FullName:      C:\Programme\Microsoft.NET\SDK\v1.1\Bin\ildasm.exe
Directory:     C:\Programme\Microsoft.NET\SDK\v1.1\Bin
DirectoryName: C:\Programme\Microsoft.NET\SDK\v1.1\Bin
Length:        315392 Byte
```

```
Name:          WinCV.exe
Extension:     .exe
FullName:      C:\Programme\Microsoft.NET\SDK\v1.1\Bin\WinCV.exe
Directory:     C:\Programme\Microsoft.NET\SDK\v1.1\Bin
DirectoryName: C:\Programme\Microsoft.NET\SDK\v1.1\Bin
Length:        81920 Byte
```

Beispiel 10.2_6 erzeugt `DateTime` Formate und erstellt eine Instanz der Klasse `FileInfo`, um die Eigenschaften `CreationTime`, `LastWriteTime` und `LastAccessTime` zu setzen und abzufragen.

```
' Datei 10.2_6.vb

Imports System
Imports System.IO

Class Haupt
  Sub New()
    Dim f As String = "C:\Programme\Test\Text"
    Dim crt As New DateTime(2002, 8, 20, 15 ,13, 12)
    Dim wrt As New DateTime(2002, 8, 21, 15 ,14, 20)
    Dim act As New DateTime(2002, 8, 22, 15 ,15, 17)

    Dim fi As New FileInfo(f)
    If Not fi.Exists Then fi.Create()

    fi.CreationTime   = crt
    fi.LastWriteTime  = wrt
    fi.LastAccessTime = act
    Console.WriteLine("CreationTime:   " & fi.CreationTime.ToString())
    Console.WriteLine("LastWriteTime:  " & fi.LastWriteTime.ToString())
    Console.WriteLine("LastAccessTime: " & fi.LastAccessTime.ToString())

    fi.Delete()
  End Sub

  Shared Sub Main()
    Dim h As New Haupt()
  End Sub
End Class
```

Ausgabe:

```
CreationTime:   20.08.2002 15:13:12
LastWriteTime:  21.08.2002 15:14:20
LastAccessTime: 22.08.2002 15:15:17
```

Beispiel 10.2_7 ist vergleichbar mit Beispiel 10.2_1. Es benutzt jedoch Methoden der Klasse `FileInfo`.

```
' Datei 10.2_7.vb

Imports System
Imports System.IO

Class Haupt
  Sub New()
    Dim d As String = "C:\Programme\Test"
    Dim f As String = "Text"
    Dim a() As Byte = {65, 66, 67, 68, 69, 70, 71}

    Directory.CreateDirectory(d)
    Directory.SetCurrentDirectory(d)

    Dim fi As New FileInfo(f)
    dim fs As FileStream = fi.Create()
    fs.Write(a, 0, a.Length)
    fs.Close()
  End Sub

  Shared Sub Main()
    Dim h As New Haupt()
  End Sub
End Class
```

Beispiel 10.2_8 ist vergleichbar mit Beispiel 10.2_2.

```
' Datei 10.2_8.vb

Imports System
Imports System.IO

Class Haupt
  Sub New()
    Dim d As String = "C:\Programme\Test"
    Dim f As String = "Text"

    Directory.CreateDirectory(d)
    Directory.SetCurrentDirectory(d)

    Dim fi As New FileInfo(f)
    Dim sw As StreamWriter = fi.CreateText()
    sw.WriteLine("Zeile 1")
    sw.WriteLine("Zeile 2")
```

```
    sw.Close()

    sw = fi.AppendText()
    sw.Write("Zeile 3")
    sw.WriteLine(" angehaengt")
    sw.Write("Zeile 4")
    sw.WriteLine(" angehaengt")
    sw.Close()
  End Sub

  Shared Sub Main()
    Dim h As New Haupt()
  End Sub
End Class
```

Beispiel 10.2_9 ist vergleichbar mit Beispiel 10.2_4.

```
' Datei 10.2_9.vb

Imports System
Imports System.IO
Imports Microsoft.VisualBasic

Class Haupt
  Sub New()
    Dim f As String  = "C:\Programme\Test\Text"
    Dim f1 As String = "C:\Programme\Test\Text1"
    Dim f2 As String = "C:\Programme\Test\Text2"
    Dim a(f2.Length-1) As Byte
    Dim i As Integer
    For i=1 To f2.Length
      a(i-1) = Asc(Mid(f2, i, 1))
    Next

    Dim fi As New FileInfo(f)
    If fi.Exists Then
      fi.MoveTo(f1)
      Dim fi1 As New FileInfo(f1)
      fi1.CopyTo(f2)

      Dim fi2 As New FileInfo(f2)
      Dim fs As FileStream = fi2.Open( _
        FileMode.Append, FileAccess.Write, FileShare.None)
      fs.Write(a, 0, a.Length)
      fs.Close()

      fs = fi2.OpenRead()
      Dim b As Integer
      For i=1 To fs.Length
```

```
        b = fs.ReadByte()
        Console.Write(Chr(b))
      Next
      Console.WriteLine()
      fs.Close()
    Else
      Console.WriteLine("Die Datei ""{0}"" existiert nicht.", f)
    End If
  End Sub

  Shared Sub Main()
    Dim h As New Haupt()
  End Sub
End Class
```

10.3 Streams

Streams übertragen Daten. Sie erfüllen drei grundlegende Aufgaben. Man kann lesen, schreiben und eine bestimmte Position aufsuchen. Quelle und Ziel der Daten können Dateien, Strings, der Speicher und das Netzwerk sein.

Die Klasse `Stream` ist die abstrakte Basisklasse, von der die Klassen `BufferedStream`, `FileStream`, `MemoryStream`, `NetworkStream` und `CryptoStream` abgeleitet sind. Daneben gibt es noch den `BinaryReader` und den `BinaryWriter` sowie den `TextReader` und die davon abgeleiteten Klassen `StreamReader` und `StringReader` und den `TextWriter` und die davon abgeleiteten Klassen `StreamWriter` und `StringWriter`.

Alle Streams besitzen die Methode `Close`, die den Stream schließt. Schreibende Streams besitzen die Methode `Flush`, die den Puffer leert und alle gepufferten Daten zum Zielmedium überträgt. Hierzu gehören die von der Klasse `Stream` abgeleiteten Klassen und die oben aufgeführten Writer. Mit der Methode `Seek`, die bei allen von `Stream` abgeleiteten Klassen vorhanden ist, kann man eine bestimmte Position des Streams aufsuchen. Lese- und Schreiboperationen beginnen dann an dieser Position.

Die Methode Seek:

```
Public Function Seek( ByVal offset As Long, _
  ByVal origin As SeekOrigin ) As Long
```

Der Parameter *`offset`* bezeichnet die Position relativ zu *`origin`*. Der Parameter *`origin`* kann die Werte der Aufzählung `SeekOrigin` annehmen. Der Rückgabewert der Methode `Seek` gibt die aktuelle Position an.

```
SeekOrigin:

Begin      Anfang des Streams
Current    aktuelle Position
End        Ende des Streams
```

Die Lese- und Schreiboperationen der von `Stream` abgeleiteten Klassen:

```
Public Function Read( ByVal buffer() As Byte, _
   ByVal offset As Integer, ByVal count As Integer ) As Integer
Public Function ReadByte() As Integer
Public Sub Write( ByVal buffer() As Byte, _
   ByVal offset As Integer, ByVal count As Integer )
Public Sub WriteByte( ByVal value As Byte )
```

`Read` liest *count* Bytes aus dem Stream und speichert sie, beginnend mit der Position *offset*, im Array *buffer*. Die Anzahl der gelesenen Bytes wird zurückgegeben. `ReadByte` liest ein Byte aus dem Stream. Der Rückgabewert ist das gelesene Byte. Write schreibt *count* Bytes in den Stream beginnend mit der Position *offset* im Array *buffer*. `WriteByte` schreibt ein Byte in den Stream.

Beispiel 10.3_1 benutzt die Methoden `ReadByte` und `WriteByte` der Klasse `FileStream`. Die in die Datei `Text` geschriebene Folge von Bytes wird anschließend wieder gelesen und als Buchstabenfolge protokolliert. Es werden je 10 Buchstaben in einer Zeile zusammengefasst.

```
 ' Datei 10.3_1.vb
Imports System
Imports System.IO
Imports Microsoft.VisualBasic

Class Haupt
  Sub New()
    Dim f As String = "C:\Programme\Test\Text"
    Dim a As Byte
    Dim fs As FileStream
    Dim i, j, n, ia As Integer
    Dim fi As New FileInfo(f)
    fs = fi.Create()
    For i=0 To 25
      For j=0 To 9
        a = (i+j) Mod 26 + 65
        fs.WriteByte(a)
      Next
    Next
    fs.Close()
```

```
    fs = fi.OpenRead()
    n = 1
    i = 0
    ia = fs.ReadByte()
    While ia <> -1
      a = ia
      If i Mod 10 = 0
        Console.Write("{0:D2}: ", n)
      End If
      Console.Write(Chr(a))
      i += 1
      If i Mod 10 = 0
        Console.WriteLine()
        n += 1
      End If
      ia = fs.ReadByte()
    End While
    fs.Close()
  End Sub

  Shared sub Main()
    Dim h As New Haupt()
  End Sub
End Class
```

Ausgabe:

```
01: ABCDEFGHIJ
02: BCDEFGHIJK
03: CDEFGHIJKL
04: DEFGHIJKLM
05: EFGHIJKLMN
06: FGHIJKLMNO
07: GHIJKLMNOP
08: HIJKLMNOPQ
09: IJKLMNOPQR
10: JKLMNOPQRS
11: KLMNOPQRST
12: LMNOPQRSTU
13: MNOPQRSTUV
14: NOPQRSTUVW
15: OPQRSTUVWX
16: PQRSTUVWXY
17: QRSTUVWXYZ
18: RSTUVWXYZA
19: STUVWXYZAB
20: TUVWXYZABC
21: UVWXYZABCD
22: VWXYZABCDE
23: WXYZABCDEF
```

```
24: XYZABCDEFG
25: YZABCDEFGH
26: ZABCDEFGHI
```

Beispiel 10.3_2 benutzt die Methoden Read, Write und Seek der Klasse FileStream. Je 10 Bytes werden in einem Byte Array zusammengefasst und mit einer einzigen Write Anweisung in die Datei Text geschrieben. Danach wird die Schreib- Leseposition der Datei mit Seek um zehn Bytes zurückgesetzt, so dass die zuletzt geschriebenen zehn Bytes mit Read gelesen werden können. Nachdem 26 * 10 Bytes geschrieben und wieder gelesen worden sind, wird die Schreib- Leseposition an den Anfang der Datei gesetzt. Die ersten 10 Bytes werden durch eine Bytefolge beginnend mit 97 ersetzt. In der Interpretation als Buchstaben entspricht diese Operation dem Ersetzen von Großbuchstaben durch Kleinbuchstaben.

```
' Datei 10.3_2.vb
Imports System
Imports System.IO
Imports Microsoft.VisualBasic

Class Haupt
  Sub New()
    Dim f As String = "C:\Programme\Test\Text"
    Dim a(9) As Byte
    Dim fs As FileStream
    Dim i, j As Integer
    Dim b As Byte
    Dim s As String
    Dim fi As New FileInfo(f)
    fs = fi.Create()
    fs.Close()
    fs = fi.Open(FileMode.Open)
    For i=0 To 25
      For j=1 To a.Length
        a(j-1)=(i+j-1) Mod 26 + 65
      Next
      fs.Write(a, 0, a.Length)
      fs.Seek(-10, SeekOrigin.Current)
      If fs.Read(a, 0, a.Length) > 0
        s = ""
        For Each b In a
          s = string.Concat(s, Chr(b))
        Next
        Console.WriteLine("{0:D2}: {1}", i+1, s)
      End If
    Next
    fs.Seek(0, SeekOrigin.Begin)
    i=97
    For j=1 To a.Length
```

```
      a(j-1) = i+j-1
    Next
    fs.Write(a, 0, a.Length)
    Console.WriteLine(VbCrLf & "Zeile 01:")
    fs.Seek(0, SeekOrigin.Begin)
    If fs.Read(a, 0, a.Length) > 0
      s = ""
      For Each b In a
        s = string.Concat(s, Chr(b))
      Next
      Console.WriteLine(s)
    End If
    fs.Close()
  End Sub

  Shared Sub Main()
    Dim h As New Haupt()
  End Sub
End Class
```

Ausgabe:

```
01: ABCDEFGHIJ
02: BCDEFGHIJK
03: CDEFGHIJKL
04: DEFGHIJKLM
05: EFGHIJKLMN
06: FGHIJKLMNO
07: GHIJKLMNOP
08: HIJKLMNOPQ
09: IJKLMNOPQR
10: JKLMNOPQRS
11: KLMNOPQRST
12: LMNOPQRSTU
13: MNOPQRSTUV
14: NOPQRSTUVW
15: OPQRSTUVWX
16: PQRSTUVWXY
17: QRSTUVWXYZ
18: RSTUVWXYZA
19: STUVWXYZAB
20: TUVWXYZABC
21: UVWXYZABCD
22: VWXYZABCDE
23: WXYZABCDEF
24: XYZABCDEFG
25: YZABCDEFGH
26: ZABCDEFGHI

Zeile 01:
abcdefghij
```

Die Leseoperationen des `BinaryReader`:

```
Public Function Read() As Integer
Public Function Read( ByVal buffer() As Byte, _
  ByVal index As Integer, ByVal count As Integer ) As Integer
Public Function ReadSByte() As SByte
Public Function Read( ByVal buffer() As Char, _
  ByVal index As Integer, ByVal count As Integer ) As Integer
Public Function ReadBoolean() As Boolean
Public Function ReadByte() As Byte
Public Function ReadBytes( ByVal count As Integer ) As Byte()
Public Function ReadChar() As Char
Public Function ReadChars( ByVal count As Integer ) As Char()
Public Function ReadSingle() As Single
Public Function ReadDouble() As Double
Public Function ReadDecimal() As Decimal
Public Function ReadInt16() As Short
Public Function ReadInt32() As Integer
Public Function ReadInt64() As Long
Public Overridable Function ReadUInt16() As UInt16
Public Overridable Function ReadUInt32() As UInt32
Public Overridable Function ReadUInt64() As UInt64
Public Function ReadString() As String
```

Die Read Anweisungen lesen einen oder mehrere Werte des entsprechenden Datentyps aus dem Stream. Diese stehen entweder als Rückgabewert zur Verfügung oder werden ab der Position *index* im Array *buffer* gespeichert. Die Anzahl der zu lesenden Werte wird durch *count* angegeben.

Die Schreiboperationen des `BinaryWriter`:

```
Public Sub Write( ByVal value As Boolean )
Public Sub Write( ByVal value As Byte )
Public Sub Write( ByVal buffer() As Byte )
Public Sub Write( ByVal buffer() As Byte, _
   ByVal index As Integer, ByVal count As Integer )
Public Sub Write( ByVal value As SByte )
Public Sub Write( ByVal value As Char )
Public Sub Write( ByVal buffer() As Char )
Public Sub Write( ByVal buffer() As Char, _
   ByVal index As Integer, ByVal count As Integer )
Public Sub Write( ByVal value As Single )
Public Sub Write( ByVal value As Double )
Public Sub Write( ByVal value As Decimal )
Public Sub Write( ByVal value As Short )
Public Sub Write( ByVal value As Integer )
Public Sub Write( ByVal value As Long )
Public Sub Write( ByVal value As UInt16 )
Public Sub Write( ByVal value As UInt32 )
Public Sub Write( ByVal value As UInt64 )
Public Sub Write( ByVal value As String )
```

Die Write Anweisungen schreiben einen oder mehrere Werte des entsprechenden Datentyps in den Stream.

Beispiel 10.3_3 benutzt die Methode `Write` der Klasse `BinaryWriter` mit einem Parameter vom Typ `char` und die Methode `ReadChar` der Klasse `BinaryReader`. Es wird wieder die Zeichenfolge des Beispiels 10.3_1 geschrieben und gelesen. Die Leseoperation löst beim Erreichen des Dateiendes eine `EndOfStreamException` aus. Ein try-catch-Block fängt die `EndOfStreamException` ab und setzt die Variable `Ende` auf `True`. Dadurch bricht die while- Schleife ab.

```
' Datei 10.3_3.vb

Imports System
Imports System.IO
Imports Microsoft.VisualBasic

Class Haupt
  Sub New()
    Dim f As String = "C:\Programme\Test\Text"
    Dim c As Char
    Dim fs As FileStream
    Dim br As BinaryReader
    Dim bw As BinaryWriter
    Dim i, j, n As Integer
    Dim Ende As Boolean = False

    Dim fi As FileInfo = New FileInfo(f)
    fs = fi.Create()
    bw = New BinaryWriter(fs)
    For i=0 To 25
      For j=0 To 9
        c = Chr((i+j) Mod 26 + 65)
        bw.Write(c)
      Next
    Next
    fs.Close()

    fs = fi.OpenRead()
    br = New BinaryReader(fs)
    n = 1
    i = 0
    While Not Ende
      Try
        c = br.ReadChar()
        If i Mod 10 = 0
          Console.Write("{0:D2}: ", n)
        End If
        Console.Write(c)
        i += 1
        If i Mod 10 = 0
```

```
          Console.WriteLine()
          n += 1
        End If
      Catch ex As Exception
        Ende = True
      End Try
    End While
    fs.Close()
  End Sub

  Shared Sub Main()
    Dim h As New Haupt()
  End Sub
End Class
```

Ausgabe siehe Beispiel 10.3_1

Die Leseoperationen der Klassen `TextReader`, `StreamReader` und `StringReader`:

```
Public Function Read() As Integer
Public Function Read( ByVal buffer() As Char, _
   ByVal index As Integer, ByVal count As Integer ) As Integer
Public Function ReadBlock( ByVal buffer() As Char, _
   ByVal index As Integer, ByVal count As Integer ) As Integer
Public Function ReadLine() As String
Public Function ReadToEnd() As String
```

Die Schreiboperationen der Klassen `TextWriter`, `StreamWriter` und `StringWriter`:

```
Public Sub Write( ByVal value As Boolean )
Public Sub Write( ByVal value As Char )
Public Sub Write( ByVal buffer() As Char )
Public Sub Write( ByVal buffer() As Char, _
  ByVal index As Integer, ByVal count As Integer )
Public Sub Write( ByVal value As Single )
Public Sub Write( ByVal value As Double )
Public Sub Write( ByVal value As Decimal )
Public Sub Write( ByVal value As Integer )
Public Sub Write( ByVal value As Long )
Public Sub Write( ByVal value As UInt32 )
Public Sub Write( ByVal value As UInt64 )
Public Sub Write( ByVal value As Object )
Public Sub Write( ByVal value As String )
Public Sub Write( ByVal format As String, ByVal arg() As Object )
Public Sub Write( ByVal format As String, _
  ByVal arg0 As Object, ByVal arg1 As Object )
Public Sub Write( ByVal format As String, ByVal arg0 As Object, _
  ByVal arg1 As Object, ByVal arg2 As Object )
```

Die gleichen Parameter können auch mit `WriteLine` verwendet werden.

Beispiel 10.3_4 benutzt die Methode WriteByte der Klasse FileStream, um das bekannte Zeichenmuster in die Datei Text zu schreiben. Mit den Anweisungen

```
sb = New StringBuilder()
sw = New StringWriter(sb)
```

werden Instanzen der Klassen StringBuilder und StringWriter gebildet. Dem Konstruktor der Klasse StringWriter wird der StringBuilder als Parameter übergeben. Nun wird die Datei mit ReadByte gelesen. Jedes gelesene Byte wird mit der Methode Write der Klasse StringWriter in den StringBuilder hinein geschrieben. Nach Abschluss der Laufanweisung enthält der StringBuilder den gesamten Inhalt der Datei. Der Konstruktor der Klasse StringReader verlangt einen String als Parameter.

Durch die Anweisungen

```
s = sb.ToString()
sr = New StringReader(s)
```

wird der StringBuilder in einen String konvertiert und eine Instanz der Klasse StringReader gebildet. Mit der Methode Read der Klasse StringReader wird der String gelesen und anschließend wie üblich protokolliert.

```
' Datei 10.3_4.vb

Imports System
Imports System.IO
Imports System.Text
Imports Microsoft.VisualBasic

Class Haupt

  Sub New()
    Dim f As String = "C:\Programme\Test\Text"
    Dim b As Byte
    Dim c As Char
    Dim sb As StringBuilder
    Dim s As String
    Dim fs As FileStream
    Dim sr As StringReader
    Dim sw As StringWriter
    Dim i, j, n As Integer

    Dim fi As New FileInfo(f)
```

```
    fs = fi.Create()

    For i=0 To 25
      For j=0 To 9
        b = (i+j) Mod 26 + 65
        fs.WriteByte(b)
      Next
    Next

    fs.Close()

    fs = fi.OpenRead()
    sb = New StringBuilder()
    sw = New StringWriter(sb)

    For i=1 To fi.Length
      sw.Write(Chr(fs.ReadByte()))
    Next

    sw.Close()
    fs.Close()

    n = 1
    s = sb.ToString()
    sr = New StringReader(s)

    For i=0 To s.Length-1
      c = Chr(sr.Read())
      If i Mod 10 = 0
        Console.Write("{0:D2}: ", n)
      End If
      Console.Write(c)
      If i Mod 10 = 9
        Console.WriteLine()
        n += 1
      End If
    Next

    sr.Close()
  End Sub

  Shared Sub Main()
    Dim h As New Haupt()
  End Sub
End Class
```

Ausgabe siehe Beispiel 10.3_1

10.4 Daten im Netzwerk

Von den zahlreichen Protokollen der Aufzählung

```
System.Net.Sockets.ProtocolFamily
```

wird hier nur das `InterNetwork` Protokoll benutzt, das auch als Internetprotokoll abgekürzt IP bekannt ist. Zur Adressierung werden IP-Nummern benutzt. Einen Computer, der im Netzwerk über eine IP-Nummer erreichbar ist, nennt man Host. Auf einem Host können gleichzeitig mehrere Server- und Klientprogramme laufen. Neben den IP-Nummern werden Portnummern verwendet, um die auf einem Host laufenden Serverprogramme voneinander zu unterscheiden. Der Sinn eines Servers liegt darin, auf eine Anforderung von einem Klienten zu warten und diese Anforderung zu bedienen. Ein Klient kann auf zwei Arten aktiv werden. Er kann einerseits eine Verbindung zu einem Server aufbauen und anschließend Daten mit dem Server austauschen. Er kann aber auch ein Datagramm genanntes Datenpaket abschicken, das neben den Daten auch die Zieladresse und die Quelladresse enthält. Der Server reagiert darauf durch das Zurücksenden eines Datagramms zum Klienten.

IP-Nummern werden häufig in der Dotted Decimal-Notation angegeben. Dies entspricht der Form a.b.c.d, wobei die Zahlen a bis d je einem Byte entsprechen und daher Werte zwischen 0 und 255 annehmen können. Jede IP-Nummer enthält einen Code, der Adressklasse genannt wird. Man spricht von Klasse A, B, C, D und E Netzwerken. Die Adressen der Klassen A, B und C enthalten drei Informationen, die mit Adressklasse, Netzwerk-ID und Host-ID bezeichnet werden.

Klasse A:

```
1 Bit   7 Bit         24 Bit
0       Netzwerk-ID   Host-ID
```

Klasse B:

```
2 Bit   14 Bit        16 Bit
10      Netzwerk-ID   Host-ID
```

Klasse C:

```
3 Bit   21 Bit        8 Bit
110     Netzwerk-ID   Host-ID
```

Klasse D:

```
4 Bit   28 Bit
1110    Gruppe von Hostrechnern
```

Klasse E:

```
5 Bit     27 Bit
11110     reserviert für spätere Verwendung
```

Eine nur aus Nullen bestehende Adresse ist eine reservierte Adresse. Darum ist entschieden worden, dass von den 7 Bit der Netzwerk-ID der Klasse A wenigstens 1 Bit gleich 1 sein muss. In der Klasse A gibt es daher 127 Netzwerk-IDs und 16 777 216 Host-IDs. In der Klasse B gibt es 16 384 Netzwerk-IDs und 65 536 Host-IDs und in der Klasse C gibt es 2 097 152 Netzwerk-IDs und 256 Host-IDs. Mit Adressen der Klasse D werden mehrere einer Gruppe angehörende Hostrechner gleichzeitig angesprochen. Klasse E Netzwerke werden zurzeit noch nicht verwendet.

Könnte man die gesamte 32 Bit Zahl als Host-ID verwenden, so müsste ein Netzwerkknoten in der Lage sein, genau einen von 4 294 967 296 Hostrechnern gezielt anzusprechen, was sicherlich nicht effizient wäre. Die Klasseneinteilung ermöglicht mit Hilfe der Nezwerk-ID eine Gliederung von Netzwerken. Dies ist ein wesentliches Merkmal des Internet, das aus zahlreichen Netzen und Subnetzen besteht. Ordnung wird in diesem weltweiten Netz dadurch gehalten, dass die Netzwerkadressen zentral vom Internet Information Center InterNIC verwaltet und vergeben werden.

Das .NET Framework weist hinsichtlich der IP-Adressen einige Besonderheiten auf. Die IP-Adressen sind vom Typ `Long`. Sie sind daher nicht 32 sondern 64 Bit lang. Die unteren 32 Bit werden zur Adressierung verwendet. Die IP-Nummer wird beginnend mit dem ersten Byte, das den höchsten Stellenwert besitzt, in Speicherzellen mit aufsteigenden Adressen abgelegt. Das Byte mit dem höheren Stellenwert ist daher auf der niedrigeren Speicheradresse zu finden. Ein Windows-PC speichert Zahlen in umgekehrter Reihenfolge. Das Byte mit dem niedrigeren Stellenwert befindet sich auf der niedrigeren und das Byte mit dem höheren Stellenwert auf der höheren Speicheradresse.

Die Reihenfolge, in der die Bytes gespeichert werden nennt man Byteordnung. Man unterscheidet die Byteordnungen Big Endian und Little Endian. Eine Zahl beginnt, da wir Zahlen stellenwertcodiert von links nach rechts schreiben, mit dem höchsten Stellenwert und endet mit dem niedrigsten Stellenwert. Liegt das Ende einer Zahl bzw. Bytefolge auf der größten Speicheradresse, so nennt man dies Big Endian. Liegt es auf der kleinsten Speicheradresse, so nennt man dies Little Endian. Die Byteordnung des PC ist Little Endian und die Byteordnung des Internet ist Big Endian.

Der oben geschilderte Zusammenhang wird am Beispiel der IP-Nummer 192.168.1.2 deutlicher.

Speicheradresse	PC Little Endian	Internet Big Endian
i+3	192	2
i+2	168	1
i+1	1	168
i	2	192

Die 4 Byte dieser IP-Nummer werden nun dezimal, hexadezimal und binär gegenübergestellt.

dezimal	hexadezimal	binär
192	C0	11000000
168	A8	10101000
1	01	00000001
2	02	00000010

Die Hexadezimalzahl und die Binär- bzw. Dualzahl kann man direkt zusammensetzen.

hexadezimal	C0A80102
binär	11000000101010000000000100000010

Aus der Binärzahl, die mit 110 beginnt, kann man die Adressklasse C ablesen. Die Dezimalzahl wird berechnet.

```
((192*256+168)*256+1)*256+2 = 3232235778
```

Beispiel 10.4_1 kommt zu den gleichen Ergebnissen. Der String `dottDec` enthält die IP-Nummer 192.168.1.2, die mit

```
Dim ipAdr As IPAddress = IPAddress.Parse(dottDec)
```

in die Adresse `ipAdr` vom Typ `IPAddress` umgewandelt wird. In der Version 1.0 des .NET Frameworks kann diese Adresse mit der Eigenschaft `Address` der Klasse `IPAddress` als Zahl vom Typ `Long` abgefragt werden. Die Eigenschaft `Address` existiert zwar auch noch in der Version 1.1 das .NET Frameworks, sie wird jedoch als veraltet bezeichnet. Als Ersatz ist die Methode `GetAddressBytes` neu hinzu gekommen, die einen Bytearray zurückgibt.

So kann die Adresse mit

```
Dim b() As Byte = ipAdr.GetAddressBytes()
```

im Bytearray `b` gespeichert werden. Die Adresse wird hexadezimal ausgegeben und mit

```
Dim l As Long = 0
Dim i As Integer
For i=0 to b.Length-1
  l *= 256
  l += b(i)
Next
```

zu einer Zahl vom Typ `Long` zusammengestzt, die anschließend hexadezimal und dezimal ausgegeben wird. Zum Schluss soll der Bytearray `b` dual codiert ausgegeben werden. Da jedoch kein entsprechendes Formatzeichen zur Verfügung steht, wird ein Array von Strings erzeugt, der die dualen Zeichenfolgen enthält. Die rekursive Funktion

```
Function dual(ByVal x As Byte) As String
  Dim s As String = ""
  If x=0 Then Return s
  s = dual(x\2)
  Return s + (x Mod 2).ToString()
End Function
```

berechnet die dualen Zeichenfolgen. Diese Funktion ruft sich selbst immer wieder auf bis als Parameter eine `0` übergeben wird. Da `x` bei jedem Aufruf halbiert wird, was dem Abstreichen einer Dualstelle entspricht, erfolgt irgendwann ganz sicher ein Aufruf mit `0`. In diesem Fall wird ein leerer String zurückgegeben. Nun läuft die Rekursionsfolge rückwärts ab. Nach jedem Rücksprung wird der Divisionsrest `x Mod 2` an den String angehängt, was bedäutet, dass die letzte duale Ziffer der Zahl `x` der jeweiligen Rekursionsebene an den String angehängt wird, bis der String am Ende die gesamte Dualzahl ohne führende Nullen repräsentiert. Die führenden Nullen werden mit

```
While s(i).Length < 8
  s(i) = "0" + s(i)
End While
```

ergänzt.

```
' Datei 10.4_1.vb

Imports System
Imports System.Net
Imports System.Net.Sockets

Class Haupt
  Sub New()
    Dim dottDec As String = "192.168.1.2"
    Console.WriteLine("Dotted Decimal-Notation {0}", dottDec)

    Dim ipAdr As IPAddress = IPAddress.Parse(dottDec)
    Dim b() As Byte = ipAdr.GetAddressBytes()

    Console.WriteLine( _
      "Byte Array Hexadezimal  {0:X2} {1:X2} {2:X2} {3:X2}", _
      b(0), b(1), b(2), b(3))

    Dim l As Long = 0
    Dim i As Integer
    For i=0 to b.Length-1
      l *= 256
      l += b(i)
    Next
    Console.WriteLine("Hexadezimalzahl          {0:X8}", l)
    Console.WriteLine("Dezimalzahl              {0}", l)

    Dim s(3) As String
    For i=0 To 3
      s(i) = dual(b(i))
      While s(i).Length < 8
        s(i) = "0" + s(i)
      End While
    Next

    Console.WriteLine( _
      "Byte Array Binär        {0} {1} {2} {3}", _
      s(0), s(1), s(2), s(3))
  End Sub

  Function dual(ByVal x As Byte) As String
    Dim s As String = ""
    If x=0 Then Return s
    s = dual(x\2)
    Return s + (x Mod 2).ToString()
  End Function

  Shared Sub Main()
    Dim h As New Haupt()
  End Sub
End Class
```

Ausgabe:

```
Dotted Decimal-Notation 192.168.1.2
Byte Array Hexadezimal  C0 A8 01 02
Hexadezimalzahl         C0A80102
Dezimalzahl             3232235778
Byte Array Binär        11000000 10101000 00000001 00000010
```

Die Klasse `IPAddress` besitzt Eigenschaften, die spezielle IP-Adressen zur Verfügung stellen.

Any	0.0.0.0	wird benutzt, wenn ein Server alle Clientaktivitäten abhören soll.
Broadcast	255.255.255.255	adressiert alle Stationen im Netz.
Loopback	127.0.0.1	adressiert den Host, auf dem diese Adresse benutzt wird.
None	255.255.255.255	wird benutzt, wenn ein Server keine Clientaktivitäten abhören soll.

Das nächste Beispiel benutzt zwei weitere Klassen des Namensraums `System.Net`.

Methoden der Klasse `System.Net.Dns`:

```
Public Shared Function GetHostByAddress( _
  ByVal address As IPAddress ) As IPHostEntry

Public Shared Function GetHostByAddress( _
  ByVal address As String ) As IPHostEntry
```

ermittelt Daten vom Typ `IPHostEntry` aus der IPAddress bzw. der in Dotted Decimal Notation angegebenen IP-Adresse.

```
Public Shared Function GetHostByName( _
   ByVal hostName As String ) As IPHostEntry
```

ermittelt Daten vom Typ `IPHostEntry` aus dem Hostnamen.

Die Klasse `System.Net.IPHostEntry` besitzt die Eigenschaften:

AddressList	gibt IP-Adressen als Array vom Typ IPAddress zurück.
HostName	gibt den Hostnamen als String zurück.
Aliases	enthält die Aliasnamen des Host.

Beispiel 10.4_2 listet die Eigenschaften der Klasse `IPAddress` auf und ermittelt anschließend mit den Anweisungen

```
Dim e1 As IPHostEntry = Dns.GetHostByAddress("127.0.0.1")
Dim name As String = e1.HostName
```

den Hostnamen des eigenen Hosts unter Verwendung der Loopback-Adresse. Danach wird mit

```
Dim e2 As IPHostEntry = Dns.GetHostByName(name)
Dim adresse As String = e2.AddressList(0).ToString()
```

die IP-Adresse ermittelt, durch die der Host im Netzwerk identifiziert wird.

```
' Datei 10.4_2.vb

Imports System
Imports System.Net
Imports System.Net.Sockets
Imports System.Reflection

Class Haupt
  Sub New()
    Console.WriteLine("Any       {0}", IPAddress.Any)
    Console.WriteLine("Broadcast {0}", IPAddress.Broadcast)
    Console.WriteLine("Loopback  {0}", IPAddress.Loopback)
    Console.WriteLine("None      {0}", IPAddress.None)

    Dim e1 As IPHostEntry = Dns.GetHostByAddress("127.0.0.1")
    Dim name As String = e1.HostName
    Dim e2 As IPHostEntry = Dns.GetHostByName(name)
    Dim adresse As String = e2.AddressList(0).ToString()

    Console.WriteLine()
    Console.WriteLine("Name    {0}", name)
    Console.WriteLine("Adresse {0}", adresse)
  End Sub

  Shared Sub Main()
    Dim h As New Haupt()
  End Sub
End Class
```

Ausgabe:

```
Any       0.0.0.0
Broadcast 255.255.255.255
Loopback  127.0.0.1
None      255.255.255.255

Name    hr
Adresse 192.168.1.2
```

Die Klasse `System.Net.Sockets.Socket` stellt Methoden zur Verfügung, mit denen Daten im Netzwerk ausgetauscht werden können. Die Parameter des Konstruktors sind `AddressFamily`, `SocketType` und `ProtocolType`. In den Beispielen 10.4_3 bis 10.4_12 werden

`AddressFamily.InterNetwork`, `SocketType.Stream`, `SocketType.Dgram`, `ProtocolType.Tcp` und `ProtocolType.Udp`

verwendet. `SocketType.Stream` wird mit `ProtocolType.Tcp` zur verbindungsbasierten Datenübertragung verwendet, während `SocketType.Dgram` mit `ProtocolType.Udp` zur verbindungsfreien Datenübertragung verwendet wird. Die grundsätzliche Funktionsweise verbindungsbasierter und verbindungsfreier Server und Klienten wird in Kurzform dargestellt.

Verbindungsbasierter Server:

```
Socket    Eine Instanz der Klasse Socket wird gebildet.
Bind      Der Socket wird an seine IP-Adresse und seinen Port
          gebunden.
Listen    Der Socket wird zu einem passiven, horchenden Serverso-
          cket.
Accept    Der Socket wartet auf eine Verbindungsanforderung vom
          Klienten.
Receive   Daten werden empfangen.
Send      Daten werden gesendet.
```

Verbindungsbasierter Klient:

```
Socket    Eine Instanz der Klasse Socket wird gebildet.
Connect   Der Klient fordert vom Server eine Verbindung an.
Send      Daten werden gesendet.
Receive   Daten werden empfangen.
```

Verbindungsfreier Server:

Socket	Eine Instanz der Klasse Socket wird gebildet.
Bind	Der Socket wird an seine IP-Adresse und seinen Port gebunden.
ReceiveFrom	Daten werden empfangen.
SendTo	Daten werden gesendet.

Verbindungsfreier Klient:

Socket	Eine Instanz der Klasse Socket wird gebildet.
Bind	Der Socket wird an seine IP-Adresse und seinen Port gebunden.
SendTo	Daten werden gesendet.
ReceiveFrom	Daten werden empfangen.

Drei Häufig benutzte Eigenschaften der Klasse Socket sind:

Available	gibt die Anzahl der empfangenen Bytes zurück. Es kann zur Steuerung von Receive Anweisungen benutzt werden.
Connected	ist True, wenn der Socket verbunden ist.
Blocking	kann die Werte True und False annehmen. Die Voreinstellung ist True. Das Verhalten der Methoden Receive und RceiveFrom wird hierdurch beeinflusst. Ist Blocking gleich True, so blockieren Receive und ReceiveFrom bis Daten Eintreffen. Ist Blocking gleich False, so blockieren diese Methoden nicht sondern lösen eine SocketException aus.

Beispiel 10.4_3 besteht aus zwei Programmen. Die Datei 10.4_3a.vb enthält ein verbindungsbasiertes Serverprogramm und 10.4_3b.vb enthält das dazugehörige Klientprogramm. Sowohl beim Server als auch beim Klienten wird mit

```
Dim s As Socket = New Socket( _
  AddressFamily.InterNetwork, SocketType.Stream, ProtocolType.Tcp)
```

eine Instanz der Klasse Socket gebildet. Im weiteren Verlauf unterscheiden sich Server und Klient voneinander.

Beim Server folgen die Anweisungen

```
s.Bind(New IPEndPoint(IPAddress.Any, 65000))
s.Listen(1)
Dim sa As Socket = s.Accept()
```

Die Methode `Bind` erwartet einen Parameter vom Typ `EndPoint`. Dies ist eine abstrakte Klasse, von der die Klasse `IPEndPoint` abgeleitet ist. Damit `Bind` den Socket an die IP-Adresse und den Port binden kann, müssen diese dem Konstruktor der Klasse `IPEndPoint` übergeben werden. `Listen` macht, wie bereits dargelegt, den Socket zum Serversocket.

Eingehende Verbindungsanforderungen werden in eine Warteschlange gesetzt. Der Methode `Listen` wird ein Integerwert als Parameter übergeben, der die Länge dieser Warteschlange festlegt. Die Methode `Accept` wartet, bis eine Verbindungsanforderung eingeht und gibt bei Erfolg einen Socket zurück, der mit dem anfordernden Klienten verbunden ist. Die Anweisungen

```
Dim b() As Byte = {72, 97, 108, 108, 111}
sa.Send(b)
sa.Close()
s.Close()
```

definieren einen Bytearray, senden diesen zum Klienten und schließen die Sockets. Der Klient fordert mit

```
s.Connect(New IPEndPoint(IPAddress.Parse("192.168.1.2"), 65000))
```

eine Verbindung an. Anschließend werden mit

```
s.Receive(b)
```

die vom Server gesendeten Daten empfangen. Danach folgen Anweisungen, die die empfangenen Bytes im ASCII-Code ausgeben. Zum Schluss wird der Socket `s` geschlossen.

```
' Datei 10.4_3a.vb

Imports System
Imports System.Net
Imports System.Net.Sockets

Class Haupt
  Sub New()
```

```
    Try
      Dim s As Socket = New Socket( _
        AddressFamily.InterNetwork, SocketType.Stream, ProtocolType.Tcp)

      s.Bind(New IPEndPoint(IPAddress.Any, 65000))
      s.Listen(1)
      Dim sa As Socket = s.Accept()

      Dim b() As Byte = {72, 97, 108, 108, 111}
      sa.Send(b)
      sa.Close()
      s.Close()
    Catch ex As SocketException
      Console.WriteLine(ex.Message)
    End Try
  End Sub

  Shared Sub Main()
    Dim h As New Haupt()
  End Sub
End Class
```

```
' Datei 10.4_3b.vb

Imports System
Imports System.Text
Imports System.Net
Imports System.Net.Sockets

Class Haupt
  Sub New()
    Dim b(9) As Byte

    Try
      Dim s As Socket = New Socket( _
        AddressFamily.InterNetwork, SocketType.Stream, ProtocolType.Tcp)

      s.Connect(New IPEndPoint(IPAddress.Parse("192.168.1.2"), 65000))
      s.Receive(b)

      Dim by As Byte
      For Each by In b
        Console.Write("{0} ", by)
      Next
      Console.WriteLine()

      Dim st As String = Encoding.ASCII.GetString(b)
      Console.WriteLine(st)

      s.Close()
```

```
    Catch ex As SocketException
      Console.WriteLine(ex.Message)
    End Try
  End Sub

  Shared Sub Main()
    Dim h As New Haupt()
  End Sub
End Class
```

Ausgabe:

```
72 97 108 108 111 0 0 0 0 0
Hallo
```

Beispiel 10.4_4 besteht ebenfalls aus einem verbindungsbasierten Server und Klienten. Der Klient fordert eine Verbindung an und stellt dem Server eine Frage. Dies wird der Einfachheit halber durch Senden einer Zahl von 1 bis 6 simuliert. Der Server sendet Antwort 1 bis 6 und Server und Klient beenden die Verbindung wieder. Ist die vom Klienten gesendete Zahl größer als 6, so ist die Frage falsch gestellt. Sendet der Klient eine 0, so wird der Server beendet. Für jedes Frage-Antwort-Paar wird eine neue Verbindung aufgebaut.

Der Server beginnt wie üblich mit `Socket`, `Bind` und `Listen`. Danach folgt eine do-while-Schleife, die mit

```
Dim sa As Socket = s.Accept()
```

beginnt und mit

```
sa.Close()
```

endet. Die dazwischen liegenden Anweisungen empfangen die Frage und senden die Antwort. Der Klient ruft mehrfach die Methode `Anforderung` auf, die einen Socket erzeugt, mit `Connect` eine Verbindung anfordert, mit `Send` die Frage sendet, mit `Receive` die Antwort empfängt und zum Schluss den Socket wieder schließt.

```
' Datei 10.4_4a.vb

Imports System
Imports System.Text
Imports System.Net
Imports System.Net.Sockets
```

```
Class Haupt
  Sub New()
    Dim Antwort() As String = { _
      "Antwort 1", "Antwort 2", "Antwort 3", "Antwort 4", "Antwort 5"}
    Dim b(0) As Byte
    Dim sa As Socket

    Try
      Dim s As Socket = New Socket( _
        AddressFamily.InterNetwork, SocketType.Stream, ProtocolType.Tcp)
      s.Bind(New IPEndPoint(IPAddress.Any, 65000))
      s.Listen(1)
      Do
        sa = s.Accept()
        sa.Receive(b)

        If b(0) > 0 Then
          If b(0) < 6
            sa.Send(Encoding.ASCII.GetBytes(Antwort(b(0)-1)))
          Else
            sa.Send(Encoding.ASCII.GetBytes("falsche Frage"))
          End If
        Else
          sa.Send(Encoding.ASCII.GetBytes("Tschuess"))
        End If
        sa.Close()
      Loop While b(0) > 0
      s.Close()
    Catch ex As SocketException
      Console.WriteLine(ex.Message)
    End Try
  End Sub

  Shared Sub Main()
    Dim h As New Haupt()
  End Sub
End Class


' Datei 10.4_4b.vb

Imports System
Imports System.Text
Imports System.Net
Imports System.Net.Sockets

Class Haupt
  Dim s As Socket
  Dim b(19) As Byte
  Dim bs(0) As Byte
  Dim st As String
```

```
    Sub New()
      Anforderung(1)
      Anforderung(5)
      Anforderung(2)
      Anforderung(6)
      Anforderung(0)
    End Sub

    Sub Anforderung(ByVal i As Byte)
      Try
        bs(0) = i
        s = New Socket( _
          AddressFamily.InterNetwork, SocketType.Stream, ProtocolType.Tcp)
        s.Connect(New IPEndPoint(IPAddress.Parse("192.168.1.2"), 65000))
        s.Send(bs)
        Array.Clear(b, 0, b.Length)
        s.Receive(b)
        st = Encoding.ASCII.GetString(b)
        Console.WriteLine(st)
        s.Close()
      Catch ex As SocketException
        Console.WriteLine(ex.Message)
      End Try
    End Sub

    Shared Sub Main()
      Dim h As New Haupt()
    End Sub
End Class
```

Ausgabe:

```
Antwort 1
Antwort 5
Antwort 2
falsche Frage
Tschuess
```

Beispiel 10.4_5 macht nichts anderes als Beispiel 10.4_4. Es wird jedoch nur eine Verbindung hergestellt, die während der gesamten Unterhaltung aufrecht gehalten wird. Aus diesem Grund steht `Accept` beim Server außerhalb der do-while-Schleife, und der Klient führt nur einmal vor der Unterhaltung `Connect` aus.

```
' Datei 10.4_5a.vb

Imports System
Imports System.Text
Imports System.Net
Imports System.Net.Sockets

Class Haupt
  Sub New()
    Try
      Dim Antwort() As String ={ _
        "Antwort 1", "Antwort 2", "Antwort 3", "Antwort 4", "Antwort 5"}
      Dim b(0) As Byte

      Dim sa As Socket
      Dim s As New Socket( _
        AddressFamily.InterNetwork, SocketType.Stream, ProtocolType.Tcp)
      s.Bind(New IPEndPoint(IPAddress.Any, 65000))
      s.Listen(1)
      sa = s.Accept()
      Do
        sa.Receive(b)
        If b(0) > 0
          If b(0) < 6
            sa.Send(Encoding.ASCII.GetBytes(Antwort(b(0)-1)))
          Else
            sa.Send(Encoding.ASCII.GetBytes("falsche Frage"))
          End If
        Else
          sa.Send(Encoding.ASCII.GetBytes("Tschuess"))
        End If
      Loop While b(0) > 0
      sa.Close()
      s.Close()
    Catch ex As SocketException
      Console.WriteLine(ex.Message)
    End Try
  End Sub

  Shared Sub Main()
    Dim h As New Haupt()
  End Sub
End Class


' Datei 10.4_5b.vb

Imports System
Imports System.Text
Imports System.Net
Imports System.Net.Sockets
```

```
Class Haupt
  Dim s As Socket
  Dim b(19) As Byte
  Dim bs(0) As Byte

  Sub New()
    Try
      s = New Socket( _
        AddressFamily.InterNetwork, SocketType.Stream, ProtocolType.Tcp)
      s.Connect(New IPEndPoint(IPAddress.Parse("192.168.1.2"), 65000))

      Unterhaltung(1)
      Unterhaltung(5)
      Unterhaltung(2)
      Unterhaltung(6)
      Unterhaltung(0)

      s.Close()
    Catch ex As SocketException
      Console.WriteLine(ex.Message)
    End Try
  End Sub

  Sub Unterhaltung(ByVal i As Byte)
    bs(0) = i
    s.Send(bs)
    Array.Clear(b, 0, b.Length)
    s.Receive(b)
    Dim st As String = Encoding.ASCII.GetString(b)
    Console.WriteLine(st)
  End Sub

  Shared Sub Main()
    Dim h As New Haupt()
  End Sub
End Class
```

Die Ausgabe ist identisch mit der von Beispiel 10.4_4.

Beispiel 10.4_6 benutzt SocketType.`Dgram` und `ProtocolType.Udp`, um eine verbindungsfreie Klient-Server Anwendung zu erhalten. Server `10.4_6a.vb` und Klient `10.4-6b.vb` definieren mit

```
Dim er As EndPoint = New IPEndPoint(IPAddress.Any, 0)
```

einen `EndPoint er`, der den Empfang von jeder IP-Adresse und jedem Port zulässt.

Der Server wird mit Bind an die IP-Adresse 192.168.1.2 und den Port 65000 gebunden. Der Klient wird an die gleiche IP-Adresse und an den Port 65001 gebunden. Wenn sich Server und Klient auf verschiedenen Hosts befinden, dann unterscheiden sich natürlich ihre IP-Adressen. Server und Klient definieren für das Versenden von Daten den IPEndPoint es. Beim Server enthält es die IP-Adresse und den Port des Klienten, und beim Klienten sind die entsprechenden Adressen des Servers eingesetzt.

Server und Klient erzeugen einen Socket und führen die Bind Anweisung aus. Der Server empfängt zuerst mit ReceiveFrom Daten vom Klienten und sendet dann mit SendTo die Antwort zum Klienten. Der Klient sendet zuerst mit SendTo Daten zum Server und empfängt dann mit ReceiveFrom die Antwort des Servers.

```
' Datei 10.4_6a.vb

Imports System
Imports System.Text
Imports System.Net
Imports System.Net.Sockets

Class Haupt
  Dim er As EndPoint = New IPEndPoint(IPAddress.Any, 0)
  Dim es As New IPEndPoint(IPAddress.Parse("192.168.1.2"), 65001)

  Sub New()
    Dim Antwort() As String ={ _
      "Antwort 1", "Antwort 2", "Antwort 3", "Antwort 4", "Antwort 5"}
    Dim b(0) As Byte

    Try
      Dim s As New Socket( _
        AddressFamily.InterNetwork, SocketType.Dgram, ProtocolType.Udp)
      s.Bind(New IPEndPoint(IPAddress.Any, 65000))
      Do
        s.ReceiveFrom(b, er)
        If b(0) > 0 Then
          If b(0) < 6 Then
            s.SendTo( _
              Encoding.ASCII.GetBytes(Antwort(b(0)-1)), es)
          Else
            s.SendTo( _
              Encoding.ASCII.GetBytes("falsche Frage"), es)
          End If
        Else
          s.SendTo(Encoding.ASCII.GetBytes("Tschuess"), es)
        End If
      Loop While b(0) > 0
```

```
      s.Close()
    Catch ex As SocketException
      Console.WriteLine(ex.Message)
    End Try
  End Sub

  Shared Sub Main()
    Dim h As New Haupt()
  End Sub
End Class
```

```
' Datei 10.4_6b.vb

Imports System
Imports System.Text
Imports System.Net
Imports System.Net.Sockets

Class Haupt
  Dim s As Socket
  Dim er As EndPoint = New IPEndPoint(IPAddress.Any, 0)
  Dim es As New IPEndPoint(IPAddress.Parse("192.168.1.2"), 65000)
  Dim b(19) As Byte
  Dim bs(0) As Byte

  Sub New()
    Try
      s = New Socket( _
        AddressFamily.InterNetwork, SocketType.Dgram, ProtocolType.Udp)
      s.Bind(New IPEndPoint(IPAddress.Any, 65001))

      Unterhaltung(1)
      Unterhaltung(5)
      Unterhaltung(2)
      Unterhaltung(6)
      Unterhaltung(0)

      s.Close()
    Catch ex As SocketException
      Console.WriteLine(ex.Message)
    End Try
  End Sub

  Sub Unterhaltung(ByVal i As Byte)
    bs(0) = i
    s.SendTo(bs, es)
    Array.Clear(b, 0, b.Length)
    s.ReceiveFrom(b, er)
    Dim st As String = Encoding.ASCII.GetString(b)
```

```
    Console.WriteLine(st)
  End Sub

  Shared Sub Main()
    Dim h As New Haupt()
  End Sub
End Class
```

Die Ausgabe ist identisch mit der Ausgabe der Beispiele 10.4_4 und 10.4_5.

Beispiel 10.4_7 zeigt die Verwendung der Klasse

System.Net.Sockets.NetworkStream,

die von System.IO.Stream abgeleitet ist. Der Konstruktor dieser Klasse erwartet einen Socket als Parameter. Die Eigenschaft DataAvailable gibt an, ob Daten zum Lesen bereit stehen. Im Übrigen kann auf die Eigenschaften und Methoden der Klasse Stream zurückgegriffen werden. Der verbindungsbasierte Server 10.4_7a.vb beginnt wie bekannt mit Socket, Bind, Listen und Accept. Anschließend wird die Instanz

```
Dim ns As New NetworkStream(sa)
```

der Klasse NetworkStream gebildet, und mit

```
ns.Write(b, 0, b.Length)
```

werden Daten zum Server gesendet. Der NetworkStream und die Sockets werden dann wieder geschlossen.

Der Klient 10.4_7b.vb beginnt wie bekannt mit Socket und Connect. Anschließend wird die Instanz

```
Dim ns As New NetworkStream(s)
```

der Klasse NetworkStream gebildet. Mit

```
ns.Read(b, 0, b.Length)
```

werden Daten vom Server gelesen. Die Daten werden ausgegeben und der NetworkStream und die Sockets werden dann wieder geschlossen.

```
' Datei 10.4_7a.vb

Imports System
Imports System.Text
Imports System.Net
Imports System.Net.Sockets

Class Haupt
  Sub New()
    Try
      Dim s As New Socket( _
        AddressFamily.InterNetwork, SocketType.Stream, ProtocolType.Tcp)

      s.Bind(New IPEndPoint(IPAddress.Any, 65000))
      s.Listen(1)
      Dim sa As Socket = s.Accept()

      Dim st As String = "Hallo"
      Dim b() As Byte = Encoding.ASCII.GetBytes(st)
      Dim ns As New NetworkStream(sa)
      ns.Write(b, 0, b.Length)

      ns.Close()
      sa.Close()
      s.Close()
    Catch ex As SocketException
      Console.WriteLine(ex.Message)
    End Try
  End Sub

  Shared Sub Main()
    Dim h As New Haupt()
  End Sub
End Class
```

```
' Datei 10.4_7b.vb

Imports System
Imports System.Text
Imports System.Net
Imports System.Net.Sockets

class Haupt
  Sub New()
    Dim b(9) As Byte

    Try
      Dim s As New Socket( _
        AddressFamily.InterNetwork, SocketType.Stream, ProtocolType.Tcp)
```

```
      s.Connect(New IPEndPoint(IPAddress.Parse("192.168.1.2"), 65000))
      Dim ns As New NetworkStream(s)
      ns.Read(b, 0, b.Length)

      Dim st As String = Encoding.ASCII.GetString(b)
      Console.WriteLine(st)

      ns.Close()
      s.Close()
    Catch ex As SocketException
      Console.WriteLine(ex.Message)
    End Try
  End Sub

  Shared Sub Main()
    Dim h As New Haupt()
  End Sub
End Class
```

Beispiel 10.4_8 ist fast identisch mit Beispiel 10.4_7. Nach dem `NetworkStream` wird beim Server ein `StreamWriter` und beim Klienten ein `StreamReader` gebildet. Dadurch können die Daten mit `ReadLine` und `WriteLine` übertragen werden. Wenn Server und Klient sowohl senden als auch empfangen, dann enthalten natürlich beide Programme einen `StreamReader` und einen `StreamWriter`.

```
' Datei 10.4_8a.vb

Imports System
Imports System.IO
Imports System.Net
Imports System.Net.Sockets

class Haupt
  Sub New()
    Try
      Dim s As New Socket( _
        AddressFamily.InterNetwork, SocketType.Stream, ProtocolType.Tcp)

      s.Bind(New IPEndPoint(IPAddress.Any, 65000))
      s.Listen(1)
      Dim sa As Socket = s.Accept()

      Dim st As string = "Hallo"
      Dim ns As New NetworkStream(sa)
      Dim sw As New StreamWriter(ns)
```

```
      sw.WriteLine(st)

      sw.Close()
      ns.Close()
      sa.Close()
      s.Close()
    Catch ex As SocketException
      Console.WriteLine(ex.Message)
    End Try
  End Sub

  Shared Sub Main()
    Dim h As New Haupt()
  End Sub
End Class


' Datei 10.4_8b.vb

Imports System
Imports System.IO
Imports System.Net
Imports System.Net.Sockets

Class Haupt
  Sub New()
    Dim b(9) As Byte

    Try
      Dim s As New Socket( _
        AddressFamily.InterNetwork, SocketType.Stream, ProtocolType.Tcp)

      s.Connect(New IPEndPoint(IPAddress.Parse("192.168.1.2"), 65000))
      Dim ns As New NetworkStream(s)
      Dim sr As New StreamReader(ns)
      Dim st As String = sr.ReadLine()

      Console.WriteLine(st)

      sr.Close()
      ns.Close()
      s.Close()
    Catch ex As SocketException
      Console.WriteLine(ex.Message)
    End Try
  End Sub

  Shared Sub Main()
    Dim h As New Haupt()
  End Sub
End Class
```

Beispiel 10.4_9 zeigt die verbindungsbasierte Datenübertragung mit den Klassen TcpListener und TcpClient.

Beim Server wird eine Instanz der Klasse TcpListener gebildet. Der Konstruktor erwartet bei der Version 1.0 des .NET Frameworks die Portnummer als Parameter.

```
Dim tl As New TcpListener(65000)
```

Bei Version 1.1 wird zusätzlich die lokale Hostadresse erwartet. Die Anweisungsfolge

```
Dim entry As IPHostEntry = Dns.GetHostByName(Dns.GetHostName())
Dim local As IPAddress = entry.AddressList(0)
Dim tl As New TcpListener(local, 65000)
```

ermittelt diese Adresse und übergibt sie dem Konstruktor des TcpListener als Parameter.

Mit der Anweisung

```
tl.Start()
```

wird der TcpListener gestartet. Anschließend wartet die Anweisung

```
Dim tc As TcpClient = tl.AcceptTcpClient()
```

auf eine Verbindungsanforderung vom Klienten und gibt nach dem erfolgreichen Aufbau der Verbindung einen Wert vom Typ TcpClient zurück. Dieser wird dazu benutzt, mit

```
Dim ns As NetworkStream = tc.GetStream()
```

einen NetworkStream zu bilden. Der weitere Ablauf entspricht dem des vorigen Beispiels.

Am Ende wird der TcpListener mit

```
tl.Stop()
```

angehalten.

Der Klient bildet mit den Anweisungen

```
Dim tc As New TcpClient()
tc.Connect("192.168.1.2", 65000)
```

eine Instanz der Klasse `TcpClient` und sendet eine Verbindungsanforderung zum Server. Anschließend werden der `NetworkStream` und der `StreamReader` gebildet. Der weitere Ablauf entspricht dem des vorigen Beispiels.

```
' Datei 10.4_9a.vb

Imports System
Imports System.IO
Imports System.Net
Imports System.Net.Sockets

Class Haupt
  Sub New()
    Try
      Dim entry As IPHostEntry = Dns.GetHostByName(Dns.GetHostName())
      Dim local As IPAddress = entry.AddressList(0)
      'veraltet Dim tl As New TcpListener(65000)
      Dim tl As New TcpListener(local, 65000)
      tl.Start()
      Dim tc As TcpClient = tl.AcceptTcpClient()

      Dim st As String = "Hallo"
      Dim ns As NetworkStream = tc.GetStream()
      Dim sw As New StreamWriter(ns)
      sw.WriteLine(st)

      sw.Close()
      ns.Close()
      tc.Close()
      tl.Stop()
    Catch ex As SocketException
      Console.WriteLine(ex.Message)
    End Try
  End Sub

  Shared Sub Main()
    Dim h As New Haupt()
  End Sub
End Class
```

```
' Datei 10.4_9b.vb

Imports System
Imports System.IO
Imports System.Net
Imports System.Net.Sockets

Class Haupt
  Sub New()
    Dim b(9) As Byte

    Try
      Dim tc As New TcpClient()

      tc.Connect("192.168.1.2", 65000)
      Dim ns As NetworkStream = tc.GetStream()
      Dim sr As New StreamReader(ns)
      Dim st As String = sr.ReadLine()

      Console.WriteLine(st)

      sr.Close()
      ns.Close()
      tc.Close()
    Catch ex As SocketException
      Console.WriteLine(ex.Message)
    End Try
  End Sub

  Shared Sub Main()
    Dim h As New Haupt()
  End Sub
End Class
```

Beispiel 10.4_10 benutzt die Klasse `System.Net.Sockets.UdpClient` zur verbindungsfreien Datenübertragung. Der Konstruktor dieser Klasse erwartet die Portadresse als Parameter. Die Aufgabe der bisher benutzten Methode `Bind` wird vom Konstruktor mit übernommen.

Der Server `10.4_10a.vb` empfängt mit

```
br = uc.Receive(er)
```

Daten vom Klienten und sendet mit

```
uc.Send(bs, bs.Length, es)
```

Daten zum Klienten.

Der Klient `10.4_10b.vb` sendet mit

```
uc.Send(bs, 1, es)
```

Daten zum Server und empfängt mit

```
br = uc.Receive(er)
```

Daten vom Server. Alle weiteren Abläufe entsprechen denen des Beispiels 10.4_6.

```
' Datei 10.4_10a.vb

Imports System
Imports System.Text
Imports System.Net
Imports System.Net.Sockets

Class Haupt
  Dim er As New IPEndPoint(IPAddress.Any, 0)
  Dim es As New IPEndPoint(IPAddress.Parse("192.168.1.2"), 65001)

  Sub New()
    Dim Antwort() As String = { _
      "Antwort 1", "Antwort 2", "Antwort 3", "Antwort 4", "Antwort 5"}
    Dim br() As Byte
    Dim bs() As Byte

    Try
      Dim uc As New UdpClient(65000)
      Do
        br = uc.Receive(er)
        If br(0) > 0 Then
          If br(0) < 6 Then
            bs = Encoding.ASCII.GetBytes(Antwort(br(0)-1))
            uc.Send(bs, bs.Length, es)
          Else
            bs = Encoding.ASCII.GetBytes("falsche Frage")
            uc.Send(bs, bs.Length, es)
          End If
        Else
          bs = Encoding.ASCII.GetBytes("Tschuess")
          uc.Send(bs, bs.Length, es)
        End If
      Loop While br(0) > 0
      uc.Close()
    Catch ex As SocketException
      Console.WriteLine(ex.Message)
    End Try
```

```
  End Sub

  Shared Sub Main()
    Dim h As New Haupt()
  End Sub
End Class


' Datei 10.4_10b.vb

Imports System
Imports System.Text
Imports System.Net
Imports System.Net.Sockets

Class Haupt
  Dim uc As UdpClient
  Dim er As New IPEndPoint(IPAddress.Any, 0)
  Dim es As New IPEndPoint(IPAddress.Parse("192.168.1.2"), 65000)
  Dim br() As Byte
  Dim bs(0) As Byte

  Sub New()
    Try
      uc = New UdpClient(65001)

      Unterhaltung(1)
      Unterhaltung(5)
      Unterhaltung(2)
      Unterhaltung(6)
      Unterhaltung(0)

      uc.Close()
    Catch ex As SocketException
      Console.WriteLine(ex.Message)
    End Try
  End Sub

  Sub Unterhaltung(ByVal i As Byte)
    bs(0) = i
    uc.Send(bs, 1, es)
    br = uc.Receive(er)
    Dim st As string = Encoding.ASCII.GetString(br)
    Console.WriteLine(st)
  End Sub

  Shared Sub Main()
    Dim h As New Haupt()
  End Sub
End Class
```

Ausgabe:

```
Antwort 1
Antwort 5
Antwort 2
falsche Frage
Tschuess
```

Beispiel 10.4_11 zeigt, wie ein verbindungsbasierter Server mit mehreren Klienten verbunden werden kann. Es handelt sich um eine bewusst einfach gehaltene Chatrunde, in die man sich unter Angabe eines Namens einloggen kann. Zu diesem Zweck wird zuerst der Server gestartet. Danach werden ein oder mehrere Klienten gestartet, die sich auf verschiedenen Hosts im Netzwerk befinden dürfen.

Beim Server `10.4_11a.vb` wird in der Klasse `Server` die `ArrayList`

```
Public verbunden As New ArrayList()
```

definiert. Anschließend wird im Konstruktor der Klasse `Server` mit den Anweisungen

```
Dim entry As IPHostEntry = Dns.GetHostByName(Dns.GetHostName())
Dim local As IPAddress = entry.AddressList(0)
Dim tl As New TcpListener(local, 5678)
tl.Start()
```

ein `TcpListener` erzeugt und gestartet. Die dann folgende Endlosschleife

```
While True
  Try
    verbunden.Add(New Verbindung(Me, tl.AcceptTcpClient()))
  Catch ex As Exception
    Console.WriteLine(ex.Message)
  End Try
End While
```

fügt der `ArrayList verbunden` eine Instanz der Klasse `Verbindung` hinzu. Die Anweisung `tl.AcceptTcpClient( )` wartet auf eine Verbindungsanforderung. Nach erfolgreicher Herstellung der Verbindung wird die Instanz der Klasse `Verbindung` gebildet, und sobald der Konstruktor der Klasse `Verbindung` abgearbeitet ist, wird `verbunden.Add` ausgeführt.

Der Konstruktor

```
Sub New(ByVal serv As Server, ByVal tc As TcpClient)
  Me.serv = serv
  Me.tc = tc
  th = New Thread(New ThreadStart(AddressOf run))
  th.Start()
End Sub
```

erwartet als Parameter die Instanz der Klasse Server und den TcpClient tc, der durch tl.AcceptTcpClient( ) mit einem Klienten verbunden ist. Beide Parameter werden in lokalen Variablen gespeichert. Anschließend wird der Thread th erzeugt und gestartet. Jetzt übernimmt die Startroutine run dieses Threads die Kontrolle über die Verbindung, während das Hauptprogramm weiterhin die oben beschriebene Endlosschleife abarbeitet und damit weitere Verbindungsanforderungen entgegen nehmen kann.

Die Startroutine erzeugt zuerst den NetworkStream ns, den StreamReader sr und den StreamWriter sw. Danach werden mehrere Methoden aufgerufen, die weiter unten beschrieben sind. Zuerst wird anmelden aufgerufen, das entweder den Klienten einloggt oder das Einloggen zurückweist. Nach erfolgreichem Einloggen tritt die Startroutine in die Schleife

```
While running
  st = empfangen()
  If running Then
    If st.Equals("&&end&&") Then
      running = False
    Else
      Dim s As String = string.Format("{0}: {1}", Name, st)
      allen_senden(s)
    End If
  End If
End While
```

ein, die solange durchlaufen wird bis running gleich False ist. Jeder Schleifendurchlauf beginnt mit dem Empfang des Strings st vom Klienten. Sendet der Klient den String &&end&&, so deutet der Server dies als: „Ich melde mich ab." Die Variable running wird dann gleich False gesetzt und die while-Schleife bricht ab. Andernfalls wird der empfangene String an alle eingeloggten Klienten gesendet. Terminiert die while-Schleife, so wird die Methode abmelden aufgerufen und der StreamReader, der StreamWriter, der NetworkStream und der TcpClient geschlossen.

Die Methode empfangen empfängt einen String vom Klienten mit der Methode ReadLine des StreamReader, während senden mit der Methode WriteLine des StreamWriter einen String an den Klienten sendet. Es ist zu bedenken, dass zu jeder Instanz der Klasse Verbindung genau ein Klient gehört. Die Methoden senden und empfangen können daher nur mit diesem einen Klienten Daten austauschen Die Methode allen_senden sendet Daten an alle eingeloggten Klienten. Dazu entnimmt diese Methode der ArrayList verbunden Instanzen der Klasse Verbindung und ruft deren Methode senden auf.

Die Methode anmelden nimmt mit

```
Name = empfangen()
```

den Namen des Klienten entgegen, der sich einzuloggen versucht. Diesem Klienten werden mit

```
Monitor.Enter(serv.verbunden)
For Each o In serv.verbunden
  If Not o Is Me Then senden("##" & o.Name & "##")
Next
Monitor.Exit(serv.verbunden)
```

die Namen der bereits eingeloggten Klienten übermittelt. Den String ##Karl## zB. interpretiert der Klient als: „Karl ist eingeloggt." Danach wird die ArrayList verbunden daraufhin untersucht, ob sich ein anderer Klient unter dem gleichen Namen eingeloggt hat. Ist dies der Fall, so wird dem neuen Klienten durch

```
senden("#&#&")
```

mitgeteilt, dass er sich nicht unter dem angegebenen Namen einloggen kann. Durch die Zuweisung

```
alle = False
```

wird verhindert, dass dieser Vorgang den anderen Klienten gemeldet wird, und mit

```
running = False
```

wird die while-Schleife der Startroutine des Threads abgebrochen. Hat die Prüfung des Namens jedoch ergeben, dass sich der Klient einloggen darf, so wird mit der Anweisung

```
allen_senden("##"&  Name & "##")
```

allen Klienten mitgeteilt, dass der neue Klient eingeloggt ist.

Die Methode `abmelden` entfernt den Klienten aus der `ArrayList verbunden` und übermittelt, falls `alle` gleich `True` ist, mit

```
If alle Then allen_senden("&&"&  Name & "&&")
```

allen Klienten die Abmeldung. Der String `&&Karl&&` bedeutet: „Karl hat sich abgemeldet."

Der Klient `10.4_11b.vb` besteht aus der Klasse `Chat`, deren Konstruktor die Benutzeroberfläche wie unten im Bild zu sehen definiert. Oben links ist eine `RichTextBox`, die den übermittelten Text anzeigt. Die `ListBox` oben rechts zeigt die Namen der Teilnehmer der Chatrunde an. Unten befinden sich die `TextBox` für den Namen des Teilnehmers und die `TextBox`, die den zu übermittelnden Text aufnimmt. Rechts daneben sind der Button `Verbinden`, mit dem die Verbindung zum Server angefordert wird, der Button `Trennen`, der die Verbindung wieder trennt und der Button `Senden`, der den eingegebenen Text zum Server sendet.

Der Eventhandler `Verbinden_Click` des Buttons `Verbinden` erzeugt einen `TcpClient`, fordert mit `Connect` eine Verbindung an und erzeugt den `NetworkStream ns`, den `StreamReader sr` und den `StreamWriter sw`. Zum Schluss wird eine Instanz des Threads `Horchen` mit der Startroutine `horche` gebildet und gestartet.

Der Eventhandler `Trennen_Click` sendet den Abmeldestring `&&end&&` zum Server und setzt die Variable `horch` gleich `False`. Der Thread `Horchen` wird dadurch beendet.

Der Eventhandler `Senden_Click` sendet den eingegebenen Text durch Aufruf der Methode `senden` zum Server.

Der Kern des Klientprogramms ist die Startroutine `horche`. Sie steuert den gesamten Dialog mit dem Server. Zuerst werden die `RichtextBox` und der `ListBox` gelöscht. Dann wird der eingegebene Name zum Einloggen an den Server gesendet. Anschließend wird der Button `Verbinden` deaktiviert und die Buttons `Trennen` und `Senden` werden aktiviert. Nach diesen Vorbereitungen wird `horch` gleich `True` gesetzt und die Startroutine tritt in die Schleife

```
While horch

   . . .

End While
```

ein.

Mit

```
Dim st As string = empfangen()
```

wird ein String vom Server empfangen. Dieser String kann einerseits eine Mitteilung von den anderen Teilnehmern der Runde enthalten. Er kann aber andererseits auch eine Mitteilung direkt vom Server darstellen. Zuerst wird mit

```
If st.StartsWith("##") And st.EndsWith("##") Then
  st = st.Remove(0, 2)
  st = st.Remove(st.Length-2, 2)
  lbxClient.Items.Add(st)
```

untersucht, ob sich ein neuer Teilnehmer der Runde angemeldet hat. Ist dies der Fall, so wird dessen Name in die `ListBox lbxClient` eingetragen. Danach wird mit

```
ElseIf st.StartsWith("&&") And st.EndsWith("&&") Then
  st = st.Remove(0, 2)
  st = st.Remove(st.Length-2, 2)
  entfernen(st)
```

untersucht, ob sich ein Teilnehmer der Runde abmeldet. Ist dies der Fall, so wird dessen Name aus der `ListBox lbxClient` entfernt. Nun kann der Fall eintreten, dass man sich gerade selbst anzumelden versucht und die Anmeldung vom Server zurückgewiesen wird. Die Anweisungen

```
ElseIf st.Equals("#&#&") Then
  rbxText.AppendText("Bitte einen anderen Namen verwenden!" & VbCrLf)
  loesch = False
  horch = False
```

teilen dann durch einen Eintrag in die `RichTextBox rbxText` mit, dass ein anderer Name verwendet werden soll. Die Variable `loesch` wird gleich `False` gesetzt. Dadurch wird verhindert, dass die Namen der anderen Teilnehmer aus der `ListBox lbxClient` gelöscht werden. Die while-Schleife wird dadurch beendet, dass `horch` gleich `False` gesetzt wird. Die Startroutine `horche` terminiert, und man kann sich mit einem Namen, der sich von den Namen der anderen Teilnehmer unterscheidet, anmelden.

Treten die beschriebenen Fälle nicht auf, so wird mit

```
ElseIf Not st.Equals("") Then
  rbxText.AppendText(st & VbCrLf)
End If
```

der empfangene String in rbxText eingetragen.

Die Variable horch wird durch den Eventhandler des Buttons Trennen oder durch das gerade beschriebene Zurückweisen der Verbindung gleich False gesetzt. Abschließend wird dann, falls loesch gleich True ist, die ListBox lbxClient gelöscht und der Button Verbinden aktiviert. Die Buttons Trennen und Senden werden deaktiviert, und zum Schluss folgen noch die erforderlichen Close Anweisungen.

Damit hat sich der Kreis geschlossen. Den anderen Teilnehmern des Chat ist mitgeteilt worden, dass man die Runde verlassen hat.

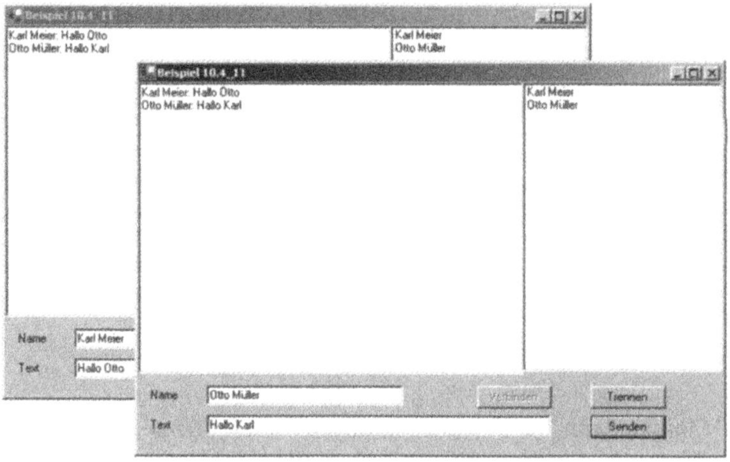

Abbildung 10.4_11

```
' Datei 10.4_11a.vb

Imports System
Imports System.IO
Imports System.Net
Imports System.Timers
Imports System.Net.Sockets
Imports System.Threading
Imports System.Collections

Class Server
  Public verbunden As New ArrayList()

  Sub New()
    Dim entry As IPHostEntry = Dns.GetHostByName(Dns.GetHostName())
    Dim local As IPAddress = entry.AddressList(0)
    Dim tl As New TcpListener(local, 5678)

    tl.Start()

    While True

      Try
        verbunden.Add(New Verbindung(Me, tl.AcceptTcpClient()))
      Catch ex As Exception
        Console.WriteLine(ex.Message)
      End Try

    End While
  End Sub


  Shared Sub Main()
    Dim s As New Server()
  End Sub
End Class


Class Verbindung
  Dim serv As Server

  Public tc As TcpClient
  Public ns As NetworkStream
  Public sr As StreamReader
  Public sw As StreamWriter
  Public th As Thread
  Public Name As String = ""

  Dim running As Boolean = True
  Dim alle As Boolean = True
```

```
Sub New(ByVal serv As Server, ByVal tc As TcpClient)
  Me.serv = serv
  Me.tc = tc

  th = New Thread(New ThreadStart(AddressOf run))
  th.Start()
End Sub


Sub run()
  Dim st As String = ""

  ns = tc.GetStream()
  sr = New StreamReader(ns)
  sw = New StreamWriter(ns)

  anmelden()

  While running
    st = empfangen()

    If running Then
      If st.Equals("&&end&&") Then
        running = False
      Else
        Dim s As String = string.Format("{0}: {1}", Name, st)
        allen_senden(s)
      End If

    End If
  End While

  abmelden()

  If Not sr Is Nothing Then sr.Close()
  If Not sw Is Nothing Then sw.Close()
  If Not ns Is Nothing Then ns.Close()
  If Not tc Is Nothing Then tc.Close()
End Sub


Public Function empfangen() As String
  Dim st As String = ""

  Try
    st = sr.ReadLine()
    If st Is Nothing Then running = False
  Catch ex As Exception
    Console.WriteLine(ex.Message)
    running = False
  End Try
```

```
  Return st
End Function


Public Sub senden(ByVal st As String)

  Try
    sw.WriteLine(st)
    sw.Flush()
  Catch ex As Exception
    Console.WriteLine(ex.Message)
    running = False
  End Try

End Sub


Sub allen_senden(ByVal text As String)
  Monitor.Enter(serv.verbunden)
  Dim o As Verbindung

  For Each o In serv.verbunden
    o.senden(text)
  Next

  Monitor.Exit(serv.verbunden)
End Sub

Sub anmelden()
  Dim o As Verbindung
  Name = empfangen()

  Monitor.Enter(serv.verbunden)

  For Each o In serv.verbunden
    If Not o Is Me Then senden("##" & o.Name & "##")
  Next

  Monitor.Exit(serv.verbunden)

  Dim ob As Object = Nothing

  Monitor.Enter(serv.verbunden)

  For Each o In serv.verbunden
    If (Not o Is Me)  And o.Name.Equals(Name) Then ob = o
  Next

  Monitor.Exit(serv.verbunden)
```

```
    If Not ob Is Nothing Then
      senden("#&#&")
      alle = False
      running = False
    Else
      allen_senden("##"&  Name & "##")
    End If
  End Sub


  Sub abmelden()
    entfernen()
    If alle Then allen_senden("&&"&  Name & "&&")
    alle = True
  End Sub


  Sub entfernen()
    Monitor.Enter(serv.verbunden)
    Dim i As Integer = 0

    While i < serv.verbunden.Count
      If serv.verbunden(i) Is Me Then
        serv.verbunden.RemoveAt(i)
        i -= 1
      End If
      i += 1
    End While

    Monitor.Exit(serv.verbunden)
  End Sub
End Class
```

```
' Datei 10.4_11b.vb

Imports System
Imports System.IO
Imports System.Net
Imports System.Net.Sockets
Imports System.ComponentModel
Imports System.Drawing
Imports System.Windows.Forms
Imports System.Threading
Imports Microsoft.VisualBasic
```

```
Class Chat
Inherits Form
  Dim rbxText As RichTextBox
  Dim lbxClient As ListBox
  Dim panel1 As Panel
  Dim lblName, lblText As Label
  Dim txtName, txtText As TextBox
  Dim btnVerbinden, btnSenden, btnTrennen As Button
  Dim Horchen As Thread
  Dim horch As Boolean = False
  Dim loesch As Boolean = True

  Dim tc As TcpClient
  Dim ns As NetworkStream
  Dim sr As StreamReader
  Dim sw As StreamWriter

  Sub New()
    Text = "Beispiel 10.4_11"
    Size = New Size(600,400)

    rbxText = New RichTextBox()
    rbxText.Dock = DockStyle.Fill
    rbxText.ReadOnly = True

    lbxClient = New ListBox()
    lbxClient.Dock = DockStyle.Right
    lbxClient.Width = 200

    panel1 = New Panel()
    panel1.Dock = DockStyle.Bottom
    panel1.Height = 80

    lblName = New Label()
    lblName.Text = "Name"
    lblName.Location = New Point(10, 15)

    txtName = New TextBox()
    txtName.Text = ""
    txtName.Location = New Point(70, 12)
    txtName.Width = 200

    lblText = New Label()
    lblText.Text = "Text"
    lblText.Location = New Point(10, 45)

    txtText = New TextBox()
    txtText.Text = ""
    txtText.Location = New Point(70, 42)
    txtText.Width = 350
```

```
    btnVerbinden = New Button()
    btnVerbinden.Text = "Verbinden"
    btnVerbinden.Location = New Point(346, 12)
    AddHandler btnVerbinden.Click, AddressOf Verbinden_Click

    btnSenden = New Button()
    btnSenden.Text = "Senden"
    btnSenden.Location = New Point(460, 42)
    btnSenden.Enabled = False
    AddHandler btnSenden.Click, AddressOf Senden_Click

    btnTrennen = New Button()
    btnTrennen.Text = "Trennen"
    btnTrennen.Location = New Point(460, 12)
    btnTrennen.Enabled = False
    AddHandler btnTrennen.Click, AddressOf Trennen_Click

    panel1.Controls.AddRange(New Control(){ _
      txtName, lblName, txtText, lblText, _
      btnVerbinden, btnSenden, btnTrennen})

    Controls.AddRange(New Control(){ _
      rbxText, lbxClient, panel1})
  End Sub


  Protected Overrides Sub OnClosing(ByVal e As CancelEventArgs)
    If horch Then
      senden("&&end&&")
      horch = False
    End If

    MyBase.OnClosing(e)
  End Sub


  Protected Sub Verbinden_Click(ByVal o As Object, ByVal e As EventArgs)
    Try
      If txtName.Text <> ""
        tc = New TcpClient()
        tc.Connect("192.168.1.2", 5678)

        ns = tc.GetStream()
        sr = New StreamReader(ns)
        sw = New StreamWriter(ns)

        Horchen = New Thread(New ThreadStart(AddressOf horche))
        Horchen.Start()
      Else
        MessageBox.Show("Geben Sie bitte ihren Namen ein!")
      End If
```

```
    Catch ex As Exception
      MessageBox.Show(ex.Message)
    End Try
  End Sub

  Protected Sub Trennen_Click(ByVal o As Object, ByVal e As EventArgs)
    senden("&&end&&")
    horch = False
  End Sub

  Protected Sub Senden_Click(ByVal o As Object, ByVal e As EventArgs)
    senden(txtText.Text)
  End Sub

  Sub horche()
    lbxClient.Items.Clear()
    rbxText.Clear()

    senden(txtName.Text)

    btnVerbinden.Enabled = False
    btnTrennen.Enabled = True
    btnSenden.Enabled = True
    horch = True

    While horch
      Dim st As string = empfangen()

      If horch Then
        If st.StartsWith("##") And st.EndsWith("##") Then
          st = st.Remove(0, 2)
          st = st.Remove(st.Length-2, 2)
          lbxClient.Items.Add(st)
        ElseIf st.StartsWith("&&") And st.EndsWith("&&") Then
          st = st.Remove(0, 2)
          st = st.Remove(st.Length-2, 2)
          entfernen(st)
        ElseIf st.Equals("#&#&") Then
          rbxText.AppendText("Bitte einen anderen Namen verwenden!" & VbCrLf)
          loesch = False
          horch = False
        ElseIf Not st.Equals("") Then
          rbxText.AppendText(st & VbCrLf)
        End If
      End If
    End While

    If loesch Then lbxClient.Items.Clear()
    loesch = True
```

```
    btnVerbinden.Enabled = True
    btnTrennen.Enabled = False
    btnSenden.Enabled = False

    If Not ns Is Nothing Then ns.Close()
    If Not sr Is Nothing Then sr.Close()
    If Not sw Is Nothing Then sw.Close()
  End Sub


  Function empfangen() As String
    Dim st  As String = ""

    Try
      st = sr.ReadLine()
      If st Is Nothing Then horch = False
    Catch ex As Exception
      MessageBox.Show(ex.Message)
      horch = False
    End Try

    Return st
  End Function


  Sub senden(ByVal text As String)
    Try
      sw.WriteLine(text)
      sw.Flush()
    Catch ex As Exception
      MessageBox.Show(ex.Message)
      horch = False
    End Try
  End Sub

  Sub entfernen(ByVal name As String)
    Dim i As Integer = 0
    While i < lbxClient.Items.Count
      If lbxClient.Items(i) = name Then
        lbxClient.Items.RemoveAt(i)
        i -= 1
      End If
      i += 1
    End While
  End Sub

  Shared Sub Main()
    Application.Run(New Chat())
  End Sub
End Class
```

Daten können auch asynchron übertragen werden. Dies bedeutet, dass die Datenübertragung im Hintergrund läuft, während das Programm unterdessen andere Aufgaben wahrnimmt. Sobald dann zB. der Lesepuffer voll ist oder der Schreibpuffer vollständig übertragen ist, wird ein Ereignis ausgelöst, auf das man mittels Eventhandler reagieren kann. Die Klasse `Stream` und alle davon abgeleiteten Klassen wie `FileStream` und `NetworkStream` besitzen zu diesem Zweck die Methoden `BeginRead`, `EndRead`, `BeginWrite` und `EndWrite`. Die Klasse `Socket` enthält die Methoden `BeginAccept`, `EndAccept`, `BeginConnect`, `EndConnect`, `BeginReceive`, `EndReceive`, `BeginSend` und `EndSend`. Es können daher sowohl Dateien asynchron geschrieben und gelesen werden, als auch Daten im Netzwerk asynchron übertragen werden.

Beispiel 10.4_12 demonstriert anhand einer verbindungsbasierten Klient-Server-Anwendung das Grundprinzip der asynchronen Datenübertragung. Der Server `10.4_12a.vb` bildet eine Instanz der Klasse `Socket` und führt dann wie üblich `Bind` und `Listen` aus. Danach hat man die Wahl zwischen `Accept` und `BeginAccept`. Verwendet man `BeginAccept`, so wird ein Hintergrundprozess erzeugt, der auf die Verbindungsanforderung des Klienten wartet. Gleichzeitig wird die nach

```
s.BeginAccept(New AsyncCallback(AddressOf akzeptiert), Nothing)
```

folgende Endlosschleife

```
While True
  Console.WriteLine("Server Routine 1")
  Thread.Sleep(2000)
End While
```

ausgeführt, die alle zwei Sekunden `"Server Routine 1"` ausgibt. Die Methode `BeginAccept` erwartet zwei Parameter. Der erste Parameter ist die Adresse einer Methode und der zweite ein Objekt, mit dem zusätzliche Informationen übergeben werden können, was hier jedoch nicht benutzt wird. Die Methode ist der Eventhandler

```
Sub akzeptiert(ByVal ar As IAsyncResult)
```

Sie wird aufgerufen sobald eine Verbindungsanforderung zum Erfolg geführt hat. Die von diesem Eventhandler zuerst aufgerufene Methode `EndAccept` gibt einen Socket zurück, der mit dem entsprechenden Klienten verbunden ist.

Nun folgen die Anweisungen BeginReceive mit dem Puffer br und dem Eventhandler empfangen und BeginSend mit dem Puffer bs und dem Eventhandler gesendet. Beide Anweisungen führen die Empfangs- und Sendeoperationen im Hintergrund aus.

Mittlerweile laufen vier Prozesse. Das Hauptprogramm führt die erste Endlosschleife aus. Der von BeginAccept erzeugte Hintergrundprozess führt nach dem Abarbeiten von EndAccept, BeginReceive und BeginSend eine zweite Endlosschleife aus. Und die beiden von BeginReceive und BeginSend erzeugten Hintergrundprozesse empfangen und senden Daten. Ist der Empfangspuffer br voll, so wird der Eventhandler empfangen aufgerufen. Ist der Sendepuffer bs vollständig gesendet, so wird der Eventhandler gesendet aufgerufen.

Der Eventhandler empfangen ruft EndReceive auf, das die Anzahl der empfangenen Bytes zurückgibt. Diese Bytes werden ausgegeben, und anschließend wird wieder BeginReceive aufgerufen, um weitere Daten zu empfangen. Der Eventhandler gesendet ruft EndSend auf, das die Anzahl der gesendeten Bytes zurückgibt. Es wird ausgegeben, wie viele Bytes gesendet worden sind, und anschließend wird wieder BeginSend aufgerufen, um weitere Daten zu senden.

Statt Listen und BeginAccept ruft der Klient 10.4_12b.vb die Methode

```
s.BeginConnect( _
  New IPEndPoint(IPAddress.Parse("192.168.1.2"), 65000), _
  New AsyncCallback(AddressOf verbunden), s)
```

auf und fordert damit vom Server eine Verbindung an. Die Verbindungsanforderung läuft als Hintergrundprozess. Bei Erfolg wird der Eventhandler verbunden aufgerufen, der EndConnect, BeginReceive und BeginSend aufruft und danach in eine Endlosschleife eintritt. Auch beim Klienten laufen jetzt vier Prozesse. Der weitere Ablauf des Klienten entspricht dem des Servers.

```
' Datei 10.4_12a.vb

Imports System
Imports System.Text
Imports System.Threading
Imports System.Net
Imports System.Net.Sockets
Imports System.Runtime.Remoting.Messaging
```

```
Class Haupt
  Dim s, sa As Socket
  Dim br(19), bs() As Byte

  Sub New()
    bs = Encoding.ASCII.GetBytes("vom Server")

    s = New Socket( _
      AddressFamily.InterNetwork, SocketType.Stream, ProtocolType.Tcp)

    s.Bind(New IPEndPoint(IPAddress.Any, 65000))
    s.Listen(1)
    s.BeginAccept(New AsyncCallback(AddressOf akzeptiert), Nothing)

    While True
      Console.WriteLine("Server Routine 1")
      Thread.Sleep(2000)
    End While
  End Sub

  Sub akzeptiert(ByVal ar As IAsyncResult)
    sa = s.EndAccept(ar)

    sa.BeginReceive(br, 0, br.Length, 0, _
      New AsyncCallback(AddressOf empfangen), Nothing)

    sa.BeginSend(bs, 0, bs.Length, 0, _
      New AsyncCallback(AddressOf gesendet), Nothing)

    While True
      Console.WriteLine("Server Routine 2")
      Thread.Sleep(2000)
    End While
  End Sub

  Sub empfangen(ByVal ar As IAsyncResult)
    Dim nr As Integer = sa.EndReceive(ar)
    Thread.Sleep(2000)

    If nr >0 Then
      Console.WriteLine(Encoding.ASCII.GetString(br))
      Array.Clear(br, 0, br.Length)
      sa.BeginReceive(br, 0, br.Length, 0, _
        New AsyncCallback(AddressOf empfangen), Nothing)
    End If
  End Sub

  Sub gesendet(ByVal ar As IAsyncResult)
    Dim ns As Integer = sa.EndSend(ar)
    Thread.Sleep(2000)
```

```
    If ns > 0 Then
      Console.WriteLine("Server hat {0} Byte gesendet", ns)
      sa.BeginSend(bs, 0, bs.Length, 0, _
        New AsyncCallback(AddressOf gesendet), Nothing)
    End If
  End Sub

  Shared Sub Main()
    Dim h As New Haupt()
  End Sub
End Class
```

```
' Datei 10.4_12b.vb

Imports System
Imports System.Text
Imports System.Threading
Imports System.Net
Imports System.Net.Sockets
Imports System.Runtime.Remoting.Messaging

Class Haupt
  Dim s As Socket
  Dim br(19), bs() As Byte

  Sub New()
    bs = Encoding.ASCII.GetBytes("vom Klienten")

    s = New Socket( _
      AddressFamily.InterNetwork, SocketType.Stream, ProtocolType.Tcp)

    s.Bind(New IPEndPoint(IPAddress.Any, 65001))
    s.BeginConnect( _
      New IPEndPoint(IPAddress.Parse("192.168.1.2"), 65000), _
      New AsyncCallback(AddressOf verbunden), s)

    While True
      Console.WriteLine("Klient Routine 1")
      Thread.Sleep(2000)
    End While
  End Sub

  Sub verbunden(ByVal ar As IAsyncResult)
    s.EndConnect(ar)

    s.BeginReceive(br, 0, br.Length, 0, _
      New AsyncCallback(AddressOf empfangen), Nothing)

    s.BeginSend(bs, 0, bs.Length, 0, _
```

```
      New AsyncCallback(AddressOf gesendet), Nothing)

    While True
      Console.WriteLine("Klient Routine 2")
      Thread.Sleep(2000)
    End While
  End Sub

  Sub empfangen(ByVal ar As IAsyncResult)
    Dim nr As Integer = s.EndReceive(ar)
    Thread.Sleep(2000)

    If nr >0
      Console.WriteLine(Encoding.ASCII.GetString(br))
      Array.Clear(br, 0, br.Length)
      s.BeginReceive(br, 0, br.Length, 0, _
        New AsyncCallback(AddressOf empfangen), Nothing)
    End If
  End Sub

  Sub gesendet(ByVal ar As IAsyncResult)
    Dim ns As Integer = s.EndSend(ar)
    Thread.Sleep(2000)

    If ns > 0
      Console.WriteLine("Klient hat {0} Byte gesendet", ns)
      s.BeginSend(bs, 0, bs.Length, 0, _
        New AsyncCallback(AddressOf gesendet), Nothing)
    End If
  End Sub

  Shared Sub Main()
    Dim h As New Haupt()
  End Sub
End Class
```

Ausgabe des Servers:

```
Server Routine 1
Server Routine 1
Server Routine 1
Server Routine 2
Server Routine 1
Server Routine 2
vom Klienten
Server hat 10 Byte gesendet
Server Routine 1
Server Routine 2
vom Klienten
Server hat 10 Byte gesendet
Server Routine 1
```

```
Server Routine 2
vom Klienten
Server hat 10 Byte gesendet
Server Routine 1
Server Routine 2
vom Klienten
Server hat 10 Byte gesendet
Server Routine 1
Server Routine 2
vom Klienten
```

Ausgabe des Klienten:

```
Klient Routine 1
Klient Routine 2
Klient Routine 1
Klient Routine 2
Klient hat 12 Byte gesendet
vom Server
Klient Routine 1
Klient Routine 2
Klient hat 12 Byte gesendet
vom Server
Klient Routine 1
Klient Routine 2
Klient hat 12 Byte gesendet
vom Server
Klient Routine 1
Klient Routine 2
Klient hat 12 Byte gesendet
vom Server
Klient Routine 1
Klient Routine 2
Klient hat 12 Byte gesendet
```

11 Der Zugriff auf die Registry

Diese Kapitel zeigt, wie Schlüssel und Werte in der Registry gelesen, geschrieben, angelegt und gelöscht werden. Es wird auch erläutert, wie man mit `OpenRemoteBaseKey` auf die Registry eines anderen Computers im Netzwerk zugreifen kann.

11.1 Die Klassen Registry und RegistryKey

In der Registry bzw. Registrierung sind zahlreiche Informationen über die Hard- und Software des Computers gespeichert. Die Registrierung ähnelt in ihrem hierarchischen Aufbau mit Schlüsseln, Unterschlüsseln und Werten dem Aufbau eines Dateisystems mit Verzeichnissen, Unterverzeichnissen und Dateien. Die Registrierung kann nicht nur systembezogene, sondern auch benutzer- oder programmbezogene Daten aufnehmen. Sowohl Benutzer als auch Programme können Schlüssel und Werte lesen, schreiben und anlegen.

Einsicht in die Registrierung bekommt man mit dem Registrierungs-Editor `regedit.exe`, der darüber hinaus in der Lage ist, die gesamte Registrierung oder auch Teile der Registrierung zu exportieren. Bevor man Änderungen an der Registrierung vornimmt, sollte man unbedingt eine Sicherheitskopie anfertigen. Wählt man im Menü des Registrierungs-Editors die Option `Registrierung - Registrierungsdatei exportieren` und klickt unter `Exportbereich` die Option `Alles` an, so erhält man nach Angabe eines Dateinamens zB. `regsave` und dem Anklicken von `Speichern` die Datei `regsave.reg`. Den ordnungsgemäßen Zustand der Registrierung kann man dann durch Importieren der Datei `regsave.reg` mit Hilfe des Registrierungs-Editors wiederherstellen. Hat sich ein gravierender Fehler eingestellt, dem zufolge der Rechner nicht mehr hochläuft, so kann man versuchen, die Reparatur im abgesicherten Modus durchzuführen. Um in den abgesicherten Modus zu gelangen, muss man beim Hochlaufen des Rechners die F8-Taste drücken. Man gelangt dadurch in ein Menü, das den abgesicherten Modus zur Auswahl zur Verfügung stellt. Eine Notfalldiskette sollte ebenfalls angelegt werden. Klickt man dabei die Option Die Registrierung im Wiederherstellungsverzeichnis sichern an, so kann man die Registrierung mit Hilfe der Notfalldiskette wiederherstellen.

Man unterscheidet zwischen Basisschlüsseln und Unterschlüsseln. Jeder Schlüssel, der kein Basisschlüssel ist, ist ein Unterschlüssel. Die Einstiegspunkte der Registrierung bilden die Basisschlüssel. Die Basisschlüssel sind als statische Felder vom Typ `RegistryKey` in der Klasse

`Microsoft.Win32.Registry`

enthalten.

CurrentUser	HKEY_CURRENT_USER	Benutzereinstellungen
LocalMachine	HKEY_LOCAL_MACHINE	Konfigurationsinformationen
ClassesRoot	HKEY_CLASSES_ROOT	Typen und Klassen
Users	HKEY_USERS	Standardkonfiguration des Benutzers
PerformanceData	HKEY_PERFORMANCE_DATA	Leistungsinformationen
CurrentConfig	HKEY_CURRENT_CONFIG	Hardwareinformationen
DynData	HKEY_DYN_DATA	dynamische Daten

Die Klasse `Microsoft.Win32.RegistryKey` stellt Eigenschaften und Methoden zur Verfügung, mit denen man Schlüssel und Werte bearbeiten kann.

Eigenschaften der Klasse `RegistryKey`:

Name	der Name des Schlüssels
SubKeyCount	die Anzahl der Unterschlüssel
ValueCount	die Anzahl der zugeordneten Werte

Methoden der Klasse RegistryKey:

Close	schließt den Schlüssel
CreateSubKey	ein neuer Unterschlüssel wird erstellt oder ein vorhandener Unterschlüssel wird geöffnet
DeleteSubKey	der Unterschlüssel wird gelöscht
DeleteSubKeyTree	der Schlüssel und sämtliche Unterschlüssel werden gelöscht
DeleteValue	der Wert wird gelöscht
Flush	Die Daten eines geöffneten Schlüssels werden in die Registrierung geschrieben
GetSubKeyNames	Die Namen der Unterschlüssel
GetValue	Wert
GetValueNames	Namen der Werte
OpenRemoteBaseKey	Basisschlüssel auf einem anderen Rechner
OpenSubKey	ein Unterschlüssel wird geöffnet
SetValue	ein Wert wird geschrieben

11.2 Schlüssel und Werte lesen

Die Anweisung Registry.LocalMachine.OpenSubKey öffnet einen Unterschlüssel des Basisschlüssels HKEY_LOCAL_MACHINE. Die Eigenschaften Name, SubKeyCount und ValueCount dieses Unterschlüssels werden protokolliert. Ansschließend werden mit key.GetSubKeyNames die Namen der Unterschlüssel des Schlüssels key als Stringarray abgefragt und dann ebenfalls protokolliert. Zum Schluss wird der geöffnete Schlüssel wieder geschlossen.

```
' Datei 11.2_1.vb

Imports System
Imports Microsoft.Win32
Imports Microsoft.VisualBasic

Class Haupt
  Sub New()
    Try
      Dim key As RegistryKey = _
        Registry.LocalMachine.OpenSubKey( _
        "SOFTWARE\Microsoft\Windows\CurrentVersion")

      Console.WriteLine( _
        "Name:        {0}", key.Name)
      Console.WriteLine( _
        "SubKeyCount: {0}", key.SubKeyCount)
      Console.WriteLine( _
        "ValueCount:  {0}" & VbCrLf, key.ValueCount)

      Dim names() As String = key.GetSubKeyNames()
      Dim s As String
      For Each s In names
        Console.WriteLine(s)
      Next

      key.Close()
    Catch e As Exception
      Console.WriteLine(e.Message)
    End Try
  End Sub

  Shared Sub Main()
    Dim h As New Haupt()
  End Sub
End Class
```

Ausgabe:

```
Name:        HKEY_LOCAL_MACHINE\SOFTWARE\Microsoft\Windows\CurrentVersion
SubKeyCount: 42
ValueCount:  11

AdminDebug
App Management
App Paths
Applets
Control Panel
Controls Folder
CSCSettings
Dynamic Directory
Explorer
Extensions
. . .
```

Der Schlüssel `key` und sein Unterschlüssel `subkey` werden geöffnet. Dadurch weist `subkey` auf

`HKEY_LOCAL_MACHINE\SOFTWARE\Microsoft\Windows\CurrentVersion.`

Mit `subkey.GetSubKeyNames` werden die Namen der Unterschlüssel des Schlüssels `subkey` ermittelt. Um die unter dem Schlüssel `subkeys` gespeicherten Werte zu ermitteln, wird die Anweisung `subkey.GetValueNames` benutzt, die einen Stringarray mit den Namen der Werte zurückgibt. Der Stringarray mit den Namen wird mit einer foreach-Schleife durchlaufen. Bei jedem Durchlauf steht einer der Namen im String `s` und die Anweisung `subkey.GetValue(s)` liefert den dazugehörigen Wert.

```
' Datei 11.2_2.vb

Imports System
Imports Microsoft.Win32
Imports Microsoft.VisualBasic

Class Haupt
  Sub New()
    Try
      Dim key As RegistryKey = _
        Registry.LocalMachine.OpenSubKey( _
        "SOFTWARE\Microsoft\Windows\CurrentVersion")

      Dim subkey As RegistryKey = key.OpenSubKey("Setup")
```

```
      Console.WriteLine( _
        "Unterschlüssel von" & VbCrLf & "{0}:" & VbCrLf, subkey.Name)
      Dim subkeys() As String = subkey.GetSubKeyNames()
      Dim s As String
      For Each s In subkeys
        Console.WriteLine(s)
      Next

      Console.WriteLine(VbCrLf & VbCrLf & "Werte:" & VbCrLf)
      Dim values() As String = subkey.GetValueNames()
      For Each s In values
        Console.WriteLine("{0}  {1}", _
          s.PadRight(25), subkey.GetValue(s))
      Next

      subkey.Close()
      key.Close()
    Catch e As Exception
      Console.WriteLine(e.Message)
    End Try
  End Sub

  Shared Sub Main()
    Dim h As New Haupt()
  End Sub
End Class
```

Ausgabe:

```
Unterschlüssel von
HKEY_LOCAL_MACHINE\SOFTWARE\Microsoft\Windows\CurrentVersion\Setup:

BaseWinOptions
EncInst
ExceptionComponents
OC Manager
OptionalComponents


Werte:

DriverCachePath           D:\WINNT\Driver Cache
BootDir                   C:\
Installation Sources      System.String[]
SourcePath                E:\
ServicePackSourcePath     d:\winnt\ServicePackFiles
CDInstall                 1
```

11.3 Schlüssel und Werte anlegen

Von der Methode OpenSubKey, die bisher mit einem Parameter verwendet worden ist, gibt es eine Überladung mit zwei Parametern. Der erste Parameter ist der Name des Schlüssels und der zweite Parameter regelt den Zugriff. Übergibt man dem Zweiten Parameter den Wert True, so wird der Schlüssel zum Lesen und Schreiben geöffnet. In allen anderen Fällen wird der Schlüssel nur zum Lesen geöffnet. Die Anweisung

```
Dim key As RegistryKey = _
  Registry.LocalMachine.OpenSubKey("SOFTWARE", True)
```

öffnet den Schlüssel HKEY_LOCAL_MACHINE\SOFTWARE zum Lesen und Schreiben. Der Unterschlüssel VB_Beispiele wird mit

```
Dim subl As RegistryKey = _
  key.CreateSubKey("VB_Beispiele")
```

angelegt. Durch Anlegen weiterer Unterschlüssel entseht eine baumartige Hierarchie von Schlüsseln. Unter einigen Schlüsseln werden Werte angelegt. Die Anweisung

```
sub112.SetValue("Quelldatei", "1.2.1.vb")
```

legt unter dem Schlüssel sub112 einen Wert mit dem Namen Quelldatei und dem Inhalt 1.2.1.vb an. Falls schon ein Wert mit dem angegebenen Namen existiert, so ändert die Methode SetValue diesen Wert. Der erfolgreiche Ablauf des Programms kann mit dem Registrierungs-Editor überprüft werden. Die angelegten Schlüssel sind unter

```
HKEY_LOCAL_MACHINE\SOFTWARE\ VB_Beispiele
```

gespeichert. Nach einer oder mehreren Schreiboperationen ist es wichtig, alle geöffneten Schlüssel zu schließen. Beim Schließen werden die Änderungen in der Registrierung gespeichert. Sollen die Änderungen bei geöffnetem Schlüssel in der Registrierung gespeichert werden, so kann man dies durch die Verwendung der Methode Flush sicherstellen.

```
' Datei 11.3_1.vb

Imports System
Imports Microsoft.Win32

Class Haupt
  Sub New()
    Try
      Dim key As RegistryKey = _
        Registry.LocalMachine.OpenSubKey("SOFTWARE", True)
      Dim sub1 As RegistryKey = _
        key.CreateSubKey("VB_Beispiele")

      Dim sub11 As RegistryKey = _
        sub1.CreateSubKey("Beispiel 1.2.1")
      Dim sub111 As RegistryKey = _
        sub11.CreateSubKey("Thema")
      sub111.SetValue("Thema 1", "Name")
      sub111.SetValue("Thema 2", "SubKeyCount")
      sub111.SetValue("Thema 3", "ValueCount")
      sub111.SetValue("Thema 4", "OpenSubKey")
      sub111.SetValue("Thema 5", "GetSubKeyNames")
      sub111.Close()
      Dim sub112 As RegistryKey = _
        sub11.CreateSubKey("Datei")
      sub112.SetValue("Quelldatei", "1.2.1.vb")
      sub112.SetValue("ausführbare Datei", "1.2.1.exe")
      sub112.Close()
      sub11.Close()

      Dim sub12 As RegistryKey = _
        sub1.CreateSubKey("Beispiel 1.2.2")
      Dim sub121 As RegistryKey = _
        sub12.CreateSubKey("Thema")
      sub121.SetValue("Thema 1", "GetValueNames")
      sub121.SetValue("Thema 2", "GetValue")
      sub121.Close()
      Dim sub122 As RegistryKey = _
        sub12.CreateSubKey("Datei")
      sub122.SetValue("Quelldatei", "1.2.2.vb")
      sub122.SetValue("ausführbare Datei", "1.2.2.exe")
      sub122.Close()
      sub12.Close()

      Dim sub13 As RegistryKey = _
        sub1.CreateSubKey("Beispiel 1.3.1")
      Dim sub131 As RegistryKey = _
        sub13.CreateSubKey("Thema")
      sub131.SetValue("Thema 1", "CreateSubKey")
      sub131.SetValue("Thema 2", "SetValue")
      sub131.Close()
```

```
      Dim sub132 As RegistryKey = _
        sub13.CreateSubKey("Datei")
      sub132.SetValue("Quelldatei", "1.3.1.vb")
      sub132.SetValue("ausführbare Datei", "1.3.1.exe")
      sub132.Close()
      sub13.Close()

      sub1.Close()
      key.Close()
    Catch e As Exception
      Console.WriteLine(e.Message)
    End Try
  End Sub

  Shared Sub Main()
    Dim h As New Haupt()
  End Sub
End Class
```

11.4 Schlüssel und Werte rekursiv lesen

Der Schlüssel `HKEY_LOCAL_MACHINE\SOFTWARE\Vb_Beispiele` wird geöffnet. Der Name dieses Schlüssels wird protokolliert. Danach wird die Methode `subkeyNames` aufgerufen und der Schlüssel wieder geschlossen. Die Methode `subkeyNames` ist rekursiv. Sie ruft sich selbst auf und ist dadurch in der Lage, die Schlüsselhierarchie ganz oder teilweise zu durchlaufen. Der durchlaufene Teil der Hierarchie hängt vom Einstiegspunkt ab.

Die Methode `subkeyNames` fragt mit

```
Dim subkeys() As String = key.GetSubKeyNames()
Dim s As String
For Each s In subkeys

  . . .

Next
```

zunächst die Namen der Unterschlüssel des als Parameter übergebenen Schlüssels ab und durchläuft dann mit der foreach-Schleife den Stringarray mit den Namen. Nun geht es innerhalb der foreach-Schleife weiter. Die Anweisungen

```
Dim subkey As RegistryKey = key.OpenSubKey(s)
For i=0 To r-1
  Console.Write("  ")
Next
```

öffnen den Unterschlüssel mit dem Namen s und protokollieren den Namen s. Der Name wird in Abhängigkeit von der Rekursionstiefe r durch Einfügen von Leerzeichen eingerückt. Dann wird untersucht, ob unter dem Schlüssel subkey Werte gespeichert sind. Die Anweisungen

```
Dim values() As String = subkey.GetValueNames()
Dim v As String
For Each v In values
  For i=0 To r-1
    Console.Write("  ")
  Next
  Console.WriteLine("Wert von {0}: {1}", v, subkey.GetValue(v))
Next
```

ermitteln die Namen der Werte und protokollieren diese Namen und die unter den Namen gespeicherten Werte. Die ausgegebenen Zeilen werden um zwei Leerzeichen mehr eingerückt als der Schlüssel, zu dem diese Werte gehören. Da unter dem Schlüssel subkey weitere Unterschlüssel vorhanden sein können, folgt der rekursive Aufruf

```
subkeyNames(subkey, r+1)
```

der Methode subkeyNames, bei dem der Schlüssel subkey und die um 1 erhöhte Rekursionstiefe als Parameter übergeben werden. Dieser Vorgang setzt sich solange fort bis keine Unterschlüssel mehr vorhanden sind. Am Ende wird der geöffnete Schlüssel subkey mit

```
subkey.Close()
```

wieder geschlossen.

```
' Datei 11.4_1.vb

Imports System
Imports Microsoft.Win32

Class Haupt
  Sub New()
    Try
      Dim key As RegistryKey = _
        Registry.LocalMachine.OpenSubKey( _
        "SOFTWARE\VB_Beispiele")
      Console.WriteLine(key.Name)
```

```
      subkeyNames(key, 1)
      key.Close()
    Catch e As Exception
      Console.WriteLine(e.Message)
    End Try
  End Sub

  Sub subkeyNames(ByVal key As RegistryKey, ByVal r As Integer)
    Dim i As Integer
    Dim subkeys() As String = key.GetSubKeyNames()
    Dim s As String
    For Each s In subkeys
      Dim subkey As RegistryKey = key.OpenSubKey(s)
      For i=0 To r-1
        Console.Write("  ")
      Next
      Console.WriteLine(s)

      Dim values() As String = subkey.GetValueNames()
      Dim v As String
      For Each v In values
        For i=0 To r-1
          Console.Write("  ")
        Next
        Console.WriteLine("Wert von {0}: {1}", v, subkey.GetValue(v))
      Next

      subkeyNames(subkey, r+1)
      subkey.Close()
    Next
  End Sub

  Shared Sub Main()
    Dim h As New Haupt()
  End Sub
End Class
```

Ausgabe:

```
HKEY_LOCAL_MACHINE\SOFTWARE\VB_Beispiele
  Beispiel 1.2.1
    Datei
    Wert von Quelldatei: 1.2.1.vb
    Wert von ausführbare Datei: 1.2.1.exe
    Thema
    Wert von Thema 1: Name
    Wert von Thema 2: SubKeyCount
    Wert von Thema 3: ValueCount
    Wert von Thema 4: OpenSubKey
    Wert von Thema 5: GetSubKeyNames
```

```
Beispiel 1.2.2
  Datei
  Wert von Quelldatei: 1.2.2.vb
  Wert von ausführbare Datei: 1.2.2.exe
  Thema
  Wert von Thema 1: GetValueNames
  Wert von Thema 2: GetValue
Beispiel 1.3.1
  Datei
  Wert von Quelldatei: 1.3.1.vb
  Wert von ausführbare Datei: 1.3.1.exe
  Thema
  Wert von Thema 1: CreateSubKey
  Wert von Thema 2: SetValue
```

11.5 Schlüssel und Werte löschen

Zum Löschen von Schlüsseln stehen die Methoden `DeleteSubKey` und `DeleteSubKeyTree` zur Verfügung. Werte werden mit `DeleteValue` gelöscht. Drei kurze Beispiele erläutern den Gebrauch dieser Methoden.

Der Schlüssel

```
HKEY_LOCAL_MACHINE\SOFTWARE\VB_Beispiele\Beispiel 1.2.2\Thema
```

wird zum Lesen und Schreiben geöffnet. Die Anweisung

```
key.DeleteValue("Thema 2")
```

löscht den Wert mit dem Namen `Thema 2`.

```
' Datei 11.5_1.vb

Imports System
Imports Microsoft.Win32

Class Haupt
  Sub New()
    Try
      Dim key As RegistryKey = _
        Registry.LocalMachine.OpenSubKey( _
        "SOFTWARE\VB_Beispiele\Beispiel 1.2.2\Thema", True)
      key.DeleteValue("Thema 2")

      key.Close()
    Catch e As Exception
      Console.WriteLine(e.Message)
    End Try
```

```
  End Sub

  Shared Sub Main()
    Dim h As New Haupt()
  End Sub
End Class
```

Der Schlüssel

```
HKEY_LOCAL_MACHINE\SOFTWARE\VB_Beispiele\Beispiel 1.3.1
```

wird zum Lesen und Schreiben geöffnet. Die Anweisung

```
key.DeleteSubKey("Datei")
```

löscht den Unterschlüssel `Datei`.

```
' Datei 11.5_2.vb

Imports System
Imports Microsoft.Win32

Class Haupt
  Sub New()
    Try
      Dim key As RegistryKey = _
        Registry.LocalMachine.OpenSubKey( _
        "SOFTWARE\VB_Beispiele\Beispiel 1.3.1", True)
      key.DeleteSubKey("Datei")

      key.Close()
    Catch e As Exception
      Console.WriteLine(e.Message)
    End Try
  End Sub

  Shared Sub Main()
    Dim h As New Haupt()
  End Sub
End Class
```

Der Schlüssel `HKEY_LOCAL_MACHINE\SOFTWARE` wird zum Lesen und Schreiben geöffnet. Die Anweisung

```
key.DeleteSubKeyTree("VB_Beispiele")
```

löscht die gesamte Schlüsselhierarchie VB_Beispiele.

```
' Datei 11.5_3.vb

Imports System
Imports Microsoft.Win32

Class Haupt
  Sub New()
    Try
      Dim key As RegistryKey = _
        Registry.LocalMachine.OpenSubKey("SOFTWARE", True)
      key.DeleteSubKeyTree("VB_Beispiele")

      key.Close()
    Catch e As Exception
      Console.WriteLine(e.Message)
    End Try
  End Sub

  Shared Sub Main()
    Dim h As New Haupt()
  End Sub
End Class
```

11.6 OpenRemoteBaseKey

Die Methode OpenRemoteBaseKey ermöglicht den Zugriff auf die Registrierung eines Rechners im Netzwerk. Der Remote-Zugriff ist nur möglich, wenn der Remote-Registrierungsdienst vorhanden und gestartet ist. Dies kann man folgendermaßen überprüfen:

```
Start - Einstellungen - Systemsteuerung
Doppelklick auf Verwaltung
Doppelklick auf Dienste
```

Das Programm Dienste listet alle Dienste und deren Zustand auf. Die Dienste sind alphabetisch geordnet. Findet man den Eintrag `RemoteRegistrierung` oder `RemoteRegistrierungsdienst` und dahinter den Eintrag `Gestartet`, so sind die Voraussetzungen erfüllt.

Die Aufzählung `RegistryHive` enthält die Basisschlüssel für den Remotezugriff. Die Anweisung

```
Dim basekey As RegistryKey = _
  RegistryKey.OpenRemoteBaseKey(RegistryHive.LocalMachine, "hr")
```

öffnet den Basisschlüssel `HKEY_LOCAL_MACHINE` auf dem Host `hr`. Ist man im Besitz des Basisschlüssels, so kann man weitere Schlüssel wie auf dem lokalen Rechner öffnen.

Mit

```
Dim key As RegistryKey = _
  basekey.OpenSubKey("SOFTWARE", True)
```

wird der Unterschlüssel SOFTWARE zum Lesen und Schreiben geöffnet. Der weitere Ablauf entspricht dem des Beispiels 11.3_1. Die dort in die lokale Registrierung eingetragenen Schlüssel und Werte werden jetzt in die Registrierung des Hosts hr eingetragen.

```
' Datei 11.6_1.vb

Imports System
Imports Microsoft.Win32

Class Haupt
  Sub New()
    Try
      Dim basekey As RegistryKey = _
        RegistryKey.OpenRemoteBaseKey(RegistryHive.LocalMachine, "hr")
      Dim key As RegistryKey = _
        basekey.OpenSubKey("SOFTWARE", True)
      Dim sub1 As RegistryKey = _
        key.CreateSubKey("VB_Beispiele")

      Dim sub11 As RegistryKey = _
        sub1.CreateSubKey("Beispiel 1.2.1")
      Dim sub111 As RegistryKey = _
        sub11.CreateSubKey("Thema")
      sub111.SetValue("Thema 1", "Name")
      sub111.SetValue("Thema 2", "SubKeyCount")
      sub111.SetValue("Thema 3", "ValueCount")
      sub111.SetValue("Thema 4", "OpenSubKey")
      sub111.SetValue("Thema 5", "GetSubKeyNames")
      sub111.Close()
      Dim sub112 As RegistryKey = _
        sub11.CreateSubKey("Datei")
      sub112.SetValue("Quelldatei", "1.2.1.vb")
      sub112.SetValue("ausführbare Datei", "1.2.1.exe")
      sub112.Close()
      sub11.Close()

      Dim sub12 As RegistryKey = _
        sub1.CreateSubKey("Beispiel 1.2.2")
      Dim sub121 As RegistryKey = _
        sub12.CreateSubKey("Thema")
      sub121.SetValue("Thema 1", "GetValueNames")
      sub121.SetValue("Thema 2", "GetValue")
      sub121.Close()
```

```
        Dim sub122 As RegistryKey = _
          sub12.CreateSubKey("Datei")
        sub122.SetValue("Quelldatei", "1.2.2.vb")
        sub122.SetValue("ausführbare Datei", "1.2.2.exe")
        sub122.Close()
        sub12.Close()

        Dim sub13 As RegistryKey = _
          sub1.CreateSubKey("Beispiel 1.3.1")
        Dim sub131 As RegistryKey = _
          sub13.CreateSubKey("Thema")
        sub131.SetValue("Thema 1", "CreateSubKey")
        sub131.SetValue("Thema 2", "SetValue")
        sub131.Close()
        Dim sub132 As RegistryKey = _
          sub13.CreateSubKey("Datei")
        sub132.SetValue("Quelldatei", "1.3.1.vb")
        sub132.SetValue("ausführbare Datei", "1.3.1.exe")
        sub132.Close()
        sub13.Close()

        sub1.Close()
        key.Close()
      Catch e As Exception
        Console.WriteLine(e.Message)
      End Try
    End Sub

    Shared Sub Main()
      Dim h As New Haupt()
    End Sub
End Class
```

Auch im nächsten Beispiel wird der Basisschlüssel `HKEY_LOCAL_MACHINE` auf dem Host `hr` geöffnet. Anschließend wird der Unterschlüssel `SOFTWARE\VB_Beispiele` zum Lesen geöffnet. Dann geht es weiter wie bei Beispiel 11.4_1. Die mit dem vorigen Beispiel eingetragenen Schlüssel und Werte werden gelesen und protokolliert. Die Ausgabe entspricht der des Beispiels 11.4_1.

```
' Datei 11.6_2.vb

Imports System
Imports Microsoft.Win32

Class Haupt
  Sub New()
    Try
      Dim basekey As RegistryKey = _
```

```
        RegistryKey.OpenRemoteBaseKey( _
          RegistryHive.LocalMachine, "hr")
      Dim key As RegistryKey = _
        basekey.OpenSubKey("SOFTWARE\VB_Beispiele", False)
      Console.WriteLine(key.Name)

      subkeyNames(key, 1)
      key.Close()
    Catch e As Exception
      Console.WriteLine(e.Message)
    End Try
  End Sub

  Sub subkeyNames(ByVal key As RegistryKey, ByVal r As Integer)
    Dim i As Integer
    Dim subkeys() As String = key.GetSubKeyNames()
    Dim s As String
    For Each s In subkeys
      Dim subkey As RegistryKey = key.OpenSubKey(s, False)
      For i=0 To r-1
        Console.Write("  ")
      Next
      Console.WriteLine(s)

      Dim values() As String = subkey.GetValueNames()
      Dim v As String
      For Each v In values
        For i=0 To r
          Console.Write("  ")
        Next
        Console.WriteLine("Wert von {0}: {1}", v, subkey.GetValue(v))
      Next

      subkeyNames(subkey, r+1)
      subkey.Close()
    Next
  End Sub

  Shared Sub Main()
    Dim h As New Haupt()
  End Sub
End Class
```

Zum dritten mal wird der Basisschlüssel `HKEY_LOCAL_MACHINE` auf dem Host `hr` geöffnet. Dann wird der Unterschlüssel `SOFTWARE` zum Lesen und Schreiben geöffnet und die zuvor angelegten Schlüssel und Werte werden wie bei Beispiel 11.5_3 mit `DeleteSubKeyTree` gelöscht.

```
' Datei 11.6_3.vb

Imports System
Imports Microsoft.Win32

Class Haupt
  Sub New()
    Try
      Dim basekey As RegistryKey = _
        RegistryKey.OpenRemoteBaseKey( _
          RegistryHive.LocalMachine, "hr")
      Dim key As RegistryKey = _
        basekey.OpenSubKey("SOFTWARE", True)
      key.DeleteSubKeyTree("VB_Beispiele")

      key.Close()
    Catch e As Exception
      Console.WriteLine(e.Message)
    End Try
  End Sub

  Shared Sub Main()
     Dim h As New Haupt()
  End Sub
End Class
```

11.7 Die Datentypen der Registry

Der zweite Parameter der Methode `SetValue` ist vom Typ `Object`. Er kann daher, wie im Abschnitt 4.5 beschrieben, durch boxing und unboxing unterschiedliche Datentypen weitergeben. Die Registrierung kennt drei Datentypen.

```
REG_BINARY      Byte Array
REG_DWORD       Integer
REG_SZ          String
```

Um das Speichern von Werten mit unterschiedlichen Datentypen zu demonstrieren, wird der Schlüssel

```
HKEY_LOCAL_MACHINE\SOFTWARE
```

geöffnet und der Unterschlüssel `Datentypen` angelegt. Unter diesem Schlüssel werden mit `SetValue` drei Werte mit den oben aufgeführten Datentypen abgelegt.

```
' Datei 11.7_1.vb

Imports System
Imports Microsoft.Win32

Class Haupt
  Sub New()
    Dim b() As Byte = {1,2,3,4,5,6}
    Try
      Dim key As RegistryKey = _
        Registry.LocalMachine.OpenSubKey("SOFTWARE", True)
      Dim subkey As RegistryKey = key.CreateSubKey("Datentypen")

      subkey.SetValue("Binary-Typ", b)
      subkey.SetValue("DWORD-Typ", 125I)
      subkey.SetValue("String-Typ", "Hallo")

      subkey.Close()
      key.Close()
    Catch e As Exception
      Console.WriteLine(e.Message)
    End Try
  End Sub

  Shared Sub Main()
    Dim h As New Haupt()
  End Sub
End Class
```

12 Win32-Dienste

Nach einer grundlegenden Erläuterung der Bedeutung von Win32-Diensten wird ein eigenes Dienstkontrollprogramm entwickelt. Anschließend werden ein Datum-Uhrzeit-Dienst, ein Chatserver und ein Webserver als Win32-Dienst eingerichtet. Zum Schluss wird gezeigt, was zu tun ist, wenn ein Dienst blockiert

12.1 Grundlagen

Win32-Dienste bestehen aus der Dienstanwendung, dem Dienstkontrollprogramm, englisch Service Control Program, abegkürzt SCP und dem Dienststeuerungs-Manager, englisch Service Control Manager, abgekürzt SCM. Dienstanwendungen bestehen aus einer oder mehreren ausführbaren Dateien. Sie müssen registriert werden und können automatisch oder manuell als Win32-Dienst gestartet werden. Dienstanwendungen haben in den meisten Fällen keine Benutzeroberfläche. Ihr Verhalten ähnelt dem Verhalten von Hintergrundprozessen.

Das Programm `services.msc` mit dem Titel `Dienste` ist ein Dienstkontrollprogramm. Es listet die registrierten Dienste und deren Zustand auf und ist in der Lage, Dienste zu starten, zu beenden, anzuhalten und fortzusetzen. Man kann jedoch auch Dienstkontrollprogramme mit Eigenschaften, die auf den eigenen Bedarf abgestimmt sind, erstellen.

Der Dienststeuerungs-Manager wird automatisch zu Beginn des Systemstarts gestartet. Er scannt während des Systemstarts die Registrierung, legt eine interne Dienstdatenbank an und startet die Dienste mit automatischer Startoption. Er signalisiert bei allen auch manuell gestarteten Diensten, wann diese zur Zusammenarbeit mit einem Dienstkontrollprogramm bereit sind. Der Dienststeuerungs-Manager ist an allen Verwaltungsaufgaben im Zusammenhang mit Diensten beteiligt.

Im .NET Framework ist eine Dienstanwendung eine von der Klasse `ServiceBase` abgeleitete Klasse. Die wichtigsten Eigenschaften und Methoden dieser Klasse werden kurz vorgestellt.

Eigenschaften der Klasse `ServiceBase`:

CanHandlePowerEvent	Der Dienst reagiert auf den Standbymodus.
CanPauseAndContinue	Der Dienst kann angehalten und fortgesetzt werden.
CanShutdown	Der Dienst reagiert auf das Herunterfahren des Systems.
CanStop	Der Dienst kann beendet werden.
ServiceName	Der Name des Dienstes

Methoden der Klasse `ServiceBase`, **die auf Anforderungen des Dienststeuerungs-Managers reagieren:**

OnContinue	Der Dienst wird fortgesetzt.
OnCustomCommand	Ein Benutzerbefehl trifft ein.
OnPause	Der Dienst wird angehalten.
OnPowerEvent	Der Rechner geht in den Standbymodus.
OnShutdown	Der Rechner wird heruntergefahren.
OnStart	Der Dienst wird gestartet.
OnStop	Der Dienst wird beendet.

Die Verwendung der Klasse `ServiceBase` wird anhand eines Beispiels erklärt. Die Klasse `service` ist von `ServiceBase` abgeleitet. Da ein Dienst einen Namen braucht, wird der Eigenschaft `ServiceName` direkt im Konstruktor der Name `Service1` zugewiesen. Der Einstiegspunkt des Dienstes ist die Methode `Main`, in der sich die Anweisung

```
ServiceBase.Run(New service())
```

befindet. Dieser Methode wird eine Instanz der Klasse `service` übergeben. Nachdem die Instanz gebildet und der Konstruktor der Klasse `service` abgearbeitet ist, lädt die statische Methode `Run` den Dienst in den Speicher. Der Dienst ist aber noch nicht gestartet. Wird der Dienst durch ein Dienstkontrollprogramm gestartet, so reagiert die Methode `OnStart` auf die Anforderung des Dienststeuerungs-Managers.

```
' Service12.1_1.vb
Imports System
Imports System.ServiceProcess

Public Class service
Inherits ServiceBase
  Sub New()
    ServiceName = "Service1"
  End Sub
```

```
  Protected Overrides Sub OnStart(ByVal args() As String)
  End Sub

  Shared Sub Main()
    ServiceBase.Run(New service())
  End Sub
End Class
```

Um dem Dienststeuerungs-Manager einerseits den Dienst bekannt zu machen und ihm andererseits die Informationen zur Verfügung zu stellen, die zur Verwaltung und Steuerung des Dienstes notwendig sind, muss der Dienst registriert werden.

Das .NET Framework Installationsprogramm `InstallUtil.exe` übernimmt diese Aufgabe. Damit `InstallUtil` diese Aufgabe erfüllen kann, werden Informationen benötigt, die das Installationsprogramm steuern.

Diese Steuerung übernimmt eine von der Klasse `Installer` abgeleitete Klasse. Das Attribut `<RunInstaller(True)>` teilt `InstallUtil` mit, dass eine Installation beginnen soll. Die Eigenschaft `Installers` der Klasse `Installer` ist eine `InstallerCollection`, der die zuvor gebildeten Instanzen der Klassen `ServiceInstaller` und `ServiceProcessInstaller` hinzugefügt werden. Beide Instanzen enthalten Werte, die in die Registrierung eingetragen werden.

Der `ServiceInstaller` enthält in der Eigenschaft `ServiceName` den Namen `Service1` des Dienstes und in der Eigenschaft `StartType` den Wert `ServiceStartMode.Manual`. Der `ServiceProcessInstaller` enthält in der Eigenschaft `Account` den Wert `ServiceAccount.LocalSystem`.

Die Aufzählung `ServiceStartMode`:

Automatic	Der Dienst wird automatisch beim Systemstart gestartet.
Disabled	Der Dienst ist deaktiviert und kann nicht gestartet werden.
Manual	Der Dienst wird manuell durch ein Dienstkontrollprogramm gestartet.

Die Aufzählung `ServiceAccount`:

LocalService	Ein lokaler Benutzer erhält umfangreiche Berechtigungen. Er braucht keine Authentifizierung nachzuweisen. Von einem Remotebenutzer werden Anmeldeinformationen verlangt.
LocalSystem	Weder vom lokalen Benutzer noch vom Remotebenutzer wird eine Authentifizierung verlangt.

NetworkService	Ein lokaler Benutzer erhält eingeschränkte Berechtigungen. Er braucht keine Authentifizierung nachzuweisen. Von einem Remotebenutzer werden Anmeldeinformationen verlangt.
User	Die Eigenschaften Username und Password der Klasse ServiceProcessInstaller werden zur Authentifizierung benutzt.

```
' Install12.1_1.vb

Imports System
Imports System.ComponentModel
Imports System.Configuration.Install
Imports System.ServiceProcess

<RunInstaller(True)> _
Public Class install
Inherits Installer
  Sub New()
    Dim spi As New ServiceProcessInstaller()
    Dim si As New ServiceInstaller()
    spi.Account = ServiceAccount.LocalSystem
    si.StartType = ServiceStartMode.Manual
    si.ServiceName = "Service1"
    Installers.Add(si)
    Installers.Add(spi)
  End Sub
End Class
```

Die beiden oben abgebildeten Dateien `Service12.1_1.vb` und `Install12.1_1.vb` gehören zusammen. Die Dienstanwendung wird mit

```
vb Service12.1_1.vb Install12.1_1.vb
```

übersetzt. Ansschließend wird der Dienst mit

```
InstallUtil Service12.1_1.exe
```

installiert. Dadurch wird, falls keine Fehlermeldung erscheint, in der Registrierung unter dem Schlüssel

```
HKEY_LOCAL_MACHINE\System\CurrentControlSet\Services
```

der Unterschlüssel `Service1` angelegt. Ein Blick in die Registrierung zeigt die unter diesem Schlüssel abgelegten Werte.

ImagePath	der Pfad der Datei Service12.1_1.exe
ObjectName	Account = LocalSystem
Start	manuell = 3
Type	der ausführende Prozess beherbergt genau einen Dienst Type = 16

Nun wird mit

```
Start - Einstellungen - Systemsteuerung
Doppelklick auf Verwaltung
Doppelklick auf Dienste
```

das Dienstkontrollprogramm `Dienste` gestartet. Der Dienst `Service1` wird angeklickt und durch Anklicken von `Vorgang - Starten` gestartet. Das Anklicken von `Vorgang - Beenden` stoppt den Dienst. Klickt man den Dienst mit der rechten Maustaste an, so erscheint ein Kontextmenü, das die gleichen Optionen wie das Menü `Vorgang` enthält. Außerdem sind für das Starten und Beenden Schaltflächen im rechten Bereich der Toolbar vorgesehen. Der Zustand des Dienstes ist in der Spalte Status ersichtlich. Ist der Dienst beendet, so kann er mit

```
InstallUtil /u Service12.1_1.exe
```

deinstalliert werden.

12.2 Ein Dienstkontrollprogramm

In diesem Abschnitt wird ein Dienstkontrollprogramm entwickelt, das Dienste starten, anhalten, fortsetzen und beenden und Benutzerbefehle übermitteln kann. Darüber hinaus wird gezeigt, wie Statusabfragen ausgewertet und angezeigt werden.

Um das Dienstkontrollprogramm sinnvoll testen zu können, wird zunächst eine Dienstanwendung vorgestellt, die auf die mit `OnStart`, `OnStop`, `OnPause`, `OnContinue`, `OnPowerEvent`, `OnShutdown` und `OnCustomCommand` auf Anforderungen des Dienststeuerungs-Managers reagiert und diese Anforderungen in der Datei `C:\Service.log` protokolliert. Der Name des Dienstes ist `MeinService`. Die Anweisungen

```
CanPauseAndContinue = True
CanHandlePowerEvent = True
```

sorgen dafür, dass der Dienst angehalten und fortgesetzt werden kann und auf den `PowerEvent` reagiert. Die Methoden `OnStop`, `OnPause` usw. rufen die Methode `writeLog` auf, die die Datei `C:\Service.log` öffnet oder anlegt und den als Parameter übergebenen String an den Inhalt der Datei anhängt. Die Methode `OnStart` weist eine Besonderheit auf. Sie speichert den ersten String des als Parameter übergebenen Stringarrays `args` in der Variablen `args`. Falls kein Parameter übergeben wird, so wird das Wort `Jemand` in der Variablen `args` abgelegt. Anschließend wird der Thread `th` mit der Startroutine `run` gestartet, die wiederum `writeLog` aufruft.

Es drängt sich natürlich die Frage auf, weshalb dieser Thread gestartet wird. Die Methode `writeLog` kann doch direkt von `OnStart` aufgerufen werden. Der Dienststeuerungs-Manager signalisiert jedoch erst nach dem Beenden der Methode `OnStart`, dass der Dienst zur Zusammenarbeit mit einem Dienstkontrollprogramm bereit ist. Deshalb wird der Start des Dienstes durch jede Anweisung, die sich innerhalb der Methode `OnStart` befindet, verzögert. Eine Endlosschleife innerhalb der Methode `OnStart` blockiert den Start und damit den gesamten Dienst. Das Protokollieren des Starts verzögert den Start nur unwesentlich. Der Thread ist daher in diesem Fall nicht zwingend erforderlich. In den nächsten Abschnitten diese Kapitels wird jedoch deutlich, dass das Starten eines Threads ein geeignetes Mittel ist, den reibungslosen Start eines Dienstes zu gewährleisten.

```
' Service12.2_1.vb

Imports System
Imports System.IO
Imports System.Threading
Imports System.ServiceProcess
Imports Microsoft.VisualBasic

Public Class service
Inherits ServiceBase
  Dim logFile As String = "C:\Service.log"
  Dim log As TextWriter
  Dim th As Thread
  Dim args As String

  Sub New()
    ServiceName = "MeinService"
    CanPauseAndContinue = True
    CanHandlePowerEvent = True
  End Sub

  Protected Overrides Sub OnStart(ByVal args() As String)
    If args.Length >= 1 Then
      Me.args = args(0)
    Else
      Me.args = "Jemand"
    End If
    th = New Thread(New ThreadStart(AddressOf runn))
```

```
    th.Start()
  End Sub

  Protected Overrides Sub OnStop()
    Dim s As String = "Stop" & VbCrLf & _
      "*************************************************" & VbCrLf
    writeLog(s)
  End Sub

  Protected Overrides Sub OnPause()
    writeLog("Pause")
  End Sub

  Protected Overrides Sub OnContinue()
    writeLog("Continue")
  End Sub

  Protected Overrides Function OnPowerEvent( _
  ByVal status As PowerBroadcastStatus) As Boolean
    writeLog("PowerEvent")
    Return True
  End Function

  Protected Overrides Sub OnShutdown()
    Dim s As String = "Shutdown" & _
      "*************************************************\n"
    writeLog(s)
  End Sub

  Protected Overrides Sub OnCustomCommand(command As Integer)
    writeLog(String.Format("CustomCommand {0}", command))
  End Sub

  Sub writeLog(ByVal s As String)
    log = File.AppendText(logFile)
    log.WriteLine(s)
    log.Close()
  End Sub

  Sub runn()
    Dim s As String = _
      "*************************************************" & _
      VbCrLf & String.Format("{0} hat mich gestartet.", args)
    writeLog(s)
  End Sub

  Shared Sub Main()
    ServiceBase.Run(New service())
  End Sub
End Class
```

Das unten abgebildete Installationsprogramm unterscheidet sich von dem im vorigen Abschnitt erläuterten Installationsprogramm nur durch den Namen des Dienstes.

```
' Install12.2_1.vb

Imports System
Imports System.ComponentModel
Imports System.Configuration.Install
Imports System.ServiceProcess

<RunInstaller(True)> _
Public Class install
Inherits Installer
  Sub New()
    Dim spi As New ServiceProcessInstaller()
    Dim si As New ServiceInstaller()
    spi.Account = ServiceAccount.LocalSystem
    si.StartType = ServiceStartMode.Manual
    si.ServiceName = "MeinService"
    Installers.Add(si)
    Installers.Add(spi)
  End Sub
End Class
```

Die Dienstanwendung wird mit

```
vb Service12.2_1.vb Install12.2_1.vb
InstallUtil Service12.2_1.exe
```

übersetzt und installiert. Mit

```
InstallUtil /u Service12.2_1.exe
```

kann der Dienst später wieder deinstalliert werden.

Startet man den Service `MeinService` mit dem Programm `Dienste`, so enthält die Datei `C:\Service.log` die folgende Aufzeichnung.

```
**************************************************
Jemand hat mich gestartet.
Stop
**************************************************
```

Ein Dienstkontrollprogramm ist eine Konsol- oder Windows-Anwendung, die in der Lage ist, mit einem Dienst Kontakt aufzunehmen. Die Klasse ServiceController enthält Eigenschaften, die den Zustand und die Fähigkeiten eines Dienstes zurückgeben, und sie enthält Methoden zur Übermittlung von Befehlen.

Eigenschaften der Klasse ServiceController:

CanPauseAndContinue	Der Dienst kann angehalten und fortgesetzt werden.
CanShutdown	Der Dienst reagiert auf das Herunterfahren des Systems.
CanStop	Der Dienst kann beendet werden.
MachineName	Der Rechner, auf dem sich dieser Dienst befindet.
ServiceName	Der Name des Dienstes
ServiceType	Der Typ des Dienstes
Status	Der Zustand des Dienstes

Methoden der Klasse ServiceController:

Close	Schließt die ServiceController-Instanz
Continue	Der Dienst wird fortgesetzt.
ExecuteCommand	Ein Benutzerbefehl wird ausgeführt.
Start	Der Dienst wird gestartet.
Stop	Der Dienst wird beendet.
WaitForStatus	Wartet auf den angegebenen Zustand

Die unten abgebildete Beispieldatei ServiceController.vb benutzt die gerade beschriebenen Eigenschaften und Methoden der Klasse ServiceController. Der Name des Dienses wird in die Combobox eingetragen, und anschließend wird GO angeklickt. Das Programm stellt daraufhin die Verbindung zum eingetragenen Dienst her, und der Startbutton wird aktiv. Ist der Dienst nicht vorhanden, so erscheint eine Messagebox mit einer Fehlermeldung.

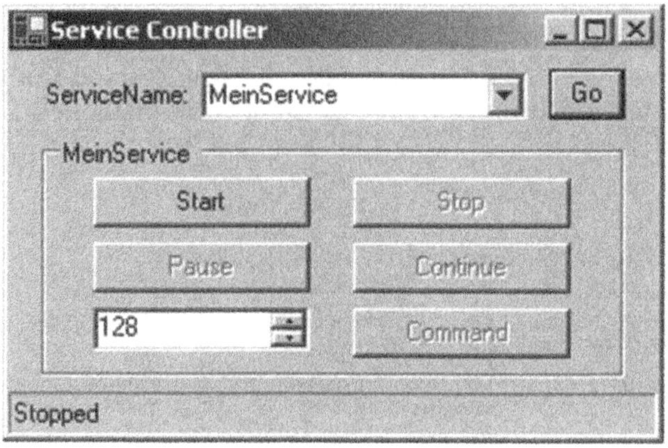

Abbildung 12.2_1a

Der nächste Schritt ist das Starten des Dienstes durch Anklicken des Buttons `Start`.

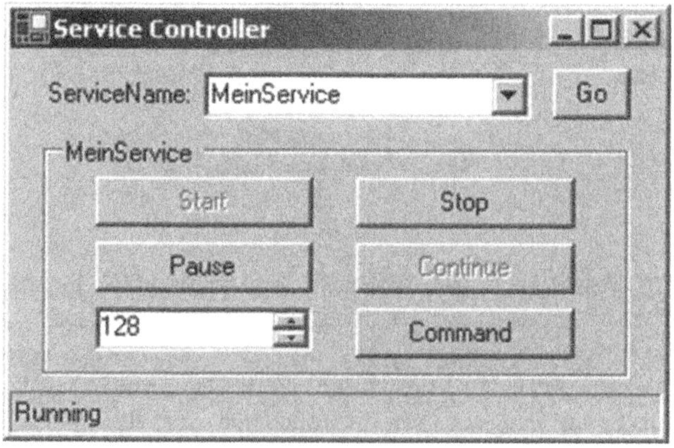

Abbildung 12.2_1b

Dann wird der Button `Pause` gedrückt.

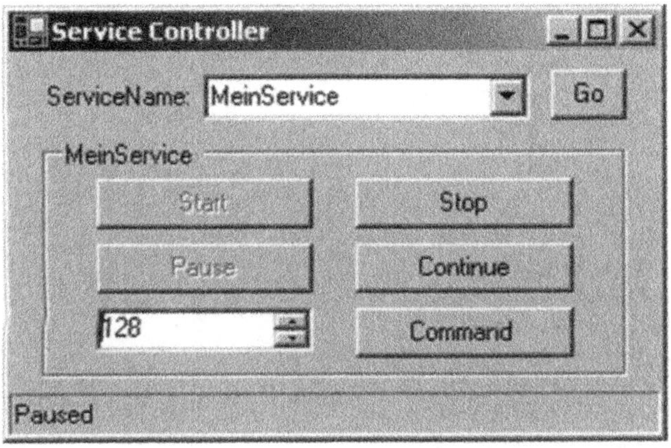

Abbildung 12.2_1c

Jetzt wird der Button `Continue` und anschließend der Button `Command` angeklickt. Die Zahl `128` im Numericupdown ist der Parameter des übermittelten Benutzerbefehls. Nun wird die `128` in `129` geändert und wieder `Command` angeklickt. Zum Schluss wird `Stop` angeklickt.

Die Abbildungen zeigen, dass bei jeder Aktion Buttons aktiv oder inaktiv werden. Auch die Statusanzeige ändert sich gegebenenfalls. Der Dienst `MeinService` protokolliert die Reihenfolge der Aktionen in der Datei `C:\Service.log`.

```
************************************************
Der Service Controller hat mich gestartet.
Pause
Continue
CustomCommand 128
CustomCommand 129
Stop
************************************************
```

Dieses Protokoll zeigt, dass die Verbindung zwischen dem Dienstkontrollprogramm und dem Dienst funktioniert. Weitere Erläuterungen folgen im Anschluss an das Programmlisting.

```
' ServiceController.vb

Imports System
Imports System.ComponentModel
Imports System.Drawing
Imports System.Windows.Forms
Imports System.ServiceProcess
Imports Microsoft.Win32

Class Haupt
Inherits Form
  Dim controller As ServiceController
  Dim lblName As New Label()
  Dim cmbName As New ComboBox()
  Dim btnGo As New Button()
  Dim grpService As New GroupBox()
  Dim btnStart As New Button()
  Dim btnStop As New Button()
  Dim btnPause As New Button()
  Dim btnContinue As New Button()
  Dim num As New NumericUpDown()
  Dim btnCommand As New Button()
  Dim status As New StatusBarPanel()
  Dim statusBar As New StatusBar()
  Dim cmbchange As Boolean = False
  Dim regKey As RegistryKey

  Sub New()
    Text = "Service Controller"
    ClientSize = New Size(300, 177)
    FormBorderStyle = FormBorderStyle.FixedSingle

    lblName.Text = "ServiceName:"
    lblName.Location = New Point(15, 13)

    cmbName.Width = 150
    cmbName.Location = New Point(90, 10)
    AddHandler cmbName.TextChanged, AddressOf cmbChanged

    btnGo.Text = "Go"
    btnGo.Width = 35
    btnGo.Location = New Point(250, 8)
    AddHandler btnGo.Click, AddressOf bgo

    grpService.Text = ""
    grpService.Bounds = New Rectangle(15, 40, 270, 110)

    btnStart.Location = New Point(25, 18)
    btnStart.Width = 100
    btnStart.Text = "Start"
    btnStart.Enabled = False
```

```
AddHandler btnStart.Click, AddressOf bstart

btnStop.Location = New Point(145, 18)
btnStop.Width = 100
btnStop.Text = "Stop"
btnStop.Enabled = False
AddHandler btnStop.Click, AddressOf bstop

btnPause.Location = New Point(25, 48)
btnPause.Width = 100
btnPause.Text = "Pause"
btnPause.Enabled = False
AddHandler btnPause.Click, AddressOf bpause

btnContinue.Location = New Point(145, 48)
btnContinue.Width = 100
btnContinue.Text = "Continue"
btnContinue.Enabled = False
AddHandler btnContinue.Click, AddressOf bcontinue

num.Location = New Point(25, 78)
num.Width = 100
num.Minimum = 128
num.Maximum = 256
num.Value = 128

btnCommand.Location = New Point(145, 78)
btnCommand.Width = 100
btnCommand.Text = "Command"
btnCommand.Enabled = False
AddHandler btnCommand.Click, AddressOf bcommand

status.Width = 300
statusBar.SizingGrip = False
statusBar.Panels.Add(status)
statusBar.ShowPanels = True
statusBar.Dock = DockStyle.Bottom

grpService.Controls.AddRange(New Control(){ _
  btnStart, btnStop, _
  btnPause, btnContinue, _
  num, btnCommand})

Controls.AddRange(New Control(){ _
  cmbName, lblName, btnGo, _
  grpService, statusBar})

Dim key As RegistryKey = _
  Registry.LocalMachine.OpenSubKey("SOFTWARE", True)
regKey = key.CreateSubKey("ServiceController")
Dim values() As String = regKey.GetValueNames()
```

```
    Dim v As String
    For Each v In values
      cmbName.Items.Add(v)
    Next
  End Sub

  Sub cmbChanged(ByVal o As Object, ByVal e As EventArgs)
    cmbchange = True
  End Sub

  Sub bgo(ByVal o As Object, ByVal e As EventArgs)
    If cmbchange Then
      Dim vorhanden As Boolean = False
      Dim name As String = cmbName.Text
      Dim obj As String
      For Each obj In cmbName.Items
        Dim s As String = obj
        If name.Equals(s) Then vorhanden = True
      Next
      If Not vorhanden Then
        cmbName.Items.Add(name)
        regKey.SetValue(name, "")
      End If
      cmbchange = False
    End If
    Try
      status.Text = ""
      If Not controller Is Nothing Then controller.Close()
      controller = New ServiceController(cmbName.Text)
      status.Text = controller.Status.ToString()
      Select Case controller.Status
        Case ServiceControllerStatus.Running
          btnStart.Enabled = False
          btnStop.Enabled = True
          If controller.CanPauseAndContinue Then
            btnPause.Enabled = True
          Else
            btnPause.Enabled = False
          End If
          btnContinue.Enabled = False
          btnCommand.Enabled = True
        Case ServiceControllerStatus.Stopped
          btnStart.Enabled = True
          btnStop.Enabled = False
          btnPause.Enabled = False
          btnContinue.Enabled = False
          btnCommand.Enabled = False
        Case ServiceControllerStatus.Paused
          btnStart.Enabled = False
          btnStop.Enabled = True
          btnPause.Enabled = False
```

```
          btnContinue.Enabled = True
          btnCommand.Enabled = True
        Case Else
          btnStart.Enabled = False
          btnStop.Enabled = False
          btnPause.Enabled = False
          btnContinue.Enabled = False
          btnCommand.Enabled = False
      End Select
      grpService.Text = cmbName.Text
    Catch ex As Exception
      MessageBox.Show(ex.Message, "Fehler")
      Dim vorhanden As Boolean = False
      Dim name As String = cmbName.Text
      Dim obj As String
      For Each obj In cmbName.Items
        Dim s As String = obj
        If name.Equals(s) Then vorhanden = True
      Next
      If vorhanden Then
        cmbName.Items.Remove(name)
        regKey.DeleteValue(name)
      End If
    End Try
  End Sub

  Sub bstart(ByVal o As Object, ByVal e As EventArgs)
    Dim args() As String = {"Der Service Controller"}
    Try
      controller.Start(args)
      controller.WaitForStatus( _
          ServiceControllerStatus.Running, _
          New TimeSpan(10000000))
      btnStart.Enabled = False
      btnStop.Enabled = True
      If controller.CanPauseAndContinue Then
        btnPause.Enabled = True
      Else
        btnPause.Enabled = False
      End If
      btnContinue.Enabled = False
      btnCommand.Enabled = True
      status.Text = controller.Status.ToString()
    Catch ex As Exception
      status.Text = controller.Status.ToString()
      MessageBox.Show(ex.Message, "Fehler")
    End Try
  End Sub

  Sub bstop(ByVal o As Object, ByVal e As EventArgs)
    Try
```

```
      controller.Stop()
      controller.WaitForStatus(ServiceControllerStatus.Stopped, _
        New TimeSpan(10000000))
      btnStart.Enabled = True
      btnStop.Enabled = False
      btnPause.Enabled = False
      btnContinue.Enabled = False
      btnCommand.Enabled = False
      status.Text = controller.Status.ToString()
    Catch ex As Exception
      status.Text = controller.Status.ToString()
      MessageBox.Show(ex.Message, "Fehler")
    End Try
  End Sub

  Sub bpause(ByVal o As Object, ByVal e As EventArgs)
    Try
      controller.Pause()
      controller.WaitForStatus(ServiceControllerStatus.Paused, _
        New TimeSpan(10000000))
      btnPause.Enabled = False
      btnContinue.Enabled = True
      status.Text = controller.Status.ToString()
    Catch ex As Exception
      status.Text = controller.Status.ToString()
      MessageBox.Show(ex.Message, "Fehler")
    End Try
  End Sub

  Sub bcontinue(ByVal o As Object, ByVal e As EventArgs)
    Try
      controller.Continue()
      controller.WaitForStatus(ServiceControllerStatus.Running, _
        New TimeSpan(10000000))
      btnPause.Enabled = True
      btnContinue.Enabled = False
      status.Text = controller.Status.ToString()
    Catch ex As Exception
      status.Text = controller.Status.ToString()
      MessageBox.Show(ex.Message, "Fehler")
    End Try
  End Sub

  Sub bcommand(ByVal o As Object, ByVal e As EventArgs)
    Try
      controller.ExecuteCommand(num.Value)
      status.Text = controller.Status.ToString()
    Catch ex As Exception
      status.Text = controller.Status.ToString()
      MessageBox.Show(ex.Message, "Fehler")
    End Try
```

```
  End Sub

  Protected Overrides Sub OnClosing(ByVal e As CancelEventArgs)
    If Not controller Is Nothing Then controller.Close()
  End Sub

  Shared Sub Main()
    Application.Run(New Haupt())
  End Sub
End Class
```

Im Konstruktor der Klasse `Haupt` werden die Combobox, die Buttons, das Numericupdown und die Statusbar definiert. Die Buttons `Start`, `Stop`, `Pause`, `Continue` und `Command` und das dazugehörige Numericupdown sind in einer Groupbox untergebracht. Der Name des aktiven Dienstes erscheint als Text der Groupbox. Am Ende des Konstruktors wird auf die Registrierung zugegriffen. Die Anweisungen

```
Dim key As RegistryKey = _
  Registry.LocalMachine.OpenSubKey("SOFTWARE", True)
regKey = key.CreateSubKey("ServiceController")
Dim values() As String = regKey.GetValueNames()
Dim v As String
For Each v In values
  cmbName.Items.Add(v)
Next
```

öffnen den Schlüssel `HKEY_LOCAL_MACHINE\SOFTWARE` und legen den Unterschlüssel `ServiceController` an, falls dieser noch nicht existiert. Anschließend werden die unter diesem Schlüssel gespeicherten Werte, die den Namen der zuvor angewählten Dienste entsprechen, gelesen und der Combobox `cmbName` hinzugefügt.

Direkt nach dem Konstruktor folgt der Eventhandler `cmbChanged`, der auf das Ereignis `TextChanged` der Combobox reagiert. Die Information, dass sich der Text der Combobox geändert hat, wird in der Variablen `cmbchange` festgehalten.

Der Eventhandler `bgo` des Buttons `Go` hat drei Aufgaben zu erfüllen. Erstens wird, falls `cmbchange` gleich `True` ist, der Inhalt der Combobox bearbeitet. Es wird überprüft, ob der in der Eigenschaft `Text` stehende Name schon in der Liste der Items vorhanden ist. Ist dies nicht der Fall, so wird er mit

```
cmbName.Items.Add(name)
regKey.SetValue(name, "")
```

in die Liste der Items und in die Registrierung eingetragen. Zweitens wird die Instanz `controller` der Klasse `ServiceControler` gebildet und dadurch eine Verbindung zu dem Dienst mit dem in der Combobox stehenden Namen hergestellt. Drittens wird mit `controller.Status` der Zustand des Dienstes abgefragt. Der Zustand wird mit

```
status.Text = controller.Status.ToString()
```

in der Statuszeile angezeigt. Anschließend folgen `Select Case` Anweisungen, die die Buttons dem Status entsprechend aktiviert oder deaktiviert. Der Button `Pause` wird nur aktiviert, wenn durch

```
If controller.CanPauseAndContinue Then
  btnPause.Enabled = True
```

sichergestellt ist, dass der Dienst angehalten und fortgesetzt werden kann. Ist bis dahin alles gut gegangen, so wird der Name der Eigenschaft `Text` der Groupbox zugewiesen. Da der beschriebene Ablauf mit `Try` geklammert ist, kann, falls nicht alles gut gegangen ist, eine Ausnahmebehandlung im `Catch` Block stattfinden. Es erscheint eine Messagebox mit der Fehlermeldung. Falls der Name, der die Ausnahme verursacht hat, in der Liste der Items der Combobox vorhanden ist, so wird er mit

```
cmbName.Items.Remove(name)
regKey.DeleteValue(name)
```

aus der Liste der Items und aus der Registrierung gelöscht.

Nun folgen die Eventhandler der Buttons `Start`, `Stop`, `Pause` und `Continue`. Der Eventhandler des Buttons `Start` definiert mit

```
Dim args() As String = {"Der Service Controller"}
```

das Argument des Startbefehls und startet dann mit

```
controller.Start(args)
```

den Dienst. Anschließend wartet er mit

```
controller.WaitForStatus( _
  ServiceControllerStatus.Running, _
  New TimeSpan(10000000))
```

bis der Dienst den Zustand `Running` angenommen hat. Dann werden Buttons aktiviert oder deaktiviert und die Statusbar wird aktualisiert. Die weiteren Eventhandler verhalten sich ähnlich. Sie benutzen die Befehle `controller.Stop`, `controller.Pause` und `controller.Continue`. Der Eventhandler des Buttons `Command` löst mit

```
controller.ExecuteCommand(num.Value)
```

beim Dienst die Reaktion `OnCustomCommand` aus. Der übergebene Parameter ist der Wert des Numericupdown. Der Wert muss zwischen `128` und `256` liegen. Werte unter `128` sind für Systemzwecke reserviert. Eine Verbindung zu einem Dienst muss wieder geschlossen werden. Die Anweisung

```
If Not controller Is Nothing Then controller.Close()
```

kommt im Programm zweimal vor. Sie kommt erstens im Eventhandler des Buttons `Go` vor. Dort wird die Verbindung geschlossen, bevor eine neue geöffnet wird. Sie kommt zweitens in der Methode `OnClosing` vor. Dadurch wird die Verbindung beim Beenden des Programms geschlossen.

12.3 Datum und Uhrzeit als Dienst

Der Dienst mit dem Namen `TimeService` ist ein Datagrammserver, der sich auf einem beliebigen Host im Netzwerk installieren lässt. Er liefert nach dem Start mit dem Programm `Dienste` oder `ServiceController.exe` auf Anforderung Datagramme mit dem Datum und der Uhrzeit des Hosts.

Die Methode `OnStart` startet einen Thread mit der Startroutine `run`. Die Startroutine erzeugt einen Udp-Socket und bindet ihn an den Port `5678`. Anschließend tritt der Dienst in eine Endlosschleife ein und wartet dann mit

```
er = New IPEndPoint(IPAddress.Any, 0)
soc.ReceiveFrom(br, er)
```

auf ein Datagramm von einem Klienten auf einem beliebigen Host und einem beliebigen Port. Sobald ein Datagramm eintrifft, wird mit

```
Dim str As String = DateTime.Now.ToString()
Dim bs() As Byte = Encoding.ASCII.GetBytes(str)
```

Datum und Uhrzeit des eigenen Hosts abgefragt und als Bytearray `bs` gespeichert.

Die Anweisung

```
soc.SendTo(bs, er)
```

sendet diesen Bytearray zu dem Klienten, der das Datum angefordert hat. Wegen der Endlosschleife wartet der Dienst dann wieder auf die nächste Anforderung. Die Methode OnStop beendet den Dienst. Der Socket soc wird mit Shutdown deaktiviert und anschließend geschlossen. Zum Schluss wird der Thread th beendet und der Dienst geht in den Zustand stopped.

```
' Service12.3_1.vb

Imports System
Imports System.Text
Imports System.Threading
Imports System.Net
Imports System.Net.Sockets
Imports System.ServiceProcess

Public Class service
Inherits ServiceBase
  Dim th As Thread
  Dim soc As Socket

  Sub New()
    ServiceName = "TimeService"
  End Sub

  Protected Overrides Sub OnStart(ByVal args() As String)
    th = New Thread(New ThreadStart(AddressOf runn))
    th.Start()
  End Sub

  Protected Overrides Sub OnStop()
    If Not soc Is Nothing Then
      soc.Shutdown(SocketShutdown.Both)
      soc.Close()
    End If
    If Not th Is Nothing Then
      Try
        th.Resume()
      Catch ex As Exception
      End Try
      th.Abort()
      th.Join()
    End If
  End Sub
```

```
  Sub runn()
    Dim br(0) As Byte

    Dim er As EndPoint

    soc = New Socket( _
      AddressFamily.InterNetwork, SocketType.Dgram, ProtocolType.Udp)
    soc.Bind(New IPEndPoint(IPAddress.Any, 5678))

    While True
      er = New IPEndPoint(IPAddress.Any, 0)
      soc.ReceiveFrom(br, er)
      Dim str As String = DateTime.Now.ToString()
      Dim bs() As Byte = Encoding.ASCII.GetBytes(str)
      soc.SendTo(bs, er)
    End While
  End Sub

  Shared Sub Main()
    ServiceBase.Run(New service())
  End Sub
End Class
```

Das übliche Installationsprogramm darf natürlich nicht fehlen.

```
' Install12.3_1.vb

Imports System
Imports System.ComponentModel
Imports System.Configuration.Install
Imports System.ServiceProcess

<RunInstaller(True)> _
Public Class install
Inherits Installer
  Sub New()
    Dim spi As New ServiceProcessInstaller()
    Dim si As New ServiceInstaller()
    spi.Account = ServiceAccount.LocalSystem
    si.StartType = ServiceStartMode.Manual
    si.ServiceName = "TimeService"
    Installers.Add(si)
    Installers.Add(spi)
  End Sub
End Class
```

Die Dienstanwendung wird mit

```
vb Service12.3_1.vb Install12.3_1.vb
```

```
InstallUtil Service12.3_1.exe
```

übersetzt und installiert. Mit

```
InstallUtil /u Service12.3_1.exe
```

kann der Dienst später wieder deinstalliert werden.

Zu einem Server gehört ein Klient, der in der `AddressFamily`, der `SocketType` und der `ProtocolType` mit dem Server übereinstimmt. Der Klient `App12.3_1.vb` erzeugt einen entsprechenden Socket und bindet diesen an den Port 65000. Dann startet er einen Timer mit einem Intervall von einer Sekunde.

Der Eventhandler `timer_elapsed` sendet den Bytearray `bs` mit `SendTo` zum Server und enpfängt mit `ReceiveFrom` dessen Antwort. Die Antwort wird in einen ASCII-String umgewandelt. Dann wird durch das abschließende `Invalidate` die Methode `OnPaint` aufgerufen, die den String mit `DrawString` zeichnet.

Abbildung 12.3_1

```
' App12.3_1.vb

Imports System
Imports System.Text
Imports System.Net
Imports System.Net.Sockets
Imports System.Timers
Imports System.ComponentModel
Imports System.Drawing
Imports System.Windows.Forms

Public Class Haupt
Inherits Form
  Dim st As String = ""
  Dim timer As System.Timers.Timer
  Dim s As Socket
  Dim ep As EndPoint = New IPEndPoint( _
    IPAddress.Parse("192.168.1.2"), 5678)

  Sub New()
```

```
    Text = "TimeApp"
    ClientSize = New Size(155, 60)
    timer = New System.Timers.Timer(1000)
    AddHandler timer.Elapsed, AddressOf timer_elapsed
    timer.Start()

    s = New Socket( _
      AddressFamily.InterNetwork, SocketType.Dgram, ProtocolType.Udp)

    s.Bind(New IPEndPoint(IPAddress.Any, 65000))
  End Sub

  Protected Overrides Sub OnPaint(ByVal e As PaintEventArgs)
    Dim g As Graphics = e.Graphics
    g.DrawString(st, New Font("Verdana", 10), Brushes.Blue, 5, 20)
  End Sub

  Protected Overrides Sub OnClosing(ByVal e As CancelEventArgs)
    s.Close()
    MyBase.OnClosing(e)
  End Sub

  Protected Sub timer_elapsed(ByVal o As Object, ByVal e As ElapsedEventArgs)
    Dim b(18) As Byte
    Dim bs() As Byte = {1}

    s.SendTo(bs, ep)
    s.ReceiveFrom(b, ep)

    st = Encoding.ASCII.GetString(b)
    Invalidate()
  End Sub

  Shared Sub Main()
    Application.Run(New Haupt())
  End Sub
End Class
```

Ein Tipp für den Fall, dass die Verbindung nicht klappt:

Dem Server ist es gleich, ob er von einem oder mehreren Klienten auf einem oder mehreren Hosts und Ports Anforderungen per Datagramm erhält. Der Klient tritt aber nur mit dem durch den `EndPoint` `ep` festgelegten Server in Verbindung. Gegebenen Falls ist die IP-Nummer anzupassen.

12.4 Ein Chatserver als Dienst

Der Chatserver und der Chatklient sind bereits im Kapitel 10 vorgestellt und erläutert worden. Der Server `10.4_11a.vb` wird so geändert, dass er als Dienst installiert und gestartet werden kann. Der Klient `10.4_11b.vb` wird unverändert mit dem Server `Service12.4_1.vb` benutzt. Beim Server bleibt die Klasse `Verbindung` unverändert, während die Klasse `Server` den neuen Gegebenheiten angepasst wird.

Um den Chatserver zu einer Dienstanwendung zu machen, wird die Klasse `Server` von `ServiceBase` abgeleitet und die Methode `Main` ruft

```
ServiceBase.Run(New Server())
```

auf. Damit der Dienst gestartet und beendet werden kann, werden die Methoden OnStart und OnStop eingefügt. Der Start des Servers wird im Unterschied zu Beispiel 10.4_11 vom Konstruktor der Klasse Server in die Methode OnStart verlagert. Der Konstruktor der Klasse Server legt daher mit

```
ServiceName = "ChatService"
```

nur den Namen des Dienstes fest.

Die Methode `OnStart` muss, um den Start des Dienstes nicht zu blockieren, so schnell wie möglich durchlaufen werden. Deshalb startet sie den Thread `start` mit der Startroutine `gestartet`. Die Anweisungen, die den Chatserver initialisieren und mit `AcceptTcp-Client` auf Verbindungsanforderungen der Klienten warten, werden also letztendlich vom Konstruktor der Klasse `Server` in die Startroutine `gestartet` verlagert.

Die Methode `OnStop` schließt alle geöffneten Streams und den `TcpClient`, stoppt den `TcpListener` und beendet die Threads `th` und `start`. Es ist wichtig, dass die Threads erst ganz zum Schluss beendet werden, da andernfalls die Close-Anweisungen nicht mehr ausgeführt werden können. Der Dienst würde dadurch während des Beendens blockieren.

```
' Service12.4_1.vb

Imports System
Imports System.IO
Imports System.Net
Imports System.Timers
Imports System.Net.Sockets
Imports System.Threading
Imports System.Collections
```

```
Imports System.ServiceProcess

Public Class Server
Inherits ServiceBase
  Dim tl As TcpListener
  Dim start As Thread
  Public verbunden As New ArrayList()

  Sub New()
    ServiceName = "ChatService"
  End Sub

  Protected Overrides Sub OnStart(ByVal args() As String)
    start = New Thread(New ThreadStart(AddressOf gestartet))
    start.Start()
  End Sub

  Protected Overrides Sub OnStop()
    Dim i As Integer
    For i=0 To verbunden.Count-1
      Dim ver As Verbindung = verbunden(i)
      If Not ver Is Nothing Then
        If Not ver.sr Is Nothing Then ver.sr.Close()
        If Not ver.sw Is Nothing Then ver.sw.Close()
        If Not ver.ns Is Nothing Then ver.ns.Close()
        If Not ver.tc Is Nothing Then ver.tc.Close()
        If Not ver.th Is Nothing Then
          ver.th.Abort()
          ver.th.Join()
        End If
      End If
    Next
    If Not tl Is Nothing Then tl.Stop()
    If Not start Is Nothing Then
      start.Abort()
      start.Join()
    End If
  End Sub

  Sub gestartet()
    Dim entry As IPHostEntry = Dns.GetHostByName(Dns.GetHostName())
    Dim local As IPAddress = entry.AddressList(0)
    tl = New TcpListener(local, 5678)
    tl.Start()
    While True
      Try
        verbunden.Add(New Verbindung(Me, tl.AcceptTcpClient()))
      Catch ex As Exception
        Console.WriteLine(ex.Message)
      End Try
    End While
```

```
  End Sub

  Shared Sub Main()
    ServiceBase.Run(New Server())
  End Sub
End Class

Class Verbindung
  Dim serv As Server
  Public tc As TcpClient
  Public ns As NetworkStream
  Public sr As StreamReader
  Public sw As StreamWriter
  Public th As Thread
  Public Name As String = ""
  Dim running As Boolean = True
  Dim alle As Boolean = True

  Sub New(ByVal serv As Server, ByVal tc As TcpClient)
    Me.serv = serv
    Me.tc = tc
    th = New Thread(New ThreadStart(AddressOf runn))
    th.Start()
  End Sub

  Sub runn()
    Dim st As String = ""
    ns = tc.GetStream()
    sr = New StreamReader(ns)
    sw = New StreamWriter(ns)
    anmelden()
    While running
      st = empfangen()
      If running
        If st.Equals("&&end&&") Then
          running = False
        Else
          Dim s As String = String.Format("{0}: {1}", Name, st)
          allen_senden(s)
        End If
      End If
    End While
    abmelden()
    If Not sr Is Nothing Then sr.Close()
    If Not sw Is Nothing Then sw.Close()
    If Not ns Is Nothing Then ns.Close()
    If Not tc Is Nothing Then tc.Close()
  End Sub

  Public Function empfangen() As String
    Dim st  As String = ""
```

```
  Try
    st = sr.ReadLine()
    If st Is Nothing Then running = False
  Catch ex As Exception
    Console.WriteLine(ex.Message)
    running = False
  End Try
  return st
End Function

Public Sub senden(ByVal st As String)
  Try
    sw.WriteLine(st)
    sw.Flush()
  Catch ex As Exception
    Console.WriteLine(ex.Message)
    running = False
  End Try
End Sub

Sub allen_senden(ByVal text As String)
  Monitor.Enter(serv.verbunden)
  Dim o As Verbindung
  For Each o In serv.verbunden
    o.senden(text)
  Next
  Monitor.Exit(serv.verbunden)
End Sub

Sub anmelden()
  Name = empfangen()
  Dim o As Verbindung
  Monitor.Enter(serv.verbunden)
  For Each o In serv.verbunden
    If Not o Is Me Then
      senden("##" & o.Name + "##")
    End If
  Next
  Monitor.Exit(serv.verbunden)
  Dim ob As Verbindung = Nothing
  Monitor.Enter(serv.verbunden)
  For Each o In serv.verbunden
    If Not o Is Me  And o.Name.Equals(Name) Then ob = o
  Next
  Monitor.Exit(serv.verbunden)
  If Not ob Is Nothing Then
    senden("#&#&")
    alle = False
    running = False
  Else
    allen_senden("##"+  Name + "##")
```

```
    End If
  End Sub

  Sub abmelden()
    entfernen()
    If alle Then allen_senden("&&"+  Name + "&&")
    alle = True
  End Sub

  Sub entfernen()
    Monitor.Enter(serv.verbunden)
    Dim i As Integer = 0

    While i < serv.verbunden.Count
      If serv.verbunden(i) Is Me Then
        serv.verbunden.RemoveAt(i)
        i -= 1
      End If
      i += 1
    End While

    Monitor.Exit(serv.verbunden)
  End Sub
End Class
```

Zu einer Dienstanwendung gehört ein Installationsprogramm

```
' Install12.4_1.vb

Imports System
Imports System.ComponentModel
Imports System.Configuration.Install
Imports System.ServiceProcess

<RunInstaller(True)> _
Public Class install
Inherits Installer
  Sub New()
    Dim spi As New ServiceProcessInstaller()
    Dim si As New ServiceInstaller()

    spi.Account = ServiceAccount.LocalSystem
    si.StartType = ServiceStartMode.Manual
    si.ServiceName = "ChatService"
    Installers.Add(si)
    Installers.Add(spi)
  End Sub
End Class
```

Die Dienstanwendung wird mit

```
vb Service12.4_1.vb Install12.4_1.vb
InstallUtil Service12.4_1.exe
```

übersetzt und installiert. Mit

```
InstallUtil /u Service12.4_1.exe
```

kann der Dienst später wieder deinstalliert werden.

Sobald der Dienst gestartet ist, können beliebig viele Klienten auf einem oder mehreren Hosts gestartet werden. Der Klient `10.4_11b.vb` wird, falls die ausführbare Datei nicht mehr vorhanden ist, übersetzt. Die exe-Dateien werden auf die vorhandenen Hosts verteilt und dort gestartet und die Chatrunde kann beginnen.

12.5 Ein Webserver als Dienst

Ein Webserver ist ein verbindungsbasierter Server. Er wartet wie jeder andere verbindungsbasierte Server auf eine Verbindungsanforderung eines Klienten und sendet darauf eine Antwort zu diesem Klienten. Das dabei verwendete Protokoll heißt `Hypertext Transfer Protocol` abgekürzt `http`. Die Antwort des Servers besteht aus einem oder mehreren `Header` genannten Titelzeilen und gegebenenfalls dem `Content`. Das ist der eigentliche Inhalt der Antwort, der in unterschiedlichen Datenformaten wie `HTML`, `GIF` oder `JPEG` abgefasst sein kann. Verwendet man als Klient einen der gängigen Browser, so können selbst mit dem in diesem Abschnitt vorgestellten Minimalserver sehr vielseitige Effekte erzielt werden.

Um den Webserver als Dienst starten zu können, ist die Klasse `service` von `ServiceBase` abgeleitet, die Methode `Main` enthält die übliche `ServiceBase.Run` Anweisung, der eine Instanz der Klasse `service` übergeben wird. Nach dem Abarbeiten des Konstruktors der Klasse `service`, der dem Dienst den Namen `WebService` gibt, wartet der Dienst darauf, gestartet zu werden. Die Methode `OnStart` erzeugt einen Thread, dessen Startroutine

```
Sub gestartet()
    s = New Socket( _
      AddressFamily.InterNetwork, SocketType.Stream, ProtocolType.Tcp)

    s.Bind(New IPEndPoint(IPAddress.Any, 8080))
    s.Listen(1)
```

```
    While True
      klienten.Add(New Klient(Me, s.Accept()))
    End While
  End Sub
```

den Webserver initialisiert und startet.

Nachdem eine Instanz der Klasse `Socket` gebildet worden ist, wird `Bind` und `Listen` aufgerufen. Der Socket wird an den Port `8080` gebunden. Üblicherweise sind Http-Server an den Port `80` gebunden. Es können aber mehrere Http-Server auf einem System an unterschiedliche Ports gebunden werden. In der nun folgenden Endlosschleife wartet der Server mit `Accept` auf eine Verbindungsanforderung. Sobald eine Verbindungsanforderung von einem Klienten eingeht, wird eine Instanz der Klasse `Klient` gebildet und der `ArrayList klienten` hinzugefügt. Dem Konstruktor der Klasse `Klient` wird die Instanz der Klasse `service` und der von `Accept` zurückgegebene Socket übergeben. Um dem Server die Gelegenheit zu geben, sofort wieder mit `Accept` auf die nächste Verbindungsanforderung zu reagieren wird im Konstruktor der Klasse `Klient` der Thread `th` mit der Startroutine `run` gestartet, welche die Kommunikation mit dem Klienten steuert.

```
Sub runn()
  Try
    'Den Bytearray b empfangen und in den
    'String request umwanden

    If request.ToUpper().StartsWith("GET /") Then
      'Den Dateinamen fname
      'herausfiltern und aufbereiten

      If File.Exists(fname) Then
        'OK-Meldung in die Datei WebService.log schreiben
        'OK-Header und angeforderte Datei zum Klienten senden
      Else
        'Fehlermeldung in die Datei WebService.log schreiben
        'Fehlermeldung zum Klienten senden
      End If
    Else
      'Fehlermeldung in die Datei WebService.log schreiben
      'Fehlermeldung zum Klienten senden
    End If
  Catch ex As Exception
    'ex.Message in die Datei WebService.log schreiben
  Finally
    'Die Streams und den Socket schließen und die Instanz der
    'Klasse Klient aus der Arraylist klienten entfernen
  End Try
End Sub
```

Wie die Struktur der Methode `run` zeigt, empfängt der Server den Bytearray `b` und wandelt ihn in den String `request` um, der nur dann ausgewertet wird, wenn er mit `GET /` beginnt. Ist die angeforderte Datei vorhanden, so wird sie zusammen mit einem OK-Header zum Klienten gesendet. Andernfalls erhält der Klient eine Fehlermeldung. Alle Aktionen werden in der Datei `WebService.log` protokolliert.

Für die Kommunikation zwischen Server und Klient gelten feste Spielregeln, die das World Wide Web Consortium W3C ausgearbeitet hat. Die Homepage des W3C ist `http://www.w3.org`. Der neueste Stand ist in `RFC2616: Hypertext Transfer Protocol -HTTP/1.1` [5] festgelegt. Mit Rücksicht auf die Programmlänge werden nur Get-Anfragen bearbeitet. Um Klarheit darüber zu bekommen, in welcher Weise sich der Klient an den Server wendet, folgen jetzt einige Beispiele für Get-Anfragen.

```
GET / HTTP/1.1
```

Die Defaultdatei wird angefordert.

```
GET /abc.asp HTTP/1.1
```

Die Datei `abc.asp` wird angefordert.

```
GET /xy/z.htm HTTP/1.1
```

Die Datei `z.htm` im Unterverzeichnis `xy` wird angefordert.

```
GET /abc.asp?Name1=Wert1&Name2=Wert2 HTTP/1.1
```

Die Datei `abc.asp` wird angefordert. Gleichzeitig werden, mit dem Fragezeichen beginnend, Formulardaten übermittelt.

Die Adresse einer im Internet zur Verfügung gestellten Datei bzw. Resource nennt man `Uniform Resource Locator` abgekürzt `URL`. Enthält eine GET-Anfrage, wie oben gezeigt, Formulardaten, so sagt man die Anfrage enthalte URL-codierte Daten.

Nun geht es weiter mit der Startroutine `run`. Der Dateiname `fname` beginnt, wie oben zu erkennen ist, mit einem `/` und endet vor dem nächsten Leerzeichen oder Fragezeichen.

Um unvollständige Get-Anfragen berücksichtigen zu können, wird der Zeilenwechsel ebenfalls als Stoppzeichen des Dateinamens gewertet. Genau genommen ist `fname` nicht der Dateiname sondern der Dateipfad relativ zum Homeverzeichnis. Dieser Pfad muss aufbereitet und ergänzt werden.

Die erste der Anweisungen

```
fname = fname.Replace("/"C, "\"C)
If fname.Equals("\") Then fname = "\index.html"
fname = dir & fname
Log(fname)
fname = Regex.Replace( _
  fname, "%..", _
  New MatchEvaluator(AddressOf eval))
```

ersetzt alle Schrägstriche durch Rückstriche. Falls der Pfad jetzt nur aus einem Rückstrich besteht, so fordert der Klient die Defaultdatei an. In diesem Fall wird der Rückstrich durch den Namen der Defaultdatei `\index.html` ersetzt. Anschließend wird der Wert der Variablen `dir` vor den Pfad gesetzt. Der Pfad beginnt jetzt mit `C:\Home`. Er wird dadurch zum absoluten Pfad im Dateisystem und das Verzeichnis `C:\Home` wird zum Homeverzeichnis der Website. Nicht alphanumerische Zeichen werden, beginnend mit einem Prozentzeichen, hexadezimal codiert übermittelt. Ein Leerzeichen wird zB. als `%20` übermittelt. Die letzte der oben abgebildeten Anweisungen übersetzt den Hexadezimalcode in den Zeichencode.

Die Klasse `System.Text.RegularExpressions.Regex` besitzt Methoden, mit denen reguläre Ausdrücke erkannt und bearbeitet werden können. Die Methode `Regex.Replace` erkennt die im String `fname` enthaltenen Zeichenfolgen, die dem Zeichenmuster `%..` entsprechen, ruft bei jedem Treffer die Methode `eval` auf und ersetzt die erkannten Zeichenfolgen durch die Rückgabewerte der Methode `eval`. Das Zeichenmuster `%..` beschreibt eine Zeichenfolge, die aus drei Zeichen besteht und mit `%` beginnt. Ein Punkt steht für ein beliebiges Zeichen mit Ausnahme des Zeilenwechsels. Der Aufruf von `eval` wird durch die Zuordnung zum Delegate `MatchEvaluator` ermöglicht. Die Methode `eval` untersucht die beiden Hexadezimalziffern auf ihre Gültigkeit. Liegen die Ziffern zwischen `0` und `9` oder zwischen `A` und `F` bzw. `a` und `f`, so wird ihr numerischer Wert ermittelt.

Anschließend werden die Ziffern mit

```
Dim c As Char = Chr(i1*16+i2)
```

zu einer Zahl zusammengesetzt und in den Datentyp `Char` umgewandelt. Der Rückgabewert der Methode `eval` ist ein String, der dieses eine Zeichen enthält.

Die Methode `Log` öffnet die Datei `C:\Home\WebService.log` und hängt den als Parameter übergebenen String an den Inhalt der Datei an. Die Logdatei ermöglicht das Nachverfolgen aller Aktionen des Webservers. Sie ist unter anderem eine hervorragende Hilfe beim Testen von Websites.

Die Antwort, die der Server zum Klienten sendet, beginnt immer mit einer sogenannten Initial Line. Die folgenden Zeilen stellen eine kleine Auswahl aus der großen Zahl möglicher Initial Lines vor.

```
HTTP/1.1 200 OK
HTTP/1.1 400 Bad Request
HTTP/1.1 404 Object Not Found
```

Auf die Initial Line folgen Header-Zeilen. Die am häufigsten verwendeten Header sind:

```
Server:          Servername
Date:            Datum und Uhrzeit
Content-Type:    Der Typ des Inhalts zB. text/html, text/plain,
                 image/gif
Content-Length:  Die Länge des Inhalts in Byte
```

Auf die letzte Header-Zeile folgt immer eine Leerzeile, die das Ende der Header-Übertragung kennzeichnet. Fehlt die Leerzeile, so wartet der Browser bis zum Timeout auf den nächsten Header. Nach der Leerzeile folgt dann letztendlich der Inhalt. Das ist bei dieser ersten Version des Webservers die angeforderte Datei oder eine Fehlermeldung. Im Kapitel 13 wird im Zusammenhang mit CGI und ASP gezeigt, wie Inhalte von Programmen generiert werden können. Die Methoden `Antwort200`, `Antwort400` und `Antwort404` senden die Antwort des Servers mit der entsprechenden Initial Line zum Browser.

```
' Service12.5_1.vb

Imports System
Imports System.Text
Imports System.Text.RegularExpressions
Imports System.IO
Imports System.Collections
Imports System.ServiceProcess
Imports System.Net
Imports System.Net.Sockets
Imports System.Threading
Imports Microsoft.VisualBasic

Public Class service
Inherits ServiceBase
  Dim s As Socket
  Dim start As Thread
```

```
  Public klienten As New ArrayList()

  Sub New()
    ServiceName = "WebService"
  End Sub

  Protected Overrides Sub OnStart(ByVal args() As String)
    start = New Thread(New ThreadStart(AddressOf gestartet))
    start.Start()
  End Sub

  Protected Overrides Sub OnStop()
    Dim i As Integer
    For i=0 To klienten.Count-1
      Dim kli As Klient = klienten(i)
      If Not kli.fs Is Nothing Then kli.fs.Close()
      If Not kli.sr Is Nothing Then kli.sr.Close()
      If Not kli.sw Is Nothing Then kli.sw.Close()
      If Not kli.sa Is Nothing Then kli.sa.Close()
      If Not kli.th Is Nothing Then
        kli.th.Abort()
        kli.th.Join()
      End If
    Next
    If Not s Is Nothing Then s.Close()
    If Not start Is Nothing Then
      start.Abort()
      start.Join()
    End If
  End Sub

  Sub gestartet()
    s = New Socket( _
      AddressFamily.InterNetwork, SocketType.Stream, ProtocolType.Tcp)
    s.Bind(New IPEndPoint(IPAddress.Any, 8080))
    s.Listen(1)
    While True
      klienten.Add(New Klient(Me, s.Accept()))
    End While
  End Sub

  Shared Sub Main()
    ServiceBase.Run(New service())
  End Sub
End Class

Public Class Klient
  Dim serv As service
  Public sa As Socket
  Public th As Thread
  Public sr As StreamReader
```

```
Public sw As StreamWriter
Public fs As FileStream
Dim b() As Byte
Dim request, content, header As String
Dim dir As String = "C:\Home"

Sub New(ByVal serv As service, ByVal sa As Socket)
  Me.serv = serv
  Me.sa = sa
  th = New Thread(New ThreadStart(AddressOf runn))
  th.Start()
End Sub

Sub runn()
  Try
    request = ""
    Do
      ReDim b(1023)
      Array.Clear(b, 0, b.Length)
      sa.Receive(b)
      request &= Encoding.ASCII.GetString(b)
    Loop While b(b.Length-1) <> 0
    Dim nc As Integer = request.IndexOf(Chr(0))
    request = request.Substring(0, nc)
    If request.ToUpper().StartsWith("GET /") Then
      Dim fname As String = ""
      Dim i As Integer = 5
      While _
        Mid(request, i, 1) <> " "C  And _
        Mid(request, i, 1) <> "?"C  And _
        Mid(request, i, 1) <> VbCr  And _
        Mid(request, i, 1) <> VbLf
        fname &= Mid(request, i, 1)
        i += 1
      End While
      fname = fname.Replace("/"C, "\"C)
      If fname.Equals("\") Then fname = "\index.html"
      fname = dir & fname
      Log(fname)
      fname = Regex.Replace( _
        fname, "%..", _
        New MatchEvaluator(AddressOf eval))
      If File.Exists(fname) Then
        fs = File.OpenRead(fname)
        ReDim b(fs.Length)
        Array.Clear(b, 0, b.Length)
        fs.Read(b, 0, b.Length)
        Antwort200(b)
      Else
        Antwort404()
      End If
```

```
      Else
        Antwort400()
      End If
    Catch ex As Exception
      Log("Ausnahme ** " & ex.Message)
    Finally
      If Not fs Is Nothing Then fs.Close()
      If Not sr Is Nothing Then sr.Close()
      If Not sw Is Nothing Then sw.Close()
      If Not sa Is Nothing Then sa.Close()
      serv.klienten.Remove(Me)
    End Try
  End Sub

  Function eval(ByVal m As Match) As String
    Dim s As String = m.ToString()
    Dim i1 As Integer = Asc(Mid(s, 2, 1))
    Dim i2 As Integer = Asc(Mid(s, 3, 1))

    If i1 >= Asc("0"C) And i1 <= Asc("9"C) Then
      i1 -= Asc("0"C)
    ElseIf i1 >= Asc("A"C) And i1 <= Asc("F"C) Then
      i1 += 10 - Asc("A"C)
    ElseIf i1 >= Asc("a"C) And i1 <= Asc("f"C)
      i1 += 10 - Asc("a"C)
    Else
      Return s
    End If

    If i2 >= Asc("0"C) And i2 <= Asc("9"C) Then
      i2 -= Asc("0"C)
    ElseIf i2 >= Asc("A"C) And i2 <= Asc("F"C)
      i2 += 10 - Asc("A"C)
    ElseIf i2 >= Asc("a"C) And i2 <= Asc("f"C)
      i2 += 10 - Asc("a"C)
    Else
      Return s
    End If

    Dim c As Char = Chr(i1*16+i2)
    Return c.ToString()
  End Function

  Sub Log(ByVal s As String)
    Dim fs As FileStream = File.Open( _
      "C:\Home\WebService.log", FileMode.Append Or FileMode.Create)
    Dim sw As New StreamWriter(fs)
    sw.WriteLine(s)
    sw.Close()
    fs.Close()
  End Sub
```

```
    Sub Antwort200(ByVal c() As Byte)
      Log("*** " + DateTime.Now.ToString() & _
          " *** 200 OK" & VbCrLf & request)
      header = _
        "HTTP/1.1 200 OK" & VbCrLf & _
        "Server: CgiWebService" & VbCrLf & _
        "Date: " & DateTime.Now.ToString() & VbCrLf & _
        "Content-Length: " & c.Length.ToString() _
        & VbCrLf & VbCrLf
      Dim b() As Byte = Encoding.ASCII.GetBytes(header)
      sa.Send(b)
      sa.Send(c)
    End Sub

    Sub Antwort400()
      Log("*** " + DateTime.Now.ToString() & _
        " *** 400 Bad Request" & VbCrLf & request)
      content = _
        "<html><head><title>Error</title></head>" & _
        "<body>Falscher Parameter. </body></html>" & VbCrLf
      header = _
        "HTTP/1.1 400 Bad Request" & VbCrLf & _
        "Server: CgiWebService" & VbCrLf & _
        "Date: " & DateTime.Now.ToString() & VbCrLf & _
        "Content-Type: text/html" & VbCrLf & _
        "Content-Length: " & content.Length.ToString() & _
        VbCrLf & VbCrLf
      header &= content
      b = Encoding.ASCII.GetBytes(header)
      sa.Send(b)
    End Sub

    Sub Antwort404()
      Log("*** " & DateTime.Now.ToString() & _
        " *** 404 Object Not Found" & VbCrLf & request)
      content = _
        "<html><head><title>Error</title></head><body>" & _
        "Die Seite wurde nicht gefunden. </body></html>" & VbCrLf
      header = _
        "HTTP/1.1 404 Object Not Found" & VbCrLf & _
        "Server: CgiWebService" & VbCrLf & _
        "Date: " + DateTime.Now.ToString() & VbCrLf & _
        "Content-Type: text/html" & VbCrLf & _
        "Content-Length: " & content.Length.ToString() & _
        VbCrLf & VbCrLf
      header &= content
      b = Encoding.ASCII.GetBytes(header)
      sa.Send(b)
    End Sub
  End Class
```

Das Installationsprogramm:

```
' Install12.5_1.vb

Imports System
Imports System.ComponentModel
Imports System.Configuration.Install
Imports System.ServiceProcess

<RunInstaller(True)> _
Public Class install
Inherits Installer
  Sub New()
    Dim spi As New ServiceProcessInstaller()
    Dim si As New ServiceInstaller()
    spi.Account = ServiceAccount.LocalSystem
    si.StartType = ServiceStartMode.Manual
    si.ServiceName = "WebService"
    Installers.Add(si)
    Installers.Add(spi)
  End Sub
End Class
```

Der WebService wird mit

```
vb Service12.5_1.vb Install12.5_1.vb
```

übersetzt, mit

```
InstallUtil Service12.5_1.exe
```

installiert und kann mit

```
InstallUtil /u Service12.5_1.exe
```

deinstalliert werden.

Die Datei `index.html` mit dem Inhalt

```
<html><head></head>
<body>
<h1>Hallo!</h1>
</body>
</html>
```

wird im Verzeichnis `C:\Home` angelegt. Nachdem der Dienst `WebService` gestartet ist, wird mit einem Browser die Adresse `http://Hostname:8080/` angewählt, wobei natürlich der richtige Hostname oder auch die richtige IP-Nummer verwendet werden muss. Im nächsten Kapitel sind unter 13.1 und 13.2 weitere HTML-Dateien zu finden, mit denen der Webserver getestet werden kann. Im Abschnitt 13.3 erhält der Webserver weitere Fähigkeiten.

12.6 Ein blockierender Dienst

Der Start eines Dienstes kann, wie bereits erwähnt, erst nach dem Beenden der Methode `OnStart` vollendet werden. Man kann daher auf ganz einfache Weise einen beim Start blockierenden Dienst schreiben, indem man eine Endlosschleife in die Methode `OnStart` setzt.

```
' Service12.6_1.vb

Imports System
Imports System.ServiceProcess

Public Class service
Inherits ServiceBase
  Sub New()
    Me.ServiceName = "BlockingService"
  End Sub

  Protected Overrides Sub OnStart(ByVal args() As String)
    While True
    End While
  End Sub

  Shared Sub Main()
    ServiceBase.Run(New service())
  End Sub
End Class
```

Das Installationsprogramm legt fest, dass der Dienst automatisch gestartet wird.

```
' Install12.6_1.vb

Imports System
Imports System.ComponentModel
Imports System.Configuration.Install
Imports System.ServiceProcess

<RunInstaller(True)> _
Public Class install
```

```
Inherits Installer
  Sub New()
    Dim spi As New ServiceProcessInstaller()
    Dim si As New ServiceInstaller()
    spi.Account = ServiceAccount.LocalSystem
    si.StartType = ServiceStartMode.Automatic
    si.ServiceName = "BlockingService"
    Installers.Add(si)
    Installers.Add(spi)
  End Sub
End Class
```

Die Dienstanwendung wird mit

```
vb Service12.6_1.vb Install12.6_1.vb
```

übersetzt und mit

```
InstallUtil Service12.6_1.exe
```

installiert. Startet man den Dienst mit dem Programm `Dienste`, so erreicht der Dienst nicht den Zustand `Running` bzw. gestartet.

Der Dienst blockiert im Zustand `StartPending` bzw. wird gestartet. Der Dienst lässt sich weder mit dem Programm `Dienste` noch mit dem Task-Manager beenden. Bei einem Neustart wird der Dienst automatisch gestartet, und er blockiert wieder im Zustand `StartPending`. Deinstalliert man den Dienst mit

```
InstallUtil /u Service12.6_1.exe
```

und achtet darauf, dass die Deinstallation fehlerfrei verläuft, so ist die Situation nach dem nächsten Neustart bereinigt. Ein sicherer Weg, das Problem in den Griff zu bekommen, ist der Eingriff in die Registrierung. Der Dienst wird bei seiner Installation unter dem Schlüssel

```
HKEY_LOCAL_MACHINE\System\CurrentControlSet\Services\BlockingService
```

registriert. Der unter diesem Schlüssel angelegte Wert `Start` ist gleich `2`. Ändert man diesen Wert in `3`, so wird der Dienst manuell und daher beim Neustart nicht automatisch gestartet. Der Dienst ist nach dem Neustart im Zustand `Stopped`. Er kann reibungslos deinstalliert werden.

13 HTML, CGI, ASP und XML

HTML ist die Basis der Webprogrammierung. Daher werden in kurzer Form grundlegende HTML Kenntnisse vermittelt. Dazu gehören auch das modernere HTML 4.0 und CSS und einige Erläuterungen zu JavaScript. Ferner werden CGI-Skripten mit Visual Basic .NET vorgestellt, und der Unterschied zwischen ASP und ASP.NET wird deutlich gemacht. Einige Worte zu XML vervollständigen die Vorbereitung auf das Kapitel 14.

13.1 HTML

HTML ist eine Abkürzung von Hyper Text Markup Language. Es dient der Verbreitung von Hyper Text Dokumenten im Internet. Ein Hyper Text Dokument enthält im Wesentlichen Texte, Graphiken und Elemente zur Gliederung und Gestaltung des Dokuments sowie Ein- Ausgabeelemente und Links zu anderen Dokumenten oder zu anderen Stellen im gleichen Dokument. Eine HTML-Datei endet auf .html oder .htm.

Die Struktur eines Html-Dokuments zeigt die Datei 13.1_1.html.

```
<!DOCTYPE HTML PUBLIC "-//W3C//DTD HTML 3.2 Final//EN">
<html>
<head>
  <!-- Zusatzinformationen zum Dokument -->
  <meta http-equiv="Content-Type" content="text/html;
   charset=iso-8859-1">
  <meta name="keywords" content="HTML, CSharp, DotNET">
  <meta name="description" content="Beschreibung des Dokuments">
  <meta name="Author" content="Heinrich Rottmann">
  <!--
  Der Titel des Dokuments
  -->
  <title>Beispiel 13.1_1</title>
</head>
<body>
  <!-- Der Rumpf des Dokuments -->
  <h1>Ueberschrift</h1>
  <h2>Ueberschrift</h2>
  <h3>Ueberschrift</h3>
  <h4>Ueberschrift</h4>
  <h5>Ueberschrift</h5>
```

```
  <h6>Ueberschrift</h6>
</body>
</html>
```

Ein Html-Dokument beginnt mit der Deklaration:

```
<!DOCTYPE HTML PUBLIC "-//W3C//DTD HTML 3.2 Final//EN">
```

Damit wird festgelegt, welche HTML-Version verwendet wird. Zeichenfolgen mit einem befehlsartigen Charakter werden durch Kleiner- und Größerzeichen geklammert. Man spricht auch von spitzen Klammern. Derartige Zeichenfolgen werden HTML-Tag oder kurz Tag genannt. Das Ende des Wirkungsbereichs eines Tags wird durch das Wiederholen des Tags mit vorangestelltem Schrägstrich gekennzeichnet. Ein Hyper Text beginnt mit `<html>` oder `<HTML>` und endet mit `</html>` oder `</HTML>`. Bei allen Tags ist Groß- und Kleinschreibung ohne jede Bedeutung. Ein Hyper Text besteht aus einem Kopf, der von `<head>` bis `</head>` geht und einem Rumpf, der von `<body>` bis `</body>` geht.

Der Kopf enthält Meta-Tags und den Titel des Dokuments. Die `<meta . . . >` Tags enthalten Zusatzinformationen zum Dokument, die als Schlüssel-Wert-Paare organisiert sind. Das Tag

```
<meta http-equiv="Content-Type" content="text/html;
   charset=iso-8859-1">
```

gibt Aufschluss über den Typ des Dokuments und den verwendeten Zeichensatz. Diese Information kann von Webservern bei der Bildung von HTTP-Headern verwendet werden. Die weiteren Meta-Tags teilen Suchdiensten geeignete Schlüsselwörter bzw. Suchbegriffe, eine Beschreibung des Dokuments und den Namen des Autors mit. Der Kopf eines Html-Dokuments kann weitere Tags enthalten. Einige dieser Tags werden im Abschnitt 13.2 beschrieben.

Die Meta-Tags werden auch von sogenannten Robots gelesen. Robots durchsuchen das Internet nach Websites und analysieren diese, um Informationen, die von Suchdiensten verwendet werden, zu sammeln. Eine Website sollte eine Datei mit dem Namen `Robots.txt` mit folgendem beispielhaften Inhalt enthalten.

```
#rottmann@rottmann.de          E-Mailadresse
User-Agent: *                  Den Robots ist alles erlaubt.
Disallow: /cgi-bin             Der Zugriff auf dieses Verzeichnis
                               ist untersagt.
```

Der Rumpf enthält den im Browser sichtbaren Teil des Dokuments. Die Tags `<h1>` bis `<h6>` definieren Überschriften in unterschiedlichen Schriftgrößen, wobei `h1` die größte Schrift festlegt und `h6` die kleinste. Wird die Datei `13.1_1.html` in einen Browser geladen, so entsteht das folgende Bild:

Ueberschrift

Ueberschrift

Ueberschrift

Ueberschrift

Ueberschrift

Ueberschrift

Abbildung 13.1_1

Kopiert man die HTML-Datei in das Verzeichnis `C:\Home` und verwendet den Webserver aus Abschnitt 12.5, so kann das HTML-Dokument mit

```
http://Hostname:8080/13.1_1.html
```

oder mit

```
http://IP-Nummer:8080/13.1_1.html
```

angewählt werden. Läuft der Webserver auf dem Port 80, so kann die Portnummer entfallen.

```
http://Hostname/13.1_1.html
http://IP-Nummer/13.1_1.html
```

Wenn auf der Seite des Servers und auf der Seite des Browsers der gleiche Zeichensatz verwendet wird, so kann man Umlaute, das ß und weitere Sonderzeichen im HTML-Text verwenden.

```
<html>
<head>
<title>Beispiel 13.1_2</title>
</head>
<body>
<h2>Wir ändern die   Überschrift.</h2>
</body>
</html>
```

Wir ändern die Überschrift.

Abbildung 13.1_2

Da im Internet die unterschiedlichsten Rechner, Betriebssysteme, Webserver, Browser und Zeichensätze benutzt werden, ist es erforderlich, Sonderzeichen plattformunabhängig darzustellen.

Umlaute und einige Sonderzeichen:

```
&Auml;      Ä
&Ouml;      Ö
&Uuml;      Ü
&auml;      ä
&ouml;      ö
&uuml;      ü
       Leerzeichen
&szlig;     ß
&lt;        <
&gt;        >
&quot;      "
```

Beispiel 13.1_3 zeigt, wie Umlaute und Sonderzeichen in den HTML-Text eingesetzt werden. Für das Leerzeichen gelten spezielle Vereinbarungen. Ein oder mehrere Leerzeichen werden als ein einziges Leerzeichen interpretiert. Für den Zeilenwechsel im HTML-Text wird in der Browserdarstellung ein Leerzeichen eingesetzt. Will man mehrere Leerzeichen hintereinander setzen, so muss man mehrmals ` ` verwenden. Der mehrzeilige Text dieses Beispiels erscheint im Browser in einer Zeile.

```
<html>
<head>
<title>Beispiel 13.1_3</title>
</head>
<body>
<h2>
```

```
Wir &auml;ndern die
   
&Uuml;berschrift.
</h2>
</body>
</html>
```

Wir ändern die   Überschrift.

Abbildung 13.1_3

Wie im nächsten Beispiel zu sehen ist, gibt es auch eine Codierung für griechische Buchstaben. Allerdings stellen ältere Browser unter Umständen diese Zeichen nicht dar. Mit dem <font> Tag kann man den Font, die Größe und die Farbe der Schrift festlegen. Hinter face wird die Fontfamily angegeben. Es dürfen mehrere Fonts durch Kommata getrennt angegeben werden. Daneben kann der Typ des Fonts mit serif oder sans-serif angegeben werden. Die Schriftgröße size wird relativ oder absolut angegeben. Die Angabe size=+2 ist relativ. Die Schrift ist um zwei Stufen größer als die normale Schrift. Mit -1 wäre sie um eine Stufe kleiner. Die Angabe size=4 ist dagegen eine absolute Festlegung. Farben color werden durch ein # und sechs Hexadezimalstellen angegeben. Je zwei Stellen legen einen Farbanteil in der Reihenfolge Rot Grün Blau, abgekürzt RGB, fest. Die einzelnen Farbanteile gehen von 00 bis ff. Die Farbtiefe beträgt demnach 24 Bit. Mit Rücksicht auf Geräte, die eine geringere Farbtiefe verwenden, werden sogenannte browser safe colors empfohlen, bei denen die Hexadezimalziffern in Dreierschritten verwendet werden. Die Farben setzen sich aus den Farbanteilen 00, 33, 66, 99, cc und ff zusammen. Damit können $6^3 = 216$ Farben dargestellt werden.

Einige Beispiele:

```
#000000         Schwarz
#ff0000         Rot
#00ff00         Grün
#66ff66         hell Grün
#0000ff         Blau
#000099         dunkel Blau
#ffff00         Gelb
#ffff99         hell Gelb
#ffffff         Weiß
```

```
<html>
<head>
<title>Beispiel 13.1_4</title>
</head>
<body>
<p align=center>
<font face="Arial,Helvetica,Verdana" size=+2 color="#0000ff">
Font
</font><br>
<font face="sans-serif" size=4 color="#ff0000">
&quot;&Phi;&omicron;&nu;&tau;&quot;
</font>
</p>
</body>
</html>
```

Font

"Φovτ"

Abbildung 13.1_4

Weitere Tags, die das Schriftbild beeinflussen :

```
<em>        betont
<i>         kursiv
<b>         fett
<u>         unterstrichen
<s>         durchgestrichen
<tt>        dicktengleich
<big>       groß
<small>     klein
<sup>       hochgestellt
<sub>       tiefgestellt
```

Absätze werden durch <p> und </p> eingefasst.

```
<html>
<head>
<title>Beispiel 13.1_5</title>
</head>
<body>
<font face="Times new Roman,serif" size=-1 color="#0000ff">
<em>betont</em><br>
<i>kursiv</i><br>
<b>fett</b><br>
<i><b>kursiv und fett</b></i>
<p>
<u>unterstrichen</u><br>
```

```
<s>durchgestrichen</s><br>
<tt>dicktengleich</tt><br>
<big>groß</big><br>
<small>klein</small><br>
</p>
<p>
a<sup>2</sup> hochgestellt<br>
a<sub>2</sub> tiefgestellt
</p>
</font>
</body>
</html>
```

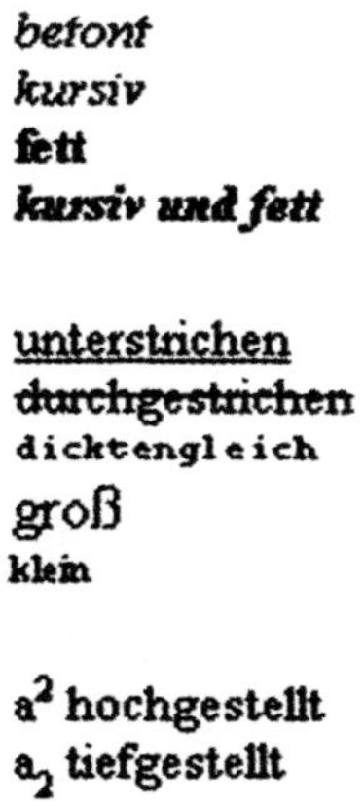

Abbildung 13.1_5

Listen gliedern den Text.

```
<ul>      Aufzählungsliste
<ol>      Geordnete Liste
<li>      Listeneintrag
```

Die geordnete Liste ist eine numerische Liste. Mit `start=5` wird der Startindex auf `5` gesetzt. Der Zusatz `type` ermöglicht unterschiedliche Arten von Indizes.

```
type=a    Index a., b., c., d.       Kleinbuchstaben
type=A    Index A., B., C., D.       Großbuchstaben
type=i    Index i., ii., iii., iv.   römische Zahlen klein
type=I    Index I, II, III, IV       römische Zahlen groß
```

Bei der Beschreibungsliste kann der Index individuell festgelegt werden.

```
<dl>      Beschreibungsliste
<dt>      Index
<dd>      Listeneintrag
```

```
<html>
<head>
<title>Beispiel 13.1_6</title>
</head>
<body>
<font face="sans-serif" size=-2>
<ul>
  <li>Zu Eins</li>
  <li>Zu Zwei</li>
  <li>Zu Drei</li>
</ul>
<ol>
  <li>Zu Eins</li>
  <li>Zu Zwei</li>
  <li>Zu Drei</li>
</ol>
<dl>
  <dt>Eins</dt>
  <dd>Zu Eins</dd>
  <dt>Zwei</dt>
  <dd>Zu Zwei</dd>
  <dt>Drei</dt>
  <dd>Zu Drei</dd>
</dl>
</font>
</body>
</html>
```

- Zu Eins
- Zu Zwei
- Zu Drei

1. Zu Eins
2. Zu Zwei
3. Zu Drei

Eins
    Zu Eins
Zwei
    Zu Zwei
Drei
    Zu Drei

Abbildung 13.1_6

Links `<a href="http://www.w3.org/">` ermöglichen es, zu anderen Websites, zu anderen Dokumenten der gleichen Website oder zu anderen Stellen im gleichen Dokument zu verzweigen. Ein noch nicht besuchter Link hat die Farbe `link`. Klickt man den Link an, so erscheint der Link, während die Maustaste gedrückt ist, in der Farbe `alink` (active link). Der besuchte Link hat die Farbe `vlink` (visited link). Diese Farben werden im body-Tag festgelegt. Außerdem ändert der body-Tag des folgenden Beispiels die Farbe des Textes in Weiß und die Hintergrundfarbe in Schwarz.

```
<html>
<head>
<title>Beispiel 13.1_7</title>
</head>
<body text="#FFFFFF" bgcolor="#000000"
link="#6666ff" vlink="#666666" alink="#ff0000">
zur&uuml;ck zu Beispiel
<a href ="13.1_4.html">13.1_4</a> oder
<a href ="13.1_5.html">13.1_5</a> oder
<a href ="13.1_6.html">13.1_6</a>
</body>
</html>
```

Abbildung 13.1_7

Grafiken werden mit `<img src="Dateiname">` in das Dokument eingebaut.

```
<html>
<head>
<title>Beispiel 13.1_8</title>
</head>
<body>
<img src="Mann1.png">
</body></html>
```

Abbildung 13.1_8

Mit dem <table> Tag werden Tabellen definiert. Optionen, die das Erscheinungsbild der Tabelle beeinflussen, können im table-Tag angegeben werden.

border	Breite der Umrandung in Pixeln
bgcolor	Hintergrundfarbe
cellspacing	Abstand der Tabellenfelder
cellpadding	Abstand des Inhalts von den Feldgrenzen

Die folgenden Tags dienen der Aufteilung der Tabelle in Zeilen und Spalten.

<th>	Tabellenkopf
<tr>	Tabellenzeile
<td>	Tabellenfeld

Der Tabelleninhalt wird mit align horizontal und mit valign vertikal ausgerichtet. Die Ausrichtung kann für die gesamte Tabelle, für eine Zeile oder für ein einzelnes Tabellenfeld gelten. Der Wirkungsbereich der Ausrichtung hängt davon ab, in welchem Tag align oder valign steht.

Horizontale Ausrichtung:

left	linksbündig
center	zentriert
right	rechtsbündig
justify	Blocksatz

Vertikale Ausrichtung:

top	oben
middle	zentriert
bottom	unten
baseline	Basislinie

Das Beispiel definiert eine Tabelle mit zwei Spalten, einer Kopfzeile und vier weiteren Zeilen.

```
<html>
<head>
<title>Beispiel 13.1_9</title>
</head>
<body>
<font face="Courier">
<table border=2 bgcolor="#66ff66"
```

```
cellspacing=0 cellpadding=5>
<tr>
<th width=80 align=center>Tag</th>
<th width=150 align=left>Bedeutung</th>
</tr>
<tr>
<td align=center>&lt;table&gt;</td>
<td>Tabelle</td>
</tr>
<tr>
<td align=center>&lt;th&gt;</td>
<td>Tabellenkopf</td>
</tr>
<tr>
<td align=center>&lt;tr&gt;</td>
<td>Tabellenzeile</td>
</tr>
<tr>
<td align=center>&lt;td&gt;</td>
<td>Tabellenfeld</td>
</tr>
</table>
</font>
</body>
</html>
```

Tag	Bedeutung
<table>	Tabelle
<th>	Tabellenkopf
<tr>	Tabellenzeile
<td>	Tabellenfeld

Abbildung 13.1_9

Neben den hier dargestellten Texten können Tabellen beliebige andere HTML-Elemente aufnehmen.

13.2 HTML 4.0

HTML 4.0 baut auf HTML 3.2 auf. Das folgende Schema zeigt den prinzipiellen Aufbau einer HTML 4.0 Datei.

```
<!DOCTYPE HTML PUBLIC "-//W3C//DTD HTML 4.0//EN"
   "http://www.w3.org/TR/REC-html40/strict.dtd">
<html>
<head>
  <!-- Zusatzinformationen zum Dokument -->
```

```
  <meta . . . >
  <!-- Der Titel des Dokuments -->
  <title>HTML 4.0</title>
  <style type="text/css">
    <!-- Formatangaben -->
  </style>
  <script>
    <!--
    Ein Programm, das vom Browser
    ausgeführt wird.
    -->
  </script>
</head>
<body>
  <!-- Der Rumpf des Dokuments -->
</body>
</html>
```

Die Tags `<style>` und `<script>` sind in HTML 3.2 nur als Platzhalter ohne Funktion vorhanden. HTML 4.0 Dokumenten eröffnen diese Tags erweiterte Möglichkeiten der Gestaltung. Mit dem style-Tag werden Cascading Style Sheets, abgekürzt CSS, eingebunden. Style Sheets enthalten Formatangaben, die einzelnen HTML-Elementen oder auch Gruppen von Elementen zugeordnet werden können. Formatangaben bestehen aus einer oder mehreren Formatdefinitionen. Es gibt zwei Möglichkeiten Formatangaben zu formulieren. Erstens kann eine Formatangabe direkt in ein HTML-Tag geschrieben werden.

```
<Tag-Bezeichner style="Formatdefinitionen">
```

Zweitens können Style Sheets im Kopf des Dokuments oder in separaten Dateien mit der Endung .css angelegt werden. Ein Style Sheet im Kopf eines Dokuments ist durch das style-Tag gekennzeichnet.

```
<style type="text/css">
  Selektor { Formatdefinitionen }
  . . .
</style>
```

Werden Formatangaben in der Form

```
Selektor { Formatdefinitionen }
```

in eine css-Datei geschrieben, so werden diese Formatangaben mit

```
<link
  rel="stylesheet"
  type="text/css"
  href="Datei.css">
```

oder

```
<style type="text/css">
  @import "Datei1.css";
  @import url(http://Host/Datei2.css);
</style>
```

in das Dokument importiert. Ein Selektor kann ein HTML-Tag bezeichnen. Die Formatdefinitionen wirken dann bei jedem Gebrauch dieses Tags.

```
p { Formatdefinitionen }
h1 { Formatdefinitionen }
table { Formatdefinitionen }
```

Beginnt der Selektor mit einem Punkt, so werden die Formatdefinitionen den HTML-Elementen mit dem Schlüsselwort `class` zugeordnet. Die Formatangabe

```
.abc { Formatdefinitionen }
```

wird zB. mit

```
<table class=abc>
```

einer Tabelle zugeordnet. Beginnt der Selektor mit einem #, so werden die Formatdefinitionen den HTML-Elementen mit dem Schlüsselwort `id` zugeordnet. Die Formatangabe

```
#abc { Formatdefinitionen }
```

wird mit

```
<table id=abc>
```

einer Tabelle zugeordnet. Formatdefinitionen bestehen aus einem Bezeichner bzw. einer Eigenschaft und einem Wert.

```
Bezeichner : Wert ;
```

bzw.

```
Eigenschaft : Wert ;
```

Nach der letzten Formatdefinition darf das Semikolon entfallen. Formatdefinitionen werden in der Blockstruktur eines HTML-Dokuments vererbt. Die Blockbildung ergibt sich durch die Klammerung mit Elementen wie:

```
<body> . . . </body>
<table> . . . </table>
<p> . . . </p>
```

Man unterscheidet zwischen Blockelementen und Inline-Elementen. Blockelemente können beliebige Block- und Inline-Elemente aufnehmen. Inline-Elemente sollen dagegen keine Blockelemente enthalten.

Beispiel 13.2_1 formatiert einen Text. Da die Formatdefinitionen im body-Tag stehen, gelten sie im gesamten Rumpf. Da das p-Tag aber `font-style` und `text-decoration` neu definiert, wird der Text innerhalb des Absatzes anders dargestellt als außerhalb. Bei der Eigenschaft `text-decoration` überlagern sich die Werte. Man erkennt das beim Betrachten des Beispiels daran, dass der Text über- und unterstrichen ist.

```
font-family       Arial, Helvetica, Verdana, Courier, sans-serif,
                  serif
font-size         small, smaller, x-small, xx-small, large, larger,
                  x-large, xx-large, 18px, 10mm, 1cm
font-weight       bold, bolder, lighter, normal, 100 bis 900
font-style        italic, oblique, normal
text-decoration   underline, overline, line-through, blink, normal
```

Die Formatdefinition `font-size:18px` bezeichnet die Schriftgröße in Pixeln. Bei Größenangaben werden die folgenden Maßeinheiten verwendet:

```
pt      Punkt
pc      1 Pica = 12 Punkte
in      Inch
mm      Millimeter
cm      Zentimeter
em      Größenfaktor zB.: 1.2
ex      Größenfaktor relativ zum Buchstaben x
px      Pixel
%       Größenfaktor in Prozent
```

Die Datei `C:\Home\13.2_1.html`:

```
<html>
<head>
  <title>Beispiel 13.2_1</title>
</head>
<body style="
  font-family:Verdana, sans-serif;
  font-size:18px;
  font-weight:bold;
  font-style:italic;
  text-decoration:underline"
>
HTML/4.0
<p style="
  font-style:normal;
  text-decoration:overline"
>
HTML/4.0
</p>
</body>
</html>
```

Abbildung 13.2_1

Es gibt mehrere Möglichkeiten, Farbwerte zu definieren.

Farbnamen	red, green, blue, grey, activeborder, window
Hexadezimal	#3366cc
Dezimal	rgb(0,255,51)
Prozentual	rgb(100%,50%,0%)

Ein Selektor kann auch in der Form

`Tag-Bezeichner.Selektor-Bezeichner`

oder

`Tag-Bezeichner#Selektor-Bezeichner`

geschrieben werden.

Beispiel 13.2_2 weist Überschriften die Farbe Blau zu. Durch `class=a` gekennzeichnete Überschriften sind rot und durch `id=b` gekennzeichnete Überschriften sind grün.

```
<html>
<head>
<title>Beispiel 13.2_2</title>
<style type="text/css">
  h1{color:blue}
  h1.a{color:#ff0000}
  h1#b{color:rgb(0,255,0)}
</style>
</head>
<body>
<h1>Blau</h1>
<h1 class=a>Rot</h1>
<h1 id=b>Gr&uuml;n</h1>
</body>
</html>
```

Blau

Rot

Grün

Abbildung 13.2_2

Das nächste Beispiel formatiert die aus Beispiel 13.1_9 bekannte Tabelle mit Hilfe von Style Sheets. Der Hintergrundfarbe `background-color` werden Farbwerte zugewiesen. Der Abstand des äußeren Randes eines Elements von den Rändern anderer Elemente wird als `margin` bezeichnet. Das Gegenstück zu `margin` ist `padding`, das die Abstände des Tabelleninhalts von den Gitternetzlinien bezeichnet. Mit `border-style` können durchgezogene, gestrichelte und gepunktete Rahmen sowie Rahmen mit 3d-Effekten definiert werden. Mit `border-width` wird die Stärke des Rahmens festgelegt. `Border-spacing` ist der Abstand zwischen den Rahmen im Gitternetz und `border-collapse` entscheidet darüber, ob die Rahmen der Tabellenfelder separat oder zusammenhängend dargestellt werden.

Die Gestaltung der Tabellenrahmen:

```
border-style        none, hidden, dotted, dashed, solid, double,
                    groove, ridge, inset, outset
border-width        5pt, 4px, 10mm, 1cm
border-spacing      5pt, 4px, 10mm, 1cm
border-collapse     separate, collapse
```

Die Formatangaben beginnen mit einem Punkt. Sie werden daher mit `class` den entsprechenden Elementen zugeordnet.

```
<html>
<head>
<title>Beispiel 13.2_3</title>
<style type="text/css">
  .tabelle{
    font-family:Courier;
    background-color:#66ff66;
    border-style:ridge;
    border-width:2px;
    border-spacing:0;
    border-collapse:collapse;
    margin:0;
  }
  .mittig{
   text-align:center;
   border-width:2px;
   border-style:ridge;
   padding:5px;
  }
  .links{
   text-align:left;
   border-width:2px;
   border-style:ridge;
   padding:5px;
  }
</style>
</head>
<body>
<table class=tabelle>
<tr>
<th class=mittig style="width:80px">Tag</th>
<th class=links style="width:150px">Bedeutung</th>
</tr>
<tr>
<td class=mittig>&lt;table&gt;</td>
<td class=links>Tabelle</td>
</tr>
<tr>
```

```
<td class=mittig>&lt;th&gt;</td>
<td class=links>Tabellenkopf</td>
</tr>
<tr>
<td class=mittig>&lt;tr&gt;</td>
<td class=links>Tabellenzeile</td>
</tr>
<tr>
<td class=mittig>&lt;td&gt;</td>
<td class=links>Tabellenfeld</td>
</tr>
</table>
</body>
</html>
```

Tag	Bedeutung
<table>	Tabelle
<th>	Tabellenkopf
<tr>	Tabellenzeile
<td>	Tabellenfeld

Abbidldung 13.2_3

HTML 4.0 ermöglicht es, Elemente absolut bezüglich eines links oben im Browserfenster liegenden Nullpunktes zu positionieren. Um absolut positionieren zu können, muss im Style Sheet `position:absolute;` angegeben werden. Der Abstand links vom Element ist `left` und der Abstand oberhalb des Elementes ist `top`. Die Breite wird mit `width` bezeichnet und die Höhe mit `height`. Elemente können übereinander geschichtet werden. Elemente mit höherem z-index verdecken Elemente mit niedrigerem z-index. Die Formatdefinitionen sind in der Datei `13.2_4.css` zusammengefasst. Sie werden in die Datei `13.2_4.html` importiert. Da die Formatdefinitionen mit einem # beginnen, werden sie den Elementen mit `id` zugeordnet.

Die Datei `13.2_4.html`:

```
<html>
<head>
<title>Beispiel 13.2_4</title>
<style type="text/css">
  @import "13.2_4.css";
</style>
</head>
<body>
```

```
<table id=tabelle1>
<tr><td>Tabelle 1</td></tr>
</table>
<table id=tabelle2>
<tr><td>Tabelle 2</td></tr>
</table>
<table id=tabelle3>
<tr><td>Tabelle 3</td></tr>
</table>
</body>
</html>
```

Die Datei 13.2_4.css:

```
#tabelle1{
  font-family:Courier;
  text-align:center;
  background-color:#66ff66;
  border-style:solid;
  border-width:4px;
  border-color:black;
  position:absolute;
  left:20px;
  top:20px;
  width:120px;
  height:60px;
  z-index:3;
}
#tabelle2{
  font-family:Courier;
  text-align:center;
  color:white;
  background-color:#ff3333;
  border-style:solid;
  border-width:4px;
  border-color:black;
  position:absolute;
  left:100px;
  top:60px;
  width:120px;
  height:60px;
  z-index:2;
}
#tabelle3{
  font-family:Courier;
  text-align:center;
  background-color:#6699ff;
  border-style:solid;
  border-width:4px;
  border-color:black;
  position:absolute;
```

```
  left:180px;
  top:100px;
  width:120px;
  height:60px;
  z-index:1;
}
```

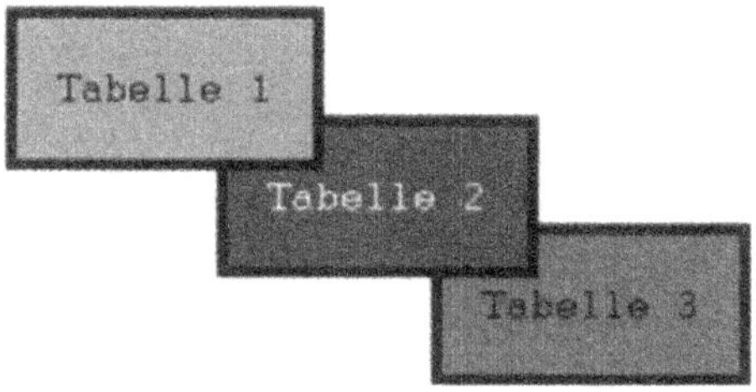

Abbildung 13.2_4

Skripten in HTML-Dokumenten sind Programme, die mit den HTML-Elementen zusammenarbeiten. Skripten können vom Server oder vom Browser ausgeführt werden. Die Skripten der Beispiele 13.2_5 und 13.2_6 werden vom Browser ausgeführt. Die gebräuchlichsten Skriptsprachen sind JavaScript, JScript und VBScript. Ein Skript beginnt mit dem script-Tag, das den Typ des Skriptes festlegt. Wird der Typ nicht angegeben, so gehen die meisten Browser davon aus, dass JavaScript verwendet wird.

```
<script type="text/javascript">
<script type="text/jscript">
<script type= "text/vbscript">
```

Skripten können auf Ereignisse reagieren. Fensterereignisse werden im body-Tag verwendet.

```
onload              Ein Fenster wird geladen.
onunload            Ein Fenster wird geschlossen.
```

Mausereignisse können nahezu jedem Element zugeordnet werden.

```
onclick             Mausklick
ondblclick          Doppelklick
onmousedown         Eine Maustaste wird gedrückt.
onmouseup           Eine Maustaste wird losgelassen.
onmouseover         Die Maus ist über dem Element.
onmousemove         Die Maus hat sich bewegt.
onmouseout          Die Maus verlässt das Element.
```

Tastaturereignisse können ebenfalls nahezu jedem Element zugeordnet werden.

```
onkeypress          Tastendruck
onkeydown           Eine Taste ist gedrückt.
onkeyup             Eine Taste ist losgelassen worden.
```

Beispiel 13.2_5 definiert mit

```
<a href=""
  onMouseOver=bild1( )
  onMouseOut=bild2( )>
<img id=mann1 src=Mann1.png border=0>
<img id=mann2 src=Mann2.png border=0>
</a>
```

einen Link, der die Bilder `mann1` und `mann2` enthält und die Eventhandler `onMouseOver=bild1( )` und `onMouseOut=bild2( )` definiert. Schiebt man den Mauspfeil auf den Link, so wird die JavaScript Funktion `bild1` aufgerufen. Zieht man den Mauspfeil vom Link herunter, so wird `bild2` aufgerufen. Anweisungen, die innerhalb einer Funktion stehen, werden nur dann ausgeführt, wenn die Funktion aufgerufen wird. Skripten können auch Anweisungen enthalten, die außerhalb von Funktionen stehen. Diese Anweisungen werden direkt nach dem Laden des Dokuments ausgeführt.

Verwendet man den Zusatz `id=Bezeichner` in einem Tag, so wird dieses Element zu einem identifizierbaren Objekt. Die Art und Weise, wie Objekte identifiziert werden, hängt vom Browser und von der Skriptsprache ab. Verwendet man den Microsoft Internet Explorer und JavaScript, so kann man Objekte mit

```
document.getElementById('Bezeichner')
```

identifizieren. Das Style Sheet des Beispiels 13.2_5 setzt die Eigenschaft `visibility:hidden;` beim Objekt `mann2`, das deswegen unsichtbar ist. Die Anweisung

```
document.getElementById('mann2').style.visibility="visible";
```

ändert diese Eigenschaft. Das Objekt `mann2` wird sichtbar. Die Funktionen `bild1` und `bild2` verändern auf diese Weise die Sichtbarkeit aller definierten Objekte.

Die Datei 13.2_5.html:

```
<html>
<head>
<title>Beispiel 13.2_5</title>
<style>
  @import "13.2_5.css";
</style>
<script>
function bild1( )
{
  document.getElementById('mann1').style.visibility="hidden";
  document.getElementById('mann2').style.visibility="visible";
  document.getElementById('blase').style.visibility="visible";
  document.getElementById('herzlich').style.visibility="visible";
  document.getElementById('anweisung').style.visibility="hidden";
}
function bild2( )
{
  document.getElementById('mann1').style.visibility="visible";
  document.getElementById('mann2').style.visibility="hidden";
  document.getElementById('blase').style.visibility="hidden";
  document.getElementById('herzlich').style.visibility="hidden";
  document.getElementById('anweisung').style.visibility="visible";
}
</script>
</head>
<body bgcolor="#FFFFFF">
<div id=anweisung>
<h2>
Schieben sie bitte den Mauszeiger auf das Bild!
</h2>
</div>
<a href=""
  onMouseOver=bild1( )
  onMouseOut=bild2( )>
<img id=mann1 src=Mann1.png border=0>
<img id=mann2 src=Mann2.png border=0>
</a>
<img id=blase src=Blase.png border=0>
<div id=herzlich>
<H2>Herzlichen Glückwunsch!</H2>
</div>
</body>
</html>
```

Die Datei 13.2_5.css:

```
#anweisung
{
  position:absolute;
  left:40;
  top:80;
  visibility:visible;
}
#mann1
{
  position:absolute;
  left:200;
  top:150;
  visibility:visible;
}
#mann2
{
  position:absolute;
  left:200;
  top:150;
  visibility:hidden;
}
#blase
{
  position:absolute;
  left:260;
  top:80;
  visibility:hidden;
}
#herzlich
{
  position:absolute;
  left:150;
  top:30;
  visibility:hidden;
}
```

Abbildung 13.2_5a

Herzlichen Glückwunsch!

Abbildung 13.2_5b

Browserseitige Skripten werden vom Browser interpretiert. Sie sind deshalb sehr weitgehend browserabhängig. Beispiel 13.2_6 zeigt, wie man mehrere Versionen des Microsoft Internet Explorer und des Netscape berücksichtigen kann. Das Skript ist diesmal in einer separaten Datei abgelegt. Es wird mit

```
<script src="13.2_6.js" type="text/javascript" >
```

in das HTML-Dokument geladen. Der Link

```
<a id=anker1 href=""
  onMouseOver=sichtbar( )
  onMouseOut=unsichtbar( )
  onMouseMove=beweg( )>
Link
</a>
```

mit der `id` `anker1` definiert drei Eventhandler. Wird der Mauszeiger auf den Link geschoben, so wird die JavaScript Funktion `sichtbar` aufgerufen. Wird er heruntergezogen, so wird `unsichtbar` aufgerufen. Befindet sich der Mauszeiger über dem Link, so wird bei jeder Bewegung der Maus die Funktion `beweg` aufgerufen. Wegen der im Style Sheet definierten Eigenschaft `visibility:hidden` ist die Tabelle `table1` nach dem Laden des HTML-Dokuments unsichtbar. Sie wird sichtbar, sobald sich der Mauszeiger über dem Link befindet. Die Funktion `beweg` verschiebt die sichtbare Tabelle bei jeder Bewegung des Mauszeigers.

Die Datei 13.2_6.html:

```
<html>
<head>
<title>Beispiel 13.2_6</title>
<style type="text/css">
#table1{
  font-family:Verdana;
  font-size:18px;
  text-align:center;
  color:#ffffff;
  background-color:#666666;
  position:absolute;
  left:10px;
  top:10px;
  width:150;
  height:50;
  visibility:hidden;}
</style>
<script src="13.2_6.js" type="text/javascript">
</script>
</head>
<body onload=start( )>
<br><br><br><br><br><br>
<p>
<a id=anker1 href=""
  onMouseOver=sichtbar( )
  onMouseOut=unsichtbar( )
  onMouseMove=beweg( )>
Link
</a>
</p>
<table id=table1>
<tr><td>Sichtbar</td></tr>
</table>
</body>
</html>
```

Das Skript definiert und initialisiert mit

```
var IE4=0, IE5=0, NS4=0, NS6=0;
```

vier Variablen. Die Anweisungen

```
if(navigator.appName=="Netscape"){
  if(parseInt(navigator.appVersion)>4)NS6=1; else NS4=1;
}
else if(document.getElementById)IE5=1;
else if(document.all)IE4=1; else IE5=1;
```

werden sofort nach dem Laden des Dokuments ausgeführt. Sie testen den Typ des Browsers. Die Funktion

```
function start( ){
  if (NS4 || NS6){
    document.captureEvents(Event.MOUSEMOVE);
    document.onmousemove = beweg;
  }
}
```

verbindet das MOUSEMOVE Ereignis des Netscape mit der Funktion beweg. Da im body-Tag die Anweisung onload=start( ) steht, wird die Funktion start ebenfalls nach dem Laden des Dokuments aufgerufen. Die Funktionen sichtbar und unsichtbar ändern die Eigenschaft visibility der Tabelle table1, und beweg fragt die Mauskoordinaten ab und ändert die Eigenschaften left und top.

Die Datei 13.2_6.js:

```
var IE4=0, IE5=0, NS4=0, NS6=0;
if(navigator.appName=="Netscape")
{
  if(parseInt(navigator.appVersion)>4)
    NS6=1; else NS4=1;
}
else
if(document.getElementById)IE5=1;
else
if(document.all)IE4=1; else IE5=1;

function start( )
{
  if (NS4 || NS6)
  {
    document.captureEvents(Event.MOUSEMOVE);
    document.onmousemove = beweg;
  }
}

function sichtbar( )
{
  if(IE5 || NS6)
  {
    document.getElementById('table1').
    style.visibility="visible";
  }
  if(IE4)
```

```
    {
      document.all['table1'].
      style.visibility="visible";
    }
    if(NS4)
    {
      document.layers['table1'].
      visibility="visible";
    }
  }

  function unsichtbar( )
  {
    if(IE5 || NS6)
    {
      document.getElementById('table1').
        style.visibility="hidden";
    }
    if(IE4)
    {
      document.all['table1'].
        style.visibility="hidden";
    }
    if(NS4)
    {
      document.layers['table1'].
        visibility="hidden";
    }
  }

  function beweg(evt)
  {
    if(IE4)
    {
      document.all['table1'].style.left=
        document.body.scrollLeft+event.clientX;
      document.all['table1'].style.top=
        document.body.scrollTop+event.clientY-50;
    }
    if(IE5)
    {
      document.getElementById('table1').style.left=
        document.body.scrollLeft+event.clientX;
      document.getElementById('table1').style.top=
        document.body.scrollTop+event.clientY-50;
    }
    if(NS4)
    {
      document.layers['table1'].left=
        self.pageXOffset+evt.pageX;
      document.layers['table1'].top=
```

```
      self.pageYOffset+evt.pageY-50;
  }
  if(NS6)
  {
    document.getElementById('table1').style.left=
      self.pageXOffset+evt.pageX;
    document.getElementById('table1').style.top=
      self.pageYOffset+evt.pageY-50;
  }
}
```

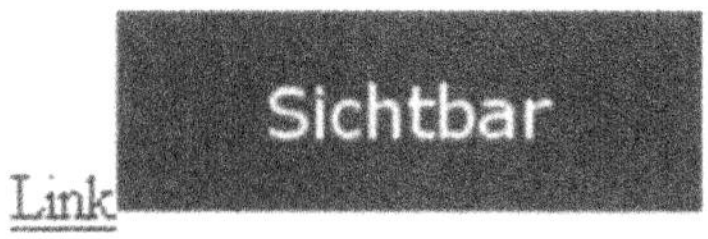

Abbildung 13.2_6

13.3 CGI mit Visual Basic .NET

Das `Common Gateway Interface CGI` ist ein Protokoll, das den Austausch von Formulardaten über das Internet ermöglicht. Ein CGI-Skript wird vom Webserver aufgerufen. Die Formulardaten werden über die Standardein- und Ausgabe und über Umgebungsvariablen zwischen Webserver und CGI-Skript ausgetauscht.

13.3.1 Ein erweiterter Webserver

Der in Beispiel 12.5_1 beschriebene Webserver wird erweitert. Der erweiterte Webserver wertet GET- und POST-Anfragen aus. Er schreibt die in der Anfrage enthaltenen URL-codierten Formulardaten in die Umgebungsvariable `query_string` und die POST-daten in die Standardeingabe des CGI-Skripts, ruft das CGI-Skript auf, liest dessen Standardausgabe und leitet die so erhaltene Antwort zum Browser weiter.

Bei GET-Anfragen, die Formulardaten enthalten, steht die Adresse des CGI-Skripts (URL) vor dem Fragezeichen, während die URL-codierten Formulardaten dahinter stehen.

```
GET /Antwort.exe?Name=Meier&Telefon=764433 HTTP/1.1
```

Formulardaten bestehen aus Schlüssel-Wert-Paaren. Das Zeichen `&` trennt Formulardaten voneinander. Formulardaten haben die Form:

Schlüssel1=Wert1&Schlüssel2=Wert2&Schlüssel3=Wert3 . . .

Bei POST-Anfragen gibt es zwei Möglichkeiten.

```
POST /Antwort.exe HTTP/1.1
Content-Length: 26

Name=Meier&Telefon=764433
```

oder

```
POST /Antwort.exe?Kunde=xy2155 HTTP/1.1
Content-Length: 26

Name=Meier&Telefon=764433
```

In beiden Fällen wird zuerst die Adresse des CGI-Skripts angegeben. Danach dürfen, wie bei GET-Anfragen, URL-codierte Formulardaten stehen. An diese erste Zeile schließen sich Header-Zeilen an. Nach dem letzten Header folgt eine Leerzeile und danach der Inhalt (Content). Der Header Content-Length gibt die Länge des Inhalts an. Die hinter dem Fragezeichen stehenden URL-codierten Daten werden dem CGI-Skript mit Hilfe der Umgebungsvariablen `query_string` zugänglich gemacht. Anschließend wird das CGI-Skript gestartet und die bei POST-Anfragen unter der Leerzeile stehenden Daten werden in die Standardeingabe des CGI-Skripts geschrieben. Damit sind die Aufgaben umrissen, die ein cgi-fähiger Webserver übernimmt.

Die Beispiele 12.5_1 und 13.3_1 sind aufeinander abgestimmt. Die Erweiterung des Webservers beginnt mit dem Kopieren der Datei `Service12.5_1.vb` nach `Service13.3_1.vb`. Das unten abgebildete Listing zeigt die erforderlichen Änderungen. Die unveränderten Teile des Programms sind durch Punkte gekennzeichnet.

Die Klasse `service` bleibt abgesehen vom Namen des Service unverändert. In der Klasse `Klient` werden die boolschen Variablen `gett` und `post` vereinbart. Die meisten Änderungen müssen in der Methode `run` vorgenommen werden, die zunächst die Anfrage wie bei Beispiel 12.5_1 empfängt, im String `request` speichert und dann nachbehandelt. Beginnt die Anfrage mit `GET /`, so wird die Variable `gett` gleich `True` gesetzt. Beginnt sie mit `POST /`, so wird die Variable `post` gleich `True` gesetzt. Falls `gett` oder `post` gleich `True` ist, wird der Dateiname `fname` aus der Anfrage herausgefiltert und aufbereitet. Einen Überblick über den weiteren Ablauf gewinnt man durch die Betrachtung der Struktur des Ablaufs.

```
If File.Exists(fname) Then
  If fname.ToUpper().EndsWith(".EXE") Then
    'Den Start des CGI-Skripts vorbereiten
    'und die Standard Ein/Ausgabe umleiten

    'Die hinter dem Fragezeichen stehenden
    'Daten herausfiltern und in die
    'Umgebungsvariable query_string setzen
    If post Then
      'Die auf die Leerzeile folgenden
      'POST-Daten herausfiltern

      'Umgebungsvariablen
      'CONTENT_LENGTH=Länge der POST-Daten
      'REQUEST_METHOD=POST
    Else
      'Umgebungsvariablen
      'REQUEST_METHOD=GET
      'CONTENT_LENGTH=0
    End If

    'Das CGI-Skript starten
    If post Then
      'Die POST-Daten in die Standardeingabe
      'des CGI-Skripts schreiben
    End If

    'Die Standardausgabe des CGI-Skripts lesen
    'und zum Browser senden
  Else
    'Die angeforderte Datei zum Browser senden
  End If
Else
  'Fehler
End If
```

Existiert die Datei mit dem Dateinamen `fname`, so ist sie entweder ein CGI-Skript oder eine Datei, die der Browser anfordert. Die Entscheidung, welche Datei ein CGI-Skript ist, kann von der Dateiendung, den Zugriffsrechten oder von dem Verzeichnis abhängen, in dem sich die Datei befindet. Da Visual Basic .NET als Skriptsprache benutzt werden soll, wird festgelegt, dass nur Dateien, die auf `.exe` oder `.EXE` enden, als CGI-Skripten anerkannt werden. Ist die Datei kein CGI-Skript, so wird sie direkt zum Browser gesendet. Ist die Datei aber ein CGI-Skript, so liefert das CGI-Skript die Antwort, die dann vom Webserver an den Browser weitergeleitet wird. Die Klassen `System.Diagnostics.ProcessStartInfo` und `System.Diagnostics.Process` enthalten Elemente, die das Starten des CGI-Skripts und den erforderlichen Datenaustausch ermöglichen.

Eigenschaften der Klasse `ProcessStartInfo`:

FileName	Dateiname der zu startenden Anwendung
UseShellExecute	Start durch Betriebssystemshell true/false
RedirectStandardInput	Standardeingabe umleiten true/false
RedirectStandardOutput	Standardausgabe umleiten true/false
RedirectStandardError	Fehlerausgabe umleiten true/false
CreateNoWindow	Anwendung nicht im Fenster starten true/false
EnvironmentVariables	Umgebungsvariablen
Arguments	Befehlszeilenargumente

Die Anweisungen

```
Dim pi As New ProcessStartInfo()
pi.FileName = fname
pi.UseShellExecute = False
pi.RedirectStandardInput = True
pi.RedirectStandardOutput = True
pi.RedirectStandardError = True
pi.CreateNoWindow = True
```

bilden eine Instanz der Klasse `ProcessStartInfo` und weisen der Eigenschaft `FileName` den Dateinamen des CGI-Skripts zu. Die Redirect-Eigenschaften leiten die Standardeingabe, die Standardausgabe und die Fehlerausgabe des CGI-Skripts um. Dadurch führen alle Wege über den Webserver. Insbesondere ist der Webserver in der Lage, in die Standardeingabe des CGI-Skripts zu schreiben und dessen Standardausgabe zu lesen. Die Umleitung wird nur dann aktiv, wenn `UseShellExecute` gleich `False` gesetzt ist. Die Eigenschaft `CreateNoWindow` wird gleich `True` gesetzt, weil das CGI-Skript nicht in einem Fenster, sondern im Hintergrund laufen soll. Die Eigenschaft `EnvironmentVariables` ist ein `StringDictionary`, das der Kategorie der Collections angehört. Die Anweisung

```
pi.EnvironmentVariables.Add("query_string", daten)
```

fügt den Umgebungsvariablen ein Schlüssel-Wert-Paar hinzu. `"query_string"` ist der Schlüssel bzw. der Name der Umgebungsvariablen und die Variable `daten` enthält den Wert.

Die Klasse `Process` ermöglicht mit einer Vielzahl von Eigenschaften und Methoden den Zugriff auf Prozesse.

Mit

```
Dim p As New Process()
p.StartInfo = pi
p.Start()
```

wird eine Instanz der Klasse `Process` gebildet, der Eigenschaft `StartInfo` die zuvor erstellte Instanz `pi` der Klasse `ProcessStartInfo` zugewiesen und der Prozess gestartet. Das CGI-Skript ist damit gestartet. Liegt eine POST-Anfrage vor, so schreibt der `StreamWriter sw` mit

```
sw = p.StandardInput
sw.WriteLine(daten)
sw.Flush()
```

die POST-Daten in die Standardeingabe des CGI-Skripts. Die Antwort des CGI-Skripts besteht aus einem oder mehreren Headern, einer Leerzeile und dem Inhalt der Antwort. Der `StreamReader sr` liest mit

```
sr = p.StandardOutput
Dim antwort As String = ""
Dim line As String
Dim header As Boolean = True
line = sr.ReadLine()
While Not line Is Nothing
  If header And line = "" Then
    antwort = ""
    header = False
  Else
    antwort &= line & VbCrLf
  End If
  line = sr.ReadLine()
End While
b = Encoding.ASCII.GetBytes(antwort)
```

die Standardausgabe des CGI-Skripts. Die Header werden der Einfachheit halber ignoriert. Der dann folgende Inhalt der Antwort wird mit einem OK-Header versehen durch den Aufruf

```
Antwort200(b)
```

zum Browser gesendet.

```
' Service13.3_1.vb

. . .

Imports System.Diagnostics
Imports System.Collections
Imports System.Collections.Specialized
. . .

Public Class service
Inherits ServiceBase
  . . .

  Sub New()
    ServiceName = "CgiWebService"
  End Sub
  . . .
End Class

Public Class Klient
  . . .
  Dim gett As Boolean = False
  Dim post As Boolean = False
  . . .

  Sub runn()
    Try
      request = ""
      Do
        ReDim b(1023)
        Array.Clear(b, 0, b.Length)
        sa.Receive(b)
        request &= Encoding.ASCII.GetString(b)
      Loop While b(b.Length-1) <> 0
      Dim nc As Integer = request.IndexOf(Chr(0))
      request = request.Substring(0, nc)
      If request.ToUpper().StartsWith("GET /")
        gett = True
      ElseIf request.ToUpper().StartsWith("POST /")
        post = True
      End If
      If gett Or post then
        Dim fname As String = ""
        Dim i As Integer = 4
        If post Then i = 5
        While _
          i < request.Length  And _
          request.Substring(i, 1) <> " "C  And _
          request.Substring(i, 1) <> "?"C  And _
          request.Substring(i, 1) <> VbCr  And _
          request.Substring(i, 1) <> VbLf
```

```
  fname &= request.Substring(i, 1)
  i += 1
End While
fname = fname.Replace("/", "\")
If fname.Equals("\") Then fname = "\index.html"
fname = dir & fname
fname = Regex.Replace( _
  fname, "%..", _
  New MatchEvaluator(AddressOf eval))
If File.Exists(fname) Then
  If fname.ToUpper().EndsWith(".EXE") Then
    Dim pi As New ProcessStartInfo()
    pi.FileName = fname
    pi.UseShellExecute = False
    pi.RedirectStandardInput = True
    pi.RedirectStandardOutput = True
    pi.RedirectStandardError = True
    pi.CreateNoWindow = True
    Dim daten As String = ""
    If request.Substring(i, 1) = "?"
      i += 1
      While _
        i < request.Length  And _
        request.Substring(i, 1) <> " "C  And _
        request.Substring(i, 1) <> VbCr  And _
        request.Substring(i, 1) <> VbLf
        daten &= request.Substring(i, 1)
        i += 1
      End While
      pi.EnvironmentVariables.Add("query_string", daten)
    End If
    If post Then
      While i < request.Length And Not( _
        request.Substring(i, 2).Equals(VbLf & VbLf) Or _
        request.Substring(i, 4).Equals(VbCrLf & VbCrLf))
        i += 1
      End While
      If request.Substring(i, 2).Equals(VbLf & VbLf) Then
        i += 2
      ElseIf request.Substring(i, 4).Equals(VbCrLf & VbCrLf)
        i += 4
      End If
      daten = ""
      While i < request.Length
        daten &= request.Substring(i, 1)
        i += 1
      End While
      pi.EnvironmentVariables.Add("CONTENT_LENGTH", _
        daten.Length.ToString())
      pi.EnvironmentVariables.Add("REQUEST_METHOD", "POST")
    Else
```

```
              pi.EnvironmentVariables.Add("REQUEST_METHOD", "GET")
              pi.EnvironmentVariables.Add("CONTENT_LENGTH", "0")
            End If
            Dim p As New Process()
            p.StartInfo = pi
            p.Start()
            If post Then
              sw = p.StandardInput
              sw.WriteLine(daten)
              sw.Flush()
            End If
            sr = p.StandardOutput
            Dim antwort As String = ""
            Dim line As String
            Dim header As Boolean = True
            line = sr.ReadLine()
            While Not line Is Nothing
              If header And line = "" Then
                antwort = ""
                header = False
              Else
                antwort &= line & VbCrLf
              End If
              line = sr.ReadLine()
            End While
            b = Encoding.ASCII.GetBytes(antwort)
            Antwort200(b)
          Else
            fs = File.OpenRead(fname)
            ReDim b(fs.Length-1)
            Array.Clear(b, 0, b.Length)
            fs.Read(b, 0, b.Length)
            Antwort200(b)
          End If
        Else
          Antwort404()
        End If
      Else
        Antwort400()
      End If
    Catch ex As Exception
      Log("Ausnahme ** " & ex.Message)
    Finally
      If Not fs Is Nothing Then fs.Close()
      If Not sr Is Nothing Then sr.Close()
      If Not sw Is Nothing Then sw.Close()
      If Not sa Is Nothing Then sa.Close()
      serv.klienten.Remove(Me)
    End Try
  End Sub
```

```
  Function eval(ByVal m As Match) As String
    . . .
  End Function

  Sub Log(ByVal s As string)
    Dim fs As FileStream = File.Open( _
      "C:\Home\CgiWebService.log", FileMode.Append Or FileMode.Create)
    . . .
  End Sub

  Sub Antwort200(ByVal c() As Byte)
    . . .
  End Sub

  Sub Antwort400()
    . . .
  End Sub

  Sub Antwort404()
    . . .
  End Sub
End Class
```

Die Datei `Install12.5_1.vb` wird nach `Install13.3_1.vb` kopiert. Der Service-Name wird geändert.

```
si.ServiceName = "CgiWebService"
```

Der CgiWebService wird mit

```
vb Service13.3_1.vb Install13.3_1.vb
```

übersetzt, mit

```
InstallUtil Service13.3_1.exe
```

installiert und kann mit

```
InstallUtil /u Service13.3_1.exe
```

deinstalliert werden.

13.3.2 Ein Antwortskript

Ein reines Antwortskript nimmt keine Formulardaten entgegen. Es schreibt lediglich eine Antwort in die Standardausgabe. Um dies zu demonstrieren, wird im Beisiel 13.3_2 der String `Antwort` mit

```
Console.WriteLine(Antwort)
```

in die Standardausgabe geschrieben. Wie im Abschnitt 13.3.1 erwähnt, besteht die Antwort eines CGI-Skripts aus einem oder mehreren Headern, einer Leerzeile und dem Inhalt der Antwort. Dementsprechend beginnt der String Antwort mit dem Header `Content-type` und einer Leerzeile. Darauf folgt ein aus mehreren Teilstrings bestehender HTML-Text, der dem Inhalt der Datei `13.2_5.html entspricht`. Da jeder Teilstring mit Anführungszeichen eingefasst ist, müssen die inneren Anführungszeichen, die Bestandteil des HTML-Textes sind, als doppelte Anführungszeichen angegeben werden. Das Erscheinungsbild im Browser entspricht dem des Beispiels 13.2_5.

```
' Datei 13.3_2.vb

Imports System
Imports System.Text.RegularExpressions
Imports System.Diagnostics
Imports System.Collections.Specialized
Imports Microsoft.VisualBasic

Class Haupt
  Shared Antwort As String = _
    "Content-type: text/html" & VbCrLf & VbCrLf & _
    "<html><head>"& _
    "<title>Beispiel 13.3_2</title>" & _
    "<style>" & _
    "@import ""13.2_5.css"";" & _
    "</style>" & _
    "<script>" & _
    "function bild1()" & _
    "{" & _
    "document.getElementById('mann1').style.visibility=""hidden"";" & _
    "document.getElementById('mann2').style.visibility=""visible"";" & _
    "document.getElementById('blase').style.visibility=""visible"";" & _
    "document.getElementById('herzlich').style.visibility=""visible"";" & _
    "document.getElementById('anweisung').style.visibility=""hidden"";" & _
    "}" & _
    "function bild2()" & _
    "{" & _
    "document.getElementById('mann1').style.visibility=""visible"";" & _
    "document.getElementById('mann2').style.visibility=""hidden"";" & _
    "document.getElementById('blase').style.visibility=""hidden"";" & _
```

```
      "document.getElementById('herzlich').style.visibility=""hidden"";" & _
      "document.getElementById('anweisung').style.visibility=""visible"";" & _
      "}" & _
      "</script>" & _
      "</head>" & _
      "<body bgcolor=""#FFFFFF"">" & _
      "<div id=anweisung>" & _
      "<h2>" & _
      "Schieben Sie bitte den Mauszeiger auf das Bild!" & _
      "</h2>" & _
      "</div>" & _
      "<a href=""""" & _
      " onMouseOver=bild1()" & _
      " onMouseOut=bild2()>" & _
      "<img id=mann1 src=Mann1.png border=0>" & _
      "<img id=mann2 src=Mann2.png border=0>" & _
      "</a>" & _
      "<img id=blase src=Blase.png border=0>" & _
      "<div id=herzlich>" & _
      "<H2>Herzlichen Gl&uuml;ckwunsch!</H2>" & _
      "</div>" & _
      "</body>" & _
      "</html>"

  Shared Sub Main()
    Console.WriteLine(Antwort)
  End Sub
End Class
```

Der folgende Auszug aus der Datei `CgiWebService.log` zeigt, in welcher Reihenfolge der Browser die Dateien anfordert.

```
GET /13.3_2.exe HTTP/1.1
GET /13.2_5.css HTTP/1.1
GET /Mann1.png HTTP/1.1
GET /Blase.png HTTP/1.1
GET /Mann2.png HTTP/1.1
```

Dadurch wird deutlich, dass erst der Browser die angeforderten Dateien zu einem funktionsfähigen Ganzen zusammensetzt. Beispiel 13.3_2 kann nur dann funktionieren, wenn auch die entsprechenden Dateien des Beispiels 13.2_5 vorhanden sind.

Man kann noch einen Schritt weiter gehen. Das CGI-Skript `13.3_3.vb` lädt die Datei `13.2_6.html` und schreibt diese Datei im Anschluss an den Header und die Leerzeile in die Standardausgabe.

```
' Datei 13.3_3.vb

Imports System
Imports System.IO
Imports System.Text
Imports Microsoft.VisualBasic

Class Haupt
  Shared Sub Main()
    Dim fs As FileStream = _
      File.OpenRead("C:\Home\13.2_6.html")
    Dim b(fs.Length-1) As Byte
    fs.Read(b, 0, b.Length)
    fs.Close()
    Dim Antwort As String = Encoding.ASCII.GetString(b)
    Console.WriteLine( _
      "Content-type: text/html" & VbCrLf)
    Console.WriteLine(Antwort)
  End Sub
End Class
```

In der Datei `CgiWebService.log` stehen die folgenden GET-Anfragen.

```
GET /13.3_3.exe HTTP/1.1
GET /13.2_6.js HTTP/1.1
```

Der Browser fordert das CGI-Skript `13.3_3.exe` an, bekommt die HML-Datei des Beispiels 13.2_6 geliefert und fordert dann die JavaScript-Datei `13.2_6.js` an. Damit wird im Browser das Beispiel 13.2_6 dargestellt.

13.3.3 Formulardaten mit GET und POST

Ein Formular beginnt mit dem Form-Tag. Im Form-Tag wird mit `method=get` oder `method=post` angegeben, nach welcher Methode die Formulardaten übertragen werden. Nach `action` wird die Adresse des CGI-Skripts angegeben, das die Formulardaten entgegennimmt und die Antwort bereitstellt.

```
<form method=get action="13.3_4.exe">
```

Das Input-Tag

```
<input type=text name="vorname">
```

stellt ein Eingabefeld vom Typ `Text` zur Verfügung. Der Schlüssel, mit dem die eingetragenen Daten verknüpft sind, wird durch `name="vorname"` festgelegt.

Der Submitbutton mit der Beschriftung `Anfrage senden` wird mit

```
<input type=submit>
```

erzeugt, und mit

```
</form>
```

endet das Formular. Um die unten abgebildete Anordnung zu erreichen, sind die Formularelemente in Tabellenfelder gesetzt. Das Gitternetz der Tabelle ist mit `border=0` ausgeblendet.

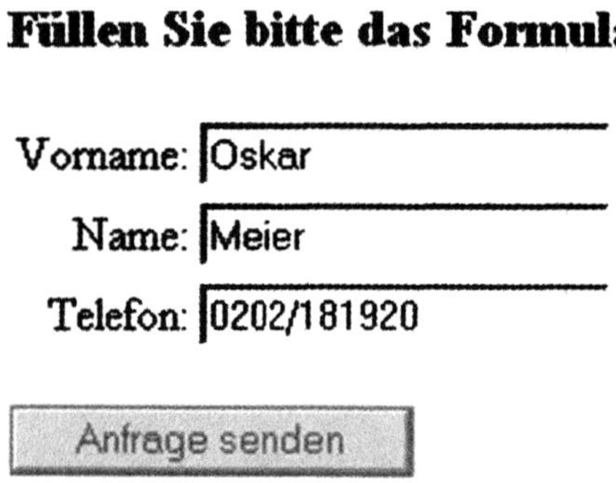

Abbildung 13.3_4a

Die Datei `13.3_4.html`:

```
<html>
<head>
<title>Beispiel 13.3_4</title>
</head>
<body>
<h3>
F&uuml;llen Sie bitte das Formular aus:
</h3>
<form method=get action="13.3_4.exe">
<table border=0>
<tr>
<td align=right>Vorname: </td>
<td><input type=text name="vorname"></td>
</tr>
<tr>
<td align=right>Name: </td>
<td><input type=text name="name"></td>
```

```
</tr>
<tr>
<td align=right>Telefon: </td>
<td><input type=text name="telefon"></td>
</tr>
</table>
<br><input type=submit>
</form>
</body>
</html>
```

Wird der Submitbutton angeklickt, so werden die Formulardaten, da `method=get` gesetzt ist, URL-codiert übermittelt. Der Webserver erhält die folgende GET-Anfrage.

GET /13.3_4.exe?vorname=Oskar&name=Meier&telefon=0202%2F181920 HTTP/1.1

Er setzt die Umgebungsvariable query_string mit dem Wert

```
vorname=Oskar&name=Meier&telefon=0202%2F181920
```

und ruft das CGI-Skript `13.3_4.exe` auf. Die Methode

```
Function readQuery() As StringDictionary
  Dim query As New StringDictionary()
  Try
    Dim p As Process = Process.GetCurrentProcess()
    Dim sd As StringDictionary = _
      p.StartInfo.EnvironmentVariables
    Dim q As String = sd("query_string")
    Dim quer() As String = q.Split("&"C)
    Dim kv() As String
    Dim s As String
    For Each s In quer
      Dim st As String = s.Replace("+"C, " ")
      kv = st.Split("="C)
      Dim mev As New MatchEvaluator(AddressOf eval)
      kv(0) = Regex.Replace(kv(0), "%..", mev)
      kv(1) = Regex.Replace(kv(1), "%..", mev)
      query.Add(kv(0), kv(1))
    Next
  Catch ex As Exception
  End Try
  Return query
End Function
```

des CGI-Skripts liest die Umgebungsvariable query_string. Auf diese Weise erhält das CGI-Skript Kenntnis von allen Formulareingaben. Die Methode GetCurrentProcess ermittelt die Instanz p der Klasse Process des CGI-Skripts. Die Eigenschaft EnvironmentVariables des Startinfos enthält die Umgebungsvariablen. Mit der Anweisung

```
Dim q As String = sd("query_string")
```

wird der Wert der Umgebungsvariablen query_string aus dem StringDictionary sd gelesen. Der String q wird am &-Zeichen gesplittet.

Der Stringarray quer enthält jetzt mit

```
vorname=Oskar
name=Meier
telefon=0202%2F181920
```

drei Strings. Bei der Decodierung dieser Strings muss beachtet werden, dass der Browser vor der Übermittlung der Daten alle nicht alphanumerischen Zeichen durch die Zeichenfolge %xy und anschließend alle Leerzeichen durch Pluszeichen ersetzt. In der Zeichenfolge %xy ist xy der Hexadezimalwert des codierten Zeichens. Das CGI-Skript muss daher in umgekehrter Reihenfolge zuerst alle Pluszeichen durch Leerzeichen ersetzen, dann die Strings am Gleichheitszeichen splitten und zum Schluss alle dem Zeichenmuster %.. entsprechenden Zeichenfolgen durch die decodierten Zeichen ersetzen. Die dabei benutzte Methode eval ist im Zusammenhang mit dem Beispiel 13.3_1 bereits erläutert worden. Die Methode readQuery gibt die decodierten Schlüssel-Wert-Paare als StringDictionary zurück.

Die Methode htmlOut ersetzt im übergebenen String Zeilenwechsel, Umlaute, das ß und Leerzeichen durch plattformunabhängige Zeichenfolgen und schreibt den String in die Standardausgabe. Die Methoden readQuery, eval und htmlOut sind die hilfreichen Geister, die auch in anderen CGI-Skripten verwendet werden können. Im Verlauf dieses Abschnitts werden weitere derartige Methoden vorgestellt.

Das eigenliche CGI-Skript befindet sich im Konstruktor der Klasse Haupt. Dort wird zunächst mit readQuery die Umgebungsvariable query_string gelesen. Aus dem zurückgegebenen StringDictionary query werden dann die Formulardaten vorname, name und telefon entnommen. Anschließend wird die Antwort mit Console.WriteLine oder htmlOut in die Standardausgabe geschrieben.

Ihre Eintragungen:

Vorname: Oskar
Name: Meier
Telefon: 0202/181920

Abbildung 13.3_4b

```
' Datei 13.3_4.vb

Imports System
Imports System.Text.RegularExpressions
Imports System.Diagnostics
Imports System.Collections.Specialized
Imports Microsoft.VisualBasic

Class Haupt
  Sub New()
    Dim query As StringDictionary = readQuery()
    Dim vorname As String = query("vorname")
    Dim name As String    = query("name")
    Dim telefon As String = query("telefon")

    Console.WriteLine( _
      "Content-type: text/html" & VbCrLf & VbCrLf & _
      "<html><head>" & _
      "<title>Beispiel 13.3_4</title>" & _
      "</head><body>" & _
      "<h3>Ihre Eintragungen:</h3>")
    htmlOut(string.Format("Vorname: {0}<br>", vorname))
    htmlOut(string.Format("Name: {0}<br>", name))
    htmlOut(string.Format("Telefon: {0}", telefon))
    Console.WriteLine("</body></html>")
  End Sub

  Sub htmlOut(ByVal st As String)
    Dim s As String = st
    s = s.Replace(VbCrLf, "<br>")
    s = s.Replace("ä", "&auml")
    s = s.Replace("ö", "&ouml")
    s = s.Replace("ü", "&uuml")
    s = s.Replace("Ä", "&Auml")
    s = s.Replace("Ö", "&Ouml")
    s = s.Replace("Ü", "&Uuml")
    s = s.Replace("ß", "&szlig")
    s = s.Replace(" ", " ")
    Console.WriteLine(s)
  End Sub
```

```
Function readQuery() As StringDictionary
  Dim query As New StringDictionary()
  Try
    Dim p As Process = Process.GetCurrentProcess()
    Dim sd As StringDictionary = _
      p.StartInfo.EnvironmentVariables
    Dim q As String = sd("query_string")
    Dim quer() As String = q.Split("&"C)
    Dim kv() As String
    Dim s As String
    For Each s In quer
      Dim st As String = s.Replace("+"C, " ")
      kv = st.Split("="C)
      Dim mev As New MatchEvaluator(AddressOf eval)
      kv(0) = Regex.Replace(kv(0), "%..", mev)
      kv(1) = Regex.Replace(kv(1), "%..", mev)
      query.Add(kv(0), kv(1))
    Next
  Catch ex As Exception
  End Try
  Return query
End Function

Function eval(ByVal m As Match) As String
  Dim s As String = m.ToString()
  Dim i1 As Integer = Asc(Mid(s, 2, 1))
  Dim i2 = Asc(Mid(s, 3, 1))

  If i1 >= Asc("0"C) And i1 <= Asc("9"C) Then
    i1 -= Asc("0"C)
  ElseIf i1 >= Asc("A"C) And i1 <= Asc("F"C) Then
    i1 += 10 - Asc("A"C)
  ElseIf i1 >= Asc("a"C) And i1 <= Asc("f"C) Then
    i1 += 10 - Asc("a"C)
  Else
    Return s
  End If

  If i2 >= Asc("0"C) And i2 <= Asc("9"C) Then
    i2 -= Asc("0"C)
  ElseIf i2 >= Asc("A"C) And i2 <= Asc("F"C) Then
    i2 += 10 - Asc("A"C)
  ElseIf i2 >= Asc("a"C) And i2 <= Asc("f"C) Then
    i2 += 10 - Asc("a"C)
  Else
    Return s
  End If

  Dim c As Char = Chr(i1 * 16 + i2)
  Return c.ToString()
```

```
  End Function

  Shared Sub Main()
    Dim h As New Haupt()
  End Sub
End Class
```

Beispiel 13.3_5 verwendet das gleiche Formular wie Beispiel 13.3_4. Diesmal wird aber `method=post` gesetzt.

Die Datei `13.3_5.html`:

```
<html>
<head>
<title>Beispiel 13.3_5</title>
</head>
<body>
<form method=post action="13.3_5.exe">
<h3>
F&uuml;llen Sie bitte das Formular aus:
</h3>
<table border=0>
<tr>
<td align=right>Vorname: </td>
<td><input type=text name="vorname"></td>
</tr>
<tr>
<td align=right>Name: </td>
<td><input type=text name="name"></td>
</tr>
<tr>
<td align=right>Telefon: </td>
<td><input type=text name="telefon"></td>
</tr>
</table>
<br><input type=submit>
</form>
</body>
</html>
```

Dem dazugehörigen CGI-Skript werden die Formulardaten über die Standardeingabe angeliefert. Die Methode

```
Function getEnv(ByVal kkey As String) As String
  Try
    Dim p As Process = Process.GetCurrentProcess()
    Dim sd As StringDictionary = _
      p.StartInfo.EnvironmentVariables
    Dim s As String = sd(kkey).Replace("+"C, " "C)
```

```
    Return Regex.Replace( _
      s, "%..", New MatchEvaluator(AddressOf eval))
  Catch ex As Exception
  End Try
  Return ""
End Function
```

liest die Umgebungsvariable mit dem Namen key. Der Wert der Umgebungsvariablen key ist sd(key). Es werden alle Pluszeichen durch Leerzeichen und alle dem Zeichenmuster %.. entsprechenden Zeichenfolgen durch die decodierten Zeichen ersetzen. Die Methode getEnv gibt daher den decodierten Wert der Umgebungsvariablen key als String zurück.

Die Methode getContentLength benutzt getEnv, um die Umgebungsvariable CONTENT_LENGTH zu lesen. Die so ermittelte Länge des Inhalts wird als Integerzahl zurückgegeben.

Die Methode readContent liest einen Bytearray, dessen Länge durch die Umgebungsvariable CONTENT_LENGTH bestimmt ist, aus der Standardeingabe und wandelt diesen Bytearray in einen String um. Durch das Splitten des Strings am &-Zeichen entsteht der Stringarray cont. In den einzelnen Strings dieses Stringarrays werden zunächst Pluszeichen durch Leerzeichen ersetzt, und anschließend werden die Strings am Gleichheitszeichen gesplittet. Die damit isolierten Schlüssel-Wert-Paare werden hinsichtlich des Zeichenmusters %.. decodiert und dem StringDictionary content hinzugefügt. Der Rückgabewert ist das StringDictionary content.

Der Konstruktor der Klasse Haupt stellt die HTML-Antwort zusammen. Die Formulardaten werden mit

```
Dim content As StringDictionary = readContent()
```

gelesen. Diese Daten werden dann dem StringDictionary content entnommen und in den HTML-Text eingebaut. Die HTML-Antwort wird in die Standardausgabe geschrieben.

```
' Datei 13.3_5.vb

Imports System
Imports System.IO
Imports System.Text.RegularExpressions
Imports System.Diagnostics
Imports System.Collections.Specialized
Imports Microsoft.VisualBasic

Class Haupt
  Sub New()
```

```
    Console.WriteLine( _
      "Content-type: text/html" & VbCrLf)
    htmlOut( _
      "<html><head>" & _
      "<title>Beispiel 13.3_5</title>" & _
      "</head><body>")

    Dim l As Integer = getContentLength()
    If l > 0 Then
      Dim content As StringDictionary = readContent()
      Console.WriteLine("<h3>Ihre Eintragungen:</h3>")
      htmlOut(string.Format("Vorname: {0}<br>", content("vorname")))
      htmlOut(string.Format("Name: {0}<br>", content("name")))
      htmlOut(string.Format("Telefon: {0}<br>", content("telefon")))
    Else
      Console.WriteLine("<h3>keine Formulardaten</h3>")
    End If
    Console.WriteLine("</body></html>")
  End Sub

  Sub htmlOut(ByVal st As String)
    'siehe 13.3_4.vb
  End Sub

  Function getContentLength() As Integer
    Try
      Return Integer.Parse(getEnv("CONTENT_LENGTH"))
    Catch ex As Exception
    End Try
    Return 0
  End Function

  Function readContent() As StringDictionary
    Dim content As New StringDictionary()
    Try
      Dim strea As Stream = Console.OpenStandardInput()
      Dim l As Integer = getContentLength()
      If l > 0 Then
        Dim b(l-1) As Byte
        strea.Read(b, 0, b.Length)
        Dim c As String = ""
        Dim i As Integer
        For i=0 To b.Length-1
          c &= Chr(b(i))
        Next
        Dim cont() As String = c.Split("&"C)
        Dim kv() As String
        Dim s As String
        For Each s In cont
          Dim st As String = s.Replace("+"C, " ")
          kv = st.Split("="C)
```

```
          Dim mev As New MatchEvaluator(AddressOf eval)
          kv(0) = Regex.Replace(kv(0), "%..", mev)
          kv(1) = Regex.Replace(kv(1), "%..", mev)
          content.Add(kv(0), kv(1))
        Next
      End If
      strea.Close()
    Catch ex As Exception
    End Try
    Return content
  End Function

  Function getEnv(ByVal kkey As String) As String
    Try
      Dim p As Process = Process.GetCurrentProcess()
      Dim sd As StringDictionary = _
        p.StartInfo.EnvironmentVariables
      Dim s As String = sd(kkey).Replace("+"C, " "C)
      Return Regex.Replace( _
        s, "%..", New MatchEvaluator(AddressOf eval))
    Catch ex As Exception
    End Try
    Return ""
  End Function

  Function eval(ByVal m As Match) As String
    'siehe 13.3_4.vb
  End Function

  Shared Sub Main()
    Dim h As New Haupt()
  End Sub
End Class
```

13.3.4 Gemischte Formulardaten und versteckte Inputs

Das von den Beispielen 13.3_4 und 13.3_5 bekannte Formular wird noch einmal verwendet. Das Form-Tag

```
<form method=post action=
  "13.3_6.exe?Strasse=Altenhofer Weg&Stadt=Berlin">
```

zeigt, dass es sich um eine POST-Anfrage handelt, die POST-Daten und URL-codierte Daten übermittelt.

Das Formular enthält neben den bekannten Eingabefeldern das Tag

```
<input
  type=text
  name="unsichtbar"
  value="Geheimnachricht"
  style="visibility:hidden">
```

mit dem Namen `unsichtbar` und dem Wert `Geheimnachricht`. Dieses Eingabefeld ist wegen `style="visibility:hidden"` im Browser nicht sichtbar. Die Formulardaten werden aber im Vergleich zu Beispiel 13.3_5 um `&unsichtbar= Geheimnachricht` ergänzt.

Die Datei `13.3_6.html`:

```
<html>
<head>
<title>Beispiel 13.3_6</title>
</head>
<body>
<form method=post action=
  "13.3_6.exe?Strasse=Altenhofer Weg&Stadt=Berlin">
<h3>
F&uuml;llen Sie bitte das Formular aus:
</h3>
<table border=0>
<tr>
<td align=right>Vorname: </td>
<td><input type=text name="vorname"></td>
</tr>
<tr>
<td align=right>Name: </td>
<td><input type=text name="name"></td>
</tr>
<tr>
<td align=right>Telefon: </td>
<td><input type=text name="telefon"></td>
</tr>
</table>
<input
  type=text
  name="unsichtbar"
  value="Geheimnachricht"
  style="visibility:hidden">
<br><input type=submit>
</form>
</body>
</html>
```

Das CGI-Skript liest in der bekannten Weise die URL-codierten Daten mit `readQuery` und die POST-Daten mit `readContent`. Die Daten werden, wie in der Abbildung zu sehen ist, protokolliert.

Abbildung 13.3_6

```
' Datei 13.3_6.vb

Imports System
Imports System.IO
Imports System.Text.RegularExpressions
Imports System.Diagnostics
Imports System.Collections.Specialized
Imports Microsoft.VisualBasic

Class Haupt
  Sub New()
    Console.WriteLine( _
      "Content-type: text/html" & VbCrLf)
    htmlOut( _
      "<html><head>" & _
      "<title>Beispiel 13.3_6</title>" & _
      "</head><body>" & _
      "<h3>URL-Daten:</h3>")

    Dim query As StringDictionary = readQuery()
    htmlOut(string.Format("Stra&szlig;e: {0}<br>", query("Strasse")))
    htmlOut(string.Format("Stadt: {0}<br>", query("Stadt")))

    Dim content As StringDictionary = readContent()
    htmlOut("<br><h3>POST-Daten:</h3>")
    htmlOut(string.Format("Vorname: {0}<br>", content("vorname")))
```

```
    htmlOut(string.Format("Name: {0}<br>", content("name")))
    htmlOut(string.Format("Telefon: {0}<br>", content("telefon")))
    htmlOut(string.Format("Unsichtbar: {0}", content("unsichtbar")))
    htmlOut("</body></html>")
  End Sub

  Sub htmlOut(ByVal st As String)
    'siehe 13.3_4.vb
  End Sub

  Function getContentLength() As Integer
    'siehe 13.3_5.vb
  End Function

  Function readContent() As StringDictionary
    'siehe 13.3_5.vb
  End Function

  Function getEnv(ByVal kkey As String) As String
    'siehe 13.3_5.vb
  End Function

  Function readQuery() As StringDictionary
    'siehe 13.3_4.vb
  End Function

  Function eval(ByVal m As Match) As String
    'siehe 13.3_4.vb
  End Function

  Shared Sub Main()
    Dim h As New Haupt()
  End Sub
End Class
```

13.3.5 Ein Gästebuch

Um die bisherigen Ausführungen abzurunden, wird eine häufig genutzte typische CGI-Anwendung, das Gästebuch, entwickelt. Wenn man sich vorstellt, dass Alfons Müller sich bereits ins Gästebuch eingetragen hat und Karl Schmitz gerade dabei ist, dies zu tun, so erscheint das Gästebuch wie abgebildet im Browser von Karl Schmitz.

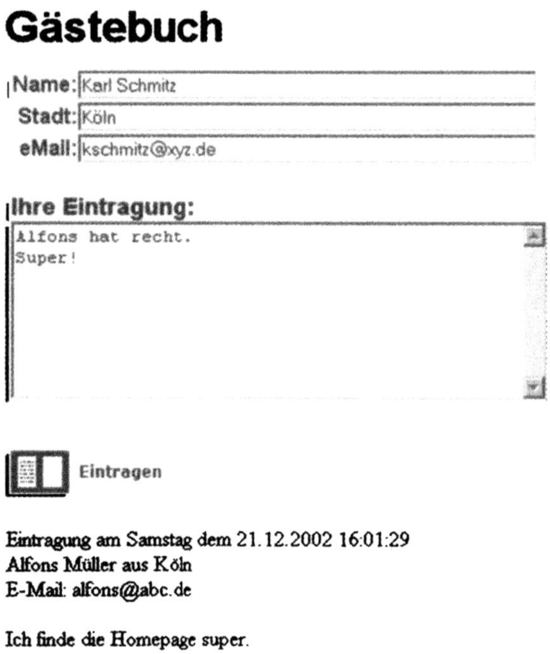

Abbildung 13.3_7

Klickt Karl Schmitz den Submitbutton `Eintragen` an, so wird seine Eintragung unter die von Alfons Müller gesetzt. Die Eintragungen werden in der Datei `C:\Home\gast.log` auf dem Serverhost gespeichert. Der HTML-Text, der das Bild im Browser erzeugt, ist in den Strings `anfang`, `ende` und `form` abgelegt. Am form-Tag erkennt man, dass das Formular eine POST-Anfrage an das CGI-Skript `13.3_7.exe` richtet. Das Skript ruft also sich selbst auf. Das gesamte Gästebuch besteht aus dieser einen Datei.

Der Ablauf des Skripts ist denkbar einfach. Der Konstruktor der Klasse `Haupt`

```
Sub New()
  Console.WriteLine(header & anfang & form)
  writeLog()
  Dim s As String = readLog()
  htmlOut(s & ende)
End Sub
```

schreibt den Kopf der HTML-Antwort und das Formular in die Standardausgabe und ruft anschließend die Methode writeLog auf, die die Formulardaten an die Datei gast.log anhängt. Danach wird die Logdatei mit readLog vollständig gelesen und mit htmlOut in die Standardausgabe geschrieben. Dadurch erscheinen die Gästebucheintragungen im Browser unterhalb des Formulars. Die Ausgabe des Strings ende schließt die HTML-Antwort ab.

Die Methoden htmlOut, getContentLength, readContent, getEnv und eval sind aus den Beispielen 13.3_4 bis 13.3_6 bekannt.

Die Methode readLog liest die Datei gast.log und gibt deren Inhalt als String zurück. Es mag auf den ersten Blick umständlich erscheinen, dass der Bytearray b aus dem FileStream fs gelesen und anschließend Byte für Byte an den String s angehängt wird. Dies stellt aber sicher, dass der Inhalt der Logdatei unverfälscht wiedergegeben wird.

Die Methode writeLog schreibt die mit readContent gelesenen Formulardaten in die Datei gast.log. Die if-Anweisungen überprüfen, ob das Formular leer ist. Ist das Formular leer, so wird die Methode writeLog beendet. Andernfalls wird der String s zusammengestellt, der das Datum und die Uhrzeit der Eintragung sowie die Formulardaten enthält. Das Datum und die Uhrzeit werden mit DateTime.Now ermittelt. Die Aufzählung DayOfWeek enthält die Wochentage in englischer Sprache. Um die Wochentage in deutscher Sprache zu erhalten, wird die Aufzählung Wochentag angelegt. Die Typumwandlung in der Anweisung

```
Dim dw As Wochentag = CType(dt.DayOfWeek, Wochentag)
```

wandelt die englischen in deutsche Wochentage um. Der String s wird aus den bekannten Gründen, um ein implizites Umcodieren zu vermeiden, in den Bytearray b umgewandelt, der dann in den FileStream fs geschrieben wird. Da dieser FileStream mit

```
Dim fs As FileStream = File.Open(logFile, _
  FileMode.Append Or FileMode.Create)
```

geöffnet worden ist, wird die Logdatei entweder erstellt, oder die Eintragung wird an deren Inhalt angehängt.

```
' Datei 13.3_7.vb

Imports System
Imports System.IO
Imports System.Text.RegularExpressions
Imports System.Diagnostics
```

```
Imports System.Collections.Specialized
Imports Microsoft.VisualBasic

Class Haupt
  Dim logFile As String = "C:\Home\gast.log"

  Dim header As String = _
    "Content-type: text/html" & VbCrLf & VbCrLf

  Dim anfang As String = _
    "<html><head>" & _
    "<title>Beispiel 13.3_7</title>" & _
    "</head><body>"

  Dim ende As String = "</body></html>"

  Dim form As String = _
    "<form method=""post"" action=""13.3_7.exe"">" & _
    " <table border=0 cellspacing=0 cellpadding=0>" & _
    " <tr>" & _
    " <td colspan=2><h1><font face=""arial"">" & _
    " G&auml;stebuch</font></h1></td>" & _
    " </tr>" & _
    " <tr>" & _
    " <td align=right><b><font face=""arial"">" & _
    " Name: </font></b></td>" & _
    " <td><input type=text size=54 maxlength=256" & _
    " name=""NAME""></td>" & _
    " </tr>" & _
    " <tr>" & _
    " <td align=right><b><font face=""arial"">" & _
    " Stadt: </font></b></td>" & _
    " <td><input type=text size=54 maxlength=256" & _
    " name=""STADT""></td>" & _
    " </tr>" & _
    " <tr>" & _
    " <td align=right><b><font face=""arial"">" & _
    " eMail: </font></b></td>" & _
    " <td><input type=text size=54 maxlength=256" & _
    " name=""MAIL""></td>" & _
    " </tr>" & _
    " <tr>" & _
    " <td colspan=2 ><b><font face=""arial"" size=+1><br>" & _
    " Ihre Eintragung:</font></b><br>" & _
    " <textarea name=""MESSAGE"" rows=8 cols=48></textarea>" & _
    " <br><br><input type=image src=""/gast.gif"" border=0" & _
    " </td>" & _
    " </tr>" & _
    " </table></form>"
```

```
Sub New()
  Console.WriteLine(header & anfang & form)
  writeLog()
  Dim s As String = readLog()
  htmlOut(s & ende)
End Sub

Enum Wochentag
  Sonntag
  Montag
  Dienstag
  Mittwoch
  Donnerstag
  Freitag
  Samstag
End Enum

Function readLog() As String
  Try
    Dim fs As FileStream = File.OpenRead(logFile)
    Dim b(fs.Length-1) As Byte
    fs.Read(b, 0, b.Length)
    fs.Close()
    Dim s As String = ""
    Dim i As Integer
    For i=0 To b.Length-1
      s &= Chr(b(i))
    Next
    Return s
  Catch ex As Exception
  End Try
  Return ""
End Function

Sub writeLog()
  Dim l As Integer = getContentLength()
  If l > 0 Then
    Dim content As StringDictionary = readContent()
    If content("NAME") <> "" Or _
      content("STADT") <> "" Or _
      content("MAIL") <> "" Or _
      content("MESSAGE") <> "" Then

      Dim dt As DateTime = DateTime.Now
      Dim dw As Wochentag = CType(dt.DayOfWeek, Wochentag)
      Dim s As String = _
        "Eintragung am " & dw.ToString() & " dem " & _
        dt.ToString() & VbCrLf & _
        content("NAME") & " aus " & _
        content("STADT") & VbCrLf & _
        "E-Mail: " & content("MAIL") & _
```

```
            VbCrLf & VbCrLf & content("MESSAGE") & _
            VbCrLf & VbCrLf

          Dim fs As FileStream = File.Open(logFile, _
            FileMode.Append Or FileMode.Create)
          Dim b(s.Length-1) As Byte
          Dim i As Integer
          For i=1 To s.Length
            b(i-1) = Asc(Mid(s, i, 1))
          Next
          fs.Write(b, 0, b.Length)
          fs.Close()
        End If
      End If
    End Sub

    Sub htmlOut(ByVal st As String)
      'siehe 13.3_4.vb
    End Sub

    Function getContentLength() As Integer
      'siehe 13.3_5.vb
    End Function

    Function readContent() As StringDictionary
      'siehe 13.3_5.vb
    End Function

    Function getEnv(ByVal kkey As String) As String
      'siehe 13.3_5.vb
    End Function

    Function eval(ByVal m As Match) As String
      'siehe 13.3_4.vb
    End Function

    Shared Sub Main()
      Dim h As New Haupt()
    End Sub
  End Class
```

Einige Bemerkungen zur Skriptsicherheit sind am Ende dieses Abschnitts angebracht. CGI-Skripte müssen abbruchsicher sein. Der Abbruch eines Skripts kann den Zugang zum Betriebssystem öffnen. Daher sollten alle unerwünschten Zustände mit if-Anweisungen und eventuell zusätzlich mit try-catch-Blöcken verhindert werden. Eine große Gefahr geht von Benutzereingaben aus. Diese Gefahr ist in besonderem Maße bei Skripten gegeben, die andere Programme aufrufen, eine Shell eröffnen oder Dateizugriffe enthalten. Es gibt Zeichen, die für das Betriebssystem eine spezielle Bedeutung haben. Besonders gefährlich sind Zeichen, die Befehle separieren, eine Pipe eröffnen oder Daten weiter leiten. Die Gefahr beginnt also schon beim Leerzeichen. Sie geht weiter mit `: ; | < >`. Darüber hinaus sind alle Arten von Klammern sowie `" ' ´ @ & $ ! # *` in diese Kategorie einzuordnen. Es wird häufig vorgeschlagen, diese Zeichen durch das Voranstellen eines Rückstrichs in Literals umzuwandeln. Dies alleine genügt noch nicht. Jede Benutzereingabe sollte sorgfältig untersucht werden. Gegebenenfalls kann man eine Eingabe mit dem Hinweis, dass bestimmte Zeichen nicht akzeptiert werden, zurückweisen. Beachtet man die Warnungen nicht, so kann man einem geschickten böswilligen Benutzer die Möglichkeit eröffnen, Dateien, Verzeichnisse oder die gesamte Festplatte zu löschen oder Dateien per E-Mail zu versenden. Der Fantasie sind hier kaum Grenzen gesetzt. Es muss noch einmal betont werden, dass das konsequente Setzen von Zugriffsrechten vieles verhindern kann.

13.4 ASP und ASP.NET

13.4.1 Microsoft Internet Information Server

Für ASP und ASP.NET und für das Kapitel 14 wird der Microsoft Internet Information Server benötigt. Die nun folgende Kurzbeschreibung der Installation und Konfiguration bezieht sich auf das Betriebssystem Microsoft Windows 2000.

Die Installations CD wird eingelegt und die Menüoption `Start - Einstellungen - Systemsteuerung` ausgewählt. Nach einem Doppelklick auf `Software` wird `Windowskomponenten hinzufügen/entfernen` angeklickt. In dem nun erscheinenden Assisenten wird `Internet-Informationsdienste (IIS)` markiert. Anschließend folgt man den weiteren Anweisungen des Assistenten, der den Microsoft Internet Information Server installiert.

Zur Konfiguration des Servers wählt man `Start - Einstellungen - Systemsteuerung`. Nach einem Doppelklick auf `Verwaltung` und auf `Internetdienste-Manager` wird die Standardwebsite markiert. Die Menüoption `Vorgang - Eigenschaften` ruft einen Dialog auf. In diesem Dialog geht man zunächst auf `Basisverzeichnis` und stellt dort `C:\Home` ein. Dem Basisverzeichnisverzeichnis werden die Zugriffsrechte `Lesen` und `Ausführungsberechtigungen: Scripts und ausführbare Dateien` zugeordnet. Diese Ausführungsberechtigung des Homeverzeichnisses sollte nur im lokalen Netzwerk und nicht im Internet verwendet werden. (siehe Anmerkungen zur Internetsicherheit) Danach geht man auf Dokumente, entfernt alle Dokumente und fügt `Default.asp` hinzu. Nach dem Anklicken von `OK` ist die Konfiguration abgeschlossen. Um zu testen, ob der Server läuft und das Basisverzeichnis und das Dokument richtig eingestellt sind, wird die Datei `Default.asp` im Verzeichnis `C:\Home` angelegt.

Die Datei `Default.asp`:

```
<html>
<head>
<title>Default.asp</title>
</head>
<body bgcolor="#FFFFFF">
<h1>IIS läuft</h1>
</body>
</html>
```

Da bisher ausschließlich der Webserver nach Beispiel 12.5_1 und 13.3_1 benutzt worden ist, empfiehlt es sich, die Beispiele der Abschnitte 13.1 bis 13.3 jetzt mit dem IIS zu testen.

An dieser Stelle sind einige Anmerkungen zur Internetsicherheit erforderlich. Für das Internet ist nur ein über mehrere Jahre erprobter kommerzieller Webserver geeignet, dessen Sicherheitslöcher mehrfach gestopft worden sind. Die oben geschilderte Konfiguration des IIS ist nur zu Übungszwecken im lokalen Netzwerk geeignet. Die Planung eines internetfähigen Servers beginnt mit der Wahl des Betriebssystems, das in der Lage sein muss, Benutzer und Gruppen und deren Rechte zu verwalten. Es dürfen nur die Benutzer existieren, die unbedingt für den Betrieb des Servers erforderlich sind. Die Benutzerrechte sind so restriktiv wie möglich auszulegen. Für jeden Benutzer muss ein Passwort existieren. Der Server darf niemals mit Administratorrechten laufen. Es dürfen nur die Server vorhanden sein, die wirklich gebraucht werden. (zB. Http, Ftp, Mail) Alle nicht benötigten Server müssen abgeschaltet oder besser deinstalliert werden. Das Dateisystem muss in der Lage sein, Zugriffs und Ausführungsrechte zu verwalten. Daher ist FAT32 ungeeignet. NTFS besitzt dagegen diese Fähigkeiten. Die Zugriffsrechte der Verzeichnisse und Dateien dürfen nur die Zugriffe erlauben, die wirklich erforderlich sind. Das Homeverzeichnis sollte nicht mit der Ausführungsberechtigung `Scripts und ausführbare Dateien` konfiguriert sein. Ausführbare Dateien bzw. CGI-Skripten sollten in einem gesonderten Verzeichnis untergebracht werden, das nicht in der Verzeichnishierarchie des Homeverzeichnisses liegt. Dieses CGI-Verzeichnis braucht zwar die genannte Ausführungsberechtigung. Es braucht aber keine Leseberechtigung. Ähnliche Überlegungen gelten auch für Logdateien und Dateien, die von CGI-Skripten angelegt oder benutzt werden.

13.4.2 ASP

Eine wesentliche Eigenschaft der `Active Server Pages`, abgekürzt `ASP`, ist die Integration von HTML und CGI. Eine ASP-Datei ist im Prinzip eine HTML-Datei, die HTML-Text und klientseitige Skripten enthalten kann. Sie kann darüber hinaus aber auch serverseitige Skripten enthalten. ASP-Dateien enden auf `.asp`. Um dies deutlicher zu machen, wird das vom Abschnitt 13.3 bekannte Formular in einer ASP-Datei verwendet.

Abbildung 13.4_1a

Die Datei `13.4_1.asp` enthält dieses Formular. Trägt man die abgebildeten Daten in das Formular ein und drückt den Submitbutton, so werden die Formulardaten zum Server gesendet. Das form-Tag

```
<form method=get action="13.4_1.asp">
```

legt fest, dass die Daten URL-codiert übermittelt werden und das Skript `13.4_1.asp` aufgerufen wird. Die ASP-Datei ruft sich also selbst auf und stellt daraufhin die Antwort auf die Anfrage zusammen.

Abbildung 13.4_1b

Das HTML-Formular hätte man natürlich auch in eine HTML-Datei setzen können. Die ASP-Datei könnte in dem Fall ein reines Antwortskript sein. Dieses Beispiel soll aber deutlich machen, wie man HTML und serverseitige ASP-Skripten miteinander kombinieren kann.

Der Aufbau der Datei `13.4_1.asp` entspricht deshalb folgendem Schema:

```
<%@ LANGUAGE=JScript%>
HTML-Anfang
<%
if( keine Formulardaten )
{
%>
HTML-Formular
<%
}
else
{
  Response.Write( . . . );
}
%>
HTML-Ende
```

Die erste Zeile legt die Skriptsprache fest. Es stehen `JScript` und `VBScript` zur Verfügung. Nach dieser Zeile beginnt ein HTML-Dokument, in das an zwei Stellen ein ASP-Skript eingefügt ist. ASP-Skripten beginnen mit `<%` und enden mit `%>`. Wegen der if-Anweisung im ersten Skript wird das HTML-Formular nur dann aktiv, wenn keine Formulardaten vorliegen. Andernfalls wird die im zweiten Skript mit `else` eingeleitete Alternative ausgeführt. Bemerkenswert daran ist, dass ein mit geschweiften Klammern gebildeter Block auch für HTML-Texte außerhalb der Skripten seine Gültigkeit behält.

In den Skripten werden das Request-Objekt und das Response-Objekt verwendet. Das Request-Objekt enthält die Anfrage, und das Response-Objekt nimmt die Antwort auf. `Response.Write` schreibt die Antwort in die Standardausgabe. Die URL-codierten Formulardaten sind in `Request.QueryString` enthalten. Wenn `Request.QueryString.Count` gleich `0` ist, sind keine URL-codierten Daten vorhanden. Mit

```
Request.QueryString("Bezeichner")
```

können vorhandene URL-codierte Daten abgefragt werden.

Die Datei 13.4_1.asp:

```
<%@ LANGUAGE=JScript%>
<html>
<head>
<title>Beispiel 13.4_1</title>
</head>
<body>
<%
if(Request.QueryString.Count == 0 ||
  (Request.QueryString("Vorname") == "" &&
   Request.QueryString("Name") == "" &&
   Request.QueryString("Telefon") == ""))
{
%>
<h3>
F&uuml;llen Sie bitte das Formular aus:
</h3>
<form method=get action="13.4_1.asp">
<table border=0>
<tr>
<td align=right>Vorname: </td>
<td><input type=text name="Vorname"></td>
</tr>
<tr>
<td align=right>Name: </td>
<td><input type=text name="Name"></td>
</tr>
<tr>
<td align=right>Telefon: </td>
<td><input type=text name="Telefon"></td>
</tr>
</table>
<br><input type=submit>
</form>
<%
}
else
{
  Response.Write(
    Request.QueryString("Vorname") + " " +
    Request.QueryString("Name") + "<br>" +
    "Telefon: " +
    Request.QueryString("Telefon"));
}
%>
</body>
</html>
```

Beispiel 13.4_2 verwendet das gleiche Formular wie Beispiel 13.4_1. Diesmal ist jedoch `method=post` gesetzt. Die ASP-Datei unterscheidet sich daher nur wenig von der vorherigen. `Request.Form` enthält die Formulardaten. Ist `Request.Form.Count` gleich `0`, so sind keine Formulardaten vorhanden. Mit

```
Request.Form("Bezeichner")
```

können vorhandene Daten abgefragt werden.

Die Datei `13.4_2.asp`:

```
<%@ LANGUAGE=JScript%>
<html>
<head>
<title>Beispiel 13.4_2</title>
</head>
<body bgcolor="#FFFFFF">
<%
if(Request.Form.Count == 0 ||
  (Request.Form("Vorname") == "" &&
   Request.Form("Name") == "" &&
   Request.Form("Telefon") == ""))
{
%>
<h3>
F&uuml;llen Sie bitte das Formular aus:
</h3>
<form method=post action="13.4_2.asp">
<table border=0>
<tr>
<td align=right>Vorname: </td>
<td><input type=text name="Vorname"></td>
</tr>
<tr>
<td align=right>Name: </td>
<td><input type=text name="Name"></td>
</tr>
<tr>
<td align=right>Telefon: </td>
<td><input type=text name="Telefon"></td>
</tr>
</table>
<br><input type=submit>
</form>
<%
}
else
{
```

```
    Response.Write(
      Request.Form("Vorname") + " " +
      Request.Form("Name") + "<br>" +
      "Telefon: " +
      Request.Form("Telefon"));
}
%>
</body>
</html>
```

13.4.3 ASP.NET

ASP.NET ist ein für das .NET Framework erweitertes ASP. ASP.NET-Dateien enden auf `.aspx`. ASP.NET ist nicht vollständig rückwärtskompatibel zu ASP. Die Skriptsprache `JScript` wird weiterhin unterstützt. An die Stelle von `VBScript` tritt aber `Visual Basic .NET`. Zusätzlich werden `C# [6]` und `C++ [1]` unterstützt. Darüber hinaus ist der Datenbankzugriff mit `ADO.NET` möglich und es gibt zahlreiche neue Steuerelemente und ein erweitertes Eventhandling.

Der Server verarbeitet ASP.NET-Dateien, in dem er eine Kompilierungsquelle generiert, die eine von `System.Web.UI.Page` abgeleitete Klasse enthält, so dass Mitglieder der Klasse `Page` wie zB. Eigenschaften, Methoden, Ereignisse und Eventhandler in jeder ASP.NET-Datei benutzt werden können.

Eigenschaften der Klasse `System.Web.UI.Page`:

Controls	gibt die ControlCollection zurück
IsPostBack	gleich false, wenn die Seite zum ersten Mal geladen worden ist
IsValid	Ergebnis der Überprüfung mit Validate
Request	das Request-Objekt
Response	das Response-Objekt
Visible	True gleich sichtbar

Methoden der Klasse `System.Web.UI.Page`:

RenderControl	Ausgabe an einen HtmlTextWriter
Validate	überprüft die Seite und alle Steuerelemente

Events und Eventhandler der Klasse `System.Web.UI.Page`:

Event	**Eventhandler**	
Load	OnLoad	Die Seite wird geladen
Unload	OnUnload	Die Seite wird aus dem Speicher entladen

Steuerelemente im Namensraum `System.Web.UI.HtmlControls`:

```
HtmlAnchor              <a id=ID1 runat=server>
HtmlButton              <button id=ID1 runat=server>
HtmlForm                <form id=ID1 runat=server>
HtmlGenericControl      <html id=ID1 runat=server>
                        <body id=ID1 runat=server>
                        <div id=ID1 runat=server>
                        <span id=ID1 runat=server>
HtmlImage               <image id=ID1 runat=server>
HtmlInputButton         <input type="button" id=ID1
                          runat=server>
                        <input type="submit" id=ID1
                          runat=server>
                        <input type="reset" id=ID1
                          runat=server>
HtmlInputCheckBox       <input type="checkbox" id=ID1
                          runat=server>
HtmlInputFile           <input type="file" id=ID1
                          runat=server>
HtmlInputHidden         <input type="hidden" id=ID1
                          runat=server>
HtmlInputImage          <input type="image"id=ID1
                          runat=server>
HtmlInputRadioButton    <input type="radio" id=ID1
                          runat=server>
HtmlInputText           <input type="text" id=ID1
                          runat=server>
                        <input type="password" id=ID1
                          runat=server>
HtmlSelect              <select id=ID1 runat=server>
HtmlTable               <table id=ID1 runat=server>
HtmlTableCell           <td id=ID1 runat=server>
                        <th id=ID1 runat=server>
HtmlTableRow            <tr id=ID1 runat=server>
HtmlTextArea            <textarea id=ID1 runat=server>
```

Steuerelemente im Namensraum `System.Web.UI.WebControls`:

```
AdRotator       <asp:AdRotator id=ID1 runat=server />
Button          <asp:Button id=ID1 runat=server
                Text= . . . OnClick= . . . />
Calendar        <asp:Calendar id=ID1 runat=server>
                <TodayDayStyle BackColor= . . . />
                </asp:Calendar>
CheckBox        <asp:CheckBox id=ID1 runat=server
                Text= . . . />
CheckBoxList    <asp:CheckBoxList id=ID1 runat=server>
                <asp:ListItem>Item 1</asp:ListItem>
                </asp:CheckBoxList>
```

```
DataGrid          <asp:DataGrid id=ID1 runat=server />
DataList          <asp:DataList id=ID1 runat=server />
DropDownList      <asp:DropDownList id=ID1 runat=server>
                  <asp:ListItem>Item 1</asp:ListItem>
                  . . .
                  </asp:DropDownList>
HyperLink         <asp:HyperLink id=ID1 runat=server
                  NavigateUrl= . . . Text= . . . />
Image             <asp:Image id=ID1 runat=server
                  ImageUrl= . . . />
ImageButton       <asp:ImageButton id=ID1 runat=server
                  ImageUrl= . . . OnClick= . . . />
Label             <asp:Label id=ID runat=server
                  Text= . . . />
LinkButton        <asp:LinkButton id=ID1 runat=server
                  Text= . . . OnClick = . . . />
ListBox           <asp:ListBox id=ID1 runat=server>
                  <asp:ListItem>Item 1</asp:ListItem>
                  . . .
                  </asp:ListBox>
Literal           <asp:Literal id=ID1 runat=server
                  Text= . . . />
Panel             <asp:Panel id=ID1 runat=server
                  ForeColor= . . . BackColor= . . .
                  Height= . . . Width= . . . >
                  Zeile1<br>Zeile2 . . .
                  </asp:Panel>
PlaceHolder       <asp:PlaceHolder id=ID1 runat=server />
RadioButton       <asp:RadioButton id=ID1 runat=server
                  Text= . . . Checked= . . .
                  GroupName= . . . />
RadioButtonList   <asp:RadioButtonList id=ID1 runat=server>
                  <asp:ListItem>Item 1</asp:ListItem>
                  . . .
                  </asp:RadioButtonList>
Repeater          <asp:Repeater id=ID1 runat=server>
                  <HeaderTemplate> . . .
                  <ItemTemplate> . . .
                  </asp:Repeater>
Table             <asp:Table id=ID1 runat=server>
                  <asp:TableRow>
                  <asp:TableCell>
                  . . .
                  </asp:TableCell>
                  </asp:TableRow>
                  </asp:Table>
TextBox           <asp:TextBox id=ID1 runat=server
                  Text= . . . />
Xml               <asp:Xml id=ID1 runat=server
                  DocumentSource= . . . />
```

Validator-Steuerelemente im Namensraum

System.Web.UI.WebControls:

```
CompareValidator               <asp:CompareValidator
                                 runat=server
                                 Display="dynamic"
                                 ControlToValidate= . . .
                                 ControlToCompare= . . .
                                 Type= . . .
                                 EnableClientScript="false"
                                 ErrorMessage= . . .
                                 Text= . . . />
CustomValidator                <asp:CustomValidator
                                 runat=server
                                 ControlToValidate= . . .
                                 OnServerValidate="user"
                                 ErrorMessage= . . .
                                 Text= . . . />
RangeValidator                 <asp:RangeValidator
                                 runat=server
                                 ControlToValidate= . . .
                                 MinimumValue= . . .
                                 MaximumValue= . . .
                                 Type= . . .
                                 EnableClientScript="false"
                                 ErrorMessage= . . .
                                 Text= . . . />
RegularExpressionValidator     <asp:RegularExpressionValidator
                                 runat=server
                                 ControlToValidate= . . .
                                 ValidationExpression= . . .
                                 EnableClientScript="false"
                                 ErrorMessage= . . .
                                 Text= . . . />
RequiredFieldValidator         <asp:RequiredFieldValidator
                                 runat=server
                                 ControlToValidate= . . .
                                 ErrorMessage= . . .
                                 Text= . . . />
ValidationSummary              <asp:ValidationSummary
                                 runat=server
                                 HeaderText= . . .
                                 DisplayMode= . . .
                                 EnableClientScript="false" />
```

Beispiel 13.4_3 vermittelt einen ersten Eindruck wie die ASP.NET-Elemente benutzt und vom Server verarbeitet werden.

Die Datei 13.4_3.aspx hat folgenden Aufbau:

```
<%@ Page Language=VisualBasic%>

<script runat=server>
. . .
</script>

HTML Teil 1
<% . . . %>
HTML Teil 2
```

Die erste Zeile ist eine Direktive mit folgender Syntax:

```
<% Direktive Attribut="Wert" %>
```

Direktiven:

```
@ Page, @ Control, @ Import, @ Implements, @ Register, @ Assembly, @ OutputCache,
@ Reference
```

Die Direktive `@ Page` legt Attribute einer ASPX-Seite fest. Es dürfen mehrere Attribute in einer Direktive angegeben werden. Der Wert eines Attributs wird in Anführungszeichen gesetzt. Die Anführungszeichen sind nicht in jedem Fall zwingend notwendig.

Attribute der Direktive `@ Page`:

```
AutoEventWireup, Buffer, ClassName, ClientTarget, CodePage, CompilerOptions,
ContentType, Culture, Debug, Description, EnableSessionState, EnableViewState,
EnableViewStateMac, ErrorPage, Explicit, Inherits, Language, LCID
```

Die Direktive

```
<%@ Page Language=VisualBasic%>
```

legt die Skriptsprache Visual Basic .NET fest. Weitere Erläuterungen zu Direktiven und deren Attributen sind im Kapitel 14 zu finden.

Auf die Page Direktive folgt ein Skript, das serverseitig ausgeführt wird. Da die Skriptsprache bereits festgelegt ist und keine abweichende Sprache benutzt wird, braucht die Sprache im script-Tag nicht angegeben zu werden. Anschließend folgt der HTML-Text, in den ein mit <% und %> eingefasstes Skript eingebettet ist. Dieses zweite Skript ruft die Methode `datum` des ersten Skripts auf und schreibt den zurückgegebenen String in die Standardausgabe. Die Links zu den Beispielen 13.4_1 und 13.4_2 werden durch die Anker-Tags

```
<a id=a1 runat=server>Beispiel 13.4_1</a>
```

und

```
<a id=a2 runat=server>Beispiel 13.4_2</a>
```

definiert. Beide Links werden serverseitig ausgeführt. Die Ids `a1` und `a2` werden dadurch zu Objekten, auf die von serverseitigen Skripten aus zugegriffen werden kann. So kann die Methode `OnLoad` auf die Eigenschaft `HRef` der Ankerobjekte zugreifen. `OnLoad` überschreibt den gleichnamigen Eventhandler der Klasse `Page` und wird daher beim Laden der Seite automatisch aufgerufen.

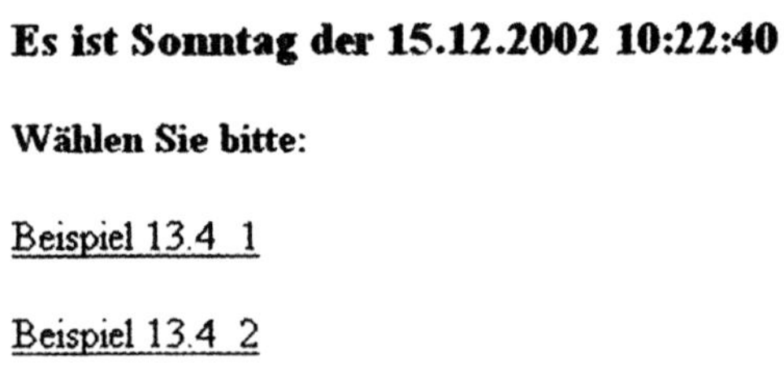

Abbildung 13.4_3

Die Datei `13.4_3.aspx`:

```
<%@ Page Language=VisualBasic%>

<script runat=server>
Protected Overrides Sub OnLoad(ByVal e As EventArgs)
  a1.HRef = "13.4_1.asp"
  a2.HRef = "13.4_2.asp"
End Sub
Enum Wochentag
  Sonntag
  Montag
  Dienstag
```

```
    Mittwoch
    Donnerstag
    Freitag
    Samstag
  End Enum
  Function datum() As String
    Dim dt As DateTime = DateTime.Now
    Dim dw As Wochentag = CType(dt.DayOfWeek, Wochentag)
    Dim s As String = _
      "Es ist " & dw.ToString() & " der " & _
      dt.ToString()
    Return s
  End Function
  </script>

  <html>
  <head>
  <title>Beispiel 13.4_3</title>
  </head>
  <body>
  <h3>
  <%Response.Write(datum())%>
  </h3>
  <p>
  <h4>W&auml;hlen Sie bitte:</h4>
  <a id=a1 runat=server>Beispiel 13.4_1</a>
  <br><br>
  <a id=a2 runat=server>Beispiel 13.4_2</a>
  </p>
  </body>
  </html>
```

Enthält ein Skript einen Fehler, so erscheint im Browser eine Fehlermeldung, die die betroffene Stelle im Skript protokolliert. zB.:

```
Zeile 8:  Eenum Wochentag
Zeile 9:    Sonntag
Zeile 10:   Montag
```

Die detaillierte Fehlermeldung des Compilers wird durch Anklicken des Links

Detaillierte Compilerausgaben anzeigen:

eingeblendet.

Die Kompilierungsquelle wird durch Anklicken des Links

Vollständige Kompilierungsquelle anzeigen:

eingeblendet.

Ein Auszug aus der vom Server automatisch generierten Kompilierungsquelle:

```
Option Strict Off
Option Explicit On

Imports Microsoft.VisualBasic
Imports System
. . .
Namespace ASP

Public Class _13_4_3_aspx
Inherits System.Web.UI.Page
Implements System.Web.SessionState.IRequiresSessionState
. . .
Protected Overrides Sub OnLoad(ByVal e As EventArgs)
  . . .
End Sub

Enum Wochentag
  . . .
End Enum

Function datum() As String
  . . .
End Function

Public Sub New()
  . . .
End Sub
. . .

Private Function __BuildControla1() As System.Web.UI.Control
  . . .
End Function

Private Function __BuildControla2() As System.Web.UI.Control
  . . .
End Function
```

```
Private Sub __BuildControlTree(ByVal __ctrl As System.Web.UI.Control)
  . . .
End Sub

Private Sub __Render__control1( _
  ByVal __output As System.Web.UI.HtmlTextWriter, _
  ByVal parameterContainer As System.Web.UI.Control)
  . . .
  Response.Write(datum())
  . . .
End Sub
End Class
End Namespace
```

Die Klasse `_13_4_3_aspx` ist von `System.Web.UI.Page` abgeleitet. Der Inhalt der Datei `13.4_3.aspx` ist in die Klasse `_13_4_3_aspx` übernommen worden. Die Links sind als `HtmlAnchor a1` und `a2` vereinbart. Sie werden in den Methoden `__BuildControla1`, `__BuildControla2` und `__BuildControlTree` instanziiert und der `ControlCollection Controls` hinzugefügt. Die Methoden `OnLoad` und `datum` und die Aufzählung `Wochentag` sind unverändert dem ersten Skript der ASP.NET-Datei entnommen worden. Der HTML-Text befindet sich in der Methode `__Render__control1`.

Das in den HTML-Text eingebettete Skript mit der Anweisung

```
Response.Write(datum())
```

ist ebenfalls berücksichtigt.

Beispiel 13.4_4 verwendet `Html Controls` und `Web Controls`. `Web Controls` können nur innerhalb von serverseitig ausgeführten Formularen verwendet werden. Eine Seite darf nur ein serverseitiges Formular enthalten.

Der HTML-Text

```
<html id=html1 runat=server>
<body>
<h3>Seite 1</h3>
<form runat=server>
<asp:Button id=b1 runat=server
  Text="Seite 2" OnClick=b1_click />
</form>
</body>
</html>
```

definiert eine Seite mit einem serverseitigen Formular, welches einen Button mit dem Eventhandler `b1_click` enthält. Man kann, wie dieses

Beispiel zeigt, mehrere solcher Seiten in einer ASP.NET-Datei definieren, wenn man durch Setzen von `Visible=True` oder `False` dafür sorgt, dass immer nur eine der Seiten sichtbar ist. Der Button schaltet die Sichtbarkeit der Seiten um. In der Methode `OnLoad` wird die Bedingung

```
If Not IsPostBack Then
```

abgefragt, die der Frage, ob die Seite zum ersten Mal geladen wird, entspricht. Beim ersten Laden hat die Eigenschaft `IsPostBack` der Klasse `Page` den Wert `False`. Bei einem Nachladen, das zB. durch das Anklicken eines Buttons ausgelöst wird, ist der Wert gleich `True`. Ein derartiges Nachladen nennt man `Postback`. `OnLoad` wird auch beim `Postback` ausgeführt. Daher muss man innerhalb dieser Methode zwischen Anweisungen, die immer ausgeführt werden und solchen, die nur beim ersten Laden ausgeführt werden, unterscheiden.

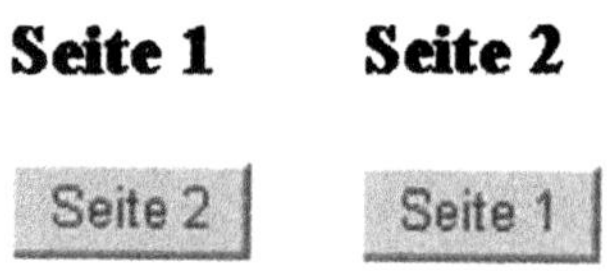

Abbildung 13.4_4

Die Datei `13.4_4.aspx`:

```
<%@ Page Language=VisualBasic%>

<script runat=server>
Protected Overrides Sub OnLoad(ByVal e As EventArgs)
  If Not IsPostBack Then
    html1.Visible=True
    html2.Visible=False
  End If
End Sub
Sub b1_click(ByVal Source As Object, ByVal e As EventArgs)
  html1.Visible=False
  html2.Visible=True
End Sub
Sub b2_click(ByVal Source As Object, ByVal e As EventArgs)
  html1.Visible=True
  html2.Visible=False
End Sub
</script>

<html id=html1 runat=server>
```

```
<body>
<h3>Seite 1</h3>
<form runat=server>
<asp:Button id=b1 runat=server
  Text="Seite 2" OnClick=b1_click />
</form>
</body>
</html>

<html id=html2 runat=server>
<body>
<h3>Seite 2</h3>
<form runat=server>
<asp:Button id=b2 runat=server
  Text="Seite 1" OnClick=b2_click />
</form>
</body>
</html>
```

Web Controls stellen weniger Eigenschaften zur Verfügung als Windows Controls. Das liegt nicht etwa an einem Manko der Web Controls, sondern es liegt an der andersartigen Handhabung. Beispiel 13.4_5 definiert den Button `b1`, der zwischen den Positionen `10,10` und `50,50` hin und her springt.

Das Skript

```
<%
Dim att As String = _
  "Attribute:<br>" & _
  "Text=" & b1.Text & "<br>" & _
  "ID=" & b1.ID & "<br>"
Response.Write(att)
Response.Write( _
  "<br>AttributeCollection Attributes:<br>")
Dim k As String
For Each k in b1.Attributes.Keys
  Response.Write( _
    k & "=""" & b1.Attributes(k) & """<br>")
Next
Response.Write( _
  "<br>CssStyleCollection Style:<br>")
Dim s As String
For Each s in b1.Style.Keys
  Response.Write( _
    s & ":" & b1.Style(s) & "<br>")
Next
%>
```

protokolliert die Attribute des Buttons. Die Attribute `Text` und `ID` sind Eigenschaften des Buttons. Sie werden daher mit `b1.Text` und `b1.ID` abgefragt. In HTML-Tags wird nicht zwischen Groß- und Kleinschreibung unterschieden. Auch wenn der Button mit

```
<asp:Button id=b1 . . . />
```

definiert ist, kann die Eigenschaft `ID` im Skript groß oder klein geschrieben werden, da Visual Basic .NET ebenfalls nicht zwischen Groß- und Kleinschreibung unterscheidet. Die Eigenschaft `Attributes` ist eine `AttributeCollection`. Sie enthält nur ein Attribut mit dem Namen `style`. Der String `k` enthält diesen Namen, so dass der Wert des Attributs mit `b1.Attributes(k)` abgefragt werden kann. Die Eigenschaft `Style` ist eine `CssStyleCollection`. Die Anweisungen

```
b1.Style.Add("position","absolute")
b1.Style.Add("left","10px")
b1.Style.Add("top","10px")
```

fügen der Collection Schlüssel-Wert-Paare hinzu. Die gleiche Formatierung kann mit einer Erweiterung der Definition des Buttons

```
<asp:Button id=b1 . . .
  style="position:absolute; left:10px; top:10px;" />
```

erreicht werden. Das Ablegen des Formatstrings unter dem Namen `style` in der Eigenschaft `Attributes` stellt eine weitere Möglichkeit der Formatierung dar. Die Eigenschaft `Style` ermöglicht das Abfragen und Setzen von Attributen unter Verwendung runder Klammern.

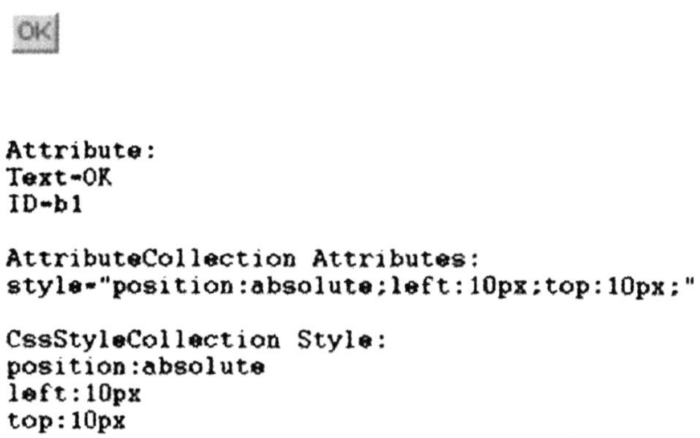

Abbildung 13.4_5a

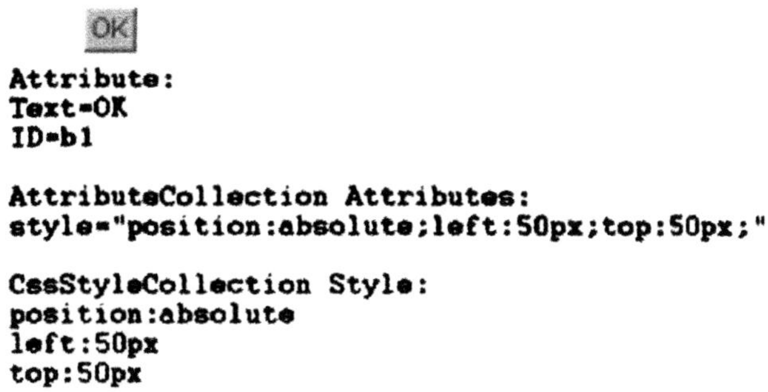

Abbildung 13.4_5b

Die Datei `13.4_5.aspx`:

```
<%@ Page Language=VisualBasic%>

<script runat=server>
Protected Overrides Sub OnLoad(ByVal e As EventArgs)
  If Not IsPostBack Then
    b1.Style.Add("position","absolute")
    b1.Style.Add("left","10px")
    b1.Style.Add("top","10px")
  End If
End Sub
Sub b1_click(ByVal Source As Object, ByVal e As EventArgs)
  If b1.Style("left") = "10px" Then
    b1.Style("left")="50px"
    b1.Style("top")="50px"
  Else
    b1.Style("left")="10px"
    b1.Style("top")="10px"
  End If
End Sub
</script>

<html>
<body>
<form runat=server>
<asp:Button id=b1 runat=server
  Text="OK" OnClick=b1_click />
</form>
<p style="position:absolute;top:80px;font-family:Courier">
<%
Dim att As String = _
  "Attribute:<br>" & _
  "Text=" & b1.Text & "<br>" & _
```

```
  "ID=" & b1.ID & "<br>"
Response.Write(att)
Response.Write( _
  "<br>AttributeCollection Attributes:<br>")
Dim k As String
For Each k in b1.Attributes.Keys
  Response.Write( _
    k & "=""" & b1.Attributes(k) & """<br>")
Next
Response.Write( _
  "<br>CssStyleCollection Style:<br>")
Dim s As String
For Each s in b1.Style.Keys
  Response.Write( _
    s & ":" & b1.Style(s) & "<br>")
Next
%>
</p>
</body>
</html>
```

Beispiel 13.4_6 zeigt eine weitere Möglichkeit zur Formatierung von Steuerelementen. Der Eigenschaft `CssClass` des Buttons werden mit

```
b1.CssClass="style1"
```

und

```
b1.CssClass="style2"
```

die im Style Sheet definierten Stile zugewiesen. Das Skript

```
<%Response.Write(b1.CssClass)%>
```

protokolliert den aktuellen Stil.

Abbildung 13.4_6

Die Datei 13.4_6.aspx:

```
<%@ Page Language=VisualBasic%>

<style>
.style1
{
  position:absolute;
  left:10px;
  top:10px;
}
.style2
{
  position:absolute;
  left:50px;
  top:50px;
}
</style>

<script runat=server>
Protected Overrides Sub OnLoad(ByVal e As EventArgs)
  If Not IsPostBack Then
    b1.CssClass="style1"
  End If
End Sub
Sub b1_click(ByVal Source As Object, ByVal e As EventArgs)
  If b1.CssClass="style1" Then
    b1.CssClass="style2"
  Else
    b1.CssClass="style1"
  End If
End Sub
</script>

<html>
<body>
<form runat=server>
<asp:Button id=b1 runat=server
  Text="OK" OnClick=b1_click />
</form>
<p style="position:absolute;top:80px;font-family:Courier">
<%Response.Write(b1.CssClass)%>
</p>
</body>
</html>
```

Beispiel 13.4_7 definiert ein Formular mit drei Textboxen und einem Button. Die Textboxen werden durch Validator Controls überwacht. Die Methode Validate der Klasse Page überprüft bzw. validiert die Seite. Wird der Button angeklickt, so wird Validate automatisch aufgerufen. Da die

Validierung serverseitig stattfinden soll, wird bei allen `Validator Controls` `EnableClientScript=False` gesetzt. Das zu validierende Steuerelement wird mit `ControlToValidate` festgelegt. Die als `ErrorMessage` angegebenen Strings werden gesammelt und stehen der `ValidationSummary` zur Verfügung. Die als Text angegebenen Strings werden von den `Validator Controls` in die Seite eingefügt.

Der `RequiredFieldValidator` löst einen Validierungsfehler aus, wenn kein Eingabefeld vorhanden ist. Das bedeutet, dass `Box 1` leer ist.

Der `RangeValidator` überprüft `Box 2`. Da `MinimumValue=1`, `MaximumValue=10` und `Type="Integer"` gesetzt ist, muss eine ganze Zahl von `1` bis `10` eingegeben werden. Andernfalls entsteht ein Validierungsfehler.

Der `RegularExpressionValidator` überprüft bei `Box 3`, ob die mit

`ValidationExpression="\d{3}"`

angegebene Regel eingehalten wird. Andernfalls entsteht wieder ein Validierungsfehler.

Die `ValidationSummary` baut die als `ErrorMessage` gesammelten Strings mit einer Überschrift `HeaderText` versehen in die Seite ein. Die Fehlermeldungen werden durch `DisplayMode = "BulletList"` als Aufzählungsliste dargestellt.

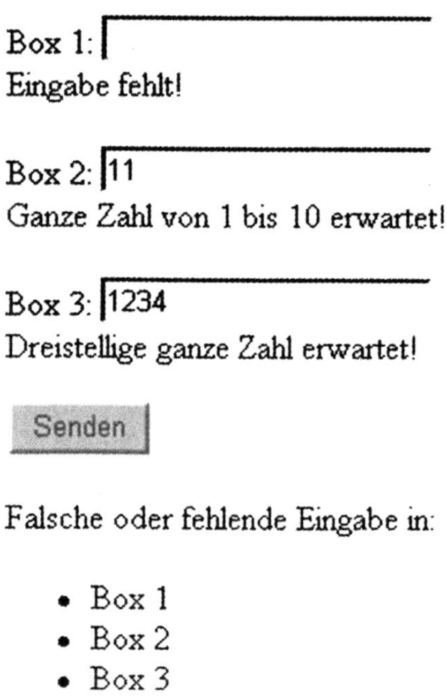

Abbildung 13.4_7

Die Datei 13.4_7.aspx:

```
<html>
<body>
<form runat=server>
Box 1:
<asp:TextBox id=box1 runat=server/>
<br>
<asp:RequiredFieldValidator runat=server
   ControlToValidate="box1"
   EnableClientScript=false
   ErrorMessage="Box 1"
   Text="Eingabe fehlt!"
/>
<br><br>
Box 2:
<asp:TextBox id=box2 runat=server/>
<br>
<asp:RangeValidator runat=server
  ControlToValidate="box2"
  MinimumValue=1
  MaximumValue=10
  Type="Integer"
  EnableClientScript=false
  ErrorMessage="Box 2"
  Text="Ganze Zahl von 1 bis 10 erwartet!"
/>
<br><br>
Box 3:
<asp:TextBox id=box3 runat=server/>
<br>
<asp:RegularExpressionValidator runat=server
  ControlToValidate="box3"
  ValidationExpression="\d{3}"
  EnableClientScript=false
  ErrorMessage="Box 3"
  Text="Dreistellige ganze Zahl erwartet!"
/>
<br><br>
<asp:Button id=but1 runat=server
  Text=Senden/>
<br><br>
<asp:ValidationSummary runat=server
  HeaderText="Falsche oder fehlende Eingabe in:"
  DisplayMode="BulletList"
  EnableClientScript=false
/>
</form>
</body>
</html>
```

Beispiel 13.4_8 fragt die Datenbank Northwind des Microsoft SQL Server 2000 ab. Es wird ein Verbindungs- und ein Abfragestring definiert. Der `SqlDataAdapter`, der `DataTable` und der `DataView` werden wie in Kapitel 8 verwendet. Der `DataView` wird der Eigenschaft `DataSource` des `DataGrid` zugewiesen. Der Unterschied zwischen Windows Controls und Web Controls besteht darin, dass bei Web Controls die Datenquelle und das Control mit `DataBind` gebunden werden müssen. Dieses Binden ist bei allen Web Controls, die die Eigenschaft `DataSource` besitzen erforderlich. Das Binden synchronisiert die Datenquelle und das Control in der Weise, dass Änderungen der Datenquelle dem Control weitergegeben werden. Das `DataGrid` wird mit

```
<asp:DataGrid
  id=grid runat=server
  BorderColor="black"
  BorderWidth="2"
  CellPadding="5" />
```

als Server Control definiert. Es wird mit

```
grid.DataBind( )
```

gebunden und die Zuweisung

```
grid.HeaderStyle.CssClass = "fett"
```

weist die Attribute

```
font-weight:bold;
background-color:#99ffff;
```

zu, wodurch die Kopfzeile fett geschrieben und farbig unterlegt wird. Die Verbindung zum SQL Server nimmt der Benutzer ASPNET auf. Existiert dieser Benutzer nicht in der Benutzerliste des SQL Servers, so weist der Server die Verbindung zurück. In diesem Fall muss der Benutzer ASPNET mit Hilfe des SQL Server Enterprise Manager unter Sicherheit - Benutzernamen eingetragen werden.

Bestellung	**Produkt**
10249	Tofu
10249	Manjimup Dried Apples
10250	Jack's New England Clam Chowder
10250	Manjimup Dried Apples
10250	Louisiana Fiery Hot Pepper Sauce

Abbildung 13.4_8

Die Datei 13.4_8.aspx:

```
<%@ Page Language=VisualBasic%>
<%@ Import Namespace="System.Data" %>
<%@ Import Namespace="System.Data.SqlClient" %>

<style>
.fett
{
  font-weight:bold;
  background-color:#99ffff;
}
</style>

<script  runat=server>
  Dim ve As String = _
    "Server=(local);Database=Northwind;Integrated Security=true;"
  Dim ab As String = _
    "SELECT o.OrderID AS Bestellung, "& _
    "ProductName AS Produkt "& _
    "FROM Orders o, Products p, ""Order Details"" d "& _
    "WHERE o.OrderID BETWEEN 10249 AND 10250 "& _
    "AND o.OrderID = d.OrderID "& _
    "AND d.ProductID = p.ProductID"

Protected Overrides Sub OnLoad(ByVal e As EventArgs)
  If Not IsPostBack Then
    Dim adapter As New SqlDataAdapter(ab, ve)
    Dim table As New DataTable( )
    adapter.Fill(table)
    Dim view As New DataView(table)
    grid.DataSource = view
    grid.DataBind( )
    grid.HeaderStyle.CssClass = "fett"
  End If
End Sub
</script>

<html>
<body>
<form runat=server>
<asp:DataGrid
  id=grid runat=server
  BorderColor="black"
  BorderWidth="2"
  CellPadding="5" />
</form>
</body>
</html>
```

13.5 XML

Die Extensible Markup Language, abgekürzt XML, dient der Strukturierung von Daten. Die strukturbildenden Elemente sind Tags, was an HTML erinnert. HTML-Tags haben eine Bedeutung. So öffnet <table> eine Tabelle oder <p> einen Absatz. XML-Tags haben von sich aus keine Bedeutung. Sie erlangen erst eine Bedeutung, wenn man ihnen eine Bedeutung beimisst. Dass es sich bei dem folgenden Beispiel um eine Liste von Bestellungen handelt, ist rein menschliche Interpretation. XML behandelt nur die Struktur und nicht die Bedeutung.

```
<Bestellungen>
  <Bestellung>
    <Datum>14.11.2002</Datum>
    <Kunde>
      <Name>Alois Huber</Name>
      <Stadt>München</Stadt>
      . . .
    </Kunde>
    <Artikel>
      . . .
    </Artikel>
  </Bestellung>
  <Bestellung>
    <Datum>20.11.2002</Datum>
    <Kunde>
      <Name>Hein Mück</Name>
      <Stadt>Bremerhafen</Stadt>
      . . .
    </Kunde>
    <Artikel>
      . . .
    </Artikel>
  </Bestellung>
</Bestellungen>
```

Beim Erstellen von XML-Dokumenten müssen einige Regeln eingehalten werden. Ein XML-Dokument, das diese Regeln einhält, nennt man wohlgeformt.

Ein XML-Dokument beginnt mit der XML-Deklaration.

```
<?xml version="1.0"?>
```

Die mit der Festlegung des Encoding erweiterte XML-Deklaration ermöglicht die Verwendung von Umlauten, dem ß und sonstigen landesspezifischen Sonderzeichen.

```
<?xml version="1.0" encoding="ISO-8859-1"?>
```

Zu jedem öffnenden Tag muss es ein schließendes Tag geben.

```
<Hund></Hund>
```

XML unterscheidet zwischen Groß- und Kleinschreibung.

`<Katze></katze>` ist falsch

Tags dürfen geschachtelt werden. Sie dürfen jedoch nicht überlappen.

`<Haustier><Katze></Haustier></Katze>` ist falsch

`<Haustier><Katze></Katze></Haustier>` ist richtig

Ein XML-Dokument kann mit einer `Document Type Definition` abgekürzt `DTD` versehen werden. Die DTD legt Regeln bezüglich der Struktur des Dokuments fest. Ein Dokument, dessen Struktur der `DTD` entspricht nennt man gültiges Dokument.

Die Datei `13.5_1.xml`:

```
<?xml version="1.0" encoding="ISO-8859-1"?>
<!DOCTYPE Dokument
[
<!ELEMENT Dokument (Kapitel)+>
<!ELEMENT Kapitel (Titel?, Absatz+)>
<!ELEMENT Titel (#PCDATA)>
<!ELEMENT Absatz (#PCDATA)>
<!ENTITY U "Überschrift des Kapitels">
<!ENTITY T "Text des Absatzes">
<!ATTLIST Dokument typ (Buch|Brief) #REQUIRED>
]>
<Dokument typ="Buch">
  <Kapitel>
    <Titel>&U; 1</Titel>
    <Absatz>&T; 1.1</Absatz>
    <Absatz>&T; 1.2</Absatz>
    <Absatz>&T; 1.3</Absatz>
  </Kapitel>
  <Kapitel>
    <Titel>&U; 2</Titel>
```

```
    <Absatz>&T; 2.1</Absatz>
    <Absatz>&T; 2.2</Absatz>
  </Kapitel>
</Dokument>
```

Die DTD beginnt mit dem Schlüsselwort DOCTYPE und dem Bezeichner des Dokuments. Es können Bezeichner wie Dokument, Buch, Brief oder Katalog gewählt werden, die in irgend einer Art und Weise den Sinn des Dokuments charakterisieren. Zwischen den eckigen Klammern sind die Strukturelemente an dem Schlüsselwort ELEMENT zu erkennen. Das mit

```
<!ELEMENT Dokument (Kapitel)+>
```

definierte Element mit dem Namen Dokument besteht aus dem in runde Klammern eingeschlossenen Element Kapitel, das wegen des angehängten + einmal oder mehrmals vorkommen darf.

Das Kapitel

```
<!ELEMENT Kapitel (Titel?, Absatz+)>
```

besteht aus dem Titel, der wegen des angehängten ? einmal oder keinmal vorhanden sein muss und dem Absatz, der einmal oder mehrmals vorhanden sein muss.

Die Elemente Titel und Absatz

```
<!ELEMENT Titel (#PCDATA)>
<!ELEMENT Absatz (#PCDATA)>
```

enthalten Daten.

#PCDATA bezeichnet Parsed Character Data, die aus Buchstaben und Ziffern bestehen bzw. dem angegebenen Encoding entsprechen.

#NDATA macht die Verwendung beliebiger Daten möglich. Es findet keine Überprüfung formaler Eigenschaften statt.

Mit

```
<!ENTITY U "Überschrift des Kapitels">
<!ENTITY T "Text des Absatzes">
```

werden `Entity` genannte Textabkürzungen definiert. Entities werden mit `&` eingeleitet und mit `;` abgeschlossen.

`&U;` wird im Dokument durch Überschrift des Kapitels ersetzt.

`&T;` wird im Dokument durch Text des Absatzes ersetzt.

Die Attributliste

```
<!ATTLIST Dokument typ (Buch|Brief) #REQUIRED>
```

ermöglicht es, dem Element `Dokument` mit

```
<Dokument typ="Buch">
```

ein Attribut zuzuweisen. Der Name des Attributs ist `typ`. Es sind auch Namen wie `art`, `attribut1` oder `doktyp` zulässig. Dem Attribut kann einer der Werte `Buch` oder `Brief` zugewiesen werden.

`#REQUIRED` verlangt die Zuweisung eines Attributs.

`#IMPLIED` stellt die Zuweisung eines Attributs zur Wahl.

Die Darstellung im Browser:

```
  <?xml version="1.0" encoding="ISO-8859-1" ?>
  <!DOCTYPE Dokument (View Source for full doctype...)>
- <Dokument typ="Buch">
  - <Kapitel>
      <Titel>Überschrift des Kapitels 1</Titel>
      <Absatz>Text des Absatzes 1.1</Absatz>
      <Absatz>Text des Absatzes 1.2</Absatz>
      <Absatz>Text des Absatzes 1.3</Absatz>
    </Kapitel>
  - <Kapitel>
      <Titel>Überschrift des Kapitels 2</Titel>
      <Absatz>Text des Absatzes 2.1</Absatz>
      <Absatz>Text des Absatzes 2.2</Absatz>
    </Kapitel>
  </Dokument>
```

Abbildung 13.5_1

Beispiel 13.5_2 formatiert die Darstellung eines XML-Dokuments mit CSS. Zunächst wird das XML-Dokument ohne Formatierung im Browser dargestellt.

```
  <?xml version="1.0" encoding="ISO-8859-1" ?>
- <Adressen>
  - <Person>
      <Name>Otto Meier</Name>
      <Strasse>Hauptstraße 55</Strasse>
      <Stadt>42112 Wuppertal</Stadt>
      <Ruf>Ruf 0202/223344</Ruf>
    </Person>
  </Adressen>
```

Abbildung 13.5_2a

Die erste Version der Datei `13.5_2.xml`:

```
<?xml version="1.0" encoding="ISO-8859-1"?>
<Adressen>
  <Person>
    <Name>Otto Meier</Name>
    <Strasse>Hauptstraße 55</Strasse>
    <Stadt>42112 Wuppertal</Stadt>
    <Ruf>Ruf 0202/223344</Ruf>
  </Person>
</Adressen>
```

Nun wird der Datei `13.5_2.xml` die Zeile

```
<?xml-stylesheet type="text/css" href="13.5_2.css"?>
```

hinzugefügt. Diese Zeile erklärt die Datei `13.5_2.css` zum Style Sheet vom Typ `text/css`, das den XML-Elementen `Person`, `Name`, `Strasse`, `Stadt` und `Ruf` Formatangaben zuordnet. Wählt man nun mit dem Browser die XML-Datei an, so fordert dieser die CSS-Datei zusätzlich an und stellt die XML-Datei formatiert dar.

Otto Meier
Hauptstraße 55
42112 Wuppertal
Ruf 0202/223344

Abbildung 13.5_2b

Die zweite Version der Datei 13.5_2.xml:

```
<?xml version="1.0" encoding="ISO-8859-1"?>
<?xml-stylesheet type="text/css" href="13.5_2.css"?>
<Adressen>
  <Person>
    <Name>Otto Meier</Name>
    <Strasse>Hauptstraße 55</Strasse>
    <Stadt>42112 Wuppertal</Stadt>
    <Ruf>Ruf 0202/223344</Ruf>
  </Person>
</Adressen>
```

Die Datei 13.5_2.css:

```
Person
{
  display: block;
  margin-bottom: 20px;
}
Name
{
  display: block;
  color: #0000ff;
  font-size: 20px;
}
Strasse
{
  display: block;
  color: #006600;
  font-size: 15px;
}
Stadt
{
  display: block;
  color: #000000;
  font-size: 15px;
}
Ruf
{
  display: block;
  color: #ff0000;
  font-size: 15px;
}
```

Beispiel 13.5_3 formatiert die Darstellung eines XML-Dokuments mit der Extensible Stylesheet Language XSL. Die Zeile

```
<?xml-stylesheet type="text/xsl" href="13.5_3.xsl"?>
```

in der Datei 13.5_3.xml erklärt die Datei 13.5_3.xsl zum Style Sheet vom Typ text/xsl.

Eine XSL-Datei beginnt wie eine XML-Datei mit der Zeile:

```
<?xml version="1.0" encoding="ISO-8859-1"?>
```

Das eigentliche Style Sheet beginnt mit

```
<xsl:stylesheet version="1.0"
xmlns:xsl="http://www.w3.org/1999/XSL/Transform">
```

Das XSL Template Element

```
<xsl:template match="/Adressen/Person">
```

stellt mit dem Attribut match die Verknüpfung zu einem XML-Element her. Es benutzt den Pfad /Adressen/Person. Dadurch kann man mit

```
<xsl:value-of select="Name"/>
```

direkt auf das XML-Element /Adressen/Person/Name zugreifen.

XSL verlangt zu jedem öffnenden Tag ein schließendes Tag. Daher muss man den Zeilenwechsel <br /> mit einem Schrägstrich versehen. Aus Gründen der Kompatibilität mit unterschiedlichen Browsern sollte man vor dem Schrägstrich ein Leerzeichen einfügen. Die Mischung aus HTML- und XSL-Elementen transformiert das XML-Dokument. Wählt man mit dem Browser die Datei 13.5_3.xml an, so formatiert das XSL Style Sheet das XML-Dokument in der Weise, dass das gleiche formatierte Bild entsteht wie bei Beispiel 13.5_2.

Die Datei 13.5_3.xml:

```
<?xml version="1.0" encoding="ISO-8859-1"?>
<?xml-stylesheet type="text/xsl" href="13.5_3.xsl"?>
<Adressen>
  <Person>
    <Name>Otto Meier</Name>
```

```
    <Strasse>Hauptstraße 55</Strasse>
    <Stadt>42112 Wuppertal</Stadt>
    <Ruf>Ruf 0202/223344</Ruf>
  </Person>
</Adressen>
```

Die Datei 13.5_3.xsl:

```
<?xml version="1.0" encoding="ISO-8859-1"?>

<xsl:stylesheet version="1.0"
xmlns:xsl="http://www.w3.org/1999/XSL/Transform">

<xsl:template match="/Adressen/Person">
<html>
<body>

<span style="color:#0000ff;font-size:20px;">
<xsl:value-of select="Name"/>
</span><br />

<span style="color:#006600;font-size:15px;">
<xsl:value-of select="Strasse"/>
</span><br />

<span style="color:#000000;font-size:15px;">
<xsl:value-of select="Stadt"/>
</span><br />

<span style="color:#ff0000;font-size:15px;">
<xsl:value-of select="Ruf"/>
</span><br/>

</body>
</html>
</xsl:template>
</xsl:stylesheet>
```

Für die nun folgenden Beispiele wird die Datei Adressen.xml benötigt.

```
<?xml version="1.0" encoding="ISO-8859-1"?>
<Adressen>
  <Person>
    <Vorname>Otto</Vorname>
    <Name>Meier</Name>
    <Strasse>Hauptstrasse 30</Strasse>
    <Stadt>Frankfurt</Stadt>
  </Person>
    <Person>
```

```
      <Vorname>Karl</Vorname>
      <Name>Schulz</Name>
      <Strasse>Königsallee 22</Strasse>
      <Stadt>Düsseldorf</Stadt>
    </Person>
  <Person>
    <Vorname>Alfred</Vorname>
    <Name>Schmitz</Name>
    <Strasse>Am Wald 44</Strasse>
    <Stadt>Köln</Stadt>
  </Person>
  <Person>
    <Vorname>August</Vorname>
    <Name>Müller</Name>
    <Strasse>Kurfürstendamm 288</Strasse>
    <Stadt>Berlin</Stadt>
  </Person>
</Adressen>
```

Beispiel 13.5_4 formatiert das XML-Dokument mit XSL. Dazu wird die Datei Adressen.xml auf `13.5_4.xml` umkopiert und wie folgt ergänzt:

```
<?xml version="1.0" encoding="ISO-8859-1"?>
<?xml-stylesheet type="text/xsl" href="13.5_4.xsl"?>
<Adressen>
  . . .
</Adressen>
```

Im XSL Style Sheet wird mit

```
<xsl:template match="/">
```

eine Verknüpfung mit dem Root Element hergestellt. Danach folgen HTML-Elemente, die eine Tabelle definieren.

Das XSL-Objekt

```
<xsl:for-each select="Adressen/Person">
```

stellt eine foreach-Schleife über alle `<Person>` Elemente dar. Wegen der Verknüpfung mit dem Root Element durch `match="/"` muss der vollständige Pfad angegeben werden. Innerhalb der Schleife ist eine Zeile der Tabelle definiert. In die Felder dieser Zeile werden die mit

```
<xsl:value-of . . . />
```

abgerufenen Werte eingetragen. Wählt man mit dem Browser die Datei 13.5_4.xml an, so wird das folgende Bild angezeigt:

Vorname	Name	Strasse	Stadt
Otto	Meier	Hauptstrasse 30	Frankfurt
Karl	Schulz	Königsallee 22	Düsseldorf
Alfred	Schmitz	Am Wald 44	Köln
August	Müller	Kurfürstendamm 288	Berlin

Abbildung 13.5_4

Die Datei 13.5_4.xsl:

```
<?xml version="1.0" encoding="ISO-8859-1"?>

<xsl:stylesheet version="1.0"
xmlns:xsl="http://www.w3.org/1999/XSL/Transform">

<xsl:template match="/">
<html>
<body>
<table border="2" cellspacing="0" cellpadding="5">
<tr>
<th>Vorname</th>
<th>Name</th>
<th>Strasse</th>
<th>Stadt</th>
</tr>
<xsl:for-each select="Adressen/Person">
<tr>
<td><xsl:value-of select="Vorname"/></td>
<td><xsl:value-of select="Name"/></td>
<td><xsl:value-of select="Strasse"/></td>
<td><xsl:value-of select="Stadt"/></td>
</tr>
</xsl:for-each>
</table>
</body>
</html>
</xsl:template>
</xsl:stylesheet>
```

Die Elemente eines XML-Dokuments können auch in ein HTML-Dokument eingefügt werden. Die Verbindung zum XML-Dokument wird mit

```
<xml id="adressen" src="Adressen.xml"></xml>
```

hergestellt und mit

```
<table
  border="2"
  cellspacing=0
  cellpadding=5
  datasrc="#adressen">
```

wird das XML-Dokument der Tabelle als Datenquelle übergeben.

Die Tabellenfelder werden mit

```
<td><div datafld= . . .></div></td>
```

angelegt. Wählt man mit dem Browser die Datei `13.5_5.html` an, so wird die gleiche Tabelle wie im vorigen Beispiel angezeigt.

Die Datei 13.5_5.html:

```
<html>
<head>
<title>Beispiel </title>
</head>
<body>
<xml id="adressen" src="Adressen.xml"></xml>
<table
  border="2"
  cellspacing=0
  cellpadding=5
  datasrc="#adressen">
<thead>
<tr align=left>
<th>Vorname</th>
<th>Name</th>
<th>Strasse</th>
<th>Stadt</th>
</tr>
</thead>
<tbody>
<tr>
<td><div datafld="Vorname"></div></td>
<td><div datafld="Name"></div></td>
```

```
<td><div datafld="Strasse"></div></td>
<td><div datafld="Stadt"></div></td>
</tr>
</tbody>
</table>
</body>
</html>
```

Beispiel 13.5_6 importiert mit

```
<%@ Import Namespace="System.Data" %>
```

den Namensraum `System.Data`. Das `DataSet` `adr` liest mit

```
adr.ReadXml(MapPath("Adressen.xml"))
```

das XML-Dokument. Ein Repeater wird mit

```
<asp:Repeater id="repeater" runat=server>
```

als Server Control definiert.

Das `DataSet` `adr` wird mit

```
repeater.DataSource=adr
repeater.DataBind()
```

zur Datenquelle des Repeaters. Der Repeater wirkt dadurch wie eine foreach-Schleife über die Zeilen des DataSet. Die HTML-Tabelle wird im `<HeaderTemplate>`, `<ItemTemplate>` und `<FooterTemplate>` des Repeaters definiert. Die Daten werden durch die Datenbindungsaudrücke

```
<td><%# DataBinder.Eval(Container.DataItem, "Vorname") %></td>
<td><%# DataBinder.Eval(Container.DataItem, "Name") %></td>
<td><%# DataBinder.Eval(Container.DataItem, "Strasse") %></td>
<td><%# DataBinder.Eval(Container.DataItem, "Stadt") %></td>
```

in die Tabellenfelder gesetzt. Datenbindungsausdrücke entsprechen der Zeichenfolge:

```
<%# Datenbindungsaudruck %>
```

Die Methode DataBinder.Eval entnimmt einen Wert aus Container.DataItem. Der Rückgabewert ist vom Typ Object. Mit einem zusätzlichen dritten Parameter kann das gewünschte Rückgabeformat angegeben werden. Die Methode wird für jede Tabellenspalte aufgerufen, und durch die Wirkung des Repeaters wird dieser Vorgang für jede Tabellenzeile wiederholt.

Die Datei 13.5_6.aspx:

```
<%@ Page Language=VisualBasic%>
<%@ Import Namespace="System.Data" %>

<script  runat=server>
Protected Overrides Sub OnLoad(ByVal e As EventArgs)
  If Not IsPostBack Then
    Dim adr As New DataSet()
    adr.ReadXml(MapPath("Adressen.xml"))
    repeater.DataSource=adr
    repeater.DataBind()
  End If
End Sub
</script>

<html>
<head>
<title>Beispiel </title>
</head>
<body>
<form runat=server>
<asp:Repeater id="repeater" runat=server>
<HeaderTemplate>
<table
  border="2"
  cellspacing=0
  cellpadding=5>
<tr align=left>
<th>Vorname</th>
<th>Name</th>
<th>Strasse</th>
<th>Stadt</th>
</tr>
</HeaderTemplate>
<ItemTemplate>
<tr>
<td><%# DataBinder.Eval(Container.DataItem, "Vorname") %></td>
<td><%# DataBinder.Eval(Container.DataItem, "Name") %></td>
<td><%# DataBinder.Eval(Container.DataItem, "Strasse") %></td>
<td><%# DataBinder.Eval(Container.DataItem, "Stadt") %></td>
</tr>
</ItemTemplate>
```

```
<FooterTemplate>
</table>
</FooterTemplate>
</asp:Repeater>
</form>
</body>
</html>
```

Beispiel 13.5_7 liest das XML-Dokument ebenfalls in ein `DataSet` und entnimmt mit

```
table = adr.Tables(0)
```

den `DataTable table`. Auf die Werte in einem `DataTable` kann direkt zugegriffen werden. Dadurch ist es möglich, eine Tabelle mit zwei geschachtelten for-Schleifen zu erzeugen. Das Skript

```
<%Felder( )%>
```

ruft die Methode `Felder` auf, die die Tabellenfelder Zeile für Zeile aufbaut.

Die Datei `13.5_7.aspx`:

```
<%@ Page Language=VisualBasic%>
<%@ Import Namespace="System.Data" %>

<script  runat=server>
Dim table As DataTable
Protected Overrides Sub OnLoad(ByVal e As EventArgs)
  If Not IsPostBack Then
    Dim adr As New DataSet()
    adr.ReadXml(MapPath("Adressen.xml"))
    table = adr.Tables(0)
  End If
End Sub
Sub Felder()
  Dim i,j As Integer
  For i=0 To table.Rows.Count-1
    Response.Write("<tr>")
    For j=0 To table.Columns.Count-1
      Response.Write("<td>")
      Response.Write(table.Rows(i)(j))
      Response.Write("</td>")
    Next
    Response.Write("</tr>")
  Next
End Sub
</script>

<html>
<head>
```

```
<title>Beispiel </title>
</head>
<body>
<table
  border="2"
  cellspacing=0
  cellpadding=5>
<tr align=left>
<th>Vorname</th>
<th>Name</th>
<th>Strasse</th>
<th>Stadt</th>
</tr>
<%Felder()%>
</table>
</body>
</html>
```

Beispiel 13.5_8 stellt die gleiche Tabelle in einem `DataGrid` dar, das mit

```
<asp:DataGrid
  id=grid runat=server
  BorderColor="black"
  BorderWidth="2"
  CellPadding="5" />
```

definiert ist. Das `DataSet` und der `DataTable` werden wie im vorigen Beispiel angelegt. Die dann folgenden Anweisungen

```
Dim view As New DataView(table)
grid.DataSource = view
grid.DataBind()
grid.HeaderStyle.CssClass = "fett"
```

binden die Datenquelle an das `DataGrid` und formatieren die Kopfzeile des `DataGrid`. Diese Anweisungsfolge ist bei Beispiel 13.4_8 erläutert.

Vorname	**Name**	**Strasse**	**Stadt**
Otto	Meier	Hauptstrasse 30	Frankfurt
Karl	Schulz	Königsallee 22	Düsseldorf
Alfred	Schmitz	Am Wald 44	Köln
August	Müller	Kurfürstendamm 288	Berlin

Abbildung 13.5_8

Die Datei 13.5_8.aspx:

```
<%@ Page Language=VisualBasic%>
<%@ Import Namespace="System.Data" %>
<%@ Import Namespace="System.Drawing" %>

<style>
.fett
{
  font-weight:bold;
  background-color:#99ffff;
}
</style>

<script  runat=server>
Protected Overrides Sub OnLoad(ByVal e As EventArgs)
  If Not IsPostBack Then
    Dim adr As New DataSet()
    adr.ReadXml(MapPath("Adressen.xml"))
    Dim table As DataTable = adr.Tables(0)
    Dim view As New DataView(table)
    grid.DataSource = view
    grid.DataBind()
    grid.HeaderStyle.CssClass = "fett"
  End If
End Sub
</script>

<html>
<body>
<form runat=server>
<asp:DataGrid
  id=grid runat=server
  BorderColor="black"
  BorderWidth="2"
  CellPadding="5" />
</form>
</body>
</html>
```

Beispiel 13.5_9 zeigt wie HTML-Tags in ein XML-Dokument eingebaut werden. Das XML-Tag <h3> wird mit dem Style Sheet formatiert. Das HTML-Tag <html:h3> wird dadurch jedoch nicht beeinflusst. Die unterschiedliche Formatierung ist in der Abbildung deutlich zu erkennen.

XML

<u>HTML</u>

Abbildung 13.5_9

Die Datei `13.5_9.xml`:

```
<?xml version="1.0" encoding="ISO-8859-1"?>
<?xml-stylesheet type="text/css" href="13.5_9.css"?>
<xyz xmlns:html="http://www.w3.org/TR/REC-html40">
  <h3>
    XML
  </h3>
  <html:h3>
    <html:u>
      HTML
    </html:u>
  </html:h3>
</xyz>
```

Die Datei `13.5_9.css`:

```
h3
{
  font-size:24px;
  font-weight:bold;
}
```

14 Web Applications, Web Services und Remoting

Im ersten Abschnitt dieses Kapitels werden Web Applications mit Codebehind vorgestellt. Die darauf folgenden Abschnitte behandeln Web Services und Remoting. Web Services stellen eine spezialisierte Form des Remotings mit Hilfe des IIS dar.

14.1 Web Applications

Die im Kapitel 13 beschriebenen ASP.NET Anwendungen sind auch Web-Anwendungen, englisch Web Applications. In diesem Abschnitt werden spezielle Web-Anwendungen vorgestellt, die auf .vb oder .dll Dateien zurückgreifen.

Die .vb Datei des Beispiels 14.1_1 enthält die Klasse App14_1_1, die von der Klasse System.Web.UI.Page abgeleitet ist. Die Methode Antwort benutzt die Eigenschaft Response der Klasse Page, um einen Antwortstring zu senden.

```
'Datei 14.1_1.vb

Imports System
Imports System.Web.UI

Public Class App14_1_1
Inherits Page
  Public Sub Antwort()
    Response.Write("ASP.NET Web Anwendung")
  End Sub
End Class
```

Diese Datei wird im Verzeichnis C:\Home\bin angelegt. Die Page Direktive

```
<%@ Page Language=VisualBasic Inherits="App14_1_1" Src="bin\14.1_1.vb" %>
```

erklärt die Datei mit Src="bin\14.1_1.vb" zur Quelldatei.

Durch Inherits="App14_1_1" wird festgelegt, dass die vom Server generierte Kompilierungsquelle eine Klasse enthält, die von App14_1_1 abgeleitet ist. Dadurch kann man von der ASPX-Seite aus auf alle Public oder Protected vereinbarten Mitglieder der Klasse App14_1_1 zugreifen und wegen der Ableitungsfolge auch auf die entsprechenden Mitglieder der Klasse Page.

Das Skript <%Antwort( )%> ruft die Public vereinbarte Methode Antwort auf, die einen Antwortstring sendet.

Die Datei 14.1_1.aspx:

```
<%@ Page Language=VisualBasic Inherits="App14_1_1" Src="bin\14.1_1.vb" %>
<html>
<body>
<h3>
<%Antwort()%>
<h3>
</body>
</html>
```

Wählt man mit dem Browser http://meinServer/14.1_1.aspx an, so wird die folgende Antwort angezeigt:

```
ASP.NET Web Anwendung
```

Lässt man in der Page Direktive

```
<%@ Page Language=VisualBasic Inherits="App14_1_1" Src="bin\14.1_1.vb" %>
```

das Src-Attribut weg, so erhält man im Browser die Fehlermeldung:

```
Der Typ 'App14_1_1' konnte nicht geladen werden.
```

Wenn keine Quelldatei angegeben ist, so kann der Server auch keine Quelldatei kompilieren. Demzufolge muss eine kompilierte Datei mit der Klasse App14_1_1 vorhanden sein. Die im Verzeichnis C:\Home\bin vorhandenen .dll Dateien werden nach dieser Klasse durchsucht.

Der nächste Schritt besteht also darin, die Datei 14.1_1.vb mit

```
vb /t:library 14.1_1.vb
```

zu übersetzen. Das Ergebnis des Übersetzens ist die Datei 14.1_1.dll im Verzeichnis C:\Home\bin. Die Web-Anwendung funktioniert jetzt wieder einwandfrei.

Eine weitere Variante der Anwendung erhält man, indem man die Methode Antwort in

```
public string Antwort( )
{
  return "ASP.NET Web Anwendung";
}
```

und das Skript in

```
<%Response.Write(Antwort( ))%>
```

ändert, was zu einer etwas veränderten Aufgabenverteilung führt. Die im Browser dargestellte Antwort bleibt jedoch exakt so wie oben abgebildet.

Integrierte Entwicklungsumgebungen wie Microsoft Visual Studio gehen etwas anders vor. Zur Datei `test.aspx` gehört die Visual Basic .NET Datei `test.aspx.vb`, und die Page Direktive

```
<%@ Page Language=C# Codebehind=" test.aspx.vb " Inherits="testApp" %>
```

enthält das Attribut `Codebehind`, das die Datei `test.aspx.vb` als Visual Basic .NET Quelldatei festlegt. Benutzt man keine derartige Entwicklungsumgebung, so ist das Codebehind-Attribut nicht von Belang, und die Visual Basic .NET Datei kann `test.aspx.vb` oder `test.vb` genannt werden.

Beispiel 14.1_2 enthält eine erweiterte Page Direktive.

```
<%@ Page Language=VisualBasic Inherits="App14_1_2,14.1_2" %>
```

Der Wert des Attributs `Inherits` besteht aus der Klasse und der hinter dem Komma stehenden Assembly. In dem Fall wird die Klasse in der angegebenen Assembly gesucht. Mit

```
<%Response.Write(datum( ))%>
```

wird das aktuelle Datum und die Uhrzeit in das Browserfenster geschrieben. Die Methode `datum` gibt unter Benutzung der von 13.3_7 bekannten Aufzählung `Wochentag` die gesamte Zeile mit Wochentag, Datum und Uhrzeit als String zurück. Der Link zum Beispiel 14.1_1 wird in der `.vb` Datei als

```
Protected a1 As HtmlAnchor
```

vereinbart. Da der Server, wie oben schon erläutert, den Inhalt der `.aspx` Datei in einer von `App14_1_2` abgeleiteten Klasse unterbringt, ist es wichtig, dass die Variable `a1` entweder `Public` oder `Protected` vereinbart wird.

Implizit oder explizit private vereinbarte Variablen sind in der abgeleiteten Klasse nicht sichtbar. In der .aspx Datei wird der Anker mit

```
<a id=a1 runat=server>Beispiel 14.1_1</a>
```

als serverseitiges Anker-Tag definiert. In der Methode OnLoad wird mit

```
a1.HRef = "14.1_1.aspx"
```

festgelegt, dass der Link zum Beispiel 14.1_1 verzweigt. Jetzt ist noch die Frage offen, wo die Variable a1 instanziiert wird. In der vom Server generierten Kompilierungsquelle wird in den Zeilen

```
__ctrl = New System.Web.UI.HtmlControls.HtmlAnchor
Me.a1 = __ctrl
```

die Instanz der Klasse HtmlAnchor gebildet und der Variablen a1 zugewiesen.

Es ist Mittwoch der 18.12.2002 10:39:58

Wählen Sie bitte:

Beispiel 14.1_1

Abbildung 14.1_2

Die Datei 14.1_2.aspx:

```
<%@ Page Language=VisualBasic Inherits="App14_1_2.14.1_2" %>

<html>
<body>
<h3>
<%Response.Write(datum())%>
</h3>
<p>
<h4>W&auml;hlen Sie bitte:</h4>
<a id=a1 runat=server>Beispiel 14.1_1</a>
</p>
</body>
</html>
```

```
'Datei 14.1_2.vb

Imports System
Imports System.Web.UI
Imports System.Web.UI.HtmlControls

Public Class App14_1_2
Inherits Page
  Protected a1 As HtmlAnchor

  Protected Overrides Sub OnLoad(ByVal e As EventArgs)
    a1.HRef = "14.1_1.aspx"
  End Sub

  Enum Wochentag
    Sonntag
    Montag
    Dienstag
    Mittwoch
    Donnerstag
    Freitag
    Samstag
  End Enum

  Public Function datum() As String
    Dim dt As DateTime = DateTime.Now
    Dim dw As Wochentag = CType(dt.DayOfWeek, Wochentag)
    Dim s As String = _
      "Es ist " & dw.ToString() & " der " & _
      dt.ToString()
    Return s
  End Function
End Class
```

Beispiel 14.1_3 geht auf Beispiel 13.4_4 zurück. Das HTML-Dokument unterscheidet sich nur dadurch, dass der Text und der Eventhandler der Buttons nicht im Button-Tag, sondern in der Visual Basic .NET Datei definiert sind. Die Page Direktive ist mit dem Attribut `Debug="true"` versehen. Dieser Zusatz kann nach dem Testen entfernt werden. Die HTML und Web Controls werden in der `.aspx` und der `.vb` Datei folgendermaßen definiert:

aspx: `<html id=html1 runat=server>`

vb: `Protected html1 As HtmlGenericControl`

aspx: `<html id=html2 runat=server>`

vb: `Protected html2 As HtmlGenericControl`

aspx: `<asp:Button id=b1 runat=server />`

vb: `Protected b1 As Button`

aspx: `<asp:Button id=b2 runat=server />`

vb: `Protected b2 As Button`

Sowohl HTML als auch Web Controls müssen `Public` oder `Protected` vereinbart werden. Die wichtigsten Events der Klasse `Page` sind:

Event	Eventhandler	
Init	OnInit	Page_Init
Load	OnLoad	Page_Load
PreRender	OnPreRender	Page_PreRender
Unload	OnUnload	Page_Unload

Die Eventhandler können auf dreierlei Weise definiert werden.

```
Protected Overrides Sub OnInit(ByVal e As EventArgs)
Protected Overrides Sub OnLoad(ByVal e As EventArgs)
Protected Overrides Sub OnPreRender(ByVal e As EventArgs)
Protected Overrides Sub OnUnload(ByVal e As EventArgs)
```

oder

```
Sub Page_Init(ByVal o As Object, ByVal e As EventArgs)
Sub Page_Load(ByVal o As Object, ByVal e As EventArgs)
Sub Page_PreRender(ByVal o As Object, ByVal e As EventArgs)
Sub Page_Unload(ByVal o As Object, ByVal e As EventArgs)
```

Die dritte Möglichkeit besteht darin, einem Event einen Eventhandler zuzuweisen.

```
AddHandler Page.Init, AddressOf p_init
```

Da die Klasse App14_1_3 von `Page` abgeleitet ist, kann man `Init` oder `Me.Init` statt `Page.Init` schreiben. Es wird immer zuerst der Konstruktor abgearbeitet. Daher ist der Konstruktor die geeignete Methode, um Eventhandler zuzuweisen.

```
Sub New()
  AddHandler Init, AddressOf p_init
End Sub
```

Der dazugehörige Eventhandler ist:

```
Sub p_init(ByVal o As Object, ByVal e As EventArgs)
```

Eine Seite wird zuerst initialisiert und dann geladen. Die Events treten daher in der Reihenfolge Init - Load auf. Das PreRender Ereignis tritt auf, bevor die Seite sichtbar wird, und das Unload Ereignis gibt Gelegenheit zum Aufräumen, wenn die Seite entfernt wird. Da der Konstruktor der Klasse App14_1_3 abgearbeitet wird, bevor die Steuerelemente instanziiert sind, müssen deren Eventhandler frühestens nach dem Auftreten des Events Init zugeordnet werden. Das Anklicken eines Buttons schaltet die Sichtbarkeit von html1 und html2 um.

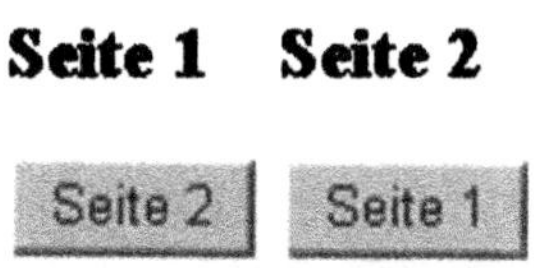

Abbildung 14.1_3

Die Datei 14.1_3.aspx:

```
<%@ Page Language=VisualBasic Inherits="App14_1_3" Debug="true" %>

<html id=html1 runat=server>
<body>
<h3>Seite 1</h3>
<form runat=server>
<asp:Button id=b1 runat=server />
</form>
</body>
</html>

<html id=html2 runat=server>
<body>
<h3>Seite 2</h3>
<form runat=server>
<asp:Button id=b2 runat=server />
</form>
</body>
</html>
```

```
'Datei 14.1_3.vb

Imports System
Imports System.Web.UI
Imports System.Web.UI.HtmlControls
Imports System.Web.UI.WebControls

Public Class App14_1_3
Inherits Page
  Protected html1 As HtmlGenericControl
  Protected html2 As HtmlGenericControl
  Protected b1 As Button
  Protected b2 As Button

  Sub New()
    AddHandler Init, AddressOf p_init
  End Sub

  Sub p_init(ByVal o As Object, ByVal e As EventArgs)
    b1.Text = "Seite 2"
    AddHandler b1.Click, AddressOf b1_click
    b2.Text = "Seite 1"
    AddHandler b2.Click, AddressOf b2_click
  End Sub

  Sub Page_Load(ByVal o As Object, ByVal e As EventArgs)
    If Not IsPostBack Then
      html1.Visible = True
      html2.Visible = False
    End If
  End Sub

  Sub b1_click(ByVal o As Object, ByVal e As EventArgs)
    html1.Visible = False
    html2.Visible = True
  End Sub

  Sub b2_click(ByVal o As Object, ByVal e As EventArgs)
    html1.Visible = True
    html2.Visible = False
  End Sub
End Class
```

Beispiel 13.3_7 zeigt, wie ein Gästebuch bewusst konservativ programmiert werden kann. Es wird zwar vorausgesetzt, dass ein .NET fähiger Server vorhanden ist. Es werden jedoch keine erhöhten Anforderungen an die Aktualität des Browsers gestellt. Dem Browser wird ein HTML-Dokument ohne CSS und ohne HTML/4.0 Elemente übermittelt. Das Erscheinungsbild des Beispiels 14.1_4 im Browser ist fast identisch mit dem des Beispiels

13.3_7. Das Gästebuch ist diesmal aber eine CSS formatierte ASP.NET Anwendung. Das Eingabefeld für den Namen ist in der .aspx Datei mit

```
<asp:TextBox id="txtName" runat="server"
  class="box"
  style="top:84px;"
  Text="" />
```

als Web Control definiert. Das Attribut class="box" stellt die Verbindung zum Style Sheet .box her, welches das Eingabefeld formatiert. Die übrigen Eingabefelder sind genauso definiert, wobei natürlich die Angaben hinter id und top wechseln. Das Eingabefeld für die Nachricht ist mit

```
<TextArea id="txtMessage" runat="server"
  class="area"
  Text="" />
```

als Html Control definiert. Der Submitbutton

```
<asp:ImageButton id="submit" runat="server"
  style="position:absolute;left:10px;top:360px;cursor:hand;"
  ImageUrl="gast.gif" />
```

ist wieder ein Web Control. Die damit korrespondierenden Vereinbarungen in der .vb Datei sind:

```
Protected txtName As TextBox
Protected txtStadt As TextBox
Protected txteMail As TextBox
Protected txtMessage As HtmlTextArea
Protected submit As ImageButton
```

Der Eventhandler des Submitbuttons

```
Sub submit_click(ByVal o As Object, ByVal e As ImageClickEventArgs)
  If _
    txtName.Text <> "" Or _
    txtStadt.Text <> "" Or _
    txteMail.Text <> "" Or _
    txtMessage.InnerText <> "" Then

    writeLog()
  End If
End Sub
```

fragt ab, ob Eintragungen vorhanden sind und trägt diese gegebenenfalls mit `writeLog` in die Datei `gast.log` ein. Die Zeile

```
<div><%readLog()%></div>
```

unterhalb des Eingabeformulars in der `.aspx` Datei ruft die Methode `readLog` auf, die die gespeicherten Eintragungen liest und mit `htmlOut` über den Server zum Browser schickt. Der Browser zeigt das vom Beispiel 13.3_7 bekannte Bild an.

Abbildung 14.1_4

Die Datei `14.1_4.aspx`:

```
<%@ Page Language=VisualBasic Inherits="App14_1_4" %>

<style type="text/css">
.gast
{
  position:absolute;
  left:10px;
```

```
    top:20px;
    font-family:Arial;
    font-size:36px;
    font-weight:bold;
  }
  .label
  {
    position:absolute;
    left:10px;
    width:52px;
    font-family:Arial;
    font-size:16px;
    font-weight:bold;
    text-align:right;
  }
  .box
  {
    position:absolute;
    left:66px;
    width:350px;
  }
  .area
  {
    position:absolute;
    left:10px;
    top:200px;
    width:410px;
    height:140px;
  }
  div
  {
    position:absolute;
    left:10px;
    top:410px;
  }
  </style>

  <html>
  <body>
  <form runat=server>
  <asp:Label runat="server"
    class="gast"
    Text="G&auml;stebuch" />
  <asp:Label runat="server"
    class="label"
    style="top:84px;"
    Text="Name:" />
  <asp:TextBox id="txtName" runat="server"
    class="box"
    style="top:84px;"
    Text="" />
```

```
<asp:Label runat="server"
  class="label"
  style="top:110px;"
  Text="Stadt:" />
<asp:TextBox id="txtStadt" runat="server"
  class="box"
  style="top:110px;"
  Text="" />
<asp:Label runat="server"
  class="label"
  style="top:136px;"
  Text="eMail:" />
<asp:TextBox id="txteMail" runat="server"
  class="box"
  style="top:136px;"
  Text="" />
<asp:Label runat="server"
  class="gast"
  style="top:174px;font-size:20px"
  Text="Ihre Eintragung:" />
<TextArea id="txtMessage" runat="server"
  class="area"
  Text="" />
<asp:ImageButton id="submit" runat="server"
  style="position:absolute;left:10px;top:360px;cursor:hand;"
  ImageUrl="gast.gif" />
</form>
<div><%readLog()%></div>
</body>
</html>
```

```
'Datei 14.1_4.vb

Imports System
Imports System.IO
Imports System.Web.UI
Imports System.Web.UI.HtmlControls
Imports System.Web.UI.WebControls
Imports Microsoft.VisualBasic

public class App14_1_4
Inherits Page
  Dim logFile As String = "C:\Home\gast.log"

  Protected txtName As TextBox
  Protected txtStadt As TextBox
  Protected txteMail As TextBox
  Protected txtMessage As HtmlTextArea
  Protected submit As ImageButton
```

```
Protected Overrides Sub OnInit(ByVal e As EventArgs)
  AddHandler submit.Click, AddressOf submit_click
End Sub

Sub submit_click(ByVal o As Object, ByVal e As ImageClickEventArgs)
  If _
    txtName.Text <> "" Or _
    txtStadt.Text <> "" Or _
    txteMail.Text <> "" Or _
    txtMessage.InnerText <> "" Then

    writeLog()
  End If
End Sub

Enum Wochentag
  Sonntag
  Montag
  Dienstag
  Mittwoch
  Donnerstag
  Freitag
  Samstag
End Enum

Public Sub readLog()
  Try
    Dim fs As FileStream = File.OpenRead(logFile)
    Dim b(fs.Length-1) As Byte
    fs.Read(b, 0, b.Length)
    fs.Close()
    Dim s As String = ""
    Dim i As Integer
    For i=0 To b.Length-1
      s &= Chr(b(i))
    Next
    htmlOut(s)
  Catch ex As Exception
  End Try
End Sub

Sub writeLog()
  Dim dt As DateTime = DateTime.Now
  Dim dw As Wochentag = CType(dt.DayOfWeek, Wochentag)
  Dim s As String = _
    "Eintragung am " & dw.ToString() & " dem " & _
    dt.ToString() & VbCrLf & _
    txtName.Text & " aus " & _
    txtStadt.Text & VbCRLf & _
    "E-Mail: " & txteMail.Text & _
    VbCrLf & VbCrLf & txtMessage.InnerText & _
```

```
      VbCrLf & VbCrLf

    Dim fs As FileStream = File.Open(logFile, _
      FileMode.Append Or FileMode.Create)
    Dim b(s.Length-1) As Byte
    Dim i As Integer
    For i=1 To s.Length
      b(i-1) = Asc(Mid(s, i, 1))
    Next
    fs.Write(b, 0, b.Length)
    fs.Close()
  End Sub

  Sub htmlOut(ByVal st As String)
    Dim s As String = st
    s = s.Replace(VbCrLf, "<br>")
    s = s.Replace("ä", "&auml")
    s = s.Replace("ö", "&ouml")
    s = s.Replace("ü", "&uuml")
    s = s.Replace("Ä", "&Auml")
    s = s.Replace("Ö", "&Ouml")
    s = s.Replace("Ü", "&Uuml")
    s = s.Replace("ß", "&szlig")
    s = s.Replace(" ", " ")
    Response.Write(s)
  End Sub
End Class
```

Im Gegensatz zum Gästebuch zeigt das Kontaktformular bzw. Feedbackformular die Eintragungen nicht öffentlich an. Klickt man nach dem Ausfüllen des Formulars den Imagebutton Eintragen an, so wird das Formular ausgeblendet und statt dessen eine Rückmeldung angezeigt, die nur derjenige sieht, der das Formular ausgefüllt hat. Der wesentliche Unterschied zwischen den .aspx Dateien der Beispiele 14.1_4 und 14.1_5 besteht darin, dass jetzt zwei HTML-Dokumente existieren. Beim Eingabeformular ist id="html1" und bei der Rückmeldung ist id="html2" gesetzt. Zunächst ist das Eingabeformular sichtbar. Nach dem Abschicken der Nachricht wird durch das Ändern der Eigenschaft Visible das Eingabeformular ausgeblendet und die Rückmeldung eingeblendet. Der Eventhandler

```
Sub submit_click(ByVal o As Object, ByVal e As ImageClickEventArgs)
  If _
    txtName.Text <> "" Or _
    txtStadt.Text <> "" Or _
    txteMail.Text <> "" Or _
    txtMessage.InnerText <> "" Then

    writeLog()
```

```
    html1.Visible = False
    html2.Visible = True
  End If
End Sub
```

ruft die Methode `writeLog` auf, die die Eingabe im String `Nachricht` speichert und in die Datei `kontakt.log` schreibt. Anschließend ändert dieser Eventhandler die Eigenschaft `Visible`. Die Rückmeldung

```
<html id="html2" runat="server" Visible="false">
<font face="Arial">
<h1>Feedback</h1>
<h4><%htmlOut("Ihre " + Nachricht)%></h4>
<form runat="server">
<asp:LinkButton
  id="zurueck" runat="server"
  OnClick="zurueck_click"
  Text="zurück zum Formular" />
</form>
</font>
</html>
```

wird dadurch sichtbar. Die Anweisung

```
<%htmlOut("Ihre " + Nachricht)%>
```

sendet den String `Nachricht` zum Browser. Der Eventhandler des Linkbuttons mit `id="zurueck"`

```
Public Sub zurueck_click(ByVal o As Object, ByVal e As EventArgs)
  txtName.Text = ""
  txtStadt.Text = ""
  txteMail.Text = ""
  txtMessage.InnerText = ""
  html2.Visible = False
  html1.Visible = True
End Sub
```

löscht die Eingabefelder, blendet die Rückmeldung aus und zeigt das Eingabeformular wieder an.

Abbildung 14.1_5a

Nach dem Anklicken des Submitbuttons zeigt der Browser die unten abgebildete Rückmeldung an.

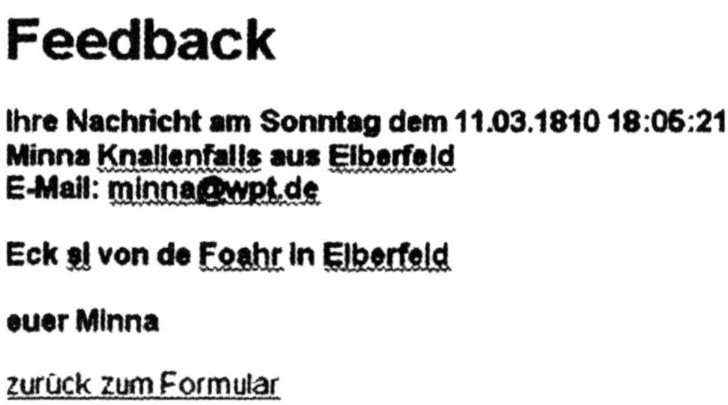

Abbildung 14.1_5b

Die Datei 14.1_5.aspx:

```
<%@ Page Language=VisualBasic Inherits="App14_1_5" %>

<style type="text/css">
.gast
{
  position:absolute;
```

```
  left:10px;
  top:20px;
  font-family:Arial;
  font-size:36px;
  font-weight:bold;
}
.label
{
  position:absolute;
  left:10px;
  width:52px;
  font-family:Arial;
  font-size:16px;
  font-weight:bold;
  text-align:right;
}
.box
{
  position:absolute;
  left:66px;
  width:350px;
}
.area
{
  position:absolute;
  left:10px;
  top:200px;
  width:410px;
  height:140px;
}
</style>

<html id="html1" runat="server">
<body>
<form runat=server>
<asp:Label runat="server"
  class="gast"
  Text="Feedback" />
<asp:Label runat="server"
  class="label"
  style="top:84px;"
  Text="Name:" />
<asp:TextBox id="txtName" runat="server"
  class="box"
  style="top:84px;"
  Text="" />
<asp:Label runat="server"
  class="label"
  style="top:110px;"
  Text="Stadt:" />
<asp:TextBox id="txtStadt" runat="server"
```

```
  class="box"
  style="top:110px;"
  Text="" />
<asp:Label runat="server"
  class="label"
  style="top:136px;"
  Text="eMail:" />
<asp:TextBox id="txteMail" runat="server"
  class="box"
  style="top:136px;"
  Text="" />
<asp:Label runat="server"
  class="gast"
  style="top:174px;font-size:20px"
  Text="Ihre Eintragung:" />
<TextArea id="txtMessage" runat="server"
  class="area"
  Text="" />
<asp:ImageButton id="submit" runat="server"
  style="position:absolute;left:10px;top:360px;cursor:hand;"
  ImageUrl="gast.gif" />
</form>
</body>
</html>

<html id="html2" runat="server" Visible="false">
<font face="Arial">
<h1>Feedback</h1>
<h4><%htmlOut("Ihre " + Nachricht)%></h4>
<form runat="server">
<asp:LinkButton
  id="zurueck" runat="server"
  OnClick="zurueck_click"
  Text="zurück zum Formular" />
</form>
</font>
</html>


'Datei 14.1_5.vb

Imports System
Imports System.IO
Imports System.Web.UI
Imports System.Web.UI.HtmlControls
Imports System.Web.UI.WebControls
Imports Microsoft.VisualBasic

Public Class App14_1_5
Inherits Page
  Dim logFile As String = "C:\Home\kontakt.log"
```

```
Public Nachricht As String

Protected html1 As HtmlGenericControl
Protected html2 As HtmlGenericControl
Protected txtName As TextBox
Protected txtStadt As TextBox
Protected txteMail As TextBox
Protected txtMessage As HtmlTextArea
Protected submit As ImageButton
Protected zurueck As LinkButton

Protected Overrides Sub OnInit(ByVal e As EventArgs)
  AddHandler submit.Click, AddressOf submit_click
End Sub

Sub submit_click(ByVal o As Object, ByVal e As ImageClickEventArgs)
  If _
    txtName.Text <> "" Or _
    txtStadt.Text <> "" Or _
    txteMail.Text <> "" Or _
    txtMessage.InnerText <> "" Then

    writeLog()
    html1.Visible = False
    html2.Visible = True
  End If
End Sub

Public Sub zurueck_click(ByVal o As Object, ByVal e As EventArgs)
  txtName.Text = ""
  txtStadt.Text = ""
  txteMail.Text = ""
  txtMessage.InnerText = ""
  html2.Visible = False
  html1.Visible = True
End Sub

Enum Wochentag
  Sonntag
  Montag
  Dienstag
  Mittwoch
  Donnerstag
  Freitag
  Samstag
End Enum

Sub writeLog()
  Dim dt As DateTime = DateTime.Now
  Dim dw As Wochentag = CType(dt.DayOfWeek, Wochentag)
  Nachricht = _
```

```
      "Nachricht am " & dw.ToString() & " dem " & _
      dt.ToString() & VbCrLf & _
      txtName.Text & " aus " & _
      txtStadt.Text & VbCrLf & _
      "E-Mail: " & txteMail.Text & _
      VbCrLf & VbCrLf & txtMessage.InnerText & _
      VbCrLf & VbCrLf

    Dim fs As FileStream = File.Open(logFile, _
      FileMode.Append Or FileMode.Create)
    Dim b(Nachricht.Length-1) As Byte
    Dim i As Integer
    For i=1 To Nachricht.Length
      b(i-1)=Asc(Mid(Nachricht, i, 1))
    Next
    fs.Write(b, 0, b.Length)
    fs.Close()
  End Sub

  Public Sub htmlOut(ByVal st As String)
    Dim s As String = st
    s = s.Replace(VbCrLf, "<br>")
    s = s.Replace("ä", "&auml")
    s = s.Replace("ö", "&ouml")
    s = s.Replace("ü", "&uuml")
    s = s.Replace("Ä", "&Auml")
    s = s.Replace("Ö", "&Ouml")
    s = s.Replace("Ü", "&Uuml")
    s = s.Replace("ß", "&szlig")
    s = s.Replace(" ", " ")
    Response.Write(s)
  End Sub
End Class
```

Beispiel 14.1_6 zeigt, wie eine geometrisch verhältnismäßig komplexe Imagemap systematisch realisiert werden kann. In der Browserdarstellung enthält die Abbildung ein blaues Rechteck, ein rotes Dreieck und ein schwarzes Polygon mit einem weißen Kreis. Schiebt man den Mauszeiger auf eine der Figuren, so wird er zur Hand. Verlässt man die Figur, so wird der Cursor wieder zum Pfeil. Schiebt man den Cursor auf den Kreis, so wird er ebenfalls wieder zum Pfeil. Der Kreis ist also aus dem schwarzen Polygon ausgespart. Klickt man eine der Figuren an, so wird deren Farbe unterhalb der Abbildung angezeigt.

Abbildung 14.1_6a

Der einfachste Fall ist das Rechteck. Ein Punkt x, y befindet sich genau dann in dem Rechteck mit der linken oberen Ecke x1, y1 und der rechten unteren Ecke x2, y2, wenn

x1 < x < x2 und y1 < y < y2 ist.

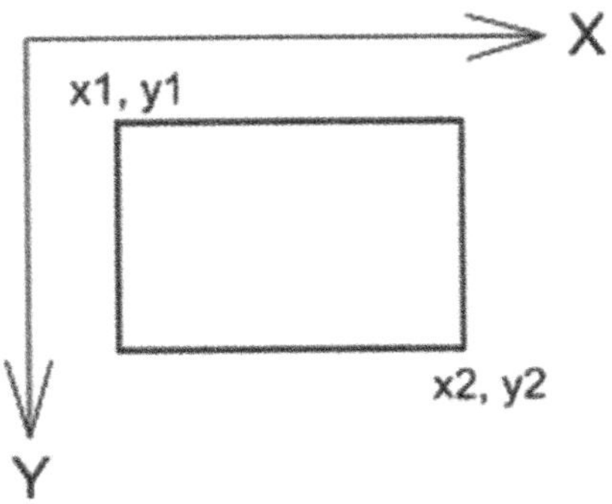

Abbildung 14.1_6b

Die Javascriptfunktion sortiert zunächst die Eckkoordinaten und prüft anschließend die Lage des Punktes x, y. Der Rückgabewert ist true, falls der Punkt im Rechteck ist. Andernfalls wird false zurückgegeben.

```
function PunktInRechteck(x1,y1,x2,y2,x,y)
{
  if(x1>x2){c=x1; x1=x2; x2=c;}
  if(y1>y2){c=y1; y1=y2; y2=c;}
  return (x>x1)&&(x<x2)&&(y>y1)&&(y<y2);
}
```

Beim Kreis kommt man am schnellsten zum Ziel, wenn sich der Kreismittelpunkt im Koordinatenursprung befindet. Setzt man dies voraus, so ist der Punkt x, y genau dann auf dem Umfang des Kreises mit dem Radius R, wenn seine Koordinaten die Bedingung $x^2 + y^2 = R^2$ erfüllen. Folglich befindet sich der Punkt auf einem Kreis mit einem kleineren Radius, wenn $x^2 + y^2 < R^2$ ist.

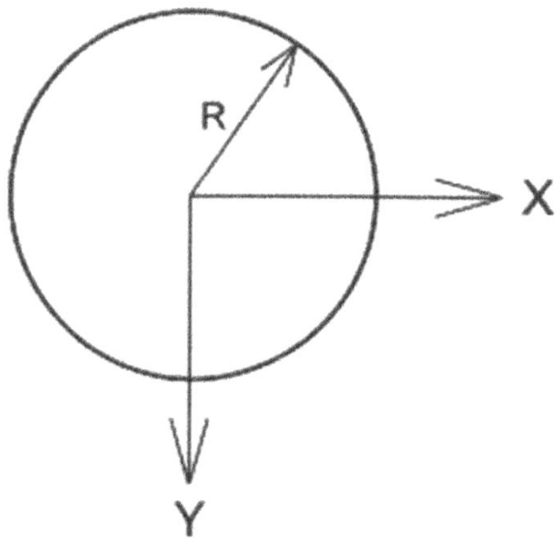

Abbildung 14.1_6c

Die Javascriptfunktion transformiert den Kreismittelpunkt in den Koordinatenursprung, prüft die oben erläuterte Bedingung und gibt true zurück, wenn sich der Punkt im Kreis befindet. Andernfalls wird false zurückgegeben.

```
function PunktInKreis(xm,ym,r,x,y)
{
  x1=xm-x; y1=ym-y;
  return (x1*x1+y1*y1) < r*r;
}
```

Etwas komplizierter ist die Untersuchung eines geschlossenen Polygonzuges. Die unten gestrichelt abgebildete horizontale Gerade geht durch den Punkt x, y. Die Schnittpunkte der Geraden mit dem Polygonzug werden berechnet. Befindet sich der Punkt x, y zwischen den Schnittpunkten S1 und S2, so ist er im Polygon. Befindet er sich zwischen S2 und S3, so ist er außerhalb. Befindet er sich zwischen S3 und S4, so ist er innerhalb. usw.

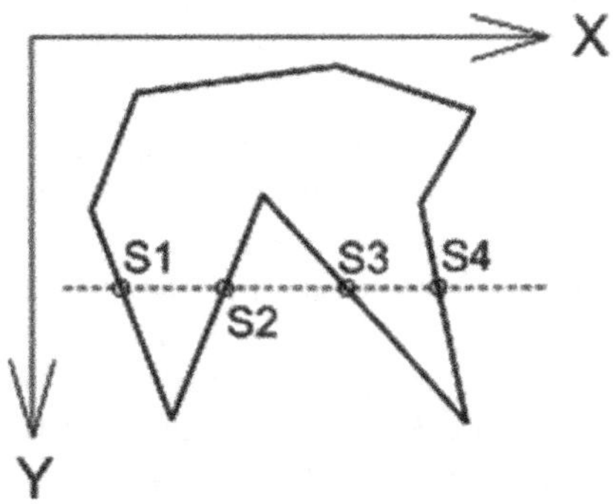

Abbildung 14.1_6d

Die Parameter xl und yl der Javascriptfunktion

```
function PunktInPolygon(xl,yl,n,x,y)
{
  . . .
}
```

sind Arrays, die die Koordinaten der n Ecken des Polygons enthalten. Mit

```
for(i=0; i<n; i++)ye[i]=yl[i]-y;
```

wird der Punkt x, y und damit auch die gestrichelte Gerade auf die x-Achse geschoben. Dann wird die Lage der Endpunkte jeder Seite des Polygons untersucht.

Ist die Bedingung

```
if((ye[i]<0 && ye[j]>0) || (ye[i]>0 && ye[j]<0))
```

erfüllt, so liegt einer der Endpunkte über der gestrichelten Geraden und der andere darunter. Es existiert also ein Schnittpunkt, der mit

```
xs[ns]=xl[i]-(xl[i]-xl[j])/(ye[i]-ye[j])*ye[i];
```

berechnet wird. Die Schnittpunkte werden in aufsteigender Reihenfolge sortiert. Dann wird, wie oben erläutert, untersucht zwischen welchen Schnittpunkten sich der Punkt `x, y` befindet. Ergibt sich daraus, dass der Punkt im Polygon liegt, so wird `true` zurückgegeben. Andernfalls wird `false` zurückgegeben.

Zwei weitere Funktionen nutzen die oben beschriebenen Funktionen. Die Funktionen `PunktInDreieck` und `PunktInFigur` machen zuerst mit `PunktInRechteck` einen sogenannten Boxtest. Dabei wird untersucht, ob sich der Punkt `x, y` in dem die Figur umgebenden Rechteck befindet. Dadurch wird mit geringst möglichem Aufwand festgestellt, ob es sich lohnt, die Lage des Punktes bezüglich der Figur näher zu untersuchen. `PunktInDreieck` ruft, falls der Punkt im umgebenden Rechteck liegt, die Funktion `PunktInPolygon` mit den Eckkoordinaten des Dreiecks auf. `PunktInFigur` ruft mit

```
if(!PunktInKreis(229,229,50,x,y))
  return PunktInPolygon(xp,yp,np,x,y);
```

die Funktion `PunktInKreis` auf. Falls der Punkt nicht im Kreis liegt, wird durch Aufruf von `PunktInPolygon` festgestellt, ob sich der Punkt im Polygon befindet. Damit wird der Kreis ausgespart. Die Javascriptfunktionen sind in der Datei `14.1_6.js` enthalten. Die entsprechenden Visual Basic .NET Methoden sind in der Datei `14.1_6.vb` enthalten.

Da die Grundaufgabe gelöst ist, wird jetzt das Zusammenwirken der einzelnen Programmteile beschrieben. Die Datei `14.1_6.aspx` enthält ein serverseitiges Formular mit einem Imagebutton und einem Label. Der Imagebutton nimmt die in der Datei `map.png` abgelegte Grafik auf. Dem Imagebutton sind zwei Eventhandler zugeordnet. Das Click Ereignis ist an den serverseitigen, in Visual Basic .NET geschriebenen Eventhandler `map_click` gebunden, und das `MouseMove` Ereignis ist an den klientseitigen, in Javascript geschriebenen Eventhandler `Maus` gebunden. Die Farbe der angeklickten Figur wird als Text des Labels dargestellt.

Die Datei 14.1_6.aspx:

```
<%@ Page Language=VisualBasic Inherits="App14_1_6" %>

<html>
<head>
<script src="14.1_6.js" type="text/javascript">
</script>
</head>
<body>
<form runat="server">
<asp:ImageButton
  id="map" runat="server"
  BorderWidth="2"
  ImageUrl="map.png"
  OnClick="map_click"
  onMouseMove=Maus()
  style="position:absolute;left:50;top:20"
/>
<asp:Label id="label" runat="server"
  style="position:absolute;left:50;top:430" />
</form>
</body>
</html>
```

Die Datei 14.1_6.js enthält neben den oben beschriebenen Funktionen den Eventhandler Maus, welcher die Mauskoordinaten abfragt, die Funktionen PunktInRechteck, PunktInDreieck und PunktInFigur aufruft und den Cursor entweder als Pfeil oder als Hand darstellt.

Die Datei 14.1_6.js:

```
x=0, y=0;

nd=3;
xd=new Array();
xd[0]=255;
xd[1]=369;
xd[2]=312;
yd=new Array();
yd[0]=130;
yd[1]=130;
yd[2]=34;

np=10;
xp=new Array();
xp[0]=316;
xp[1]=154;
xp[2]=29;
```

```
xp[3]=76;
xp[4]=160;
xp[5]=203;
xp[6]=237;
xp[7]=316;
xp[8]=364;
xp[9]=364;
yp=new Array();
yp[0]=166;
yp[1]=166;
yp[2]=227;
yp[3]=361;
yp[4]=361;
yp[5]=297;
yp[6]=361;
yp[7]=361;
yp[8]=312;
yp[9]=227;

function PunktInRechteck(x1,y1,x2,y2,x,y)
{
  if(x1>x2){c=x1; x1=x2; x2=c;}
  if(y1>y2){c=y1; y1=y2; y2=c;}
  return (x>x1)&&(x<x2)&&(y>y1)&&(y<y2);
}
function PunktInKreis(xm,ym,r,x,y)
{
  x1=xm-x; y1=ym-y;
  return (x1*x1+y1*y1) < r*r;
}
function PunktInPolygon(x1,y1,n,x,y)
{
  ns=0;
  xs=new Array();
  ye=new Array();
  for(i=0; i<n; i++)ye[i]=y1[i]-y;
  for(i=0; i<n; i++)
  {
    j=(i+1)%n;
    if((ye[i]<0 && ye[j]>0) || (ye[i]>0 && ye[j]<0))
    {
      xs[ns]=x1[i]-(x1[i]-x1[j])/(ye[i]-ye[j])*ye[i];
      ns++;
    }
  }
  do
  {
    sort=true;
    for(i=0; i<ns-1; i++)
    {
      if(xs[i]>xs[i+1])
```

```
      {
        c=xs[i]; xs[i]=xs[i+1]; xs[i+1]=c;
        sort=false;
      }
    }
  }while(!sort);
  drin=false;
  for(i=0; i<ns-1; i+=2)
  {
    if(x>xs[i] && x<xs[i+1])drin=true;
  }
  return drin;
}
function PunktInDreieck()
{
  if(PunktInRechteck(xd[0],yd[2],xd[1],yd[0],x,y))
  {
    return PunktInPolygon(xd,yd,nd,x,y);
  }
  else
    return false;
}
function PunktInFigur()
{
  if(PunktInRechteck(39,167,375,359,x,y))
  {
    if(!PunktInKreis(229,229,50,x,y))
      return PunktInPolygon(xp,yp,np,x,y);
  }
  else
    return false;
}
function Maus()
{
  x=document.body.scrollLeft+event.clientX-50;
  y=document.body.scrollTop+event.clientY-20;
  if(
    PunktInRechteck(29,34,133,130,x,y) ||
    PunktInDreieck() ||
    PunktInFigur()
  )
    document.getElementById('map').style.cursor="pointer";
  else
    document.getElementById('map').style.cursor="default";
}
```

Es wäre am einfachsten und auch sinnvoll, den Eventhandler für das Click Ereignis ebenfalls in Javascript zu schreiben. Da es hier aber um Visual Basic .NET geht, wird das Click Ereignis serverseitig mit Visual Basic .NET behandelt.

Die Datei 14.1_6.vb enthält die Visual Basic .NET -Versionen der oben erläuterten Javascriptfunktionen und den Eventhandler map_click. Die ImageClickEventArgs enthalten die Mauskoordinaten X und Y bezüglich der linken oberen Ecke des Imagebuttons. Durch den Aufruf der Methoden PunktInRechteck, PunktInDreieck und PunktInFigur wird getestet, ob eine der drei Figuren angeklickt worden ist. Der Eigenschaft Text des Labels wird dem Ergebnis des Tests entsprechend blau, rot, schwarz oder ein leerer String zugewiesen.

```
'Datei 14.1_6.vb

Imports System
Imports System.IO
Imports System.Collections
Imports System.Web.UI
Imports System.Web.UI.HtmlControls
Imports System.Web.UI.WebControls

Public Class App14_1_6
Inherits Page
  Dim x As Integer = 0
  Dim y As Integer = 0

  Dim nd As Integer = 3
  Dim xd() As Integer = {255, 369, 312}
  Dim yd() As Integer = {130,130,34}

  Dim np As Integer = 10
  Dim xp() As Integer = { _
    316,154,29,76,160, _
    203,237,316,364,364}
  Dim yp() As Integer = { _
    166,166,227,361,361, _
    297,361,361,312,227}

  Protected map As ImageButton
  Protected label As Label

  Function PunktInRechteck( _
    ByVal x1 As Integer, ByVal y1 As Integer, _
    ByVal x2 As Integer, ByVal y2 As Integer, _
    ByVal x As Integer,  ByVal y As Integer) As Boolean

    Dim c As Integer
    If x1 > x2 Then
      c = x1
      x1 = x2
      x2 = c
    End If
```

```
  If y1 > y2
    c = y1
    y1 = y2
    y2 = c
  End If
  Return (x>x1)And(x<x2)And(y>y1)And(y<y2)
End Function


Function PunktInKreis( _
  ByVal xm As Integer, ByVal ym As Integer, _
  ByVal r As Integer,  ByVal x As Integer, _
  ByVal y As Integer) As Boolean

  Dim x1 As Integer = xm-x
  Dim y1 As Integer = ym-y
  Return (x1*x1+y1*y1) < r*r
End Function


Function PunktInPolygon( _
  ByVal x1() As Integer, ByVal y1() As Integer, _
  ByVal n As Integer, ByVal x As Integer, _
  ByVal y As Integer) As Boolean

  Dim i, j, c As Integer
  Dim ns As Integer = 0
  Dim xs As New ArrayList()
  Dim ye(n-1) As Integer

  For i=0 To n-1
    ye(i) = y1(i)-y
  Next

  For i=0 To n-1
    j = (i+1) Mod n
    If (ye(i)<0 And ye(j)>0) Or (ye(i)>0 And ye(j)<0) Then
      xs.Add((x1(i)-(x1(i)-x1(j))/(ye(i)-ye(j))*ye(i)))
      ns += 1
    End If
  Next

  Dim sort As Boolean
  Do
    sort = True
    For i=0 To ns-2
      If xs(i) > xs(i+1) Then
        c = xs(i)
        xs(i) = xs(i+1)
        xs(i+1) = c
        sort = False
```

```
        End If
      Next
    Loop While Not sort
    Dim drin As Boolean = False
    For i=0 To ns-2 Step 2
      If x > xs(i) And x < xs(i+1) Then
        drin = True
      End If
    Next
    Return drin
  End Function


  Function PunktInDreieck() As Boolean
    If PunktInRechteck( _
      xd(0),yd(2),xd(1),yd(0),x,y) Then
      Return PunktInPolygon(xd,yd,nd,x,y)
    Else
      Return False
    End If
  End Function


  Function PunktInFigur() As Boolean
    If PunktInRechteck(39,167,375,359,x,y) Then
      If Not PunktInKreis(229,229,50,x,y) Then
        Return PunktInPolygon(xp,yp,np,x,y)
      Else
        Return False
      End If
    Else
      Return False
    End If
  End Function


  Public Sub map_click(ByVal o As Object, ByVal e As ImageClickEventArgs)
    x = e.X
    y = e.Y

    If PunktInRechteck(29,34,133,130,x,y) Then
      label.Text = "blau"
    ElseIf PunktInDreieck()
      label.Text = "rot"
    ElseIf PunktInFigur()
      label.Text = "schwarz"
    Else
      label.Text = ""
    End If
  End Sub
End Class
```

Beispiel 14.1_7 zählt die Zugriffe auf die Seite. Ein derartiges Programm wird üblicherweise Counter genannt. Die Zahl der Zugriffe wird von dem Label

```
<asp:Label id="counter" runat="server" />
```

angezeigt. Das Prinzip des Counters ist ganz einfach. Die Datei C:\Home\count enthält die Zahl der Zugriffe. Beim nächsten Zugriff auf die Seite wird diese Datei gelesen, die Zahl der Zugriffe um 1 erhöht, im Label angezeigt und wieder in der Datei count abgespeichert. Wählen mehrere Besucher die Seite annähernd gleichzeitig an, so können jedoch Konflikte entstehen. Wählt Besucher a die Seite zuerst an und wählt Besucher b die Seite an, bevor Besucher a den um 1 erhöhten Zählerstand zurückgespeichert hat, so bekommen beide Besucher den gleichen Zählerstand angezeigt. Unabhängig davon, in welcher Reihenfolge die Besucher den Zählerstand zurückspeichern, wird der Zählerstand durch diese zwei Zugriffe nur um 1 und nicht um 2 erhöht. Der Counter geht nach. Um dies zu verhindern, wird die Datei count vor dem Ablesen des Zählerstands verriegelt und erst nach dem Zurückspeichern des Zählerstands wieder entriegelt. Ein alt hergebrachtes Mittel zur Verriegelung ist das Anlegen einer Lockdatei. Ein Zugriff auf die Datei count ist nur dann möglich, wenn keine Datei mit dem Namen lock vorhanden ist. Damit ist eine neue Gefahr verbunden. Sollte die Lockdatei aus irgend einem Grund nicht planmäßig gelöscht werden, so blockiert sie die gesamte Homepage. Aus diesem Grund wird die Lockdatei nach einem Timeout von 5 Sekunden ignoriert.

Die Lösung sieht daher folgendermaßen aus:

```
Dim timeout As Integer = 0

. . .

While File.Exists("C:\Home\lock") And timeout < 10
  Thread.Sleep(500)

'die Datei lock anlegen

If Not File.Exists("C:\Home\count") Then
  'die Datei count anlegen
End If

'den Zählerstand aus der Datei count lesen
'der Zählerstand ist 0 falls
'count keinen Zählerstand enthält
```

```
'den Zählerstand um 1 erhöhen
'den Zählerstand anzeigen
'den neuen Zählerstand in der Datei count speichern
'die Datei lock löschen
```

Zu Übungszwecken können die Dateien `count` und `lock` im Verzeichnis `C:\Home` angelegt werden. Wird das Programm im Internet verwendet, so müssen diese Dateien in Verzeichnissen angelegt werden, die außerhalb des Serverpfades liegen. Da die Lockdatei sowohl angelegt als auch gelöscht wird, ist dieser Gesichtspunkt besonders wichtig.

Abbildung 14.1_7

Die Datei 14.1_7.aspx:

```
<%@ Page Language=VisualBasic Inherits="App14_1_7" %>

<html>
<body>
<form runat="server" />
<asp:Label id="counter" runat="server" />
</form>
</body>
</html>
```

```
'Datei 14.1_7.vb

Imports System
Imports System.IO
Imports System.Threading
Imports System.Text
Imports System.Drawing
Imports System.Web.UI
Imports System.Web.UI.WebControls

Public Class App14_1_7
Inherits Page
  Protected counter As Label

  Protected Overrides Sub OnLoad(ByVal e As EventArgs)
```

```
    Dim fs As FileStream
    Dim zahl As String
    Dim b(0) As Byte
    Dim timeout As Integer = 0

    counter.Width = New Unit(150)
    counter.Height = New Unit(40)
    counter.BorderStyle = BorderStyle.Ridge
    counter.BorderWidth = New Unit(10)
    counter.BorderColor = Color.LightSteelBlue
    counter.Style.Add("font-family","Verdana")
    counter.Style.Add("font-size","18")
    counter.Style.Add("text-align","right")

    While File.Exists("C:\Home\lock") And timeout < 10
      Thread.Sleep(500)
      timeout += 1
    End While

    fs = File.Create("C:\Home\lock")
    fs.Close()

    If Not File.Exists("C:\Home\count") Then
      fs = File.Create("C:\Home\count")
      fs.Close()
    End If

    fs = File.Open("C:\Home\count", FileMode.Open)

    If fs.Length > 0 Then
      ReDim b(fs.Length-1)
      Array.Clear(b, 0, b.Length)
      fs.Read(b, 0, fs.Length)
      zahl = Encoding.ASCII.GetString(b)
    Else
      zahl = "0"
    End If

    Dim n As Integer = Integer.Parse(zahl)
    zahl = (n+1).ToString()
    b = Encoding.ASCII.GetBytes(zahl)
    fs.SetLength(0)
    fs.Write(b, 0, b.Length)
    fs.Close()
    File.Delete("C:\Home\lock")
    counter.Text = zahl
  End Sub
End Class
```

Das Telefonverzeichnis ist eine für das Intranet geeignete Anwendung, welche rein äußerlich nur aus einer Textbox und einem Submitbutton besteht. Trägt man den Suchbegriff in die Textbox ein und klickt anschließend den Submitbutton mit der Beschriftung `suchen` an, so wird der Eventhandler `but_click` aufgerufen. Ist die Länge des Suchbegriffs größer als `0`, so wird die Datei `Telefon.txt` nach ähnlich lautenden Begriffen durchsucht. Das Ergebnis der Suche wird im Browserfenster aufgelistet. Bei einem exakten Vergleich des Suchbegriffs mit dem Text der Datei `Telefon.txt` kann ein einziger Tippfehler eine ergebnislose Suche zur Folge haben. Der hier verwendete Algorithmus ist in den meisten Fällen in der Lage, Tippfehler zu verzeihen. Der Grad der Übereinstimmung des Suchbegriffs mit den gefundenen ähnlich lautenden Begriffen wird zu Beginn jeder Zeile in Prozent angezeigt.

Abbildung 14.1_8

Die Datei `14.1_8.aspx`:

```
<%@ Page Language=VisualBasic Inherits="App14_1_8" %>

<html>
<body>
<font face="Arial">
<h2>Telefonverzeichnis</h2>
<form runat="server">
<b>Stichwort</b>
<asp:TextBox id="box" runat="server"
  Width="150" />
<asp:Button id="but"  runat="server"
  Text="suchen" OnClick="but_click" />
```

```
</form>
<hr>
<%Ergebnis()%>
</font>
</body>
</html>
```

Das Telefonverzeichnis wird in Zeilen und die Zeilen werden in Wörter zerlegt. Der Suchalgorithmus entnimmt dem Stichwort 2 und 3 Zeichen lange Zeichenfolgen und prüft, ob diese Zeichenfolgen in den Wörtern des Telefonverzeichnisses vorkommen. Ist das Stichwort kürzer, so werden entsprechend kürzere Zeichenfolgen entnommen. Alle Zeichenfolgen werden vor dem Vergleich in Großbuchstaben umgewandelt. Die Trefferraten werden mitgezählt und die größte Trefferrate eines Wortes bestimmt die Trefferrate der Zeile.

Die Struktur des Suchalgorithmus:

```
Sub suchen(ByVal swort As String)
  'die Datei Telefon.txt in den Bytearray b einlesen

  'readLine liest eine Zeile aus dem Bytearray b
  'readCount zeigt auf das erste Zeichen der nächsten Zeile

  zeile = readLine(b, readCount)
  While Not zeile Is Nothing
    'die gelesene Zeile in Wörter splitten

    'die Zahl der Zeichen, die dem Stichwort entnommen
    'werden, ist l1=3 und l2=2
    'ist das Stichwort kürzer, so wird die Länge
    'des Stichworts eingesetzt

    'prüfen, ob die Substrings der Länge l1 des Stichworts
    'in den Wörtern der Zeile enthalten sind
    'alle Vergleiche werden mit Großbuchstaben ausgeführt
    'die Treffer werden mitgezählt

    'den Vorgang mit l2 wiederholen

    'für jedes Wort
    For k=0 To szeile.Length-1
      'die Trefferrate des Wortes berechnen
      'falls die Trefferrate >0 ist
      'die größte Trefferrate ermitteln und
      'getroffen = True setzen
    Next
```

```
    'falls getroffen
    If getroffen Then
      'die Trefferrate der Zeile
      'der Arraylist prozent hinzufügen
      'die Zeile der Arraylist antwort hinzufügen
    End If
  End While
End Sub
```

Das Ergebnis der Suche wird im Browser dargestellt. Die Methode Ergebnis sortiert das Suchergebnis nach absteigender Trefferzahl. Dann wird für jede Antwortzeile ein String, der aus der Trefferzahl, dem Prozentzeichen und dem Text der Zeile besteht, zusammengestellt und zum Browser gesendet.

```
'Datei 14.1_8.vb

Imports System
Imports System.IO
Imports System.Text
Imports System.Collections
Imports System.Drawing
Imports System.Web.UI
Imports System.Web.UI.WebControls
Imports Microsoft.VisualBasic

Public Class App14_1_8
Inherits Page
  Protected box As TextBox
  Protected but As Button
  Dim prozent As New ArrayList()
  Dim antwort As New ArrayList()

  Public Sub but_click(ByVal o As Object, ByVal e As EventArgs)
    If box.Text.Length > 0 Then suchen(box.Text)
  End Sub

  Sub suchen(ByVal swort As String)
    Dim zeile As String
    Dim fs As FileStream = File.OpenRead("C:\Home\Telefon.txt")
    Dim b(fs.Length-1) As Byte
    fs.Read(b, 0, fs.Length)
    fs.Close()
    Dim readCount As Integer = 0
    zeile = readLine(b, readCount)
    While Not zeile Is Nothing
      Dim lswort, l1, l2 As Integer
      Dim st As String
      Dim szeile() As String = zeile.Split(" "C)
      Dim n1(szeile.Length-1) As Integer
      Dim n2(szeile.Length-1) As Integer
```

```
        lswort = swort.Length
        If lswort <= 3 Then
          l1 = lswort
        Else
          l1 = 3
        End If
        If lswort <= 2 Then
          l2 = lswort
        Else
          l2 = 2
        End If
        Dim i, j, k As Integer
        For k=0 To szeile.Length-1
          n1(k) = 0
          n2(k) = 0
        Next
        For j=0 To lswort-l1
          st = swort.SubString(j, l1).ToUpper()
          For k=0 To szeile.Length-1
            Dim sz As String = szeile(k).ToUpper()
            If sz.IndexOf(st) >= 0 Then
              n1(k) += 1
            End If
          Next
        Next
        For j=0 To lswort-l2
          st = swort.SubString(j, l2).ToUpper()
          For k=0 To szeile.Length-1
            Dim sz As String  = szeile(k).ToUpper()
            If sz.IndexOf(st) >= 0 Then
              n2(k) += 1
            End If
          Next
        Next
        Dim smax As Integer = 0
        Dim getroffen As Boolean = False
        For k=0 To szeile.Length-1
          Dim nenner As Integer = lswort+szeile(k).Length-l1-l2+2
          If nenner < 1 Then nenner = 1
          Dim s As Integer = 100*(n1(k)+n2(k))/nenner
          If s > 0 Then getroffen = True
          If smax < s Then smax = s
        Next
        If getroffen Then
          prozent.Add(smax)
          antwort.Add(zeile)
        End If
        zeile = readLine(b, readCount)
      End While
    End Sub
```

```
Public Sub Ergebnis()
  If box.Text.Length = 0 Then Return
  If antwort.Count = 0 Then
   Response.Write( _
    ":-( Die Suche war leider nicht erfolgreich. )-:" & VbLf)
  Else
    Dim tausch As Boolean = True
    Dim j As Integer
    While tausch
      tausch = False
      For j=1 To antwort.Count-1
        If prozent(j-1) < prozent(j) Then
          Dim p As Integer = prozent(j-1)
          prozent(j-1) = prozent(j)
          prozent(j) = p
          Dim a As String = antwort(j-1)
          antwort(j-1) = antwort(j)
          antwort(j) = a
          tausch = True
        End If
      Next
    End While
    For j=0 To antwort.Count-1
      Dim pr As String = prozent(j).ToString().PadLeft(5)
      htmlOut(pr & "% " & antwort(j) & "<BR>")
    Next
  End If
End Sub

Function readLine(ByVal b() As Byte, ByRef i As Integer) As String
  Dim s As String = ""
  While i < b.Length
    If Chr(b(i)) = VbCr Or Chr(b(i)) = VbLf Then Exit While
    s &= Chr(b(i))
    i += 1
  End While
  While i < b.Length
    If Chr(b(i)) <> VbCr And Chr(b(i)) <> VbLf Then Exit While
    i += 1
  End While
  If s.Length > 0 Then Return s Else Return Nothing
End Function

Public Sub htmlOut(ByVal st As String)
  Dim s As String = st
  s = s.Replace(VbCrLf, "<br>")
  s = s.Replace("ä", "&auml")
  s = s.Replace("ö", "&ouml")
  s = s.Replace("ü", "&uuml")
  s = s.Replace("Ä", "&Auml")
  s = s.Replace("Ö", "&Ouml")
```

```
    s = s.Replace("Ü", "&Uuml")
    s = s.Replace("ß", "&szlig")
    s = s.Replace(" ", " ")
    Response.Write(s)
  End Sub
End Class
```

Die Datei Telefon.txt:

```
Walter Abel 0123/456789
Ingrid Appel 02634/283746
Astrid Birnen 05746/123487
Fritz Maier 0192837/65478328
Karl Meier 0224455/883664777
Maria Meyer 0883655/33872275
Ferdinand Müller 0204/48562
Xaver Mueller 0305/516234
Florian Müler 0475/284356
Anna Schmied 06576/354692
Oskar Schmitt 04736/272727
Maja Schmitz 0228846/283746
Erika Schulz 0557382/11883645
Otto Schultz 0407/882365
```

14.2 Web Services

Ein Web Service, auch Web-Dienstanwendung genannt, besteht im einfachsten Fall aus einer Datei mit der Endung .asmx. Beispiel 14.2_1 ist solch ein einfacher Web Service. Durch die Dateiendung und die Direktive

```
<%@ WebService Language="VisualBasic" class="Service14_2_1" %>
```

wird ein Web Service in der Sprache Visual Basic .NET mit der Klasse Service14_2_1 deklariert. Der Web Service enthält die Methoden addInt und multInt, die mit dem Attribut <WebMethod> versehen sind. Das Attribut macht die Methoden für Klienten auf dem gleichen oder auf einem anderen Host sichtbar. Mit dem Attribut WebService können Zusatzinformationen angegeben werden. Der Standardnamespace eines Web Service ist, falls er nicht geändert wird, http://tempuri.org/. Das Attribut

```
<WebService(Namespace:="http://S14_2_1/")>
```

ändert den Standardnamespace, der zwar wie ein URL aussieht, der aber trotzdem nicht auf eine Webresource zeigt. Er dient nur dem Zweck, Web Services voneinander zu unterscheiden.

Die Datei 14.2_1.asmx:

```
<%@ WebService Language="VisualBasic" class="Service14_2_1" %>
Imports System
Imports System.Web.Services
<WebService(Namespace:="http://S14_2_1/")> _
Public Class Service14_2_1
  <WebMethod> _
  Public Function addInt( _
  ByVal a As Integer, ByVal b As Integer) As Integer
    Return a + b
  End Function
  <WebMethod> _
  Public Function multInt( _
  ByVal a As Integer, ByVal b As Integer) As Integer
    Return a * b
  End Function
End Class
```

Nun wird mit dem Browser http://Hostname/14.2_1.asmx angewählt. Es erscheint das folgende Bild:

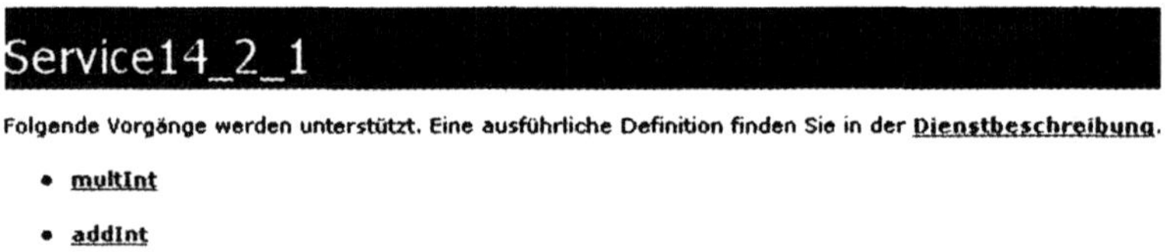

Abbildung 14.2_1a

Klickt man multInt an, so wechselt das Bild.

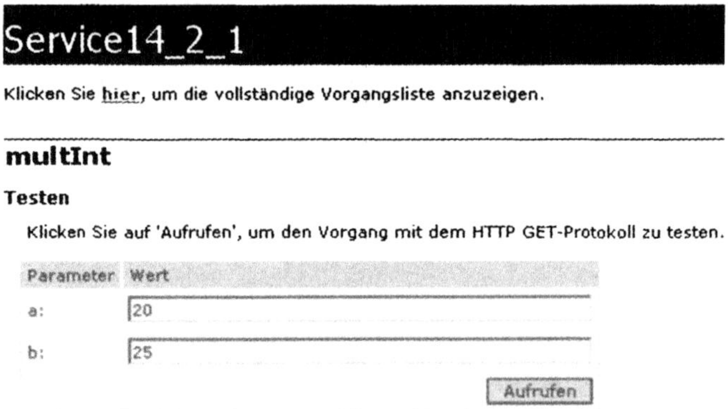

Abbildung 14.2_1b

Nach der Eingabe der Zahlen 20 und 25 und dem Anklicken von Aufrufen erscheint das XML-Ergebnis.

```
<?xml version="1.0" encoding="utf-8" ?>
<int xmlns="http://S14_2_1/">500</int>
```

Abbildung 14.2_1c

Der Browser leistet gute Dienste beim Testen von Web Services. Der eigentliche Sinn eines Web Service besteht aber darin, einen eigens für ihn entwickelten Klienten zu bedienen. Die Datei `Klient14.2_1.vb` bildet eine Instanz der Klasse `Service14_2_1` und ruft anschließend die Methoden `addInt` und `multInt` auf.

```
'Datei Klient14.2_1.vb

Imports System

Class Haupt
  Sub New()
    Dim svc As New Service14_2_1()
    Console.WriteLine("22 + 33 = {0}", svc.addInt(22, 33))
    Console.WriteLine("25 * 25 = {0}", svc.multInt(25, 25))
  End Sub

  Shared Sub Main()
    Dim h As New Haupt()
  End Sub
End Class
```

Der Versuch, den Klienten zu kompilieren, scheitert daran, dass die Klasse `Service14_2_1` nicht definiert ist. Befindet sich die Datei `14.2_1.asmx` im Verzeichnis `C:\Home` auf dem Host `abc` und befindet sich außerdem die Datei `Klient14.2_1.vb` im Verzeichnis `Klienten` auf dem Host `xyz`, dann wird deutlich, dass der Klient in der Lage sein muss, über das Netzwerk auf den Service zuzugreifen. Der hier vorgestellte Klient verfügt aber über keinerlei Netzwerkfunktionalität. Er kann auch nicht, wie der Browser, via IIS auf die Datei `14.2_1.asmx` zugreifen. Es stehen jedoch Mittel zur Verfügung, dieses Problem zu lösen.

Das `Simple Object Access Protocol SOAP` [2] ist ein XML basiertes plattform- und sprachunabhängiges Kommunikationsprotokoll. `SOAP` gibt Anwendungen die Fähigkeit, Informationen über das Internet auszutauschen. Die `Web Services Description Language WSDL` ist eine XML basierte Sprache, um Web Servi-

Services zu beschreiben. WSDL ermöglicht auch das Auffinden von Web Services und den Zugriff darauf. Universal Description, Discovery and Integration UDDI ist ein plattformunabhängiger Verzeichnisdienst, der es ermöglicht, Web Services zu registrieren und zu suchen bzw. aufzufinden.

Die direkte Auseinandersetzung mit SOAP, WSDL und UDDI ist nicht erforderlich. Das .NET Framework enthält Klassen und Attribute, die es ermöglichen mit geringem Aufwand, eine Proxy Dll zu schreiben. Der Begriff Proxy taucht im Zusammenhang mit Netzwerk- und Internetprogrammierung immer dann auf, wenn ein Bindeglied benötigt wird. So kann ein Proxy zB. eine vollkommen undurchlässige Firewall nach festgelegten Regeln durchlässig machen. Das hier benötigte Bindeglied muss dem Klienten, damit dieser kompiliert werden kann, erstens eine Definition der Klasse Service14_2_1 zur Verfügung stellen. Zweitens muss es zur Laufzeit eine Verbindung zum Web Service herstellen.

Auf dem Host xyz wird im Verzeichnis Klienten die Datei Proxy14.2_1.vb angelegt. Die darin definierte Klasse Service14_2_1 ist von der Klasse

```
System.Web.Services.Protocols.SoapHttpClientProtocol
```

abgeleitet und mit dem Attribut

```
System.Web.Services.WebServiceBindingAttribute
```

versehen. In der Klasse Service14_2_1 sind die Methoden addInt und multInt definiert, die mit dem Attribut

```
System.Web.Services.Protocols.SoapDocumentMethodAttribute
```

versehen sind. Der Eigenschaft Url der Klasse SoapHttpClientProtocol wird der String http://abc/14.2_1.asmx zugewiesen. Damit ist der Weg zur Datei 14.2_1.asmx über den IIS festgelegt, und zur Laufzeit können die Methoden addInt und multInt des Web Service mit Invoke aufgerufen werden.

```
'Datei Proxy14.2_1.vb

Imports System
Imports System.Web.Services
Imports System.Web.Services.Description
Imports System.Web.Services.Protocols

<WebServiceBindingAttribute( _
Name:="Service14_2_1Soap", _
```

```
Public Class Service14_2_1
Inherits SoapHttpClientProtocol
  Sub New()
    Url = "http://hr/14.2_1.asmx"
  End sub

  <SoapDocumentMethodAttribute( _
  "http://S14_2_1/addInt", _
  RequestNamespace:="http://S14_2_1/", _
  ResponseNamespace:="http://S14_2_1/", _
  Use:=SoapBindingUse.Literal, _
  ParameterStyle:=SoapParameterStyle.Wrapped)> _
  Public Function addInt( _
  ByVal a As Integer, ByVal b As Integer) As Integer
    Dim results() As Object = Invoke("addInt", New object(){a, b})
    Return results(0)
  End Function

  <SoapDocumentMethodAttribute( _
    "http://S14_2_1/multInt", _
    RequestNamespace:="http://S14_2_1/", _
    ResponseNamespace:="http://S14_2_1/", _
    Use:=SoapBindingUse.Literal, _
    ParameterStyle:=SoapParameterStyle.Wrapped)> _
  Public Function multInt( _
  ByVal a As Integer, ByVal b As Integer) As Integer
    Dim results() As Object = Invoke("multInt", New object(){a, b})
    Return results(0)
  End Function
End Class
```

Die Datei `Proxy14.2_1.vb` wird mit

```
vb /t:library Proxy14.2_1.vb
```

übersetzt. Die damit erzeugte `Datei Proxy14.2_1.dll` wird beim Übersetzen des Klienten mit

```
vb Klient14.2_1.vb /r:Proxy14.2_1.dll
```

als Referenz angegeben.

Startet man jetzt die Datei `Klient14.2_1.exe`, so erscheint die folgende Ausgabe:

```
22 + 33 = 55
25 * 25 = 625
```

Der Zugriff auf Web Services mit dem Browser hat Grenzen. Beispiel 14.2_2 führt dies vor Augen. Der Darstellung komplexer Zahlen (vgl.4.1.2) dient die Klasse `komplex` mit den Variablen `r` und `i`. Die Variable `r` ist der Realteil und `i` der Imaginärteil der komplexen Zahl. Die Methoden `addKomplex` und `multKomplex` führen die Addition und die Multiplikation komplexer Zahlen aus.

Die Addition:

$$(a_r+a_i i) + (b_r+b_i i) = (a_r + b_r) + (a_i + b_i)i$$

Die Multiplikation:

$$(a_r+a_i i) * (b_r+b_i i) = a_r\, b_r + a_r\, b_i i + a_i i\, b_r + a_i i\, b_i i$$

$$= a_r\, b_r + (a_r\, b_i + a_i\, b_r)i + a_i\, b_i\, i^2$$

$$= a_r\, b_r + (a_r\, b_i + a_i\, b_r)i + a_i\, b_i\, (-1)$$

$$= (a_r\, b_r - a_i\, b_i) + (a_r\, b_i + a_i\, b_r)i$$

Die Datei `14.2_2.asmx`:

```
<%@ WebService Language="VisualBasic" class="Service14_2_2" %>
Imports System
Imports System.Web.Services

<WebService(Namespace:="http://S14_2_2/")> _
Public Class Service14_2_2
  <WebMethod> _
  Public Function addKomplex( _
  ByVal a As komplex, ByVal b As komplex) As komplex
    Dim c As New komplex()
    c.r = a.r+b.r
    c.i = a.i+b.i
    Return c
  End Function

  <WebMethod> _
  Public Function multKomplex( _
  ByVal a As komplex, ByVal b As komplex) As komplex
    Dim c As New komplex()
    c.r = a.r*b.r-a.i*b.i
    c.i = a.r*b.i+a.i*b.r
    Return c
  End Function
End Class

Public Class komplex
  Public r, i As Double
End Class
```

Wählt man mit dem Browser die Datei `14.2_2.asmx` an und klickt dann eine der Methoden `addKomplex` oder `multKomplex` an, so bekommt man die Meldung, dass kein Testformular verfügbar ist. Es wird also ein Klient benötigt, der komplexe Zahlen mit Hilfe der Klasse `komplex` darstellen kann. Der unten aufgelistete Klient bildet eine Instanz der Klasse `komplex` und vereinbart und instanziiert die Variablen `k1` und `k2` vom Typ `komplex`. Anschließend werden den Variablen `k1` und `k2` Werte zugewiesen mit denen die komplexe Addition und die komplexe Multiplikation ausgeführt wird.

Die ausgeführten Rechenoperationen sind:

$$(5+6i) + (10+24i) = (5+10) + (6+24)i$$
$$= 15 + 30i$$

$$(5+6i) * (10+24i)= 5*10 + 5*24i + 6i*10 + 6i*24i$$
$$= 5*10 + (5*24 + 6*10)i + 6*24*i^2$$
$$= 5*10 + (5*24 + 6*10)i + 6*24*(-1)$$
$$= (5*10 - 6*24) + (5*24 + 6*10)i$$
$$= -94 + 180i$$

```
'Datei 14.2_2.vb

Imports System

Class Haupt
  Sub New()
    Dim svc As New Service14_2_2()
    Dim k1 As New komplex()
    Dim k2 As New komplex()
    k1.r = 5
    k1.i = 6
    k2.r = 10
    k2.i = 24
    Dim k3 As komplex = svc.addKomplex(k1, k2)
    Console.WriteLine("5+6i + 10+24i = {0}+{1}i", k3.r, k3.i)
    k3 = svc.multKomplex(k1, k2)
    Console.WriteLine("(5+6i) * (10+24i) = {0}+{1}i", k3.r, k3.i)
  End Sub

  Shared Sub Main()
    Dim h As New Haupt()
  End Sub
End Class
```

Die Datei `14.2_2.asmx` befindet sich auf dem Host `abc` im Verzeichnis `C:\Home`. Die Datei `Klient14.2_2.vb` befindet sich im Verzeichnis `C:\Klienten` auf dem Host `xyz`. Auf dem Rechner mit dem Hostnamen `xyz` wird die Eingabeaufforderung gestartet und `cd Klient` ausgeführt. Das im .NET Framework SDK enthaltene Tool `wsdl.exe` ist in der Lage eine Proxydatei automatisch zu generieren. Mit

```
wsdl "http://abc/14.2_2.asmx" /language:VB /out:Proxy14.2_2.vb
```

wird die Datei `Proxy14.2_2.vb` generiert, die auch die mit dem Attribut

```
System.Xml.Serialization.XmlTypeAttribute
```

versehene Klasse komplex enthält. Mit

```
vb /t:library Proxy14.2_2.vb
```

wird diese Datei kompiliert. Dadurch wird die Datei `Proxy14.2_2.dll` gebildet. Mit

```
vb Klient14.2_2.vb /r:Proxy14.2_2.dll
```

wird der Klient kompiliert. Dadurch wird die Datei `Klient14.2_2.exe` gebildet. Nach dem Start des Klienten erscheint die Ausgabe:

```
5+6i + 10+24i = 15+30i
(5+6i) * (10+24i) = -94+180i
```

Beispiel 14.2_3 implementiert das Telefonverzeichnis des Beispiels 14.1_8 als Web Service. Die Datei `14.2_3.asmx` enthält nur noch die WebService Direktive. Die Klasse `Service14_2_3` ist in der Assembly `14.2_3` enthalten, welche nach dem Kompilieren der Datei `14.2_3.vb` in der Datei `14.2_3.dll` zu finden ist. Der Kern des Web Service ist die Datei `14.2_3.vb`, die in der Klasse `Service14_2_3` die Methoden `suchen` und `readLine` enthält. Beide Methoden sind vom Beispiel 14.1_8 her bekannt. Die Klasse `Ergebnis` ist neu hinzugekommen. Sie fasst die Arraylists `prozent` und `antwort` zusammen. Dadurch kann die Methode `suchen` einen Wert vom Typ `Ergebnis` zurückgeben, der beide Arraylists enthält.

Die Datei `Klient14.2_3.vb` enthält den als Windows Anwendung geschriebenen Klienten. Der Konstruktor der Klasse `Haupt` definiert die Windows Steuerelemente und ordnet dem Ereignis `Click` des Buttons mit der Beschriftung suchen den Eventhandler suchen_click zu. Ein Blick in die mit wsdl.exe erzeugte Datei Proxy14.2_3.vb

```
Public Class Ergebnis
  Public prozent() As Object
  Public antwort() As Object
End Class
```

zeigt, dass die Arraylists prozent und antwort im Proxy vom Typ Object sind. Darauf muss beim Formulieren des Klienten Rücksicht genommen werden. Der Eventhandler suchen_click bildet zunächst Instanzen der Klassen Ergebnis und Service14.2_3 und erfragt dann mit

```
ergeb = svc.suchen(box.Text)
```

das Suchergebnis vom Web Service. Aus dem oben genannten Grund wird das Suchergebnis mit

```
Dim prozent() As Object = ergeb.prozent
Dim antwort() As Object = ergeb.antwort
```

in seine Bestandteile zerlegt. Falls die Länge des Arrays antwort nicht gleich 0 ist, wird das Suchergebnis nach absteigender Trefferzahl sortiert und anschließend im Listview dargestellt.

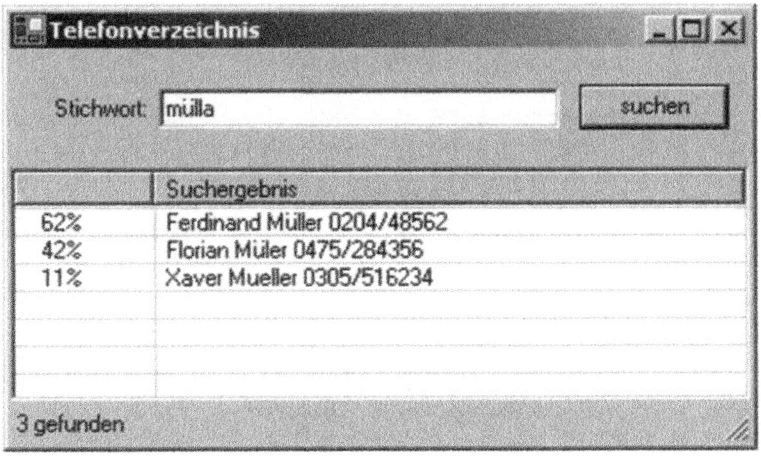

Abbildung 14.2_3

Die Datei 14.2_3.asmx:

```
<%@ WebService Language="VisualBasic" Class="Service14_2_3.14.2_3" %>

'Datei 14.2_3.vb

Imports System
Imports System.IO
Imports System.Text
Imports System.Collections
Imports System.Web.Services
Imports Microsoft.VisualBasic

<WebService(Namespace:="http://meinServer/")> _
Public Class Service14_2_3
  Dim prozent As New ArrayList()
  Dim antwort As New ArrayList()

  <WebMethod> _
  Public Function suchen(ByVal swort As String) As Ergebnis
    Dim zeile As String
    Dim fs As FileStream = File.OpenRead("C:\Home\Telefon.txt")
    Dim b(fs.Length-1) As Byte
    fs.Read(b, 0, fs.Length)
    fs.Close()
    Dim readCount As Integer = 0
    zeile = readLine(b, readCount)
    While Not zeile Is Nothing
      Dim lswort, l1, l2 As Integer
      Dim st As String
      Dim szeile() As String = zeile.Split(" "C)
      Dim n1(szeile.Length-1) As Integer
      Dim n2(szeile.Length-1) As Integer
      lswort = swort.Length
      If lswort <= 3 Then l1 = lswort Else l1 = 3
      If lswort <= 2 Then l2 = lswort Else l2 = 2
      Dim j, k As Integer
      For k=0 To szeile.Length-1
        n1(k) = 0
        n2(k) = 0
      Next
      For j=0 To lswort-l1
        st = swort.Substring(j, l1).ToUpper()
        For k=0 To szeile.Length-1
          Dim sz As String = szeile(k).ToUpper()
          If sz.IndexOf(st) >= 0 then n1(k) += 1
        Next
      Next
      For j=0 To lswort-l2
        st = swort.Substring(j, l2).ToUpper()
```

```
        For k=0 To szeile.Length-1
          Dim sz As String = szeile(k).ToUpper()
          If sz.IndexOf(st) >= 0 Then n2(k) += 1
        Next
      Next
      Dim ja As Integer = 0
      Dim smax As Integer = 0
      For k=0 To szeile.Length-1
        Dim nenner As Integer = lswort+szeile(k).Length-l1-l2+2
        If nenner < 1 Then nenner = 1
        Dim s As Integer = 100*(n1(k)+n2(k))/nenner
        If s > 0 Then ja = 1
        If smax < s Then smax = s
      Next
      If ja = 1 Then
        prozent.Add(smax)
        antwort.Add(zeile)
      End If
      zeile = readLine(b, readCount)
    End While
    Dim ergeb As New Ergebnis()
    ergeb.prozent = prozent
    ergeb.antwort = antwort
    Return ergeb
  End Function

  Function readLine(ByVal b() As Byte, ByRef i As Integer) As String
    Dim s As String = ""
    While i < b.Length
      If Chr(b(i)) = VbCr Or Chr(b(i)) = VbLf Then Exit While
      s &= Chr(b(i))
      i += 1
    End While
    While i < b.Length
      If Chr(b(i)) <> VbCr And Chr(b(i)) <> VbLf Then Exit While
      i += 1
    End While
    If s.Length > 0 Then Return s Else Return Nothing
  End Function
End Class

Public Class Ergebnis
  Public prozent, antwort As ArrayList
End Class


'Datei Klient14.2_3.vb

Imports System
Imports System.Data
Imports System.Collections
Imports System.Drawing
```

```
Imports System.Windows.Forms

Class Haupt
Inherits Form
  Dim box As New TextBox()
  Dim suchen As New Button()
  Dim vie As New ListView()
  Dim status As StatusBar

  Sub New()
    Text = "Telefonverzeichnis"
    ClientSize = New Size(370,200)

    Dim lab As New Label()
    lab.Text = "Stichwort:"
    lab.Location = New Point(20, 23)
    box.Location = New Point(75, 20)
    box.Width = 200
    suchen.Text = "suchen"
    suchen.Location = New Point(285, 18)
    AddHandler suchen.Click, AddressOf suchen_click
    vie.View = View.Details
    vie.GridLines = True
    vie.Dock = DockStyle.Fill
    vie.Columns.Add(" ", 70, HorizontalAlignment.Left)
    vie.Columns.Add("Suchergebnis", -2, HorizontalAlignment.Left)
    status = New StatusBar()
    status.Dock = DockStyle.Bottom
    Dim panel As New Panel()
    panel.Height = 60
    panel.Dock = DockStyle.Top
    panel.Controls.AddRange(New Control(){ _
      box, lab, suchen})
    Controls.AddRange(New Control(){ _
      vie, panel, status})
  End Sub

  Protected Sub suchen_click(ByVal o As Object, ByVal e As EventArgs)
    If box.Text.Length = 0 Then
      vie.Items.Clear()
      status.Text = "kein Stichwort"
      Return
    End If
    Dim ergeb As New Ergebnis()
    Dim svc As New Service14_2_3()
    ergeb = svc.suchen(box.Text)
    Dim prozent() As Object = ergeb.prozent
    Dim antwort() As Object = ergeb.antwort
    If antwort.Length = 0 Then
      vie.Items.Clear()
      status.Text = "nichts gefunden"
```

```
      Else
        status.Text = antwort.Length.ToString() & " gefunden"
        Dim tausch As Boolean = True
        Dim j As Integer
        While tausch
          tausch = False
          For j=1 To antwort.Length-1
            If prozent(j-1) < prozent(j) Then
              Dim p As Integer = prozent(j-1)
              prozent(j-1) = prozent(j)
              prozent(j) = p
              Dim a As String = antwort(j-1)
              antwort(j-1) = antwort(j)
              antwort(j) = a
              tausch = True
            End If
          Next
        End While
        vie.Items.Clear()
        For j=0 To antwort.Length-1
          Dim pr As String = prozent(j).ToString().PadLeft(5) & "%"
          Dim it As New ListViewItem(pr)
          it.SubItems.Add(antwort(j))
          vie.Items.Add(it)
        Next
      End If
    End Sub

    Shared Sub Main()
      Application.Run(New Haupt())
    End Sub
  End Class
```

Die Datei `14.2_3.asmx` befindet sich im Verzeichnis `C:\Home` auf dem Host `abc`. Die Datei `14.2_3.vb` befindet sich im Verzeichnis `C:\Home\bin` auf dem gleichen Host. Die Datei `Klient14.2_3.vb` befindet sich im Verzeichnis `C:\Klienten` auf dem Host `xyz`. Nach dem Generieren der Proxy Datei und dem Kompilieren mit

```
wsdl "http://abc/14.2_3.asmx" /language:VB /out:Proxy14.2_3.vb
vb /t:library Proxy14.2_3.vb
vb /t:winexe Klient14.2_3.vb /r:Proxy14.2_3.dll
```

kann der Klient, zB. durch einen Doppelklick auf `Klient14.2_3.exe`, gestartet werden.

14.3 Remoting

Remoting bezeichnet die Verwendung im Netzwerk verteilter Programme. Die im Abschnitt 14.2 vorgestellten Web Services stellen eine Form des Remoting dar, das als Remoting mit ASP.NET bezeichnet werden kann. In diesem Abschnitt wird das Remoting ohne ASP.NET behandelt. Zum Remoting wird ein Server benötigt, der Objekte und Methoden im Netzwerk zur Verfügung stellt. Die Verwendung des IIS zu diesem Zweck ist zwar möglich. Sie ist jedoch mit Einschränkungen verbunden. Daher wird zu jeder Anwendung ein eigener Server geschrieben. Ein solcher Server ist nur wenige Programmzeilen lang.

Server und Klient kommunizieren über Channels miteinander. Es können unterschiedliche Channels mit unterschiedlichen Transportprotokollen konstruiert werden. Der einfachste Weg besteht jedoch darin, einen Standard Channel zu benutzen. Dies sind der `TcpChannel` und der `HttpChannel`.

Objekte können durch das Attribut <Serializable> remotefähig gemacht werden. Ein solches Objekt wird auf Anforderung des Klienten auf den klientseitigen Rechner kopiert und dort ausgeführt. Die zweite Möglichkeit besteht darin, das Objekt von `MarshalByRefObject` abzuleiten. Ein solches Objekt wird auf Anforderung des Klienten auf dem serverseitigen Rechner ausgeführt.

Das Remoteobjekt des Beispiels 14.3_1 ist die von `MarshalByRefObject` abgeleitete Klasse `Antwort`. Der Konstruktor protokolliert das Bilden der Instanz. Die Methode `Frage` nimmt einen String vom Klienten entgegen, protokolliert den String und gibt dem Klienten einen String zurück. In der Methode `Main` der Klasse `Server14_3_1` wird ein Channel auf dem Port `65000` registriert. Anschließend wird die Klasse `Antwort` registriert. Der Modus

```
WellKnownObjectMode.Singleton
```

besagt, dass bei der ersten Anforderung durch einen Klienten genau eine Instanz der Klasse `Antwort` gebildet wird. Diese Instanz bleibt für alle weiteren Anforderungen erhalten. Ist dagegen

```
WellKnownObjectMode.SingleCall
```

vereinbart, so wird die Instanz beim Erstkontakt und zusätzlich eine weitere Instanz bei jeder Anfrage gebildet.

```
'Datei Server14.3_1.vb

Imports System
Imports System.Runtime.Remoting
Imports System.Runtime.Remoting.Channels
Imports System.Runtime.Remoting.Channels.Tcp

Public Class Antwort
Inherits MarshalByRefObject
  Public Sub New()
    Console.WriteLine("Instanz gebildet")
  End Sub

  Public Function Frage(ByVal s As String) As String
    Console.WriteLine("Frage von " & s)
    Return "abc"
  End Function
End Class
Public Class Server14_3_1
  Public Shared Sub Main()
    ChannelServices.RegisterChannel(New TcpChannel(65000))

    Dim t As Type = Type.GetType("Antwort")
    RemotingConfiguration.RegisterWellKnownServiceType( _
      t, "Antwort", WellKnownObjectMode.Singleton)

    Console.WriteLine("Stop = Enter")
    Console.ReadLine()
  End Sub
End Class
```

Der Klient registriert einen an den Port `0` gebundenen Channel, nimmt mit `Connect` den Kontakt zum Server auf und ruft dann die serverseitige Methode `Frage` auf. Dadurch wird dem Server der String xyz gesendet und vom Server der String abc zurückgegeben.

```
'Datei Klient14.3_1.vb

Imports System
Imports System.Runtime.Remoting
Imports System.Runtime.Remoting.Channels
Imports System.Runtime.Remoting.Channels.Tcp

Class Haupt
  Shared Sub Main()
    Dim c As New TcpChannel(0)
    ChannelServices.RegisterChannel(c)

    Dim a As Antwort = RemotingServices.Connect( _
      GetType(Antwort), "Tcp://abc:65000/Antwort")
```

```
    Console.WriteLine("Antwort von " & a.Frage("xyz"))
    Console.WriteLine("Antwort von " & a.Frage("xyz"))
  End Sub
End Class
```

Server und Klient befinden sich in dem gleichen Verzeichnis. Der Server wird mit

```
vb Server14.3_1.vb
```

kompiliert und der Klient wird mit

```
vb Klient14.3_1.vb /r:Server14.3_1.exe
```

kompiliert. Danach wird zuerst der Server gestartet und anschließend zweimal der Klient. Der Klient gibt nach jedem Start

```
Antwort von abc
Antwort von abc
```

aus. Die Ausgabe des Servers ist:

```
Stop = Enter
Instanz gebildet
Frage von xyz
Frage von xyz
```

Ändert man den `WellKnownObjectMode` in `SingleCall`, so sieht die Ausgabe des Servers folgendermaßen aus:

```
Stop = Enter
Instanz gebildet
Instanz gebildet
Frage von xyz
Instanz gebildet
Frage von xyz
```

Es entspricht natürlich nicht dem Sinn des Remoting, dass alle beteiligten Dateien im gleichen Verzeichnis sind. Nun wird der Server auf dem Host `abc` gestartet und die Dateien `Server14.3_1.exe` und `Klient14.3_1.exe` werden auf den Host `xyz` kopiert. Wird jetzt der Klient auf dem Host `xyz` gestartet, so entstehen die gleichen klient- und serverseitigen Ausgaben wie oben abgebildet.

Beispiel 14.3_2 benutzt `HttpChannel`. Das Remoteobjekt ist die vom Beispiel 14.2_1 bekannte Klasse `rechneInt`.

```
'Datei Server13.3_2.vb

Imports System
Imports System.Runtime.Remoting
Imports System.Runtime.Remoting.Channels
Imports System.Runtime.Remoting.Channels.Http

Public Class rechneInt
Inherits MarshalByRefObject
  Public Function addInt(ByVal a As Integer, ByVal b As Integer) As Integer
    Return a + b
  End Function

  Public Function multInt(ByVal a As Integer, ByVal b As Integer)As Integer
    Return a * b
  End Function
End Class

Public class Server14_3_2
  Public Shared Sub Main()
    ChannelServices.RegisterChannel(New HttpChannel(65001))

    Dim t As Type= Type.GetType("rechneInt")
    RemotingConfiguration.RegisterWellKnownServiceType( _
      t, "rechneInt", WellKnownObjectMode.Singleton)

    Console.WriteLine("Stop = Enter")
    Console.ReadLine()
  End Sub
End Class
```

```
'Datei Klient14.3_2.vb

Imports System
Imports System.Runtime.Remoting
Imports System.Runtime.Remoting.Channels
Imports System.Runtime.Remoting.Channels.Http

Class Haupt
  Shared Sub Main()
    ChannelServices.RegisterChannel(new HttpChannel(0))

    Dim r As rechneInt = _
      RemotingServices.Connect( _
        GetType(rechneInt), "Http://abc:65001/rechneInt")
```

```
    Console.WriteLine("22 + 33 = {0}", r.addInt(22, 33))
    Console.WriteLine("25 * 25 = {0}", r.multInt(25, 25))
  End Sub
End Class
```

Die Datei `Server14.3_2.vb` befindet sich auf dem Host abc. Der Server wird mit

```
vb Server14.3_2.vb
```

kompiliert und sofort gestartet. Dann wird mit

```
soapsuds -url:http://abc:65001/rechneInt?wsdl -oa:Proxy14.3_2.dll
```

auf dem Host `xyz` die Datei `Proxy14.3_2.dll` generiert. Die Datei `Klient14.3_2.vb` befindet sich in dem gleichen Verzeichnis auf dem Host `xyz`. Sie wird mit

```
vb Klient14.3_2.vb /r:Proxy14.3_2.dll
```

kompiliert. Startet man den Klienten, so erhält man die Ausgabe:

```
22 + 33 = 55
25 * 25 = 625
```

In vielen Fällen ist es vorteilhaft, das Remoteobjekt vom Server zu trennen. Darüber hinaus könnnen noch XML Konfigurationsdateien angelegt werden. Die Konfiguration kann dann ohne ein erneutes Kompilieren geändert werden. Beispiel 14.3_3 zeigt, wie es gemacht wird. Die Klasse `komplex` und die Methoden `addKomplex` und `multKomplex` werden von Beispiel 14.2_2 übernommen. Die Klassen `komplex` und `rechneKomplex` sind von `MarshalByRefObject` abgeleitet.

```
'Datei Komplex14.3_3.vb

Imports System

Public Class rechneKomplex
Inherits MarshalByRefObject
  Public Function addKomplex( _
  ByVal a As komplex, ByVal b As komplex) As komplex
    Console.WriteLine("Anforderung")
    Dim c As New komplex()
```

```
    c.r = a.r+b.r
    c.i = a.i+b.i
    Return c
  End Function

  Public Function multKomplex( _
  ByVal a As komplex, ByVal b As komplex) As komplex
    Console.WriteLine("Anforderung")
    Dim c As New komplex()
    c.r = a.r*b.r-a.i*b.i
    c.i = a.r*b.i+a.i*b.r
    Return c
  End Function
End Class

Public Class komplex
Inherits MarshalByRefObject
  Public r, i As Double
End Class
```

Der wesentliche Unterschied zu den bisherigen Servern besteht darin, dass die Angaben zur Konfiguration in einer Konfigurationsdatei stehen. Der Server wird mit

```
RemotingConfiguration.Configure("Server14.3_3.exe.config")
```

beim Programmstart konfiguriert.

```
'Datei Server14.3_3.vb

Imports System
Imports System.Runtime.Remoting
Imports System.Runtime.Remoting.Channels
Imports System.Runtime.Remoting.Channels.Http

Public Class Server14_3_3
  Public Shared Sub Main()
    RemotingConfiguration.Configure("Server14.3_3.exe.config")
    Console.WriteLine("Stop = Enter")
    Console.ReadLine()
  End Sub
End Class
```

Beim Channel wird mit `ref` entweder `http` oder `tcp` angegeben. Die zweite notwendige Angabe ist der Port, an den der Channel gebunden wird. Mit `wellknown` werden Angaben zur Registrierung eines Remoteobjekts gemacht. Als mode wird entweder `Singleton` oder `SingleCall` angegeben.

Mit type werden der Typ und die Assembly angegeben. Die Datei Komplex14.3_3.dll enthält die Assembly Komplex14.3_3. Befindet sich der Server auf dem Host abc und benutzt der Server einen Channel auf Port 65002, so folgt aus objectUri="rechneKomplex", dass das Remoteobjekt mit dem Url http://abc:65002/rechneKomplex angesprochen werden kann.

Die Datei Server14.3_3.exe.config:

```
<configuration>
  <system.runtime.remoting>
    <application>
      <service>
        <wellknown
          mode="Singleton"
          type="rechneKomplex, Komplex14.3_3"
          objectUri="rechneKomplex"
        />
      </service>
      <channels>
        <channel
          ref="http"
          port="65002"
        />
      </channels>
    </application>
  </system.runtime.remoting>
</configuration>
```

Der Klient wird mit

```
RemotingConfiguration.Configure("Klient14.3_3.exe.config")
```

konfiguriert. Bei dieser Art der Konfiguration können die Instanzen der Remoteobjekte mit New gebildet werden. Der weitere Ablauf entspricht dem des Beispiels 14.2_2.

```
'Datei Klient14.3_3.vb

Imports System
Imports System.Runtime.Remoting
Imports System.Runtime.Remoting.Channels
Imports System.Runtime.Remoting.Channels.Http

Class Haupt
  Shared Sub Main()
    RemotingConfiguration.Configure("Klient14.3_3.exe.config")
    Dim rechne As New rechneKomplex()
    Dim k1 As New komplex()
    Dim k2 As New komplex()
```

```
    k1.r = 5 : k1.i = 6
    k2.r = 10 : k2.i = 24
    Dim k3 As komplex = rechne.addKomplex(k1, k2)
    Console.WriteLine("5+6i + 10+24i = {0}+{1}i", k3.r, k3.i)
    k3 = rechne.multKomplex(k1, k2)
    Console.WriteLine("(5+6i) * (10+24i) = {0}+{1}i", k3.r, k3.i)
  End Sub
End Class
```

Beim Klienten ist der HTTP Channel an den Port 0 gebunden und an Stelle des `objectUri` wird `url="http://abc:65002/rechneKomplex"` angegeben.

Die Datei `Klient14.3_3.exe.config`:

```
<configuration>
   <system.runtime.remoting>
      <application>
         <client>
            <wellknown
               type="rechneKomplex, Komplex14.3_3"
               url="http://abc:65002/rechneKomplex"
            />
         </client>
         <channels>
            <channel
               ref="http"
               port="0"
            />
         </channels>
      </application>
   </system.runtime.remoting>
</configuration>
```

Zunächst befinden sich sämtliche Dateien in einem gemeinsamen Verzeichnis auf dem Host `abc`. Die Datei `Komplex14.3_3.vb` wird mit

```
vb /t:library Komplex14.3_3.vb
```

zu einer Dll kompiliert. Der Server wird mit `vb Server14.3_3.vb` kompiliert. Der Bezug zum Remoteobjekt und damit zur Assembly `Komplex14.3_3` bzw. zur Datei `Komplex14.3_3.dll` wird erst bei der Konfiguration zur Laufzeit hergestellt. Der Klient wird mit `vb Klient14.3_3.vb /r:Komplex14.3_3.dll` kompiliert. Startet man zuerst den Server und anschließend den Klienten, so meldet der Server:

```
Stop = Enter
Anforderung
Anforderung
```

Der Klient gibt das Ergebnis der Berechnung aus:

```
5+6i + 10+24i = 15+30i
(5+6i) * (10+24i) = -94+180i
```

Kopiert man die Dateien `Klient14.3_3.exe`, `Klient14.3_3.exe.config` und `Komplex14.3_3.dll` auf den Host `xyz` und startet dort den Klienten, so entstehen die gleichen Ausgaben wie oben dargestellt.

Beispiel 12.3_1 beschreibt einen Datagrammserver, der als Windows Service installiert und gestartet werden kann. Der dazugehörige Klient ist eine Windows Anwendung, welche Datum und Uhrzeit im Fenster anzeigt. Beispiel 14.3_4 zeigt, wie das gleiche Ziel mit den Remoting Techniken dieses Kapitels erreicht wird. Das Remoteobjekt ist die von `MarshalByRefObject` abgeleitete Klasse `zeit`. Die von `ServiceBase` abgeleitete Klasse `service` entspricht den in Kapitel 12 erläuterten Regeln. Die Methode `OnStart` registriert einen `HttpChannel` auf Port `65003` und das Remoteobjekt `zeit` mit dem Modus `Singleton`. Der Start des Windows Service startet daher den Remoteserver.

```
'Datei Service14.3_4.vb

Imports System
Imports System.ServiceProcess
Imports System.Runtime.Remoting
Imports System.Runtime.Remoting.Channels
Imports System.Runtime.Remoting.Channels.Http

Public Class service
Inherits ServiceBase
  Public Sub New()
    ServiceName = "RemoteTimeService"
  End Sub

  Protected Overrides Sub OnStart(ByVal args() As String)
    ChannelServices.RegisterChannel(New HttpChannel(65003))
    Dim t As Type = Type.GetType("zeit")
    RemotingConfiguration.RegisterWellKnownServiceType( _
      t, "zeit", WellKnownObjectMode.Singleton)
  End Sub

  Shared Sub Main()
    ServiceBase.Run(New service())
  End Sub
End Class

Public Class zeit
Inherits MarshalByRefObject
  Public Function gett()As String
```

```
      Return DateTime.Now.ToString()
    End Function
End Class


'Datei Install14.3_4.vb
Imports System
Imports System.ComponentModel
Imports System.Configuration.Install
Imports System.ServiceProcess

<RunInstaller(True)> _
Public Class install
Inherits Installer
  Sub New()
    Dim spi As New ServiceProcessInstaller()
    Dim si As New ServiceInstaller()
    spi.Account = ServiceAccount.LocalSystem
    si.StartType = ServiceStartMode.Manual
    si.ServiceName = "RemoteTimeService"
    Installers.Add(si)
    Installers.Add(spi)
  End Sub
End Class
```

Der Klient ist eine Windows Anwendung. Dem Timer `timr` mit einem Intervall von einer Sekunde ist der Eventhandler `timer_elapsed` zugeordnet, der eine Verbindung zum Remoteserver herstellt und mit

```
st = z.gett()
```

dem String `st` Datum und Uhrzeit zuweist. Der Aufruf von Invalidate löst das Paint Ereignis aus und `OnPaint` gibt den String `st` im Fenster aus.

```
'Datei Klient14.3_4.vb

Imports System
Imports System.Timers
Imports System.Drawing
Imports System.Windows.Forms
Imports System.Runtime.Remoting

Class Haupt
Inherits Form
  Dim st As String = ""
  Dim timr As System.Timers.Timer
  Public Sub New()
    Text = "Serverzeit"
    ClientSize = New Size(155, 60)
    timr = New System.Timers.Timer(1000)
    AddHandler timr.Elapsed, AddressOf timer_elapsed
```

```
    timr.Start()
  End Sub

  Protected Overrides Sub OnPaint(ByVal e As PaintEventArgs)
    Dim g As Graphics = e.Graphics
    g.DrawString(st, New Font("Verdana", 10), Brushes.Blue, 5, 20)
  End Sub

  Protected Sub timer_elapsed(ByVal o As object, ByVal e As ElapsedEventArgs)
    Dim z As zeit = RemotingServices.Connect( _
      GetType(zeit), "Http://abc:65003/zeit")
    st = z.gett()
    Invalidate()
  End Sub

  Shared Sub Main()
    Application.Run(New Haupt())
  End Sub
End Class
```

Der Service wird mit `vb Service14.3_4.vb Install14.3_4.vb` kompiliert und mit `InstallUtil Service14.3_4.exe` als Windows Service installiert. Im Startmenü wird Start - Einstellungen - Systemsteuerung angewählt, und nach einem Doppelklick auf `Verwaltung` und auf `Dienste` wird der Dienst `RemoteTimeService` mit dem Programm `Dienste` durch Anklicken von `Vorgang - Starten` gestartet. Für den Klienten wird ein Proxy generiert.

Mit `soapsuds -url:http://abc:65003/zeit?wsdl -oa:Proxy14.3_4.dll` wird die Datei `Proxy14.3_4.dll` generiert.

Der Klient wird mit `vb /t:winexe Klient14.3_4.vb /r:Proxy14.3_4.dll`

kompiliert. Startet man den Klienten, so erscheint das Fenster:

Abbildung 14.3_4

Möchte man den Klienten auf einem anderen Host betreiben, so kopiert man die Dateien `Klient14.3_4.exe` und `Proxy14.3_4.dll` auf diesen Host und startet sie dort.

Anhang

A Visual Basic .NET Schlüsselwörter:

AddHandler	AddressOf	Alias	And	AndAlso
Ansi	As	Assembly	Auto	Boolean
ByRef	Byte	ByVal	Call	Case
Catch	CBool	CByte	CChar	CDate
CDec	CDbl	Char	CInt	Class
CLng	CObj	Const	CShort	CSng
CStr	CType	Date	Decimal	Declare
Default	Delegate	Dim	DirectCast	Do
Double	Each	Else	ElseIf	End
Enum	Erase	Error	Event	Exit
False	Finally	For	Friend	Function
Get	GetType	GoSub	GoTo	Handles
If	Implements	Imports	In	Inherits
Integer	Interface	Is	Let	Lib
Like	Long	Loop	Me	Mod
Module	MustInherit	MustOverride	MyBase	MyClass
Namespace	New	Next	Not	Nothing
NotInheritable	NotOverridable	Object	On	Option
Optional	Or	OrElse	Overloads	Overridable
Overrides	ParamArray	Preserve	Private	Property
Protected	Public	RaiseEvent	ReadOnly	ReDim
REM	RemoveHandler	Resume	Return	Select
Set	Shadows	Shared	Short	Single
Static	Step	Stop	String	Structure
Sub	SyncLock	Then	Throw	To
True	Try	TypeOf	Unicode	Until
Variant	When	While	With	WithEvents
WriteOnly	Xor			

Die Schlüsselwörter `GoSub`, `Let` und `Variant` sind zwar weiterhin reserviert. Sie werden jecoch nicht mehr benutzt.

B Namensräume des .NET Frameworks

Die Namensräume und ihre Komponenten sind in der Dokumentation des .NET Framework SDK unter Referenz - Klassenbibliothek erläutert. Das Programm WinCV ermöglicht ein schnelles Nachschlagen in der Klassenbibliothek mit Suchbegriffen.

```
C:\Programme\Microsoft.NET\SDK\v1.1\Bin\WinCV.exe
```

Der Intermediate Language Disassembler gibt Einblick in die Klassenbibliothek und in andere .exe und .dll Dateien.

```
C:\Programme\Microsoft.NET\SDK\v1.1\Bin\ildasm.exe
```

Namensräume:

Microsoft.CSharp Microsoft.JScript Microsoft.VisualBasic

Microsoft.Vsa Microsoft.Win32

System

System.CodeDom System.CodeDom.Compiler

System.Collections System.Collections.Specialized

System.ComponentModel System.ComponentModel.Design System.ComponentModel.Design.Serialization

System.Configuration System.Configuration.Assemblies System.Configuration.Install

System.Data System.Data.Common System.Data.Odbc System.Data.OleDb System.Data.OracleClient System.Data.SqlClient System.Data.SqlServerCE System.Data.SqlTypes

System.Diagnostics System.Diagnostics.SymbolStore

System.DirectoryServices

System.Drawing System.Drawing.Design System.Drawing.Drawing2D System.Drawing.Imaging System.Drawing.Printing System.Drawing.Text

System.EnterpriseServices System.EnterpriseServices.CompensatingResourceManager System.EnterpriseServices.Internal

System.Globalization

System.IO System.IO.IsolatedStorage

System.Management System.Management.Instrumentation

System.Messaging

System.Net System.Net.Sockets

System.Reflection System.Reflection.Emit

System.Resources

System.Runtime.CompilerServices System.Runtime.InteropServices
System.Runtime.InteropServices.CustomMarshalers
System.Runtime.InteropServices.Expando System.Runtime.Remoting
System.Runtime.Remoting.Activation System.Runtime.Remoting.Channels
System.Runtime.Remoting.Channels.Http
System.Runtime.Remoting.Channels.TCP
System.Runtime.Remoting.Contexts System.Runtime.Remoting.Lifetime
System.Runtime.Remoting.Messaging System.Runtime.Remoting.Metadata
System.Runtime.Remoting.Metadata.W3cXsd2001
System.Runtime.Remoting.MetadataServices
System.Runtime.Remoting.Proxies System.Runtime.Remoting.Services
System.Runtime.Serialization System.Runtime.Serialization.Formatters
System.Runtime.Serialization.Formatters.Binary
System.Runtime.Serialization.Formatters.Soap

System.Security System.Security.Cryptography
System.Security.Cryptography.X509Certificates
System.Security.Cryptography.Xml System.Security.Permissions
System.Security.Policy System.Security.Principal

System.ServiceProcess

System.Text System.Text.RegularExpressions

System.Threading

System.Timers

System.Web System.Web.Caching System.Web.Configuration
System.Web.Hosting System.Web.Mail System.Web.Mobile
System.Web.Security System.Web.Services
System.Web.Services.Configuration System.Web.Services.Description
System.Web.Services.Discovery System.Web.Services.Protocols
System.Web.SessionState System.Web.UI System.Web.UI.Design
System.Web.UI.Design.WebControls System.Web.UI.HtmlControls
System.Web.UI.MobileControls System.Web.UI.MobileControls.Adapters
System.Web.UI.WebControls

System.Windows.Forms System.Windows.Forms.Design

System.Xml System.Xml.Schema System.Xml.Serialization
System.Xml.XPath System.Xml.Xsl

C Visueller Index der Windows Forms

Der Index verweist auf Beispiele, in denen Windows Forms verwendet werden.

Button

5.2_1, 5.2_3, 5.2_4, 5.4_2, 5.4_3, 5.4_4, 5.5_1, 5.5_2, 5.5_4, 5.7_2, 5.8_1, 5.8_2, 5.8_3, 5.9_3, 5.10_1, 5.10_2, 5.11_1, 6.2_2, 6.3_1, 6.7_1, 6.8_1, 6.9_2, 6.9_3, 6.9_4, 8.4_5, 8.6_2, 8.7_1, 9.1_1, 10.4_11, 12.2 ServiceController

CheckBox

5.2_1

CheckedListBox

7.2_1

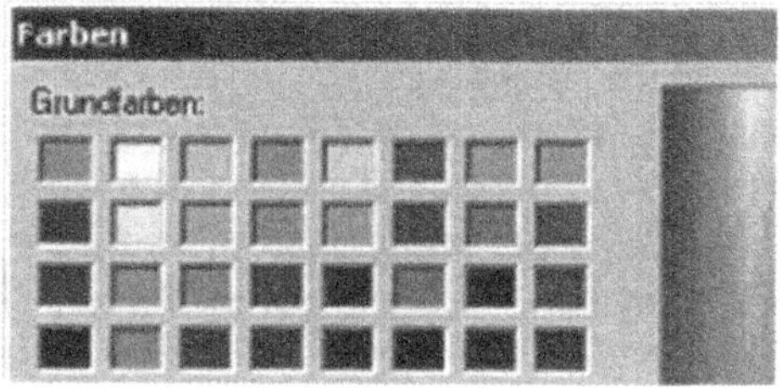

ColorDialog

7.3_1

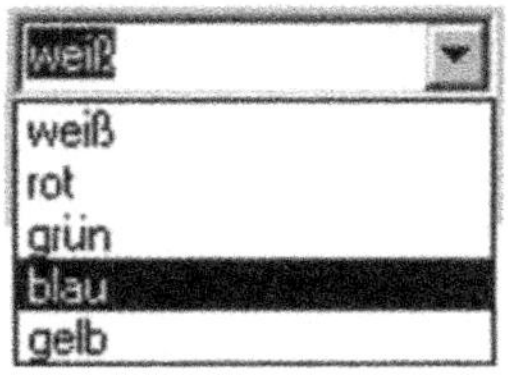

ComboBox

5.10_2, 12.2 ServiceController

Cursor

5.2_1, 5.2_2, 5.4_3

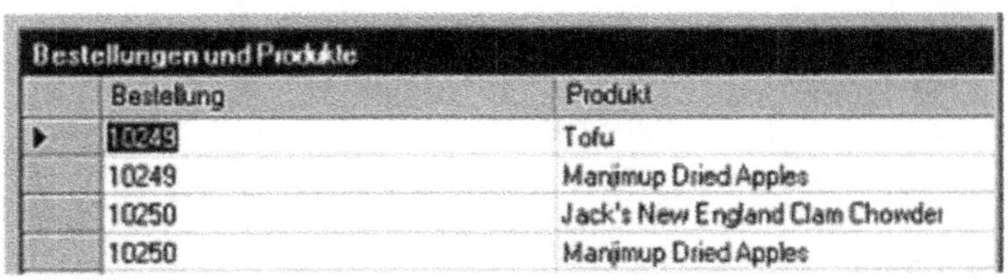

DataGrid

5.6_2, 8.4_3, 8.4_4, 8.4_5, 8.6_2

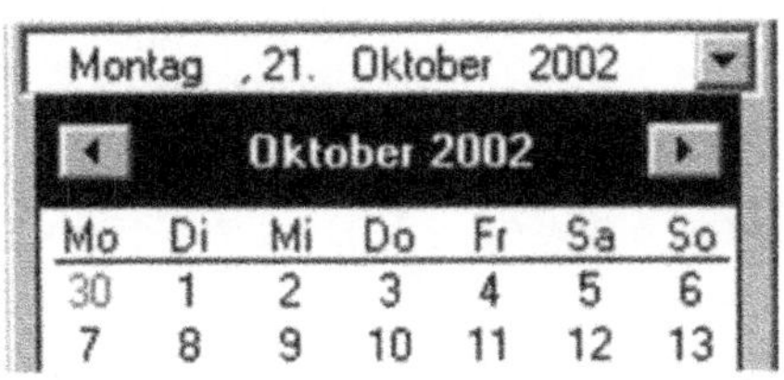

DateTimePicker

7.4_1

DomainUpDown

7.5_1

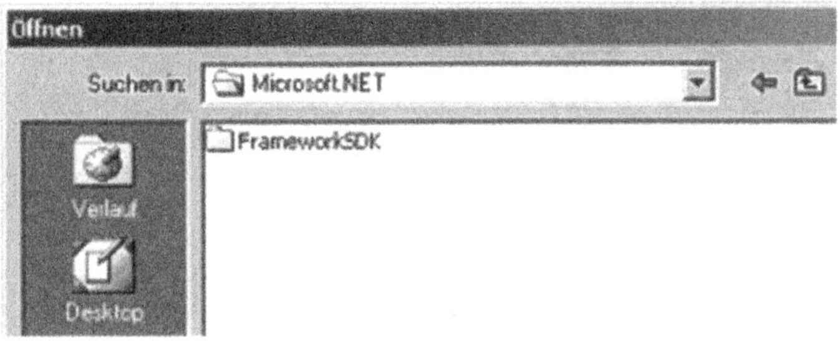

FileDialog

5.11_1

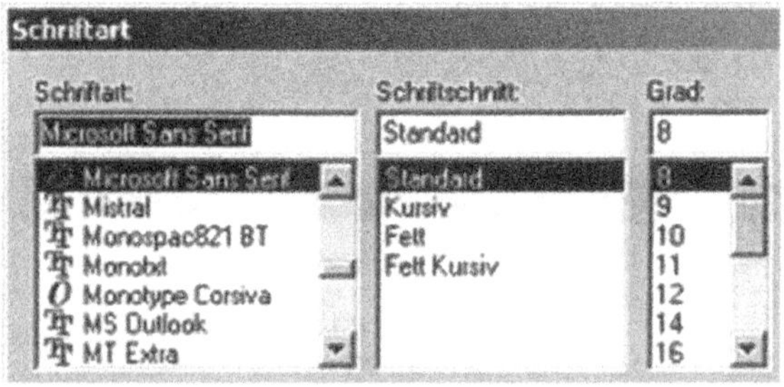

FontDialog

7.6_1

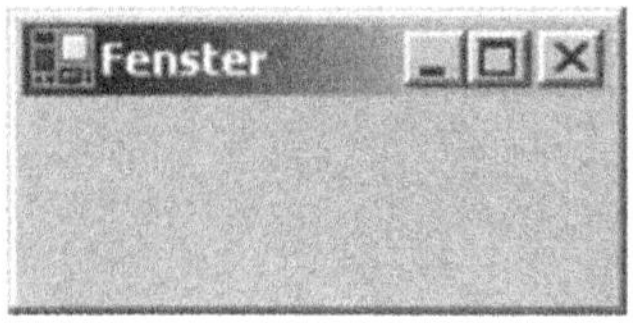

Form

1.2_1, 5.1_1, 5.2_1, 5.2_2, 5.2_3, 5.2_4, 5.2_5, 5.3_1, 5.4_1, 5.4_2, 5.4_3, 5.4_4, 5.5_1, 5.5_2, 5.5_3, 5.5_4, 5.5_5, 5.5_6, 5.5_7, 5.6_1, 5.6_2, 5.7_1, 5.7_2, 5.8_1, 5.8_2, 5.8_3, 5.9_3, 5.9_1, 5.9_2, 5.10_1, 5.10_2, 5.11_1, 5.12_1, 5.12_2, 6.1_1, 6.1_2, 6.2_1, 6.2_2, 6.3_1, 6.4_1, 6.5_1, 6.5_2, 6.5_3, 6.5_4, 6.5_5, 6.5_6, 6.6_1, 6.6_2, 6.6_3, 6.6_4, 6.6_5, 6.6_6, 6.6_7, 6.6_8, 6.6_9, 6.7_1, 6.7_2, 6.7_3, 6.8_1, 6.8_2, 6.8_3, 6.8_4, 6.8_5, 6.9_1, 6.9_2, 6.9_3, 6.9_4, 7.2_1, 7.3_1, 7.4_1, 7.5_1, 7.6_1, 7.7_1, 7.8_1, 7.9_1, 7.10_1, 7.11_1, 7.12_1, 7.13_1, 7.14_1, 7.15_1, 7.16_1, 7.17_1, 7.18_1, 8.4_3, 8.4_4, 8.4_5, 8.6_2, 8.7_1, 9.1_1, 9.3_2, 10.4_11, 12.2_1, 12.3_1, 12.4_1, 13.3_4, 13.3_5, 13.3_6, 13.3_7, 14.2_3, 14.3_4

GroupBox

Label

klicken Sie hier

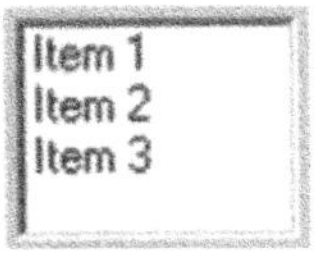
Item 1
Item 2
Item 3

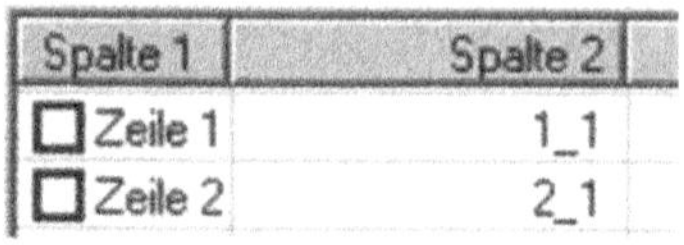

ListView

7.10_1

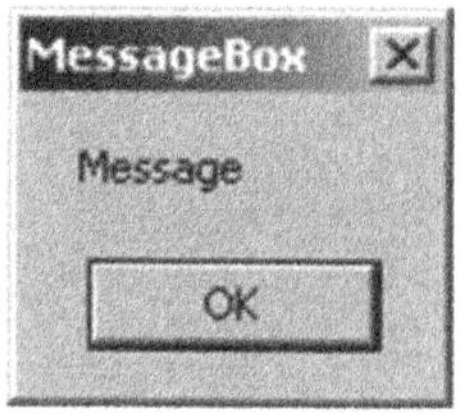

MessageBox

5.2_2, 5.4_1, 5.8_2, 5.9_1, 5.10_2, 5.11_1, 5.12_1, 5.12_2, 6.8_1, 6.9_1, 6.9_2, 6.9_3, 6.9_4, 8.4_5, 8.6_2, 8.7_1, 9.1_1, 10.4_11

MonthCalendar

7.11_1

NumericUpDown

7.12_1, 12.2 ServiceController

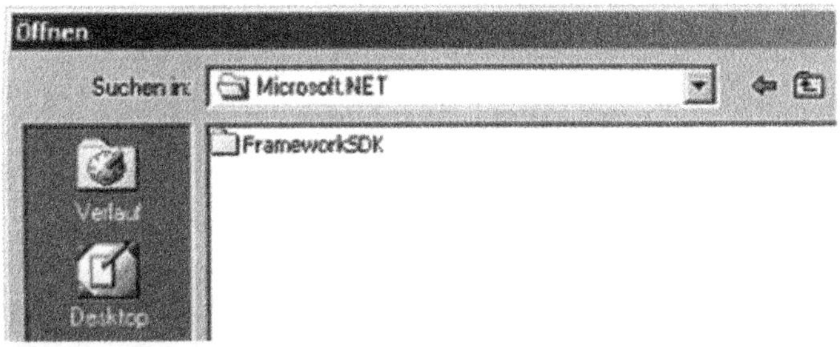

OpenFileDialog

5.11_1

Panel

5.6_1, 5.6_2, 5.10_1, 8.4_5, 8.6_2, 8.7_1, 9.1_1, 10.4_11

PictureBox

7.13_1

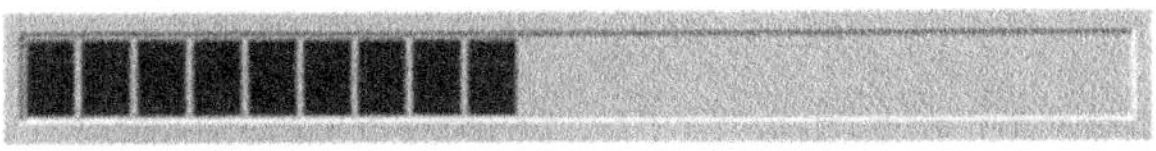

ProgressBar

7.14_1

RadioButton

7.15_1

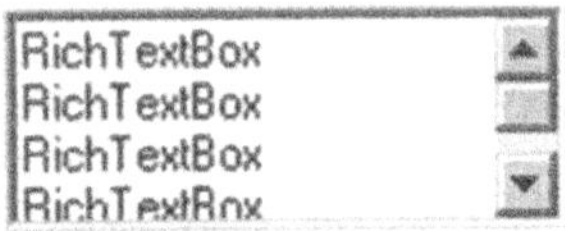

RichTextBox

5.11_1, 5.12_2, 10.4_11

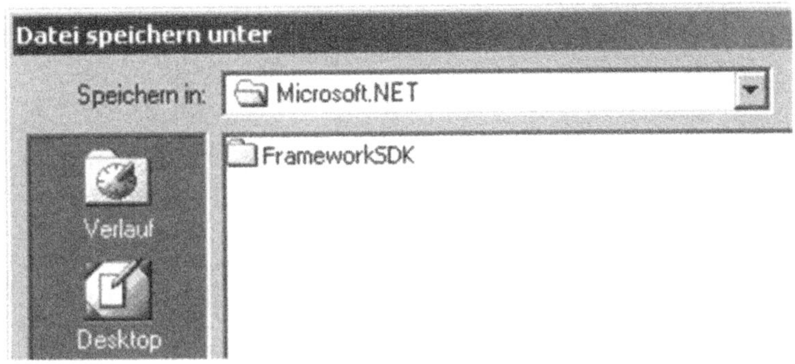

SaveFileDialog

5.11_1

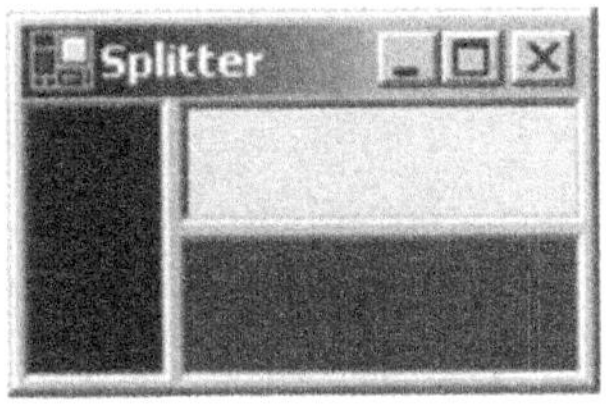

Splitter

5.6_1, 5.6_2, 8.4_5, 8.6_2

StatusBar

5.10_1, 9.1_1, 12.2 ServiceController

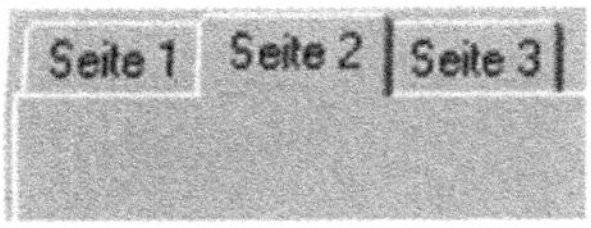

TabControl

7.16_1

TextBox

5.2_1, 5.5_3, 5.5_5, 5.5_6, 5.5_7, 5.7_2, 5.11_1, 5.12_2, 6.2_1, 8.4_5, 8.6_2, 8.7_1, 9.1_1, 10.4_11

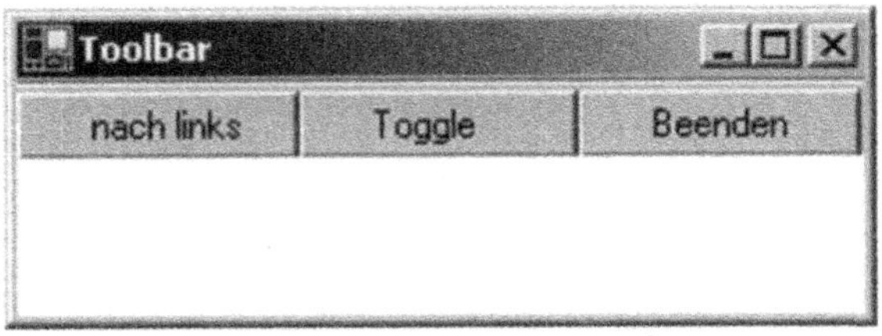

ToolBar

5.10_1, 5.10_2, 8.4_5, 8.6_2, 9.1_1

ToolTip

7.17_1

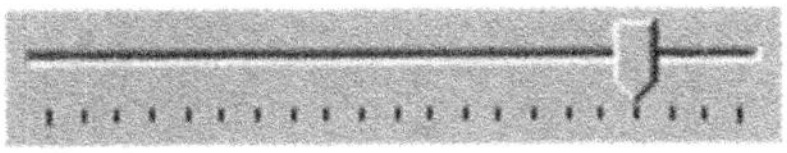

TrackBar

7.18_1

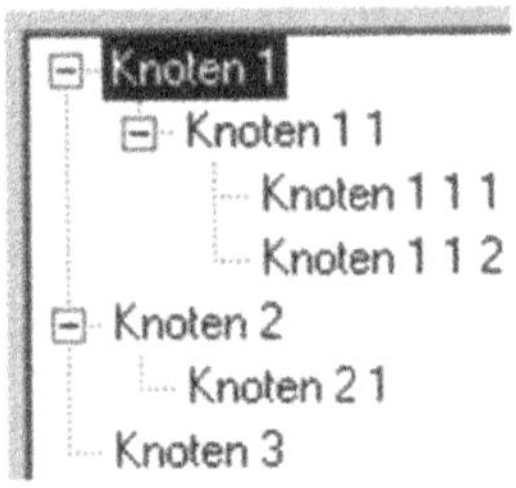

TreeView

6.1_2

VScrollBar

7.19_1

D VBC Compileroptionen

`vbc /?` zeigt die Compileroptionen an.

Ausgabedateien:

/out:<Datei>	Name der Ausgabedatei
/target:exe	Konsolanwendung erzeugen
/t:exe	
/target:winexe	Windows Anwendung erzeugen
/t:winexe	
/target:library	Dll erzeugen
/t:library	
/target:module	Modul erzeugen
/t:module	

Eingabedateien:

/recurse:<Platzhalter>	Dateien gemäß Platzhalter binden
/reference:<Dateiliste>	Dlls binden
/addmodule:<Dateiliste>	Module binden

Ressourcen:

/win32res:<Datei>	Win32-Ressourcendatei verwenden
/win32icon:<Datei>	Icon verwenden
/resource:<Ressourceninformationen>	Ressource verwenden
/res:<Ressourceninformationen>	
/linkresource:<Ressourceninformationen>	Ressource verwenden

Codeerstellung:

/debug[+ | -]	Debuginformationen
/debug:{full | pdbonly}	Debugtyp; full ist Standard
/optimize[+ | -]	Optimierung aktivieren /o
/removeintchecks[+ | -]	Überprüfung auf Integerzahl

Fehler und Warnungen:

/warnaserror[+ | -]	Warnungen als Fehler behandeln
/nowarn	Warnungsmeldungen deaktivieren

Sprache:	
/define:<Symbolliste>	globale Symbole für bedingte Kompilierung
/d:<Symbolliste>	
/imports:<Importliste>	globale Importe für Namespaces
/optionexplicit[+ | -]	explizite Variablendeklaration
/optionstrict[+ | -]	strenge Sprachsemantik
/rootnamespace:<Zeichenfolge>	Stammnamespace für Typdeklarationen
/optioncompare:binary	Zeichen binär vergleichen
/optioncompare:text	Textzeichen vergleichen
Verschiedenes:	
/help	Hilfetext anzeigen
/?	
/nologo	Copyrightmeldung unterdrücken
/quiet	ohne Protokollierung
/verbose	ausführliche Protokollierung
Erweitert:	
/baseaddress:<Adresse>	Basisadresse der zu erstellenden Bibliothek
/bugreport:<Datei>	Fehlerprotokolldatei
/delaysign[+ | -]	Verzögertes Signieren der Assembly
/keycontainer:<Zeichenfolge>	Schlüsselcontainer
/keyfile:<Datei>	Schlüsseldatei
/libpath:<Pfadliste>	Liste von Verzeichnissen der Bibliotheksdateien
/main:<Klasse>	Klasse enthält Sub Main
/netcf	.NET Compact Framework verwenden
/sdkpath:<Pfad>	Pfad zum .NET Framework SDK
/utf8output	Ausgabemeldungen in UTF-8-Codierung
@<Datei>	Befehlszeileneinstellungen aus Textdatei

Literaturverzeichnis

[1] Aupperle, M.: Die Kunst der Programmierung mit C++, Vieweg Braunschweig/Wiesbaden 2002

[2] Vasters, Oellers, Javidi, Jung, Freiberger, DePetrillo, Microsoft .net Crashkurs, Microsoft Press 2001

[3] Richter, L.: Betriebssysteme, Teubner Studienbücher Informatik, B.G. Teubner Stuttgart 1977

[4] Wirth N.: Algorithmen und Datenstrukturen, B.G. Teubner Stuttgart 1983

[5] RFC2616: Hypertext Transfer Protocol -HTTP/1.1, The Internet Society 1999

[6] Rottmann H.: C# .NET mit Methode, Vieweg Braunschweig/Wiesbaden 2003

Schlagwortverzeichnis

-

'

"

#

%

*

,

.

/

;

?

@

^

+

<

=

>

A

B

C

D

E

F

G

H

I

J

K

L

M

N

O

P

Q

R

S

T

Ü

W

X

Y

Z

GPSR Compliance

The European Union's (EU) General Product Safety Regulation (GPSR) is a set of rules that requires consumer products to be safe and our obligations to ensure this.

If you have any concerns about our products, you can contact us on ProductSafety@springernature.com

In case Publisher is established outside the EU, the EU authorized representative is:

Springer Nature Customer Service Center GmbH
Europaplatz 3
69115 Heidelberg, Germany

Batch number: 08567212

Printed by Printforce, the Netherlands